"十三五"国家重点图书出版规划项目
国家新闻出版改革发展项目
国家出版基金项目
国家"重大新药创制"科技重大专项项目
国家自然科学基金项目

■ 环境保护部『生物多样性保护专项』支持
■ 中央本级重大增减支『名贵中药资源可持续利用能力建设项目』支持

中国药用动物DNA条形码研究

Research on DNA Barcode of Chinese Medicinal Animals

主编
黄璐琦
李军德

海峡出版发行集团 THE STRAITS PUBLISHING & DISTRIBUTING GROUP
福建科学技术出版社 FUJIAN SCIENCE & TECHNOLOGY PUBLISHING HOUSE

图书在版编目（CIP）数据

中国药用动物DNA条形码研究 / 黄璐琦，李军德主编. — 福州：福建科学技术出版社，2016.11

（中国中药资源大典）

ISBN 978-7-5335-5173-5

Ⅰ. ①中… Ⅱ. ①黄… ②李… Ⅲ. ①药用动物 - 脱氧核糖核酸 - 条形码 - 研究 - 中国 Ⅳ. ①Q959.9

中国版本图书馆CIP数据核字（2016）第251361号

书　　名 中国药用动物DNA条形码研究
　　　　　中国中药资源大典
主　　编 黄璐琦　李军德
出版发行 海峡出版发行集团
　　　　　福建科学技术出版社
社　　址 福州市东水路76号（邮编350001）
网　　址 www.fjstp.com
经　　销 福建新华发行（集团）有限责任公司
印　　刷 福州德安彩色印刷有限公司
开　　本 889毫米×1194毫米　1/16
印　　张 27
图　　文 432码
版　　次 2016年11月第1版
印　　次 2016年11月第1次印刷
书　　号 ISBN 978-7-5335-5173-5
定　　价 298.00元

书中如有印装质量问题，可直接向本社调换

编委会

主　　编　黄璐琦　李军德

副 主 编　刘春生　晁　志　袁　媛

国锦林　刘　越　陈仕江

主要编著人员（按姓氏笔画排序）

王　茜　王艺璇　王玉贤　刘　杰　刘　越　刘春生

刘晓帆　孙佳明　李　力　李军德　杨瑶珺　吴立洁

张　亮　张　恬　陈　康　陈仕江　赵　晶　国锦林

郑　琪　金　艳　侯飞侠　袁　媛　晁　志　徐　佳

殷幼平　唐仕欢　黄璐琦　梁镇标　彭　成　童雨茹

谢佳燕　廖　婧　薛　堃　戴　待

项目研究单位

主持单位

中国中医科学院中药资源中心

承担单位（按内容先后顺序排序）

南方医科大学

广西药用植物园

长春中医药大学

北京中医药大学

成都中医药大学

武汉轻工大学生物与制药工程学院

中国中医科学院中药资源中心

中央民族大学

重庆市中药研究院

序言

药用动物暨动物药材是我国传统医药学的重要组成部分，有着悠久的应用历史。临床上被广泛用于治疗疑难杂症、急重病症等。动物药材特别是斑蝥、桑螵蛸、海马、水蛭、龟甲、虻虫等，为多来源品种并且较为混乱；加之动物类药材大部分为贵重紧缺药材，临床上多以粉末等形式入药，给动物药材的准确鉴定带来了极大的困难。传统中药鉴定技术，主要是经验性的性状鉴别，虽然简便、快速，但对多来源药材、破碎药材、粉末药材以及中成药的鉴定有一定局限性。

随着现代科学技术发展，分子鉴定、显微鉴定、红外光谱、紫外吸收光谱、薄层色谱等方法也在动物药材的鉴定中起到了重要作用，其中分子鉴定具有准确性高、重现性好、所需检样量少，且不受样品形态的限制等特点，其不仅能对动物药材的整体及破碎部分的器官、组织进行准确鉴定，而且还可以对以动物粉末、体液、分泌物和排泄物入药的动物药材及其制剂进行有效的真伪鉴定、纯度检查与质量评价。尤其是蛇类药材的分子鉴别方法成为2010年版《中华人民共和国药典》（以下简称《中国药典》）收载的第一个中药分子鉴别方法，标志着中药分子鉴定技术已从实验室研究进入实际应用。

目前针对中药鉴定中存在的各种问题，分别涌现了一批特色迥异的中药材DNA分子鉴定技术，如DNA条形码技术、限制性片段长度多态性技术（RFLP）、随机扩增多态DNA技术（RAPD）、随机引物扩增技术

（AP-PCR）、基因芯片技术等。尽管 DNA 条形码技术存在部分物种通用引物难以扩增、近缘物种难以鉴别、序列易出现杂合等现象，但因其只需要几条通用引物即可实现大部分物种的鉴别，且易于标准化、重复性好，故而仍然给动物药材鉴定带来了新的蓬勃生机。

为配合《中国药用动物志》（第 2 版）的编撰工作，2010 年 8 月，由中国中医科学院中药资源中心组织全国 10 余家大专院校科研院所，在开放研究项目"中国药用动物 DNA 条形码研究"的资助下，率先启动并开展中国药用动物暨动物药材 DNA 条形码研究，为了规范、统一实验研究，项目组制定了统一的药用动物 DNA 条形码实验样品采（收）集规范、实验研究基本路径和实施方案。该项目还先后获得国家"重大新药创制"科技重大专项［综合性中药新药研究开发技术大平台——中药资源评价和开发平台（2009ZX09301-005-03）］和国家自然科学基金委员会项目［虻科（Tabanidae）药用虻虫 mt*CO* Ⅰ基因的 DNA 条形码研究（81073000）］的资助。在 5 年多时间里，项目组的专家与同仁齐心努力，顺利完成了研究工作。项目涉及蛇类、蛤蚧类、哈蟆油类、龟甲类、水蛭类、海马类、鲍属类、虻虫类、桑螵蛸类、斑蝥类、鹿茸类、羚羊角类等十二大类正品及其伪混品之 mt*CO* Ⅰ和（或）Cyt b DNA 条形码鉴定研究，以期为动物药材的准确、快速鉴定奠定理论与技术基础。

《中国药用动物 DNA 条形码研究》即为该项目研究成果的总结。书中首次系统地介绍了药用动物暨动物药材 DNA 条形码鉴定技术的原理、方法、技术规范及其应用。总论部分对 DNA 条形码概念、DNA 条形码技术操作流程、动物药材分子鉴定、药用动物 DNA 条形码技术的缺陷及争议等内容进行了详细介绍；各论为十二大类药用动物暨动物药材研究之详细记述，每一大类包括概述、物种信息、实验研究、*CO* Ⅰ条形码序列等内容。项目研究涉及药用动物 77 种，采集实验样品 2401 份（号），彩图 200 余幅。获得正品药用动物暨动物药材 DNA 条形码序列 57 条，伪混品

DNA 条形码序列 88 条，针对每一大类动物药材制定了 DNA 条形码鉴定技术标准操作规程（SOP）。

本书在编撰过程中，参考了有关专业书籍和文献，对所引述的作者致以崇高的敬意和感谢。另外，虽然我们尽最大努力对实验数据进行了反复的核对与验证，但因水平和经验所限，一定会存在一些不足或差错，恳请国内外相关领域专家、学者、读者不吝赐教，并提出批评与建议。

2016 年 6 月 28 日

目录

总 论

各 论

总论

DNA条形码在药用动物鉴定中的应用

第一章 DNA条形码概论

一、概述

（一）条形码、DNA条形码

条形码（barcode）是将宽度不等的多个黑条和空白，按照一定的编码规则排列，用以表达一组信息的图形标识符。常见条形码是由反射率相差很大的黑条（简称“条”）和白条（简称“空”）排成的平行线图案，用于条形码识读设备的扫描识读。在经济全球化、信息网络化、生活国际化、文化本土化的资讯社会到来之际，条形码与条形码技术及各种应用系统起源于20世纪40年代，研究于60年代，应用于70年代，普及于80年代，引起了世界流通领域大变革。条形码技术风靡全球，作为一种可印制的计算机语言，未来学家将其称为“计算机文化”。

商品条形码是由一组规则排列的条、空及其对应字符组成的标识，用以表示一定商品信息的符号。其图案下方对应字符由一组阿拉伯数字组成，供人们直接识读或通过键盘向计算机输入数据使用。通常由13个数字排列组合，最后1位校验码用来校验商品条形码中左起第1~12数字代码的正确性；每一种排列对应一种特点的商品，以此来区分各式各样的商品。条形码在商品流通、图书管理、邮政管理、银行系统等许多领域都得到广泛的应用。

全球生物种类数以亿万计，除了传统技术即依据大量形态学、生态学、遗传学等资料，对物种进行鉴定和分类外，借鉴商品条形码技术，一种高效、准确、可靠的自动扫描并采集数据信息，进而对物种进行鉴定和分类的现代新技术——DNA条形码技术（DNA barcoding technique）雏形由此诞生了。在生物分类学上，根据对一个统一的目标基因DNA（deoxyribonucleic acid，脱氧核糖核酸）序列的分析来完成物种鉴定的过程被称为DNA条形码编码过程。国际生命条形码协会对DNA条形码的定义为：一段短的能够高效鉴定物种的DNA标准区域。而DNA条形码技术是利用一个标准的、有足够变异的、易扩增的、相对较短的DNA片段自身在物种种内的特异性和种间的多样性而创建的一种新的生物身份识别系统，它可以对物种进行快速、准确的自动鉴定。简而言之，DNA条形码技术之关键是对一个或一些相关基因进行大范围扫描，进而鉴定某个未知的物种或者发现新物种。这种新兴的生物分类学技术已引起越来越多生物学家的关注，它代表了生物分类学研究的新方向。除生物分类学领域外，DNA条形码技术在医药、农林、食品、检验检疫、生态、环境等诸多领域也都有广泛应用。

（二）基因、基因组与线粒体基因组

基因（gene）是指DNA或RNA（ribonucleic acid，核糖核酸）分子中具有特定遗传功能的一段序列，主要位于染色体上。此外，细菌的质粒，真核生物的叶绿体、线粒体等细胞器也含有一定的DNA序列，其中大部分是具有遗传功能的基因，这些位于染色体外的DNA称为染色体外遗传物质。

基因组（genome）一词最早出现于1922年，是指单倍体细胞中所含整套染色体，基因组被定义为整套染色体中的全部基因。随着对不同生物基因组DNA测序，人们发现，对基因组这个名词需要更精确的定义。现在一般认为，基因组是指细胞或生物体全套染色体中所有的DNA，包括所有基因和基因之间的间隔序列。

原核生物基因组就是其细胞内构成染色体的DNA分子，真核生物基因组是指单倍体细胞核内整套染色体所含有的DNA分子。除了核基因组外，真核细胞内还有细胞器基因组，即动物细胞、植物细胞的线粒体基因组和植物细胞的叶绿体基因组。目前已经完成了多种模式生物如大肠杆菌、酵母菌、流感嗜血杆菌、秀丽线虫、果蝇、小鼠及拟南芥等基因组测序工作，基本阐明了它们基因组的结构、功能及生物进化关系间普遍规律，为研究高等生物，尤其是人类生、老、病、死提供了生物模式。2003年人类基因组测序工作也宣告完成。

线粒体（mitochondrion）是真核细胞内的一种重要和独特的细胞器，它是细胞内的动力站，提供了细胞生命活动中需要的约80%的能量，是细胞进行生物氧化和能量转换的主要场所，可谓是“动力工厂（power house）”。正常细胞中含有1000~2000个线粒体，精子的线粒体较少，约有25个，哺乳动物成熟的红细胞中无线粒体。1963年发现线粒体中存在DNA，线粒体是动物细胞核外唯一含有DNA的细胞器。

线粒体基因组（mitochondrial genome）是指线粒体内的所有遗传物质。线粒体是真核细胞内能通过半自主复制进行繁殖的细胞器。每个线粒体都有多个自身的DNA分子，即线粒体DNA（mitochondrial DNA，mtDNA）。所有mtDNA分子均为闭合双链环状分子，裸露不与组蛋白结合，分散在线粒体基质中。一般来说，mtDNA一条为重链（H），一条为轻链（L）。不同种属生物mtDNA大小不一，动物mtDNA较小，酵母线粒体基因组较大，植物线粒体DNA的大小差异很大，一般不小于100kb。

线粒体基因组包含多种基因或基因簇，主要有rRNA基因、tRNA基因、ATP酶基因和细胞色素氧化酶基因等。线粒体基因组只能编码部分所需的蛋白质，许多重要的多亚基蛋白质复合物由核基因组与线粒体基因组各自编码部分亚基。例如，细胞色素C氧化酶（mitochondrial cytochrome C oxidase）的各亚基由2个基因组分别编码的，细胞色素bcl复合物中的一个亚基来源于线粒体基因组，另6个亚基来源于核基因组。

线粒体基因组编码呼吸链中的13种蛋白质亚基与核基因编码的亚基一起，共同构成了呼吸链上的电子传递体蛋白质，其中有复合体Ⅰ的7个亚基，复合体Ⅲ的1个亚基，复合体Ⅳ的3个亚基，复合体Ⅴ的2个亚基（ATP酶6和ATP酶8）。但线粒体基因组自身编码的蛋白质只占呼吸链组分的一小部分，大部分仍由核基因编码，在细胞质内合成后运输到线粒体内发挥作用。

人类 mtDNA 为 16569bp，有 37 个基因，其中 2 个 rRNA 基因（12S 和 16S），22 个 tRNA 基因和 13 个蛋白质基因，tRNA 基因位于编码 rRNA 和蛋白质基因之间。人类 mtDNA 中的蛋白质编码基因与酵母相同的有细胞色素 b（Cyt b）、细胞色素氧化酶（cytochrome oxidase）的 3 个亚基，ATP 酶的 1 个亚基；与酵母不同的有哺乳动物线粒体编码 NADH（reduced form of nicotinamide-adenine dinucleotide，还原型烟酰胺腺嘌呤二核苷酸、还原型辅酶Ⅰ）脱氢酶的 7 个亚基（或相关蛋白质），其中 5 个阅读框缺乏标准的终止密码（终止密码为 AGA 或 AGG，在标准的遗传密码表中，这 2 个密码编码精氨酸）。

动物 mtDNA 基因排列紧密，在哺乳动物线粒体基因组中，结构尤其紧密，不存在内含子，却存在着重叠基因，大部分序列在编码区。只有 D 环是一个非编码区，但这一区域与 DNA 复制起始有关。不同种类动物 mtDNA 结构在细节方面存在一定差异，但其共同的特征是分子较小，基因排列紧密。

虽然 mtDNA 基因组是存在于细胞核染色体之外的基因组，也没有与组蛋白组装而成的染色质结构。但由于其具有遗传上的半自主性，因此具有自我复制、转录和编码蛋白质等物质的功能。

mtDNA 的突变与衰老有关。研究表明，mtDNA 的变化随着年龄增加而增加，从而导致老年退化性疾病，如多种神经性病变和肌肉疾病等。mtDNA 的突变率比核 DNA 高 5~10 倍。可能原因是：① mtDNA 缺少组蛋白的保护。②线粒体内 DNA 修复机制很少。③线粒体内进行着大量的生物氧化过程，所产生的自由基对其 DNA 有损伤作用。mtDNA 的变异有点突变、缺失和由于核 DNA 缺陷引发的 mtDNA 缺失或数量减少等类型。这些变异都能以细胞质遗传的方式传递到子代。

二、DNA 条形码发展历程

2002 年，Tautz 等提出利用 DNA 序列作为生物分类系统的主要平台，即 DNA 分类学。2003 年，加拿大圭尔夫（Guelph）大学生物学家保罗·赫伯特（Paul Hebert）及其同事在《英国皇家学会学报 B 辑》上发表了一篇论文，首先提出以某种基因的序列作为鉴定不同物种的“条码”，他们所说这一基因即指线粒体细胞色素 C 氧化酶亚基Ⅰ（mitochondrial cytochrome C oxidase subunit Ⅰ，mt*CO* Ⅰ）基因，其长度为 648bp。通过对此基因 DNA 序列进行分析，能够在 DNA 水平上鉴定某个未知的物种或发现新种。保罗·赫伯特等对动物界包括脊椎动物和无脊椎动物共 11 门 13320 个物种的 mt*CO* Ⅰ基因序列进行比较分析，除刺胞动物 *Cnidaria* 外，98% 的物种遗传距离差异在种内为 0~2%，种间平均可达到 11.3%，据此提出可以用单一的小片段基因来代表物种，作为物种的条形编码，为全球生物编码。他们认为利用 mt*CO* Ⅰ基因从分子演化角度，将提供一种快速、准确、可信的物种分类与鉴定方法。这种方法逐步发展起来并被研究者命名为 DNA 条形码技术。

2003 年，Alfred Sloan 基金会在美国冷泉港举办的两次小型研讨会上，提出以自然历史博物馆为核心，将 DNA 序列鉴定技术、物种收集机构的凭证标本和当前的林奈分类系统统一起来的构想。该基金会于2004年在美国华盛顿哥伦比亚特区的国家自然历史博物馆举办了一个关于DNA条形码的大型研讨会，此次会议创立了“生命条形码联盟”（the consortium for the barcode of life，CBOL），大部分国家的自然历史博物馆、标本馆以及研究机构和私人机构等都加入了这个组织。

2004年秋，美国国立生物技术信息中心（national center for biotechnology information ，NCBI）与生命条形码联盟合作，宣布为标准DNA条形码序列及相关支持性数据提供检索服务。物种条形码的标准DNA序列及其相关数据将存档于GenBank（http://www.ncbi.nlm.nih.gov/Taxonomy/taxonomyhome.html/）（图1-1）。在CBOL支持下，开展了一系列DNA条形码计划，包括所有鸟类的All Birds Barcoding Initiative计划、鱼类的Fish Barcode of Life Initiative计划、所有鳞翅目昆虫的All Leps Barcode of Life计划，世界性入侵有害物种及脊椎动物鉴定也在积极研究与探索中。

2005年2月，第一届全球DNA条形码会议在伦敦举行。大会对DNA条形码的分类概念与思想、

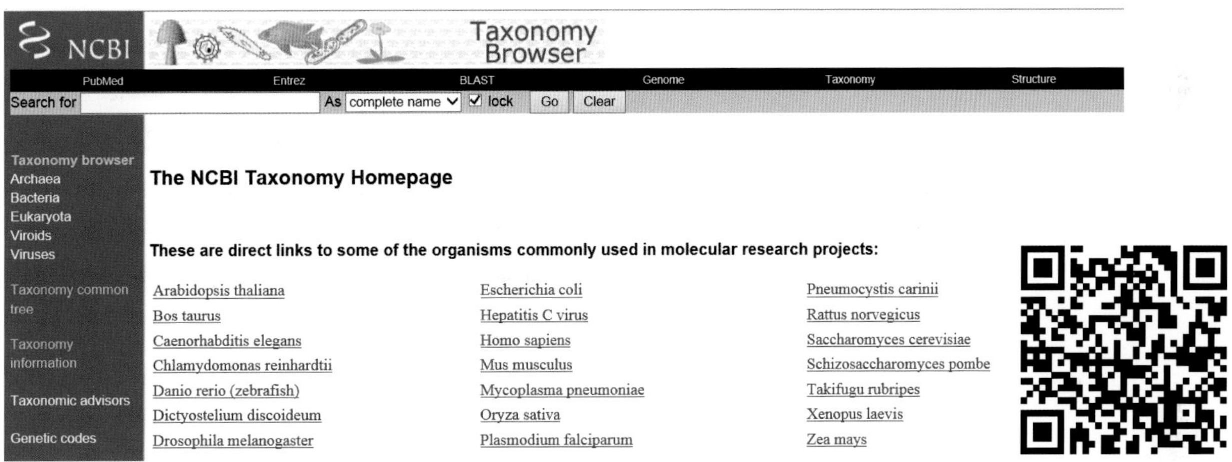

图1-1 GenBank网页与网址

实验技术的细节分析以及资料库建立等议题进行了讨论。目前，全球有很多不同项目在不同的类群中进行，最终目的是联合各个类群DNA条形码数据库组建一个全球生物DNA条形码数据库，此数据库将设置在GenBank中，是一个公众可以登陆的DNA序列数据库。

截至2016年6月底，在生物条形码数据库（BOLD）（http://www.barcodinglife.org/index.php/TaxBrowser_Home）（图1-2）中已经收录来自6685034个样本的5011648条序列，其中来自253032种生物中的237019种或中间过渡种动物的4484815条序列符合mt*CO* Ⅰ基因DNA条形码标准，可供动物物种鉴别参考使用。

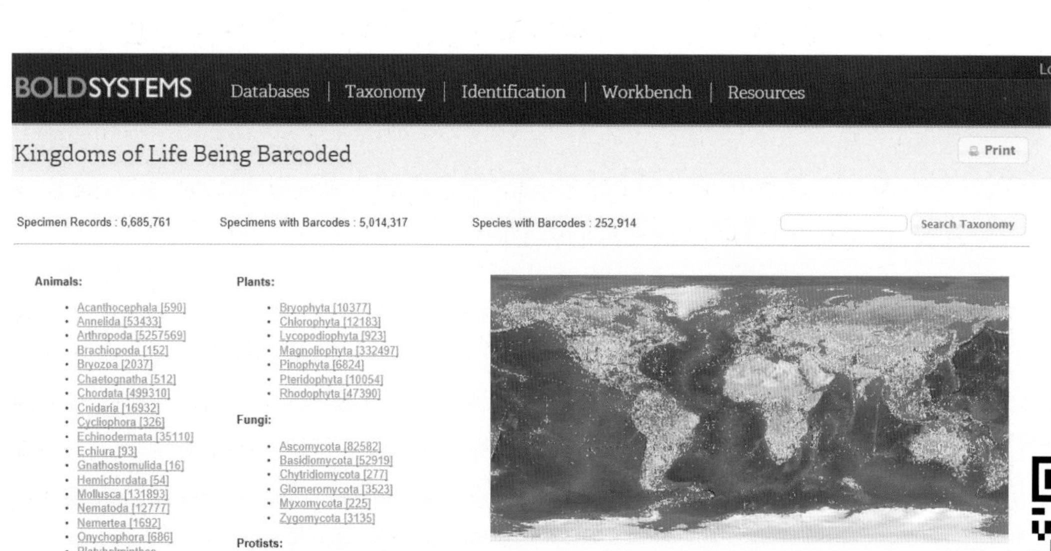

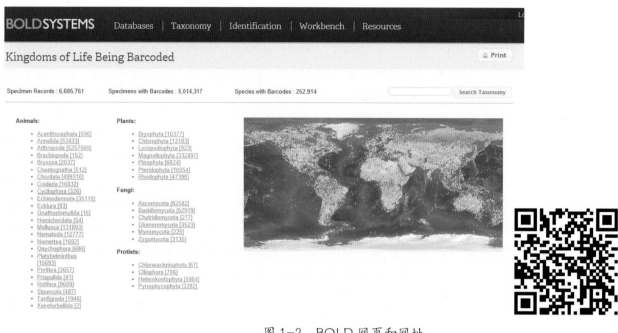

图 1–2　BOLD 网页和网址

三、DNA 条形码技术原理

（一）DNA 条形码识别原理

DNA 条形码技术有一种潜在的可能性，那就是可能成为地球上已被认知的 1000 多万种真核生物有效的鉴定方法。理论上一个长度为 15bp 的序列，每个位点有 4 个状态，能产生 10 亿个代码，远超过全世界预估的动物种数。当然由于进化选择压力，一些位点是不变的，这个约束可以通过选择蛋白编码基因、延长编码长度来解决，蛋白编码基因的第三密码子通常可以发生改变，一个长度为 45bp 的序列能够产生 10 个状态。依据每百万年 2% 的进化速率，一个有 100 万年生殖隔离历史的物种类群，约 600bp 的 DNA 序列平均就有 12 个特征信号位点可用于识别，即使在亲缘关系很近的类群中，大多数物种的进化历史都超过 100 万年。例如，一个长度约 600bp 的蛋白质编码基因核苷酸片段在第三密码子位点含有 200 个核苷酸，这些位点上发生的替代经常都是中性选择，并且突变大多是通过随机漂变的方式在种群中固定下来。假设在一组物种中第三位点的核苷酸全部是 AT 或全部是 GC，即在其 200 多个位点上只有 2 种可能的核苷酸，那么就仅第三密码子位点的变化而言能够产生 2^{200} 或 10^{60} 如此大数量的可能序列，所以 mt*CO* Ⅰ基因约 650bp 的 DNA 片断足够满足全球绝大多数动物物种鉴定分类需要。

实践中，DNA 条形码技术是以 mt*CO* Ⅰ基因作为分子标记的基础，与分子系统发育和传统物种分类学研究相关的一项技术。即利用不同生物的一小块组织提取 DNA 后，对其短的同源的特异

DNA 序列（约 650bp）进行扩增和测序，然后对其序列进行多重比对和聚类分析，最后将这些物种精确定位到一个在数据库中可查询到的已描述过且序列相似度极高的类群当中去，甚至还可以对某些特定物种定位到特定地理种群中去。目前 DNA 参考序列数据主要来源于凭证标本，此即为鉴定物种的标准。在分类学研究中，DNA 条形码首选线粒体细胞色素 C 氧化酶亚基Ⅰ基因，即 mt*CO* Ⅰ基因；当然，细胞核基因标记也可用作动物 DNA 条形码来使用。

（二）DNA 条形码技术的适用性与优势

DNA 条形码技术是传统的依据形态进行物种鉴定之分类学强有力的补充，更使得物种鉴定快速有效；它将显著提升人类认识、了解、监测和利用生物多样性的能力。当利用传统分类学经验和方法受阻时，即可充分发挥此技术之优势。同时，为生物分类学家发现新种提供了新的辅助技术手段。

DNA 条形码技术的优势主要体现为：

1）所需材料极少，只需一小块生物体组织就可以准确快速鉴别出该物种属于哪个分类阶元。

2）能够鉴定不同年龄段的各物种，如昆虫的不同变态期，均可利用 DNA 条形码技术准确予以鉴定。

3）准确区分外表形态极其相似的不同物种。

4）鉴定过程更加快捷。

5）减少鉴定的模糊性。

6）对分子系统进化树有新的贡献。

7）传统分类学与现代信息学相结合。

8）展示收藏标本（样本）的价值。

9）鉴定过程无限制，即被鉴定对象和鉴定者无限制。

10）完善生命百科全书。

将物种标本与条形码数据库以及物种产地、特点、用途等相关信息联合起来，使公众更好地认识、了解、保护和利用生物。

（三）DNA 条形码技术应用的局限性

目前，DNA 条形码技术主要应用于物种的分类与鉴定。种内与种间遗传相似度和序列差异的界定是 DNA 条形码指导物种鉴定的重点。然而，就目前研究看，百分比范围到底多少是属于种内变异，多少又是属于种间变异，这还不明确。而且相同物种间由于不同亚种、地理隔离、年龄差距、环境改变等也可以影响碱基序列，不同物种的变异范围也不相同。因此，界定严格的范围似乎不太可能。就 mtDNA 而言，理论上种内差异通常小于种间差异，但据目前研究并不是一成不变的。

利用 mt*CO* Ⅰ基因鉴定物种有 3 个方面的局限，幸好这些局限不会影响一般水平的物种鉴定（Will *et al.*，2004；Ebach *et al.*，2005；Gregory，2005）。

具体的局限如下：

1. 杂交 / 基因渗入

使用 mt*CO* Ⅰ基因解决所有物种复杂的分类关系是不可能的。首先，物种的边界由于杂交或基因渗入而显得模糊不清，因此就需要联合几个核内基因来增加标记数；其次，当物种新近起源于多倍体化，就需要基因组尺度分析。不过在绝大多数动物类群中，存在杂交、多倍体化和线粒体基因渗入的个体不到 1%。

2. 新近起源物种

假设碱基序列分异速率为每百万年 2%，那么在 100 万年前分开的物种之间，在长度约 650bp 的 mt*CO* Ⅰ基因片段上就平均有 12 个鉴定位点。当物种之间产生生殖隔离的时间非常短的时候，鉴定物种就比较困难。然而，化石记录显示大多数物种分化时间都超过 100 万年，因此鉴定工作比较简单。

3. 分子进化速率差异

如果某个动物类群中各个谱系分子进化速率不一致，当差异达到 100 倍时，由于进化快的谱系存在二次突变，在这个类群中鉴定出进化速率慢的物种将变得非常困难。在大多数动物类群中 mt*CO* Ⅰ基因的进化速率比较慢，有学者利用鳞翅目的序列数据分析结果表明，同属各种 mt*CO* Ⅰ序列的平均差异程度是 11.3%，而种内的 mt*CO* Ⅰ序列差异程度通常都很低，低于 2%，因此不妨碍物种鉴定。

随着研究的深入和 DNA 条形码数据库的不断补充，到底序列差异到什么程度分别是种内差别、种间差别，什么程度又分别是属间、科间差别，必须深入探索、研究，并建立和完善种内、种间、属间、科间 DNA 条形码阶元划分标准。

（四）DNA 条形码标准序列选择

理想的 DNA 条形码序列应当符合下列标准：

1）具有标准的短片段，在尽可能多的分类群中都存在；长度适中，以便于有部分降解的 DNA 分析。

2）具有足够变异性和系统进化信息，以区分不同物种及其分类地位。

3）具有相对保守性，序列两端相对保守，有利于引物的设计。

1. 动物标准序列选择

目前，对不同动物类群研究结果显示：超过 95% 的物种其 mt*CO* Ⅰ基因序列拥有特异性，该基因可用于动物物种水平的鉴定。其理由为：

1）动物机体绝大部分阶段都有明显的 mt*CO* Ⅰ基因序列。

2）大多数细胞中虽有上百个以上的线粒体，但只有一组染色体。等量样品中，线粒体 DNA 更容易被放大和使用。

3）与细胞核 DNA 相比，mtDNA 突变速度是核 DNA 的 10 倍，即核 DNA 的变异容易被保留，而线粒体的变异丢失很快，这样使物种分离更准确。

4）线粒体遗传方式属于母性遗传，mt*CO* Ⅰ基因位于细胞线粒体中，这样基因重组的发生率就低。

5）拥有蛋白质编码基因所共有的特征，即密码子第三位碱基不受自然选择压力的影响，可以自由变异。

6）mt*CO* Ⅰ基因既能够保证足够变异又容易被通用引物扩增，目前研究表明，其DNA序列本身很少存在插入和缺失（即使有少数也主要分布于该基因的3′端，对结果分析不会造成很大影响）。

2. 植物标准序列选择

mt*CO* Ⅰ基因也适用于红藻类物种的鉴定，但是对于许多其他植物DNA条形码研究表明：植物mt*CO* Ⅰ基因缺少足够的种间变异，应寻找其他DNA片段作为植物DNA条形码的标准序列。2009年11月，第三届国际DNA条形码会议在墨西哥城成功召开，此次会议的一个突出特点是对植物条形码形成共识并提出优先研究领域。生命条形码联盟植物工作组最后代表生命条形码联盟发表正式声明：决定将叶绿体*rbc*L和*mat*K两个基因片段作为植物DNA标准条形码的核心条形码，建议将叶绿体*psb*A-*trn*H片段和核基因片段ITS作为植物DNA条形码的补充条码。在GenBank中有大量的*rbc*L序列数据，它具有通用、易扩增、易比对的特点，*rbc*L被提议作为条形码片段。

3. 菌类标准序列选择

与动物、植物相比，菌类DNA条形码研究起步较晚，菌类DNA条形码标准序列的选择还存在不同意见，已提出的备选片段有*CO* Ⅰ、nrDNA-LSU、nrDNA-SSU、ITS和*trn*L等。

综上所述，DNA条形码技术可以利用一段或几段标准DNA序列实现动物、植物和真菌类物种的快速鉴定，该技术将是生物物种鉴定发展的必然趋势。

（五）DNA条形码技术组成模块

DNA条形码技术主要包括3个组成模块（图1-3）。一是生物样本的收集、鉴定和凭证标本保

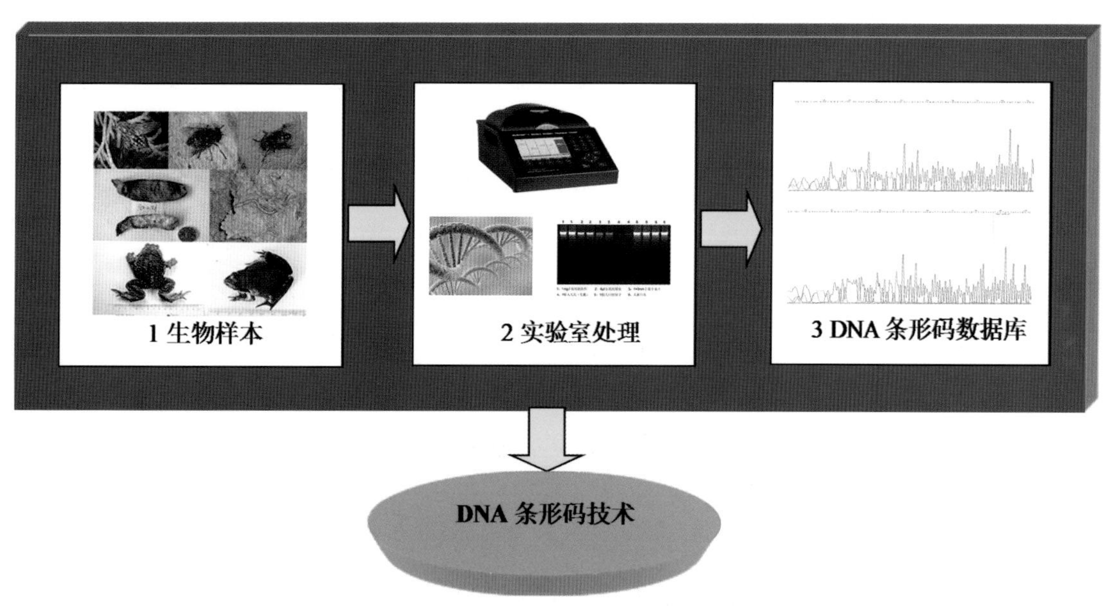

图1-3　DNA条形码技术模块构成示意图

存，实验样品前处理；二是实验室处理，即对实验样品或标本进行取样和处理，以获得 DNA 条形码基因序列；三是数据库管理，建立凭证标本 DNA 条形码数据库（包括序列和有关数据），并共享、利用该公共数据库进行物种鉴别。

第二章 DNA 条形码技术操作流程

DNA 条形码技术操作流程与分子系统学研究相似。首先，进行序列比对和人工校正，剪去序列两端不可靠的碱基序列；然后，用 MEGA 或 PAUP 计算种内和种间的 Kimura 双参数法距离（Kimura 2-parameter distance），再根据计算结果构建邻接（neighbour-joining，NJ）系统发育树。简而言之，DNA 条形码技术主要包括 DNA 条形码数据获取、DNA 条形码数据分析两大步骤和七个关键环节（图 2-1）。

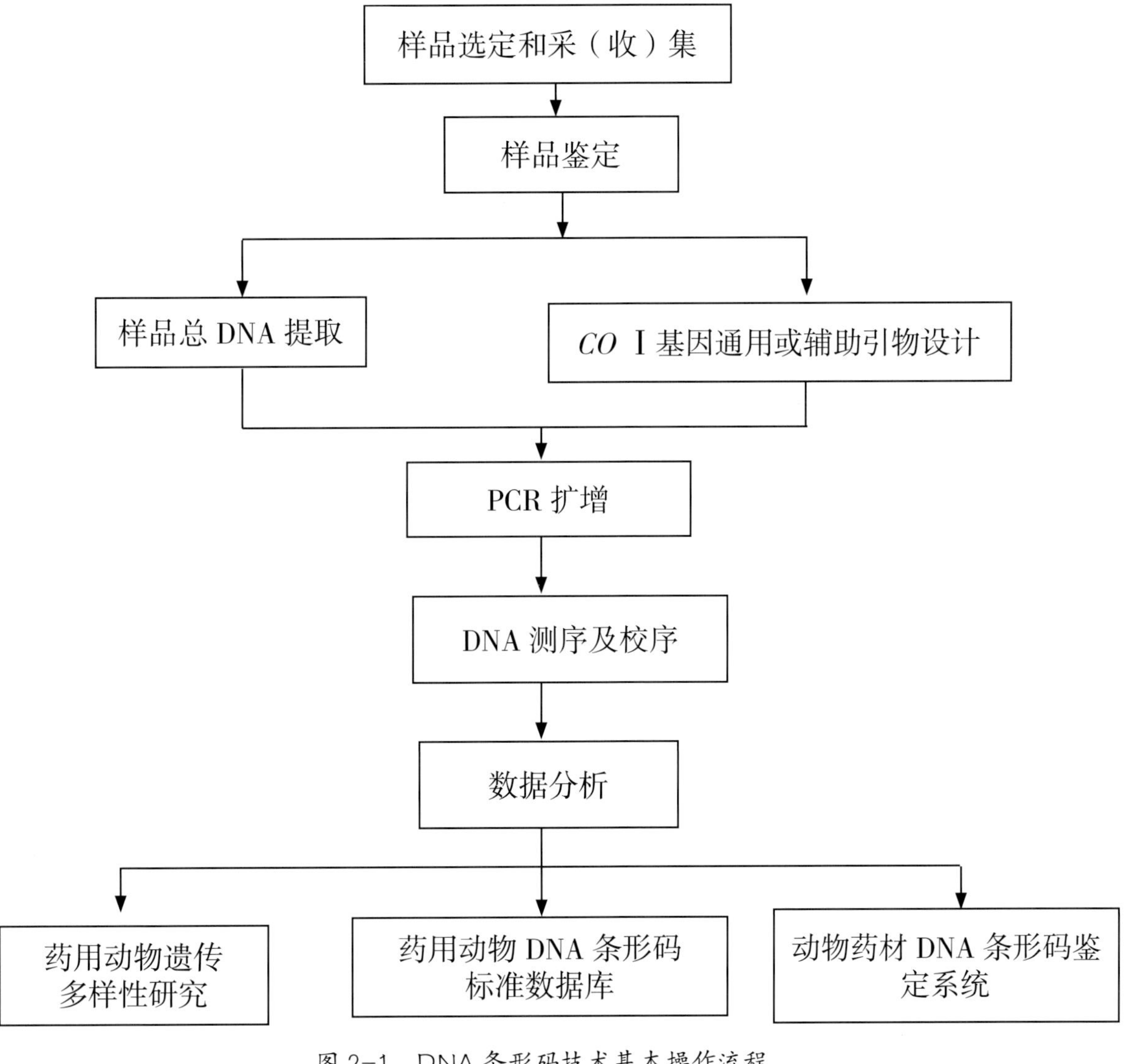

图 2-1　DNA 条形码技术基本操作流程

一、样品采（收）集

样品采（收）集的关键在于种内水平应选择多少个体。Meyer 等通过比较选用 2、5、10 个个体时的种内遗传距离发现，平均溯祖度随着采样数量的增加而增加，分别为 0.0049、0.0057、0.0070，故应尽可能增加物种种内取样数量。但是，考虑研究成本，一般认为每个物种选择 5 个不同居群，每个居群选择 10 个个体即可。当然，此流程还包括样品的采（收）集、保存，样品标签信息如采集者、分类地位、日期和全球地理位置坐标等。动物样品取样分为损伤性取样（invasive sampling）和非损伤性取样（noninvasive sampling），前者包括新鲜肌肉、血液、内脏等组织样品，后者包括皮张、脱落毛发、尿液、粪便以及馆藏标本、动物药材等。为此，我们制定了“药用动物 DNA 条形码实验样品采（收）集规范”（见附录）。

二、DNA 提取

不同种内生物（动物、植物、微生物）的基因组 DNA 提取方法各有不同；同一种类生物因其不同组织之细胞结构及所含成分不同，其 DNA 提取方法也有所不同。DNA 在生物体内是以与蛋白质形成复合物的形式而存在的，核酸与蛋白质之间的结合力包括离子键、氢键、范德华力等，破坏或降低这些结合力就可将核酸与蛋白质分开。

制备基因组 DNA 是进行基因结构和功能研究的重要步骤。在 DNA 提取过程中应尽量避免使 DNA 断裂和降解的各种因素，以保证 DNA 的完整性，为后续试验研究打下基础。除 CTAB（hexadecyl trimethyl ammonium bromide，十六烷基三甲基溴化铵）法外，常见方法还有以下 3 种：

1）物理方法：如玻璃珠法、超声波法、研磨法、冻融法。

2）化学方法：如异硫氰酸胍法、碱裂解法。

3）生物方法：如酶法。

此外，根据核酸分离纯化方式不同，有硅质材料、阴离子交换树脂等。

动物 DNA 主要存在于细胞核与线粒体中，其提取有 2 个关键因素：一是破碎细胞难。从动物机体损伤性或非损伤性取样到样品处理、破碎细胞费时较长，尤其是干燥、陈久动物药材，此间 DNA 可能会被 DNA 酶（DNase）降解。而动物组织尤其是干燥肌肉组织很难破碎，即使是较易破碎的肝、肾等组织也往往使用组织匀浆器，易造成 DNA 断裂。二是分子量大，一般比细菌大 2~3 个数量级，比病毒大 4~5 个数量级。一般动物基因组 DNA 有 10^7~10^9bp，常在乙二胺四乙酸（EDTA）及十二烷基硫酸钠（SDS）等试剂存在下，用蛋白酶 K（proteinase K，PK）消化细胞，随后用酚抽提而实现。对不同动物组织或样品，应选择适当提取、分离方法。

（一）动物药材 DNA 提取

动物药材前处理非常重要。肌肉类动物药材如海龙、蛇类、蛤蚧等，消化前须进行紫外线杀菌处理，充分磨碎，可以用 1.5ml 离心管抽提。含较多脂类的动物药材如哈蟆油，消化前用不含蛋白酶 K 和 SDS 的缓冲液浸泡，在消化缓冲液中适当增加 SDS 含量，有利于脱去脂类。骨甲类动物药材如鳖甲、龟甲、羚羊角、鹿茸等，其 DNA 含量较低，样品量要适当增加，一般用大体积离心管（5ml 或 15ml）抽提。

1. 蛋白酶 K 与苯酚抽提法

1）若药材存放时间较久，为防止外源 DNA 污染，先用无水乙醇擦洗药材，并在 20W 紫外线灭菌灯下照射 30min，再磨粉。

2）骨甲类药材需进行脱钙处理。取 0.1g 样品粉末至 1.5ml 离心管中，加入脱钙液 1.2ml 充分混匀，4℃下静置 24h，3000r/min 离心 15min，弃上清液，沉淀用灭菌水洗，3000r/min 离心 10min。4℃下储存。

3）打开水浴锅，检查水位，调节温度至 56℃。

4）取非骨骼类样品粉末或骨甲类样品脱钙粉末 0.1g 至 2.0ml 离心管中，向管内加入 DNA 提取缓冲液 800μl，充分混匀，加入 20g/L 蛋白酶 K 50μl、10% SDS 100μl，混匀，56℃水浴 2h。

5）冷却至 45℃以下，加等体积的苯酚 – 氯仿混合液，12000 r/min 离心 10min，取上清液至一个新的 2.0 ml 离心管中，再用氯仿 – 异戊醇混合液抽提 1 次。

6）将上层液（约 700μl）吸入另一个干净的 1.5ml 离心管中，加入 3mol/L 乙酸钠（pH 5.2）0.1 倍体积，混匀后加入等体积异丙醇，混匀后于 –20℃放置 2h。

7）4℃下 12000r/min 离心 10min。

8）弃上清液，加入 70% 乙醇 500μl 悬浮 DNA，12000r/min 离心 5min；重复此操作一次。

9）弃上清液，加入无水乙醇 500μl 悬浮 DNA，12000 r/min 离心 5min；重复此操作一次。

10）弃上清液，挥干乙醇，加入适量（约 100μl）灭菌水，待 DNA 溶解，检测后 4℃临时保存或于 –20℃长期保存。

2. 快速提取法

快速提取法分为常量 DNA 提取法和微量 DNA 提取法。DNA 提取和纯化过程应设置核酸提取空白对照。

（1）常量 DNA 提取法

1）取干燥药材粉末 10~25mg，加入 DNA 提取缓冲液 200μl，充分混匀。

2）加入中和缓冲液 800μl，混匀，12000r/min 离心 1min 或静置 10min，取上清液 500μl 至一个新离心管内，加入中和缓冲液 500μl，混匀。

3）检测后 4℃临时保存或 –20℃长期保存。

（2）微量 DNA 提取法

1）取 96 孔微孔板，每一孔内加入粉碎的干燥材料约 1mg 及 DNA 提取缓冲液 20μl，煮沸

10~15s，取出。

2）使用漩涡振荡器混匀 10s。

3）每一孔内加入中和缓冲液 80μl，轻微漩涡混匀。

4）13000r/min 下离心 5min 或静置 15min。

5）取上清液 5μl 加入 75μl 去离子水中。

6）检测后 4℃临时保存或 -20℃长期保存。

3. 硅胶或硅胶膜 DNA 提取法（试剂盒法）

各种硅胶或硅胶膜方法均可提取相对纯化的 DNA，尤其适合 DNA 有降解的动物药材。其原理是基于 DNA 在高浓度的裂解液中会与硅胶结合。首先将样品浸泡于异硫氰酸胍中，随后使 DNA 与硅胶结合。

4. Chelex-100 DNA 提取法

当样品较少或基因分析只需少量的 DNA 时，可以用 Chelex-100 法提取 DNA。Chelex-100 是一种化学螯合树脂，由苯乙烯、二乙烯苯共聚体组成。含有成对的亚氨基二乙酸盐离子，可螯合多价金属离子，尤其是选择性整合二价离子，比普通离子交换剂具有更高的金属离子选择性和较强结合力。能结合许多可能影响下一步分析的其他外源物质。通过离心除去 Chelex-100 颗粒，使这些与 Chelex-100 结合的物质与 DNA 分离，防止结合到 Chelex-100 中的抑制剂或杂质带到 PCR 反应中，影响下一步的 DNA 分析，并通过结合金属离子，防止 DNA 降解。

具体流程为：

1）将前处理后的药材放入装有 1ml 消毒蒸馏水的 1.5ml 离心管中，在 20~25℃保温 15~30min，不时翻转离心管或温和振荡。

2）12000g/min 离心 2~3min（去除细胞残渣）。

3）取上清液 20~30μl 加入到 5%Chelex-100 悬浮液中，终体积为 200μl（5%Chelex-100 在不断缓慢搅拌下用剪去尖头的 1ml 移液枪头转移）。

4）在 56℃保温 15~30min 后，高速振荡 5~10s。

5）在 100℃沸水浴中保温 8min。

6）12000g/min 离心 2~3min（沉淀树脂颗粒）。

7）取上清液 20μl 进行 PCR。

8）其余样品存放于 -20℃或 4℃待用，在取出另一份进行 PCR 之前，须重复振荡与离心步骤。

（二）药用动物 DNA 提取

1. 动物细胞 DNA 提取

一般真核细胞基因组 DNA 有 10^7~10^9bp，可以从新鲜组织、培养细胞或低温保存的组织细胞中提取，常用在 EDTA、SDS 等试剂存在下，用蛋白酶 K 消化细胞，然后用酚抽提而实现。根据材料来源不同，采取不同材料处理方法，以后的 DNA 提取方法大体类似，但都应考虑以下两个原则：防止和抑制 DNA 酶对 DNA 的降解；尽量减少对溶液中 DNA 的机械剪切破坏。

（1）试剂

1）TE 缓冲液：10mmol/L Tris- 盐酸（pH 7.8）、1mmol/L EDTA（pH 8.0）。

2）TBS 缓冲液：25mmol/L Tris- 盐酸（pH 7.4）、200mmol/L 氯化钠、5mmol/L 氯化钾。

3）裂解缓冲液：250mmol/L SDS，使用前加入蛋白酶 K 至 100mg/ml。

4）抽提缓冲液：20% SDS、2mg/ml 蛋白酶 K、Tris- 饱和酚（pH 8.0）、酚 - 氯仿（体积比 1 ∶ 1）、氯仿、无水乙醇、75% 乙醇。

（2）前处理

1）新鲜或冰冻组织处理：取组织块 0.3~0.5cm^3 剪碎，加 TE 缓冲液 0.5ml，转移到匀浆器中匀浆；将匀浆液转移到 1.5ml 离心管中，加 20% SDS 25ml、2mg/ml 蛋白酶 K 25ml，混匀；60℃水浴 1~3h。

2）培养细胞处理：将培养细胞悬浮后，用 TBS 缓冲液洗涤 1 次；4000g 离心 5min，去除上清液；加 10 倍体积的裂解缓冲液，50~55℃水浴 1~2h。

（3）操作

1）加等体积饱和酚至上述样品处理液中，温和、充分混匀 3min。

2）5000g 离心 10min，取上层水相到另一支 1.5ml 离心管中。

3）加等体积饱和酚，混匀，5000g 离心 10min，取上层水相到另一离心管中。

4）加等体积酚 - 氯仿，轻轻混匀，5000g 离心 10min，取上层水相到另一离心管中。如水相仍不澄清，可重复此步骤数次。

5）加等体积氯仿，轻轻混匀，5000g 离心 10min，取上层水相到另一离心管中。

6）加 1/10 体积的 3mol/L 醋酸钠（pH 5.2）和 2.5 倍体积的无水乙醇，轻轻倒置混匀。

7）待絮状物出现后，5000g 离心 5min，弃上清液。

8）沉淀用 75% 乙醇洗涤，5000g 离心 3min，弃上清液。

9）室温下挥发乙醇，待沉淀将近透明后加 TE 缓冲液 50~100ml 溶解过夜。

2. 冷冻或新鲜抗凝全血 DNA 提取

（1）设备

微量离心管、微量取液器（20μl、200μl、1000μl）、台式高速离心机、漩涡振荡器等。

（2）试剂

1）裂解缓冲液：40mmol/L Tris- 醋酸、20mmol/L 醋酸钠、1mmol/L EDTA、1% SDS， pH 8.0。

2）抽提缓冲液：Tris- 饱和酚、氯仿 - 异戊醇、醋酸钠离子、RNA 酶、无水乙醇、灭菌水等。

（3）操作

1）在 500μl 抗凝血中加入裂解缓冲液 1000μl，充分颠混至清亮，4000r/min 离心 5min，弃上清液。

2）沉淀中加入裂解缓冲液 1500μl，充分匀浆，6000r/min 离心 5min 。

3）彻底弃去上清液，加入抽提缓冲液 500μl（裂解细胞），混匀置于 37℃，水浴 1h。

4）加入蛋白酶 K 8μl，颠混，37℃水浴过夜（或 55℃，3h。但 37℃过夜效果比较好）。

5）每管加入饱和酚（取溶液下层）450μl，缓慢摇晃 10min，5500r/min 离心 15min。

6）取上清液，每管加入饱和酚、氯仿 - 异戊醇（体积比 24 ∶ 1）各 250μl，摇匀 10min，5500r/min 离心 15min。

7）取上清液，每管加入氯仿 - 异戊醇（体积比 24 ∶ 1）500μl，摇匀 10min，5500r/min 离心 15min。

8）取上清液，每管加 3mol/L 醋酸钠 50μl，适量无水乙醇（预冷）至满，摇匀放入 -20℃保存 2h 以上。

9）12000r/min 离心 20min，弃上清液，加入 70% 乙醇 500μl，12000r/min 离心 5min，弃上清液，50~60℃干燥。

10）加入灭菌去离子水 50μl，混匀。

3. 石蜡包埋组织 DNA 提取

用改良 TES 水浴脱蜡 - 酚氯仿法。具体步骤如下：

1）向装有组织切片的微量离心管中加入 TES 溶液 1ml，充分振荡，70℃水浴 30 min，再次振荡，4℃下 13000r/min 离心 15min，弃上清液。重复该步骤共 3 遍。

2）在已脱蜡的组织切片管内加入 TES 溶液 500μl 和蛋白酶 K 30μl，37℃水浴过夜。

3）在已消化过夜的组织中加入 Tris- 饱和酚 500μl，充分振荡，4℃下 13000r/min 离心 10min，取上清液，加入 Tris- 饱和酚、氯仿 - 异戊醇（体积比 24 ∶ 1）各 250μl，轻轻翻转 10min，4℃下 13000r/min 离心 10min，取上清液并加入预冷的无水乙醇 1ml、3mol/L 醋酸钠 30μl，充分混匀，-20℃过夜。4℃下 13000r/min 离心 15min，弃上清液。向微量离心管中加入体积分数为 75% 的乙醇 1ml，轻轻翻转 3 min，4℃下 13000r/min 离心 15min，弃上清液，室温干燥 20min 或直至乙醇完全挥发，加入 TE 缓冲液 50μl 溶解 DNA（-20℃保存）。

4. 甲醛固定骨骼、肌肉组织 DNA 提取

（1）甲醛固定骨骼 DNA 提取

用剪刀刮出 3g 骨内骨松质，加入到 50ml 脱钙液中（0.2mol/L Tris 50ml、EDTA 5g，pH 7.0）混匀后静置 72h，用移液用具抽取沉淀部分的中层液体 0.5ml 于 1.5ml 离心管中，依次加入 5% Chelex-100 溶液 100μl、20mg/ml 蛋白酶 K 6μl （终浓度为 200μg/μl），放入 56℃水浴槽中孵化 72h，100℃水浴 8min，13000r/min 离心 5min，离心后储存于 4℃冰箱中备用。

（2）甲醛固定肌肉组织 DNA 提取

取肌肉组织少许，剪碎后放入 1.5ml 离心管中，用 Chelex-100 法（5% Chelex-100 溶液 400μl，20mg/ml 蛋白酶 K 液 5μl，置于 56℃孵化 2h 后，100℃ 水浴 8min，振荡 15~30s，13000r/min 离心 5min），离心后储存于 4℃冰箱中备用。

（3） DNA 纯化

取骨骼和肌肉组织提取液各 250μl 于 1.5ml 离心管中，依次加入等体积酚氯仿后摇晃 10 次，4500r/min 离心 4min，均取上清液 150μl 于 0.5ml 离心管中，加入 6mol/L 氯化钠 75μl，加入 50μl 乙醇，在相同条件下离心，观察有无沉淀，将上清液倒去后晾干，加入 TE 缓冲液 75μl，放入 4℃冰箱中备用。

5. 毛发 DNA 提取［二硫苏糖醇（DTT）- 裂解液法］

1）取 2~4 根毛根（即毛囊，必须是毛囊）0.5cm，分别剪为 2 段，置入 0.2ml 微量离心管中。

2）向微量离心管中加入裂解缓冲液［裂解缓冲液用市售 10 × PCR 缓冲液（500 mmol/L 氯化钾、100mmol/L Tris- 盐酸、20mmol/L 氯化镁）稀释 10 倍，加 Triton X-100 至含量为 1%，蛋白酶 K 至 20mg/L，DTT 至 0.4 mol/L］15μl，65℃退火 30min；100℃ 变性 8min；4℃ 保存 10min。瞬时离心后取 2μl 作为 PCR 模板。

6. 陈旧皮张 DNA 提取

1）剪取 0.3cm^2（约 0.01 g）皮张标本，用消毒解剖刀去除皮张表面的毛发及其他附着物。

2）用消毒剪刀将皮张剪成 1mm^3 以下的微粒，置于微量离心管中，以去离子水高速振荡洗涤 3 次，高速离心，倾去上清液。

3）在微量离心管中加入消化液［10 mmol/L Tris- 盐酸、0.5% SDS、1mmol/L 氯化钙、0.2mg/ml 蛋白酶 K，pH8.0］500μl，54℃水浴过夜（14 h）。

4）消化结束时，加入 1μmol/L EDTA（pH 8.0）1μl。

5）加入 10% Chelex-100 溶液 200μl，高速振荡混匀，置沸水浴中 20min。

6）4000r/min 离心 5min，取上清液。

7）用等体积的酚 - 氯仿 - 异戊醇（体积比 25:24:1）抽提样品，4000r/min 离心 10 min，重复 2~3 次。

8）在 DNA 溶液中加入 1/10 体积 3mol/L 的醋酸钠溶液和 2 倍体积预冷的无水乙醇，混匀，于 -20℃下静置 20min。

9）12000r/min 离心 10min，弃去上清液。

10）加入 1 ml 预冷的 75% 乙醇，颠倒离心管数次，12000r/min 离心 3min，弃去上清液，储存于 4℃冰箱中备用。

（三）药用动物 mtDNA 提取

1. mtDNA 提取原理

线粒体是存在于绝大多数真核细胞内的一种基本而重要的细胞器，是细胞进行氧化磷酸化的场所。线粒体基因组与核基因组的同源基因结构对比也被广泛应用于核基因和核外基因的进化研究中。线粒体基因在真核生物中具有高保守性、分子量小、结构简单、母性遗传和进化速度快等特点，其已成为研究动物群体遗传学、进化生物学与物种鉴定的一种常用标记。

不同物种 mtDNA 大小悬殊。一般植物 mtDNA 较大，其分子大小为 186~2400kb，原生动物 mtDNA 为 18.5~55kb，真菌 mtDNA 大小为 17.6~115kb，真核动物 mtDNA 较小，为 15.7~19.5kb。正常动物线粒体寿命一般仅为 1 周时间，离体线粒体在低温下（0~8℃），其活性可以保存 3~7 天，在常温下（25℃）只能保存 1~2 小时。

线粒体专一活性染料詹纳斯绿 B（Janus green B）具有脂溶性，能跨过细胞膜，有染色能力的基团带正电，结合在负电性的线粒体内膜上，内膜的细胞色素氧化酶使染料保持氧化状态，呈现蓝绿色，而在细胞质内，染料被还原成无色。线粒体浸没在詹纳斯绿 B 中能维持活性数小时，可直接观察到生活状态下线粒体的外形、分布及运动。线粒体制品经詹纳斯绿 B 特异染色后，光学显微镜下放大 100 倍镜检能够发现是否有线粒体存在及它的大小、形状、数量、结构。

提取 mtDNA，必须先将线粒体膜溶解或破碎而使 mtDNA 释放出来。一般情况下，要获得较为完整而大量的线粒体，通常用 STE 抽提缓冲液浸泡材料并用玻璃匀浆器或研钵研磨破碎。

2. 线粒体粗提

动物细胞线粒体较小，而真核细胞及其碎片、蛋白质沉淀物都比较大，所以用差速离心方法可以将它们分离。

差速离心法又叫分级离心法，当非均一粒子（大小、密度各不相同）的悬浮液被离心时，各种粒子将以各自的沉降速率移至离心管底部， 逐步在管底形成沉淀。为分出特定组分，需进行一系列离心。首先选择一个离心速度和离心时间， 第一次离心时把大部分不需要的更大粒子沉降而去掉，这时所需要的组分大部分还留在上清液中；再选择第二个离心速度和离心时间，使大部分不需要且更小的粒子留在上清液。去掉上清液后，添加相同介质把沉淀悬浮起来。重复上述的差速离心，反复几次，直至达到所需要的粒子纯度为止。

通常用相对离心力（RCF）将粒子沉淀下来。而相对离心力的大小取决于试样所处的位置至轴心的水平距离即旋转半径 R 和转速 n， 其计算公式为：

$$RCF=1.118\times10^{-5}n^2R$$

n 为转速（r/min）；R 为旋转半径（cm）；RCF 计算结果单位为 g。

混合液中粒子分离、沉淀所需时间（Ts） 计算公式为：

$$Ts=27.4\times(\log R_{max}-\log R_{min})L/n^2r^2(R-Q)$$

R_{max} 为离心试液的底至轴心的水平距离（cm）；R_{min} 为离心试液的面至轴心的水平距离（cm）；r 为粒子半径（cm）；R 为粒子密度（g/cm^3）；Q 为混合液密度（g/cm^3）；L 为混合液黏度（Po）；Ts 计算结果单位为 min。

以上两个公式能确定各种差速离心的离心力（RCF）和离心时间（Ts）。一般去除细胞碎片及杂质的离心力 500~2000g，离心时间 5~15min， 沉淀线粒体的离心力 12000~20000g，离心时间 20~40min。

3. mtDNA 提取

（1）mtDNA 粗制

首先，破碎线粒体膜将其 DNA 释放出来。溶液 A （ 0.2 mol/ L 氢氧化钠 -1%SDS） 的 1%SDS 能够破碎线粒体膜，使线粒体 DNA 释放出来；0.2mol/L 氢氧化钠提供了一个强碱环境，使基因组 DNA 和线粒体 DNA 的氢键都发生断裂而变性。溶液 B（醋酸钾 - 醋酸或醋酸钠 - 醋酸缓冲液）呈酸性，可以中和溶液 A 的强碱性而使溶液呈中性，便于线粒体 DNA 复性，而基因组 DNA 不能复性。复性的线粒体 DNA 溶于水溶液中，不能复性的基因组 DNA 形成沉淀，通过离心可将两者分离开来。之后用 0.6 倍体积的异丙醇或 2~2.5 倍体积的无水乙醇沉淀线粒体 DNA。

（2）mtDNA 纯化

通过去除蛋白质、脂类、金属离子、阴离子和维生素等其他物质而获得纯化的 mtDNA。首先，加 RNA 酶（200μg/ml）37℃水浴 2~4h 以消化 RNA。之后，用酚、酚 - 氯仿 - 异戊醇（体积比为 25 ∶ 24 ∶ 1）、氯仿抽提 DNA 以去除蛋白质、脂类等其他物质。

（3）mtDNA 沉淀、溶解

纯化后的线粒体 DNA 量较小，用异戊醇或沉淀缓冲液沉淀。mtDNA 溶液加入 0.6 倍体积异戊醇或沉淀缓冲液，置 -20℃下放置 30min，离心后即得纯净的 mtDNA。之后，用 70% 乙醇沉淀洗涤 2 次，于真空中干燥 20min。加入适量的 TE 溶液（pH 8.0）溶解 mtDNA。储存于 4℃冰箱中备用。

4. mtDNA 检测

通常有 3 种方法可用于检测 mtDNA 浓度和纯度，即琼脂糖凝胶电泳（AGE）、限制性内切酶酶切（RED）和紫外分光光度计（UV）。琼脂糖凝胶电泳可以通过泳带颜色的深浅来判断其浓度，通过是否有拖带来确定其纯度，还可通过分子量标记来确定 mtDNA 的大小。限制性内切酶酶切可以知道是否为基因组，如果是基因组，则不能酶切出清晰的条带来；如果没有基因组污染，只要该 mtDNA 存在此酶切位点，就会酶切出条带来。紫外分光光度计可以测得 A_{260} 和 A_{260}/A_{280}，其中 A_{260} 越大，其 DNA 浓度也越大，反之越小。A_{260}/A_{280} 一般介于 1.6~2.0 之间，如果 A_{260}/A_{280} 大于 2.0，则此 DNA 可能有 RNA 污染，A_{260}/A_{280} 小于 1.6，则此 DNA 可能有蛋白质、酚、氯仿或乙醇等污染。

5. 常用 mtDNA 提取方法

常用 mtDNA 提取方法有多种，各有优缺点（见表 2–1）。

表 2–1　常用 mtDNA 提取方法优缺点比较

方 法	优 点	缺 点
氯化铯密度梯度离心法	分辨能力很好，同时分离样品的几个或全组分	需要高昂设备，实验时间较长
柱层析法	操作简单，效果好，重复性高，应用广	需要高昂设备，实验时间较长，分辨率较低
DNA 酶法	获取线粒体方法简单，有效去除核 DNA 污染	药品较贵，时间较长
碱裂解法	费用最少，时间最短，基本可去除核 DNA 污染	mtDNA 可能有两种结构：环状、开环
改良的碱变性法	方法简单，费用较少，核 DNA 污染最小	所需药品与试剂较多，费用较贵，时间较长

（1）氯化铯密度梯度离心法

密度梯度离心法是把样品粒子在一个密度梯度介质中离心，这个介质由一个合适的小分子及其溶剂组成。离心时，离轴心越远介质密度越大。氯化铯密度梯度离心法就是以氯化铯为介质将各组分分离出来。此方法具有良好的分辨能力，可以同时使样品中几个或全部组分分离，以前常用于线粒体的分离。

（2）柱层析法

层析分离技术是一种物理的分离方法，它利用混合物中各组分的物理化学性质的差别（如吸附力、分子形状和大小、分子极性、分子亲和力、分配系数等），各组分以不同程度分布在两相中，从而使各组分以不同速度移动而达到分离。柱层析法是利用各分子形状和大小不同，在层析柱中的流速不同而将各组分分离。此方法操作简单，效果好，重复性高，应用广泛。以前常用于线粒体的分离。

（3）DNA 酶法

此方法是在差速离心获得线粒体后，通过一定浓度的 DNA 酶消化，有效地去除线粒体表面附着的核 DNA。

（4）碱裂解法

碱裂解法借鉴质粒快速提取法而建立，在差速离心获得线粒体后，通过碱变性，高盐溶液复性，分离环状的 mtDNA 和线状的 nDNA，从而获得 mtDNA。

（5）改良的碱变性法

改良的碱变性法是在差速离心获得线粒体后，通过 DNA 酶消化附着在线粒体表面的 nDNA，再通过碱变性，高盐溶液复性，获得纯净的 mtDNA。

（6）毛发 mtDNA 提取［二硫苏糖醇（DTT）- 裂解液法］

1）取 2~4 根去毛根（毛囊）0.5cm 后的毛发，自发根端向发梢端剪取 3cm 毛干段，并将其剪碎后放入 0.2ml 微量离心管中。

2）向微量离心管中加入 15μl 裂解液［裂解液用市售 10×PCR 缓冲液（500 mmol/L 氯化钾、100mmol/L Tris- 盐酸、20mmol/L 氯化镁］稀释 10 倍，加 Triton X-100 至含量为 1%，蛋白酶 K（PK）至 20mg/L，DTT 至 0.4 mol/L，65℃水浴 30min，100℃水浴 8min，4℃冷藏 10min，瞬时离心后取 2μl 作为 PCR 模板。

（四）DNA 提取常见问题及对策

1. DNA 样品不纯，抑制后续酶解和 PCR 反应

（1）原因

DNA 中含有蛋白、多糖、多酚类杂质；DNA 在溶解前，有乙醇残留，乙醇抑制后续酶解反应；DNA 中残留有金属离子。

（2）对策

重新纯化 DNA，去除蛋白、多糖、多酚等杂质；重新沉淀 DNA，让乙醇充分挥发；增加 70% 乙醇洗涤的次数（2~3 次）。

2. DNA 降解

（1）原因

材料不新鲜或反复冻融；未很好抑制内源核酸酶的活性；提取过程操作过于剧烈，DNA 被机械打断；外源核酸酶污染；DNA 样品反复冻融。

（2）对策

尽量取新鲜材料，低温保存材料，避免反复冻融；液氮研磨或匀浆组织后，应在解冻前加入裂解缓冲液；在提取内源核酸酶含量丰富材料的 DNA 时，可增加裂解液中螯合剂的含量；细胞裂解

后的后续操作应尽量轻柔；所有试剂用无菌水配制，耗材经高温灭菌；将 DNA 分装保存于缓冲液中，避免反复冻融。

3. DNA 提取量少

（1）原因

实验材料不佳或量少，破壁或裂解不充分，沉淀不完全，洗涤时 DNA 丢失。

（2）对策

尽量选用新鲜（幼嫩）的材料；匀浆研磨充分，高温裂解时，时间适当延长，适当增加蛋白酶 K 用量；延长低温沉淀时间；加辅助物，促进沉淀；洗涤时，最好用枪头将洗涤液吸出，勿倾倒。

三、引物设计

（一）引物设计基本原则

首先，引物与模板的序列要紧密互补；其次，引物与引物之间避免形成稳定的二聚体或发夹结构；第三，引物不能在模板的非目的位点引发 DNA 聚合反应（即错配）。

（二）引物设计具体准则

1）引物不能有互补。引物 3′ 端不可修饰，引物之间不能在 3′ 端有很大互补性，自身不应有互补序列。

2）合适长度和解链温度。引物长度以 18~30bp 为宜，两条链解链温度不能相差太大，应不超过 5℃。

3）序列应位于高度保守区并具有特异性。引物序列在模板中尽可能没有与其相重复序列，特别是 3′ 不能有超过 5 个碱基与放大区内的序列完全互补。

4）碱基尽可能随机分布，GC 含量占 40%~60%。

5）引物 5′ 端序列对 PCR 影响不太大。常用来引进修饰位点或标记物。可根据下一步实验中要插入 PCR 产物载体的相应序列而确定。

常用扩增动物 *CO* Ⅰ基因 DNA 条形码通用引物见表 2–2。

表 2–2　常用扩增动物 *CO* Ⅰ基因 DNA 条形码通用引物

片段	引物名称	引物序列（5′ → 3′）
通用引物	L*CO* 1490	GGT，CAA，CAA，ATC，ATA，AAG，ATA，TTG，G
	H*CO* 2198	TAA，ACT，TCA，GGG，TGA，CCA，AAA，AAT，CA
CO Ⅰ	L5956–*CO* Ⅰ	CAC，AAA，GAC，ATT，GGC，ACC，CT
	H6855–*CO* Ⅰ	AGT，CAG，CTG，AAK，ACT，TTT，TAC
	FishF1	TCA，ACC，AAC，CAC，AAA，GAC，ATT，GGC，AC
	FishR1	TAG，ACT，TCT，GGG，TGG，CCA，AAG，AAT，CA
	FishF2	TCG，ACT，AAT，CAT，AAA，GAT，ATC，GGC，AC
	FishR2	ACT，TCA，GGG，TGA，CCG，AAG，AAT，CAG，AA

四、PCR 扩增

（一）PCR 基本原理

聚合酶链式反应（polymerase chain reaction，PCR）技术是 20 世纪 80 年代创建的一种体外酶促扩增 DNA 技术。该技术可以在体外将模板 DNA 片段扩增上百万倍。PCR 技术以其操作简便、灵敏度好、特异性高、易于自动化等特点，已经迅速渗透到生命科学的各个领域，特别是在基因克隆、核酸测序、疾病诊断、基因表达调控研究等领域显示出强大的生命力。该技术的发明者也因此于 1993 年获得了诺贝尔奖。

模板 DNA 先经高温变性为单链，以合成的两条已知序列的寡核苷酸为引物，在 DNA 聚合酶作用下，以 4 种脱氧核糖核苷酸三磷酸（dNTP）为底物，将位于两引物之间的模板 DNA 片段进行复制。这样经过变性、退火（复性）、延伸一个循环，每一个循环的产物作为下一个循环的模板，如此循环 30 次左右，介于两个引物之间的新生 DNA 片段理论上达到 2^{30} 拷贝，约为 10^{9} 个分子。PCR 每一步转换通过温度的改变控制。

变性：模板 DNA 加热至 94℃左右维持一定时间后，DNA 双链解离为单链 DNA。单链 DNA 模板在较低温度下可与引物特异性结合。

退火（复性）：单链 DNA 模板在 55℃左右，与引物互补序列配对结合。

延伸：待 DNA 模板 - 引物复合物形成后，将温度升至 72℃左右，在耐热 DNA 聚合酶（Taq DNA 聚合酶）的作用下，以 dNTP 为反应原料，靶序列为模板，按碱基互补配对与半保留复制原则，合成一条新的与模板 DNA 链互补的半保留复制链。

变性—退火—延伸构成 PCR 反应的一个循环，重复循环这三部曲，可获得更多的“半保留复制链”，这种新链又可成为下次循环的模板，每完成一个循环需 2~4min，2~3h 就能将待扩目的基因扩增放大几百万倍（图 2-2）。

（二）扩增体系

常用扩增体系一般为：10 × PCR 缓冲液 2.5μl、dNTP（2.5mmol/L）1μl、鉴别正反向引物（10 μmol/L）各 1μl、耐热 DNA 聚合酶（5U/L）0.2μl、模板 DNA/ 对照 DNA 1μl，最后用灭菌双蒸水补足反应总体积 25μl。

当然，也可根据实际情况加以调整。

（三）扩增程序

一般扩增程序为：95℃预变性 5min；95℃变性 30s，55~65℃退火 45s，72℃延伸 5min（进行 30~40 个循环），获得扩增产物。根据扩增结果随时调整扩增程序，以使反应达到最优效果。

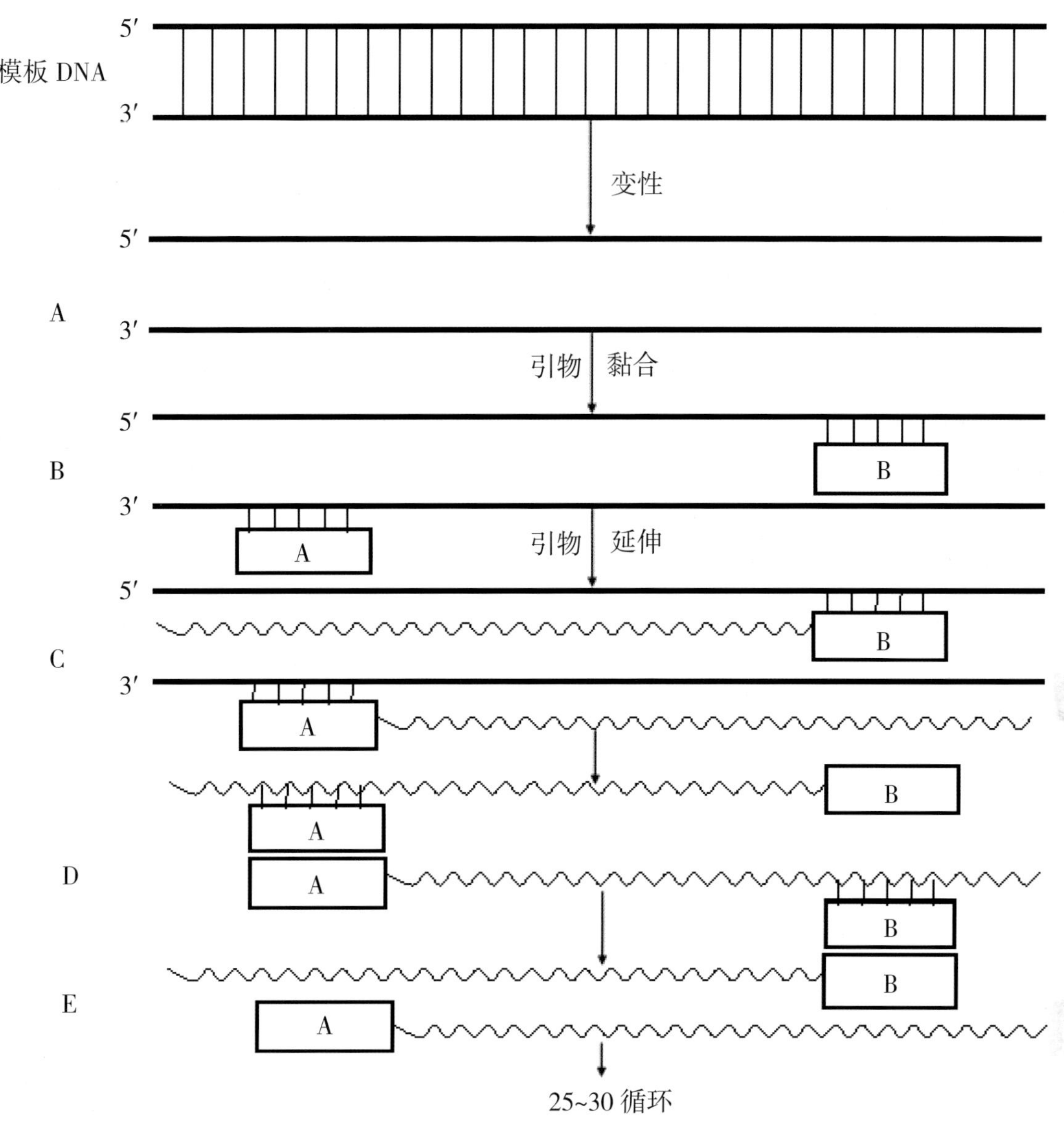

图 2-2　PCR 原理示意图

五、DNA 检测

采用琼脂糖凝胶电泳方法检测 PCR 产物。PCR 扩增产物一般在 48h 以内进行电泳检测，最好于当日进行检测，大于 48h 后带型不规则甚至消失。用 1×TAE（三羟甲基氨基甲烷、乙酸、乙二胺四乙酸缓冲液）或 1×TBE（Tris- 硼酸缓冲液）制备 2% 的琼脂糖凝胶，在凝胶 55~60℃时加入染色剂至其要求的工作浓度。将 PCR 扩增产物与上样缓冲液混合，将混合液点样。电泳后，PCR 产物应在相应的 DNA 条形码序列长度位置（具体见各论）出现一条单一的无拖尾的目的条带，可直接测序。

六、序列测定

使用 DNA 测序仪对目的条带进行双向测序，PCR 扩增引物作为测序引物，测序原理同 Sanger 测序法。有 PCR 扩增条带的样品进行 DNA 序列测定，采用 DNA Star、Chromas、Sequencher、CodonCode Aligner、Clustal X、Genious 等软件进行拼接并辅以人工校正，去除两端引物序列，并将所得序列登录到 GenBank 和 BOLD 系统，获得登录号。原始图谱应为清晰的单峰图谱，干扰信息应低于正常信号的 10%。

七、序列分析

利用 BioEdit 和 Clustal X 等软件对测序所得序列进行排序比对并辅以手工校正，去除引物区，获得长度为 658bp 的样品序列，然后于 GenBank（http://blast.ncbi. nlm.nih.gov/Blast.cgi?PROGRAM=blastn&PAGE_TYPE=BlastSearch&BLAST_SPEC=&LINK_LOC=blasttab）（图 2-3）中用 BLAST（basic local alignment search tool，碱基局部对准检索工具）程序进行相似性检索确定基因片段，将序列登录到 GenBank 系统。将所有序列用 MEGA5.0 软件比对，进行 Kimura 双参数（Kimura 2-parameter）遗传距离等分析，用邻接法（neighbor joining method，NJ 法）对比对的序列构建系统聚类树。系统树各分支的置信度用自举检验法（bootstrap test），检验各分支的支持率，共进行 1000 次循环。

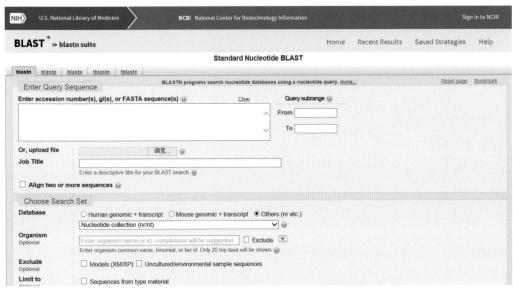

图 2-3　BLAST 网页和网址

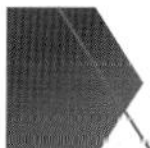

八、DNA 条形码物种鉴定

目前常用 DNA 条形码物种鉴定方法有：

1. 相似性搜索算法

该方法是目前各大数据库如 NCBI、BOLD 等进行搜索查询的主流方法。常用的相似性搜索算法有 BLAST、FASTA、BLAT（BLAST-like alignment tool，类 BLAST 比对工具）等。

2. 距离法

将查询序列与参考序列进行两两比对，当参考序列与查询序列有最小的两两比对距离时，则可对结果进行判定。常用的有 Kimura 双参数法、Jin and Nei 等。

3. 建树法（tree-based method）

建树法指通过物种系统进化关系重建来达到物种鉴定。常用的有邻接法（neighbor joining method，NJ 法）、最大简约法（maximum parsimony method，MP 法）、最大似然法（maximum likelihood method，ML 法）等。

第三章 动物药材分子鉴定

一、概念

动物药材（Medicinal Materials of Animal-Derivative，MMAD）是指在中医药理论指导下，适时采（收）集药用动物和（或）一定药用部位后，经一般产地加工而成的原药材。在 20 世纪 90 年代以前，动物药材与动物药概念一致。随着我国经济社会发展，动物药内涵、外延发生了本质变化，逐渐演变成特指用于防治家畜家禽、观赏动物、各种经济动物或野生动物疾病的各种药物。为不引起混淆、歧义，并且与“动物药”相区别，对于中医药学中来源于动物的药物，应采用“动物药材”作为其正名。

动物药材是我国医药学宝库重要组成部分。早在 3000 多年前，我国就开始了蜜蜂的利用。珍珠、牡蛎养殖最早见于我国。鹿茸、麝香等在我国应用已有 2000 多年历史。我国古代名著《诗经》一书中，就有鸟、兽、虫、鱼共计约 160 味动物药材，其中许多既可食用，也可药用。春秋战国时期《山海经》记述：“河罗之鱼，食之已痈”，“青耕之鸟，可以御疫”，其收载动物药材 65 味。秦汉时期《神农本草经》收载动物药材 67 味，其中鹿茸、麝香、牛黄等仍为现今医药学所应用。2015 年版《中国药典》（一部）收载动物药材 99 味，涉及药用动物 105 种。据初步统计，在我国历代 11 万首名方中，含牛黄的有 1846 个处方，含麝香的有 527 个处方，含羚羊角的有 157 个处方，含熊胆的有 396 个处方，含穿山甲的有 616 个处方等。目前，全世界已研究和使用的动物药材约 3000 味以上，涉及药用动物 2300 多种。动物药材是世界医药学和我国医药学宝贵财富的重要组成部分。

动物药材具有活性强、疗效佳、显效快、应用广、潜力大等特点，随着科学技术的不断发展，动物药材在防病治病尤其是一些疑难杂症的治疗上有着广阔应用前景。世界卫生组织（WHO）在广泛征求全世界有关专家的意见后，认为 21 世纪将是动物药材研究与应用世纪。

二、动物药材鉴定方法

动物药材鉴定的传统方法包括基原（原植物、原动物和矿物）鉴定法、性状鉴定法、显微鉴定法、理化鉴定法等。动物药材鉴定的现代方法包括光谱鉴定法、色谱鉴定法、DNA 条形码鉴定法等。这些方法各有其特点和优势，适应于不同的鉴定材料和场景，而准确性较高的应是 DNA 条形码鉴定法。

动物药材不同鉴定方法比较见表 3-1。

表 3-1 动物药材不同鉴定方法比较

鉴定方法	优点	缺点
性状鉴定	简单、易行、迅速	专业性强、动物药材粉末、中成药中动物药材无法鉴别
显微鉴定	简单、经济、适合动物药材粉末	专业性强，不同部位不同生长时期变化大，难以标准化
薄层层析	直观、快捷、经济，应用较广、色谱操作简便	前期处理和大分子分离困难、结果精确度差
光谱鉴定	简便、快捷、无损、无污染，结果准确、可标准化	专业性强，经济性差，取样、标样困难，结果有误差
色谱鉴定	分离效率高、结果准确、可标准化、不受形态影响	专业性强、前期处理和大分子分离困难、操作复杂
DNA 条形码	重复性较好、方法适用性强、可标准化、简便快捷；取材方便而量少；毛发、血液、粪便等均可检测；不受环境变化及经验影响	动物鉴定研究广泛，植物鉴定技术相对不太成熟；动物药材鉴定数据库尚未建立，可参考数据较少

三、动物药材分子鉴定现状

中医药学认为，动物药材属“血肉有情之品”，具有疗效确切、历史悠久等特点，故而备受人们重视。尤其是随着社会发展和科技进步，人类社会更加崇尚自然，使用天然食品、天然药品成为社会新潮，动物药材更是成为新药、新型保健品开发利用的主要对象，导致野生药用动物资源锐减，动物药材供需矛盾日益突出，市场上代用品、混淆品和伪品时有所见。动物药材大多外形残缺不全，组织学特征不明显，理化成分专属性不强，且复杂而不易分离，实践中难以准确鉴定动物药材种属。作为遗传信息的直接载体，DNA 分子标记不受外在形态、发育阶段、取样部位和生境差异的影响，为动物药材鉴定提供了有力的技术支持。动物药材多以原粉（如羚羊角粉、熊胆粉、纯蛇粉等）、原药（如麝香、鹿茸等）或其加工品（如阿胶、鹿角胶、龟甲胶等）入药，DNA 保存相对完整，适合使用分子手段进行真伪鉴定、纯度检测与质量评价。

近年来，有关动物药材 DNA 分子鉴定报道日益增多，用于 DNA 分子检测的主流手段在动物药材鉴定方面均有应用，除利用随机扩增多态性 DNA（random amplified polymorphic DNA， RAPD）分子标记对海龙及其伪品进行分子鉴别、对鹿茸进行分子鉴别及利用限制性片段长度多态性聚合酶链反应（PCR–RFLP）技术对海马进行鉴别等分子标记手段外，对动物药材分子鉴定方法主要集中在以下两个方面。

（一）基于特异性引物 PCR 的分子鉴定方法

通过对正品、伪品生药的 DNA 片段序列进行研究，找出差异位点，设计出正品药材的特异性引物（或设计扩增长度具有差异的引物）进行 PCR 扩增，从而产生特异性条带用于鉴别生药正品、伪品。特异性引物设计所依据的 DNA 序列，可来自通用条形码序列（如 *CO* Ⅰ、Cyt b 等）、功能基因、重复序列（如 SINE 等）或 DNA 扩增指纹图谱的差异条带测序结果（如 RAPD–SCAR 等）。2010 年版起的《中国药典》收载了蕲蛇、乌梢蛇的 PCR 分子鉴别，即是根据蛇类药材 Cyt b 基因片段设计的特异性鉴别引物，使用蕲蛇特异性引物进行 PCR 扩增后进行凝胶电泳，仅蕲蛇获得约 230bp 的特异性条带，伪混品均无条带；使用乌梢蛇引物进行扩增，仅乌梢蛇正品获得约 330bp 特异性条带。赵静雪等（2010）根据金钱白花蛇及其混伪品 Cyt b 基因序列差异，设计了一对专属性特异引物，对 13 批正品和 20 批伪品进行 PCR 扩增，正品可产生约 550bp 的条带，伪品均无条带。王学勇等（2009）通过比较正品鹿茸基原物种梅花鹿、马鹿及其 8 种近缘物种麋鹿、驯鹿、水鹿、海南坡鹿、豚鹿、驼鹿、黇鹿、爪哇鹿的 Cyt b 基因序列差异，设计了一对位点特异性引物，对正品鹿茸药材及其混淆药材进行了 PCR 鉴定，所有正品均为阳性，伪品无扩增。Lv 等（2011）从基于驴、马、猪、牛的短的散在序列（SINE）差异开发了一对驴特异性 PCR 引物用于阿胶鉴别，仅驴皮胶能产生约 80bp 大小的条带，马皮胶、猪皮胶或牛皮胶均无扩增。刘中权等（1999）通过比较龟甲原动物乌龟及其 18 种伪混品 12S 序列，设计了一对龟甲特异性 PCR 引物扩增乌龟及其他 18 种龟的 DNA 模板，正品乌龟均可获得 180bp 特异性条带，伪混品无条带。基于同样的方式，特异性 PCR 技术也用于哈蟆油（Xuegan *et al.*，2002）、鳖甲（刘忠权等，2001）、阿胶（Kumeta *et al.*，2014）、冬虫夏草（马骏等，2012；徐红等，2014）、蛤蚧（Liu *et al.*，2001）等动物药材分子鉴别研究。

（二）基于 DNA 测序技术的分子鉴定方法

DNA 是遗传信息的直接载体，物种差异会直接反映在 DNA 上，通过对物种 DNA 序列进行测定，进行序列比对、聚类分析或遗传距离分析等手段可以对生药正伪品进行鉴别。廖婧等（2013）收集了包括蕲蛇、乌梢蛇、金钱白花蛇在内的 23 种药用蛇类，使用通用引物对其 *CO* Ⅰ片段进行扩增、测序并进行序列分析，通过构建分子系统树发现，23 种药用蛇类可聚类为与分科相一致的 3 个类群，而各物种均形成相对独立的分支，从而对蛇类生药进行鉴别。徐云玲等（2013）对水蛭基原物种日本医蛭 *Hirudo nipponia*、宽体金线蛭 *Whitmania pigra*、尖细金线蛭 *Whitmania acranulate* 和相近物种菲牛蛭 *Poecilobdella manillensis*、光润金线蛭 *Whitmania laevis* 及八目石蛭 *Erpobdella octoculata* 的 *CO* Ⅰ、12S 和 16S 基因进行扩增、测序并构建分子系统树，发现每种水蛭均形成独立分支，单系群的自举支持值均≥ 82，说明 *CO* Ⅰ、12S 和 16S 基因具有种间特异性，可用于 6 种水蛭的分类鉴别。Yan Dan 等（2013）对高鼻羚羊、马鹿、梅花鹿、山羊、水牛等 10 个物种的角类 DNA 进行了提取，扩增并测定其 *CO* Ⅰ序列，构建分子系统树，结果表明各物种均形成独立的分支。通过对生药进行 PCR 扩增、产物测定及序列分析，通过序列比对、聚类分析或遗传距离分析，国内外学者也对龟甲（刘晓帆等，2013）、蛤蚧（Gu *et al.*，2011）、貂心（Li *et al.*，2013）、海龙和海马（胡嵘等，2012）等生药进行了分子鉴别。

四、动物药材分子鉴别面临的问题与挑战

动物药材大多外形已破坏、显微特征不明显、化学成分特异性不强，DNA 分子鉴定在动物药材鉴别方面快速发展。然而，该技术也面临以下挑战：

1）动物药材多为多来源药材，原动物复杂甚至品种不清。同一品种项下可能来自同属不同物种甚至来自不同属物种，对于远缘物种难以设计单一引物用于鉴别；对于近缘物种，当其来源较多时，基于测序手段的鉴别方法区分能力有限，而基于特异性引物 PCR 的方法又难以为每一个原动物物种设计特异性引物用于鉴别。

2）动物药材药用部位多样，少数药材 DNA 提取困难。如阿胶、鹿角胶、龟甲胶等，经过长时间高温熬制，DNA 降解严重而难以提取，PCR 扩增难度也大；羚羊角、龟甲、金钱白花蛇等药材多含骨骼材料，DNA 提取时须经过长时间的脱钙处理，影响了 DNA 分子鉴别时间；石决明、蛤壳、珍珠母等贝壳类材料多为无机成分，蛇胆、虫白蜡等为分泌物，蝉蜕和蛇蜕等为蜕下皮膜，DNA 含量少，提取困难。

3）动物药材 DNA 易污染。因其含有大量营养成分，在加工、存储、运输过程中易滋生细菌、真菌、寄生虫和仓储害虫，导致 DNA 污染。虽然 DNA 提取前对其表面进行了杀菌处理，但其内部仍可能被细菌、真菌和仓储害虫感染。对于水蛭、虻虫等吸血性动物，体内可能含有干涸或新鲜血液，也可能影响最终鉴别结果。

4）研究品种局限。近几年国内外动物药材 DNA 分子鉴定的报道较多，但主要集中在蛇类药材、鹿类药材、龟甲、鳖甲、哈蟆油、水蛭等少数品种，对其他常用品种亟待加强。

5）数据共享不足。由于研究比较分散，品种局限，没有形成统一和规范的标准操作规程（SOP），如药用动物遗传物质材料采集规范、动物药材 DNA 提取 SOP 等，难以形成共享的分子鉴定数据信息系统，影响了相应技术、方法的推广应用。因此，建立中国药用动物分子鉴定共享信息平台十分必要。

五、动物药材分子鉴定策略

（一）扩大品种

根据李军德等《中国药用动物志》（2013 年）记载，我国动物药材（药用动物）品种丰富，现有药用动物 2341 种（含亚种）；在开展临床常用动物药材分子鉴定研究基础上，逐步完成 2015

年版《中国药典》记载和习用动物药材品种分子鉴定研究，并从药用动物科属的角度，进一步扩大样品，逐步拓宽研究品种和对象。

（二）联合攻关

开展动物药材的分子鉴定，关键是获得准确和足够的样品，动物药材获得不同于一般植物药材，尤其是珍稀濒危野生动物，其样品获得更是困难。开展大规模动物药材分子鉴定研究，应以《中国药用动物志》（2013）为基础，抓住第四次全国中药资源普查的契机，进行全国范围药用动物调查采样，在动物分类学鉴定和药材鉴定基础上，采用适宜分子鉴定技术进行鉴定研究。由于品种较多，分布复杂，采样工作艰苦，一个单位或一部分科研工作者难以独立完成，需各相关大专院校、科研院所等联合攻关，尽快建立动物药材分子鉴定的技术平台。

（三）开发应用

随着分子生物学技术的发展，不少技术被引用到动物药材鉴定之中，如 DNA 条形码技术、SCAR 技术、RFLP 技术、RAPD 技术、PCR-RFLP 技术、DNA 测序技术和位点特异性鉴别 PCR 等。近几年来，通过设计高度特异性鉴别引物，PCR 反应后，经过电泳检测便可准确鉴别样品真伪，方法简便，操作性强，容易推广应用。这种方法在反复实验验证后，进一步优化各种条件，研制成分子鉴定试剂盒，在实际药材鉴定中推广应用。如根据 22 种亚洲产龟类线粒体 12S rRNA 基因片段序列，设计一对专用于鉴定中药材龟甲原动物乌龟的鉴别引物，用该引物扩增从乌龟和其他 18 种龟共 48 个样品的 DNA 模板。结果表明，所设计的鉴别引物对乌龟有高度特异性，所配制的龟甲药材鉴定试剂盒可在龟甲药材鉴定中使用。根据对不同产地梅花鹿、马鹿、白唇鹿、水鹿线粒体 DNA 进行 PCR 扩增和序列测定，并与常见伪充药材来源动物线粒体 DNA 同位置序列比较，找到该 4 个鹿种的特征片段，建立中药材鹿鞭的分子分类学鉴定试剂盒。结果表明，该引物与相关试剂组成试剂盒后，可用于中药材鹿鞭与常见伪充药材牛鞭、驴鞭等的鉴别。研究开发动物药材分子鉴定试剂盒，将基础研究走向应用研究。

（四）标准与数据库

首先，对《中国药用动物志》（2013）收载药用动物种质资源（包括活体、标本、精子等）进行标准化整理、整合和数字化表达，建立“中国药用动物种质资源共享平台”。

其次，联合全国有关科研院所，制定、完善药用动物种质资源描述标准、技术规程，逐步建立“中国动物药材分子鉴定数据库系统”，包括“中国动物药材 DNA 条形码数据库”“中国动物药材分子标识数据库”“中国动物药材分子鉴定基因序列数据库”等，实现信息数据共享，不仅为动物药材鉴定提供依据，而且为药用动物分类及其遗传多样性研究奠定基础。

六、国内动物 DNA 条形码研究评述

（一）总体趋势

1. 论文发表量

早在 21 世纪之初，我国便已开展 mt*CO* Ⅰ基因序列差异进行物种鉴别的研究，以蛏类、红火蚁、水蚤、烟粉虱、吸虫、线虫、蛔虫为主要研究对象。2005 年我国 DNA 条形码研究拉开了帷幕。随后，相关研究论文逐年迅速增长，2008~2009 年综述由每年 4 篇直跃至每年 11 篇，众多领域学者开始投身于这一新型快速分类手段的尝试与验证中。同时可见，综述的比例随总数的增长先增加（15%~25%，2008~2010 年）后下降（25%~10%，2010~2012 年），体现了一个领域从稚嫩的爆发式生长，逐步走向成熟的平稳式发展趋势。研究内容更加细致丰富，综述数量也随之增加（每年 4~15 篇，2008~2010 年），而及时跟进的研究又使得研究论文的比例回升而综述论文落至适宜的比例。可见，论文数目的变化与近期研究领域的更迭息息相关（图 3–1）。

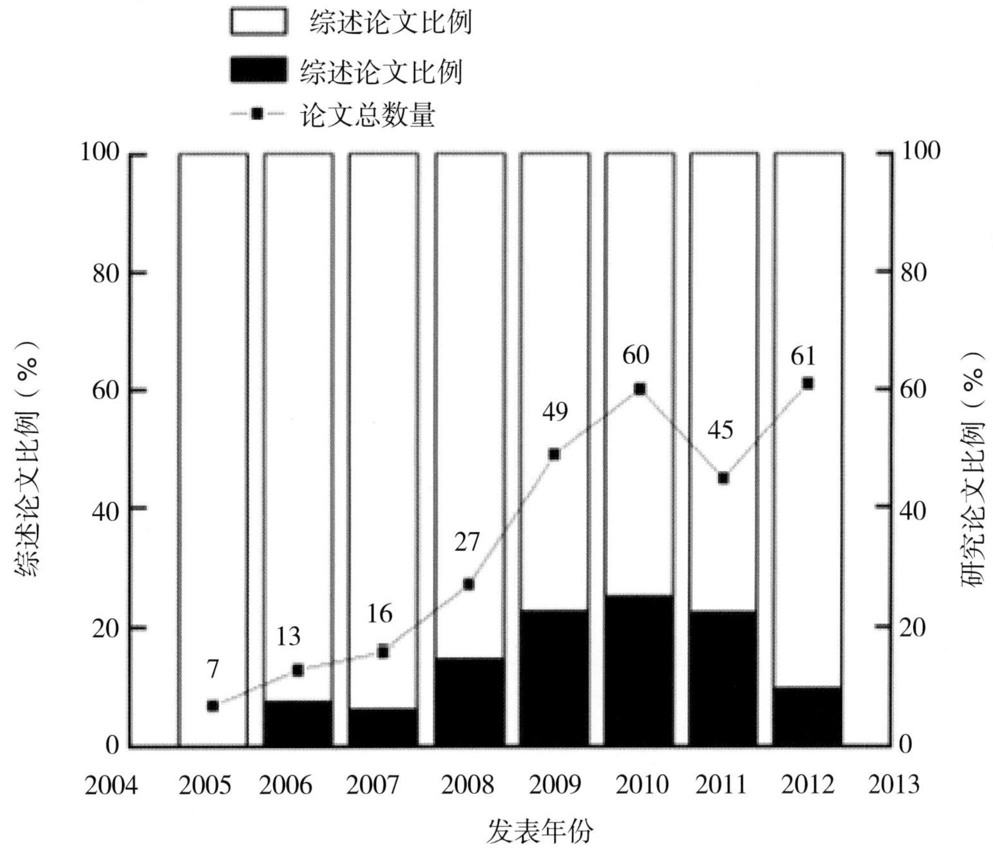

图 3–1　论文数量及类型的时间分布

2. 综述内容

作为对前一阶段工作的总结概括，综述往往会受到当下研究趋势的影响，或直接反映并引领下一阶段的研究趋向。2005 年对动物类群突增的关注，直接影响了 2006 年第一篇关于 DNA 条形码在动物分类中的研究进展，它将之前仅仅应用于寄生虫研究中的 *CO* Ⅰ基因扩展至各个领域，并第一次正面对 DNA 条形码的可靠性做出了辩证的回应。同样，这一划时代的总结对蟹类、蝶类及其他类昆虫、寄生虫的研究亦具相当有益的导向作用。同时，自 2006 年国内出现 DNA 条形码相关综述起，其内容也从最初对国际动态的观望与理论辩证逐渐丰富并细化，直至对国内外相关研究的共同关注以及对诸如法医昆虫学、中药材鉴定，甚至西花蓟马检测鉴定技术研究进展的多角度、多层次讨论分析（表 3–2）。

表 3–2　动物类综述对象与方向

发表年份	研究对象及方向
2006	动物分类学
2008	动物分类学和生态学
2009	昆虫系统学、鸟类分类及系统学
2010	昆虫鉴定、真伪鉴定、中药鉴定、保护生物学、法医昆虫学
2011	中药鉴定、遗传多样性、保护生物学、寄生虫学、农业害虫鉴定、昆虫系统学、生态学
2012	动物医学媒介生物鉴定、昆虫分类及系统学

（二）研究的具体特征

1. 研究对象组成

通过统计研究对象的比例分布，更为直观地了解到我国 DNA 条形码相关研究总体情况。关于鱼类、蟹类、蛤类以及半翅目、鳞翅目、膜翅目、鞘翅目、双翅目、同翅目、缨翅目和直翅目等分类鉴定、遗传多样性、亲缘关系和系统进化的研究，使得动物类材料中对于水生动物与昆虫的关注成为了近年来的热点。面对国际上提出的鸟类（ABBI）、鱼类（FISH–BOL）、石蝇（TBI）、蚊子（MBI）、入侵生物（NBIPSDNA）等诸多条形码计划，以及为此专门建立的鱼类（http://www.fishbol.org/）（图 3–2）和鳞翅目（http://www.lepbarcoding.org/）（图 3–3）等数据库，昆虫与水生生物应国际之需求成为了动物条形码界的主流（图 3–4）。

2. 研究机构组成及分布

同研究对象分化相一致，对论文通信作者来源机构的统计亦出现了极类似的区划状态（图 3–5）。超过半数的农、林、牧、医及检疫类机构，如各地级农林牧医类大学、研究院及疾控中心、检验检疫局等，主导了农牧业害虫、寄生虫等的分类鉴定工作，并将昆虫等一些易发生入侵或携带疫情的类群鉴定以及药用动物的有效鉴别纳入主要研究方向；占近 1/5 的水产海洋类机构则反映出了水生生物这一大经济类群在生产生活与海洋环境保护中不可替代的重要地位；不及 30% 的其他类机构主要包括一些综合类型的院校，他们的研究方向主要依其所处的地理环境不同而有所偏向，例如，沿海的厦门大学发表了关于厦门港鱼类重要饵料（水蚤）的研究。

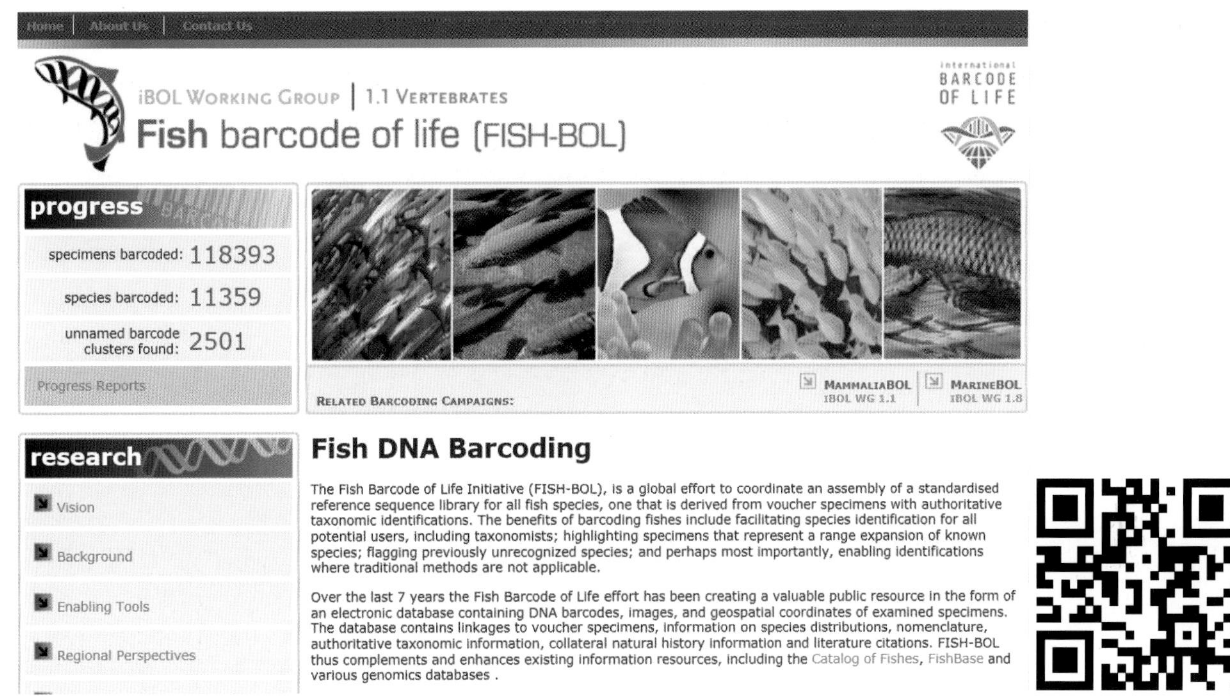

图 3-2　鱼类数据库网页与网址

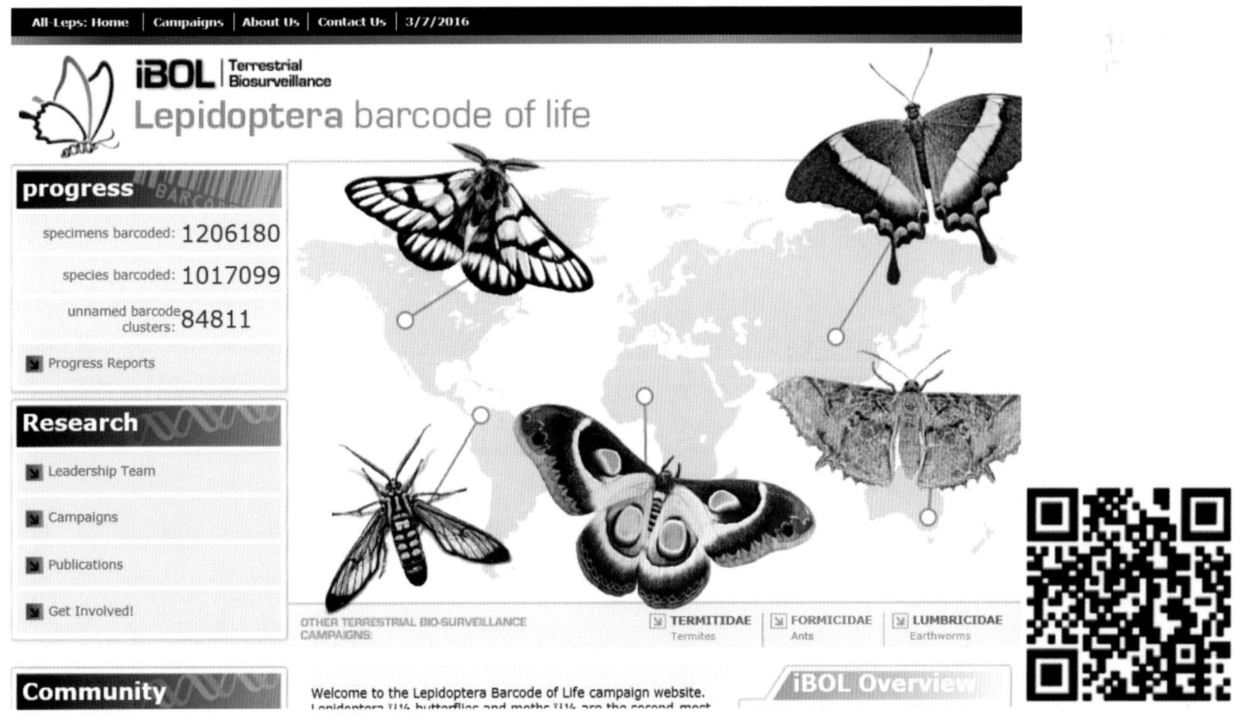

图 3-3　鳞翅目数据库网页与网址

其他
36%
昆虫
30%
水生生物
34%

图 3-4　研究对象比例分布

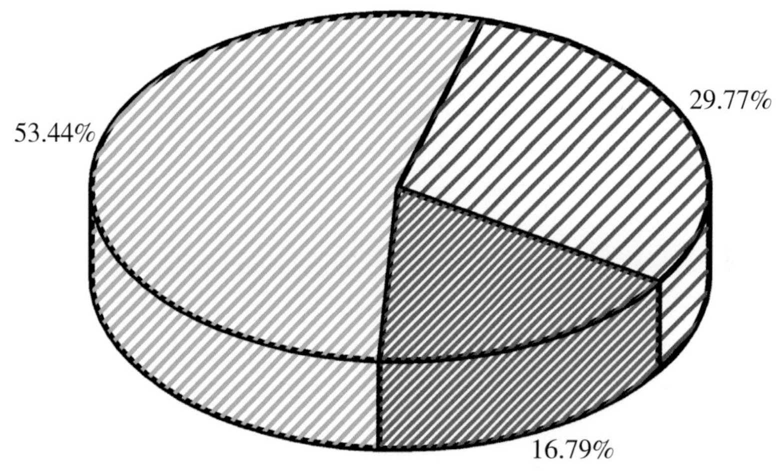

图 3-5　研究机构主要类型

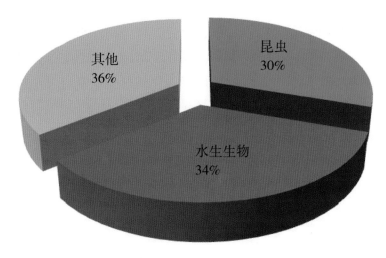

综观全国，若依据科研机构的分布分析条形码研究的概况，经济支撑起到明显的指导作用。超过半数的机构位于东南沿海城市及京津地区，内陆部分则多数集中在各大省会城市。除去 37 个无基金项目资助和 97 个仅由国家基金项目支撑的论文，其他 145 项科研经费的来源均是地方基金与校内科研基金。也就是说，半数的项目都是由地方财政参与支持的。因此，当地的经济水平对其科研的影响是不容小觑的。此外，沿海地区、西南生物多样性丰富地区以及东北资源富集地区等，也是研究机构分布的热点地区，关于取样便利性，以及对资源开发的经济迫切性亦是影响研究方向的重大因素之一。无论是源于当地经济水平的支撑，还是倾向于周边环境取样研究的便利，DNA 条形码在我国的研究分布确实反映出了环境的重要影响。

3. 论文期刊分布

研究论文及综述发表刊物的种类也随着论文总量的增加而逐年丰富，经统计，所查阅的 279 篇文献分别刊载于 141 种期刊上（图 3–6），集中度超过 5 篇的期刊有 13 种（图 3–7），占论文总发表量近 1/3。同时，这 13 种期刊中，影响因子（IF）超过 1.0 的有 2 家，平均 IF 已达 0.659，几乎均高于同类型期刊的平均水平。由此可见，动物学研究中，尤其是昆虫与水生生物研究以及中药材与动物检疫的研究，已成为我国 DNA 条形码研究的主流方向，且成果较为突出。

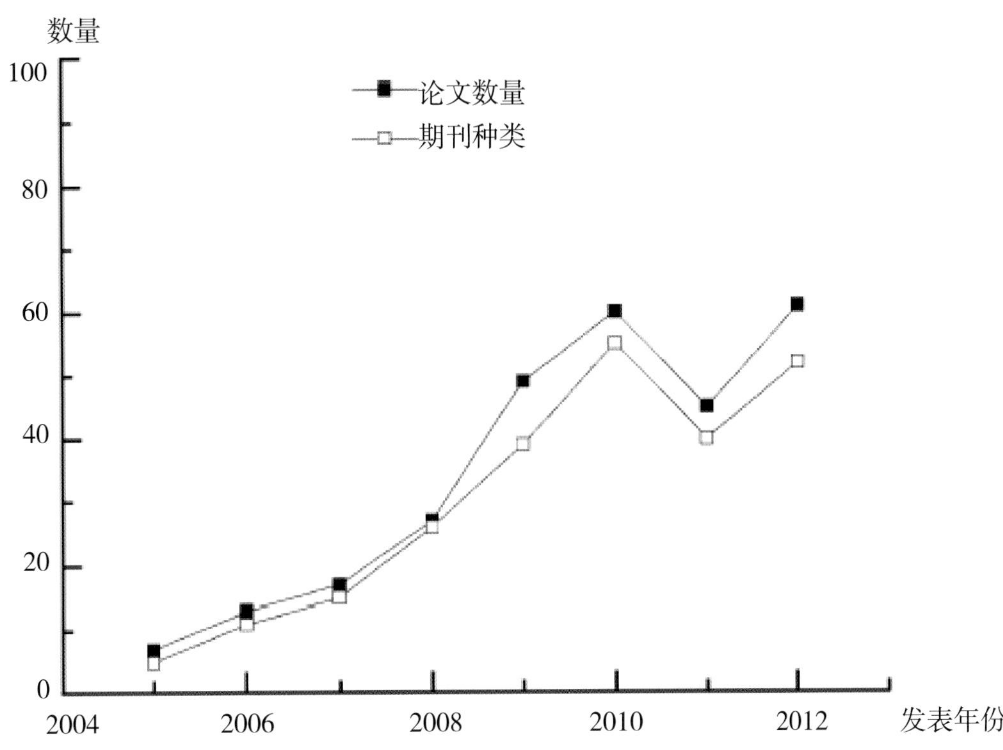

图 3–6　论文数量与期刊种类逐年分布

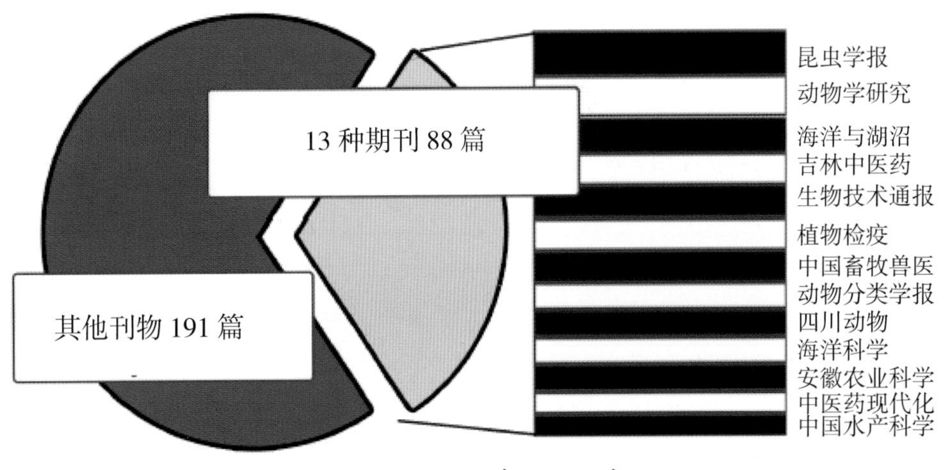

图 3–7　论文发表刊物分布

综上，我国动物DNA条形码研究的主要研究应用方向受经济及环境影响，以动物分类研究为主，主要涉及物种鉴定、中药鉴别、兽医寄生虫学、医学媒介生物鉴定、生物检疫、分类学、系统学、遗传多样性分析、保护生物学等领域。

（三）我国 DNA 条形码研究现状

我国 DNA 条形码的研究大体与国际背景相吻合，发展迅速，但仍处于较不稳定的成长阶段，在整体水平上存在明显不足。

从论文总量及内容比例上来看，跌宕起伏的综述比例及其变幻莫测的内容导向，间接反映出了众研究者对未来发展虽充满无限畅想，却心有余而力不足的现状。一个成熟的体系，首要的便是波澜不惊的稳定状态，即使变化，也不应引起整体思路的变动。

从研究对象的分布来看，扎堆现象极为严重。DNA 条形码诞生的初衷与现实生活里无处不在的商品条形码一样，是为了客观迅速识别物种而存在的。但是由于经济水平和人力资源等多种因素的限制，需要先开发重要经济物种，但要想最终走向成熟体系，仅靠对某几个类群的特殊关注是远远不够的。

从论文载体分布来看，虽有对某些类群的集中研究，但离体系的概念仍相去甚远。完善的研究体系是高效成果的必要条件，而研究机构种类之纷繁，登载刊物种类之多样，在体现研究热情高涨的同时，恰恰反应出了研究局面的混沌状态。

（四）展望

从商品条形码的繁荣，我们可看到 DNA 条形码前景；从国内数百篇研究成果，我们看到了 DNA 条形码在动物分类、鉴定的成功。面对国内外各类优秀成果与体系的展示，建立、完善适宜我国动物尤其是药用动物 DNA 条形码研究与应用体系，是亟待解决的问题。

随着不断积累 DNA 条形码序列数据并逐步扩大研究范围，DNA 条形码技术终将实现与全球范围内其他各种分类学研究的协调共同发展。DNA 条形码技术作为一种标准的物种鉴定技术，因其操作快速简便，能够进行广泛的科学应用，在药用动物暨动物药材鉴定、生物多样性、濒危物种保护等领域必将发挥巨大的作用。一旦传统的分类学难以满足人类认知的需要，这种技术就更可以发挥其优势。此外，DNA 条形码技术也为生物分类学家发现新物种提供了一个良好的契机。另外，迷你条形码（100bp 左右）扩展了条形码的使用。短的扩增子可以通过高通量生物测序技术使得 DNA 测序成本下降。虽然 DNA 条形码技术还遭到一定的质疑，目前仍存在一定的缺陷，但 DNA 序列信息的多样性和无与伦比的可重复性，必将使 DNA 条形码成为生物分类学非常实用的工具，DNA 条形码技术也必将推动生物分类与鉴定发展的车轮滚滚向前。

第四章 药用动物DNA条形码技术的缺陷及争议

一、基因序列选择遇到的困难

在一个基因组中，存在大量的基因序列能够符合诸多要求。DNA条形码应该足够保守（引物具备强大的保守性，可以开展大范围的物种扩增），同时，也应该有相当的变异，以此对各种物种的DNA序列进行区别和鉴定。然而，一种通用的DNA条形码基因在理论上是不存在的。因为不可能有一个基因在任何生物中可以保守。并且，又有足够的序列变异特征信息对物种进行辨识。由此可见，在对各种物种类群进行鉴别时需要有各种不同的目的基因，合适的基因序列选择是较困难的。

二、实际应用遇到的困难

DNA条形码技术在动物研究中已得到广泛的应用，所采用的标准片段是mt*CO* Ⅰ基因中约650bp长的一段。但在实际应用中遇到以下困难：

1）利用动物的mt*CO* Ⅰ基因中约为650bp长的一段对动物进行鉴定得以初步使用，但在实际应用中遇到困难。

2）动物分类学上的应用缺陷。利用动物mtDNA对其进行系统学分析和生物地理学研究时，往往会得到与生物形态学研究不同的结论，因此研究者需要对研究对象在形态学、生态学和行为学等方面特征进行重新描述。

3）陈旧标本或加工品难以鉴别。陈旧标本或加工类动物药材如阿胶、鹿角胶、鳖甲胶、龟胶等的DNA发生降解，致使PCR扩增产物很难超过200bp。

4）缺乏通用引物，不能大规模用于野外。

5）对以病理产物（牛黄、马宝等）、分泌物（麝香、灵猫香、熊胆等）、贝壳（石决明、牡蛎、瓦楞子、贝齿等）等入药的动物药材适用性较差。

各论

代表性药用动物DNA条形码研究成果

第五章 蛇类

一、概述

（一）资源状况

金钱白花蛇（图 5–1）应用历史较短，但药效显著，为我国常用动物药材之一，具有祛风、通络、止痉之功效。据 2015 年版《中国药典》记载，金钱白花蛇为眼镜蛇科动物银环蛇 *Bungarus multicinctus* (Blyth) 幼蛇干燥体。加工时将头盘在中央，蛇体圈成盘状，形如古钱，加之周身通体有黑白相间的环纹，故称金钱白花蛇。

根据对金钱白花蛇商品药材调查，经鉴定金钱白花蛇药材原动物有 9 种，包括银环蛇 *Bungarus multicinctus*（Blyth）、赤链蛇 *Dinodon rufozonatum* (Cantor)、铅色水蛇 *Enhydris plumbea*（Boie）、金环蛇 *Bungarus fasciatus* (Schneider)、赤链华游蛇 *Sinonatrix annularis* (Hallowell)、黄斑渔游蛇 *Xenochrophis flavipunctatus* (Hallowell)、中华眼镜蛇 *Naja atra* Cantor、百花锦蛇 *Orthriophis moellendorffi* (Boettger)、尖吻蝮 *Deinagkistrodon acutus* (Günther)。

图 5–1　药材金钱白花蛇

（二）本草源流

古代本草所载乌蛇的原动物为游蛇科的乌梢蛇 *Zaocys dhumnades* (Cantor)，白花蛇的原动物为蝰科的尖吻蝮 *Deinagkistrodon acutus* (Günther)，二者均始载于《雷公炮炙论》。金钱白花蛇的原动物为眼镜蛇科的银环蛇 *Bungarus multicinctus* (Blyth)，在古代本草未见收载。

白花蛇始载于《雷公炮炙论》。《本草图经》谓："白花蛇，生南地及蜀郡诸山中，今黔中及蕲州、邓州皆有之。其文作方胜白花，喜螫人足。"《本草纲目》曰："其蛇龙头虎口，黑质白花，胁有二十四个方胜文，腹有念珠斑，口有四长牙，尾上有一佛指甲，长一二分，肠形如连珠。"据上所述，可以确定古代所用白花蛇（蕲蛇），即为今之蝰科动物尖吻蝮 *Deinagkistrodon acutus* (Günther)，与现今药用一致。

（三）科研背景

金钱白花蛇野生资源逐渐匮乏，市场需求量大，价格渐涨，药材市场出现混伪品较多。其掺伪情况多数是将其他种类蛇的幼蛇使用褪色药水或油漆将蛇体涂成白色环纹，或用较大的金钱白花蛇蛇身，纵剖成数条，与其他蛇头相拼接而成。正品药材性状特征与其混伪品极难区分，传统的形态学及理化鉴定难度大。近年来，已有不同的文献报道对金钱白花蛇及其混伪品的 PCR 鉴别研究和 Cyt b 基因片段的序列分析。高特异性 PCR 方法能快速、高效地鉴定目标物种，但获得一个物种的特异性 PCR 条件需要复杂繁琐的正交试验以及大量复核工作，利用其鉴定大多数动物需要较长时间的探索。虽然 Cyt b 序列也有适合的长度和慢的进化率，但 *CO* Ⅰ序列拥有更多的系统发育信号，在基因序列上变化也比 Cyt b 慢，且能在大多数动物中用 *CO* Ⅰ通用引物进行扩增，因此更适合作为 DNA 条形码进行研究。

二、物种信息

（一）银环蛇 *Bungarus multicinctus* (Blyth)

形态特征：全长 140cm 左右。头部椭圆形，稍大于颈，有前沟牙。眼小，鼻鳞 2 枚，鼻孔椭圆形，位于两鳞之间，颊鳞缺，上唇鳞 7 枚，2–2–3 式，下唇鳞 7 枚，个别 6 或 8 枚，3~4 片切前颏片，眼前鳞 1 枚，眼后鳞 2 枚，颞鳞 1（2）+2 枚，背鳞光滑，通身 15 行，少数颈部为 16、17 行，背鳞扩大呈六角形，背脊为不明显棱起。腹鳞雄性 204~231 枚，雌性 203~227 枚，肛鳞完整，尾下鳞单列，雄性 43~54 枚，雌性 37~55 枚，尾末端较尖细。生活时体背黑白横纹相间，在躯干部有 20~50 个，尾部 7~17 个，白色横纹的宽度占 1~2 枚鳞片，腹部白色。广东有个别黑色色变的银环蛇，白色横纹仅在体侧隐约可见，据报道在台湾也有银环蛇色变多例，有的色变类似虎斑花纹。（图 5–2）

图 5–2　银环蛇

生境分布：栖息于平原及丘陵地带多水之处。在稀疏树木或小草丛的低矮山坡、坟堆附近、路旁、田埂、河滨、鱼塘旁、倒塌较久的土房子下、石头堆下活动。山区住宅附近或田园以及石砾墙脚都曾发现。分布于浙江、安徽、福建、台湾、江西、湖北、湖南、广东、广西、海南、重庆、贵州、云南等地。

（二）赤链蛇 *Dinodon rufozonatum* (Cantor)

形态特征：全长 750~1350mm，蛇体粗壮，头部短而扁平，与颈部显然有别，吻端圆钝，吻鳞仰起微露于头背。鼻间鳞和前额鳞略成五角；额鳞单枚，短而阔，前缘平展，后方敛缩，眼前鳞 1 枚，眼后鳞 2 枚。颅顶鳞最长大，长度约为额鳞与前额鳞之和。前额鳞 2 枚，后额鳞 3 枚，上唇鳞 8 枚，下唇鳞 10~11 枚。额下鳞 2 对，前对明显较后对为长。背鳞平滑，但中间数行后背部偶有弱棱；肛鳞单枚，尾下鳞 61~88 枚。背鳞珊瑚红色，有阔幅棕黑色横斑，腹面粉红色和灰色斑纹互相交叉排列。在体背者 70 条，尾背上约 30 条，每个横斑占 2~3 鳞列，间隔着单个鳞列的狭窄红斑，红、黑相间犹似彩链。头顶棕黑而鳞缘绯红，头侧红色；眼后有黑纹延伸到第 7 枚上唇鳞；颅顶鳞有黑纹左右斜向颈侧，呈"∧"字形；腹鳞浅黄无斑，只在两侧横斑处有斑点。（图 5-3）

图 5-3　赤链蛇

生境分布：生活于海拔190m以下的丘陵、平原，栖息于田野、多林村镇、住宅附近或水源附近，以鱼、蛙、蟾蜍、蜥蜴、蛇和小型哺乳动物为食，喜夜间觅食。冬眠时常有与蝮蛇、黑眉锦蛇、枕纹锦蛇和乌梢蛇等其他蛇种杂居的现象。除内蒙古、新疆、西藏、青海、甘肃、宁夏外，其他各地均有分布。

（三）铅色水蛇 *Enhydris plumbea* (Boie)

形态特征：体粗尾短。全长雄性430（370+60）mm，雌性445（392+53）mm。生活时背面为一致的灰橄榄色，鳞缘色深，形成网纹；上唇及腹面白色；背鳞外侧1~2行鳞片带黄色；腹鳞中央常有黑点缀成1条纵线；尾下中央有1条明显的黑色纵线。头大小适中，与颈区分不明显。吻较宽短。吻鳞宽度超过高度，从背面仅能看到它的上缘。鼻孔具瓣膜，位于吻端背面；左右鼻鳞彼此相切；鼻间鳞1枚，宽度超过高度，位于左右鼻鳞的后中央，与颊鳞相切。前颊鳞2枚，宽度超过高度，其长度等于它到吻端的距离。眶上鳞前窄后宽，其长超过眶径。背鳞光滑，19–19–17行。腹鳞123~136枚；肛鳞二分；尾下鳞双行，雄蛇35~42对，雌蛇31~36对。上颌齿每侧的4~6枚，一般为5~6枚，少数为4枚。（图5–4）

图5–4　铅色水蛇

生境分布：生活于平原、丘陵或低山地区的水稻田、池塘、湖泊、小河及其附近水域。多于黄昏及夜间活动。以鱼、蛙为食，卵胎生。在海南5月至6月繁殖，产仔蛇9~12条。初生仔蛇全长127~139mm。在福建武夷山7月31日仍捕得怀孕雌蛇，于布袋内产出2条仔蛇，全长分别为116mm、118mm。垂直分布于沿海低地（海南陵水）至海拔980m（福建德化戴云山）区间。分布于江苏、浙江、福建、台湾、江西、广东、海南、广西、云南等地。

（四）金环蛇 *Bungarus fasciatus* (Schneider)

形态特征：全长 150cm 左右。头部椭圆形，稍大于颈，有前沟牙。无颊鳞。上唇鳞 7 枚，2–2–3 式，下唇鳞 7（8）枚，3（4）片切前颏片，眼前鳞 1（偶 2）枚，眼后鳞 2（偶 1）枚，颞鳞 1+2（1）枚，背鳞平滑，通身 15 行，少数标本颈部有 16 或 17 行，脊鳞扩大，呈六角形，背脊棱起呈嵴。腹鳞雄性 214~230 枚，雌性 214~227 枚，肛鳞完整，尾下鳞单列，雄性 29~39 枚，雌性 31~39 枚，尾短，末端钝圆。生活时通身有黑黄相间的环纹，黑节与黄节几乎等宽，黄色环纹 20~28+3~5 个。个别个体色变，部分黄色环纹消失或不清晰，有的在黄色环纹中央出现黑色斑。（图 5–5）

图 5–5　金环蛇

生境分布：栖于丘陵山地，常见于水域附近。多在夜间活动。以鱼、蛙、蜥蜴、蛇及蛇蛋、鼠类为食。卵生。5 月底产卵，可达 11 枚，卵大小为（45~54）mm×（22~24）mm。分布于江西、福建、广东、海南、广西、云南等地。

（五）赤链华游蛇 *Sinonatrix annularis* (Hallowell)

形态特征：全长雄性（406+112）mm，雌性（530+140）mm。上颌齿 23~26 枚；腹鳞 145~158 枚，尾下鳞 60~68 枚；通身具多数黑色环纹 30~40+12~20 个，腹面为橘红色或橙黄色。体背灰褐色，体侧有 2 行鳞片宽的 5 行鳞片高的黑色横斑，间隔 2~3 个鳞片，并向下延伸到腹部中间，成交错排列，腹部黑斑间呈橙红色。（图 5–6）

图 5-6　赤链华游蛇

生境分布：生活于沿海低地及内地的平原、丘陵及山区，常见于稻田、池塘、溪流等水域及其附近。白天活动。常在水中，受惊潜入水底；捕食时多从猎物后部摄入。以鱼（泥鳅、鳝鱼）、蛙类及蝌蚪为食。分布于上海、江苏、浙江、安徽、福建、江西、台湾、湖北、湖南、广东、海南、广西、四川等地。

（六）黄斑渔游蛇　*Xenochrophis flavipunctatus* (Hallowell)

形态特征：体型中等大小的半水栖无毒蛇。头长椭圆形，与颈区分明显。瞳孔圆形；鼻间鳞前端较窄，鼻孔位于背侧面。上颌齿连续，少于 30 枚，由前向后逐步增大。体色变化较大，背面灰褐色、深灰色、灰棕色、橄榄绿色、暗绿色、黄褐色或橘黄色，自颈后至尾有黑色网纹，网纹两侧有醒目的黑斑；头背灰绿色，眼下至唇边有 1 条短黑纹，眼后至口角有长黑纹，颈部有 1 个“V”字形黑斑；腹面白色或黄白色或淡绿黄色，腹鳞基部黑色，使整个腹面呈现等距离的黑横纹。（图 5-7）

生境分布：栖息于山区丘陵、平原及田野的河湖水塘边。半水性，夜行性，能在水中潜游。性凶猛，常攻击捕蛇者。主要猎捕小鱼，兼食蛙、蟾蜍等。当受到惊吓时，它会抬起身体前部，采取攻击的姿势。每年 5~7 月产卵，每次产 3~14 枚卵，自然孵化，孵化期为 1 个多月。分布于湖南、江西、福建、台湾、广东、广西、海南、云南等地。

图 5-7　黄斑渔游蛇

（七）中华眼镜蛇　*Naja atra* Cantor

形态特征：体型中等偏大，成体全长 1.5~2m。没有颊鳞，眶前鳞 1 枚，眶后鳞 2 枚，颞鳞 2+2（3）枚。上唇鳞 7 枚，2-2-3 式，第 3 枚最大，其前接鼻鳞，其后入眶；下唇鳞 8（7~10）枚，前 4 或 3 枚切前颔片。背鳞 21（21~29）-21（19）-15（13、14）行，平滑无棱；腹鳞 162~182 枚；肛鳞完整或二分；尾下鳞雄性 39~54 对，雌性 38~53 对。背面黑色或黑褐色，颈背有眼镜状斑纹（双圈或其各种饰变），通身有白色细环纹，年幼个体尤其明显，而年老个体则模糊不显。（图 5-8）

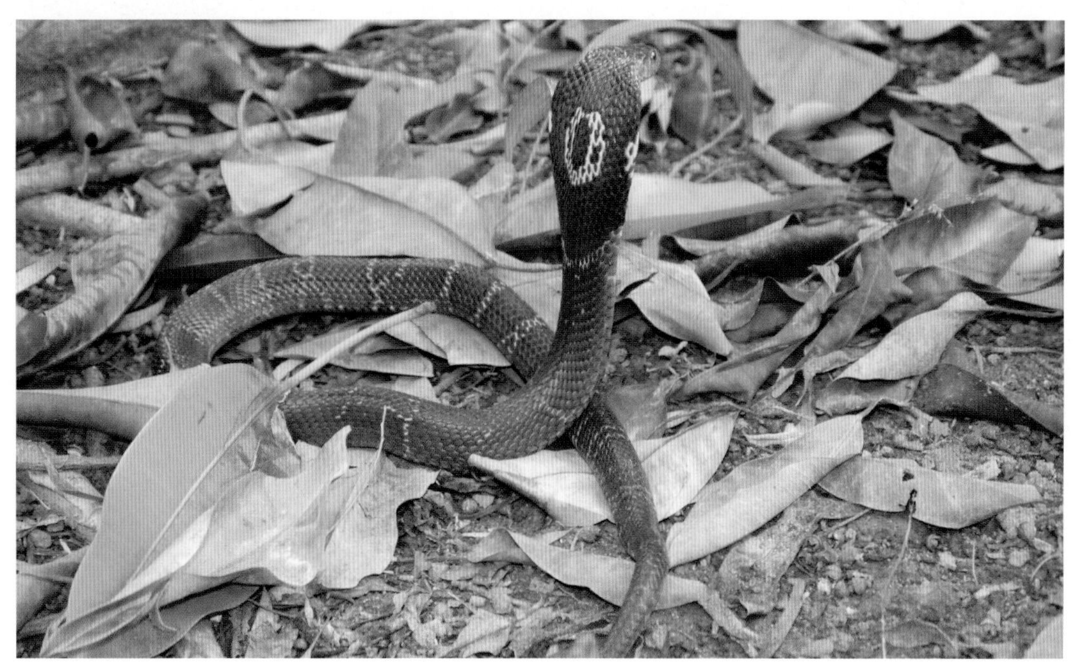

图 5-8　中华眼镜蛇

生境分布：食性广泛，以蛙、蛇为主，鸟、鼠次之，也吃蜥蜴、泥鳅、鳝鱼及其他小鱼等。在台湾观察到此蛇以鸟、鼠为主要食物，亦到水边摄食水蛇及泥鳅。每年 5 月前后出蛰，11 月进入冬眠。国内广泛分布于长江以南各地，包括台湾、海南及香港等，西至广西大部、贵州、重庆东南部。

（八）百花锦蛇 *Orthriophis moellendorffi* (Boettger)

形态特征：头部近似鸭梨状，呈赭红色，唇部及体背为灰色，背中央有 30~32 块大的近乎六角形的红褐色斑纹，斑纹边缘为黑色，在斑纹之间及体侧有一系列比较小的具有同样颜色的斑点。尾部呈淡红色，有 11~13 块黑斑纹，腹面白色，颈下方及体部尾部下方为黑白相间的方格斑。（图 5–9）

生境分布：生活于岩溶地带海拔低于 300m 的山区和半泥半石灌木林地区，常活动于山间田边、坡地及沟谷，岩溶地带的岩洞是它出入的场所。是国内广西、广东特有种。

图 5–9 百花锦蛇

（九）尖吻蝮 *Deinagkistrodon acutus* (Günther)

形态特征：体长 120~150cm，大者可达 200cm 以上。头大、呈三角状，与颈部可明显区别，有管牙。吻鳞和鼻间鳞向上前方突起，鼻孔与眼之间有 1 个椭圆形颊窝——热测位器。背鳞具强棱，21（23）–21（23）–17（19），腹鳞 157~171 枚，尾下鳞 52~60 枚，多成对，末端鳞片角质化，形成 1 个尖出硬物，称“佛指甲”。体色变化较大，背面黑褐色、黑灰色、棕褐色、土褐色、土黄色、棕绿色或棕红色。自颈至尾有 2 行中央色浅的深色圆斑或由此斑形成的网纹，或斑纹不显，尾色同体色。腹面色浅者，颌部灰白色；腹面黑色发亮者（背黑灰色），颌片和下唇鳞腹侧有黑斑，颌部

亦灰白色。眼后斜向口角有深色宽带状斑，其背缘有醒目的细白边，即所谓“白眉”。（图 5-10）

图 5-10　尖吻蝮

生境分布：生活于山区或丘陵林木茂盛的阴湿地方，曾发现于山溪旁阴湿岩石上或落叶间、山溪岸边岩石上、瀑布下的大岩缝中、路边岩石下、路边草丛中、茶山草丛中、玉米地里、草棚内堆粪上、住宅附近或进入室内等。分布于浙江、安徽、福建、台湾、江西、湖北、湖南、广东、广西、重庆、贵州、台湾等地。

三、实验研究

（一）实验样品采（收）集

1. 物种分布及采（收）集区域

（1）物种分布

查阅《中华本草》《中国药用动物志》《中国动物药》《现代中药学大辞典》《中药辞海》《中国道地药材》《广东中药志》《广西药用动物》《湖北中药志》《湖南药物志》等工具书以及相关文献，

了解到金钱白花蛇及其伪混品物种分布以广东、广西、江西、湖南等地居多，福建、浙江、湖北、四川、贵州、云南、安徽、海南和台湾亦均有分布（表 5–1）。

表 5–1 拟采集物种及其分布

物种	分布区域
银环蛇	安徽、浙江、江苏、江西、福建、台湾、湖北、湖南、广东、广西、海南、贵州、云南等
赤链蛇	除内蒙古西部到新疆、西藏外，其他各地均有分布
铅色水蛇	江苏、浙江、福建、江西、广东、海南、广西、云南等
金环蛇	福建、江西、广东、广西、海南和云南等
赤链华游蛇	上海、江苏、浙江、安徽、福建、江西、台湾、湖北、湖南、广东、广西、海南、四川等
黄斑渔游蛇	湖南、江西、福建、台湾、广东、广西、海南、云南等
中华眼镜蛇	广泛分布于长江以南，包括台湾、海南、香港等，西至广西大部、贵州、重庆东南部
百花锦蛇	广东、广西等
尖吻蝮	安徽南部、江西、浙江、福建北部、台湾、湖南、湖北、广西北部、广东北部、重庆、贵州等

（2）采（收）集区域

经过筛选，确定采集区域为广东、广西、江西、湖南 4 省区。

2. 采（收）集前准备

（1）技能培训

金钱白花蛇原动物银环蛇一般在 4~8 月捕捉，以清明后至立夏前为佳。此时正值蛇刚出蛰，未曾进食，经过 5 个月的蛰眠时间，体内营养基本消耗，体质较差，活动迟缓，捕捉较为容易。同时，野草、荆棘也未长高，其栖息地或蛇较易发现。出发前，由具有野外带教、资源考察经验的教师做形态鉴别相关知识和野外注意事项培训。

培训前，先将采集要求和资料分发给学生和老师，进行阅读和理解，再集中进行培训。对 9 个蛇类物种的鉴别要点（表 5–2）、采集方法、采集步骤以及相关表格等进行逐一讲解。

表 5-2　金钱白花蛇及其伪混品原动物鉴别要点

属　名	种　名	鉴别要点
环蛇属	银环蛇	体尾背面黑色，具白色细窄横纹 30~50+9~15 个；腹面白色；背鳞细密，腹鳞稍大，脊鳞呈六角形，尾鳞单行；尾末端尖细
链蛇属	赤链蛇	背面黑褐色，背鳞平滑，或在体后段中央数行微棱；颊鳞常入眶；有 60 个以上红色横纹
水蛇属	铅色水蛇	背鳞中段 19 行，2 枚上唇鳞入眶；腹鳞 123~136 枚
环蛇属	金环蛇	体尾背面黑色，具黄色宽横纹 20~28+3~5 个，两色环纹宽度大致相等；背脊明显棱起呈嵴；尾末端圆钝
游蛇属	赤链华游蛇	上颌齿 23~26 枚；腹鳞 145~158 枚，尾下鳞 60~68 枚；通体具有黑褐色环纹 30~40+12~20 个，腹面环纹间橘红或橙红色
渔游蛇属	黄斑渔游蛇	上颌齿连续，少于 30 枚，由前向后逐步增大；鼻间鳞前端较窄，鼻孔位于背侧面
眼镜蛇属	中华眼镜蛇	腹鳞 162~182 枚，尾下鳞 38~53 枚；颈背具眼镜状斑纹
锦蛇属	百花锦蛇	背鳞中段 27 行，腹鳞 260 枚以上，上唇鳞 9 枚；头似鸭梨形，赭红色；体背面有 30 余个略呈六角形的红褐色斑块，尾部有若干黑褐色与红色相间的环纹
尖吻蝮属	尖吻蝮	腭骨背突起；吻端有由吻鳞与鼻间鳞延伸而翘向上方的突出物；成体背中央及上背侧的鳞片有极发达的结节状突起；靠近尾尖的最下行鳞高大于宽

（2）采集分组

每 2~3 人为一组，分为 2 组（表 5-3）。

表 5-3　物种分布与分组情况

组别	省份	采集物种
第一组	广东	银环蛇、赤链蛇、金环蛇、铅色水蛇、赤链华游蛇、黄斑渔游蛇、中华眼镜蛇
第二组	广西、湖南、江西	银环蛇、赤链蛇、金环蛇、百花锦蛇、尖吻蝮

（3）物资准备

根据采集方案，准备采集所用仪器和工具，并使每个队员熟悉相关仪器和工具的操作。

仪器工具有GPS定位仪、数码相机、笔记本电脑、调查表、动物形态特征彩图、标本瓶、95%乙醇、标签纸、标记笔、自封袋、卷尺、蛇皮袋、档案袋等。

3. 采（收）集方法

1）固定剂：95%乙醇，用于野外固定肌肉样品。

2）采集信息：对所采集样品进行统一编号，拍照收集图片信息，填写采集信息表。

3）固定样品：用固定剂浸泡动物或组织，固定后的组织，在路途运输过程中可倒弃固定液，用棉花吸取少量固定剂，保持标本湿润即可达到安全运输的目的。全体浸泡前可往腹部注射固定剂。

4）干燥药材按物种放自封袋中保存。

4. 采（收）集结果

从广东、广西、江西、湖南等地采集和收集金钱白花蛇原动物及其混伪品样品共3科9属9种39份个体样品（表5-4）。经华南濒危动物研究所张亮鉴定，所有蛇类标本均固定保存在95%乙醇中，组织置于-20℃冰箱保存。

表5-4　实验样品采集情况

样品编号	物种	拉丁名	采集地
BM01	银环蛇	*Bungarus multicinctus* (Blyth)	广东中山
BM02	银环蛇	*Bungarus multicinctus* (Blyth)	广东中山
BM03	银环蛇	*Bungarus multicinctus* (Blyth)	广东中山
BM04	银环蛇	*Bungarus multicinctus* (Blyth)	广东中山
BM05	银环蛇	*Bungarus multicinctus* (Blyth)	广东中山
BM06	银环蛇	*Bungarus multicinctus* (Blyth)	广东中山
BM07	银环蛇	*Bungarus multicinctus* (Blyth)	广东中山
BM08	银环蛇	*Bungarus multicinctus* (Blyth)	广东中山
BM09	银环蛇	*Bungarus multicinctus* (Blyth)	广东中山
BM10	银环蛇	*Bungarus multicinctus* (Blyth)	广东台山
BM11	银环蛇	*Bungarus multicinctus* (Blyth)	广东韶关
BM12	银环蛇	*Bungarus multicinctus* (Blyth)	广东从化
BM13	银环蛇	*Bungarus multicinctus* (Blyth)	广东从化
BM14	银环蛇	*Bungarus multicinctus* (Blyth)	广东茂名

续表

样品编号	物种	拉丁名	采集地
BM15	银环蛇	*Bungarus multicinctus* (Blyth)	广东中山
DR01	赤链蛇	*Dinodon rufozonatum* (Cantor)	广东中山
DR02	赤链蛇	*Dinodon rufozonatum* (Cantor)	广东中山
DR03	赤链蛇	*Dinodon rufozonatum* (Cantor)	广东中山
DR04	赤链蛇	*Dinodon rufozonatum* (Cantor)	湖南
NA01	中华眼镜蛇	*Naja atra* Cantor	广东台山
NA02	中华眼镜蛇	*Naja atra* Cantor	广东台山
NA03	中华眼镜蛇	*Naja atra* Cantor	广东台山
XF01	黄斑渔游蛇	*Xenochrophis flavipunctatus* (Hallowell)	广东中山
XF02	黄斑渔游蛇	*Xenochrophis flavipunctatus* (Hallowell)	广东中山
XF03	黄斑渔游蛇	*Xenochrophis flavipunctatus* (Hallowell)	广东中山
XF04	黄斑渔游蛇	*Xenochrophis flavipunctatus* (Hallowell)	广东中山
EP01	铅色水蛇	*Enhydris plumbea* (Boie)	广东中山
EP02	铅色水蛇	*Enhydris plumbea* (Boie)	广东中山
EP03	铅色水蛇	*Enhydris plumbea* (Boie)	广东中山
EP04	铅色水蛇	*Enhydris plumbea* (Boie)	广东中山
SA01	赤链华游蛇	*Sinonatrix annularis* (Hallowell)	广东韶关
SA02	赤链华游蛇	*Sinonatrix annularis* (Hallowell)	广东韶关
BF01	金环蛇	*Bungarus fasciatus* (Schneider)	广西
BF02	金环蛇	*Bungarus fasciatus* (Schneider)	广西
OM01	百花锦蛇	*Orthriophis moellendorffi* (Boettger)	广西
OM02	百花锦蛇	*Orthriophis moellendorffi* (Boettger)	广西
DA01	尖吻蝮	*Deinagkistrodon acutus* (Günther)	江西
DA02	尖吻蝮	*Deinagkistrodon acutus* (Günther)	广西
DA03	尖吻蝮	*Deinagkistrodon acutus* (Günther)	湖南

（二）DNA 条形码分析

1. DNA 提取

用灭菌后的手术剪将样品（肝脏或肌肉组织）剪成小块，取 30mg 样品，用液氮研磨后，使用动物 DNA 提取试剂盒（北京天根生化科技公司）提取总 DNA。

2. PCR 扩增

DNA 提取液用 *CO* Ⅰ序列通用引物和相关条件进行 PCR 扩增。

（1）引物对

上游引物 L*CO* 1490（5′→3′：GGTCAACAAATCATAAAGATATTGG）、下游引物 H*CO* 2198（5′→3′：TAAACTTCAGGGTGACCAAAAAATCA）。

（2）扩增体系

2× 耐热 DNA 聚合酶混合缓冲液 12.5μl，引物 DK1-*CO*1（10mol/L）、引物 DK1-*CO*2（10mol/L）各 1μl，模板 DNA 1μl，灭菌双蒸水 9.5μl，混匀后再用灭菌双蒸水补足反应总体积至 25 μl。

（3）扩增程序

93℃预变性 5min，53℃退火 2min；93℃变性 30s，53℃退火 45s，70℃延伸 45s（进行 35 个循环）；70℃延伸补齐 5min。

（4）扩增产物电泳结果

用 1.2% 的琼脂糖凝胶电泳，上 4μl 的 PCR 产物，100V 电压下电泳 20min。DL1000 Marker 从上至下为 1000、7000、500、400、300、200 和 100 bp（Takara 公司），在 700bp 附近出现亮带（图 5-11）。从图中可看出，各样品条带清晰，DNA 扩增成功，进行测序。

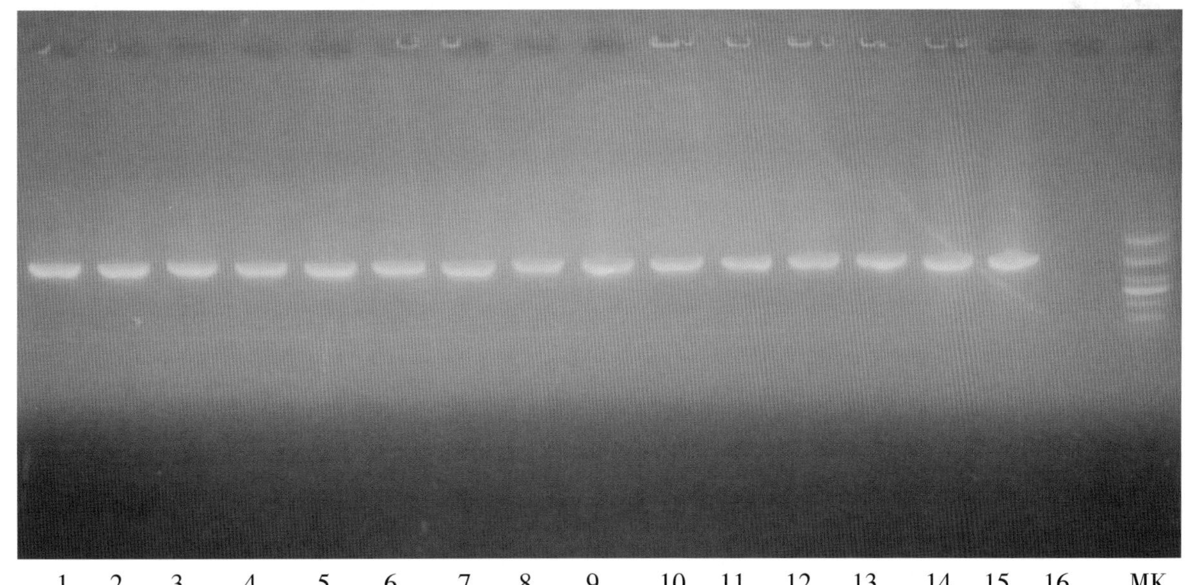

图 5-11 扩增产物电泳结果

MK：Marker 1~15：动物样本 16：空白对照

3. 测序

对在 700bp 附近出现亮带的样品的 PCR 产物进行双向测序（上海英潍捷基公司）。

4. 拼接

测序后得到正反两向峰图，采用 Chromas、Clustal X 软件进行拼接并辅以人工校正，去除两端引物序列，获得长度为 658bp 的样品序列。并将所得序列登录到 GenBank 和 BOLD 系统，获得登录号。

5. 序列排列和分析

利用 BioEdit、Clustal X 等软件对测序所得序列进行排序比对并辅以手工校正，去除引物区，获得长度为 658bp 的样品序列，然后在 GenBank（http://www.ncbi.nlm.nih.gov/ genbank/）（图 5-12）中用 BLAST 程序进行相似性检索确定基因片段，将序列登录到 GenBank 系统。将所有序列用 MEGA5.0 软件比对，进行 Kimura 双参数（Kimura 2-parameter）遗传距离等分析，用邻接法（neighbour-joining method，NJ 法）对比对的序列构建系统聚类树。系统树各分支的置信度用自举检验法（bootstrap test），检验各分支的支持率，共进行 1000 次循环。

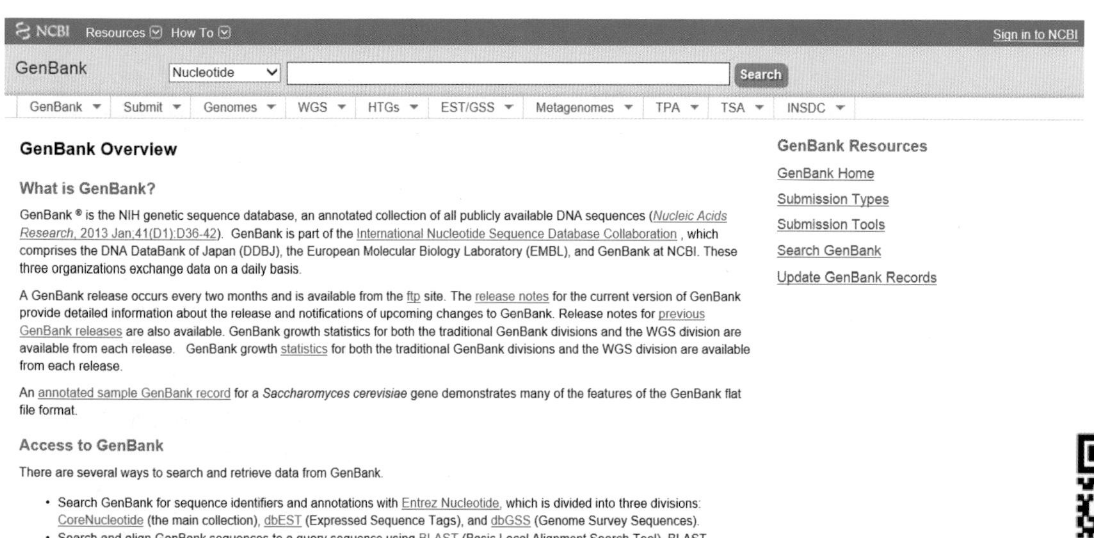

图 5-12　GenBank 网页与网址

6. 结果

（1）各样本 *CO* Ⅰ序列

详细数据见表 5-5。

表 5-5 试验样本 *CO* Ⅰ序列

样品编号	物种	采集地	基因银行登录号（GenBank ID）	条形码索引号（Barcode Index Numbers，BINs）
BM01	银环蛇	广东中山	JN833585	AAF9297
BM02	银环蛇	广东中山	JN833586	AAF9297
BM03	银环蛇	广东中山	JN833587	AAF9297
BM04	银环蛇	广东中山	JN833588	AAF9297
BM05	银环蛇	广东中山	JN833589	AAF9297
BM06	银环蛇	广东中山	JN833590	AAF9297
BM07	银环蛇	广东中山	JN833591	AAF9297
BM08	银环蛇	广东中山	JN833592	AAF9297
BM09	银环蛇	广东中山	JN833593	AAF9297
BM10	银环蛇	广东台山	JN833594	AAF9297
BM11	银环蛇	广东韶关	JN833595	AAF9297
BM12	银环蛇	广东从化	JN833596	AAF9297
BM13	银环蛇	广东从化	JN833597	AAF9297
BM14	银环蛇	广东茂名	JN860064	AAF9297
BM15	银环蛇	广东中山	JN860065	AAF9297
DR01	赤链蛇	广东中山	JN833598	AAD0172
DR02	赤链蛇	广东中山	JN833599	ABA0367
DR03	赤链蛇	广东中山	JN833600	AAD0172
DR04	赤链蛇	湖南	JN833601	AAD0172
NA01	中华眼镜蛇	广东台山	JN833602	AAF7608
NA02	中华眼镜蛇	广东台山	JN833603	AAF7608
NA03	中华眼镜蛇	广东台山	JN833604	AAF7608
XF01	黄斑渔游蛇	广东中山	JN833605	AAH9231
XF02	黄斑渔游蛇	广东中山	JN833606	AAH9231

续表

样品编号	物种	采集地	基因银行登录号（GenBank ID）	条形码索引号（Barcode Index Numbers，BINs）
XF03	黄斑渔游蛇	广东中山	JN833607	AAH9231
XF04	黄斑渔游蛇	广东中山	JN833608	AAH9231
EP01	铅色水蛇	广东中山	JN833609	AAJ0753
EP02	铅色水蛇	广东中山	JN833610	AAJ0753
EP03	铅色水蛇	广东中山	JN833611	AAJ0753
EP04	铅色水蛇	广东中山	JN833612	AAJ0753
SA01	赤链华游蛇	广东韶关	JN833613	ABA1332
SA02	赤链华游蛇	广东韶关	JN833614	ABA1332
BF01	金环蛇	广西	JN833615	AAI8427
BF02	金环蛇	广西	JN833616	AAI8427
OM01	百花锦蛇	广西	JN833617	ABA1479
OM02	百花锦蛇	广西	JN833618	ABA1479
DA01	尖吻蝮	江西	JQ658431	ACC5654
DA02	尖吻蝮	广西	JQ658432	ACC5654
DA03	尖吻蝮	湖南	JQ658433	ACC5654

实验中，选用通用引物 *LCO* 1490 和 *HCO* 2198 扩增尖吻蝮时，发现无目标条带出现。经分析，考虑引物不适合，需重新设计引物。采用新设计的引物 DK1-*CO*1（5′→3′：CAACTAACCACAAAGACATCGG）、DK1-*CO*2（5′→3′：CTTCTGGGTGGCCGAAAAATCA）进行尖吻蝮 *CO* Ⅰ序列的扩增。PCR 反应体积及反应参数如前所述，PCR 产物凝胶电泳结果较好，实验中还发现 DK1 引物对其他蛇类物种亦能较好扩增。

（2）碱基组成与变异位点

应用 MEGA5.0 软件 Statistic 程序分析 658 bp 公共区段序列碱基组成与变异位点情况（表 5-6）。银环蛇与其主要混伪品的 *CO* Ⅰ序列存在较多变异位点，有 255 个变异位点，403 个保守位点；A、T、C、G 碱基平均含量分别为 26.5%、29.2%、28.6%、15.8%；GC 含量范围为 40.1%~47.4%，平均 GC 含量为 44.3%。各物种种内 GC 含量变化较小，15 条银环蛇 *Bungarus multicinctus* 中有 10 条 GC 含量均为 43.3%，2 条为 43.2%，2 条为 42.9%；4 条赤链蛇 *Dinodon rufozonatum* 中 2 条 GC 含

表 5-6　39 条蛇类 658bp 序列片段的碱基组成、变异位点及保守位点

样品名	碱基组成					变异位点					保守位点					GC 含量
	T(U)	C	A	G	总计	T(U)	C	A	G	总计	T(U)	C	A	G	总计	GC%
BF01	32.5	25.4	27.4	14.7	658.0	33.3	28.6	32.2	5.9	255.0	32.0	23.3	24.3	20.3	403.0	40.1
BF02	32.5	25.4	27.4	14.7	658.0	33.3	28.6	32.2	5.9	255.0	32.0	23.3	24.3	20.3	403.0	40.1
BM01	30.4	28.0	26.4	15.2	658.0	27.8	35.3	29.8	7.1	255.0	32.0	23.3	24.3	20.3	403.0	43.2
BM02	30.4	28.0	26.3	15.3	658.0	27.8	35.3	29.4	7.5	255.0	32.0	23.3	24.3	20.3	403.0	43.3
BM03	30.4	28.0	26.3	15.3	658.0	27.8	35.3	29.4	7.5	255.0	32.0	23.3	24.3	20.3	403.0	43.3
BM04	30.4	28.0	26.3	15.3	658.0	27.8	35.3	29.4	7.5	255.0	32.0	23.3	24.3	20.3	403.0	43.3
BM05	30.4	28.0	26.3	15.3	658.0	27.8	35.3	29.4	7.5	255.0	32.0	23.3	24.3	20.3	403.0	43.3
BM06	30.4	28.0	26.3	15.3	658.0	27.8	35.3	29.4	7.5	255.0	32.0	23.3	24.3	20.3	403.0	43.3
BM07	30.7	27.7	26.4	15.2	658.0	28.6	34.5	29.8	7.1	255.0	32.0	23.3	24.3	20.3	403.0	42.9
BM08	30.7	27.7	26.4	15.2	658.0	28.6	34.5	29.8	7.1	255.0	32.0	23.3	24.3	20.3	403.0	42.9
BM09	30.4	28.0	26.3	15.3	658.0	27.8	35.3	29.4	7.5	255.0	32.0	23.3	24.3	20.3	403.0	43.3
BM10	30.5	28.0	26.3	15.2	658.0	28.2	35.3	29.4	7.1	255.0	32.0	23.3	24.3	20.3	403.0	43.2
BM11	30.4	28.0	26.3	15.3	658.0	27.8	35.3	29.4	7.5	255.0	32.0	23.3	24.3	20.3	403.0	43.3
BM12	30.4	28.0	26.3	15.3	658.0	27.8	35.3	29.4	7.5	255.0	32.0	23.3	24.3	20.3	403.0	43.3
BM13	30.4	28.0	26.3	15.3	658.0	27.8	35.3	29.4	7.5	255.0	32.0	23.3	24.3	20.3	403.0	43.3
BM14	30.5	28.0	26.1	15.3	658.0	28.2	35.3	29.0	7.5	255.0	32.0	23.3	24.3	20.3	403.0	43.3
BM15	30.2	28.1	26.3	15.3	658.0	27.5	35.7	29.4	7.5	255.0	32.0	23.3	24.3	20.3	403.0	43.5
DA01	27.2	29.6	26.7	16.4	658.0	19.6	39.6	30.6	10.2	255.0	32.0	23.3	24.3	20.3	403.0	46.0
DA02	27.2	29.6	26.7	16.4	658.0	19.6	39.6	30.6	10.2	255.0	32.0	23.3	24.3	20.3	403.0	46.0
DA03	27.2	29.6	26.7	16.4	658.0	19.6	39.6	30.6	10.2	255.0	32.0	23.3	24.3	20.3	403.0	46.0

续表

样品名	碱基组成					变异位点					保守位点					GC 含量
	T(U)	C	A	G	总计	T(U)	C	A	G	总计	T(U)	C	A	G	总计	GC%
DR01	28.0	29.8	25.2	17.0	658.0	21.6	40.0	26.7	11.8	255.0	32.0	23.3	24.3	20.3	403.0	46.8
DR02	28.0	29.5	25.7	16.9	658.0	21.6	39.2	27.8	11.4	255.0	32.0	23.3	24.3	20.3	403.0	46.4
DR03	28.1	29.8	25.1	17.0	658.0	22.0	40.0	26.3	11.8	255.0	32.0	23.3	24.3	20.3	403.0	46.8
DR04	27.8	29.9	25.2	17.0	658.0	21.2	40.4	26.7	11.8	255.0	32.0	23.3	24.3	20.3	403.0	47.0
OM01	28.4	27.2	29.0	15.3	658.0	22.7	33.3	36.5	7.5	255.0	32.0	23.3	24.3	20.3	403.0	42.6
OM02	28.4	27.2	29.0	15.3	658.0	22.7	33.3	36.5	7.5	255.0	32.0	23.3	24.3	20.3	403.0	42.6
EP01	26.6	28.9	28.7	15.8	658.0	18.0	37.6	35.7	8.6	255.0	32.0	23.3	24.3	20.3	403.0	44.7
EP02	26.6	28.9	28.6	16.0	658.0	18.0	37.6	35.3	9.0	255.0	32.0	23.3	24.3	20.3	403.0	44.8
EP03	26.6	28.9	28.9	15.7	658.0	18.0	37.6	36.1	8.2	255.0	32.0	23.3	24.3	20.3	403.0	44.5
EP04	26.7	28.7	28.7	15.8	658.0	18.4	37.3	35.7	8.6	255.0	32.0	23.3	24.3	20.3	403.0	44.5
NA01	27.2	30.7	25.4	16.7	658.0	19.6	42.4	27.1	11.0	255.0	32.0	23.3	24.3	20.3	403.0	47.4
NA02	27.2	30.7	25.4	16.7	658.0	19.6	42.4	27.1	11.0	255.0	32.0	23.3	24.3	20.3	403.0	47.4
NA03	27.2	30.7	25.4	16.7	658.0	19.6	42.4	27.1	11.0	255.0	32.0	23.3	24.3	20.3	403.0	47.4
SA01	27.2	29.2	26.9	16.7	658.0	19.6	38.4	31.0	11.0	255.0	32.0	23.3	24.3	20.3	403.0	45.9
SA02	27.2	29.2	26.9	16.7	658.0	19.6	38.4	31.0	11.0	255.0	32.0	23.3	24.3	20.3	403.0	45.9
XF01	30.7	28.9	25.2	15.2	658.0	28.6	37.6	26.7	7.1	255.0	32.0	23.3	24.3	20.3	403.0	44.1
XF02	30.7	28.9	25.2	15.2	658.0	28.6	37.6	26.7	7.1	255.0	32.0	23.3	24.3	20.3	403.0	44.1
XF03	30.5	29.0	25.2	15.2	658.0	28.2	38.0	26.7	7.1	255.0	32.0	23.3	24.3	20.3	403.0	44.2
XF04	30.5	29.0	25.2	15.2	658.0	28.2	38.0	26.7	7.1	255.0	32.0	23.3	24.3	20.3	403.0	44.2
平均值	29.2	28.6	26.5	15.8	658.0	24.6	36.8	30.0	8.5	255.0	32.0	23.3	24.3	20.3	403.0	44.3

量为 46.8%，另外 2 条分别为 46.4% 和 47.0%；4 条铅色水蛇 *Enhydris plumbea* 中 2 条 GC 含量为 44.5%，另外 2 条分别为 44.7% 和 44.8%；4 条黄斑渔游蛇 *Xenochrophis flavipunctatus* 中 2 条 GC 含量为 44.1%，另 2 条为 44.2%；其余各物种种内 GC 含量均相等，金环蛇 *Bungarus fasciatus* 2 条均为 40.1%，尖吻蝮 *Deinagkistrodon acutus* 3 条均为 46.0%，赤链华游蛇 *Sinonatrix annularis* 2 条均为 45.9%，中华眼镜蛇 *Naja atra* 3 条均为 47.4%，百花锦蛇 *Orthriophis moellendorffi* 2 条均为 42.6%。

（3）种内变异

银环蛇的 15 条种内序列，主要变异位点有 14 处，其转换 / 颠换值为 6；转换总数为 12，在 5、214、268、298、318、500、622 的位置进行 T—C 转换，在 181、184、499、517、628 的位置进行 A—G 转换；颠换总数为 2，分别在 217 的位置 G—C 颠换，562 的位置 A—T 颠换。银环蛇种内平均 Kimura 双参数（K2P）距离为 0.0103，种内最大 Kimura 双参数距离为 0.0201，种内 *CO* Ⅰ序列变异较小。（表 5-7、表 5-8）

表 5-7 银环蛇种内变异位点情况统计表

变异类型		变异位点	总数
转换	T-C	5、214、268、298、318、500、622	12
	A-G	181、184、499、517、628	
颠换	G-C	217	2
	A-T	562	

赤链蛇的种内 Kimura 双参数距离范围为 0.0030~0.0361，平均种内 Kimura 双参数距离为 0.0195；铅色水蛇种内 Kimura 双参数距离范围为 0.0015~0.0030，平均值为 0.0023；黄斑渔游蛇的种内 Kimura 双参数距离为 0~0.0015，平均值为 0.0010；中华眼镜蛇、尖吻蝮、金环蛇、百花锦蛇和赤链华游蛇的种内 Kimura 双参数距离值均为 0。（表 5-9）

（4）种间变异

种间平均 Kimura 双参数距离为 0.2178，最小种间平均 Kimura 双参数距离值出现在金环蛇与银环蛇之间，其值为 0.1557，远大于 Hebert 所推荐的物种鉴定最小种间遗传距离 0.027；最大种间变异为 0.2578，出现在金环蛇与尖吻蝮之间。银环蛇与金环蛇的种间遗传距离最小，与尖吻蝮的种间遗传距离最大。（表 5-10）

（5）金钱白花蛇及其混伪品邻接树（NJ 树）

基于 9 种蛇的 39 个 *CO* Ⅰ序列，通过邻接法所构建的系统聚类树图（图 5-13），可以看出同属序列聚在一起，且各物种又形成相对独立的支，其支持率均为 100%。银环蛇、金环蛇和中华眼镜蛇共聚成眼镜蛇科，黄斑渔游蛇、百花锦蛇、赤链蛇、赤链华游蛇和铅色水蛇共聚成游蛇科，而 3 条尖吻蝮共聚代表蝰蛇科。从基于 *CO* Ⅰ序列的邻接树中明显地看到，银环蛇与其混伪品能够很

表 5-8 银环蛇种内的 Kimura 双参数遗传距离

样品	1	2	3	4	5	6	7	8	9	10	11	12	13	14
1 BM01														
2 BM02	0.0015													
3 BM03	0.0015	0.0000												
4 BM04	0.0170	0.0185	0.0185											
5 BM05	0.0170	0.0185	0.0185	0.0000										
6 BM06	0.0170	0.0185	0.0185	0.0000	0.0000									
7 BM07	0.0185	0.0201	0.0201	0.0046	0.0046	0.0046								
8 BM08	0.0185	0.0201	0.0201	0.0046	0.0046	0.0046	0.0000							
9 BM09	0.0015	0.0030	0.0030	0.0154	0.0154	0.0154	0.0170	0.0170						
10 BM10	0.0015	0.0030	0.0030	0.0154	0.0154	0.0154	0.0170	0.0170	0.0030					
11 BM11	0.0170	0.0185	0.0185	0.0000	0.0000	0.0000	0.0046	0.0046	0.0154	0.0154				
12 BM12	0.0015	0.0000	0.0000	0.0185	0.0185	0.0185	0.0201	0.0201	0.0030	0.0030	0.0185			
13 BM13	0.0170	0.0185	0.0185	0.0000	0.0000	0.0000	0.0046	0.0046	0.0154	0.0154	0.0000	0.0185		
14 BM14	0.0030	0.0046	0.0046	0.0138	0.0138	0.0138	0.0154	0.0154	0.0015	0.0015	0.0138	0.0046	0.0138	
15 BM15	0.0030	0.0046	0.0046	0.0170	0.0170	0.0170	0.0185	0.0185	0.0015	0.0046	0.0170	0.0046	0.0170	0.0030

表 5-9　9 种蛇种内遗传距离

蛇种	BF	BM	DA	DR	OM	EP	NA	SA	XF
最小种内遗传距离	0	0	0	0.0030	0	0.0015	0	0	0
最大种内遗传距离	0	0.0201	0	0.0361	0	0.0030	0	0	0.0015
平均种内遗传距离	0	0.0103	0	0.0195	0	0.0023	0	0	0.0010

BF：*Bungarus fasciatus*（金环蛇）；BM：*Bungarus multicinctus*（银环蛇）；DA：*Deinagkistrodon acutus*（尖吻蝮）；DR：*Dinodon rufozonatum*（赤链蛇）；OM：*Orthriophis moellendorffi*（百花锦蛇）；EP：*Enhydris plumbea*（铅色水蛇）；NA：*Naja atra*（中华眼镜蛇）；SA：*Sinonatrix annularis*（赤链华游蛇）；XF：*Xenochrophis flavipunctatus*（黄斑渔游蛇）。

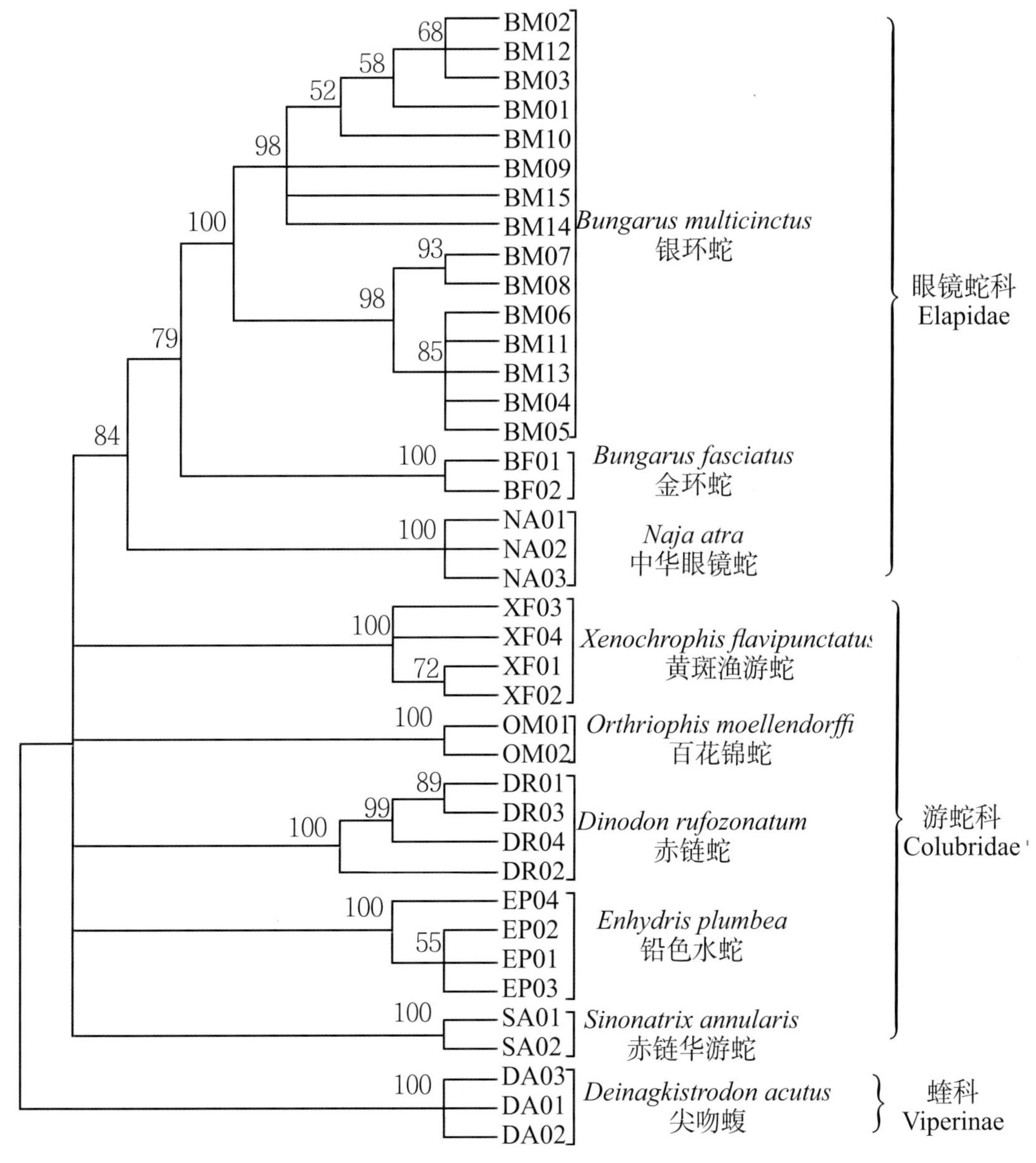

图 5-13　基于 *CO* Ⅰ 序列构建的银环蛇及其混伪品的邻接（NJ）树

注：系统树各分支的置信度用自举检验法（bootstrap test）检验各分支的支持率，共进行 1000 次循环，支上数值仅显示自举支持率≥ 50%。Mode 1= Kimura 双参数法。

好地区分开。从图中可以探究各物种的亲缘关系，看到正品银环蛇明显的分为 2 支，与亲缘关系最近的金环蛇汇合，再与中华眼镜蛇共聚组成眼镜蛇科。图中银环蛇与尖吻蝮相聚最远，说明银环蛇与尖吻蝮亲缘关系相差最远，结合种间遗传距离值（表 5-10），相互验证此结论。

表 5-10　平均种间距离

蛇种	BF	BM	DA	DR	OM	EP	NA	SA
BF								
BM	0.1557							
DA	0.2578	0.2540						
DR	0.2188	0.2157	0.2354					
OM	0.2118	0.1969	0.2340	0.1984				
EP	0.2157	0.2230	0.2580	0.2013	0.2303			
NA	0.1985	0.1801	0.2513	0.2168	0.2222	0.2307		
SA	0.2088	0.2069	0.2295	0.2064	0.2047	0.1971	0.2224	
XF	0.2146	0.2033	0.2774	0.2234	0.2025	0.2305	0.2201	0.1854

BF: *Bungarus fasciatus*（金环蛇）； BM: *Bungarus multicinctus*（银环蛇）； DA: *Deinagkistrodon acutus*（尖吻蝮）； DR: *Dinodon rufozonatum*（赤链蛇）； OM: *Orthriophis moellendorffi*（百花锦蛇）； EP: *Enhydris plumbea*（铅色水蛇）； NA: *Naja atra*（中华眼镜蛇）； SA: *Sinonatrix annularis*（赤链华游蛇）； XF: *Xenochrophis flavipunctatus*（黄斑渔游蛇）。

（6）动物饮片序列比对与鉴定结果

从广东市场上收集金钱白花蛇药材 10 份，获得其 *CO* Ⅰ条形码，在 GenBank 和 BOLD 系统中进行检索，发现 BOLD 系统能迅速准确地鉴定出金钱白花蛇的真伪，并确认其物种信息，鉴定结果与专家根据形态鉴别的结果比较（表 5-11）。而 GenBank 数据库中因缺少同种序列不能准确鉴定

表 5-11　金钱白花蛇生药样品的鉴定结果

编号	品名	购买地点	产地	形态鉴别结果	BOLD 鉴定结果	物种相似度
GDF-1	金钱白花蛇	广州东方大药房	广东	*Bungarus multicinctus*	*Bungarus multicinctus*	100.00%
GDF-2	白花蛇	广州东方大药房	广东	*Dinodon rufozonatum*	*Dinodon rufozonatum*	99.69%
YST-1	金钱白花蛇	中山市益寿堂药店	广东	*Bungarus multicinctus*	*Bungarus multicinctus*	100.00%
QP-1	金钱白花蛇	广州清平药材市场	广西	*Bungarus multicinctus*	*Bungarus multicinctus*	100.00%
QP-2	金钱白花蛇	广州清平药材市场	广西	*Dinodon rufozonatum*	*Dinodon rufozonatum*	99.39%
QP-3	金钱白花蛇	广州清平药材市场	云南	Colubridae *sp.*	*Dinodon rufozonatum*	99.08%
QP-4	金钱白花蛇	广州清平药材市场	云南	Dinodon *rufozonatum*	*Dinodon rufozonatum*	99.39%
BJT-1	小白花蛇	广州保健堂连锁药店	广西	*Bungarus multicinctus*	*Bungarus multicinctus*	100.00%
XH-1	金钱白花蛇	广州民信药业协和店	广西	*Dinodon rufozonatum*	*Dinodon rufozonatum*	99.39%
BZL-1	金钱白花蛇	广州宝芝林药店	广西	*Bungarus multicinctus*	*Bungarus multicinctus*	100.00%

到单个种。所以数据库的不断完善是 DNA 条形码能够准确鉴定种类的必要前提。表 5-11 中生药编号 QP-3，品名金钱白花蛇，购买于广州清平药材市场的样品，专家根据形态只能鉴别其为游蛇科，并不能鉴定其物种来源。根据其 *CO* Ⅰ条形码在 BOLD 系统进行检索，不仅能鉴定其真伪，还能确认其物种信息，物种相似度达到 99.08%。

（三）DNA 条形码鉴定技术操作规程（SOP）

1. 样品保存

野外采集的新鲜组织用 95% 乙醇固定。干燥组织存放于 4℃冰箱。

2. 前处理

取 30mg 左右样品，放入小乳钵中，小剪刀剪成小碎块，加入液氮用力快速研末，研磨时尽量减少损失，磨成细粉，倒入微量离心管，立刻用试剂盒提取。

3. 提取

利用动物组织 DNA 提取试剂盒提取，步骤按说明书进行。

4. 扩增

DNA 提取液用 *CO* Ⅰ序列通用引物或 DK1 引物和相关条件进行 PCR 扩增。

（1）引物对

1）*CO* Ⅰ序列通用引物：上游引物 L*CO* 1490（5′→3′：GGTCAACAAATCATAAAGATATTGG）、下游引物 H*CO* 2198（5′→3′：TAAACTTCAGGGTGACCAAAAAATCA）。

2）DK1 引物：上游引物 DK1-*CO*1（5′→3′：CAACTAACCACAAAGACATCGG）、下游引物 DK1-*CO*2（5′→3′：CTTCTGGGTGGCCGAAAAATCA）。

（2）扩增体系

2× 耐热 DNA 聚合酶混合缓冲液 12.5μl，10mmol/L 引物 DK1-*CO*1、引物 DK1-*CO*2 各 1μl，模板 DNA 1μl，灭菌双蒸水 9.5μl，混匀后再用灭菌双蒸水补足反应总体积至 25 μl。

（3）扩增条件

93℃预变性 5min，53℃退火 2min；93℃变性 30s，53℃退火 45s，70℃延伸 45s（进行 35 个循环）；70℃延伸补齐 5min。其中退火温度可视扩增结果上下调整。

（4）扩增产物电泳结果

扩增液进行 1.2% 琼脂糖电泳检测，并凝胶成像，700bp 附近有亮带者送测序。

5. 测序

测序所得原始图谱应为清晰的单峰图谱，干扰信息应低于正常信号的 10%。

6. 拼接

测序结果利用 Chromas、Clustal X 校对拼接测序峰图，去除引物区，获得长度为 658bp 的样品序列。

7. 鉴定

所得序列在 BOLD 网站上的鉴定引擎（http://www.boldsystems.org/index.php/ IDS_ OpenIdEngine）

（图 5-14），对其相似度进行检索以确定样本原动物；或者进入 NCBI 网站，进行在线 BLAST 比对，确定 DNA 序列物种。

BOLDSYSTEMS
Databases | Taxonomy | Identification | Workbench | Resources
Identification Request
Print
Animal Identification [COI]
Fungal Identification [ITS]
Plant Identification [rbcL & matK]
The BOLD Identification System (IDS) for COI accepts sequences from the 5' region of the mitochondrial Cytochrome c oxidase subunit I gene and returns a species-level identification when one is possible. Further validation with independent genetic markers will be desirable in some forensic applications.
Historical Databases: Jul-2015 Jul-2014 Jul-2013 Jul-2012 Jul-2011 Jul-2010 Jul-2009
Search Databases:
All Barcode Records on BOLD (4,528,986 Sequences)
Every COI barcode record on BOLD with a minimum sequence length of 500bp (warning: unvalidated library and includes records without species level identification). This includes many species represented by only one or two specimens as well as all species with interim taxonomy. This search only returns a list of the nearest matches and does not provide a probability of placement to a taxon.
Species Level Barcode Records (2,607,022 Sequences/174,825 Species/63,183 Interim Species)
Every COI barcode record with a species level identification and a minimum sequence length of 500bp. This includes many species represented by only one or two specimens as well as all species with interim taxonomy.
Public Record Barcode Database (990,838 Sequences/85,083 Species/18,054 Interim Species)
All published COI records from BOLD and GenBank with a minimum sequence length of 500bp. This library is a collection of records from the published projects section of BOLD.
Full Length Record Barcode Database (1,643,813 Sequences/156,874 Species/54,767 Interim Species)
Subset of the Species library with a minimum sequence length of 640bp and containing both public and private records. This library is intended for short sequence identification as it provides maximum overlap with short reads from the barcode region of COI.
Enter sequences in fasta format:
Submit

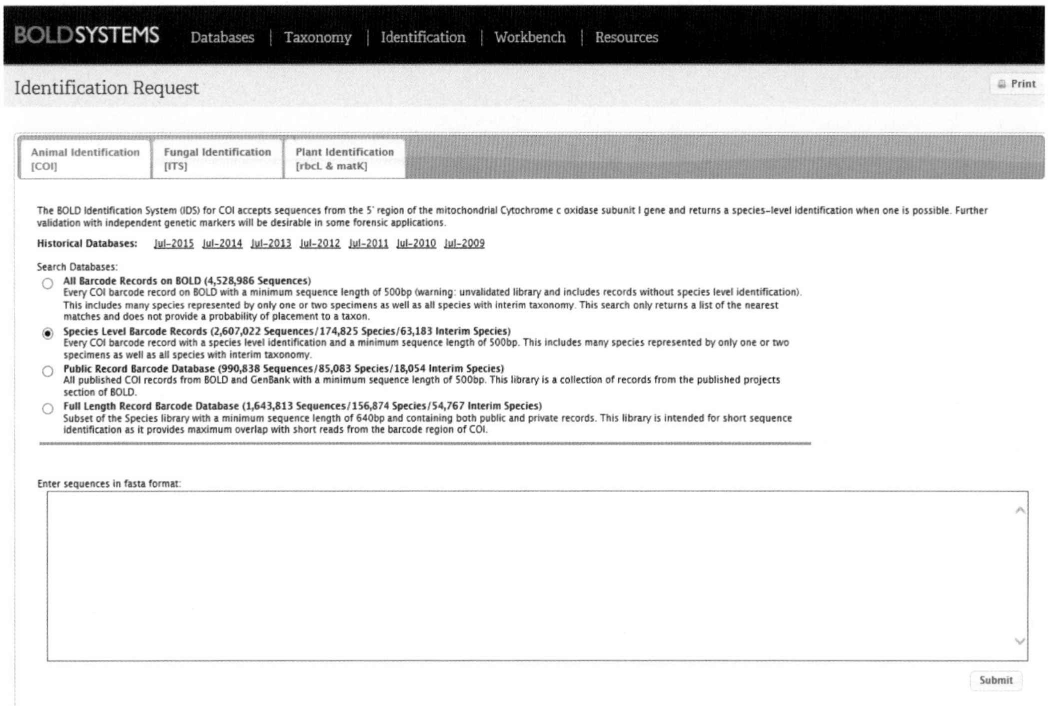

图 5-14　BOLD 网站鉴定引擎网页与网址

四、*CO* Ⅰ条形码序列

（一）银环蛇　JN833585（金钱白花蛇正品）

AACCTTATACCTACTCTTCGGAGCATGGTCTGGTCTAATCGGAGCCTGTCTAAGCATTTTAAT
ACGCATAGAGTTAACCCAACCCGGCTCGCTTTTAGGAAGTGACCAAATCTTTAACGTACTAG
TTACTGCCCACGCATTTATCATAATTTTCTTTATAGTCATACCAATCATAATCGGGGGATTTG
GCAACTGACTTATCCCTTTAATAATCGGCGCCCCTGATATAGCCTTTCCCCGAATAAACAATA
TAAGCTTCTGGCTCCTCCCACCAGCACTACTCCTTCTCCTATCCTCCTCTTATGTAGAAGCCG
GTGCCGGCACAGGTTGAACAGTCTACCCGCCCCTATCGGGTAACCTAGTTCACTCAGGCCCA
TCAGTAGACTTAGCTATCTTCTCTCTACATTTAGCAGGAGCCTCCTCCATCCTAGGAGCAATC
AATTTTATTACAACATGCATTAATATAAAACCTAAATCAATACCAATATTTAATATTCCATTA
TTCGTTTGATCAGTATTAATCACAGCCATTATACTTCTTCTAGCCCTGCCAGTTCTAGCAGCC
GCAGTTACAATACTTTTAACCGATCGTAATCTCAATACATCCTTCTTTGACCCTTCTGGGGGG
GGAGACCCGGTCCTATTCCAACACCTATTC

（二）赤链蛇 JN833598

AACCCTATACTTACTGTTTGGCGCCTGATCCGGTCTAATCGGGGCTTGCCTTAGCATCTTAAT
ACCAATACACCTGACCCAGCCCGGATCACTACTAGGCAGCGACCAAATCTTCAATGTTCTAG
TTACAGCCCATGCATTTATTATAATTTTCTTCATGGTTATACCTATTATAATTGGCGGCTTTGG
TAACTGATTAATCCCCCTAATAATCGGAGCGCCTGACATGGCCTTCCCTCGCATAAATAATA
TAAGTTTTTGACTCCTACCACCCGCCCTACTTCTACTACTATCATCCTCTTATGTCGAAGCAG
GGGCAGGCACAGGGTGAACCGTGTACCCGCCACTGTCAGGAAACCTAGTGCACTCAGGACC
ATCAGTAGACTTAGCGATCTTCTCTCTCCACCTAGCAGGCGCCTCCTCCATCCTGGGGGCAAT
TAACTTTATTACAACATGCATCAACATGAAACCAAAATCCATACCAATATTTAACATCCCAC
TGTTCGTCTGATCTGTACTAATTACTGCTATCATGCTTCTTCTAGCCCTGCCCGTACTAGCCGC
AGCAATTACCATACTACTGACCGACCGAAACCTCAACACCTCCTTCTTTGACCCTTGTGGCG
GAGGCGACCCCGTATTATTCCAACACCTGTTC

（三）中华眼镜蛇 JN833602

AACCCTCTACCTTCTGTTTGGTGCCTGATCCGGCCTAATCGGGGCCTGCCTAAGCATACTAAT
ACGCATAGAGCTGACCCAGCCCGGATCCCTATTCGGCAGTGACCAGATCTTCAACGTACTTG
TAACTGCCCACGCATTTATCATAATTTTTTTATGGTAATACCCATTATAATGGGAGGCTTCG
GCAACTGGCTTATCCCCTTAATAATTGGAGCCCCAGATATGGCCTTCCCACGAATAAACAAC
ATAAGCTTCTGGCTTCTACCCCCATCCCTTCTACTTCTCTTATCCTCCTCATACGTAGAGGCTG
GTGCCGGTACCGGCTGAACAGTCTACCCGCCCCTATCGGGAAACCTAGTTCACTCAGGTCCA
TCGGTTGACCTAGCTATTTTTTCGCTACATCTAGCAGGAGCCTCTTCCATCCTGGGAGCAATC
AACTTTATCACGACATGCATCAACATAAAACCTAAGTCAATACCAATATTTAATATCCCACT
CTTTGTATGATCAGTACTAATCACAGCCATTATGCTCCTACTAGCCTTGCCAGTGCTAGCAGC
CGCAATCACTATACTCCTAACAGATCGAAACCTCAACACATCCTTCTTCGACCCCTGCGGAG
GAGGAGACCCAGTACTATTCCAACACCTCTTC

（四）黄斑渔游蛇 JN833605

AACCCTTTACCTCCTATTTGGTGCCTGATCCGGCCTAATTGGAGCTTGCCTAAGCATCTTGAT
GCGAATAGAACTCACCCAACCTGGATCACTGTTAGGCAGTGATCAAATCTTTAATGTATTAG
TCACTGCCCATGCATTTATTATAATCTTCTTCATAGTCATACCCATCATGATCGGTGGTTTCG
GGAACTGACTAATCCCCCTCATACTGGGAGCCCCCGACATAGCCTTTCCACGAATAAACAAT
ATAAGTTTTTGATTACTTCCCCCAGCACTACTTCTTCTTCTATCTTCCGCCTATGTTGAAGCCG
GTGCCGGCACCGGCTGAACAGTGTACCCCCCACTCTCAGGTAACTTAGTCCACTCAGGACCA
TCTGTCGACCTAGCTATTTTCTCCCTACATCTAGCAGGCGCCTCCTCCATCCTGGGCGCAATT

AACTTTATCACAACATGTGTTAATATAAAACCTAAATCCTTACCTATATTTAATATCCCTTA
TTTGTTTGATCTGTTTTAATCACAGCCATTATACTACTCCTAGCACTCCCAGTACTTGCAGCA
GCAATTACCATACTATTAACAGATCGTAATCTAAATACTTCATTCTTCGACCCCTGCGGAGG
AGGAGACCCCGTTCTGTTCCAACACCTATTC

（五）铅色水蛇　JN833609

AACCCTATACCTCTTATTTGGACATGAGCCGGACTAATCGGCGCCTGCCTTAGTATCCTCAT
ACGAATAGAACTAACACAACCAGGATCCCTCCTAGGAAGCGATCAAATCTTTAATGTCCTAG
TGACAGCCCACGCATTCATCATAATCTTCTTCATAGTTATACCAATTATAATTGGAGGATTCG
GTAACTGATTAATCCCATTAATAATCGGAGCACCAGACATAGCTTTCCCGCGCATAAATAAT
ATAAGCTTCTGGCTCCTTCCACCAGCACTACTTCTTCTACTATCATCCTCCTACGTAGAGGCA
GGAGCCGGCACAGGATGAACAGTGTACCCGCCATTATCAGGAAACCTAGCACACTCGGGCC
CAAGTGTAGACCTAGCAATTTTCTCTCTTCATCTGGCAGGGGCTTCCTCCATCCTGGGAGCAA
TTAATTTCATTACCACCTGCATTAACATAAAACCTAAATCCATACCCATATTCAACATACCCC
TGTTCGTCTGATCAGTGATAATTACCGCCATTATGCTACTACTAGCCCTTCCTGTTCTAGCAG
CGGCAATTACTATACTACTAACAGACCGAAATATCAACACCTCATTCTTCGACCCCTGTGGA
GGAGGAGACCCAATCCTATTCCAACACCTATTC

（六）赤链华游蛇　JN833613

CACCCTTTACCTTCTATTCGGTGCCTGATCAGGACTAATCGGAGCCTGCTTAAGCATCCTAAT
GCGGATAGAACTAACTCAGCCCGGATCCCTTTTTGGAAGCGATCAGATCTTTAATGTCCTAG
TCACAGCCCACGCATTCATTATAATCTTCTTCATGGTCATACCTATCATGATTGGCGGTTTTG
GCAACTGACTAATCCCACTAATAATCGGAGCCCCGGATATAGCATTCCCTCGAATAAACAAC
ATGAGCTTCTGATTATTACCCCCAGCATTACTCCTCCTACTATCCTCTTCCTATGTAGAAGCA
GGAGCCGGCACCGGGTGAACAGTGTACCCGCCACTGTCTGGAAACCTAGTACACTCAGGCC
CATCGGTGGACCTAGCAATCTTCTCCTTACACCTAGCAGGCGCCTCCTCCATCCTGGGAGCA
ATCAACTTCATTACAACATGTATTAACATGAAACCTAAATCAATGCCAATATTCAACATCCC
TTTGTTCGTTTGATCAGTACTAATCACTGCAATTATACTACTGTTAGCCCTACCAGTACTAGC
AGCAGCGATTACCATACTATTAACCGACCGAAATATTAACACCTCATTCTTTGACCCTTGCG
GAGGAGGAGACCCAGTCCTGTTCCAACACCTATTC

（七）金环蛇　JN833615

AACCTTGTACCTACTGTTTGGGGCCTGGTCAGGTTTAATCGGAGCCTGCCTAAGTATTCTAAT
ACGAATAGAACTAACCCAACCTGGGTCACTTCTAGGTAGCGATCAAATCTTTAACGTGTTAG
TTACCGCCCATGCATTTATCATAATCTTCTTTATAGTTATACCTATTATAATTGGCGGCTTTGG

CAACTGACTTATCCCATTAATAATTGGAGCCCCAGATATAGCCTTTCCTCGAATAAATAATA
TAAGTTTCTGACTACTCCCACCAGCACTTCTTCTTCTCCTATCATCTTCCTATGTAGAAGCTGG
AGCCGGCACAGGCTGAACAGTTTATCCGCCCCTATCGGGTAACTTACTTCATTCAGGCCCAT
CAGTAGATCTAGCTATTTTCTCTCTACACCTAGCAGGAGCTTCTTCCATCCTAGGAGCAATCA
ACTTTATTACAACATGTATTAACATAAAACCTAAATCAATACCAATATTTAATATTCCATTAT
TTGTATGATCAGTCTTAATCACTGCTATTATACTTTTACTAGCCCTACCAGTCCTAGCCGCTG
CAATCACTATACTTCTAACTGACCGTAATCTAAACACATCCTTTTTGATCCTTGCGGAGGCG
GAGACCCAGTCCTATTTCAACATCTATTC

（八）百花锦蛇 JN833617

AACTCTATACTTACTATTCGGCGCATGATCCGGCCTAATTGGGGCTAGTCTAAGCATCATCA
TGCGAATAGAACTAACCCAACCAGGCTCACTACTAGGAAATGACCAGGTTTTTAATGTTCTG
GTTACAGCCCACGCATTCATCATAATTTTCTTTATAGTAATACCAATCATAATTGGCGGGTTT
GGTAACTGACTAATCCCCCTAATAATCGGAGCCCCCGATATAGCCTTTCCACGGATAAACAA
TATAAGTTTTTGACTTCTACCACCAGCACTACTCCTTCTACTATCCTCCTCCTATGTTGAAGCA
GGGGCCGGCACAGGGTGAACAGCCTACCCCCCGTTATCAGGAAATCTAGTACACTCAGGCC
CATCAGTAGATCTAGCAATCTTCTCATTACACTTAGCAGGCGCCTCCTCTATCCTGGGGGCAA
TCAACTTTATCACAACATGCATCAATATAAAACCTAAGTCTATACCAATATTTAACATCCCAC
TCTTTGTTTGATCCGTATTAATCACAGCTATCATACTACTACTAGCCCTACCAGTACTAGCAG
CAGCAATCACTATACTTTTAACTGACCGAAATCTAAACACTACTTTCTTTGACCCCTGCGGAG
GAGGAGACCCAGTATTATTTCAACATCTATTT

（九）尖吻蝮 JQ658431

AACCCTATACCTAATATTCGGCGCTTGGTCCGGCCTTGTAGGAGCCTGCTTAAGTATTCTAAT
GCGCATAGAACTGACGCAGCCCGGAACATTGTTCGGTAGTGACCAAATCTTTAATGTCCTAG
TAACCGCCCACGCATTCATCATAATCTTCTTTATAGTAATACCTATTATAATCGGAGGATTCG
GAAACTGACTAATTCCTCTAATAATCGGAACCCCCGATATAGCTTTCCCCCGTATAAACAAC
ATAAGCTTCTGACTACTGCCCCCAGCATTACTCCTATTACTATCCTCCTCCTACATCGAAGCA
GGCGCAGGAACAGGTTGAACCGTCTATCCACCTCTCTCCGGAAACCTGGTACACTCCGGCCC
ATCAGTGGACTTGGCCATCTTTTCTCTCCACTTAGCCGGGGCATCCTCTATCCTAGGGGCAAT
TAACTTCATCACTACGTGCATCAACATAAAACCAAAGTCAATACCAATATTCAACATCCCAT
TATTTGTCTGATCGGTCCTAATTACTGCGATTATACTACTCCTAGCACTACCCGTACTCGCGG
CAGCAATCACTATACTTCTGACAGACCGAAACCTTAACACCACCTTCTTTGATCCGAGCGGA
GGGGGTGACCCTGTATTATTCCAACACCTATTC

第六章 蛤蚧类

一、概述

（一）资源状况

蛤蚧（图 6–1）是我国传统名贵中药材，具有补肺益肾、纳气定喘、助阳益精的功效，用于治疗肺肾不足、虚喘气促、劳嗽咯血、阳痿、遗精等。据 2015 年版《中国药典》记载，其来源为壁虎科动物大壁虎 *Gekko gecko* Linnaeus 除去内脏的干燥体。蛤蚧全年均可捕捉，除去内脏，拭净，用竹片撑开，使全体扁平顺直，低温干燥。主要分布于我国广东、广西、香港、福建及云南等地。

大壁虎隶属爬行纲（Reptilia）有鳞目（Squamata）蜥蜴亚目（Lacertilia）壁虎科（Gekkonidae）

图 6–1　药材蛤蚧

壁虎属（*Gekko*），广泛分布于南亚和东南亚，我国境内主要分布于华南南部。据其体型、头型、体色及产地等，可将其分为黑蛤蚧和红蛤蚧，后者又称泰国蛤蚧。两种蛤蚧地理分布的区域性很明显。黑蛤蚧主要分布在中国的广西和云南南部地区以及越南、缅甸与中国接壤的北部地区。红蛤蚧分布在越南河内、海防及其以南地区，柬埔寨，泰国，缅甸南部，马来西亚，印尼的爪哇等地，二者分布的分界线在北纬 15° 左右。红蛤蚧虽然个大体壮，但售价却仅为黑蛤蚧的一半，中医界及民间普遍认为红蛤蚧无甚药效，视为伪品或替代品，但也有正品之说。迄今为止，来自细胞核型、分子分析的数据大多倾向于将黑蛤蚧和红蛤蚧分为 2 个亚种，也有学者建议将二者分别提升为种。

（二）本草源流

蛤蚧早在西汉末年杨雄的《方言》一书中就有记载。始载于《雷公炮炙论》，云："凡使须认雄雌，若雄为蛤，皮粗、口大、身小、尾粗；雌为蚧，口尖、身大、尾小。"《岭表录异》云："蛤蚧，首如虾蟆，背有细鳞如蚕子，土黄色，身短，尾长，多巢于树中。端州库墙内有。巢于厅署城楼间者，旦暮则鸣，自呼蛤蚧是也。"《开宝本草》言："蛤蚧生岭南山谷及城墙或大树间，身长四五寸，尾与身等，形如大守宫……最护惜其尾，或见人欲取之，多自啮断其尾，人即不取之。"其言虽简，但能与爬行纲中形态、个体相近的鬣蜥科种类截然分开。再据所记的栖息环境、能鸣、断尾、身长四五寸、尾与身等的一些特征，足以判断，古代所记之蛤蚧即为今之壁虎科动物大壁虎 *Gekko gekko* Linnaeus 无疑。

变色树蜥始载于《本草纲目》，云："首如蟾蜍。背绿色。上有黄色斑点。长尺许。尾短。其声最大。"

（三）科研背景

近年来，蛤蚧在保健方面和疾病治疗方面均取得了较好效果，其市场价格日益攀升，市场上出现了大量混淆品，如东方蝾螈 *Cynops orientalis* (David)、睑虎海南亚种 *Goniurosaurus lichtenfelderi hainanensis* Barbour、中国瘰螈 *Paramesotriton chinensis* (Gray)、变色树蜥 *Calotes versicolor* (Daudin) 等。蛤蚧正品与其混伪品的形态学特征差别细微，传统鉴别方法很难对蛤蚧药材进行鉴定。为确保蛤蚧药材质量及其临床疗效，需要建立更加快速、准确的方法，用以鉴定蛤蚧及其伪混品。本研究利用 *CO* Ⅰ序列对蛤蚧及其常见混伪品进行 DNA 条形码鉴定研究，为蛤蚧药材的准确鉴定提供分子水平的依据。

二、物种信息

（一）大壁虎 *Gekko gekko* Linnaeus

形态特征：体重 30~80g，个别可达 100g 以上。体长 120~160mm，尾长 100~145mm，尾长不及

体长。体背腹略扁。皮肤粗糙，被粒状细鳞，粒状细鳞间分布有大的颗粒状疣粒。头大，扁三角形。眼大，位头两侧，瞳孔纵置。头部后两侧具有斜直椭圆形耳孔 1 对，内有下陷的鼓膜。颈短而粗。两腹侧各有 1 条皮肤褶。尾很长，基部粗，尾易断，能再生。雄性尾基部腹面紧靠泄殖腔处有 2 个椭圆形鼓起，内有 2 个阴茎，肛后有 1 对囊孔。四肢不很发达，只能爬行。指、趾底部有许多皱褶。雄性后肢股部腹面有 1 列鳞，具有圆形股孔，又名股窝，数目 14~22 个，雌性没有或不明显。体色十分多样，基色有黑、黑褐、黑灰、灰褐、深灰、灰蓝、锈灰、青黑、青蓝等颜色，头、体背部有黑、褐、深灰、蓝褐、青灰等颜色的横条纹，体上散布有 6~7 行横行排列的白色、灰白色或灰色点，多数个体具成行的或不成行的锈色、棕黄色、淡红色或栗黑色的圆形斑点。尾具灰白色环 6~7 个，再生尾无灰白色环。（图 6–2）

图 6–2 大壁虎

生境分布：栖息在山岩或荒野的岩石缝隙、石洞或树洞内，有时也在住宅的屋檐、墙壁附近活动。分布于江西、福建、广东、广西、贵州、云南、香港等地。

（二）东方蝾螈 *Cynops orientalis* (David)

形态特征：外观与日本红腹蝾螈酷似，但体型较小。雄螈体较小，全长约 66mm，雌螈躯体较大，全长约 80mm。耳腺发达，眼部后方无红斑。即使变态为成体，体侧仍残留有侧线器官。生活时背面及体侧黑色带有蜡样光泽，大多数个体背面无斑纹，极个别的有隐约可见之深浅相间的斑纹。腹面朱红色或橘红色，有分散黑斑，大多数个体在颈褶后方至腹后部有一块“T”字形朱红色斑，两侧缀以不规则黑斑，少数标本无黑斑；四肢基部、肛前半部及尾腹鳍褶边缘朱红色，肛后半部黑色。

雄螈肛部明显肥肿状，肛裂较长，表面光滑，内壁后半有绒毛状突起；雌螈腹部肥大，肛部呈丘状隆起，肛裂短，表面具颗粒疣，肛内壁光滑。（图 6–3）

图 6–3　东方蝾螈

生境分布：栖息于山地池塘或水田等静水域，以及山溪流中流速较缓的水域。分布于中部及东部，如江苏、安徽、浙江、江西、福建、河南、湖北、湖南、云南等地。

（三）睑虎海南亚种　*Goniurosaurus lichtenfelderi hainanensis* Barbour

形态特征：体被粒鳞，散布圆形或锥形大疣鳞。头呈三角形。四肢细长，爪下有 1 枚大呈三角形的爪下鳞。尾短而圆柱形。头背、体背各横斑间及四肢有棕色点斑，尾棕色并具 5~6 条白色环斑。（图 6–4）

图 6–4　睑虎海南亚种

生境分布：主要生活于热带山区，日常生活在山洞里。该物种的模式产地在越南北部湾。以小型昆虫为食。分布于北部湾及广西、海南、贵州等地，属于濒危动物之一。

（四）变色树蜥　*Calotes versicolor* (Daudin)

形态特征：体长，尾很长，略近圆柱形。尾长为体长的3倍，个体越小尾长的倍数越小。体近三角柱形。头四角锥形，吻钝圆，吻棱棱角明显鼓膜裸露，比眼径略小。鼓膜上方有二棘状鳞。头部鳞大小不等，头顶上方有1个小白点。有背鬣，腹鳞小而具棱。四足五指（趾）均具爪，细长，似鸟足，无蹼，无吸盘，爪较长。眼瞳孔圆形，尾鳞具强棱。生活时易变色，一般为浅棕或灰色，背部有深色斑，尾部有深浅相间的环纹。生殖季节雄性的头部和肩部多为猩红色。（图6–5）

图6–5　变色树蜥

生境分布：栖息于环境潮湿的热带雨林内。生活在海拔较低的地区，活动于山地、平原和丘陵一带，在灌木丛或稀疏树林下较多。分布于云南、广东、海南、广西等地。

（五）中国瘰螈 *Paramesotriton chinensis* (Gray)

形态特征： 全长126~150mm。头部扁平，头顶略凹。吻端钝圆，与眼径几等长，吻棱明显。鼻孔近吻端；躯干浑圆。前肢较细长，指端圆钝，基部无蹼，指、趾无缘膜。尾部侧扁，尾梢钝圆。皮肤粗糙，体背与体侧布满分散瘰粒，背面有1条浅色脊纹或无。体背与尾侧为褐色；背脊棱暗红；体侧与腹面色浅；腹面有橘红或黄色块斑，雄螈无侧斑。（图6-6）

图6-6 中国瘰螈

生境分布： 栖息于山溪缓流中，冬季居深水处。傍晚留散或集群于溪流边，以螺蛳等小型动物为食，耐饥力强。室内饲养投喂蚯蚓、蛙肉等均抢食。分布于浙江、安徽、福建、湖南、广东、广西等地。

三、实验研究

（一）实验样品采（收）集

1. 物种分布及采（收）集区域

课题组查阅了《中国药用动物志》《中华本草》《中国动物药》《现代中药学大辞典》《中药辞海》《中国道地药材》《广东中药志》《广西药用动物》等工具书以及相关文献，了解到蛤蚧及其伪混品涉及两栖纲和爬行纲动物，正品蛤蚧主要分布于广东、广西、云南等地，伪混品主要分布于河南、安徽、江苏、浙江、福建、江西、湖北、湖南、贵州、海南等地。（表6-1）

表 6-1 拟采集物种及其分布

种名	分布
大壁虎	云南、广东、广西等
东方蝾螈	河南、安徽、江苏、浙江、福建、江西、湖北、湖南等
睑虎海南亚种	贵州、海南、广西等
变色树蜥	云南、广东、广西、海南等
中国瘰螈	湖南、安徽、浙江、福建、广东、广西等

2. 采（收）集前准备

蛤蚧野外捕捉一般以 5~8 月为宜。出发前，由具有野外动物资源考察经验的科教人员做形态鉴别相关知识和野外注意事项培训。将采集要求和物种资料分发给采集队员，认真阅读、理解并掌握。然后对正品蛤蚧和蛤蚧伪混品种类形态、识别特征（表 6-2）、采集方法、采集步骤等逐一讲解。

表 6-2 拟采集样品物种及其分布

属名	种名	特征
壁虎科壁虎属	大壁虎	吻鳞不接鼻孔。背面蓝灰或紫灰色，具砖红色及蓝灰色花斑；颈、躯干、尾背面，蓝色花斑形成 6~8 条窄横斑；幼体尾部为黑白环相间，黑色环宽
蝾螈科蝾螈属	东方蝾螈	眼后角下方无橘红色圆斑；整个背面和尾侧蜡黑色；体背无疣粒；背脊棱不显或无；体腹面黑斑点分布均匀，彼此不连，腹面正中不形成橘红色纵带
壁虎科睑虎属	睑虎海南亚种	体被粒鳞，散布圆形或锥形大疣鳞。头呈三角形。四肢细长，爪下有 1 枚大的呈三角形的爪下鳞。尾短而圆柱形。头背、体背各横斑间及四肢有棕色点斑，尾棕色并具 5~6 条白色环斑
鬣蜥科树蜥属	变色树蜥	吻棱明显，眼睑发达。鼓膜裸露。体表鳞片呈覆瓦状排列具棱，背鳞尖向后；背正中有 1 列侧扁而直立的鬣鳞。四肢发达，前后肢有 5 指、趾，具爪。体背 5~6 个黑棕色横斑，尾部深浅相间环纹；眼四周有深色辐射状吻
蝾螈科瘰螈属	中国瘰螈	体背和体侧均为黑褐色；雄螈尾侧无紫红色斑；指、趾侧无缘膜；吻与眼径几等长；口裂达眼后角；前肢较长，前肢贴体时指端达眼前，前后肢贴体相对时，指、趾重叠。皮肤粗糙，疣粒大而密，背侧脊棱较低平，尾较窄；腹面浅色斑大小不一

3. 采（收）集方法

1）固定剂：95% 乙醇，用于野外固定肌肉样品。

2）采集信息：对所采集样品进行统一编号，拍照收集图片信息，填写采集信息表。

3）固定样品：用固定剂浸泡动物或组织。

4. 采（收）集结果

经动物学专家鉴定，蛤蚧及伪混品共计 5 个种 22 份样品，包括 16 份正品、6 份伪混品。（表 6-3）

表 6-3 蛤蚧及伪品原动物标本情况

物种名称	拉丁学名	标本数量	标本号	采集地	采集地缩写	经纬度	GenBank 登录号
蛤蚧	*Gekko gecko* Linnaeus	6	LLB002 LLB003 LLB004 XM3462 XM3476 XM3477	广西大新	DX	N22.645217° E107.101056°	HM362937 HM362938 HM362939 HM362970 HM362979 HM362980
蛤蚧	*Gekko gecko* Linnaeus	1	LLB013	广西贵港	GG	N23.300667° E109.320400°	HM362949
蛤蚧	*Gekko gecko* Linnaeus	1	LLB020	广西隆安	LA	N22.948631° E107.591828°	HM362955
蛤蚧	*Gekko gecko* Linnaeus	2	LLB007 LLB009	广西马山	MS	N23.730790° E108.437619°	HM362942 HM362944
蛤蚧	*Gekko gecko* Linnaeus	2	LLB005 XM3450	广西天等	TD	N23.114960° E106.852097°	HM362940 HM362962
蛤蚧	*Gekko gecko* Linnaeus	2	LLB015 LLB016	广西西乡塘区双定乡	SD	N23.068700° E108.089200°	HM362951 HM362952
蛤蚧	*Gekko gecko* Linnaeus	1	LLB024	广西钟山	ZS	N24.527307° E111.312032°	HM362956
蛤蚧	*Gekko gecko* Linnaeus	1	XM3455	广西巴马	BM	N24.474700° E107.472367°	HM362964
东方蝾螈	*Cynops orientalis* (David)	1	—	—	—	—	DQ517771.1
睑虎海南亚种	*Goniurosaurus lichtenfelderi hainanensis* Barbour	1	XM3487	海南	HN	—	HM362934
变色树蜥	*Calotes versicolor* (Daudin)	3	XM3488 XM3489 XM3490	华南	—	—	HM362984 HM362985 HM362986
中国瘰螈	*Paramesotriton chinensis* (Gray)	1	—	—	—	—	DQ517800.1

（二）DNA 条形码分析

1. DNA 提取

取实验材料之肌肉或肝脏组织，用高盐法提取总 DNA，参照 Aljanabi 方法，具体步骤如下：

1）取肝脏或肌肉约 50mg 于 2.0ml 的微量离心管中，剪碎组织；并置于 56℃的恒温箱中及至组织中的乙醇去除。

2）往上述微量离心管中加缓冲液（10mmol/L Tris、100mmol/L 氯化钠、10mmol/L EDTA、0.5%~1% SDS）500μl 然后加入蛋白酶 K 10μl，55℃ 消化（消化以组织溶解，溶液完全透明为准，时间大于 7 小时）。

3）完全消化后，13000r/min 离心 5min。

4）取上清液装入新的 1.5ml 微量离心管中，加入 5mol/L 氯化钠 180μl，混匀放置碎冰中 5~10min；13000r/min 离心 10min。

5）取上清液再次转入新的 1.5ml 微量离心管中，加入异丙醇 400~600μl 放置 2min；13000r/min 离心 10min。

6）去上清液，70% 乙醇洗涤沉淀 2 次。

7）100% 乙醇洗涤沉淀 1 次。

8）自然干燥或 55℃干燥保存。

9）1% 琼脂糖凝胶电泳检测，DNA 原液 -20℃保存。

2. PCR 扩增

DNA 提取液用 *CO* Ⅰ序列通用引物和相关条件进行 PCR 扩增。

（1）引物对

上游引物 L*CO*1490（5′→3′：GGTCAACAAATCATAAAGATATTGG），下游引物 H*CO* 2198（5′→3′：TAAACTTCAGGGTGACCAAAAAATCA）。

（2）反应体积

5U/μl 耐热 DNA 聚合酶（TaKaRa）0.5μl，10mmol/L（dNTP）1μl，10μmol/L 上下游引物各 0.5μl，10×PCR 缓冲液 2.5μl，镁离子溶液 1.5μl，模板 DNA 1μl，混匀后再用灭菌双蒸水补足反应总体积至 25 μl。

（3）扩增程序

PCR 反应在 PTC-200（Bio-Rad）扩增仪器上进行，反应参数为：95℃ 变性 3 min；94℃变性 45 s，55℃退火 45 s，72℃ 延伸 45 s（进行 39 个循环）；72℃ 延伸 5min，4 ℃保存。

（4）扩增产物电泳结果

扩增液进行 1% 琼脂糖泳检测，并凝胶成像，有亮带者送测序。

3. 测序

用 PCR 引物作为测序引物，样本纯化和测序都由北京六合华大基因科技公司完成。

4. 拼接

对实验样品扩增的 *CO* Ⅰ片段进行了测序，为保证所测序列准确性，采用双向测序，所得序列经 Clustal X 拼接并辅以人工校对后， 在 NCBI 中经 BLAST 序列相似性搜索比对，证实所得序列为蛤蚧线粒体 *CO* Ⅰ 5′端序列。

5. 序列排列和分析

用 MEGA4.0 软件，对数据用基于距离邻接法构建系统发育树。各分支置信度由自检举（Bootstrap）分析 1000 次获得。序列之间的多态性用 PAUP 4 beta 10 软件分析。

6. 结果与分析

（1）电泳结果

1% 琼脂糖凝胶电泳检测结果显示每个样品的 PCR 产物条带清晰明显（图 6–7），说明 *CO* Ⅰ通用引物能在蛤蚧及其伪品中扩增出目的片段。

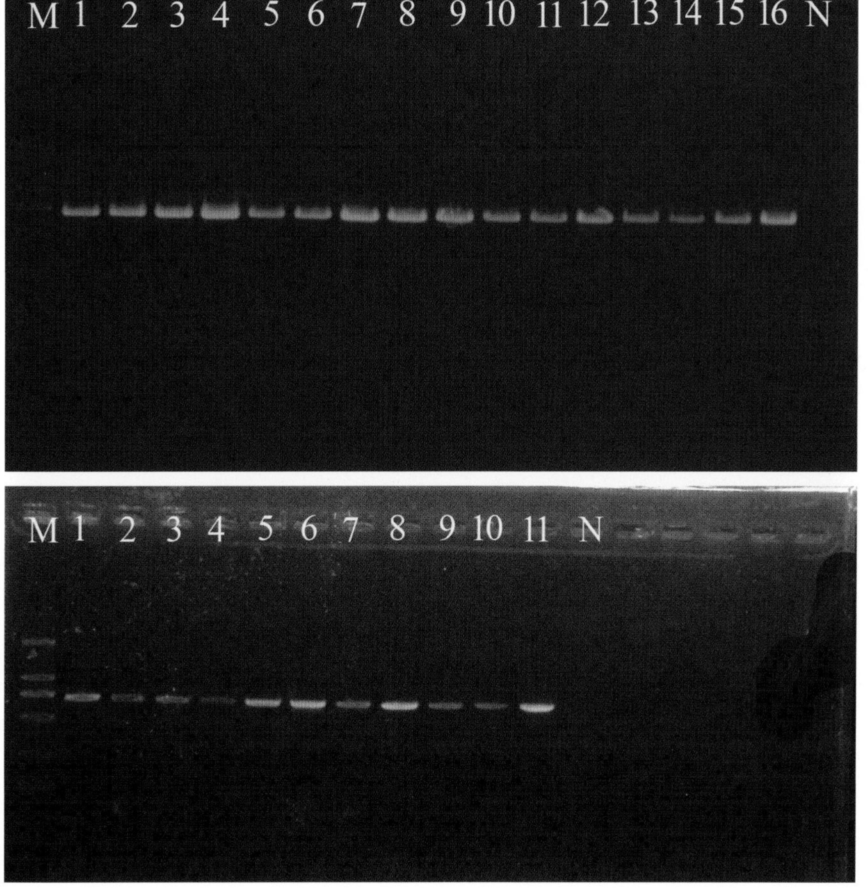

图 6–7 凝胶电泳检测结果

注：用通用引物 LCO 1490 和 HCO 2198 扩增 *CO* Ⅰ基因凝胶电泳检测结果。M 代表 Marker，N 代表没有加 DNA 模板时 PCR 结果对照。

（2）*CO* Ⅰ基因 PCR 扩增和测序结果

PCR 产物经纯化试剂盒纯化（天根生物科技）后送公司进行测序，采用双向测序，测序所得序列结果在 NCBI 中用 BLAST 进行相似性检索，匹配程度较高，确认为 *CO* Ⅰ基因片段。所得 *CO* Ⅰ基因序列将提交 GenBank，登录号见表 6–3。部分样品测序所得到的峰图见图 6–8。

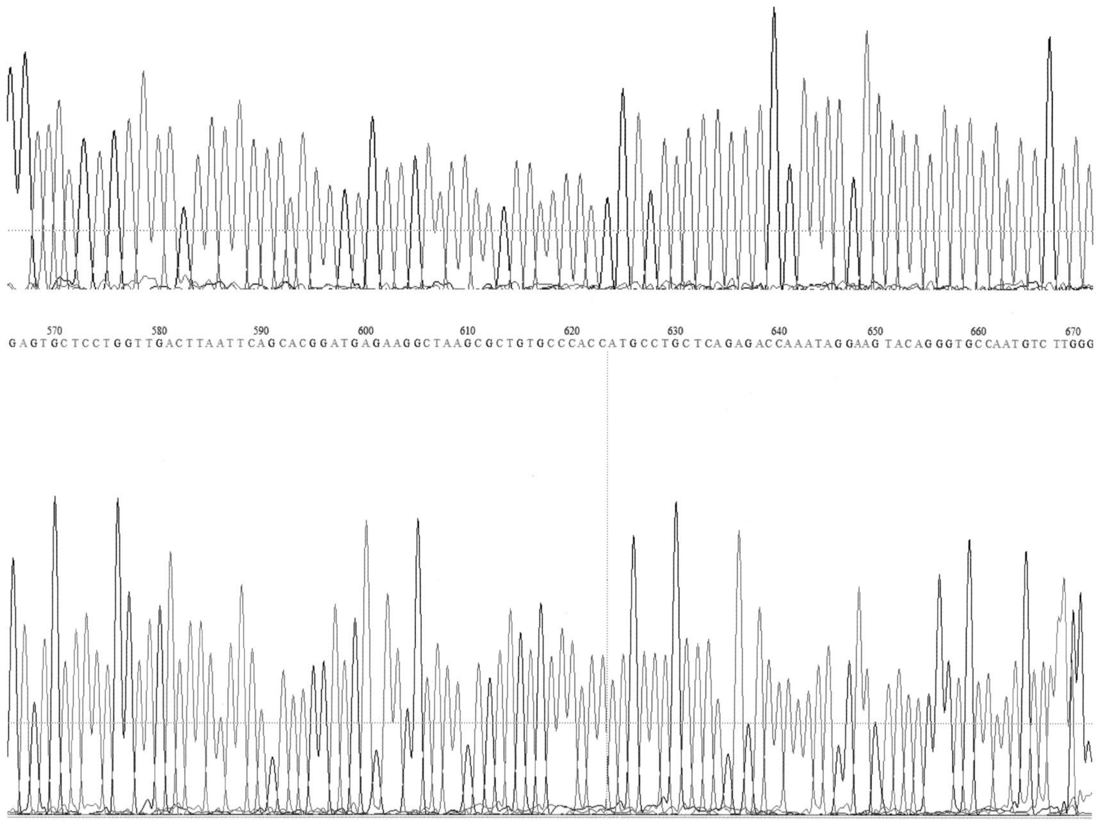

图 6-8 双向测序结果图

注：用通用引物 LCO 1490 和 HCO 2198 进行双向序列测序峰图。

（3）序列分析

实验获得 16 个实验样本 650 bp 的 DNA 条形码的长度，经 BLAST 序列相似性搜索比对后，证实所得序列为蛤蚧线粒体 *CO* Ⅰ 5′端序列，即 DNA 条形码序列。序列经比对分析之后，562 bp 的长度用于种间水平的分析。通过分析全长 DNA 条形码的数据表明：蛤蚧种内的序列差异为 0~6.0%，平均的序列多态性为 3.0%；蛤蚧同壁虎属内其他物种间的序列差异为 21.0%~24.0%，平均序列差异为 22.5%；蛤蚧同其伪品间的序列差异为 6.0%~64.0%，平均序列差异为 35.0%；而伪品间的序列差异为 21.0%~70.0%，平均序列多态性为 45.1%。

（4）系统发育与进化分析

采用 MEGA4.0 系统发育分析软件，以多疣壁虎 *Gekko japonicus* 为外群，构建蛤蚧种群的邻接树（NJ 树）。由图 6-9 可知，所采集的大部分黑蛤蚧个体都聚为一支，但种群间关系不是很明显。

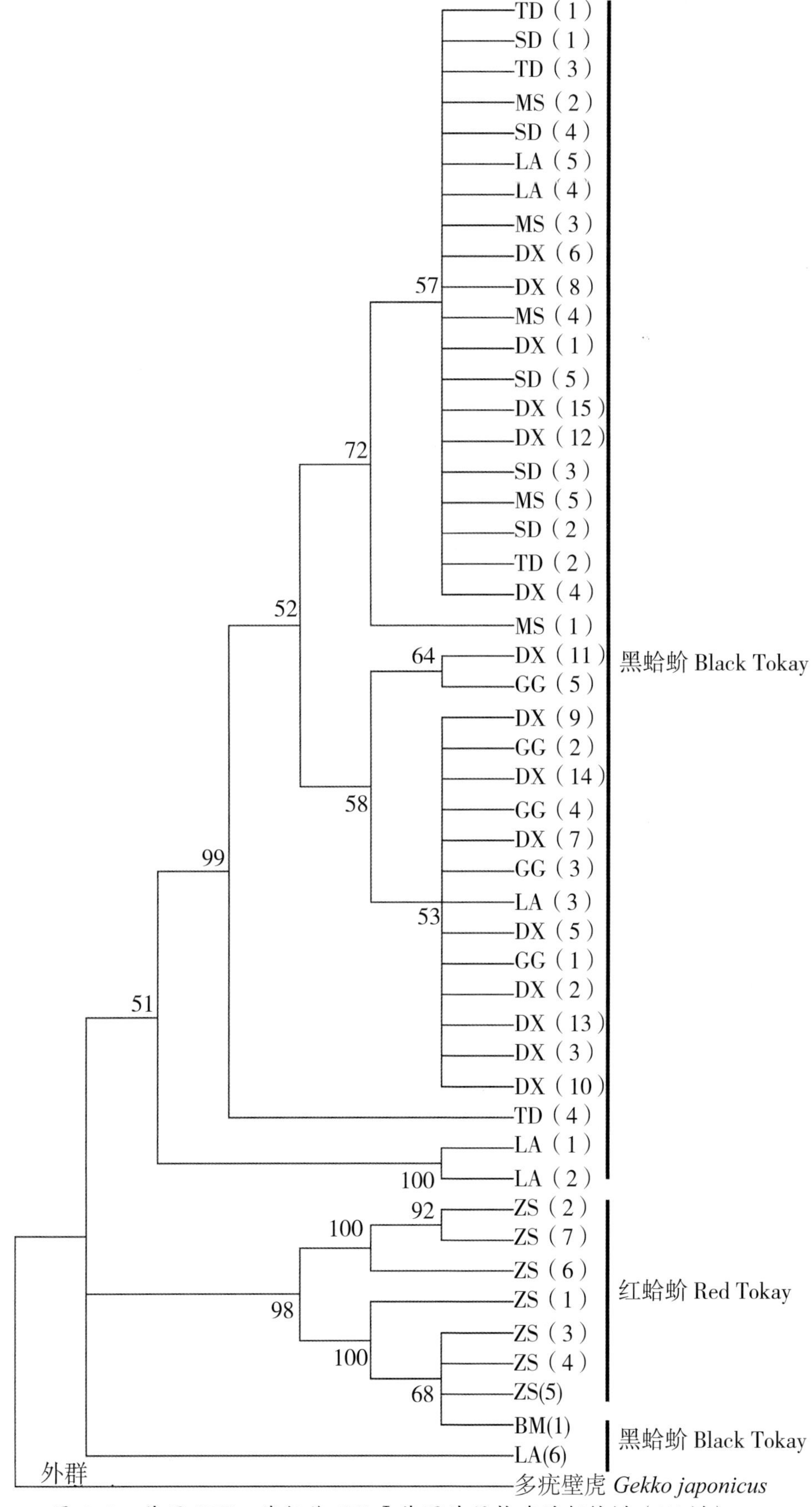

图 6-9　基于 562bp 线粒体 *CO* Ⅰ基因片段构建的邻接树（NJ 树）

注：图中字母缩写代表采集地点的缩写（表 6-3），而采集地点后“（　）”中的数字代表在此位置时此采集地的第几号标本，分支上的数字表节点间的自举值，自举值小于 50% 的在图中没有显示。以多疣壁虎 Gekko japonicus 为外群。

采自广西巴马的黑蛤蚧个体和所有采自钟山的红蛤蚧个体聚为一支，节点自举值（bootstrap value）达98%。红、黑蛤蚧在系统发育树上并未形成各自独立的分支（单系），部分红、黑蛤蚧样品相互嵌合在一起，二者不能截然分开。由图6-10可以看出，黑蛤蚧并没有形成单系，除从广西巴马采集的黑蛤蚧外，其他的黑蛤蚧都能聚为一支，节点自举值达100%。而从巴马采集的黑蛤蚧和变色树蜥 *Calotes versicolor*、睑虎海南亚种 *Goniurosaurus lichtenfelderi hainanensis* Barbour 聚为一起，节点自举值达100%，然后再与从广西钟山采集的红蛤蚧聚为一起形成单系，节点自举值达100%。

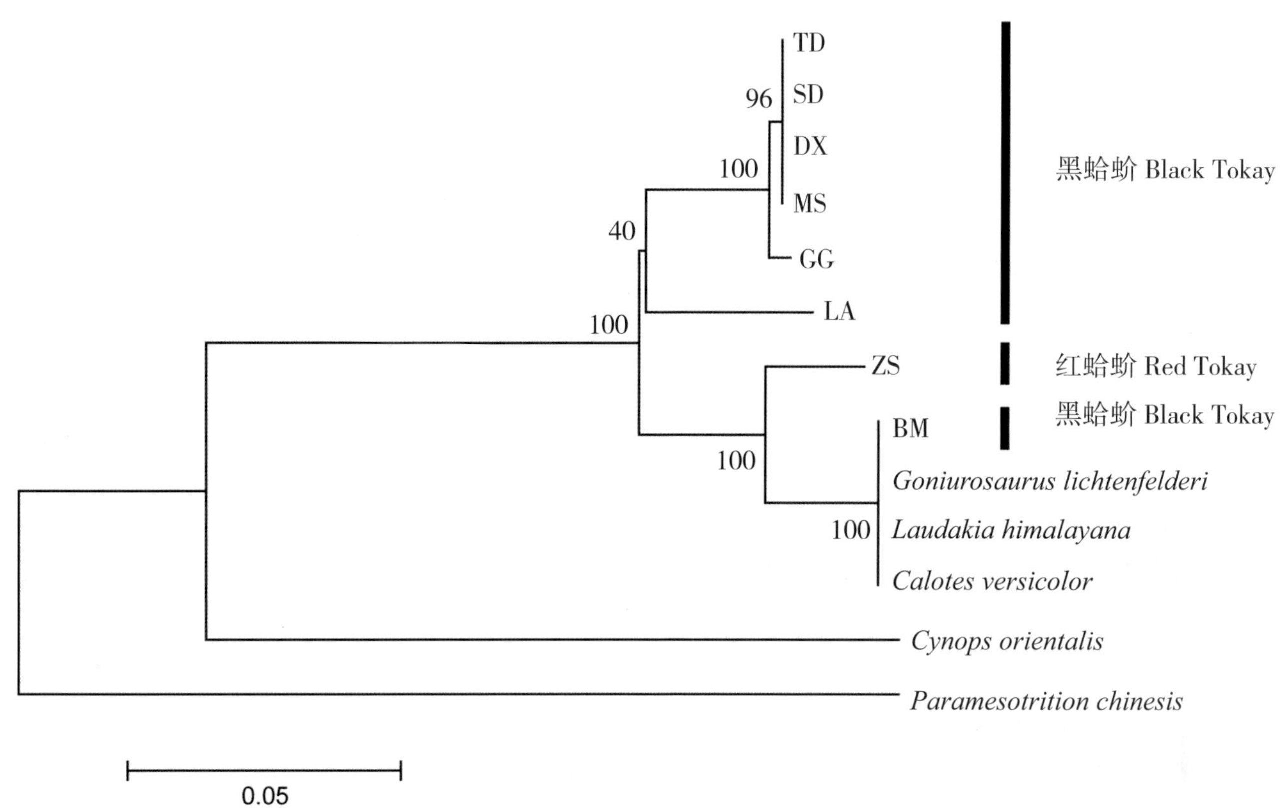

图6-10 采用线粒体 *CO* Ⅰ基因片段（495bp）构建的邻接树（NJ树）

注：图中字母缩写代表采集地点的缩写（表6-3）。分支上的数字表节点间的自举值，自举值小于50%的在图中没有显示。

7. 讨论

通过 *CO* Ⅰ基因的扩增和测序分析，结果证明蛤蚧及其伪品能被DNA条形码的 *CO* Ⅰ基因片段的通用引物扩增和测序。通过对全长DNA条形码的序列分析表明，蛤蚧同伪品间的序列差异是蛤蚧种内差异的11倍，这与前述研究相似，如Steinke等对加拿大鱼类的研究表明，同属间的物种平均序列差异为3.75%，而同种间的序列差异为0.25%；Hebert等对北美鸟类的研究表明，种内的差异为0.43%，种间的差异为7.93%。但我们的研究显示蛤蚧种内的差异较其他种类内的差异相对较大，这和之前学者（Liu，*et al.*，2001）的研究相似，原因在于蛤蚧的分布区很广泛，在不同地区内的变异很大，因此这种较大的差异也是合理的。同时我们的研究也表明蛤蚧同伪品间的差异为35%，尽管蛤蚧种内的差异很大、系统发生关系比较复杂，但种间的差异明显高于种内，这种明显的差异表明全长 DNA 条形码可有效地鉴定蛤蚧及伪品。

（三）DNA 条形码鉴定技术操作规程（SOP）

1. 样品保存

野外采集的新鲜组织（肌肉或肝脏）于 95% 乙醇中固定。干燥组织存放于 4℃冰箱。

2. 前处理

取 50mg 左右样品，放入小乳钵中，小剪刀剪成小碎块，加入液氮用力快速研磨，研磨时尽量减少损失，磨成细粉，倒入微量离心管，于 56℃的恒温箱中直至组织中的乙醇去除。

3. 提取

1）于上述微量离心管中加缓冲液（10mmol/L Tris、100mmol/L 氯化钠、10mmol/L EDTA、0.5%~1% SDS）500μl，然后加入蛋白酶 K 10μl，55℃ 消化（消化以组织溶解，溶液完全透明为准，时间大于 7h）。

2）完全消化后，13000r/min 离心 5min。

3）取上清液装入新的 1.5ml 微量离心管中，加入 5mol/L 氯化钠 180μl，混匀放置碎冰中 5~10min；13000r/min 离心 10min。

4）取上清液再次转入新的 1.5ml 微量离心管中，加入异丙醇（放置 2min）400~600μl；13000r/min 离心 10min。

5）去上清液，70% 乙醇洗涤沉淀 2 次。

6）100% 乙醇洗涤沉淀 1 次。

7）自然干燥或 55℃干燥保存。

8）1% 琼脂糖凝胶电泳检测，DNA 原液 -20℃保存。

4. 扩增

DNA 提取液用 *CO* Ⅰ序列通用引物和相关条件进行 PCR 扩增。

（1）引物对

上游引物 L*CO* 1490（5′→3′: GGTCAACAAATCATAAAGATATTGG），下游引物 H*CO* 2198（5′→3′: TAAACTTCAGGGTGACCAAAAAATCA）。

（2）扩增体系

耐热 DNA 聚合酶（TaKaRa，5U/μl）0.5μl， 10 mmol/L dNTP 1μl，10μmol/L 上下游引物各 0.5μl，10×PCR 缓冲液 2.5μl，镁离子 1.5μl，DNA 模板 1μl，混匀后再用灭菌双蒸水补足反应总体积至 25μl。

（3）扩增条件

PCR 反应在 PTC-200（Bio-Rad）扩增仪器上进行。

95℃预变性 3min；94℃变性 45s，55℃退火 45 s，72℃延伸 45s（进行 39 个循环）；72℃ 延伸 5min，4℃保存。

用 PCR 引物作为测序引物，样本纯化和测序都由北京六合华大基因科技股份有限公司完成。

5. 测序

扩增液进行 1% 琼脂糖凝胶电泳检测，并凝胶成像，双向测序，650bp 附近有亮带者，用测序仪进行测序。所得原始图谱应为清晰的单峰图谱，干扰信息应低于正常信号的 10%。

6. 拼接

测序结果利用 Clustal X 拼接并辅以人工校对，去除引物区，获得样品序列。

7. 鉴定

所得序列在 NCBI（http://blast.ncbi.nlm.nih.gov/Blast.cgi?PROGRAM=blastn&BLAST_PROGRAMS=megaBlast&PAGE_TYPE=BlastSearch&SHOW_DEFAULTS=on&LINK_LOC=blasthome）中进行在线 BLAST 序列相似性比对（图 6-11），以确定 DNA 序列物种。

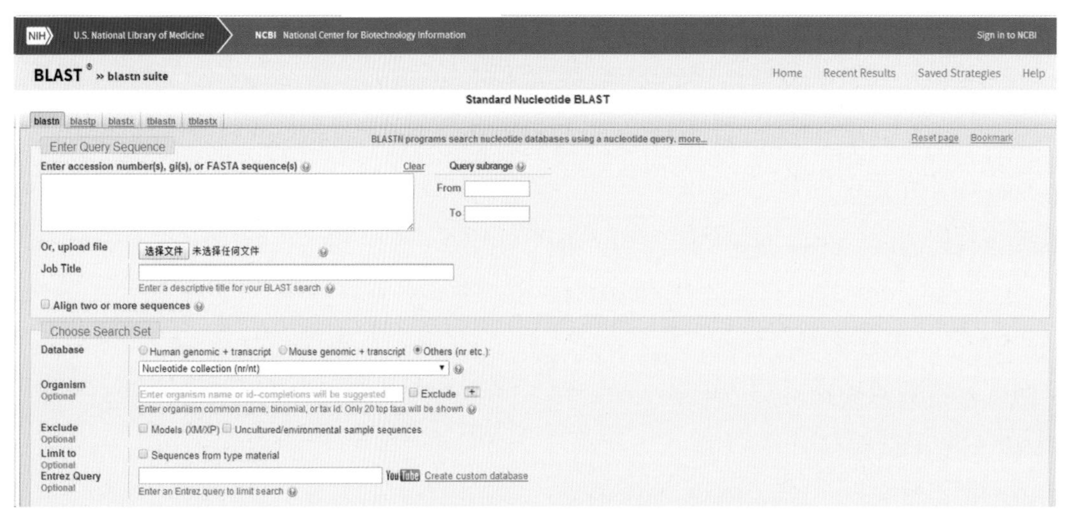

图 6-11 BLAST 网页与网址

四、*CO* Ⅰ条形码序列

（一）大壁虎（蛤蚧）

ATCTTCTTCATAGTAATACCTGTTATAATTGGAGGGTTTGGCAATTGATTAATCCCCCTAA
TAATTGGCGCACCGGACA---TAGCCTTTCCACGCATAAACAATA-TAAGTTTCTGACTA
CTCCCTCCATCACTATTTCTCCTACTAGCCTCCGCGAGTGTGGAGGCTGGGGCGGGGACA

GGGTGGACTGTATACCCCCCACTAGCAGCTAATCTAGCACATGCAGGCGCATCTGTCGAC
CTGGCCATTTTCTCCTTACACCTAGCTGGAATCTCTTCCATCTTAGGGGCCATCAATTTTA
TTACCACCTGCATTAATATGAAAACCCCAAGCATGACCCAATACACGACACCCCTGTTTG
TATGGTCAGTTCTAATTACTGCCGTACTACTTCTCTTAGCACTACCAGTGCTTGCCGCCGG
CA–TCACTATATTGTTGACCGATCGTAACCTTAACACATCATTCTTTGACCCCG---------
CCGGAGGCGGGG

（二）东方蝾螈

ACTCGATGACTATTTTCTACTAATCATAAAGACATTGGCACCCTTTACTTAATTTTTGGTGCT
TGAGCTGGTATAGTTGGCACAGCCCTG---AGTCTCTTAATTCGAGCCGAACTAAGCCAACC
AGGGGCTCTCCTGGGCGAT---GACCAAATTTATAATGTTATTGTCACCGCCCATGCTTTTGT
AATAATCTTTTTTATAGTAATACCAGTAATAATTGGAGGATTTGGGAACTGACTTGTGCCCC
TTATG---ATCGGGGCCCCCGATATAGCATTTCCTCGAATGAATAATATAAGCTTCTGACTTC
TCCCGCCCTCATTTCTTTTACTTCTAGCTTCCTCTGGTGTAGAAGCAGGAGCAGGAACTGGG
TGAACCGTATACCCCCCATTGGCTGGTAATCTTGCCCATGCAGGCGCTTCTGTTGATCTA---
ACCATCTTCTCACTTCACTTGGCAGGGGTGTCCTCAATCCTGGGGGCAATTAACTTTATTACA
ACATCAATTAATATAAAACCCCCTTCCATAACGCAATATCAGACACCCCTGTTTGTATGGTC
AGTATTAATTACGGCTATCCTACTTCTTCTCTCTCTCCCAGTACTTGCAGCC---GGCATTACA
ATACTACTAACTGACCGAAACCTTAATACCACCTTCTTCGACCCAGCGGGCGGAGGGGACCC
TGTATTATATCAGCACCTGTTCTGGTTTTTTGGTCACCCGGAAGTCTATATTCTGATCCTGCCT
GGATTTGGAATAATTTCTCACATTGTAACATATTATTCTGCTAAAAAA---GAGCCATTTGGG
TATATAGGCATAGTTTGAGCAATAATATCAATCGGTCTCCTAGGCTTTATCGTATGGCTCAC
CATATATTTACAGTAG ACCTAA

（三）睑虎海南亚种

GAACTAGGTCAACCAGGGGCACTCCTT–GGAAACGACCAACTGTATAATGTAATCGTAACA
GCACATGCATTTGTAATAATCTTCTTCATAGTGATACCCGTTATAATTGGGGGGTTTGGCAAT
TGATTAATCCCTTTAATAATTGGCGCACCGGACATAGCCTTTCCACGCATAAACAATATAAG
TTT–CTGACTACTCCCTCCATCACTATTTCTCCTTCTGGCCTCCGCGAGTGTGGAGGCTGGGG
CGGGGACAGGATGGACTGTATACCCCCCACTAGCAGCTAATCTAGCACATGCAGGCGCATCT
GTCGACCTGGCCATCTTCTCCTTACACCTAGCTGGAATCTCTTCCATCTTAGGGGCCATCAAT
TTTATCACCACCTGCATTAATATAAAAACCCCAAGCATAACCCAATACACAACACCCCTGTT
TGTATGGTCAGTTCTAATTACTGCCGTGCTACTTCTCCTAGCACTACCAGTGCTTGCCGCCGG

（四）变色树蜥

ACTCGATGACTACTCTCAACCAATCACAAAGATATCGGAACTTTATACTTCTTATTTGGTGCT
GCGGCAGGCCTTACAGGC---TCACTTGTAAGCCTTCTTGTACGAGCACAGTTAATACAACC
AGGACAAGCCCTGGGCGGG---GACTCACTCTACAATGTTTTCATTACATTTCATGCACTGG
TAATGATTTTCTTTATGGTTATGCCGATTATAATCGGCGGCTTCGGAAACTGATTAGTACCTT
TGATG---CTGGGGGCACCAGACATAGCATTTCCTCGAATAAACAACATAAGCTTCTGATTA
CTCCCCCCTCATTTCTTCTTCTACTATTCTCATCGGGCTTTGAAACGGGAGTCGGAACAGGG
TGAACTATTTATCCCCCACTTTCCAACAACATCGCTCACTCCGGACCCTCAATAGACCTT---
GCTATCTTCTCTTTACACCTAGCTGGGGCATCATCAATTCTTGGCGCCATTAATTTCATCACT
ACGTGCATCAACATAAGTCCCAGCCGCACCTCCCCATATAATTGACCCCTATTTGTTTGATCC
GTTTTCTTTACTGCAACCCTACTTCTGCTTTCCCTCCCAGTATTAGCCGCT---GCAATCACAA
TACTAATTACAGACCGCAACCTAAACACATCATTTTTTGAGCCATCTGGAGGGGGAGACCCG
ATCTTGTTCCAACACTTATTCTGATTTTTGGACATCCAGAAGTTTATATTCTAATTTTACCTG
GGTTCGGAATTATTTCACACATTGTAACACACTATTCAGGAAAAAAA---GAACCTTTCGGG
TACCATAGCATGGTATGAGCAATACTAGCTATTACAGTACTTGGGTTCGTCGTATGGGCTCA
CCACATATTTACAGTTGGCCTAG

（五）中国瘰螈

GAACTAGGTCAACCAGGGGCACTCCTT-GGAAACGACCAACTGTATAATCTAATCGTAACA
GCACATGCATTTGTAATAATCTTCTTCATAGTGATACCCGTTATAATTGGGGGTTTGGCAAT
TGATTAATCCCTTTAATAATTGGCGCACCGGACATAGCCTTTCCACGCATAAACAATATAAG
TTT-CTGACTACTCCCTCCATCACTATTTCTCCTTCTGGCCTCCGCGAGTGTGGAGGCTGGGG
CGGGGACAGGATGGACTGTATACCCCCCACTAGCAGCTAATCTAGCACATGCAGGCGCATCT
GTCGACCTGGCCATCTTCTCCTTACACCTAGCTGGAATCTCTTCCATCTTAGGGGCCATCAAT
TTTATCACCACCTGCATTAATATAAAAACCCCAAGCATAACCCAATACACAACACCCCTGTT
TGTATGGTCAGTTCTAATTACTGCCGTGCTACTTCTCCTAGCACTACCAGTGCTTGCCGCCGG

（六）无蹼壁虎

GAGTTAAGCCAGCCCGGGGCTCTACTA-GGTGATGACCAAATCT-ACAATG-TTATCGTAAC
AGCCCATGCATTCGTAATA------ATTTTTTTTATGGTAATGCCTGTTATAAT
TGGCGGCTTTGGCAATTGACTCGTACCACTTATAATTGGCGCACCCGACA---
TGGCATTCCCACGAATAAATAATA-TAAGTTTCTGGCTGCTCCCTCCATCATTACTACTCCTC
CTTGCCTCTTCCGGAGTAGAAGCAGGTGCTGGAACCGGCTGAACTGTTTATCCACCATTAGC

AGCCAACCTTGCACATGCAGGCGCATCAGTTGATCTGGTTATTTCTCTTTACACCTAGCAGG
TGTATCTTCAATCTTAGGTGCTATTAATTTTATTACCACCTGCATTAATATAAAGTCCACTGC
CATATCACAATATAATACGCCTTTATTTATCTGATCCATTTTAATCACCGCTGTACTACTCCTG
CTCGCTCTGCCCGTCTTAGCGGCCGGAA-TTACAATACTTCTAACTGACCGCAACCTCAACAC
CACATTCTTTGACCCTG---------CTCGCGGCGGAG

(七) 多疣壁虎

GAACTAAGTCAACCCGGCGCATTACTT-GGGGACGACCAAATCT-ATAACG-
TCATTGTAACAGCCCATGCCTTCGTAATA------ATTTTTTTATAGTAATGCCGGTT
ATAATCGGGGGCTTTGGCAACTGACTAATCCCACTTATAATTGGCGCCCCTGACA---
TGGCCTTCCCACGAATAAACAACA-TGAGCTTCTGACTTCTACCCCCATCCCTACTTCTTCTT
CTTGCTTCTTCTGGCGTAGAAGCAGGTGCCGGAACAGGCTGAACTGTTTATCCACCATTAGC
AGCTAATCTAGCACACGCGGGCGCATCAGTAGACTTGGTTATTTTTCCCTCCATCTTGCAGG
AGTGTCATCAATCCTAGGAGCAATTAACTTCATCACCACTTGCATTAACATAAAAGCCTCAC
CCATATCACAGTATAACACCCCATTATTTGTCTGATCAGTCCTAATCACCGCAGTATTACTCC
TACTAGCCCTACCAGTTTTAGCCGCAGGTA-TTACAATACTATTAACAGACCGAAACCTTAA
TACAACATTTTTTGACCCTG---------CGGGAGGCGGTG

(八) 红瘰疣螈

GAACTAGGTCAACCAGGGGCACTCCTT-GGAAACGACCAACTGTATAATGTAATCGTAACA
GCACATGCATTTGTAATAATCTTCTTCATAGTGATACCCGTTATAATTGGGGGGTTTGGCAAT
TGATTAATCCCTTTAATAATTGGCGCACCGGACATAGCCTTTCCACGCATAAACAATATAAG
TTT-CTGACTACTCCCTCCATCACTATTTCTCCTTCTGGCCTCCGCGAGTGTGGAGGCTGGGG
CGGGGACAGGATGGACTGTATACCCCCCACTAGCAGCTAATCTAGCACATGCAGGCGCATCT
GTCGACCTGGCCATCTTCTCCTTACACCTAGCTGGAATCTCTTCCATCTTAGGGGCCATCAAT
TTTATCACCACCTGCATTAATATAAAAACCCCAAGCATAACCCAATACACAACACCCCTGTT
TGTATGGTCAGTTCTAATTACTGCCGTGCTACTTCTCCTAGCACTACCAGTGCTTGCCGCCGG

(九) 喜山岩蜥

GAACTAGGTCAACCAGGGGCACTCCTT-GGAAACGACCAACTGTATAATGTAATCGTAACA
GCACATGCATTTGTAATAATCTTCTTCATAGTGATACCCGTTATAATTGGGGGGTTTGGCAAT
TGATTAATCCCTTTAATAATTGGCGCACCGGACATAGCCTTTCCACGCATAAACAATATAAG
TTT-CTGACTACTCCCTCCATCACTATTTCTCCTTCTGGCCTCCGCGAGTGTGGAGGCTGGGG
CGGGGACAGGATGGACTGTATACCCCCCACTAGCAGCTAATCTAGCACATGCAGGCGCATCT

GTCGACCTGGCCATCTTCTCCTTACACCTAGCTGGAATCTCTTCCATCTTAGGGGCCATCAAT
TTTATCACCACCTGCATTAATATAAAAACCCCAAGCATAACCCAATACACAACACCCCTGTT
TGTATGGTCAGTTCTAATTACTGCCGTGCTACTTCTCCTAGCACTACCAGTGCTTGCCGCCGG

（十）青海沙蜥

CAACTAATTCAACCGGGC-CAATAC---AACGGAGACACAATAT-ATAATA-
CTTTTATTACACTTCACGCTTTCATTATA------ATTTTCTTTATAGTAATACCAATTA
TAATCGGAGGATTCGGTAACTGACTAGTACCGCTGATACTAGGGGCCCCAGACA---
TAGCATTTCCACGAATAAATAATA-TAAGCTTCTGACTCCTACCACCATCGTTCTTTTTACTTC
TAATCTCGTCAAAATTCGGCGACGGAGTAGGAACAGGCTGAACAATTTATCCCCCACTAGCA
GGAAACATAGCACACTCAAGCCCATCAATAGACATAACAATTTTCGCACTACACCTAGCTGG
AGCATCCTCAATCTTAGGGGCCATTAACTTTATTACAACCTGCATTAATATAGCTCCACACTC
AACAACCCCCTACAACTGACCACTATTTGTTTGATCCGTATTCTTTACCGCAATCTTACTCCT
ACTGGCCATTCCAGTATTAGCAGCAGCCA-TTACCATGCTTCTAACAGACCGAAACCTAAAC
ACAACATTTTTCGACCCCG---------CCGGAGGGGGAG

（十一）山溪鲵

ACTCGATGACTATTTTCAACTAATCATAAAGATATTGGCACTCTGTATTTAGTATTTGGTGCT
TGGGCCGGAATGGTCGGCACTGCTTTA---AGTCTCTTAATCCGAGCTGAATTAAGTCAGCC
TGGAACACTTCTTGGAGAT---GATCAGATTTATAATGTAATCGTAACTGCCCATGCATTCGT
TATAATTTTCTTTATAGTAATGCCTGTAATAATCGGCGGGTTTGGGAATTGATTAGTCCCATT
AATA---ATTGGAGCCCCAGACATAGCATTTCCACGAATAAATAACATAAGTTTTTGACTTC
TACCCCCTTCATTCTTACTACTTCTAGCATCATCCGGAGTAGAAGCAGGGGCAGGAACAGGC
TGAACCGTATATCCCCCCTTAGCCGGTAACCTCGCACATGCTGGAGCTTCAGTTGATTTA---
ACAATTTTTCACTCCATTTAGCAGGAATTTCATCAATCTTAGGGGCAATTAACTTCATTACA
ACTTCTATTAATATAAAACCCCCATCTATATCACAATACCAAACACCACTTTTTGTATGATCC
GTATTAATTACTGCTATTCTCCTCTTATTATCATTACCGGTTCTTGCTGCA---GGAATTACAA
TACTTTTAACAGATCGAAACCTAAACACAACATTTTTTGACCCTGCTGGTGGAGGAGACCCA
GTTCTTTATCAACACTTATTCTGATTCTTTGGTCACCCGGAGGTTTATATTCTTATTCTCCCAG
GGTTTGGAATAATTTCTCACATTGTTACATATTACTCAGCAAAAAAA---GAACCCTTCGGGT
ATATAGGAATAGTATGAGCTATAATATCTATCGGATTATTAGGATTTATCGTCTGAGCCCATC
ATATATTTACAGTAGATTTAA

第七章 哈蟆油类

一、概述

（一）资源状况

哈蟆油（图 7–1）为我国传统名贵中药材，具有补肾益精、养阴润肺之功效。2015 年版《中国药典》记载，哈蟆油为蛙科动物中国林蛙 *Rana chensinensis* David 雌性的干燥输卵管。地方习用品来源于黑龙江林蛙 *Rana amurensis* Boulenger。

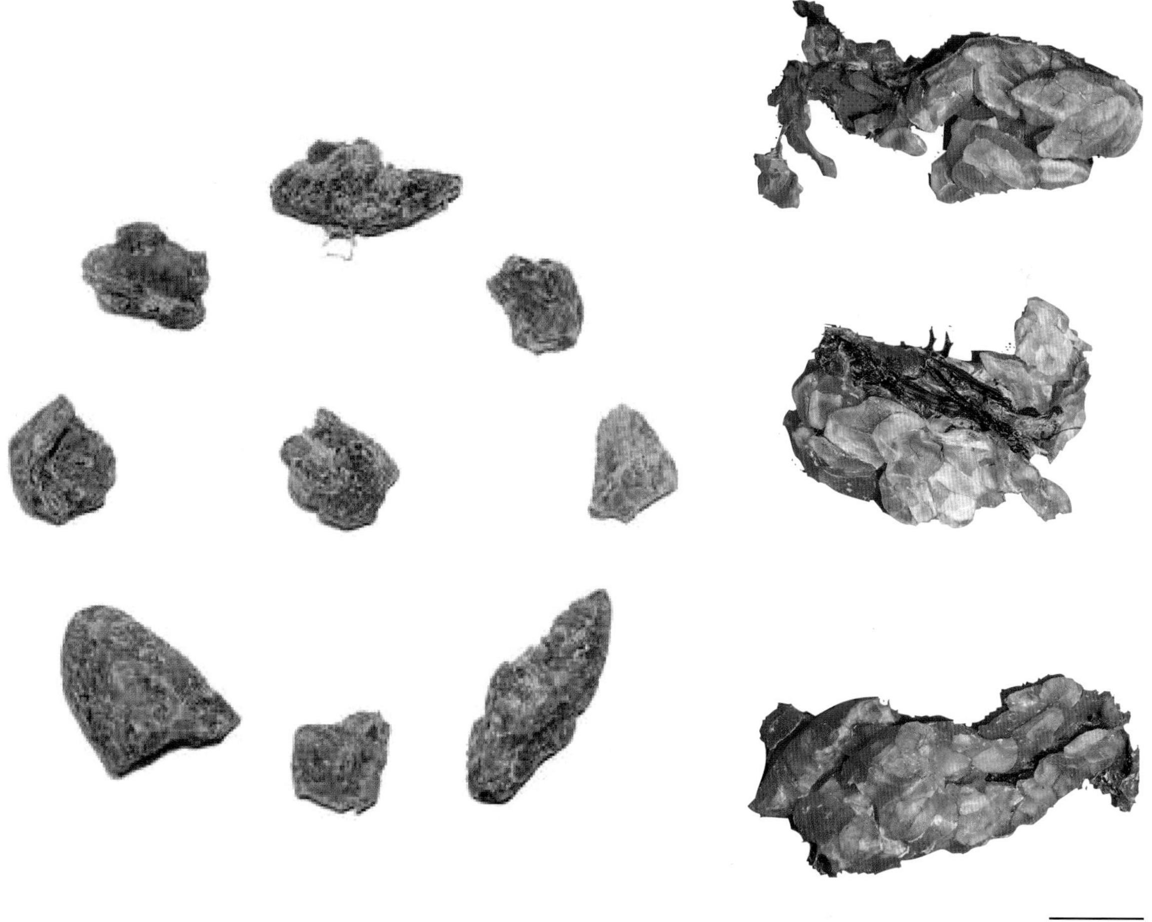

图 7–1 药材哈蟆油

近年来，哈蟆油的野外资源减少，市场需求扩大，市场上出现较多伪混品种，如中华蟾蜍 *Bufo gargarizans* Cantor 的输卵管、明太鱼 *Theragra chalcogrmma* (Pallas) 的精巢以及其他蛙类组织加工制成品等。

（二）本草源流

中国林蛙始载于《本草图经》虾蟆项下，言："又有一种大而黄色，多在山石中藏蛰，能吞气，饮风露，不食杂虫，谓之山蛤，山中人亦食之。"《本草纲目》将山蛤单列。按其形态、色泽、生境、生态等描述，山蛤与今之中国林蛙 *Rana chensinensis* David 等种相近。

中华蟾蜍、黑框蟾蜍始载于《名医别录》，曰："蟾蜍生江湖池泽。五月五日取，阴干。"陶弘景言："此（蟾蜍）是腹大、皮上多痱磊者，其皮汁甚有毒，犬啮之，口皆肿。"《本草拾遗》曰："虾蟆、蟾蜍，二物各别，陶（弘景）将蟾蜍功状注虾蟆条中，遂使混然，采取无别。今药家所卖，亦以蟾蜍当虾蟆。且虾蟆背有黑点，身小，能跳接百虫，解作呷呷声，在陂泽间，举动极急；蟾蜍身大，背黑，无点，多痱磊，不能跳，不能作声，行动迟缓，在人家湿处。"由上可知，古代将虾蟆与蟾蜍混为一物。而陈藏器将二者已经分开，与现在一致。按其形大，背上多痱磊，行动极迟缓，不能跳跃，亦不能解鸣的特征，与今之中华蟾蜍 *Bufo gargarizans* Cantor 或黑框蟾蜍 *Bufo melanosticutus* Schneider 相符。

（三）科研背景

哈蟆油的药材性状特征与伪混品极难区分，传统形态学及理化鉴定难度大。杨学干等人应用 12S rRNA 基因片段对中国林蛙、中华蟾蜍以及蟾鱼进行了鉴别，并测定了中国林蛙属 7 种样品、侧褶蛙属 2 种 2 个样品的 Cyt b 基因序列；江建平等人分别应用湍蛙属、沼蛙属、棘蛙属等的 12S rRNA、16S rRNA、Cyt b 基因序列进行鉴别。但哈蟆油分子鉴定方法尚未形成规范化规程，有待于进一步研究和发展。

二、物种信息

（一）中国林蛙　*Rana chensinensis* David

形态特征：雌性体长 71~90mm，雄性较小；头较扁平，头长宽相等或略宽；吻端钝圆，略突出于下颌，吻棱较明显；鼻孔位于吻眼之间，鼻间距大于眼间距而与上眼睑等宽；鼓膜显著，明显大于眼径之半，犁骨齿两短斜行，位于内鼻孔内侧，前肢较短壮，指端圆，指较细长，指长顺序 3、1、4、2，第 1、3 指几等长；关节下瘤、指基下瘤及内外掌突均较显著。后肢长，胫跗关节前达眼或略超过，左右跟部明显重叠，胫长超过体长之半，足与胫等长或略长；趾端钝圆；趾细长，第 3、5 趾达第 4 趾的第 2、3 关节下瘤之中部，蹼发达，除第 4 趾外，其余各趾的蹼多少至趾端而蹼缘缺刻较大，外侧跖间具蹼而不发达；关节下瘤小而明显，内跖突窄长，外跖突小而圆。皮肤上细小痣粒颇多，口角后端颌腺十分明显，背侧褶在颞部不平直而成曲折状，在鼓膜上方侧褶略斜向外侧，随即又折向中线，再向后延伸达胯部；两侧褶间有少数分散的疣粒，在肩部有排成“人”字形者；腹面皮肤光滑。跖褶 2 条。两眼间深色横纹及鼓膜处三角斑清晰，背面与体侧有分散的黑斑点，一般都在疣粒上；四肢横斑清晰；腹面灰色斑点颇多，有的甚至自咽至腹后都有斑纹。雄性前肢较粗壮，第 1 指上灰色婚垫极发达；有 1 对咽侧下内声囊。（图 7–2）

图 7–2（1） 中国林蛙

图 7-2（2） 中国林蛙

生境分布：栖息于潮湿的林阴树丛或阴湿的离水体较远的山坡树丛中，9 月底至次年 3 月营水栖生活，寒冬则成群聚集在河水深处的大石块下。分布于辽宁、吉林、黑龙江、内蒙古、甘肃、河北、山东、山西、陕西、河南、青海、四川等地。

（二）黑龙江林蛙 *Rana amurensis* Boulenger

形态特征：雄性体长 70~80mm，雌性体长 63~66mm。头较扁平，头长宽几乎相等；吻端钝圆而略尖，突出于下唇，吻棱较明显，颊部向外倾斜有一浅凹陷；鼻孔位于吻眼之间，鼻间距大于眼间距，约等于上眼睑之宽，眼大小适中；瞳孔平置，呈椭圆形，其直径大于眼径之半；犁骨齿两小团，椭圆形，位于内鼻孔内后方；舌后端缺刻深、鼓膜圆。前肢短而粗壮，前臂及手长小于体长之半；指端较圆，指长适中，指长顺序为 3、1、4、2；关节下瘤显著；掌突 3 个，内掌突大，外掌突窄小。后肢较短，胫跗关节前达肩部或鼓膜，左、右跟部略重叠；胫长小于体长之半；足长于胫；趾端尖圆，第 3、第 5 趾等长，达第 4 趾第 2、第 3 关节下瘤之间；蹼发达，雄性的蹼在内侧 3 趾的外缘及第 5 趾的内缘几达趾端，第 4 趾的蹼达远端关节下瘤，蹼的缺刻浅，雌性的蹼不及雄性发达，蹼缘的缺刻亦较浅，外侧蹠间蹼较发达，关节下瘤小而显著，内蹠突长椭圆形，外蹠突略显或无。皮肤较粗糙。背褶在颞部呈折状，即在鼓膜上方斜向外侧，与颞褶上端相连，随即折向中线，然后再向后延伸达胯部。沿浅色脊纹两侧，有略呈纵行排列、长短不一的疣粒。雄性皮肤较雌性光滑，两眼前角之间常有一凸起小白点，口角后部有一微带红色的灰白色长形颌腺，延伸至前肢基部。腹侧、腹后部及股后腹面有许多扁平疣，腹面其余部分光滑，内外跗褶明显。（图 7-3）

图 7-3 黑龙江林蛙

生境分布：习居于平原及较开阔地带的水塘、水坑、沼泽、水沟和稻田等静水域及其附近，分布于海拔 50~650m 的地区。3 月末至 4 月初，随着气温升高，水域解冻而苏醒出蛰；白天多隐伏于水域附近的草丛中，有的潜于淤泥或水边石块下，有的蹲于岸边，受惊扰后即跳入水中，潜于水底；夜间活动于草丛中，有的蹲于水边或浮于水面。9 月下旬至翌年 3 月，多群集在水较清澈、底层富于有机质的坑、塘底部进行冬眠，亦有少数在河湾深处沙砾或石块下冬眠。主要以昆虫为食。分布于辽宁、黑龙江、吉林。

（三）东北粗皮蛙 *Rugosa emeljanovi* (Nikolsky)

形态特征：雄性体长 43 mm 左右，雌性体长 54 mm 左右。头长与头宽几乎相等，头顶略凹；吻端钝尖，吻棱明显，颊部凹陷；鼻孔近吻端，眼大而突出，上眼睑宽，略小于眼间距；鼓膜明显，为眼径的 3/4；犁骨齿两小团；舌大，长卵圆形、后端缺刻深。前臂及手长小于体长的 1/2；指较长，指末端钝圆；指长顺序为 3、4、1、2；关节下瘤明显，圆形；无指基下瘤；掌突 3 个，呈椭圆形。后肢较长，约为体长的 1.7 倍，胫长略超过体长的 1/2；后肢前伸时胫跗关节达眼中部，左右跟部相重叠；外侧蹠间蹼发达；趾端钝圆；趾间几全蹼，缺刻浅，除第 4 趾蹼达远端关节下瘤外，其余各趾之蹼均达趾末端；趾关节下瘤小而圆；内蹠突椭圆，外蹠突甚小呈圆形；有内外跗褶。皮肤十分粗糙，除上、下唇缘、前臂和股、胫部内侧、指、趾以及雄性的咽胸部光滑以外，整体布满形状和大小不一的疣粒。体背部有多行长形疣，断续排成纵行，其间有小疣粒，后背部和体侧的长疣较背部者短，有的略呈圆形，所有这些长短疣粒上均密布浅黄色微小颗粒；前臂及股、胫背面肤棱断续成条状，其内侧和指、趾部较光滑；肛周围和体及四肢腹面疣粒扁平，其上有许多小颗粒；口角后颌腺 2 枚。生活时体背青灰色或灰棕色并杂有黑斑，体背面和体侧的长短疣粒为浅黄色；体腹面灰色，胸部和腹两侧黄色；四肢背面有黑横纹，股、胫部各有 3~4 条，后肢腹面为浅黄色，有灰色斑；趾蹼上有黑色云斑；颌腺、关节下瘤、跗褶呈浅黄色。液浸标本有些疣粒变成白色。雄性体型较小；前肢粗壮；第 1 指内侧有灰色婚垫；有 1 对咽侧内声囊，声囊孔小；体背侧有雄性线。（图 7-4）

图 7-4　东北粗皮蛙

生境分布：栖息于我国东北东部海拔 200~580m 的丘陵山区，常见于水田、流水缓慢的河流及水渠岸边，白天隐藏在稻丛中、水塘边石隙下和水底的水草间；夜晚出现在水域岸边或水稻田边捕食，主要以昆虫及其他小动物为食。分布于吉林、集安、抚松县漫江、榆树，辽宁丹东、桓仁、清原、本溪、庄河、宽甸、大连、岫岩，黑龙江尚志、宁安等地。

（四）中国雨蛙 *Hyla chinensis* Günther

形态特征：雄性体长 32 mm 左右，雌性体长 33 mm 左右。头宽略大于头长；吻圆而高，吻棱明显，吻端和颊部平直向下；鼻孔近吻端；鼓膜圆而小，约为眼径的 1/3；舌圆厚，后端微有缺刻；犁骨齿两小团。指端有吸盘和马蹄形边缘沟，第 3 指吸盘大于鼓膜；第 1 指短小，第 2、4 指几相等；指基具微蹼；部分关节下瘤成对或成凹形，掌部小疣多。后肢前伸贴体时胫跗关节达鼓膜或眼，左右跟部相重叠，足比胫短；趾端与指端同，吸盘略小；外侧 3 趾间具 2/3 蹼；关节下瘤小而显著，蹠部有小疣；内蹠突卵圆形，无外蹠突。背面皮肤光滑；颞褶细而斜直，其上无疣粒；内跗褶棱起。腹面密布颗粒疣，咽喉部光滑。生活时背面绿色或草绿色，体侧及腹面浅黄色；1 条清晰深棕细线纹，由吻端至颞褶达肩部，在眼后鼓膜下方又有 1 条棕色细线纹，在肩部会合成三角形斑；体侧有黑斑点或相连成粗黑线，前端与肩上方细线纹相毗邻；腋、股前后缘、胫、跗部内侧均有分散的黑圆斑，数量变异大，胫部以下斑点显然细小；前臂及胫外侧有深色细线纹；跗足部棕色；内侧指、趾近于白色。雄性体略小；有单咽下外声囊咽喉部皮肤松弛，色深，鸣叫时膨胀成球状；第 1 指基部婚垫浅棕色；有雄性线。（图 7–5）

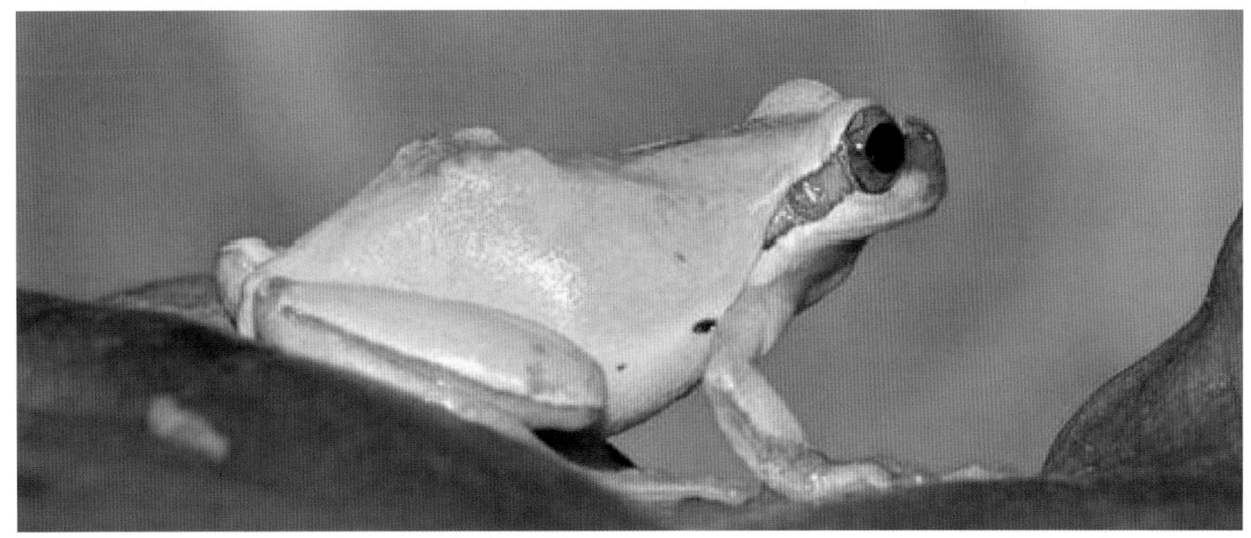

图 7–5　中国雨蛙

生境分布：一般生活于海拔 200~1000 m 的灌丛、水塘芦苇、美人蕉以及麦秆等高秆作物上。白天多匍匐在石缝或洞穴内。夜晚多栖息于低处叶片上鸣叫，头向水面，鸣声连续、音高而急。3 月下旬开始出外活动， 4~5 月间大雨后的夜晚产卵，5 月下旬可见完成变态的幼蛙，9 月下旬开始冬眠。主要捕食蟠象、金龟子、象鼻虫、蚁类及其他小动物。分布于河南（大别山区）、湖北、安徽、江苏（宜兴、苏州、南京）、上海、浙江、湖南（长沙、湘东地区）、江西、福建、台湾、广东（粤北）、香港、广西（兴安、资源）等地。

（五）黑斑侧褶蛙　*Pelophylax nigromaculatus* (Hallowell)

形态特征：雄性体长 62 mm 左右，雌性体长 74 mm 左右。头长大于头宽；吻部略尖，吻端钝圆，突出于下唇；吻棱不明显，颊部向外倾斜；鼻孔在吻眼中间，鼻间距等于眼睑宽，眼大而突出，眼间距窄，小于鼻间距及上眼睑宽；鼓膜大而明显，近圆形，为眼径的 2/3~4/5；犁骨齿 2 个小团，突出在内鼻孔之间；舌宽厚，后端缺刻深。前肢短，前臂及手长小于体长的 1/2；指末端钝尖；指侧缘膜不明显；关节下瘤小而明显。后肢较短而肥硕，前伸贴体时胫跗关节达鼓膜和眼之间，左右跟部不相遇；胫长小于体长的 1/2；趾末端钝尖；第 1、5 趾外侧有不发达的缘膜，第 4 趾蹼达远端第 1 关节下瘤，其余达趾端，缺刻较深；关节下瘤小而明显；有内、外蹠突，内者窄长，呈游离刃状，小于第 1 趾长，外者很小。背面皮肤较粗糙，背侧褶明显，褶间有多行长短不一的纵肤棱，后背、肛周及股后下方有圆疣和痣粒；体侧有长疣或痣粒；鼓膜上缘有细颞褶，口角后的颌腺窄长；胫背面有多条由痣粒连缀成的纵肤棱；无跗褶。腹面光滑。生活时体背面颜色多样，有淡绿、黄绿、深绿、灰褐等色，杂有许多大小不一的黑斑纹，如果体色较深，黑斑不很明显，多数个体自吻端至肛前缘有淡黄色或淡绿色的脊线纹；背侧褶金黄色、浅棕色或黄绿色；有些个体沿背侧褶下方有黑纹，或断续成斑纹；自吻端沿吻棱至颞褶处有 1 条黑纹；四肢背面浅棕色，前臂常有棕黑横纹 2~3 条，股、胫部各有 3~4 条，股后侧有酱色云斑。腹面为一致的乳白色或带微红色。唇缘有斑纹；鼓膜灰褐色或浅黄色；颌腺棕黄或淡黄色，关节下瘤米黄色。雄性外声囊浅灰色，第 1 指内侧的婚垫浅灰色。液浸标本体色变浅，色斑清晰。雄性体较小；前臂较粗壮，第 1 指内侧的婚垫发达；有 1 对颈侧外声囊；背侧及腹侧都有雄性线，背侧者较粗。（图 7–6）

图 7–6　黑斑侧褶蛙

生境分布：分布地区甚广，数量多，是中国最常见的蛙类之一。生活于沿海平原至海拔 2000m 左右的丘陵、山区，常见于水田、池塘、湖泽、水沟等静水或流水缓慢的河流附近，白天隐匿在农作物、水生植物或草丛中。一般在 11 月上旬其活动能力开始降低，气温下降至 13℃左右，陆续进入冬眠；早春气温回升到 10℃以上时，冬眠的成蛙开始出蛰，并开始鸣叫。广泛分布于东部各地，标本采于黑龙江、吉林、河北、北京、天津、山东、河南、山西、陕西、内蒙古、宁夏、甘肃、青海、四川、重庆、云南、贵州、湖北、江苏、江西、湖南、福建、广东（北部）、广西。

（六）中华蟾蜍　*Bufo gargarizans* Cantor

形态特征：体型肥大，雄性体长 95mm 左右，雌性体长 105mm 左右，大者可达 140mm。头宽大于头长；吻圆而高，吻棱显著，颊部向外倾斜；鼻间距小于眼间距，鼻孔近吻端；瞳孔圆或横椭圆形；鼓膜显著；上颌无齿，无犁骨齿；舌长椭圆形，后端无缺刻；咽鼓管孔大。前肢长而粗壮；指端较圆，指侧具缘膜；指关节下瘤成对；内掌突小，椭圆形，外掌突大而圆。后肢粗短，前伸贴体时胫跗关节达肩后，左右跟部不相遇；趾端钝尖，趾侧缘膜显著，第 4 趾具半蹼；关节下瘤多成对；一般无跗褶；内跖突大而长呈游离刃，外跖突小而圆，棕色。皮肤极粗糙；背上满布大小瘰粒，仅头顶平滑，上眼睑及头侧具小疣；耳后腺大，长椭圆形，长度为体长的 1/5，一般排列呈“八”字形；耳后腺间瘰疣一般排成“八”字形；体侧瘰粒较小，胫部具大瘰粒；除掌、跖、跗部外，整个腹面满布大小一致的疣粒。生活时体背面颜色随不同的季节或不同的性别而有差异。一般雄性体背黑绿色、灰绿色或黑褐色，有的体侧有浅色花斑；雌性体背色浅，瘰粒部位深乳黄色，体侧有黑色与浅棕色相间的花斑，有的有 1 条黑色线纹，从眼后沿耳后腺下方斜伸至胯部。一般腹面有乳黄色与黑色或棕色相间的显著花斑，腹后至胯基部多有 1 个深色大斑；指、趾末端棕色。雄性体略小，皮肤松弛而色深；脊部瘰粒圆滑，顶端无角质刺；前肢粗壮，内侧 3 指上具黑色婚刺；无声囊，无雄性线。雌性背、腹面瘰粒上有不同程度黑色或棕色角质刺。（图 7–7）

图 7–7　中华蟾蜍

生境分布：是我国分布最广、数量最多的一种蟾蜍，从近海边至海拔 1830m 的各种环境都可见到它的踪迹；春末至秋末白天常匿居于住宅附近及耕作地边石下、草丛中或土洞内，清晨及暴雨后也常出外活动，黄昏时常爬到路旁或田野中觅食多种昆虫及其他小动物。体较笨拙，行动缓慢，不善于游泳和跳跃，常匍匐爬行，有时作短距离跳跃。多以夜间活动的小动物为食。分布于黑龙江、吉林、辽宁、河北、北京、天津、山东、山西、陕西、内蒙古、甘肃、四川、重庆、贵州、湖北、安徽、江苏、上海、浙江、江西、湖南、福建、广东（北部地区）、广西等地。

（七）黑眶蟾蜍 *Bufo melanosticutus* Schneider

形态特征：体较大，雄性体长平均 63mm，雌性体长为 96mm。头部吻至上眼睑内缘有黑色骨质脊棱。皮肤较粗糙，除头顶部无疣，其他部位满布大小不等的疣粒。耳后腺较大，长椭圆形。腹面密布小疣柱。所有疣上均有黑棕色角刺。体色一般为黄棕色，有不规则的棕红色花斑。腹面胸腹部的乳黄色上有深灰色花斑。（图 7–8）

图 7–8 黑眶蟾蜍

生境分布：白天多隐蔽在土洞或墙缝中，晚上爬向河滩及水塘边。分布于宁夏、四川、云南、贵州、浙江、江西、湖南、福建、台湾、广东、广西、海南等地。

（八）花背蟾蜍 *Bufo raddei* Strauch

形态特征：体长平均 60mm 左右，雌性最大者可达 80mm；头宽大于头长；吻端圆，吻棱显著，颊部向外侧倾斜；鼻间距略小于眼间距；上眼睑宽，略大于眼间距；鼓膜显著，椭圆形。前肢粗短；指细短，指长顺序 3、1、2、4，第 1、3 指几等长，第 4 指颇短；关节下瘤不成对；外掌突大而圆，深棕色，内掌小色浅。后肢短，胫跗关节前达肩或肩后端，左右跟部不相遇，足比胫长，趾短，趾

端黑色或深棕色；趾侧均有缘膜，基部相连成半蹼；关节下瘤小而清晰，内跖突较大色深，外跖突较小色浅。（图 7–9）

生境分布：白昼多匿居于草石下或土洞内，黄昏时出外寻食，冬季成群穴居在沙土中。分布于黑龙江、吉林、辽宁、内蒙古、青海、甘肃、宁夏、陕西、山西、河北、山东等地。

图 7–9　花背蟾蜍

三、实验研究

（一）实验样品采（收）集

1. 物种分布及采（收）集区域

哈蟆油主产于辽宁、黑龙江、吉林、内蒙古等地。销全国。

中国林蛙分布于辽宁、黑龙江、吉林、内蒙古、甘肃、河北、山西、陕西、河南、青海、四川等地。生活于气候寒冷的山区，多栖息于林区山间河流周围开阔的椴树、核桃楸、榆树、针阔混交林和次生林间。

（1）物种的分布

查阅《中国动物志》《中国动物药志》《中国动物药资源》《中国药用动物志》《脊椎动物大全》《中国常用中药材》等工具书以及相关文献，了解了哈蟆油及其伪混品物种的分布情况，确认拟采集中国林蛙 *Rana chensinensis* (David)、黑龙江林蛙 *Rana amurensis* Boulenger、中华蟾蜍 *Bufo gargarizans* (Cantor)、花背蟾蜍 *Bufo raddei* Strauch、黑斑侧褶蛙 *Pelophylax nigromaculatus* (Hallowell)、中国雨蛙 *Hyla chinensis* Günther、黑眶蟾蜍 *Bufo melanostictus* Schneider、东北粗皮蛙 *Rugosa emeljanovi* (Nikolsky) 8 种药用动物，并总结出其具体分布情况（表 7–1）。

表 7-1 采集实验样品具体分布情况

物种	分布区域
中国林蛙	吉林、黑龙江、辽宁、河北、内蒙古、甘肃、青海、陕西、山东、四川、山西、西藏
黑龙江林蛙	吉林、黑龙江、辽宁、内蒙古
中华蟾蜍	除新疆、云南、西藏外，均有分布
花背蟾蜍	吉林、黑龙江、辽宁、河北、内蒙古、甘肃、青海、陕西、山东、四川、山西、河南、宁夏、江苏
黑眶蟾蜍	广东、广西、云南、贵州、湖南、四川、江西、浙江、福建、台湾
中国雨蛙	广东、广西、湖南、江西、浙江、福建、台湾、河南、湖北、江苏
黑斑侧褶蛙	几乎遍布全国各地
东北粗皮蛙	吉林、黑龙江、辽宁

（2）采（收）集区域

经过筛选，确定采集区域为吉林、黑龙江、辽宁、河北、内蒙古、广东、广西、陕西、山东、四川 10 个省区。

2. 采（收）集前准备

（1）技能培训

哈蟆油原动物为中国林蛙，最佳采集时间为9~10月。出发前，由具有野外带教、资源考察经验的教师做培训及形态鉴别相关的学习。

培训前，先将采集要求和资料复印后发给各个学生和老师，进行阅读和理解。之后，集中进行培训。对采集方法、采集步骤以及相关表格等进行逐一讲解。根据《中国药用动物志》（2013年）以及《中国药典》，总结分析8个物种鉴别要点。（表7-2）

表7-2　8种实验样品物种鉴别要点

属名	种名	鉴别要点
蛙属	中国林蛙	雌性体长71~90mm，两眼间深色横纹及鼓膜处三角斑清晰，背侧褶在颞部不平直而呈曲折状，在鼓膜上方侧褶略斜向外侧，随即又折向中线，再向后延伸达胯部；背面与体侧有分散的黑斑点，一般都在疣粒上；四肢横斑清晰；腹面灰色斑点颇多
蛙属	黑龙江林蛙	雄性体长70~80mm，雌性体长63~66mm。鼓膜部有三角形黑斑。背褶在额部呈折状，在鼓膜上方斜向外侧，雄性背部及体侧为灰棕色且微带绿色，也有褐灰色或棕黑色。雌性为红棕色或棕黄色。腹面有红色与深灰色花斑
蛙属	东北粗皮蛙	体长43mm左右，头顶部略向下凹入。皮肤极粗糙，除掌心外，全部都满布大小疣粒，疣白色
蛙属	中国雨蛙	指、趾末端多膨大成吸盘，背面皮肤光滑，绿色
侧褶蛙属	黑斑侧褶蛙	体长一般为60~80mm。背侧褶宽厚；鼓膜部位无三角形黑斑。背部绿色或棕色，具许多黑斑；左、右背侧褶间有4~6行短肤褶。雄性有1对颈侧外声囊
蟾蜍属	中华蟾蜍	体长100cm以上，雄性较小，皮肤粗糙，全身布满大小不等的圆形瘰疣。在繁殖季节，雄蟾蜍背面多为黑绿色，体侧有浅色斑纹；雌蟾背面斑纹较浅，瘰疣乳黄色，有棕色或黑色的细花斑。四肢粗壮，前肢短、后肢长，趾端无蹼
蟾蜍属	黑眶蟾蜍	雄蟾体长约63mm，雌蟾体长96mm。显著特征为自吻部开始有黑色骨质脊棱，一直沿眼鼻腺延伸至上眼睑并直达鼓膜上方，形成一个黑色的眼眶，故命名。有多样不同的体色，背部多为黄棕色或灰黑色等，布满黑褐色杂色花斑
蟾蜍属	花背蟾蜍	体长平均60mm，雌性达80mm。雄性背面多呈橄榄黄色，有不规则的花斑，疣粒上有红点；雌性背面浅绿色，花斑酱色，疣粒上也有红点；头后背正中常有浅绿色脊线

（2）采集分组

每 2~3 人为一组，分为 5 组，每组到 2 个省区采集。（表 7–3）

表 7-3　物种分布与采集分组情况

组别	省区	物种分布
第一组	黑龙江	中国林蛙、中华蟾蜍、花背蟾蜍、黑斑侧褶蛙、黑龙江林蛙、东北粗皮蛙
	吉林	中国林蛙、中华蟾蜍、花背蟾蜍、黑斑侧褶蛙、黑龙江林蛙、东北粗皮蛙
第二组	辽宁	中国林蛙、中华蟾蜍、花背蟾蜍、黑斑侧褶蛙、黑龙江林蛙、东北粗皮蛙
	内蒙古	中国林蛙、中华蟾蜍、花背蟾蜍、黑斑侧褶蛙、黑龙江林蛙
第三组	河北	中国林蛙、中华蟾蜍、花背蟾蜍、黑斑侧褶蛙
	山东	中国林蛙、中华蟾蜍、花背蟾蜍、黑斑侧褶蛙
第四组	四川	中国林蛙、中华蟾蜍、花背蟾蜍、黑斑侧褶蛙、黑眶蟾蜍
	陕西	中国林蛙、中华蟾蜍、花背蟾蜍、黑斑侧褶蛙
第五组	广东	中国林蛙、中华蟾蜍、黑眶蟾蜍、中国雨蛙、黑斑侧褶蛙
	广西	中国林蛙、中华蟾蜍、黑眶蟾蜍、中国雨蛙、黑斑侧褶蛙

（3）物资准备

根据采集方案，进行采集所用的仪器和工具准备，并使每个队员熟悉相关仪器和工具的操作。

仪器工具有 GPS 定位仪、数码相机、笔记本电脑、调查表、动物形态特征彩图、标本瓶、95% 乙醇、标签纸、自封袋、直尺、蛇皮袋、档案袋等。

3. 采（收）集方法

1）固定剂：95% 乙醇，用于野外固定肌肉样品。

2）采集信息：对所采集样品进行统一编号，拍照收集图片信息，填写采集信息表。

3）固定样品：用固定剂浸泡动物或组织，固定后的组织，在路途运输过程中可倒弃固定液，用棉花吸上少量固定剂，保持标本湿润即可达到安全运输的目的。全体浸泡前可往腹部注射固定剂。

4）干燥药材：按物种分别放入自封袋中保存。

4. 采（收）集结果

采集到中国林蛙、黑龙江林蛙、中华蟾蜍、花背蟾蜍、黑斑侧褶蛙、黑眶蟾蜍、中国雨蛙 7 个物种，共计 152 只。东北粗皮蛙未采到，由于中国雨蛙在广西、广东不是采集佳期没有采到，分别在辽宁、吉林采到中国雨蛙共 3 只，具体采集情况见表 7–4。

表 7-4 物种采集情况

物种名称	省区	具体采集地	GPS 定位			采集数
			纬度（N）	经度（E）	海拔 /m	
中国林蛙	吉林	集安市太王镇新红村	41.153	126.140	361.45	5
		汪清县大石林场东山沟	43.272	129.144	445.21	5
	黑龙江	牡丹江市柴河镇新兴林场	45.088	129.262	396.83	5
		五常市山河镇圣源林蛙养殖基地	44.701	127.215	177.77	5
	辽宁	新宾满族自治县南杂木镇	41.880	123.757	99.60	4
	内蒙古	通辽市扎鲁特旗巨日合镇	44.711	120.533	237.07	4
	山东	青岛市胶南区理务关镇前王村	35.833	119.643	58.58	8
		青岛市崂山区北九水风景区	36.200	120.608	469.72	1
黑龙江林蛙	吉林	集安市太王镇禹山村	41.075	126.114	178.91	3
		汪清县大石林场东山沟	43.272	129.144	445.21	3
	黑龙江	牡丹江市柴河镇新兴林场	45.088	129.262	396.83	5
		五常市山河镇圣源林蛙养殖基地	44.701	127.215	177.77	5
	辽宁	新宾满族自治县南杂木镇	41.880	123.757	99.60	4
	内蒙古	通辽市扎鲁特旗巨日合镇	44.711	120.533	237.07	4
中华大蟾蜍	吉林	集安市太王镇禹山村	41.075	126.114	178.91	3
	黑龙江	哈尔滨市阿城区	45.399	127.439	237.35	2
	辽宁	丹东市振兴区	40.105	124.359	120.48	3
	内蒙古	赤峰市锦山镇柳条沟村	41.834	118.663	145.54	3
	四川	资阳市乐至县蟠龙镇	30.266	105.197	324.90	4
	陕西	西安市雁塔区鱼化寨	34.240	108.861	399.01	3
	广东	湛江市遂溪县遂城镇沙坡管区邹屋村	21.341	110.245	44.79	5
	广西	兴安县南源谢家村	25.396	110.387	229.79	2

续表

物种名称	省区	具体采集地	GPS 定位			采集数
			纬度（N）	经度（E）	海拔 /m	
黑斑侧褶蛙	吉林	集安市太王镇禹山村	43.272	129.144	445.21	5
	黑龙江	哈尔滨市阿城区	45.399	127.439	237.35	2
	辽宁	本溪市明山区	41.256	123.811	389.73	2
	内蒙古	通辽市甘旗卡	42.780	122.173	232.42	2
	四川	乐山市峨眉山市峨山镇	29.581	103.450	476.27	4
	陕西	商洛市杨斜镇	33.850	109.660	934.05	4
	广东	深圳市福田农产品批发市场	23.821	114.732	47.53	4
	广西	桂林市象山区菜市场	25.256	110.281	160.68	3
花背蟾蜍	黑龙江	哈尔滨市阿城区	45.399	127.439	237.35	2
	辽宁	丹东市振兴区	40.105	124.359	120.48	3
	内蒙古	赤峰市锦山镇柳条沟村	41.834	118.663	145.54	3
	四川	资阳市乐至县石佛镇	30.340	105.130	375.50	3
	陕西	商洛市黑山镇	33.720	109.770	1075.45	3
黑眶蟾蜍	四川	资阳市乐至县蟠龙镇	30.266	105.197	324.90	2
		资阳市乐至县石佛镇	30.340	105.130	375.50	2
		峨眉山市峨山镇	29.581	103.450	476.27	2
	广东	湛江市遂溪县遂城镇沙坡管区邹屋村	21.341	110.245	44.79	3
		广州市广州中医药大学药王山	23.061	113.398	29.08	2
		汕头市朝阳区海门镇洪厝巷 17 号	23.018	116.617	24.02	3
	广西	陆川县益源生态蟾蜍养殖基地	22.317	110.262	169.26	4
		兴安县南源谢家村	25.396	110.387	229.79	2
		恭城县西岭乡虎尾村	24.510	110.505	152.58	3
中国雨蛙	吉林	吉林市龙潭区大口钦镇	40.442	124.039	152.55	2
	辽宁	丹东市凤城艾家铺子	44.093	126.344	183.29	1

（二）DNA 条形码分析

1. DNA 提取

用灭菌手术剪将样品（哈蟆油或肌肉组织）剪成小块，取 30mg 样品，用液氮研磨后，使用动物 DNA 提取试剂盒（北京天根生化科技公司）提取总 DNA。

2. PCR 扩增

DNA 提取液用 *CO* Ⅰ序列通用引物和相关条件进行 PCR 扩增。

（1）引物对

上游引物 L*CO* 1490（5′→3′: GGTCAACAAATCATAAAGATATTGG）、下游引物 H*CO* 2198（5′→3′: TAAACTTCAGGGTGACCAAAAAATCA）。

（2）扩增体系

耐热 DNA 聚合酶混合缓冲液 10μl，2.5μmol/L 上下游引物对各 1μl，灭菌双蒸水 7μl，DNA 提取液 1μl（约 30ng）。混匀后再用灭菌双蒸水补足反应总体积至 20μl。

（3）扩增程序

94℃变性 1min；94℃变性 1min，45℃退火 1.5min，72℃延伸 1.5min（进行 5 个循环）；94℃变性 1min，50℃退火 1.5min，72℃延伸 1min（进行 35 个循环）；72℃延伸 5min。

（4）扩增产物电泳结果

用 1.5% 的琼脂糖凝胶电泳，加 4μl 的 PCR 产物，135V 电压下电泳 20min。DL2000 Marker 从上至下为 2000、1000、750、500、250 和 100 bp（Takara 公司），在 500~750 bp 间出现亮带。从图 7-10 可知，哈蟆油样品没有条带，扩增失败，肌肉组织样品的条带清晰，DNA 扩增成功，进行测序。

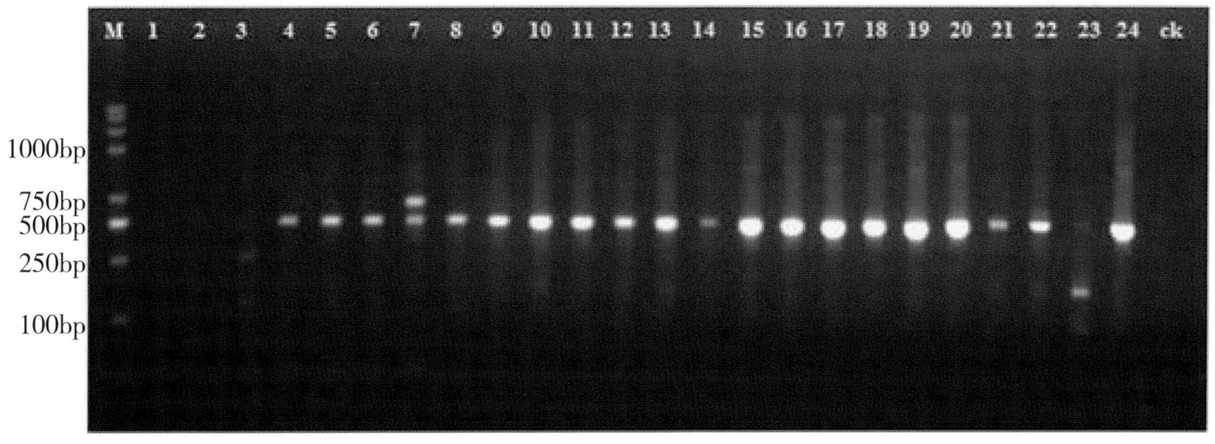

图 7-10 扩增产物电泳图

M：Marker 1、2：哈蟆油 3~24：动物样品 ck：阴性

3. 测序

在 500~750 bp 间出现亮带的样品，其 PCR 产物使用 ABI 3730XL 测序仪双向测序（华大基因公司）。

4. 拼接

测序后得到正反两向峰图，采用 CodonCode Aligner V 2.06（CodonCode Co.，USA）校对拼接获得长度为 658bp 的样品序列，原始图谱为清晰的单峰图谱，干扰信息低于正常信号的 10%。

5. 结果与分析

实验共提取、扩增及测序成功了 6 个物种共 31 个样品。（表 7–5）

1）获得了长度为 658bp 的样品序列，原始图谱为清晰的单峰图谱，干扰信息低于正常信号的 10%。经过 NCBI 网站的 BLAST 比对，采集的花背蟾蜍的 *CO* Ⅰ序列与网上的中华蟾蜍的 *CO* Ⅰ序列相似度达到 99%，可能与 NCBI 共享数据库中花背蟾蜍 *CO* Ⅰ序列的缺乏有关，此物种有待于进一步核实验证；中华蟾蜍经过重复实验未能成功扩增及测序，推测可能是通用引物 L*CO* 1490/H*CO* 2198 不适合此物种的扩增及鉴定，也需要进一步的研究。

2）中国雨蛙为东北雨蛙，与采集地点相符。

3）其他物种均鉴定正确。

表 7–5　样品物种鉴定结果

物种名称	样品编号	省区	具体采集地	BLAST 结果	相似度 /%
中国林蛙	SJM–RTC–1102	吉林	汪清县大石林场东山沟	中华蟾蜍	99
	SJM–RTC–1103	黑龙江	牡丹江市柴河镇新兴林场	中华蟾蜍	99
	SJM–RTC–1105	辽宁	新宾满族自治县南杂木镇	中华蟾蜍	99
	SJM–RTC–1106	内蒙古	通辽市扎鲁特旗巨日合镇	中华蟾蜍	99
	SJM–RTC–1107	山东	青岛市胶南区理务关镇前王村	中国林蛙	95
	SJM–RTC–1108		青岛市崂山区北九水风景区	中国林蛙	95
黑龙江林蛙	SJM–RA–1101	吉林	集安市太王镇新红村	黑龙江林蛙	99
	SJM–RA–1104	黑龙江	五常市山河镇圣源林蛙养殖基地	黑龙江林蛙	99
	SJM–RA–1105	辽宁	新宾满族自治县南杂木镇	黑龙江林蛙	99
	SJM–RA–1106	内蒙古	通辽市扎鲁特旗巨日合镇	黑龙江林蛙	99
黑斑侧褶蛙	SJM–PN–1102	黑龙江	哈尔滨市阿城区	黑斑侧褶蛙	99
	SJM–PN–1103	辽宁	本溪市明山区	黑斑侧褶蛙	99
	SJM–PN–1104	内蒙古	通辽市甘旗卡	黑斑侧褶蛙	99
	SJM–PN–1105	四川	乐山市峨眉山市峨山镇	黑斑侧褶蛙	97
	SJM–PN–1107	广东	深圳市福田农产品批发市场	黑斑侧褶蛙	97
	SJM–PN–1108	广西	桂林市象山区菜市场	黑斑侧褶蛙	99

续表

物种名称	样品编号	省区	具体采集地	BLAST结果	相似度/%
花背蟾蜍	SJM-BR-1101	黑龙江	哈尔滨市阿城区	中华蟾蜍	99
	SJM-BR-1102	辽宁	丹东市振兴区	中华蟾蜍	99
	SJM-BR-1103	内蒙古	赤峰市锦山镇柳条沟村	中华蟾蜍	99
	SJM-BR-1104	四川	资阳市乐至县石佛镇	中华蟾蜍	99
	SJM-BR-1105	陕西	商洛市黑山镇	中华蟾蜍	99
黑眶蟾蜍	SJM-BM-1101	四川	资阳市乐至县蟠龙镇	黑眶蟾蜍	97
	SJM-BM-1103		峨眉山市峨山镇	黑眶蟾蜍	99
	SJM-BM-1104	广东	湛江市遂溪县遂城镇沙坡管区邹屋村	黑眶蟾蜍	97
	SJM-BM-1105		广州市广州中医药大学药王山	黑眶蟾蜍	99
	SJM-BM-1106		汕头市朝阳区海门镇洪厝巷 17 号	黑眶蟾蜍	99
	SJM-BM-1107	广西	陆川县益源生态蟾蜍养殖基地	黑眶蟾蜍	99
	SJM-BM-1108		兴安县南源谢家村	黑眶蟾蜍	99
	SJM-BM-1109		恭城县西岭乡虎尾村	黑眶蟾蜍	99
中国雨蛙	SJM-HC-1101	吉林	吉林市龙潭区大口钦镇	东北雨蛙	99
	SJM-HC-1102	辽宁	丹东市凤城艾家铺子	东北雨蛙	99

（三）DNA 条形码鉴定技术操作规程（SOP）

1.保存

野外采集的新鲜组织用 95% 乙醇固定，干燥组织存放于 4℃冰箱。

2.前处理

取 30mg 左右样品，放入小乳钵中，小剪刀剪成小碎块，加入液氮用力快速研末，研磨时尽量减少损失，磨成细粉，倒入微量离心管，立刻用试剂盒提取。

3.提取

利用动物组织 DNA 提取试剂盒提取，步骤按说明书进行。

4.扩增

DNA 提取液用 *CO* Ⅰ序列通用引物和相关条件进行 PCR 扩增。

（1）引物

上游引物*LCO* 1490（5′→3′: GGTCAACAAATCATAAAGATATTGG）、下游引物*HCO* 2198（5′→3′: TAAACTTCAGGGTGACCAAAAAATCA）。

（2）扩增体系

耐热DNA聚合酶混合缓冲液10μl，2.5μmol/L上下游引物对各1μl，DNA提取液1μl（约30 ng），灭菌双蒸水7μl，混匀后再用灭菌双蒸水补足反应总体积至20μl。

（3）扩增程序

94℃变性1min；94℃变性1min，45℃退火1.5min，72℃延伸1.5min（进行5个循环）；94℃变性1min，50℃退火1.5min，72℃延伸1min（进行35个循环）；72℃延伸5min。

（4）扩增产物电泳结果

扩增液进行1.5%琼脂糖电泳检测，并凝胶成像，500~700bp有亮带为扩增成功。

5.测序

500~700bp有亮带的样品用测序仪进行测序。原始图谱应为清晰的单峰图谱，干扰信息应低于正常信号的10%。

6.拼接

测序结果利用CodonCode Aligner（CodonCode Co.，USA）校对拼接测序峰图，去除引物区，获得长度为658bp的样品序列。

7.BLAST比对

获得的序列进入NCBI网站（http://blast.ncbi.nlm.nih.gov/BLAST.cgi?PROGRAM=Blastn&PAGE_TYPE=BlastSearch&BLAST_SPEC=&LINK_LOC=blasttab）（图7-11），进行在线BLAST比对，确定DNA序列物种。

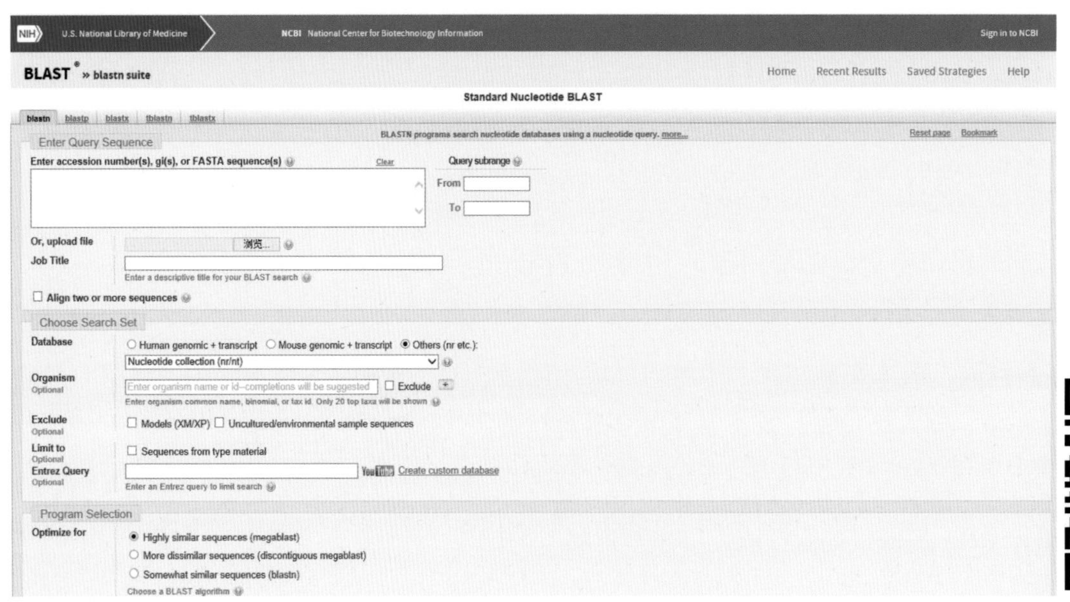

图7-11 BLAST网页与网址

四、*CO* Ⅰ条形码序列

（一）中国林蛙

1. SJM-RTC-1102-01

（1）*CO* Ⅰ序列

TACCCTATACCTAATTTTTGGGGCCTGAGCGGGCATGGTCGGAACTGCTCTAAGTCTTCTTAT
TCGAGCTGAGCTAAGCCAGCCAGGCTCACTACTCGGCGATGACCAAATTTACAATGTCATTG
TCACTGCCCACGCTTTCGTAATAATTTTCTTCATGGTTATACCCATTCTTATTGGCGGGTTTGG
TAATTGACTTGTGCCTCTAATAATTGGAGCCCCTGACATGGCCTTTCCTCGAATAAATAATAT
AAGCTTTTGACTTCTCCCCCCATCATTCCTGCTTCTCCTTGCCTCTGCTGGGGTAGAGGCCGG
GGCGGGGACCGGTTGGACCGTCTATCCGCCCTTGGCTGGAAACCTTGCACATGCAGGGCCAT
CGGTTGACTTAACTATTTTTTCCCTCCACTTAGCAGGGGTGTCATCCATCCTTGGGGCAATTA
ACTTTATTACCACAACACTAAACATAAAGCCCCCTTCAATAACTCAATATCAGACGCCTCTG
TTTGTGTGATCTGTCCTGATTACTGCAGTCCTTCTTCTTCTCTCTCTTCCCGTCCTTGCAGCAG
GGATTACAATGCTTCTTACTGACCGAAACTTAAACACAACATTCTTCGACCCTGCTGGAGGG
GGAGACCCTATTTTATACCAGCACCTCTTC

（2）BLAST 结果

	Description	Max score	Total score	Query cover	E value	Ident	Accession
	Bufo melanostictus mitochondrion, complete genome	1182	1182	100%	0.0	99%	AY458592.1
	Bufo melanostictus cytochrome oxidase subunit I (CO1) gene, partial cds; mitochondrial	1171	1171	100%	0.0	99%	HQ844993.1
	Bufo melanostictus voucher KIZ-HN0806115 cytochrome oxidase subunit I (COI) gene, partial cds; mitochondrial	1107	1107	91%	0.0	99%	JN700876.1
	Bufo melanostictus partial mitochondrial genome	789	789	100%	0.0	88%	AJ584640.1
	Bufo melanostictus cytochrome c oxidase subunit I gene, partial cds; mitochondrial	734	734	89%	0.0	89%	EU523741.1
	Duttaphrynus melanostictus dev-stage adult cytochrome c oxidase subunit I (COI) gene, partial cds; mitochondrial	654	654	85%	0.0	88%	EU104678.1
	Bufo melanostictus isolate COI-57 cytochrome oxidase subunit 1 (COI) gene, partial cds; mitochondrial	652	652	80%	0.0	89%	EF577513.1
	Bufo melanostictus cytochrome oxidase subunit I gene, partial cds; mitochondrial	647	647	80%	0.0	89%	GU136118.1
	Duttaphrynus melanostictus dev-stage tadpole cytochrome c oxidase subunit I (COI) gene, partial cds; mitochondrial	643	643	83%	1e-180	88%	EU104679.1
	Bufo melanostictus isolate COI-5 cytochrome oxidase subunit 1 (COI) gene, partial cds; mitochondrial	641	641	81%	5e-180	88%	EF577515.1

2. SJM-RTC-1104-01

（1）*CO* Ⅰ序列

GAAGAGGTGCTGGTATAAAATAGGGTCTCCCCCTCCAGCAGGGTCGAAGAATGTTGTGTTTA
AGTTTCGGTCAGTAAGAAGCATTGTAATCCCTGCTGCAAGGACGGGAAGAGAGAGAAGAAG
AAGGACTGCAGTAATCAGGACAGATCACACAAACAGAGGCGTCTGATATTGAGTTATTGAA
GGGGGCTTTATGTTTAGTGTTGTGGTAATAAAGTTAATTGCCCCAAGGATGGATGACACCCC
TGCTAAGTGGAGGGAAAAAATAGTTAAGTCAACCGATGGCCCTGCATGTGCAAGGTTTCCA
GCCAAGGGCGGATAGACGGTCCAACCGGTCCCCGCCCCGGCCTCTACCCCAGCAGAGGCAA

GGAGAAGCAGGAATGATGGGGGAGAAGTCAAAAGCTTATATTATTTATTCGAGGAAAGGCCATGTCAGGGGCTCCAATTATTAGAGGCACAAGTCAATTACCAAACCCGCCAATAAGAATGGGTATAACCATGAAGAAAATTATTACGAAAGCGTGGGCAGTGACAATGACATTGTAAATTTGGTCATCGCCGAGTAGTGAGCCTGGCTGGCTTAGCTCAGCTCGAATAAGAAGACTTAGAGCAGTTCCGACCATGCCCGCTCA

（2）BLAST 结果

Description	Max score	Total score	Query cover	E value	Ident	Accession
Bufo melanostictus mitochondrion, complete genome	1147	1147	100%	0.0	99%	AY458592.1
Bufo melanostictus cytochrome oxidase subunit I (CO1) gene, partial cds; mitochondrial	1136	1136	100%	0.0	99%	HQ844993.1
Bufo melanostictus voucher KIZ-HN0806115 cytochrome oxidase subunit I (COI) gene, partial cds; mitochondrial	1107	1107	95%	0.0	99%	JN700876.1
Bufo melanostictus partial mitochondrial genome	749	749	100%	0.0	88%	AJ584640.1
Bufo melanostictus cytochrome c oxidase subunit I gene, partial cds; mitochondrial	734	734	92%	0.0	89%	EU523741.1
Duttaphrynus melanostictus dev-stage adult cytochrome c oxidase subunit I (COI) gene, partial cds; mitochondrial	654	654	88%	0.0	88%	EU104678.1
Bufo melanostictus isolate COI-57 cytochrome oxidase subunit 1 (COI) gene, partial cds; mitochondrial	652	652	83%	0.0	89%	EF577513.1
Bufo melanostictus cytochrome oxidase subunit I gene, partial cds; mitochondrial	647	647	83%	0.0	89%	GU136118.1
Duttaphrynus melanostictus dev-stage tadpole cytochrome c oxidase subunit I (COI) gene, partial cds; mitochondrial	643	643	86%	1e-180	88%	EU104679.1
Bufo melanostictus isolate COI-5 cytochrome oxidase subunit 1 (COI) gene, partial cds; mitochondrial	641	641	85%	5e-180	88%	EF577515.1

3. SJM-RTC-1103-01

（1）*CO* Ⅰ序列

TACCCTATACCTAATTTTTGGGGCCTGAGCGGGCATGGTCGGAACTGCTCTAAGTCTTCTTATTCGAGCTGAGCTAAGCCAGCCAGGCTCACTACTCGGCGATGACCAAATTTACAATGTCATTGTCACTGCCCACGCTTTCGTAATAATTTTCTTCATGGTTATACCCATTCTTATTGGCGGGTTTGGTAATTGACTTGTGCCTCTAATAATTGGAGCCCCTGACATGGCCTTTCCTCGAATAAATAATATAAGCTTTTGACTTCTCCCCCCATCATTCCTGCTTCTCCTTGCCTCTGCTGGGGTAGAGGCCGGGGCGGGGACCGGTTGGACCGTCTATCCGCCCTTGGCTGGAAACCTTGCACATGCAGGGCCATCGGTTGACTTAACTATTTTTTCCCTCCACTTAGCAGGGGTGTCATCCATCCTTGGGGCAATTAACTTTATTACCACAACACTAAACATAAAGCCCCCTTCAATAACTCAATATCAGACGCCTCTGTTTGTGTGATCTGTCCTGATTACTGCAGTCCTTCTTCTTCTCTCTCTTCCCGTCCTTGCAGCAGGGATTACAATGCTTCTTACTGACCGAAACTTAAACACAACATTCTTCGACCCTGCTGGAGGGGGAGACCCTATTTTAATACCAGCACCTCTTC

（2）BLAST 结果

Description	Max score	Total score	Query cover	E value	Ident	Accession
Bufo melanostictus mitochondrion, complete genome	1177	1177	100%	0.0	99%	AY458592.1
Bufo melanostictus cytochrome oxidase subunit I (CO1) gene, partial cds; mitochondrial	1166	1166	100%	0.0	99%	HQ844993.1
Bufo melanostictus voucher KIZ-HN0806115 cytochrome oxidase subunit I (COI) gene, partial cds; mitochondrial	1107	1107	91%	0.0	99%	JN700876.1
Bufo melanostictus partial mitochondrial genome	784	784	100%	0.0	88%	AJ584640.1
Bufo melanostictus cytochrome c oxidase subunit I gene, partial cds; mitochondrial	734	734	88%	0.0	89%	EU523741.1
Bufo melanostictus isolate COI-57 cytochrome oxidase subunit 1 (COI) gene, partial cds; mitochondrial	654	654	80%	0.0	89%	EF577513.1
Duttaphrynus melanostictus dev-stage adult cytochrome c oxidase subunit I (COI) gene, partial cds; mitochondrial	649	649	85%	0.0	88%	EU104678.1
Bufo melanostictus cytochrome oxidase subunit I gene, partial cds; mitochondrial	647	647	79%	0.0	89%	GU136118.1
Duttaphrynus melanostictus dev-stage tadpole cytochrome c oxidase subunit I (COI) gene, partial cds; mitochondrial	638	638	83%	6e-179	88%	EU104679.1
Bufo melanostictus isolate COI-5 cytochrome oxidase subunit 1 (COI) gene, partial cds; mitochondrial	636	636	81%	2e-178	88%	EF577515.1

4. SJM-RTC-1105-01

（1）*CO* Ⅰ序列

TACCCTATACCTAATTTTTGGGGCCTGAGCGGGCATGGTCGGAACTGCTCTAAGTCTTCTTAT
TCGAGCTGAGCTAAGCCAGCCAGGCTCACTACTCGGCGATGACCAAATTTACAATGTCATTG
TCACTGCCCACGCTTTCGTAATAATTTTCTTCATGGTTATACCCATTCTTATTGGCGGGTTTGG
TAATTGACTTGTGCCTCTAATAATTGGAGCCCCTGACATGGCCTTTCCTCGAATAAATAATAT
AAGCTTTTGACTTCTCCCCCCATCATTCCTGCTTCTCCTTGCCTCTGCTGGGGTAGAGGCCGG
GGCGGGGACCGGTTGGACCGTCTATCCGCCCTTGGCTGGAAACCTTGCACATGCAGGGCCAT
CGGTTGACTTAACTATTTTTTCCCTCCACTTAGCAGGGGTGTCATCCATCCTTGGGGCAATTA
ACTTTATTACCACAACACTAAACATAAAGCCCCCTTCAATAACTCAATATCAGACGCCTCTG
TTTGTGTGATCTGTCCTGATTACTGCAGTCCTTCTTCTTCTCTCTCTTCCCGTCCTTGCAGCAG
GGATTACAATGCTTCTTACTGACCGAAACTTAAACACAACATTCTTCGACCCTGCTGGAGGG
GGAGACCCTATTTTATACCAGCACCTCTTC

（2）BLAST 结果

	Description	Max score	Total score	Query cover	E value	Ident	Accession
□	Bufo melanostictus mitochondrion, complete genome	1182	1182	100%	0.0	99%	AY458592.1
□	Bufo melanostictus cytochrome oxidase subunit I (CO1) gene, partial cds; mitochondrial	1171	1171	100%	0.0	99%	HQ844993.1
□	Bufo melanostictus voucher KIZ-HN0806115 cytochrome oxidase subunit I (COI) gene, partial cds; mitochondrial	1107	1107	91%	0.0	99%	JN700876.1
□	Bufo melanostictus partial mitochondrial genome	789	789	100%	0.0	88%	AJ584640.1
□	Bufo melanostictus cytochrome c oxidase subunit I gene, partial cds; mitochondrial	734	734	89%	0.0	89%	EU523741.1
□	Duttaphrynus melanostictus dev-stage adult cytochrome c oxidase subunit I (COI) gene, partial cds; mitochondrial	654	654	85%	0.0	88%	EU104678.1
□	Bufo melanostictus isolate COI-57 cytochrome oxidase subunit 1 (COI) gene, partial cds; mitochondrial	652	652	80%	0.0	89%	EF577513.1
□	Bufo melanostictus cytochrome oxidase subunit I gene, partial cds; mitochondrial	647	647	80%	0.0	89%	GU136118.1
□	Duttaphrynus melanostictus dev-stage tadpole cytochrome c oxidase subunit I (COI) gene, partial cds; mitochondrial	643	643	83%	1e-180	88%	EU104679.1
□	Bufo melanostictus isolate COI-5 cytochrome oxidase subunit 1 (COI) gene, partial cds; mitochondrial	641	641	81%	5e-180	88%	EF577515.1

5. SJM-RTC-1106-01

（1）*CO* Ⅰ序列

GAAGAGGTGCTGGTATAAAATAGGGTCTCCCCCTCCAGCAGGGTCGAAGAATGTTGTGTTTA
AGTTTCGGTCAGTAAGAAGCATTGTAATCCCTGCTGCAAGGACGGGAAGAGAGAGAAGAAG
AAGGACTGCAGTAATCAGGACAGATCACACAAACAGAGGCGTCTGATATTGAGTTATTGAA
GGGGGCTTTATGTTTAGTGTTGTGGTAATAAAGTTAATTGCCCCAAGGATGGATGACACCCC
TGCTAAGTGGAGGGAAAAAATAGTTAAGTCAACCGATGGCCCTGCATGTGCAAGGTTTCCAG
CCAAGGGCGGATAGACGGTCCAACCGGTCCCCGCCCCGGCCTCTACCCCAGCAGAGGCAAG
GAGAAGCAGGAATGATGGGGGGAGAAGTCAAAAGCTTATATTATTTATTCGAGGAAAGGCC
ATGTCAGGGGCTCCAATTATTAGAGGCACAAGTCAATTACCAAACCCGCCAATAAGAATGG
GTATAACCATGAAGAAAATTATTACGAAAGCGTGGGCAGTGACAATGACATTGTAAATTTGG
TCATCGCCGAGTAGTGAGCCTGGCTGGCTTAGCTCAGCTCGAATAAGAAGACTTAGAGCAGT

TCCGACCATGCCCGCTCAGGCCCAAAAATTAGGTATAGGGTA

（2）BLAST 结果

	Description	Max score	Total score	Query cover	E value	Ident	Accession
☐	Bufo melanostictus mitochondrion, complete genome	1182	1182	100%	0.0	99%	AY458592.1
☐	Bufo melanostictus cytochrome oxidase subunit I (CO1) gene, partial cds; mitochondrial	1171	1171	100%	0.0	99%	HQ844993.1
☐	Bufo melanostictus voucher KIZ-HN0806115 cytochrome oxidase subunit I (COI) gene, partial cds; mitochondrial	1107	1107	91%	0.0	99%	JN700876.1
☐	Bufo melanostictus partial mitochondrial genome	789	789	100%	0.0	88%	AJ584640.1
☐	Bufo melanostictus cytochrome c oxidase subunit I gene, partial cds; mitochondrial	734	734	89%	0.0	89%	EU523741.1
☐	Duttaphrynus melanostictus dev-stage adult cytochrome c oxidase subunit I (COI) gene, partial cds; mitochondrial	654	654	85%	0.0	88%	EU104678.1
☐	Bufo melanostictus isolate COI-57 cytochrome oxidase subunit 1 (COI) gene, partial cds; mitochondrial	652	652	80%	0.0	89%	EF577513.1
☐	Bufo melanostictus cytochrome oxidase subunit I gene, partial cds; mitochondrial	647	647	80%	0.0	89%	GU136118.1
☐	Duttaphrynus melanostictus dev-stage tadpole cytochrome c oxidase subunit I (COI) gene, partial cds; mitochondrial	643	643	83%	1e-180	88%	EU104679.1
☐	Bufo melanostictus isolate COI-5 cytochrome oxidase subunit 1 (COI) gene, partial cds; mitochondrial	641	641	81%	5e-180	88%	EF577515.1

6. SJM-RTC-1107-01

（1）*CO* Ⅰ序列

AACCCTCTACTTAATCTTTGGCGCCTGAGCCGGCATGGTCGGAACAGCCCTAAGCCTTCTTATCCGAGCAGAGCTAAGTCAACCAGGAACTCTCTTAGGGGACGACCAGATCTACAATGTTATCGTCACTGCCCACGCATTTGTGATAATTTTCTTCATAGTCATGCCCATCCTAATTGGGGGCTTTGGTAACTGACTAGTCCCACTAATAATTGGAGCCCCTGACATAGCCTTTCCCCGCATAAATAACATAAGCTTTTGGCTACTCCCCCCATCCTTCTTCCTCCTCTTGGCCTCCTCCACAGTCGAGGCCGGGGCGGGCACAGGTTGAACAGTCTATCCCCCACTGGCCGGTAATCTGGCCCATGCAGGCCCTTCAGTAGACCTGGCTATTTTCTCATTACATCTAGCCGGGGTATCATCCATCTTAGGAGCTATTAATTTTATTACAACAATTATTAATATAAAACCCGCATCCACAACCCAATACCAAACACCCCTCTTTGTCTGATCAGTCCTAATCACCGCCGTTCTTTTGCTTCTCTCCCTTCCAGTCCTGGCCGCCGGAATTACTATACTTCTAACAGACCGAAATCTAAACACCACCTTTTTTGACCCCGCAGGGGGTGGAGACCCAGTCCTCTACCAACACCATATTC

（2）BLAST 结果

	Description	Max score	Total score	Query cover	E value	Ident	Accession
☐	Rana cf. chensinensis QYCRCCH_C mitochondrion, complete genome	1116	1116	100%	0.0	97%	KF898356.1
☐	Rana huanrensis voucher y-d20130058 mitochondrion, complete genome	1066	1066	100%	0.0	96%	KT588071.1
☐	Rana chensinensis voucher SYNU-hld1 cytochrome oxidase subunit I gene, partial cds; mitochondrial	1031	1031	84%	0.0	100%	KF020612.1
☐	Rana huanrensis voucher NIBRAM0000000002 cytochrome oxidase subunit I (COI) gene, partial cds; mitochondrial	974	974	90%	0.0	96%	JQ844525.1
☐	Rana huanrensis voucher NIBRAM0000000007 cytochrome oxidase subunit I (COI) gene, partial cds; mitochondrial	974	974	90%	0.0	96%	JQ844523.1
☐	Rana huanrensis voucher NIBRAM0000100406 cytochrome oxidase subunit I (COI) gene, partial cds; mitochondrial	959	959	91%	0.0	96%	JQ844524.1
☐	Rana huanrensis voucher NIBRAM0000100257 cytochrome oxidase subunit I (COI) gene, partial cds; mitochondrial	953	953	91%	0.0	95%	JQ844526.1
☐	Rana chensinensis tRNA-Trp (trnW) gene, partial sequence; tRNA-Ala (trnA), tRNA-Asn (trnN), tRNA-Cys (trnC), and tRNA	939	939	90%	0.0	95%	KF771339.1
☐	Rana kukunoris voucher CJ06102001 cytochrome oxidase subunit I (CO1) gene, partial cds; mitochondrial	915	915	84%	0.0	96%	JF939073.1
☐	Rana huanrenensis voucher SYNU040006 cytochrome oxidase subunit I (CO1) gene, partial cds; mitochondrial	887	887	84%	0.0	95%	JF939072.1

7. SJM-RTC-1108-01

（1）*CO* Ⅰ序列

AACCCTCTACTTAATCTTTGCGCCTGAGCCGGCATGGTCGGAACAGCCCTAAGCCTTCTTA
TCCGAGCAGAGCTGAGTCAACCAGGAACTCTCTTAGGAGACGACCAGATCTACAATGTTATC
GTCACTGCCCACGCATTTGTGATAATTTTCTTCATAGTCATGCCCATCCTAATTGGGGGCTTT
GGTAACTGACTAGTCCCGCTAATAATTGGAGCCCCTGACATAGCCTTCCCCCGCATAAATAA
CATAAGCTTTTGACTACTCCCCCCATCCTTCTTCCTCCTCTTGGCCTCCTCCACAGTCGAGGCC
GGGGCGGGCACAGGTTGAACAGTCTATCCCCCGCTGGCCGGTAATCTGGCCCATGCAGGCCC
TTCAGTAGACCTGGCTATTTTCTCATTACATCTAGCCGGGGTGTCATCCATCCTAGGAGCTAT
TAATTTTATTACAACAATTATTAATATAAAACCCGCATCCACGACCCAATACCAAACACCCC
TCTTTGTCTGATCAGTCCTAATCACCGCCGTTCTCTTGCTTCTCTCCCTTCCAGTCCTGGCCGC
CGGAATTACTATACTTCTAACAGACCGAAATCTAAACACCACCTTTTTTGACCCCGCAGGGG
GTGGAGACCCAGTCCTCTACATCCAACACCTATTC

（2）BLAST 结果

	Description	Max score	Total score	Query cover	E value	Ident	Accession
☐	Rana cf. chensinensis QYCRCCH_C mitochondrion, complete genome	1107	1107	100%	0.0	97%	KF898356.1
☐	Rana huanrensis voucher y-d20130058 mitochondrion, complete genome	1057	1057	100%	0.0	96%	KT588071.1
☐	Rana chensinensis voucher SYNU-hld1 cytochrome oxidase subunit I gene, partial cds; mitochondrial	976	976	84%	0.0	98%	KF020612.1
☐	Rana huanrensis voucher NIBRAM0000000002 cytochrome oxidase subunit I (COI) gene, partial cds; mitochondrial	974	974	90%	0.0	96%	JQ844525.1
☐	Rana huanrensis voucher NIBRAM0000000007 cytochrome oxidase subunit I (COI) gene, partial cds; mitochondrial	974	974	90%	0.0	96%	JQ844523.1
☐	Rana huanrensis voucher NIBRAM0000100406 cytochrome oxidase subunit I (COI) gene, partial cds; mitochondrial	959	959	90%	0.0	96%	JQ844524.1
☐	Rana huanrensis voucher NIBRAM0000100257 cytochrome oxidase subunit I (COI) gene, partial cds; mitochondrial	953	953	90%	0.0	95%	JQ844526.1
☐	Rana chensinensis tRNA-Trp (trnW) gene, partial sequence; tRNA-Ala (trnA), tRNA-Asn (trnN), tRNA-Cys (trnC), and tRNA-	933	933	90%	0.0	95%	KF771339.1
☐	Rana kukunoris voucher CJ06102001 cytochrome oxidase subunit I (CO1) gene, partial cds; mitochondrial	904	904	84%	0.0	96%	JF939073.1
☐	Rana huanrenensis voucher SYNU040006 cytochrome oxidase subunit I (CO1) gene, partial cds; mitochondrial	887	887	84%	0.0	95%	JF939072.1

（二）黑龙江林蛙

1. SJM-RA-1101-01

（1）*CO* Ⅰ序列

AACCCTCTATTTTATCTTCGGGGCCTGAGCCGGCATAATCGGAACAGCTCTAAGCCTCCTCA
TTCGAGCGGAACTAAGTCAGCCAGGAACCCTCCTGGGAGACGATCAAATTTATAATGTCATC
GTCACTGCCCACGCATTTGTAATAATTTTTTTTATAGTTATACCAATCCTAATTGGAGGCTTT
GGCAATTGACTTATCCCCCTAATGATTGGAGCCCCTGATATAGCTTTCCCGCGAATAAACAA
CATAAGCTTCTGACTACTCCCACCCTCTTTTTTCCTTCTCTTAGCCTCCTCCATAGTTGAAGCC
GGAGCAGGCACAGGCTGAACAGTTTACCCCCCACTAGCCAGCAATCTCGCCCACGCAGGCC
CATCAGTAGACATGGCCATTTTTTCATTACATTTAGCTGGGGTATCCTCCATTCTAGGGGCCA
TTAATTTCATTACAACAATTATTAATATAAAACCCTCATCCACAACCCAATACCAAACCCCCC
TCTTTGTTTGATCAGTCTTAATTACTGCTGTTCTCCTACTTCTTTCCCTCCCTGTCCTAGCCGCC

GGGATCACTATACTTCTTACAGACCGGAATCTGAACACTACCTTCTTTGATCCTGCTGGAGGC
GGAGACCCAGTTCTCTACCAACACCTATTC

（2）BLAST 结果

	Description	Max score	Total score	Query cover	E value	Ident	Accession
	Rana amurensis voucher SYNU11100268 mitochondrion, complete genome	1205	1205	100%	0.0	99%	KU343216.1
	Rana amurensis voucher SYNU11100267 cytochrome oxidase subunit I gene, partial cds; mitochondrial	1031	1031	84%	0.0	100%	KF020603.1
	Rana amurensis voucher KIZ070423558 cytochrome oxidase subunit I (CO1) gene, partial cds; mitochondrial	1020	1020	84%	0.0	99%	JF939079.1
	Rana amurensis voucher SYNU11100272 cytochrome oxidase subunit I gene, partial cds; mitochondrial	1009	1009	84%	0.0	99%	KF020605.1
	Rana coreana mitochondrion, partial genome	828	828	100%	0.0	89%	KM590550.1
	Rana kunyuensis voucher SYNU13030005 cytochrome oxidase subunit I (COI) gene, partial cds; mitochondrial	813	813	98%	0.0	89%	KJ371941.1
	Rana kunyuensis mitochondrion, complete genome	811	811	100%	0.0	89%	KF840516.1
	Rana kunyuensis voucher SYNU13030011 cytochrome oxidase subunit I (COI) gene, partial cds; mitochondrial	808	808	98%	0.0	89%	KJ371942.1
	Rana coreana voucher NIBRAM0000100327 cytochrome oxidase subunit I (COI) gene, partial cds; mitochondrial	760	760	91%	0.0	90%	JQ844530.1
	Rana coreana voucher NIBRAM0000000737 cytochrome oxidase subunit I (COI) gene, partial cds; mitochondrial	754	754	91%	0.0	89%	JQ844532.1

2. SJM-RA-1104-01

（1）*CO* Ⅰ序列

GAATAGGTGTTGGATAGAGAACTGGGTCTCCGCCTCCAGCAGGATCAAAGAAGGTAGTGTT
CAGATTCCGGTCTGTAAGAAGTATAGTGATCCCGGCGGCTAGGACAGGGAGGGAAAGAAGT
AGGAGAACAGCAGTAATTAAGACTGATCAAACAAAGAGGGGGGTTTGGTATTGGGTTGTGG
ATGAGGGTTTTATATTAATAATTGTTGTAATGAAATTAATGGCCCCTAGAATGGAGGATACC
CCAGCTAAATGTAATGAAAAAATGGCCATGTCTACTGATGGGCCTGCGTGGGCGAGATTGCT
GGCTAGTGGGGGGTAAACTGTTCAGCCTGTGCCTGCTCCGGCTTCAACTATGGAGGAGGCTA
AGAGAAGGAAAAAAGAGGGTGGGAGTAGTCAGAAGCTTATGTTGTTTATTCGCGGGAAAGC
TATATCAGGGGCTCCAATCATTAGGGGGATAAGTCAATTGCCAAAGCCTCCAATTAGGATTG
GTATAACTATAAAAAAAATTATTACAAATGCGTGGGCAGTGACGATGACATTATAAATTTGA
TCGTCTCCCAGGAGGGTTCCTGGCTGACTTAGTTCCGCTCGAATGAGGAGGCTTAGAGCTGT
TCCGATTATGCCGGCTCAGGCCCCGAAGATAAAATAGAGGGTT

（2）BLAST 结果

	Description	Max score	Total score	Query cover	E value	Ident	Accession
	Rana amurensis voucher SYNU11100268 mitochondrion, complete genome	1199	1199	100%	0.0	99%	KU343216.1
	Rana amurensis voucher SYNU11100267 cytochrome oxidase subunit I gene, partial cds; mitochondrial	1031	1031	84%	0.0	100%	KF020603.1
	Rana amurensis voucher KIZ070423558 cytochrome oxidase subunit I (CO1) gene, partial cds; mitochondrial	1020	1020	84%	0.0	99%	JF939079.1
	Rana amurensis voucher SYNU11100272 cytochrome oxidase subunit I gene, partial cds; mitochondrial	1009	1009	84%	0.0	99%	KF020605.1
	Rana coreana mitochondrion, partial genome	828	828	100%	0.0	89%	KM590550.1
	Rana kunyuensis voucher SYNU13030005 cytochrome oxidase subunit I (COI) gene, partial cds; mitochondrial	815	815	98%	0.0	89%	KJ371941.1
	Rana kunyuensis mitochondrion, complete genome	811	811	100%	0.0	89%	KF840516.1
	Rana kunyuensis voucher SYNU13030011 cytochrome oxidase subunit I (COI) gene, partial cds; mitochondrial	809	809	98%	0.0	89%	KJ371942.1
	Rana coreana voucher NIBRAM0000100327 cytochrome oxidase subunit I (COI) gene, partial cds; mitochondrial	760	760	91%	0.0	90%	JQ844530.1
	Rana coreana voucher NIBRAM0000000737 cytochrome oxidase subunit I (COI) gene, partial cds; mitochondrial	754	754	91%	0.0	89%	JQ844532.1

3. SJM-RA-1104-02

（1）*CO* Ⅰ序列

GAATAGGTGTTGGTAGAGAACTGGGTCTCCGCCTCCAGCAGGATCAAAGAAGGTAGTGTTC
AGATTCCGGTCTGTAAGAAGTATAGTGATCCCGGCGGCTAGGACAGGGAGGGAAAGAAGTA
GGAGAACAGCAGTAATTAAGACTGATCAAACAAAGAGGGGGGTTTGGTATTGGGTTGTGGA
TGAGGGTTTTATATTAATAATTGTTGTAATGAAATTAATGGCCCCTAGAATGGAGGATACCC
CAGCTAAATGTAATGAAAAAATGGCCATGTCTACTGATGGGCCTGCGTGGGCGAGATTGCTG
GCTAGTGGGGGGTAAACTGTTCAGCCTGTGCCTGCTCCGGCTTCAACTATGGAGGAGGCTAA
GAGAAGGAAAAAAGAGGGTGGGAGTAGTCAGAAGCTTATGTTGTTTATTCGCGGGAAAGCT
ATATCAGGGGCTCCAATCATTAGGGGGATAAGTCAATTGCCAAAGCCTCCAATTAGGATTGG
TATAACTATAAAAAAAATTATTACAAATGCGTGGGCAGTGACGATGACATTATAAATTTGAT
CGTCTCCCAGGAGGGTTCCTGGCTGACTTAGTTCCGCTCGAATGAGGAGGCTTAGAGCTGTT
CCGATTATGCCGGCTCAGGCCCCGAAGATAAAATAGAGGGTT

（2）BLAST 结果

	Description	Max score	Total score	Query cover	E value	Ident	Accession
☐	Rana amurensis voucher SYNU11100268 mitochondrion, complete genome	1205	1205	100%	0.0	99%	KU343216.1
☐	Rana amurensis voucher SYNU11100267 cytochrome oxidase subunit I gene, partial cds; mitochondrial	1031	1031	84%	0.0	100%	KF020603.1
☐	Rana amurensis voucher KIZ070423558 cytochrome oxidase subunit I (CO1) gene, partial cds; mitochondrial	1020	1020	84%	0.0	99%	JF939079.1
☐	Rana amurensis voucher SYNU11100272 cytochrome oxidase subunit I gene, partial cds; mitochondrial	1009	1009	84%	0.0	99%	KF020605.1
☐	Rana coreana mitochondrion, partial genome	828	828	100%	0.0	89%	KM590550.1
☐	Rana kunyuensis voucher SYNU13030005 cytochrome oxidase subunit I (COI) gene, partial cds; mitochondrial	813	813	98%	0.0	89%	KJ371941.1
☐	Rana kunyuensis mitochondrion, complete genome	811	811	100%	0.0	89%	KF840516.1
☐	Rana kunyuensis voucher SYNU13030011 cytochrome oxidase subunit I (COI) gene, partial cds; mitochondrial	808	808	98%	0.0	89%	KJ371942.1
☐	Rana coreana voucher NIBRAM0000100327 cytochrome oxidase subunit I (COI) gene, partial cds; mitochondrial	760	760	91%	0.0	90%	JQ844530.1
☐	Rana coreana voucher NIBRAM0000000737 cytochrome oxidase subunit I (COI) gene, partial cds; mitochondrial	754	754	91%	0.0	89%	JQ844532.1

4. SJM-RA-1105-01

（1）*CO* Ⅰ序列

GAATAGGTGTTGGTAGAGAACTGGGTCTCCGCCTCCAGCAGGATCAAAGAAGGTAGTGTTC
AGATTCCGGTCTGTAAGAAGTATAGTGATCCCGGCGGCTAGGACAGGGAGGGAAAGAAGTA
GGAGAACAGCAGTAATTAAGACTGATCAAACAAAGAGGGGGGTTTGGTATTGGGTTGTGGA
TGAGGGTTTTATATTAATAATTGTTGTAATGAAATTAATGGCCCCTAGAATGGAGGATACCC
CAGCTAAATGTAATGAAAAAATGGCCATGTCTACTGATGGGCCTGCGTGGGCGAGATTGCTG
GCTAGTGGGGGGTAAACTGTTCAGCCTGTGCCTGCTCCGGCTTCAACTATGGAGGAGGCTAA
GAGAAGGAAAAAAGAGGGTGGGAGTAGTCAGAAGCTTATGTTGTTTATTCGCGGGAAAGCT
ATATCAGGGGCTCCAATCATTAGGGGGATAAGTCAATTGCCAAAGCCTCCAATTAGGATTGG
TATAACTATAAAAAAAATTATTACAAATGCGTGGGCAGTGACGATGACATTATAAATTTGAT
CGTCTCCCAGGAGGGTTCCTGGCTGACTTAGTTCCGCTCGAATGAGGAGGCTTAGAGCTGTT
CCGATTATGCCGGCTC

（2）BLAST 结果

	Description	Max score	Total score	Query cover	E value	Ident	Accession
☐	Rana amurensis voucher SYNU11100268 mitochondrion, complete genome	1157	1157	100%	0.0	99%	KU343216.1
☐	Rana amurensis voucher SYNU11100267 cytochrome oxidase subunit I gene, partial cds; mitochondrial	1031	1031	88%	0.0	100%	KF020603.1
☐	Rana amurensis voucher KIZ070423558 cytochrome oxidase subunit I (CO1) gene, partial cds; mitochondrial	1020	1020	88%	0.0	99%	JF939079.1
☐	Rana amurensis voucher SYNU11100272 cytochrome oxidase subunit I gene, partial cds; mitochondrial	1009	1009	88%	0.0	99%	KF020605.1
☐	Rana coreana mitochondrion, partial genome	808	808	100%	0.0	90%	KM590550.1
☐	Rana kunyuensis voucher SYNU13030005 cytochrome oxidase subunit I (COI) gene, partial cds; mitochondrial	797	797	100%	0.0	89%	KJ371941.1
☐	Rana kunyuensis mitochondrion, complete genome	791	791	100%	0.0	89%	KF840516.1
☐	Rana kunyuensis voucher SYNU13030011 cytochrome oxidase subunit I (COI) gene, partial cds; mitochondrial	791	791	100%	0.0	89%	KJ371942.1
☐	Rana coreana voucher NIBRAM0000100327 cytochrome oxidase subunit I (COI) gene, partial cds; mitochondrial	760	760	94%	0.0	90%	JQ844530.1
☐	Rana coreana voucher NIBRAM0000000737 cytochrome oxidase subunit I (COI) gene, partial cds; mitochondrial	754	754	94%	0.0	89%	JQ844532.1

5. SJM-RA-1106-01

（1）*CO* Ⅰ序列

AACCCTCTATTTTATCTTCGGGGCCTGAGCCGGCATAATCGGAACAGCTCTAAGCCTCCTCA
TTCGAGCGGAACTAAGTCAGCCAGGAACCCTCCTGGGAGACGATCAAATTTATAATGTCATC
GTCACTGCCCACGCATTTGTAATAATTTTTTTTATAGTTATACCAATCCTAATTGGAGGCTTT
GGCAATTGACTTATCCCCCTAATGATTGGAGCCCCTGATATAGCTTTCCCGCGAATAAACAA
CATAAGCTTCTGACTACTCCCACCCTCTTTTTTCCTTCTCTTAGCCTCCTCCATAGTTGAAGCC
GGAGCAGGCACAGGCTGAACAGTTTACCCCCCACTAGCCAGCAATCTCGCCCACGCAGGCC
CATCAGTAGACATGGCCATTTTTTCATTACATTTAGCTGGGGTATCCTCCATTCTAGGGGCCA
TTAATTTCATTACAACAATTATTAATATAAAACCCTCATCCACAACCCAATACCAAACCCCCC
TCTTTGTTTGATCAGTCTTAATTACTGCTGTTCTCCTACTTCTTTCCCTCCCTGTCCTAGCCGCC
GGGATCACTATACTTCTTACAGACCGGAATCTGAACACTACCTTCTTTGATCCTGCTGGAGGC
GGAGACCCAGTTCTCTACCAACACCTATTC

（2）BLAST 结果

	Description	Max score	Total score	Query cover	E value	Ident	Accession
☐	Rana amurensis voucher SYNU11100268 mitochondrion, complete genome	1205	1205	100%	0.0	99%	KU343216.1
☐	Rana amurensis voucher SYNU11100267 cytochrome oxidase subunit I gene, partial cds; mitochondrial	1031	1031	84%	0.0	100%	KF020603.1
☐	Rana amurensis voucher KIZ070423558 cytochrome oxidase subunit I (CO1) gene, partial cds; mitochondrial	1020	1020	84%	0.0	99%	JF939079.1
☐	Rana amurensis voucher SYNU11100272 cytochrome oxidase subunit I gene, partial cds; mitochondrial	1009	1009	84%	0.0	99%	KF020605.1
☐	Rana coreana mitochondrion, partial genome	828	828	100%	0.0	89%	KM590550.1
☐	Rana kunyuensis voucher SYNU13030005 cytochrome oxidase subunit I (COI) gene, partial cds; mitochondrial	813	813	98%	0.0	89%	KJ371941.1
☐	Rana kunyuensis mitochondrion, complete genome	811	811	100%	0.0	89%	KF840516.1
☐	Rana kunyuensis voucher SYNU13030011 cytochrome oxidase subunit I (COI) gene, partial cds; mitochondrial	808	808	98%	0.0	89%	KJ371942.1
☐	Rana coreana voucher NIBRAM0000100327 cytochrome oxidase subunit I (COI) gene, partial cds; mitochondrial	760	760	91%	0.0	90%	JQ844530.1
☐	Rana coreana voucher NIBRAM0000000737 cytochrome oxidase subunit I (COI) gene, partial cds; mitochondrial	754	754	91%	0.0	89%	JQ844532.1

（三）黑斑侧褶蛙

1. SJM-PN-1102-01

（1）*CO* Ⅰ序列

AACCCTTTACTTAATCTTTGGTGCATGAGCAGGGATAGTCGGCACAGCCTTAAGCCTGCTTA

TCCGAGCGGAATTAAGCCAACCCGGAACCCTTCTCGGCGATGACCAAATCTACAACGTAATT
GTTACCGCCCACGCCTTTGTAATAATTTTCTTCATAGTCATGCCTATTCTAATCGGGGGCTTC
GGAAACTGACTTGTCCCACTAATGATCGGCGCCCCTGACATGGCCTTCCCCCGAATAAACAA
TATGAGCTTCTGGCTTCTACCACCCTCCTTCTTTCTTCTCCTAGCCTCCTCGACAGTAGAAGCA
GGAGCAGGGACAGGTTGAACTGTTTACCCCCCTCTAGCCGGCAATCTCGCTCATGCCGGGCC
ATCTGTAGACCTAGCCATTTTTTCCCTTCACTTAGCCGGGGTTTCATCAATTTTAGGGGCTATT
AATTTTATTACAACTATTATTAATATGAAACCCACATCTATTACACAATACCAAACACCCCTA
TTCGTTTGATCTGTGTTAATTACCGCCGTACTACTTCTGCTCTCCCTTCCTGTACTGGCAGCCG
GCATTACAATACTTCTTACTGACCGTAATCTAAATACAACATTCTTTGACCCAGCGGGTGGA
GGAGATCCCGTCCTTTACCAACACTTATTC

（2）BLAST 结果

	Description	Max score	Total score	Query cover	E value	Ident	Acces
☐	Pelophylax nigromaculatus mitochondrion, complete genome	1216	1216	100%	0.0	100%	KT8787
☐	Rana plancyi mitochondrion, complete genome	1182	1182	100%	0.0	99%	EF1966
☐	Pelophylax nigromaculatus mitochondrial DNA, complete genome	1171	1171	100%	0.0	99%	AB043E
☐	Rana chosenica mitochondrion, complete genome	1160	1160	100%	0.0	98%	JF7304
☐	Pelophylax plancyi voucher NIBRAM0000100371 cytochrome oxidase subunit I (COI) gene, partial cds; mitochondrial	1064	1064	91%	0.0	99%	JQ844E
☐	Pelophylax nigromaculatus voucher NIBRAM0000000610 cytochrome oxidase subunit I (COI) gene, partial cds; mitochond	926	926	91%	0.0	95%	JQ844E
☐	Pelophylax nigromaculatus voucher NIBRAM0000000630 cytochrome oxidase subunit I (COI) gene, partial cds; mitochond	920	920	91%	0.0	94%	JQ844E
☐	Pelophylax shqipericus isolate GM1013 mitochondrion, complete genome	665	665	99%	0.0	85%	KP814(
☐	Pelophylax cf. bedriagae MPFC1082 mitochondrion, complete genome	590	590	99%	2e-164	83%	KP260E
☐	Sylvirana guentheri voucher 2007.6250 cytochrome oxidase subunit 1 (COI) gene, partial cds; mitochondrial	582	582	99%	3e-162	83%	KR087(

2. SJM-PN-1103-01

（1）*CO* Ⅰ序列

AACCCTTTACTTAATCTTTGGTGCATGAGCAGGGATAGTCGGCACAGCCTTAAGCCTGCTTA
TCCGAGCGGAATTAAGCCAACCCGGAACCCTTCTCGGCGATGACCAAATCTACAACGTAATT
GTTACCGCCCACGCCTTTGTAATAATTTTCTTCATAGTCATGCCTATTCTAATCGGGGGCTTC
GGAAACTGACTTGTCCCACTAATGATCGGCGCCCCTGACATGGCCTTCCCCCGAATAAACAA
TATGAGCTTCTGGCTTCTACCACCCTCCTTCTTTCTTCTCCTAGCCTCCTCGACAGTAGAAGCA
GGAGCAGGGACAGGTTGAACTGTTTACCCCCCTCTAGCCGGCAATCTCGCTCATGCCGGGCC
ATCTGTAGACCTAGCCATTTTTTCCCTTCACTTAGCCGGGGTTTCATCAATTTTAGGGGCTATT
AATTTTATTACAACTATTATTAATATGAAACCCACATCTATTACACAATACCAAACACCCCTA
TTCGTTTGATCTGTGTTAATTACCGCCGTACTACTTCTGCTCTCCCTTCCTGTACTGGCAGCCG
GCATTACAATACTTCTTACTGACCGTAATCTAAATACAACATTCTTTGACCCAGCGGGTGGA
GGAGATCCCGTCCTTTACCAACACTTATTC

（2）BLAST 结果

	Description	Max score	Total score	Query cover	E value	Ident	Accession
☐	Pelophylax nigromaculatus mitochondrion, complete genome	1216	1216	100%	0.0	100%	KT878718.1
☐	Rana plancyi mitochondrion, complete genome	1182	1182	100%	0.0	99%	EF196679.1
☐	Pelophylax nigromaculatus mitochondrial DNA, complete genome	1171	1171	100%	0.0	99%	AB043889.1
☐	Rana chosenica mitochondrion, complete genome	1160	1160	100%	0.0	98%	JF730436.1
☐	Pelophylax plancyi voucher NIBRAM0000100371 cytochrome oxidase subunit I (COI) gene, partial cds; mitochondrial	1064	1064	91%	0.0	99%	JQ844518.1
☐	Pelophylax nigromaculatus voucher NIBRAM0000000610 cytochrome oxidase subunit I (COI) gene, partial cds; mitochond	926	926	91%	0.0	95%	JQ844520.1
☐	Pelophylax nigromaculatus voucher NIBRAM0000000630 cytochrome oxidase subunit I (COI) gene, partial cds; mitochond	920	920	91%	0.0	94%	JQ844521.1
☐	Pelophylax shqipericus isolate GM1013 mitochondrion, complete genome	665	665	99%	0.0	85%	KP814012.1
☐	Pelophylax cf. bedriagae MPFC1082 mitochondrion, complete genome	590	590	99%	2e-164	83%	KP260929.1
☐	Sylvirana guentheri voucher 2007.6250 cytochrome oxidase subunit 1 (COI) gene, partial cds; mitochondrial	582	582	99%	3e-162	83%	KR087681.1

3. SJM-PN-1104-01

（1）*CO* Ⅰ序列

AACCCTTTACTTAATCTTTGGTGCATGAGCAGGGATAGTCGGCACAGCCTTAAGCCTGCTTA
TCCGAGCGGAATTAAGCCAACCCGGAACCCTTCTCGGCGATGACCAAATCTACAACGTAATT
GTTACCGCCCACGCCTTTGTAATAATTTTCTTCATAGTCATGCCTATTCTAATCGGGGGCTTC
GGAAACTGACTTGTCCCACTAATGATCGGCGCCCCTGACATGGCCTTCCCCCGAATAAACAA
TATGAGCTTCTGGCTTCTACCACCCTCCTTCTTTCTTCTCCTAGCCTCCTCGACAGTAGAAGCA
GGAGCAGGGACAGGTTGAACTGTTTACCCCCCTCTAGCCGGCAATCTCGCTCATGCCGGGCC
ATCTGTAGACCTAGCCATTTTTTCCCTTCACTTAGCCGGGGTTTCATCAATTTTAGGGGCTATT
AATTTTATTACAACTATTATTAATATGAAACCCACATCTATTACACAATACCAAACACCCCTA
TTCGTTTGATCTGTGTTAATTACCGCCGTACTACTTCTGCTCTCCCTTCCTGTACTGGCAGCCG
GCATTACAATACTTCTTACTGACCGTAATCTAAATACAACATTCTTTGACCCAGCGGGTGGA
GGAGATCCCGTCCTTTACCAACACTTATTC

（2）BLAST 结果

	Description	Max score	Total score	Query cover	E value	Ident	Accession
☐	Pelophylax nigromaculatus mitochondrion, complete genome	1216	1216	100%	0.0	100%	KT878718.1
☐	Rana plancyi mitochondrion, complete genome	1182	1182	100%	0.0	99%	EF196679.1
☐	Pelophylax nigromaculatus mitochondrial DNA, complete genome	1171	1171	100%	0.0	99%	AB043889.1
☐	Rana chosenica mitochondrion, complete genome	1160	1160	100%	0.0	98%	JF730436.1
☐	Pelophylax plancyi voucher NIBRAM0000100371 cytochrome oxidase subunit I (COI) gene, partial cds; mitochondrial	1064	1064	91%	0.0	99%	JQ844518.1
☐	Pelophylax nigromaculatus voucher NIBRAM0000000610 cytochrome oxidase subunit I (COI) gene, partial cds; mitochond	926	926	91%	0.0	95%	JQ844520.1
☐	Pelophylax nigromaculatus voucher NIBRAM0000000630 cytochrome oxidase subunit I (COI) gene, partial cds; mitochond	920	920	91%	0.0	94%	JQ844521.1
☐	Pelophylax shqipericus isolate GM1013 mitochondrion, complete genome	665	665	99%	0.0	85%	KP814012.1
☐	Pelophylax cf. bedriagae MPFC1082 mitochondrion, complete genome	590	590	99%	2e-164	83%	KP260929.1
☐	Sylvirana guentheri voucher 2007.6250 cytochrome oxidase subunit 1 (COI) gene, partial cds; mitochondrial	582	582	99%	3e-162	83%	KR087681.1

4. SJM-PN-1105-01

（1）*CO* Ⅰ序列

AACCCTTTACTTAATCTTTGGTGCATGAGCAGGGATAGTCGGCACAGCCTTAAGCCTGCTTA
TCCGAGCGGAATTAAGCCAACCCGGAACCCTTCTCGGCGATGACCAAATCTACAACGTAATT
GTTACCGCCCACGCCTTTGTAATAATTTTCTTCATAGTCATGCCTATTCTAATCGGGGGCTTC

GGAAACTGACTTGTCCCACTAATGATCGGCGCCCCTGACATGGCCTTCCCCCGAATAAACAA
TATGAGCTTCTGGCTTTTACCACCCTCCTTCTTTCTTCTCCTAGCCTCCTCAACAGTAGAAGCA
GGAGCAGGAACAGGTTGAACTGTTTACCCTCCTCTAGCCGGCAATCTCGCCCATGCCGGACC
ATCTGTAGACCTGGCCATTTTTTCCCTTCACTTAGCCGGGGTTTCATCAATTTTAGGGGCGAT
TAATTTTATTACAACTATTATTAATATGAAACCCACATCTATCACACAATACCAAACACCCTT
ATTCGTTTGATCTGTGTTAATTACCGCCGTACTTCTTCTGCTCTCCCTTCCTGTACTGGCAGCT
GGCATTACAATACTTCTTACTGACCGTAATCTAAATACAACATTCTTTGACCCAGCGGGTGG
AGGAGATCCCATCCTTTACCAACACTTATTC

（2）BLAST 结果

	Description	Max score	Total score	Query cover	E value	Ident	Accession
☐	Pelophylax nigromaculatus mitochondrion, complete genome	1144	1144	100%	0.0	98%	KT878718.1
☐	Rana plancyi mitochondrion, complete genome	1144	1144	100%	0.0	98%	EF196679.1
☐	Rana chosenica mitochondrion, complete genome	1133	1133	100%	0.0	98%	JF730436.1
☐	Pelophylax nigromaculatus mitochondrial DNA, complete genome	1110	1110	100%	0.0	97%	AB043889.1
☐	Pelophylax plancyi voucher NIBRAM0000100371 cytochrome oxidase subunit I (COI) gene, partial cds; mitochondrial	1031	1031	91%	0.0	98%	JQ844518.1
☐	Pelophylax nigromaculatus voucher NIBRAM0000000610 cytochrome oxidase subunit I (COI) gene, partial cds; mitochondri	915	915	91%	0.0	94%	JQ844520.1
☐	Pelophylax nigromaculatus voucher NIBRAM0000000630 cytochrome oxidase subunit I (COI) gene, partial cds; mitochondri	909	909	91%	0.0	94%	JQ844521.1
☐	Pelophylax shqipericus isolate GM1013 mitochondrion, complete genome	638	638	99%	6e-179	84%	KP814012.1
☐	Pelophylax cf. bedriagae MPFC1082 mitochondrion, complete genome	595	595	99%	4e-166	83%	KP260929.1
☐	Pelophylax cf. terentievi GM87-239 mitochondrion, complete genome	579	579	99%	4e-161	83%	KP260930.1

5. SJM-PN-1107-01

（1）*CO* Ⅰ序列

AACCCTTTACTTAATCTTTGGTGCATGAGCAGGGATAGTCGGCACAGCCTTAAGCCTGCTTA
TCCGAGCGGAATTAAGCCAACCCGGAACCCTTCTCGGCGATGACCAAATCTACAACGTAATT
GTTACCGCCCACGCCTTTGTAATAATTTTCTTCATAGTCATGCCTATTCTAATCGGGGGCTTC
GGAAACTGACTTGTCCCACTAATGATCGGCGCCCCTGACATGGCCTTCCCCCGAATAAACAA
TATGAGCTTCTGGCTTCTACCACCCTCCTTCTTTCTTCTCCTAGCCTCCTCGACAGTAGAAGCA
GGAGCAGGGACAGGTTGAACTGTTTACCCCCCTCTAGCCGGCAATCTCGCTCATGCCGGGCC
ATCTGTAGACCTAGCCATTTTTTCCCTTCACTTAGCCGGGGTTTCATCAATTTTAGGGGCTATT
AATTTTATTACAACTATTATTAATATGAAACCCACATCTATTACACAATACCAAACACCCCTA
TTCGTTTGATCTGTGTTAATTACCGCCGTACTACTTCTGCTCTCCCTTCCTGTACTGGCAGCCG
GCATTACAATACTTCTTACTGACCGTAATCTAAATACAACATTCTTTGACCCAGCGGGTGGA
GGAGATCCCGTCCTTTACCAACACTTATTC

（2）BLAST 结果

	Description	Max score	Total score	Query cover	E value	Ident	Accession
☐	Pelophylax nigromaculatus mitochondrion, complete genome	1216	1216	100%	0.0	100%	KT878718.1
☐	Rana plancyi mitochondrion, complete genome	1182	1182	100%	0.0	99%	EF196679.1
☐	Pelophylax nigromaculatus mitochondrial DNA, complete genome	1171	1171	100%	0.0	99%	AB043889.1
☐	Rana chosenica mitochondrion, complete genome	1160	1160	100%	0.0	98%	JF730436.1
☐	Pelophylax plancyi voucher NIBRAM0000100371 cytochrome oxidase subunit I (COI) gene, partial cds; mitochondrial	1064	1064	91%	0.0	99%	JQ844518.1
☐	Pelophylax nigromaculatus voucher NIBRAM0000000610 cytochrome oxidase subunit I (COI) gene, partial cds; mitochond	926	926	91%	0.0	95%	JQ844520.1
☐	Pelophylax nigromaculatus voucher NIBRAM0000000630 cytochrome oxidase subunit I (COI) gene, partial cds; mitochond	920	920	91%	0.0	94%	JQ844521.1
☐	Pelophylax shqipericus isolate GM1013 mitochondrion, complete genome	665	665	99%	0.0	85%	KP814012.1
☐	Pelophylax cf. bedriagae MPFC1082 mitochondrion, complete genome	590	590	99%	2e-164	83%	KP260929.1
☐	Sylvirana guentheri voucher 2007.6250 cytochrome oxidase subunit 1 (COI) gene, partial cds; mitochondrial	582	582	99%	3e-162	83%	KR087681.1

6. SJM-PN-1108-01

（1）*CO* Ⅰ序列

GAATAAGTGTTGGTAAAGGACGGGATCTCCTCCACCCGCTGGGTCAAAGAATGTTGTATTTA
GATTACGGTCAGTAAGAAGTATTGTAATGCCGGCTGCCAGTACAGGAAGGGAGAGCAGAAG
TAGTACGGCGGTAATTAACACAGATCAAACGAATAGGGGTGTTTGGTATTGTGTAATAGATG
TGGGTTTCATATTAATAATAGTTGTAATAAAATTAATAGCCCCTAAAATTGATGAAACCCCG
GCTAAGTGAAGGGAAAAAATGGCTAGGTCTACAGATGGCCCGGCATGAGCGAGATTGCCGG
CTAGAGGGGGGTAAACAGTTCAACCTGTCCCTGCTCCTGCTTCTACTGTCGAGGAGGCTAGG
AGAAGAAAGAAGGAGGGTGGTAGAAGCCAGAAGCTCATATTGTTTATTCGGGGGAAGGCCA
TGTCAGGGGCGCCGATCATTAGTGGGACAAGTCAGTTTCCGAAGCCCCCGATTAGAATAGGC
ATGACTATGAAGAAAATTATTACAAAGGCGTGGGCGGTAACAATTACGTTGTAGATTTGGTC
ATCGCCGAGAAGGGTTCCGGGTTGGCTTAATTCCGCTCGGATAAGCAGGCTTAAGGCTGTGC
CGACTATCCCTGCTCATGCACCAAAGATTAAGTAAAGGGTT

（2）BLAST 结果

	Description	Max score	Total score	Query cover	E value	Ident	Accession
☐	Pelophylax nigromaculatus mitochondrion, complete genome	1216	1216	100%	0.0	100%	KT878718.1
☐	Rana plancyi mitochondrion, complete genome	1182	1182	100%	0.0	99%	EF196679.1
☐	Pelophylax nigromaculatus mitochondrial DNA, complete genome	1171	1171	100%	0.0	99%	AB043889.1
☐	Rana chosenica mitochondrion, complete genome	1160	1160	100%	0.0	98%	JF730436.1
☐	Pelophylax plancyi voucher NIBRAM0000100371 cytochrome oxidase subunit I (COI) gene, partial cds; mitochondrial	1064	1064	91%	0.0	99%	JQ844518.1
☐	Pelophylax nigromaculatus voucher NIBRAM0000000610 cytochrome oxidase subunit I (COI) gene, partial cds; mitochond	926	926	91%	0.0	95%	JQ844520.1
☐	Pelophylax nigromaculatus voucher NIBRAM0000000630 cytochrome oxidase subunit I (COI) gene, partial cds; mitochond	920	920	91%	0.0	94%	JQ844521.1
☐	Pelophylax shqipericus isolate GM1013 mitochondrion, complete genome	665	665	99%	0.0	85%	KP814012.1
☐	Pelophylax cf. bedriagae MPFC1082 mitochondrion, complete genome	590	590	99%	2e-164	83%	KP260929.1
☐	Sylvirana guentheri voucher 2007.6250 cytochrome oxidase subunit 1 (COI) gene, partial cds; mitochondrial	582	582	99%	3e-162	83%	KR087681.1

（四）花背蟾蜍

1. SJM-BR-1101-01

（1）*CO* Ⅰ序列

TACTCTATATCTTATTTTTGGGGCCTGAGCAGGGATGGTAGGAACTGCCCTTAGCCTCCTTAT

CCGAGCTGAGCTGAGTCAACCAGGCTCCCTCTTGGGCGATGATCAGATCTATAATGTCATTG
TTACCGCCCACGCCTTCGTCATAATTTTCTTTATGGTCATGCCCATCCTAATCGGAGGCTTCG
GTAACTGACTTGTCCCCCTGATAATTGGGGCCCCTGACATAGCCTTCCCCCGAATCAATAAC
ATAAGCTTTTGATTACTCCCCCCATCATTTCTACTCCTCTTGGCATCCGCCGGAGTCGAAGCA
GGGGCAGGAACCGGCTGAACTGTATACCCCCCTCTGGCTGGGAACCTTGCACACGCAGGCC
CATCAGTCGACTTAACCATTTTTTCCCTCCACCTTGCGGGTGTGTCATCTATCCTAGGCGCAA
TTAATTTTATTACAACAACCCTTAACATGAAGCCACCATCAATGACTCAATACCAAACACCC
TTATTTGTATGATCCGTCTTGATTACTGCTGTTTTACTCYTACTCTCCCTGCCAGTCCTCGCTG
CAGGAATCAATATACTCCTCACTGACCGAAACCTAAACACAACATTCTTTGACCCTGCTGGC
GGAGGCGAACCCATCCTCTATCAACACCTCTTT

（2）BLAST 结果

	Description	Max score	Total score	Query cover	E value	Ident	Accession
	Bufo gargarizans mitochondrion, complete genome	1179	1179	100%	0.0	99%	DQ275350.1
	Bufo gargarizans cytochrome oxidase subunit I (CO1) gene, partial cds; mitochondrial	1173	1173	100%	0.0	99%	HQ844992.1
	Bufo bankorensis cytochrome oxidase subunit I (COI) gene, partial cds; mitochondrial	1151	1151	100%	0.0	98%	HQ650558.1
	Bufo gargarizans minshanicus mitochondrion, complete genome	1134	1134	100%	0.0	98%	KM587710.1
	Bufo tibetanus mitochondrion, complete genome	1112	1112	100%	0.0	97%	JX878885.1
	Bufo tibetanus cytochrome oxidase subunit I (COI) gene, complete cds; mitochondrial	1112	1112	100%	0.0	97%	HM582424.1
	Bufo gargarizans cytochrome oxidase subunit I mRNA, complete cds; mitochondrial	1062	1062	100%	0.0	96%	DQ437109.1
	Bufo gargarizans voucher NIBRAM0000100330 cytochrome oxidase subunit I (COI) gene, partial cds; mitochondrial	898	898	91%	0.0	94%	JQ844502.1
	Bufo gargarizans voucher NIBRAM0000100413 cytochrome oxidase subunit I (COI) gene, partial cds; mitochondrial	887	887	91%	0.0	93%	JQ844500.1
	Bufo gargarizans voucher NIBRAM0000100345 cytochrome oxidase subunit I (COI) gene, partial cds; mitochondrial	881	881	91%	0.0	93%	JQ844501.1

2. SJM-BR-1102-01

（1）*CO* Ⅰ序列

TACTCTATATCTTTATTTTTGGGGCCTGAGCAGGGATAGTAGGAACTGCCCTTAGCCTCCTTA
TCCGAGCTGAGCTGAGTCAACCCGGCTCCCTCTTGGGCGATGATCAGATCTATAATGTCATT
GTTACCGCCCACGCCTTCGTCATAATTTTCTTTATGGTCATGCCCATCCTAATCGGAGGCTTC
GGTAACTGACTTGTCCCCCTGATAATTGGGGCCCCTGACATAGCCTTCCCCCGAATGAATAA
CATAAGCTTTTGATTACTCCCCCCGTCATTTCTACTCCTCTTGGCATCCGCCGGAGTCGAAGC
AGGGGCAGGAACCGGCTGAACTGTATACCCCCCTCTGGCTGGGAACCTTGCACACGCAGGC
CCATCAGTCGACTTAACCATTTTTTCCCTCCACCTTGCGGGTGTATCATCTATCCTAGGCGCA
ATTAATTTTATTACAACAACCCTTAACATGAAGCCACCATCAATGACTCAATACCAAACACC
CTTATTTGTATGATCCGTCTTGATTACTGCTGTTTTACTCCTACTCTCCCTGCCAGTCCTCGCT
GCAGGAATCACTATACTCCTCACTGACCGAAACCTAAACACAACATTCTTTGACCCTGCTGG
CGGAGGCGACCCCATCCTCTATCAACACCTCTTT

（2）BLAST 结果

Description	Max score	Total score	Query cover	E value	Ident	Accession
Bufo gargarizans mitochondrion, complete genome	1199	1199	100%	0.0	99%	DQ275350.1
Bufo gargarizans cytochrome oxidase subunit I (CO1) gene, partial cds; mitochondrial	1194	1194	100%	0.0	99%	HQ844992.1
Bufo bankorensis cytochrome oxidase subunit I (COI) gene, partial cds; mitochondrial	1171	1171	100%	0.0	99%	HQ650558.1
Bufo gargarizans minshanicus mitochondrion, complete genome	1166	1166	100%	0.0	99%	KM587710.1
Bufo tibetanus mitochondrion, complete genome	1144	1144	100%	0.0	98%	JX878885.1
Bufo tibetanus cytochrome oxidase subunit I (COI) gene, complete cds; mitochondrial	1144	1144	100%	0.0	98%	HM582424.1
Bufo gargarizans cytochrome oxidase subunit I mRNA, complete cds; mitochondrial	1094	1094	100%	0.0	97%	DQ437109.1
Bufo gargarizans voucher NIBRAM0000100330 cytochrome oxidase subunit I (COI) gene, partial cds; mitochondrial	907	907	90%	0.0	94%	JQ844502.1
Bufo gargarizans voucher NIBRAM0000100413 cytochrome oxidase subunit I (COI) gene, partial cds; mitochondrial	896	896	90%	0.0	94%	JQ844500.1
Bufo gargarizans voucher NIBRAM0000100345 cytochrome oxidase subunit I (COI) gene, partial cds; mitochondrial	891	891	90%	0.0	93%	JQ844501.1

3. SJM-BR-1103-01

（1）*CO* Ⅰ序列

TACTCTATATCTTATTTTTGGGGCCTGAGCAGGGATAGTAGGAACTGCCCTTAGCCTCCTTAT
CCGAGCTGAGCTGAGTCAACCCGGCTCCCTCTTGGGCGATGATCAGATCTATAATGTCATTG
TTACCGCCCACGCCTTCGTCATAATTTTCTTTATGGTCATGCCCATCCTAATCGGAGGCTTCG
GTAACTGACTTGTCCCCCTGATAATTGGGGCCCCTGACATAGCCTTCCCCCGAATGAATAAC
ATAAGCTTTTGATTACTCCCCCCGTCATTTCTACTCCTCTTGGCATCCGCCGGAGTCGAAGCA
GGGGCAGGAACCGGCTGAACTGTATACCCCCCTCTGGCTGGGAACCTTGCACACGCAGGCC
CATCAGTCGACTTAACCATTTTTTCCCTCCACCTTGCGGGTGTATCATCTATCCTAGGCGCAA
TTAATTTTATTACAACAACCCTTAACATGAAGCCACCATCAATGACTCAATACCAAACACCC
TTATTTGTATGATCCGTCTTGATTACTGCTGTTTTACTCCTACTCTCCCTGCCAGTCCTCGCTG
CAGGAATCACTATACTCCTCACTGACCGAAACCTAAACACAACATTCTTTGACCCTGCTGGC
GGAGGCGACCCCATCCTCTATCAACACCTCTTT

（2）BLAST 结果

Description	Max score	Total score	Query cover	E value	Ident	Accession
Bufo gargarizans mitochondrion, complete genome	1205	1205	100%	0.0	99%	DQ275350.1
Bufo gargarizans cytochrome oxidase subunit I (CO1) gene, partial cds; mitochondrial	1199	1199	100%	0.0	99%	HQ844992.1
Bufo bankorensis cytochrome oxidase subunit I (COI) gene, partial cds; mitochondrial	1177	1177	100%	0.0	99%	HQ650558.1
Bufo gargarizans minshanicus mitochondrion, complete genome	1171	1171	100%	0.0	99%	KM587710.1
Bufo tibetanus mitochondrion, complete genome	1149	1149	100%	0.0	98%	JX878885.1
Bufo tibetanus cytochrome oxidase subunit I (COI) gene, complete cds; mitochondrial	1149	1149	100%	0.0	98%	HM582424.1
Bufo gargarizans cytochrome oxidase subunit I mRNA, complete cds; mitochondrial	1099	1099	100%	0.0	97%	DQ437109.1
Bufo gargarizans voucher NIBRAM0000100330 cytochrome oxidase subunit I (COI) gene, partial cds; mitochondrial	907	907	91%	0.0	94%	JQ844502.1
Bufo gargarizans voucher NIBRAM0000100413 cytochrome oxidase subunit I (COI) gene, partial cds; mitochondrial	896	896	91%	0.0	94%	JQ844500.1
Bufo gargarizans voucher NIBRAM0000100345 cytochrome oxidase subunit I (COI) gene, partial cds; mitochondrial	891	891	91%	0.0	93%	JQ844501.1

4. SJM-BR-1104-01

（1）*CO* Ⅰ序列

AAAGAGGTGTTGATAGAGGATGGGGTCGCCTCCGCCAGCAGGGTCAAAGAATGTTGTGTTT
AGGTTTCGGTCAGTGAGGAGTATAGTGATTCCTGCAGCGAGGACTGGCAGGGAGAGTAGGA

GTAAAACAGCAGTAATCAAGACGGATCATACAAATAAGGGTGTTTGGTATTGAGTCATTGAT
GGTGGCTTCATGTTAAGGGTTGTTGTAATAAAATTAATTGCGCCTAGGATAGATGACACACC
CGCAAGGTGGAGGAAAAAATGGTTAACTCGACTGATGGGCCTGCGTGTGCAAGGTTCCCA
GCCAGAGGGGGTATACAGTTCAGCCGGTTCCTGCCCCTGCTTCGACTCCGGCGGATGCCAA
GAGGAGTAGAAATGACGGGGGGAGTAATCAAAAGCTTATGTTATTCATTCGGGGGAAGGCT
ATGTCAGGGGCCCCAATTATCAGGGGGACAAGTCAGTTACCGAAGCCTCCGATTAGGATGG
GCATGACCATAAAGAAAATTATGACGAAGGCGTGGGCGGTAACAATGACATTATAGATCTG
ATCATCGCCCAAGAGGGAGCCTGGTTGACTCAGCTCAGCTCGGATAAGGAGGCTAAGGGCA
GTTCCTACTATCCCTGCTCAGGCCCCAAAAATAAAGATATAGAGTA

（2）BLAST 结果

Description	Max score	Total score	Query cover	E value	Ident	Accession
Bufo gargarizans mitochondrion, complete genome	1199	1199	100%	0.0	99%	DQ275350.1
Bufo gargarizans cytochrome oxidase subunit I (CO1) gene, partial cds; mitochondrial	1194	1194	100%	0.0	99%	HQ844992.1
Bufo bankorensis cytochrome oxidase subunit I (COI) gene, partial cds; mitochondrial	1160	1160	100%	0.0	98%	HQ650558.1
Bufo gargarizans minshanicus mitochondrion, complete genome	1155	1155	100%	0.0	98%	KM587710.1
Bufo tibetanus mitochondrion, complete genome	1133	1133	100%	0.0	98%	JX878885.1
Bufo tibetanus cytochrome oxidase subunit I (COI) gene, complete cds; mitochondrial	1133	1133	100%	0.0	98%	HM582424.1
Bufo gargarizans cytochrome oxidase subunit I mRNA, complete cds; mitochondrial	1083	1083	100%	0.0	96%	DQ437109.1
Bufo gargarizans voucher NIBRAM0000100330 cytochrome oxidase subunit I (COI) gene, partial cds; mitochondrial	907	907	90%	0.0	94%	JQ844502.1
Bufo gargarizans voucher NIBRAM0000100413 cytochrome oxidase subunit I (COI) gene, partial cds; mitochondrial	896	896	90%	0.0	94%	JQ844500.1
Bufo gargarizans voucher NIBRAM0000100345 cytochrome oxidase subunit I (COI) gene, partial cds; mitochondrial	891	891	90%	0.0	93%	JQ844501.1

5. SJM-BR-1105-01

（1）*CO* Ⅰ序列

TACTCTATATCTTATTTTTGGGGCCTGAGCAGGGATAGTAGGAACTGCCCTTAGCCTCCTTAT
CCGAGCTGAGCTGAGTCAACCAGGCTCCCTCTTGGGCGATGATCAGATCTATAATGTCATTG
TTACCGCCCACGCCTTCGTCATAATTTTCTTTATGGTCATGCCCATCCTAATCGGAGGCTTCG
GTAACTGACTTGTCCCCCTGATAATTGGGGCCCCTGACATAGCCTTCCCCCGAATGAATAAC
ATAAGCTTTTGATTACTCCCCCCGTCATTTCTACTCCTCTTGGCATCCGCCGGAGTCGAAGCA
GGGGCAGGAACCGGCTGAACTGTATACCCCCCTCTGGCTGGGAACCTTGCACACGCAGGCC
CATCAGTCGACTTAACCATTTTTTCCCTCCACCTTGCGGGTGTATCATCTATCCTAGGCGCAA
TTAATTTTATTACAACAACCCTTAACATGAAGCCACCATCAATGACTCAATACCAAACGCCC
TTATTTGTATGATCCGTCTTGATTACTGCTGTTTTACTCCTACTCTCCCTGCCAGTCCTCGCTG
CAGGAATCACTATACTCCTCACTGACCGAAACCTAAACACAACATTCTTTGACCCTGCTGGC
GGAGGCGACCCCATCCTCTATCAACATCTCTTT

(2) BLAST 结果

Description	Max score	Total score	Query cover	E value	Ident	Accession
Bufo gargarizans mitochondrion, complete genome	1199	1199	100%	0.0	99%	DQ275350.1
Bufo gargarizans cytochrome oxidase subunit I (CO1) gene, partial cds; mitochondrial	1194	1194	100%	0.0	99%	HQ844992.1
Bufo bankorensis cytochrome oxidase subunit I (COI) gene, partial cds; mitochondrial	1160	1160	100%	0.0	98%	HQ650558.1
Bufo gargarizans minshanicus mitochondrion, complete genome	1155	1155	100%	0.0	98%	KM587710.1
Bufo tibetanus mitochondrion, complete genome	1133	1133	100%	0.0	98%	JX878885.1
Bufo tibetanus cytochrome oxidase subunit I (COI) gene, complete cds; mitochondrial	1133	1133	100%	0.0	98%	HM582424.1
Bufo gargarizans cytochrome oxidase subunit I mRNA, complete cds; mitochondrial	1083	1083	100%	0.0	96%	DQ437109.1
Bufo gargarizans voucher NIBRAM0000100330 cytochrome oxidase subunit I (COI) gene, partial cds; mitochondrial	896	896	91%	0.0	94%	JQ844502.1
Bufo gargarizans voucher NIBRAM0000100413 cytochrome oxidase subunit I (COI) gene, partial cds; mitochondrial	885	885	91%	0.0	93%	JQ844500.1
Bufo gargarizans voucher NIBRAM0000100345 cytochrome oxidase subunit I (COI) gene, partial cds; mitochondrial	880	880	91%	0.0	93%	JQ844501.1

(五) 黑眶蟾蜍

1. SJM-BM-1101-01

(1) *CO* Ⅰ序列

TACCCTATACCTAATTTTTGGGGCCTGAGCGGGCATGGTCGGAACTGCTCTAAGTCTTCTTAT
TCGAGCTGAGCTAAGCCAGCCAGGCTCACTACTCGGCGATGACCAAATTTACAATGTCATTG
TCACTGCCCACGCTTTCGTAATAATTTTCTTCATGGTTATACCCATTCTTATTGGCGGTTTGG
TAATTGACTTGTGCCTCTAATAATTGGAGCCCCTGACATGGCCTTTCCTCGAATAAATAATAT
AAGCTTTTGACTTCTCCCCCCATCATTCCTGCTTCTCCTTGCCTCTGCTGGGGTAGAGGCCGG
GGCGGGGACCGGTTGGACCGTCTATCCGCCCTTGGCTGGAAACCTTGCACATGCAGGGCCAT
CGGTTGACTTAACTATTTTTTCCCTCCACTTAGCAGGGGTGTCATCCATCCTTGGGGCAATTA
ACTTTATTACCACAACACTAAACATAAAGCCCCCTTCAATAACTCAATATCAGACGCCTCTG
TTTGTGTGATCTGTCCTGATTACTGCAGTCCTTCTTCTTCTCTCTCTTCCCGTCCTTGCAGCAG
GGATTACAATGCTTCTTACTGACCGAAACTTAAACACAACATTCTTCGACCCTGCTGGAGGG
GGAGACCCTATTTTATACCAGCACCTCTTC

(2) BLAST 结果

Description	Max score	Total score	Query cover	E value	Ident	Accession
Bufo melanostictus mitochondrion, complete genome	1182	1182	100%	0.0	99%	AY458592.1
Bufo melanostictus cytochrome oxidase subunit I (CO1) gene, partial cds; mitochondrial	1171	1171	100%	0.0	99%	HQ844993.1
Bufo melanostictus voucher KIZ-HN0806115 cytochrome oxidase subunit I (COI) gene, partial cds; mitochondrial	1107	1107	91%	0.0	99%	JN700876.1
Bufo melanostictus partial mitochondrial genome	789	789	100%	0.0	88%	AJ584640.1
Bufo melanostictus cytochrome c oxidase subunit I gene, partial cds; mitochondrial	734	734	89%	0.0	89%	EU523741.1
Duttaphrynus melanostictus dev-stage adult cytochrome c oxidase subunit I (COI) gene, partial cds; mitochondrial	654	654	85%	0.0	88%	EU104678.1
Bufo melanostictus isolate COI-57 cytochrome oxidase subunit 1 (COI) gene, partial cds; mitochondrial	652	652	80%	0.0	89%	EF577513.1
Bufo melanostictus cytochrome oxidase subunit I gene, partial cds; mitochondrial	647	647	80%	0.0	89%	GU136118.1
Duttaphrynus melanostictus dev-stage tadpole cytochrome c oxidase subunit I (COI) gene, partial cds; mitochondrial	643	643	83%	1e-180	88%	EU104679.1
Bufo melanostictus isolate COI-5 cytochrome oxidase subunit 1 (COI) gene, partial cds; mitochondrial	641	641	81%	5e-180	88%	EF577515.1

2. SJM-BM-1103-01

(1) *CO* Ⅰ序列

TACCCTATACCTAATTTTTGGGGCCTGAGCGGGCATGGTCGGAACTGCTCTAAGTCTTCTTAT

TCGAGCTGAGCTAAGCCAGCCAGGCTCACTACTCGGCGATGACCAAATTTACAATGTCATTG
TCACTGCCCACGCTTTCGTAATAATTTTCTTCATGGTCATACCCATTCTTATTGGCGGTTTGG
TAATTGACTTGTGCCTCTAATAATTGGAGCCCCTGACATGGCCTTTCCTCGAATAAATAATAT
AAGCTTTTGACTTCTCCCCCCATCATTCCTGCTTCTCCTTGCCTCTGCTGGGGTAGAGGCCGG
GGCGGGGACCGGTTGGACCGTCTATCCGCCCTTGGCTGGAAACCTTGCACATGCAGGGCCAT
CGGTTGACTTAACTATTTTTTCCCTCCACTTAGCAGGGGTGTCATCCATCCTTGGGGCAATTA
ACTTTATTACCACAACACTAAACATAAAGCCCCCTTCAATAACTCAATATCAGACGCCTCTG
TTTGTGTGATCTGTCCTGATTACTGCAGTCCTTCTTCTTCTCTCTCTTCCCGTCCTTGCAGCAG
GGATTACAATGCTTCTTACTGACCGAAACTTAAACACAACATTCTTCGACCCTGCTGGAGGG
GGAGACCCTATTTTATACCAGCACCTCTTC

（2）BLAST 结果

	Description	Max score	Total score	Query cover	E value	Ident	Accession
	Bufo melanostictus mitochondrion, complete genome	1177	1177	100%	0.0	99%	AY458592.1
	Bufo melanostictus cytochrome oxidase subunit I (CO1) gene, partial cds; mitochondrial	1166	1166	100%	0.0	99%	HQ844993.1
	Bufo melanostictus voucher KIZ-HN0806115 cytochrome oxidase subunit I (COI) gene, partial cds; mitochondrial	1101	1101	91%	0.0	99%	JN700876.1
	Bufo melanostictus partial mitochondrial genome	784	784	100%	0.0	88%	AJ584640.1
	Bufo himalayanus cytochrome oxidase subunit I (CO1) gene, partial cds; mitochondrial	778	778	100%	0.0	88%	HQ844994.1
	Bufo melanostictus cytochrome c oxidase subunit I gene, partial cds; mitochondrial	728	728	89%	0.0	89%	EU523741.1
	Duttaphrynus melanostictus dev-stage adult cytochrome c oxidase subunit I (COI) gene, partial cds; mitochondrial	649	649	85%	0.0	88%	EU104678.1
	Bufo melanostictus isolate COI-57 cytochrome oxidase subunit 1 (COI) gene, partial cds; mitochondrial	647	647	80%	0.0	89%	EF577513.1
	Bufo melanostictus cytochrome oxidase subunit I gene, partial cds; mitochondrial	641	641	80%	5e-180	89%	GU136118.1
	Duttaphrynus melanostictus dev-stage tadpole cytochrome c oxidase subunit I (COI) gene, partial cds; mitochondrial	638	638	83%	6e-179	88%	EU104679.1

3. SJM-BM-1104-01

（1）*CO* Ⅰ序列

GAAGAGGTGCTGGTATAAAATAGGGTCTCCCCCTCCAGCAGGGTCGAAGAATGTTGTGTTTA
AGTTTCGGTCAGTAAGAAGCATTGTAATCCCTGCTGCAAGGACGGGAAGAGAGAGAAGAAG
AAGGACTGCAGTAATCAGGACAGATCACACAAACAGAGGCGTCTGATATTGAGTTATTGAA
GGGGGCTTTATGTTTAGTGTTGTGGTAATAAAGTTAATTGCCCCAAGGATGGATGACACCCC
TGCTAAGTGGAGGGAAAAAATAGTTAAGTCAACCGATGGCCCTGCATGTGCAAGGTTTCCA
GCCAAGGGCGGATAGACGGTCCAACCGGTCCCCGCCCCGGCCTCTACCCCAGCAGAGGCAA
GGAGAAGCAGGAATGATGGGGGGAGAAGTCAAAAGCTTATATTATTTATTCGAGGAAAGGC
CATGTCAGGGGCTCCAATTATTAGAGGCACAAGTCAATTACCAAACCCGCCAATAAGAATG
GGTATAACCATGAAGAAAATTATTACGAAAGCGTGGGCAGTGACAATGACATTGTAAATTT
GGTCATCGCCGAGTAGTGAGCCTGGCTGGCTTAGCTCAGCTCGAATAAGAAGACTTAGAGC
AGTTCCGACCATGCCCGCTCAGGCCCCAAAAATTAGGTATAGGGTA

(2) BLAST 结果

	Description	Max score	Total score	Query cover	E value	Ident	Accession
	Bufo melanostictus mitochondrion, complete genome	1182	1182	100%	0.0	99%	AY458592.1
	Bufo melanostictus cytochrome oxidase subunit I (CO1) gene, partial cds; mitochondrial	1171	1171	100%	0.0	99%	HQ844993.1
	Bufo melanostictus voucher KIZ-HN0806115 cytochrome oxidase subunit I (COI) gene, partial cds; mitochondrial	1107	1107	91%	0.0	99%	JN700876.1
	Bufo melanostictus partial mitochondrial genome	789	789	100%	0.0	88%	AJ584640.1
	Bufo melanostictus cytochrome c oxidase subunit I gene, partial cds; mitochondrial	734	734	89%	0.0	89%	EU523741.1
	Duttaphrynus melanostictus dev-stage adult cytochrome c oxidase subunit I (COI) gene, partial cds; mitochondrial	654	654	85%	0.0	88%	EU104678.1
	Bufo melanostictus isolate COI-57 cytochrome oxidase subunit 1 (COI) gene, partial cds; mitochondrial	652	652	80%	0.0	89%	EF577513.1
	Bufo melanostictus cytochrome oxidase subunit I gene, partial cds; mitochondrial	647	647	80%	0.0	89%	GU136118.1
	Duttaphrynus melanostictus dev-stage tadpole cytochrome c oxidase subunit I (COI) gene, partial cds; mitochondrial	643	643	83%	1e-180	88%	EU104679.1
	Bufo melanostictus isolate COI-5 cytochrome oxidase subunit 1 (COI) gene, partial cds; mitochondrial	641	641	81%	5e-180	88%	EF577515.1

4. SJM-BM-1105-01

(1) *CO* Ⅰ序列

TACTCTATACCTAATTTTTGGGGCCTGAGCGGGCATGGTCGGAACTGCTCTAAGTCTTCTTAT
TCGAGCTGAGCTAAGCCAGCCAGGCTCACTACTCGGCGATGACCAAATTTACAATGTCATTG
TCACTGCCCACGCTTTCGTAATAATTTTCTTCATGGTTATACCCATTCTTATTGGCGGGTTTGG
TAATTGACTTGTGCCTCTAATAATTGGAGCCCCTGACATGGCCTTTCCTCGAATAAATAATAT
AAGCTTTTGACTTCTCCCCCCATCATTCCTGCTTCTCCTTGCCTCTGCTGGGGTAGAGGCCGG
GGCGGGGACCGGTTGGACCGTCTATCCGCCCTTGGCTGGAAACCTTGCACATGCAGGGCCAT
CGGTTGACTTAACTATTTTTTCCCTCCACTTAGCAGGGGTGTCATCCATCCTTGGGGCAATTA
ACTTTATTACCACAACACTAAACATAAAGCCCCCTTCAATAACTCAATATCAGACGCCTCTG
TTTGTGTGATCTGTCCTGATTACTGCAGTCCTTCTTCTTCTCTCTCTTCCCGTCCTTGCAGCAG
GGATTACAATGCTTCTTACTGACCGAAACTTAAACACAACATTCTTCGACCCTGCTGGAGGG
GGAGACCCTATTTTATACCAGACACCTCTTC

(2) BLAST 结果

	Description	Max score	Total score	Query cover	E value	Ident	Accession
	Bufo melanostictus mitochondrion, complete genome	1173	1173	99%	0.0	99%	AY458592.1
	Bufo melanostictus cytochrome oxidase subunit I (CO1) gene, partial cds; mitochondrial	1162	1162	99%	0.0	99%	HQ844993.1
	Bufo melanostictus voucher KIZ-HN0806115 cytochrome oxidase subunit I (COI) gene, partial cds; mitochondrial	1107	1107	91%	0.0	99%	JN700876.1
	Bufo melanostictus partial mitochondrial genome	784	784	100%	0.0	88%	AJ584640.1
	Bufo melanostictus cytochrome c oxidase subunit I gene, partial cds; mitochondrial	734	734	88%	0.0	89%	EU523741.1
	Duttaphrynus melanostictus dev-stage adult cytochrome c oxidase subunit I (COI) gene, partial cds; mitochondrial	654	654	85%	0.0	88%	EU104678.1
	Bufo melanostictus isolate COI-57 cytochrome oxidase subunit 1 (COI) gene, partial cds; mitochondrial	649	649	80%	0.0	89%	EF577513.1
	Bufo melanostictus cytochrome oxidase subunit I gene, partial cds; mitochondrial	647	647	79%	0.0	89%	GU136118.1
	Duttaphrynus melanostictus dev-stage tadpole cytochrome c oxidase subunit I (COI) gene, partial cds; mitochondrial	643	643	83%	1e-180	88%	EU104679.1
	Bufo melanostictus isolate COI-5 cytochrome oxidase subunit 1 (COI) gene, partial cds; mitochondrial	641	641	81%	5e-180	88%	EF577515.1

5. SJM-BM-1106-01

(1) *CO* Ⅰ序列

TACTCTATACCTAATTTTTGGGGCCTGAGCGGGCATGGTCGGAACTGCTCTAAGTCTTCTTAT
TCGAGCTGAGCTAAGCCAGCCAGGCTCACTACTCGGCGATGACCAAATTTACAATGTCATTG

TCACTGCCCACGCTTTCGTAATAATTTTCTTCATGGTTATACCCATTCTTATTGGCGGTTTGG
TAATTGACTTGTGCCTCTAATAATTGGAGCCCCTGACATGGCCTTTCCTCGAATAAATAATAT
AAGCTTTTGACTTCTCCCCCCATCATTCCTGCTTCTCCTTGCCTCTGCTGGGTAGAGGCCGG
GGCGGGGACCGGTTGGACCGTCTATCCGCCCTTGGCTGGAAACCTTGCACATGCAGGGCCAT
CGGTTGACTTAACTATTTTTTCCCTCCACTTAGCAGGGGTGTCATCCATCCTTGGGGCAATTA
ACTTTATTACCACAACACTAAACATAAAGCCCCCTTCAATAACTCAATATCAGACGCCTCTG
TTTGTGTGATCTGTCCTGATTACTGCAGTCCTTCTTCTTCTCTCTCTTCCCGTCCTTGCAGCAG
GGATTACAATGCTTCTTACTGACCGAAACTTAAACACAACATTCTTCGACCCTGCTGGAGGG
GGAGACCCTATTTTATACCAGCACCTCTTC

（2）BLAST 结果

Description	Max score	Total score	Query cover	E value	Ident	Accession
Bufo melanostictus mitochondrion, complete genome	1179	1179	99%	0.0	99%	AY458592.1
Bufo melanostictus cytochrome oxidase subunit I (CO1) gene, partial cds; mitochondrial	1168	1168	99%	0.0	99%	HQ844993.1
Bufo melanostictus voucher KIZ-HN0806115 cytochrome oxidase subunit I (COI) gene, partial cds; mitochondrial	1107	1107	91%	0.0	99%	JN700876.1
Bufo melanostictus partial mitochondrial genome	784	784	100%	0.0	88%	AJ584640.1
Bufo melanostictus cytochrome c oxidase subunit I gene, partial cds; mitochondrial	734	734	89%	0.0	89%	EU523741.1
Duttaphrynus melanostictus dev-stage adult cytochrome c oxidase subunit I (COI) gene, partial cds; mitochondrial	654	654	85%	0.0	88%	EU104678.1
Bufo melanostictus isolate COI-57 cytochrome oxidase subunit 1 (COI) gene, partial cds; mitochondrial	652	652	80%	0.0	89%	EF577513.1
Bufo melanostictus cytochrome oxidase subunit I gene, partial cds; mitochondrial	647	647	80%	0.0	89%	GU136118.1
Duttaphrynus melanostictus dev-stage tadpole cytochrome c oxidase subunit I (COI) gene, partial cds; mitochondrial	643	643	83%	1e-180	88%	EU104679.1
Bufo melanostictus isolate COI-5 cytochrome oxidase subunit 1 (COI) gene, partial cds; mitochondrial	641	641	81%	5e-180	88%	EF577515.1

6. SJM-BM-1107-01

（1）*CO* Ⅰ序列

TACCCTATACCTAATTTTTGGGGCCTGAGCGGGCATGGTCGGAACTGCTCTAAGTCTTCTTAT
TCGAGCTGAGCTAAGCCAGCCAGGCTCACTACTCGGCGATGACCAAATTTACAATGTCATTG
TCACTGCCCACGCTTTCGTAATAATTTTCTTCATGGTCATACCCATTCTTATTGGCGGTTTGG
TAATTGACTTGTGCCTCTAATAATTGGAGCCCCTGACATGGCCTTTCCTCGAATAAATAATAT
AAGCTTTTGACTTCTCCCCCCATCATTCCTGCTTCTCCTTGCCTCTGCTGGGTAGAGGCCGG
GGCGGGGACCGGTTGGACCGTCTATCCGCCCTTGGCTGGAAACCTTGCACATGCAGGGCCAT
CGGTTGACTTAACTATTTTTTCCCTCCACTTAGCAGGGGTGTCATCCATCCTTGGGGCAATTA
ACTTTATTACCACAACACTAAACATAAAGCCCCCTTCAATAACTCAATATCAGACGCCTCTG
TTTGTGTGATCTGTCCTGATTACTGCAGTCCTTCTTCTTCTCTCTCTTCCCGTCCTTGCAGCAG
GGATTACAATGCTTCTTACTGACCGAAACTTAAACACAACATTCTTCGACCCTGCTGGAGGG
GGAGACCCTATTTTATACCAGCACCTCTTCC

（2）BLAST 结果

	Description	Max score	Total score	Query cover	E value	Ident	Accession
☐	Bufo melanostictus mitochondrion, complete genome	1177	1177	99%	0.0	99%	AY458592.1
☐	Bufo melanostictus cytochrome oxidase subunit I (CO1) gene, partial cds; mitochondrial	1166	1166	99%	0.0	99%	HQ844993.1
☐	Bufo melanostictus voucher KIZ-HN0806115 cytochrome oxidase subunit I (COI) gene, partial cds; mitochondrial	1101	1101	91%	0.0	99%	JN700876.1
☐	Bufo melanostictus partial mitochondrial genome	784	784	99%	0.0	88%	AJ584640.1
☐	Bufo himalayanus cytochrome oxidase subunit I (CO1) gene, partial cds; mitochondrial	778	778	99%	0.0	88%	HQ844994.1
☐	Bufo melanostictus cytochrome c oxidase subunit I gene, partial cds; mitochondrial	728	728	88%	0.0	89%	EU523741.1
☐	Duttaphrynus melanostictus dev-stage adult cytochrome c oxidase subunit I (COI) gene, partial cds; mitochondrial	649	649	85%	0.0	88%	EU104678.1
☐	Bufo melanostictus isolate COI-57 cytochrome oxidase subunit 1 (COI) gene, partial cds; mitochondrial	647	647	80%	0.0	89%	EF577513.1
☐	Bufo melanostictus cytochrome oxidase subunit I gene, partial cds; mitochondrial	641	641	79%	5e-180	89%	GU136118.1
☐	Duttaphrynus melanostictus dev-stage tadpole cytochrome c oxidase subunit I (COI) gene, partial cds; mitochondrial	638	638	83%	6e-179	88%	EU104679.1

7. SJM-BM-1108-01

（1）*CO* Ⅰ序列

TACCCTATACCTAATTTTTGGGGCCTGAGCGGGCATGGTCGGAACTGCTCTAAGTCTTCTTAT
TCGAGCTGAGCTAAGCCAGCCAGGCTCACTACTCGGCGATGACCAAATTTACAATGTCATTG
TCACTGCCCACGCTTTCGTAATAATTTTCTTCATGGTTATACCCATTCTTATTGGCGGGTTTGG
TAATTGACTTGTGCCTCTAATAATTGGAGCCCCTGACATGGCCTTTCCTCGAATAAATAATAT
AAGCTTTTGACTTCTCCCCCCATCATTCCTGCTTCTCCTTGCCTCTGCTGGGGTAGAGGCCGG
GGCGGGGACCGGTTGGACCGTCTATCCGCCCTTGGCTGGAAACCTTGCACATGCAGGGCCAT
CGGTTGACTTAACTATTTTTTCCCTCCACTTAGCAGGGGTGTCATCCATCCTTGGGGCAATTA
ACTTTATTACCACAACACTAAACATAAAGCCCCCTTCAATAACTCAATATCAGACGCCTCTG
TTTGTGTGATCTGTCCTGATTACTGCAGTCCTTCTTCTTCTCTCTCTTCCCGTCCTTGCAGCAG
GGATTACAATGCTTCTTACTGACCGAAACTTAAACACAACATTCTTCGACCCTGCTGGAGGG
GGAGACCCTATTTTATACCAGCACCTCTTC

（2）BLAST 结果

	Description	Max score	Total score	Query cover	E value	Ident	Accession
☐	Bufo melanostictus mitochondrion, complete genome	1182	1182	100%	0.0	99%	AY458592.1
☐	Bufo melanostictus cytochrome oxidase subunit I (CO1) gene, partial cds; mitochondrial	1171	1171	100%	0.0	99%	HQ844993.1
☐	Bufo melanostictus voucher KIZ-HN0806115 cytochrome oxidase subunit I (COI) gene, partial cds; mitochondrial	1107	1107	91%	0.0	99%	JN700876.1
☐	Bufo melanostictus partial mitochondrial genome	789	789	100%	0.0	88%	AJ584640.1
☐	Bufo melanostictus cytochrome c oxidase subunit I gene, partial cds; mitochondrial	734	734	89%	0.0	89%	EU523741.1
☐	Duttaphrynus melanostictus dev-stage adult cytochrome c oxidase subunit I (COI) gene, partial cds; mitochondrial	654	654	85%	0.0	88%	EU104678.1
☐	Bufo melanostictus isolate COI-57 cytochrome oxidase subunit 1 (COI) gene, partial cds; mitochondrial	652	652	80%	0.0	89%	EF577513.1
☐	Bufo melanostictus cytochrome oxidase subunit I gene, partial cds; mitochondrial	647	647	80%	0.0	89%	GU136118.1
☐	Duttaphrynus melanostictus dev-stage tadpole cytochrome c oxidase subunit I (COI) gene, partial cds; mitochondrial	643	643	83%	1e-180	88%	EU104679.1
☐	Bufo melanostictus isolate COI-5 cytochrome oxidase subunit 1 (COI) gene, partial cds; mitochondrial	641	641	81%	5e-180	88%	EF577515.1

8. SJM-BM-1109-01

（1）*CO* Ⅰ序列

TACCCTATACCTAATTTTTGGGGCCTGAGCGGGCATGGTCGGAACTGCTCTAAGTCTTCTTAT

TCGAGCTGAGCTAAGCCAGCCAGGCTCACTACTCGGCGATGACCAAATTTACAATGTCATTG
TCACTGCCCACGCTTTCGTAATAATTTTCTTCATGGTCATACCCATTCTTATTGGCGGTTTGG
TAATTCACTTGTGCCTCTAATAATTGGAGCCCCTGACATGGCCTTTCCTCGAATAAATAATAT
AAGCTTTTGACTTCTCCCCCCATCATTCCTGCTTCTCCTTGCCTCTGCTGGGGTAGAGGCCGG
GGCGGGGACCGGTTGGACCGTCTATCCGCCCTTGCCTGGAAACCTTGCACATGCAGGGCCAT
CGGTTGACTTAACTATTTTTTCCCTCCACTTAGCAGGGGTGTCATCCATCCTTGGGGCAATTA
ACTTTATTACCACAACACTAAACATAAAGCCCCCTTCAATAACTCAATATCAGACGCCTCTG
TTTGTGTGATCTGTCCTGATTACTGCAGTCCTTCTTCTTCTCTCTCTTCCCGTCCTTGCAGCAG
GGATTACAATGCTTCTTACTGACCGAAACTTAAACACAACATTCTTCGACCCTGCTGGAGGG
GGAGACCCTATTTTATACCAGCACCTCTTC

（2）BLAST 结果

	Description	Max score	Total score	Query cover	E value	Ident	Accession
☐	Bufo melanostictus mitochondrion, complete genome	1177	1177	100%	0.0	99%	AY458592.1
☐	Bufo melanostictus cytochrome oxidase subunit I (CO1) gene, partial cds; mitochondrial	1166	1166	100%	0.0	99%	HQ844993.1
☐	Bufo melanostictus voucher KIZ-HN0806115 cytochrome oxidase subunit I (COI) gene, partial cds; mitochondrial	1101	1101	91%	0.0	99%	JN700876.1
☐	Bufo melanostictus partial mitochondrial genome	784	784	100%	0.0	88%	AJ584640.1
☐	Bufo himalayanus cytochrome oxidase subunit I (CO1) gene, partial cds; mitochondrial	778	778	100%	0.0	88%	HQ844994.1
☐	Bufo melanostictus cytochrome c oxidase subunit I gene, partial cds; mitochondrial	728	728	89%	0.0	89%	EU523741.1
☐	Duttaphrynus melanostictus dev-stage adult cytochrome c oxidase subunit I (COI) gene, partial cds; mitochondrial	649	649	85%	0.0	88%	EU104678.1
☐	Bufo melanostictus isolate COI-57 cytochrome oxidase subunit 1 (COI) gene, partial cds; mitochondrial	647	647	80%	0.0	89%	EF577513.1
☐	Bufo melanostictus cytochrome oxidase subunit I gene, partial cds; mitochondrial	641	641	80%	5e-180	89%	GU136118.1
☐	Duttaphrynus melanostictus dev-stage tadpole cytochrome c oxidase subunit I (COI) gene, partial cds; mitochondrial	638	638	83%	6e-179	88%	EU104679.1

（六）东北雨蛙

1. SJM-HC-1101-01

（1）*CO* Ⅰ序列

AAATAGATGTTGGTATAAGACTGGGTCTCCCCCTCCTGCCGGGTCAAAGAATGTTGTGTTTA
GGTTTCGATCAGTAAGTAATATGGTAATTCCTGCTGCTAAGACCGGAAGAGATAGGAGTAGT
AGCACGGCTGTAATAAGAACTGATCATACAAATAGTGGTGTTTGATATTGTGTTATTGATGG
GGGTTTTATGTTAAGAATTGTGGTGATGAAATTAATGGCACCTAAAATTGAAGAAACCCCTG
CTAGATGAAGAGAAAAGATAGTTAAGTCGACAGATGGTCCGGCGTGTGCTAAATTTCCGGC
AAGCGGGGGGTAAACAGTCCACCCTGTCCCAGCCCCTGCTTCGACTCCGGCAGATGCTAAAA
GAAGAAGAAAAGATGGAGGAAGAAGTCAAAAGCTTATATTGTTTATGCGAGGGAAAGCTAT
ATCGGGCGCCCCAATTATTAGAGGGACTAGTCAGTTGCCGAATCCCCCAATTAGGATGGGCA
TTACTATAAAAAAAATTATTACAAAGGCATGGGCTGTCACAATAACATTGTAGATCTGATCA
TCACCTAAGAGGGATCCTGGTTGGCTGAGTTCTGCTCGAATTAGAAGACTTAGGGCGGTGCC
AACTATTCCGGCTCAGGCCCCGAATACAAGGTATAGAGTA

（2）BLAST 结果

Description	Max score	Total score	Query cover	E value	Ident	Accession
Hyla ussuriensis voucher HRB1506014 mitochondrion, complete genome	1205	1205	100%	0.0	99%	KT964710.1
Hyla japonica haplotype 34 cytochrome c oxidase subunit I gene, partial cds; mitochondrial	1181	1181	99%	0.0	99%	HM439146.1
Hyla japonica haplotype 35 cytochrome c oxidase subunit I gene, partial cds; mitochondrial	1175	1175	99%	0.0	99%	HM439147.1
Hyla japonica haplotype 14 cytochrome c oxidase subunit I gene, partial cds; mitochondrial	1170	1170	99%	0.0	99%	HM439126.1
Hyla japonica haplotype 7 cytochrome c oxidase subunit I gene, partial cds; mitochondrial	1170	1170	99%	0.0	99%	HM439119.1
Hyla japonica haplotype 32 cytochrome c oxidase subunit I gene, partial cds; mitochondrial	1164	1164	99%	0.0	99%	HM439144.1
Hyla japonica haplotype 26 cytochrome c oxidase subunit I gene, partial cds; mitochondrial	1164	1164	99%	0.0	99%	HM439138.1
Hyla japonica haplotype 25 cytochrome c oxidase subunit I gene, partial cds; mitochondrial	1164	1164	99%	0.0	99%	HM439137.1
Hyla japonica haplotype 20 cytochrome c oxidase subunit I gene, partial cds; mitochondrial	1164	1164	99%	0.0	99%	HM439132.1
Hyla japonica haplotype 17 cytochrome c oxidase subunit I gene, partial cds; mitochondrial	1164	1164	99%	0.0	99%	HM439129.1

2. SJM-HC-1101-02

（1）*CO* Ⅰ序列

TACTCTATACCTTGTATTCGGGGCCTGAGCCGGAATAGTTGGCACCGCCCTAAGTCTTCTAATTCGAGCAGAACTCAGCCAACCAGGATCCCTCTTAGGTGATGATCAGATCTACAATGTTATTGTGACAGCCCATGCCTTTGTAATAATTTTTTTTATAGTAATGCCCATCCTAATTGGGGGATTCGGCAACTGACTAGTCCCTCTAATAATTGGGGCGCCCGATATAGCTTTCCCTCGCATAAACAATATAAGCTTTTGACTTCTTCCTCCATCTTTTCTTCTTCTTTTAGCATCTGCCGGAGTCGAAGCAGGGGCTGGGACAGGGTGGACTGTTTACCCCCCGCTTGCCGGAAATTTAGCACACGCCGGACCATCTGTCGACTTAACTATCTTTTCTCTTCATCTAGCAGGGGTTTCTTCAATTTTAGGTGCCATTAATTTCATCACCACAATTCTTAACATAAAACCCCCATCAATAACACAATATCAAACACCACTATTTGTATGATCAGTTCTTATTACAGCCGTGCTACTACTCCTATCTCTTCCGGTCTTAGCAGCAGGAATTACTATATTACTTACTGATCGAAACCTAAACACAACATTCTTTGACCCGGCAGGAGGGGGAGACCCAGTCTTATACCAACATCTATTT

（2）BLAST 结果

Description	Max score	Total score	Query cover	E value	Ident	Accession
Hyla ussuriensis voucher HRB1506014 mitochondrion, complete genome	1210	1210	100%	0.0	99%	KT964710.1
Hyla japonica haplotype 34 cytochrome c oxidase subunit I gene, partial cds; mitochondrial	1186	1186	99%	0.0	99%	HM439146.1
Hyla japonica haplotype 35 cytochrome c oxidase subunit I gene, partial cds; mitochondrial	1181	1181	99%	0.0	99%	HM439147.1
Hyla japonica haplotype 14 cytochrome c oxidase subunit I gene, partial cds; mitochondrial	1175	1175	99%	0.0	99%	HM439126.1
Hyla japonica haplotype 7 cytochrome c oxidase subunit I gene, partial cds; mitochondrial	1175	1175	99%	0.0	99%	HM439119.1
Hyla japonica haplotype 32 cytochrome c oxidase subunit I gene, partial cds; mitochondrial	1170	1170	99%	0.0	99%	HM439144.1
Hyla japonica haplotype 26 cytochrome c oxidase subunit I gene, partial cds; mitochondrial	1170	1170	99%	0.0	99%	HM439138.1
Hyla japonica haplotype 25 cytochrome c oxidase subunit I gene, partial cds; mitochondrial	1170	1170	99%	0.0	99%	HM439137.1
Hyla japonica haplotype 20 cytochrome c oxidase subunit I gene, partial cds; mitochondrial	1170	1170	99%	0.0	99%	HM439132.1
Hyla japonica haplotype 17 cytochrome c oxidase subunit I gene, partial cds; mitochondrial	1170	1170	99%	0.0	99%	HM439129.1

3. SJM-HC-1102-01

（1）*CO* Ⅰ序列

AAATAGATGTTGGTATAAGACTGGGTCTCCCCCTCCTGCCGGGTCAAAGAATGTTGTGTTTA

GGTTTCGATCAGTAAGTAATATAGTAATTCCTGCTGCTAAGACCGGAAGAGATAAGAGTAGT
AGTACGGCAGTAATAAGAACTGATCATACAAATAGTGGTGTTTGATATTGTGTTATTGATGG
GGGTTTTATATTAAGAATTGTGGTGATGAAATTGATGGCACCTAAAATTGAAGAAACCCCTG
CTAGATGAAGAGAAAAGATAGTTAAGTCGACAGATGGTCCGGCGTGTGCTAAATTTCCGGC
AAGCGGGGGGTAAACAGTCCACCCTGTCCCAGCTCCTGCTTCGACTCCGGCAGATGCTAAAA
GAAGAAGAAAAGATGGAGGAAGAAGTCAAAAGCTTATATTGTTTATACGAGGGAAAGCTAT
ATCGGGCGCCCCAATTATTAGAGGGACTAGTCAGTTGCCGAACCCCCCAATTAGGATGGGCA
TTACTATAAAAAAAATTATTACAAAGGCATGGGCTGTCACAATAACATTGTAGATCTGATCA
TCACCTAAGAGGGATCCTGGTTGGCTGAGTTCTGCTCGAATTAGAAGACTTAGGGCGGTGCC
AACTATTCCGGCTCAGGCCCCGAATACAAGGTATAGAGTA

（2）BLAST 结果

	Description	Max score	Total score	Query cover	E value	Ident	Accession
	Hyla japonica haplotype 14 cytochrome c oxidase subunit I gene, partial cds; mitochondrial	1208	1208	99%	0.0	99%	HM439126.1
	Hyla japonica haplotype 32 cytochrome c oxidase subunit I gene, partial cds; mitochondrial	1203	1203	99%	0.0	99%	HM439144.1
	Hyla japonica haplotype 26 cytochrome c oxidase subunit I gene, partial cds; mitochondrial	1203	1203	99%	0.0	99%	HM439138.1
	Hyla japonica haplotype 25 cytochrome c oxidase subunit I gene, partial cds; mitochondrial	1203	1203	99%	0.0	99%	HM439137.1
	Hyla japonica haplotype 20 cytochrome c oxidase subunit I gene, partial cds; mitochondrial	1203	1203	99%	0.0	99%	HM439132.1
	Hyla japonica haplotype 17 cytochrome c oxidase subunit I gene, partial cds; mitochondrial	1203	1203	99%	0.0	99%	HM439129.1
	Hyla japonica haplotype 16 cytochrome c oxidase subunit I gene, partial cds; mitochondrial	1203	1203	99%	0.0	99%	HM439128.1
	Hyla japonica haplotype 12 cytochrome c oxidase subunit I gene, partial cds; mitochondrial	1203	1203	99%	0.0	99%	HM439124.1
	Hyla japonica haplotype 3 cytochrome c oxidase subunit I gene, partial cds; mitochondrial	1203	1203	99%	0.0	99%	HM439115.1
	Hyla japonica haplotype 34 cytochrome c oxidase subunit I gene, partial cds; mitochondrial	1197	1197	99%	0.0	99%	HM439146.1

第八章 龟甲类

一、概述

（一）资源状况

2015年版《中国药典》记载，龟甲（图8-1、图8-2）为龟科动物乌龟 *Chinemys reevesii* (Gray) 的背甲及腹甲。全年均可捕捉，以秋、冬二季为多，捕捉后杀死，或用沸水烫死，剥取背甲和腹甲，除去残肉，晒干。具有滋阴潜阳、益肾强骨、养血补心、固精止崩之功效，临床上用于治疗骨蒸盗汗、阴虚潮热、头晕目眩、虚风内动，筋骨痿软、心虚健忘、崩漏经多等。

2010年，《濒危野生动植物物种国际贸易公约》附录Ⅲ将龟科的泽龟属、花龟属并入拟水龟属，

图8-1 药材龟甲

图 8-2 饮片龟甲

乌龟在国外的文献资料及 NCBI 数据库中的拉丁名称为 *Mauremys reevesii* Gray，与 2015 年版《中国药典》及《中国动物志》有差异。

经过对河北安国药材市场、安徽亳州药材市场及广州清平药材市场进行实地调研，发现目前龟甲伪混品主要为红耳侧线龟的背甲、腹甲居多，另外还有部分的缅甸陆龟、黄喉拟水龟、地龟、平胸龟等。

（二）本草源流

龟甲始载于《神农本草经》，列为上品，在我国已有 2000 多年药用历史。历代本草对龟甲均有记载。

《神农本草经》卷一载：味咸，平。主漏下赤白，破癥瘕，痎疟，五痔，阴蚀，湿痹，四肢重弱，小儿囟不合。久服，轻身不饥。一名神屋。生池泽。可知，《神农本草经》所载龟甲来源为生活在池塘、湖泊的动物，而不是陆龟科等生活在陆地的动物。

《新修本草》卷十六、《证类本草》卷十二载：龟甲……一名神屋，生南海池泽及湖水中，勿令中湿，中湿即有毒。说明《新修本草》所记载龟甲来源为栖息于南海郡（今广州、韶州、潮州、惠州、肇庆一带）池塘湖泊的品种，并且第一次记载龟甲在潮湿的状态下有毒（《证类本草》还指出其恶沙参、蜚蠊），但现代研究对龟甲的毒性尚未有报道。

《本草衍义》卷十七载：秦龟，即生于秦者。秦地山中多老龟，极大而寿。龟甲即非秦地有，四方皆有之，但取秦地所出大者为胜。今河北独流，钓台甚多，取龟筒治疗，亦入众药。这是历代本草中第一次出现来源于中国西部龟类品种的记载，秦地，即八百里秦川，寇宗奭认为秦地所出的体型较大的龟具有很好的疗效，根据其描述和图片记载，应为龟科动物乌龟。

《本草纲目》卷四十五载：水龟，《本经》上品……龟甲。释名神屋《本经》，败龟板《日华》，败将《日华》……时珍曰：并隐名也……一名神屋。陶言可供卜，壳可入药。则古者上下甲皆用之。至《日华》始用龟板，而后人遂主之矣。李时珍指出，古时候龟的上下甲都用，直到唐五代《日华子本草》开始，规定用龟板，而以后都用龟下甲。现代医学研究证实，龟上甲与龟下甲药理作用无区别，因此，龟甲来源为上甲和下甲。

综合历代本草记述，古人应用主要为龟科动物乌龟，亦为现今《中国药典》规定的龟甲正品来源，即龟甲为龟科动物乌龟 *Chinemys reevesii* (Gray) 的背甲与腹甲。

（三）科研背景

关于龟甲药材鉴定大多集中于性状鉴别方面，主要表现在背甲盾片、背棱；腹甲盾片、纹理等方面，但尚缺乏系统性研究。成为目前市场上龟甲药材品种混乱的重要因素之一。

2003年，加拿大的分类学家 Paul Hebert 首次提出 DNA 条形码（DNA barcoding）概念，利用线粒体细胞色素C氧化酶亚单位Ⅰ（mt*CO* Ⅰ）的特定区段来做 DNA 条形编码的基础，用于物种鉴定。而后，基于 *CO* Ⅰ基因的动物 DNA 条形码开始广泛运用于动物资源调查、品种研究、海关检验检疫、环境农业害虫防治、动物药材鉴定与资源开发等。目前，全球已经开展的动物条形码如 ABBI、FISH-BOL、FBI、MBI 等8项动物 DNA 计划，涵盖鸟类、鱼类、蝇虫、入侵生物等。这些项目的开展，为全球物种的资源调查和保护提供了强有力的理论和数据支持。但龟甲类动物药材鉴定在此方面尚未进行系统研究。

二、物种信息

（一）乌龟　*Chinemys reevesii* (Gray)

形态特征：壳略扁平，背甲呈椭圆形拱状，边缘整齐，前端略凹入，后端圆，前窄后宽，背棱33条，正中一条隆起较明显。长9~16cm，宽6~12cm，高3~6cm。外表面棕色。腹甲呈板片状，近长方椭圆形，长8~15cm，宽5~8cm。前端平截，后端具三角形深缺刻，两侧有呈翼状向后弯曲的甲桥。角质盾片12块，每块具紫褐色放射状纹理。头和颈侧面有黄色线状斑纹，四肢略扁平，指间和趾间均具全蹼，具爪。尾较短小。雄龟有异臭。（图8-3）

生境分布：属变温动物，在自然变温条件下，20~28℃的适温区，随着温度的升高，生长加速。在休眠期，龟体的耗损量也随着温度的升高而加大。乌龟年生长时期较短，约170天，而休眠期较长，多达195天。乌龟是杂食性动物，以肉食为主，如猪心肺、河蚌、田螺、小鱼虾等。我国各地几乎均有乌龟分布，但以长江中下游各地的产量较高；广西各地也都有出产，尤以桂东南、桂南等地数量较多。

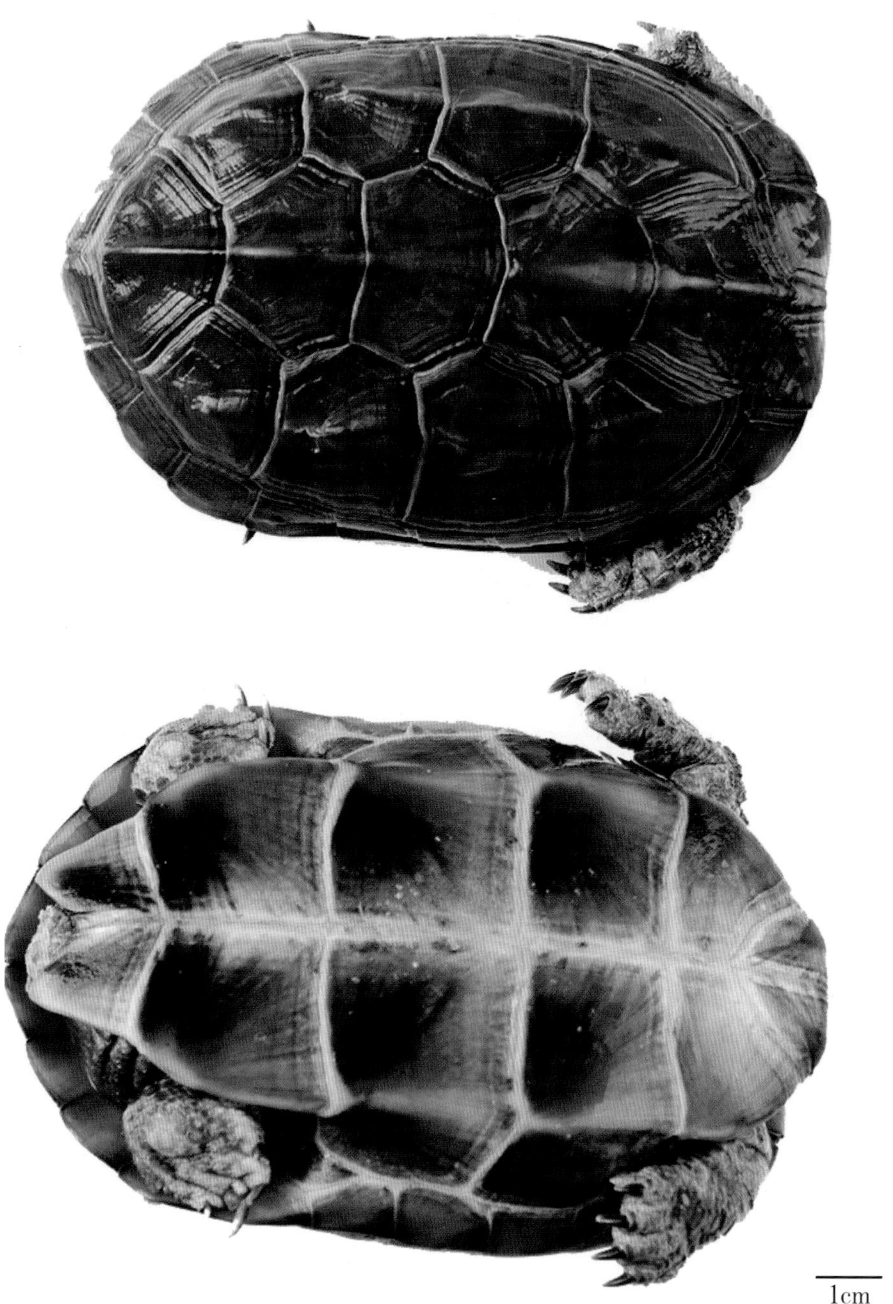

图 8-3 乌龟

（二）平胸龟 *Platysternon megacephalum* Gray

形态特征：头部很大，不能缩入甲内。头背覆以完整的角质盾片。吻短，上、下颚钩曲呈强喙状，颚缘不具细齿。背甲长卵圆形，前缘中部微凹，后缘圆，微缺。具中央嵴棱，其前后稍隆起。颈盾宽短，略呈倒梯形；椎盾 5 枚，均宽大于长，第 5 枚最宽；肋盾 4 对，一般亦宽大于长，有的第 1、4 枚肋盾宽与长相等。缘盾 12 对，两侧者小，自第 8、9 对起向后逐渐加宽。腹甲小于背甲，近长方形。前缘平截，后缘凹入。具 3~4 枚下缘盾。腹甲盾缝以肛盾缝最长，喉盾缝最短。盾缝长的顺序依次为：肛盾缝≥肱盾缝>胸盾缝或股盾缝>腹盾缝≥喉盾缝。背腹甲以韧带相连。各盾片中心均有疣轮，并有与疣轮平行的同心纹以及疣轮向四周放射的线纹。背面棕褐色或绿褐色，腹面黄白色，有黑斑。（图 8-4）

图 8-4　平胸龟

生境分布：生活于山间清澈的溪流中，亦见于沼泽地水潭中，有时也到山涧的溪边、田边活动。运动灵活，食欲旺盛，能爬到树上，也能用尾缠住树枝或者岩壁上觅食虾、螺、鱼、蠕虫等。在人工饲养条件下，喜食蚯蚓、蜗牛、田螺，也吃蔬菜、浮萍、米饭。国内主要分布于长江以南地区，如云南、贵州、安徽、江苏、浙江、江西、湖南、福建、广东、海南、广西等地。

（三）花龟 *Ocadia sinensis* (Gray)

形态特征：背甲长20cm左右。头部较小，吻呈锥状，突出于喙端。喙端呈细锯齿状，体较平，具3棱，脊棱明显。颈盾1块，呈梯形或长方形，椎盾5块，肋盾4对，缘盾12对，两侧微向上翘，各盾片均有同心纹。腹甲淡黄棕色，平，前缘平直，后缘凹入，甲桥明显，四肢扁圆，前缘有横列的大鳞。四肢短粗，指、趾满蹼，前肢5爪，后肢4爪，尾长，渐尖细。头、背及四肢背面栗色，头侧及腹面色淡，有鲜明的黄色细纵纹从吻端经眼及头背、侧、腹向身体延伸，四肢及尾亦布黄色细纵纹。腹部具淡棕黄纹，有栗色斑。（图8-5）

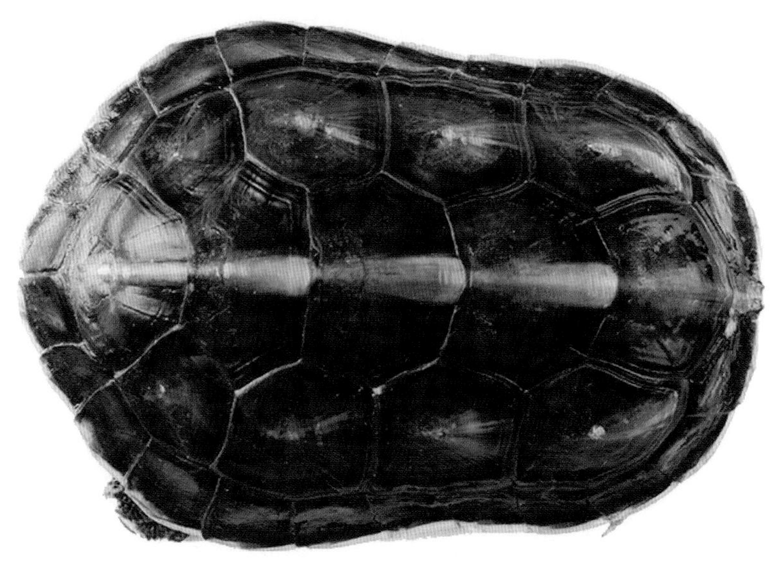

1cm

图8-5　花龟

生境分布：性情温顺，不攻斗、不咬人，适应性广且生命力强。喜栖息水中，受惊后即潜入水底，但也耐干旱，无水之地也能生存。每年 11 月至次年 3 月为冬眠期，4 月开始外出活动。高温季节白天很少活动。在人工饲养条件下，白天隐蔽于洞内或水草较多的地方，高温时潜入水底。傍晚活动频繁，晚上喜伏于浅水处。是一种植食性淡水龟，但人工养殖中发现也采食一些小鱼、虾米、蚯蚓、螺等。分布于西南及东南沿海等地低海拔淡水水域。

（四）四眼斑水龟 *Sacalia quadriocellata* (Siebenrock)

形态特征：背甲长 100mm 左右。头背平滑无鳞，橄榄绿色或棕褐色，上喙不呈钩状，头顶两侧各有 1 对眼斑，每一眼斑中央有 1 个黑点，雄性眼斑灰色，其外有白色细圈纹，雌性眼斑黄色而无白色细圈纹。背甲略扁，橄榄褐色，其上无虫纹或仅有极少虫纹；腹甲淡黄色，有棕色虫纹。四肢较扁，指、趾间全蹼。雄性颈部及四周有明显橘红色斑，雌性无。尾细短。（图 8-6）

图 8-6　四眼斑水龟

生境分布：分布于海拔500m以下的河沟。没有冬眠期，一般于1月底至4月初产卵，产卵高峰期在3月，窝卵数平均2枚，繁殖能力较其他龟低，因其生性胆怯，喜栖息于水底隐蔽处，主要在夜间活动。分布于海南、广西、广东、江西、福建等地。

（五）黄缘闭壳龟 *Cuora flavomarginata* (Gray)

形态特征：腹甲中部（韧带连接处）呈平面形，背甲与腹甲闭合不严密，头、四肢、尾不能完全缩入壳内，从背甲与腹甲闭合的缝隙处可看到头、四肢和尾部。前肢5趾，后肢具4趾，指、趾间具半蹼。甲壳由背甲、腹甲和韧带3部分组成，颈盾前窄后宽；椎盾第1块、第5块为五边形，其余第2~4块呈六边形；肋盾第1块呈不规则的梯形，其余呈四边形；缘盾均为四边形，第4~7块缘盾腹下缘加宽，与腹甲相连；喉盾、肛盾大，为三角形，有1条未延伸至末端的中央缝。该缝在成体占肛盾长的1/4~1/2；肱盾、股盾为不规则的梯形；胸盾和腹盾为四边形。黄缘闭壳龟没有腋盾和胯盾，甲桥不明显退化为4个齿突。头顶是橄榄油色或棕色，缘盾黄色，腹甲黑褐色，边缘黄色。头尾及四肢缩入壳内时，腹甲与背甲能紧密地合上，故名闭壳龟。（图8-7）

生境分布：生活于平原、丘陵或山区的溪间、河边、池塘附近。杂食性，以鱼虾、螺及蚯蚓等为食。卵生。一般在6月中旬至10月底为交配期，次年5月下旬至9月中旬为产卵季节，6~7月为产卵盛期。分布于河南、湖北、江苏、浙江、湖南、福建、台湾等地。

图8-7（1） 黄缘闭壳龟

图 8-7（2） 黄缘闭壳龟

（六）地龟 *Geoeplyda spengleri* Gmelin

形态特征：体型较小，成体背甲长仅 120mm，宽 78mm。其头部浅棕色，头较小，背部平滑，上喙钩曲，眼大且外突，自吻突侧沿眼至颈侧有浅黄色纵纹。背甲金黄色或橘黄色，中央具 3 条嵴棱，前后缘均具齿状，共 12 块，故称十二棱龟。腹甲棕黑色，两侧有浅黄色斑纹，甲桥明显，背腹甲间借骨缝相连。后肢浅棕色，散布有红色或黑色斑纹，指、趾间蹼，尾细短。背甲与腹甲直接相连，其间无韧带组织。背甲前后缴均呈较深的锯齿状。头后皮肤平滑。指、趾间蹼不明显，前肢 5 爪，后肢 4 爪。尾较短。上颌钩曲。颈盾 1 块，前狭后宽；椎盾 5 块，前后几乎等宽；肋盾左右各 4 块，第 1 块最长，第 4 块最小；缘盾左右各 11 块，前 2 块和后 4 块明显呈锯齿状；臀盾 2 块，亦呈锯齿状。背甲隆起，具有 3 纵棱，以脊背纵棱最为明显。腹甲大。喉盾 2 块，最短小，呈矮梯形；肱盾 2 块，远比胸盾为小，左右肱盾的前后缘皆连接为弧状的左右肱盾前缘，斜向外延，前缘相交成；胸盾 2 块，显然比肱盾宽大；腹盾 2 块，近似长方形，是腹甲中最大、最宽的一对盾片；股眉 2 块，近似方形，比腹盾稍窄；肛盾 2 块，呈倒梯形，两肛盾后缘凹陷深大；腋盾每侧 1 块，小而不规则；胯盾每侧 1 块，四边形。四肢上的鳞片发达。头部棕色；背甲棕红色；腹甲中央黑褐色，边缘为浅棕红色。眼大，虹膜橘红色，自眼后至颈部有 1 条黄色线纹。（图 8–8）

图 8-8 地龟

生境分布： 属于半水栖龟，生活于山区丛林、小溪及山涧小河边。分布于广西、广东、湖南等地。

（七）缅甸陆龟 *Indotestudo elongate* Blyth

形态特征：头部有 1 对前额鳞，额鳞较大，其余鳞片细小。背甲弓起较高而脊部较平。颈角板长而狭；椎角板 5 块，第 1 块长宽相等，第 2~4 块宽大于长；肋角板每侧 4 块；缘角板每侧 11 块；臀角板较大。腹甲大。颐角板呈三角状；肱角板较胸角板小；腹角板大；股角板较腹角板长，肛角板后缘凹陷深；副角板较鼠蹊角板小。四肢粗壮成柱状，该部的鳞片发达；具爪；指、趾间均无蹼。尾末梢有 1 个角质突。背腹面绿黄色，每块角板都有不规则的深色斑。（图 8–9）

图 8–9　缅甸陆龟

生境分布：生活于小山区低海拔处，耐热性强，行动迟缓。喜暖畏寒；喜静怕惊；喜弱光怕强光。喜栖息于山丘或灌木丛中及沙土地上活动，栖息场点较固定。较温顺，互不撕咬。属植食性。分布于广西、云南等地。

（八）红耳侧线龟 *Trachemys scripta* Elegans

形态特征：全长 15~25cm，头、颈、四肢、尾均布满黄绿镶嵌粗细不匀的条纹，头顶部两侧有 2 条红色粗条纹。眼部的角膜为绿色，中央有一黑点吻钝。背甲金黄色，扁平。每块盾片上有一马蹄状至圆形黄黑相间的条纹。后缘呈锯齿状。腹甲黄色，每块甲片上有一铜钱状至不规则状黑色斑纹。指间有蹼。（图 8-10）

图 8-10　红耳侧线龟

生境分布：属水栖性动物，可生活在深水域，幼龟喜栖息在浅水中，群居习性。喜阳光，晒背习性较其他龟类强。11 月至次年 3 月冬眠，4 月份开始活动。当水温在 16℃左右时开始摄食。分布于全国各地。

（九）黄喉拟水龟 *Mauremys mutica* (Cantor)

形态特征：背甲棕黄色或棕色，中央具 1 条嵴棱，后缘呈锯齿状或不明显。腹甲黄色，每块盾片具黑色斑块或没有斑块，不呈马蹄形。腹甲前缘凸出，上翘，后缘缺刻较深。头侧具黄色条纹延伸至颈部，喉部淡黄色。四肢灰褐色，腹部淡黄色。指、趾间全蹼。（图 8-11）

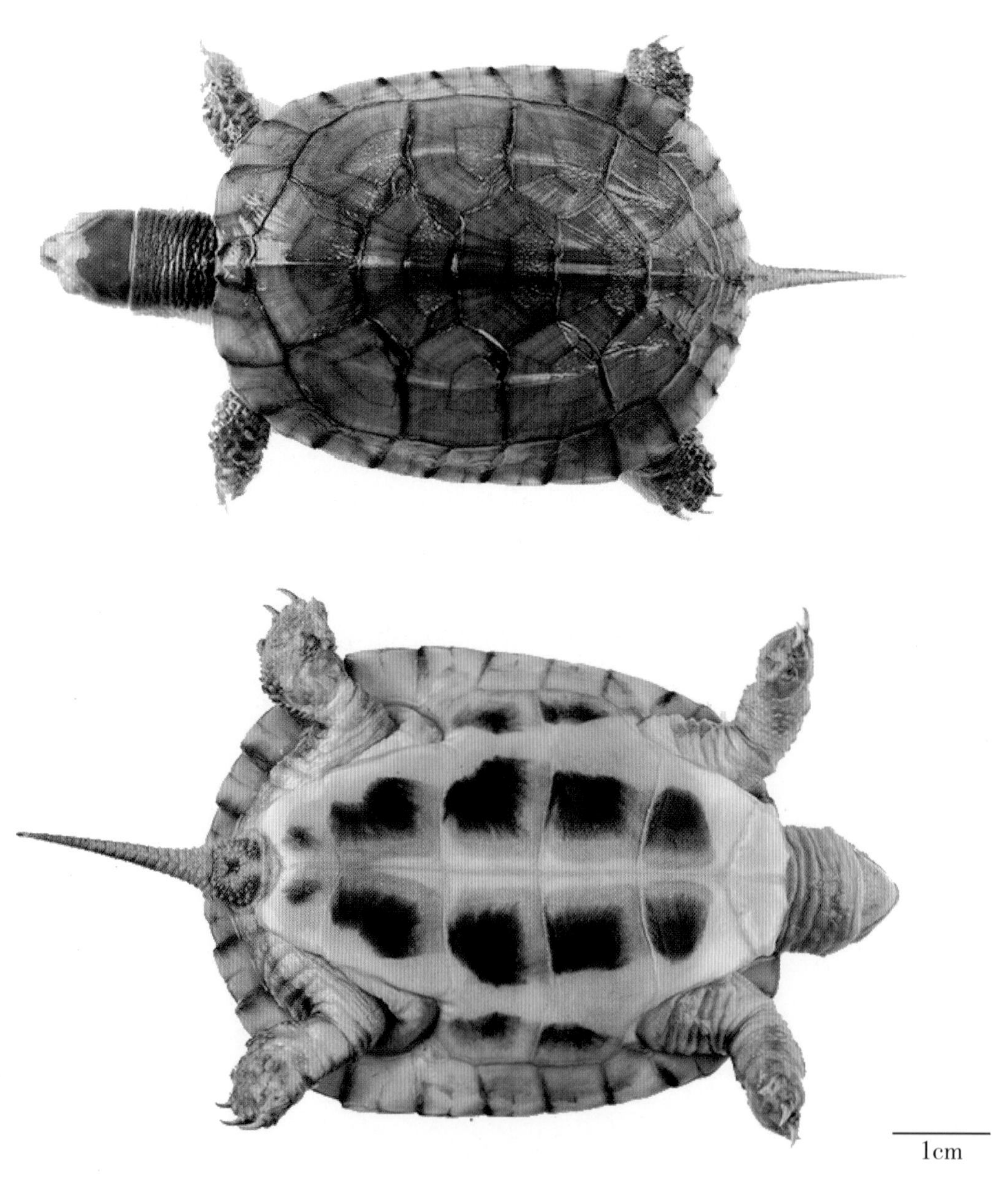

图 8-11　黄喉拟水龟

生境分布：栖息于丘陵地带及半山区的山间盆地和河流等水域中，也常到灌木丛林、稻田中活动。白天多在水中嬉戏、觅食。杂食性。分布于安徽、福建、台湾、江苏、广西、广东、云南、海南、江西、浙江、湖北、香港等地。

三、实验研究

（一）实验样品采（收）集

1. 物种分布及采（收）集区域

龟甲主产于浙江、安徽、湖北、湖南等地，野生和养殖均有。

通过市场调研，确定需要收集的龟甲及其混伪品 9 个品种分别是乌龟 *Chinemys reevesii*、平胸龟 *Platysternon megacephalum*、花龟 *Ocadia sinensis*、四眼斑水龟 *Sacalia quadriocellata*、黄缘闭壳龟 *Cuora flavomarginata*、地龟 *Geoeplyda spengleri*、黄喉拟水龟 *Mauremys mutica*、缅甸陆龟 *Indotestudo elongate* 、红耳侧线龟 *Trachemys scripta*。

（1）龟甲及其伪混品物种的分布

通过查阅《中国动物志》等相关资料，根据我国龟类分布情况，了解了龟甲及其伪混品物种的分布情况。（表 8–1）

表 8–1　物种分布情况表

物 种	分 布 区 域
乌龟	全国各地
平胸龟	江苏、浙江、安徽、广东、海南、广西、贵州、云南、江西、湖南、福建等
花龟	上海、江苏、浙江、福建、广东、海南、广西
四眼斑水龟	福建、江西、广东、海南、广西等
黄缘闭壳龟	河南、湖北、江苏、浙江、湖南、福建、台湾等
地龟	湖南、广东、广西等
黄喉拟水龟	安徽、福建、台湾、江苏、广西、广东、云南、海南、江西、浙江、湖北、香港等
缅甸陆龟	广西、云南等
红耳侧线龟	全国各地

（2）龟甲及其伪混品物种采集区域的确定

根据龟甲正品、伪混品原动物分布情况，确定安徽、广东等为实验样品主采集地，在芜湖、黄山、韶关、广州、北京等地进行实验样品采集工作。

2. 采（收）集前准备

（1）物种鉴别培训

龟甲的原动物乌龟，最佳采集时间为秋季。出发前，由具有野外带教、资源考察经验的教师进行物种形态鉴别方面的培训。

培训前，先将采集要求和资料复印后发给参加采集工作的老师及学生，仔细阅读后集中培训。对采集方法、采集步骤以及相关表格等进行逐一讲解。根据 2015 年版《中国药典》和《中国动物志》，总结了 9 个物种的形态特征描述。（表 8-2）

表 8-2　龟甲 9 种药用动物鉴别要点

物种	鉴别要点
乌龟	背甲呈椭圆形拱状，边缘整齐，前端略凹入，后端圆，前窄后宽，背棱 3 条，正中 1 条隆起较明显。长 9~16cm，宽 6~12cm，高 3~6cm。外表面棕色。腹甲呈板片状，近长方椭圆形，长 8~15cm，宽 5~8cm。前端平截，后端具三角形深缺刻，两侧有呈翼状向后弯曲的甲桥。角质盾片 12 块，每块具紫褐色放射状纹理
平胸龟	背甲呈椭圆形低拱状，背棱 1 条，隆起稍明显。长 7~15cm，宽 5~11cm，高 3~5cm。表面黄棕色，盾片角质层纹不明显，并具有黑色的斑纹。腹甲呈板片状，长 7~15cm，宽 5~11cm。前端平截，后端具三角形深缺刻，两侧有呈翼状向后弯曲的甲桥。外表面黄白色或灰绿色
花龟	头部、颈部具有亮绿色及黑色相间的细条纹，背甲黑褐色至黑色，背棱 3 条，呈黄色至黄棕色，后缘光滑无锯齿状。腹甲淡黄棕色，每一甲片有一淡红棕色至红棕色墨渍状三角形至圆形斑块。四肢短粗，正面呈灰色，背面呈淡灰色，爪长，指间无蹼。尾较短细
四眼斑水龟	头棕褐色，头顶处有明显的 2 对黄色眼状斑纹。背甲黑色，背棱 1 条且明显，后缘略成锯齿状。腹甲淡黄色，每个甲片有一棕色线状斑纹或不明显。四肢较长，正面黑色，背面淡黄色。尾细短
黄缘闭壳龟	背甲呈椭圆形拱状，背棱 3 条，中间 1 条隆起明显。长 10~16cm，宽 7~11cm，高 4~7cm。表面棕褐色，盾片角质层纹十分明显，环纹中心色泽稍浅，并多具有密集的点状突起。腹甲呈板片状，近长方椭圆形，长 9~12cm，宽 7~10cm.。前后端钝圆，两侧无甲桥。外表面黑褐色，板缘黄色
地龟	背甲呈方椭圆形低拱状，背棱 3 条，中间 1 条隆起明显。长 10~12cm，宽 7~8cm，高 3~5cm。表面黄棕色，背棱处有黑色条纹，盾牌角质层纹明显，略呈覆瓦状排列。腹甲呈板片状，近长方椭圆形，长 8~10cm，宽 4~5cm。前端稍凹入，后端具三角形深缺刻，两侧有呈翼状向后弯曲的甲桥。外表面中部棕黑色，边缘呈浅黄色

续表

物种	鉴别要点
缅甸陆龟	背甲呈椭圆形拱状，隆起较高，无背棱。长 15~25cm，宽 11~17cm，高 6~10cm。表面棕绿色，盾牌角质层纹明显，具明显的不规则黑色斑块。腹甲呈板片状，近长方椭圆形，长 9~21cm，宽 8~12cm。前端稍凹入，后端具三角形深缺刻，两侧有呈翼状向后弯曲的甲桥。外表面黄绿色，盾片具黑色斑块
红耳侧线龟	背甲金黄色，扁平。每块盾片上有一马蹄状至圆形黄黑相间的条纹。后缘呈锯齿状。腹甲黄色，每块甲片上有一铜钱状至不规则状黑色斑纹。指间有蹼
黄喉拟水龟	头顶平滑，橄榄绿色。头侧有两条黄色线纹穿过眼部。背甲扁平，棕黄绿色或棕黑色，具 3 条脊棱，中央的一条较明显，后缘略呈锯齿状。腹甲黄色，每一块盾片外侧有中等大墨渍斑。四肢外侧深棕灰色，内侧淡黄色，指趾间有蹼，尾细短

（2）采集分组

每 2 人为一组，分为 2 组，分别到北京、安徽、广东等地采集实验样品。（表 8–3）

表 8–3　物种分布与分组情况

组别	省市	物种分布
第一组	北京	乌龟、黄喉拟水龟、红耳侧线龟、缅甸陆龟（购买）
第二组	安徽	乌龟、花龟、黄缘闭壳龟
	广东	平胸龟、黄喉拟水龟、花龟、红耳侧线龟、四眼斑水龟、黄缘闭壳龟、地龟、缅甸陆龟

（3）物资准备

根据采集方案，进行采集所用的仪器和工具准备，并使每个队员熟悉相关仪器和工具的操作。

仪器工具有 GPS 定位仪、数码相机、笔记本电脑、调查表、动物形态特征彩图、标本瓶、95% 乙醇、标签纸、自封袋、直尺、蛇皮袋、档案袋等。

3. 采（收）集方法

1）固定剂：95% 乙醇，用于野外固定肌肉样品。

2）采集信息：对所采集样品进行统一编号，拍照收集图片信息，填写采集信息表。

3）固定样品：用固定剂浸泡动物或组织，固定后的组织，在路途运输过程中可倒弃固定液，用棉花吸上少量固定剂，保持标本湿润即可达到安全运输的目的。全体浸泡前可往腹部注射固定剂。

4）干燥药材按物种放自封袋中保存。

4. 采（收）集结果

采集到乌龟、平胸龟、花龟、四眼斑水龟、黄缘闭壳龟、地龟、缅甸陆龟、黄喉拟水龟、红耳侧线龟 9 个物种，共计 24 只。具体采集结果见表 8-4。安徽、广东等龟类动物样品采集地生态环境见图 8-12 至图 8-15。

表 8-4　样品采集情况

物种名称	省市	具体采集地或购买地	GPS 定位			采集数
			纬度（N）	经度（E）	海拔 /m	
乌龟	安徽	芜湖市南陵县河湾镇	30.54	18.20	13	3
	广东	广州市芳村花鸟市场	—	—	—	2
	北京	北京十里河花鸟市场	—	—	—	1
		北京官园花鸟市场	—	—	—	1
平胸龟	广东	韶关市始兴县罗坝镇	24.48	113.37	123	2
黄缘闭壳龟	安徽	黄山市太平镇	30.19	118.14	1506	1
花龟	安徽	黄山市太平镇	30.19	118.14	1506	1
	广东	韶关市乳源县	24.53	113.52	693	1
	北京	北京官园花鸟市场	—	—	—	1
地龟	广东	韶关市始兴县罗坝镇	24.48	113.37	123	2
四眼斑水龟	广东	韶关市乳源县	24.53	113.52	693	1
黄喉拟水龟	广东	韶关市乳源县	24.53	113.52	693	1
	北京	北京官园花鸟市场	—	—	—	1
缅甸陆龟	广东	广州市芳村花鸟市场	—	—	—	2
红耳侧线龟	广东	广州市芳村花鸟市场	23.11	113.28	10	2
	北京	北京十里河花鸟市场	—	—	—	2

图 8-12　安徽芜湖市南陵县河湾镇合村

图 8-13　安徽黄山市太平镇

图 8-14　广东韶关市始兴县

图 8-15　广东韶关市乳源县

（二）DNA 条形码分析

1. DNA 提取

取活体材料，加入液氮研磨后，利用上海生工生物工程技术服务公司 Ezup 动物基因组 DNA 抽试提取试剂盒提取动物样本的 DNA。利用上海生工生物工程技术服务公司 UNIQ-10 动物基因组 DNA 抽试提取试剂盒 SK1205 提取药材的 DNA。

2. PCR 扩增

DNA 提取液用 *CO* Ⅰ序列通用引物和相关条件进行 PCR 扩增。

（1）引物对

上游引物 L*CO* 1490（5′→3′: GGTCAACAAATCATAAAGATATTGG），下游引物 H*CO* 2198（5′→3′: TAAACTTCAGGGTGACCAAAAAATCA）。

（2）扩增体系

1）动物样本扩增体系：耐热 DNA 聚合酶混合缓冲液 25μl，上下游引物各 0.6 pmol/L，DNA 模板 25 ng，混匀后再用灭菌双蒸水补足反应总体积至 50μl。

2）药材样本扩增体系：耐热 DNA 聚合酶混合缓冲液 2 U，氯化镁 2 mmol/L，dNTP 2 mmol/L，PCR 缓冲液 2.5 mmol/L，上下游引物各 0.2 pmol/L，DNA 模板 25 ng，超纯水补至 50 μl。

（3）扩增程序

1）动物样本 PCR 扩增程序：94℃预变性 7 min；94℃变性 30s，45~47℃退火 30s，72℃延伸 1min（40 个循环）；72℃再延伸 10min。

2）药材样本 PCR 扩增程序：94℃预变性 7min；94℃ 变性 1min，45℃退火 1min，72℃延伸 1 min（循环 40 次）；72℃再延伸 10min。

（4）扩增产物电泳结果

PCR 产物经 1% 琼脂糖凝胶电泳分析，加 PCR 产物 5 μl，110 V 电压下电泳 30min。（图 8-16）

图 8-16　部分龟甲及其混伪品 PCR 结果

3. 测序

在700bp左右出现亮带的样品，其PCR产物送上海生工生物工程技术服务公司和博迈德生物公司测序。测序后得到正反两向峰图，采用CodonCode Aligner V 2.06（CodonCode Co.， USA）校对拼接。

4. 拼接

收集到的样品经过测序，峰图利用Contig Express、DNAMAN、DNAStar等软件拼接并辅以手工校正，去除引物区，获得长度为651~706bp的样品序列。然后在NCBI中用BLAST相似性搜索，确保得到的*CO* Ⅰ序列是本研究的目的序列。最后将所有序列用软件MEGA5.0比对并进行特异位点、种间变异等分析，并构建邻接（NJ）系统聚类树，同时利用自举法（重复1000次）检验各分支的支持率。

5. 结果与分析

（1）结果

根据PCR及测序、GeneBank注册、比对研究，样品鉴定结果见表8-5。

表8-5　物种鉴定结果

物种名称	样品编号	省市	具体采集地	BLAST结果	相似度/%
平胸龟	LCS-PM-1101-01	广东省	韶关市始兴县罗坝镇	平胸龟	99
	LCS-PM-1102-01	广东省	韶关市始兴县罗坝镇	平胸龟	99
黄喉拟水龟	LCS-MM-1102-01	广东省	韶关市乳源县大布镇	黄喉拟水龟	99
	LCS-MM-1101-01	北京市	河南（产地）/北京（购买）	黄喉拟水龟	99
花龟	LCS-MS-1102-01	安徽省	黄山市休宁县山斗乡	中华花龟	100
	LCS-MS-1101-01	广东省	台湾（产地）/广州（购买）	花龟	100
乌龟	LCS-MR-1102-01	安徽省	芜湖市南陵县何湾镇	乌龟	99
	LCS-MR-1102-02	安徽省	芜湖市南陵县何湾镇	乌龟	99
	LCS-MR-1102-03	安徽省	芜湖市南陵县何湾镇	乌龟	99
	LCS-MR-1101-01	广东省	湖北（产地）/广州（购买）	乌龟	99
	LCS-MR-1103-01	北京市	湖南（产地）/北京（购买）	乌龟	99
	LCS-MR-1104-01	北京市	河南（产地）/北京（购买）	乌龟	99

续表

物种名称	样品编号	省市	具体采集地	BLAST结果	相似度 /%
四眼斑水龟	LCS-SQ-1101-01	广东省	韶关市乳源县大布镇	四眼斑水龟	99
红耳侧线龟	LCS-TS-1101-01	北京市	湖北（产地）/ 北京（购买）	红耳侧线龟	100
	LCS-TS-1102-01	广东省	湖北（产地）/ 广州（购买）	红耳侧线龟	100
	LCS-TS-1103-01	广东省	海南（产地）/ 广州（购买）	红耳侧线龟	99
	LCS-TS-1104-02	广东省	湖北（产地）/ 广州（购买）	红耳侧线龟	99
黄缘闭壳龟	G-CF-1101-01	广东省	安徽（产地）/ 广州（购买）	黄缘闭壳龟	100
地龟	LCS-GS-1101-01	广东省	湖南（产地）/ 广州（购买）	地龟	99
	LCS-GS-1101-02	广东省	湖南（产地）/ 广州（购买）	地龟	99
缅甸陆龟	LCS-IE-1101-01	广东省	云南（产地）/ 广州（购买）	缅甸陆龟	98
	LCS-IE-1101-02	广东省	云南（产地）/ 广州（购买）	失败	—

（2）*CO* Ⅰ序列长度及序列差异

研究所用 22 个活体样品的 *CO* Ⅰ片段序列长度范围为 651~706bp。药材龟甲样品 *CO* Ⅰ长度为 560bp。乌龟与其伪混品的 *CO* Ⅰ序列长度及 GC 含量均有差异（表 8-6）。22 份活体样品共有 238 个变异位点。（图 8-17）

表 8-6　龟类样品 *CO* Ⅰ基因片段分析

序号	种名 / 标本号	中文名称	片段长度 /bp	GC/%
1	*Chinemys reevesii*/LCS-CR-1101-01	乌龟	660	44.5
2	*Chinemys reevesii*/LCS-CR-1102-01	乌龟	658	44.3
3	*Chinemys reevesii*/LCS-CR-1102-02	乌龟	658	44.5
4	*Chinemys reevesii*/LCS-CR-1102-03	乌龟	659	44.5
5	*Chinemys reevesii*/LCS-CR-1103-01	乌龟	658	44.3
6	*Chinemys reevesii*/LCS-CR-1104-01	乌龟	660	44.5

续表

序号	种名 / 标本号	中文名称	片段长度 /bp	GC/%
7	*Ocadia sinensis*/LCS-MS-1101-01	花龟	651	44.1
8	*Ocadia sinensis*/LCS-MS-1102-01	花龟	651	43.7
9	*Ocadia sinensis*/LCS-MS-1103-01	花龟	651	43.8
10	*Trachemys scripta*/LCS-TS-1101-01	红耳侧线龟	658	42.4
11	*Trachemys scripta*/LCS-TS-1102-01	红耳侧线龟	658	41.8
12	*Trachemys scripta*/LCS-TS-1103-01	红耳侧线龟	658	41.9
13	*Trachemys scripta*/LCS-TS-1104-01	红耳侧线龟	658	42.0
14	*Platysternon megacephalum*/LCS-PM-1101-01	平胸龟	659	44.9
15	*Platysternon megacephalum*/LCS-PM-1102-01	平胸龟	660	45.0
16	*Mauremys mutica*/LCS-MM-1102-01	黄喉拟水龟	691	44.5
17	*Mauremys mutica*/LCS-MM-1101-01	黄喉拟水龟	691	43.9
18	*Sacalia quadriocellata*/LCS-SQ-1101-01	四眼斑水龟	661	42.7
19	*Cuora flavomarginata*/G-CF-1101-01	黄缘闭壳龟	706	43.2
20	*Geoeplyda spengleri*/LCS-GS-1101-01	地龟	680	42.3
21	*Geoeplyda spengleri*/LCS-GS-1101-02	地龟	680	42.3
22	*Indotestudo elongate*/LCS-IE-1101-01	缅甸陆龟	692	40.8
23	*Cuora flavomarginata*/GJ22	黄缘闭壳龟	569	45.0

（3）遗传邻接树（NJ 树）

基于 *CO* Ⅰ序列，通过邻接法（NJ）所构建的活体及药材样品系统聚类树图（图 8-18），从图可以看出同属序列聚在一起，龟甲的正品来源乌龟形成一个独立的支，支持率近 100%，其他伪品聚集为独立一支，支持率也在 80% 以上，说明龟甲的正品来源与其伪混品能够明显区分开。因此，*CO* Ⅰ序列作为条形码适用于龟甲及其伪混品的鉴别。

```
LCS-CF-1101-01-RC  .GCACCCTATATTACGAGTAGCATTG.ACCACAAAAGGTTCGGCCACTTCACTATCTATCCCATTGTACCCTACCCACTAT
LCS-CR-1101-01-RC  .GACCTTGATATTGCGAGTAGTATTA.ACCATAAATAGCCCAGCCACTTTACTATCTACTCCGTCGTACCCTACCTATTGC
   LCS-CR-1102-01  .GACCTTAATATTGCGAGTAGTATTA.ACCATAAATAGCCCAGCCACTTTACTATCTACTCCGTCGTACCCTACCTATTGC
   LCS-CR-1102-02  .CACCTTATATTTGCGAGTAGTATTA.ACCATAAATAGCCCAGCCACTTTACTATCTACTCCGTCGTACCCTACCTATTGC
LCS-CR-1102-03-RC  .CACCTTTATATTGCGAGTAGTATTA.ACCATAAATAGCCCAGCCACTTTACTATCTACTCCGTCGTACCCTACCTATTGC
   LCS-CR-1103-01  .CACCTTTATATTGCGAGTAGTATTA.ACCATAAATAGCCCAGCCACTTTACTATCTACTCCGTCGTACCCTACCTATTGC
   LCS-CR-1104-01  .CACCTTATAATTGCGAGTAGTATTA.ACCATAAATAGCCCAGCCACTTTACTATCTACTCCGTCGTACCCTACCTATTGC
LCS-GS-1101-01-RC  GGCACCCTATATTATGAGTAGTACTA.ACTACAGAAGGCATAATCATCTCATTATCCATTCCGTAATACTATATCTGCCAT
LCS-GS-1102-01-RC  GGCACCCTATATTATGAGTAGTACTA.ACTACAGAAGGCATAATCATCTCATTATCCATTCCGTAATACTATATCTGCCAT
LCS-IE-1101-01-RC  .GTACCTTATACCGTGAGAAGTATTA.ACCACAAACAATCCTATCATTTTATCACCTACTCTATAACATTCCACCTAATAC
LCS-MM-1101-01-RC  .GCACCTTATATTACGAGTAGTATTA.ACTATGAAAAGCCCAGCCACTTCACCATCCGTTCCGTTGCACTCTACCTATTAT
LCS-MM-1102-01-RC  .GCACTTTATATTACGAGTAGTATTA.ACTATAAAAAGCCCAACCACTTCGCCATCCGTTCCGTTGCACTCTACCTATTAT
   LCS-MS-1101-01  .GCACTTCATATTGCAAGTAGTATTA.ACCATAAAGAGCCCACCCACTTAACTATCTATTCCGCTATACTCTACCTGCTAT
LCS-MS-1102-01-RC  .GCACTTTATATTGCAAGTAGTATTA.ACCATAAAGAGCCCACCCACTTAACTATCTATTCCGCTATACTCTACCTGCTAT
LCS-MS-1103-01-RC  .GCACTTTATTATGCAAGTAGTATTA.ACCATAAAGAGCCCACCCACTTAACTATCTATTCCGCTATACTCTACCTGCTAT
   LCS-PM-1102-01  .GTACCCTATACCTCGGTTAATTTTCTGCTCCGAGACAATCTGTTGCCTTATTGCTTGTCTCACTGTGCCGCACTATTTAT
LCS-SQ-1101-01-RC  .GCACCTTATATCGCGAGTGGTGCTA.ATCATAAACAGCCCAGTTACTCCATTATTTACCCATTGTATTCTATCTGATAC
LCS-TS-1102-01-RC  .GCACTTTATACTATGGGAAGTATTA.GCCATAAATGGCTTAGTCACCTTGCCATTCATTCCATAATATCGTGCCCGATAT
   LCS-TS-1103-01  .GCACTTTATACTATGGGAAGTATTA.GCCATAAATGGCTTAGTCACCTTGCCATTCATTCCATAATATCGTGCCCGATAT
LCS-TS-1104-01-RC  .GCTGTTTATACTATGGGAAGTATTA.GCCATAAATGGCTTAGTCACCTTGCCATTCATTCCATAATATCGTGCCCGATAT
```

```
LCS-CF-1101-01-RC  TAAATACATACTACC.ATCCCATCACTCACTAGCCCACGACATACACTTACCGTCTCCTTCATTTCCTCCGTTAATTCAGT
LCS-CR-1101-01-RC  CAGATGCATACTACC.GTCAAACCACTTATCGGCCCACGACATGCAATTACCACCTCCTTCATCTCCTCCAATGATT.AGC
   LCS-CR-1102-01  CAGATGCATACTACC.GTCAAACCACTTATCGGCCCACGACATGCAATTACCACCTCCTTCATCTCCTCCAATGATT.AGC
   LCS-CR-1102-02  CAGATGCATACTACC.GTCAAACCACTTATCGGCCCACGACATGCAATTACCACCTCCTTCATCTCCTCCAATGATT.AGC
LCS-CR-1102-03-RC  CAGATGCATACTACC.GTCAAACCACTTATCGGCCCACGACATGCAATTACCACCTCCTTCATCTCCTCCAATGATT.AGC
   LCS-CR-1103-01  CAGATGCATACTACC.GTCAAACCACTTATCGGCCCACGACATGCAATTACCACCTCCTTCATCTCCTCCAATGATT.AGC
   LCS-CR-1104-01  CAGATGCATACTACC.GTCAAACCACTTATCGGCCCACGACATGCAATTACCACCTCCTTCATCTCCTCCAATGATT.AGC
LCS-GS-1101-01-RC  TGTGCACCTATTACC.ATCATGCCGCTCGTCAGCTAATGCCACACCATTATTATCTCTTTCATTCCCTCCATTAATT.AGC
LCS-GS-1102-01-RC  TGTGCACCTATTACC.ATCGTGCCGCTCGTCAGCTAATGCCACACCACTATTATCTCTTCTGTTCCCTCCATTAATT.AGC
LCS-IE-1101-01-RC  CAAACGTATATTACC.ATCCAACCACGCAGCAGCCAACGATACATAATTACTACTTTCTCCATTTCTACCAATGATC.AAC
LCS-MM-1101-01-RC  TAGATGCGTGCTGTC.ATGAGACCGCTTATCAGCCCGCGACATATAGTTACCGCCTCCTTCACCTCCCCTACTGATT.AGC
LCS-MM-1102-01-RC  TAGATGCGTGCTATC.ATGAGACCGCTTATCAGCCCGCGACATATAGTTACCGCCTCCTTCACCTCCCTTACTGATT.AGC
   LCS-MS-1101-01  TAGATGCATACTACC.GTCAGATCACTTATCGGCCCACGACATACAATTGCCGCCTCCTTCATCTCCTCCAATGATT.AAC
LCS-MS-1102-01-RC  TAGATGCATACTACC.GTCAGATCACTTATCGGCCCACGACATACAATTGCCGCCTCCTTCATCTCCTCCAATGATT.AAC
LCS-MS-1103-01-RC  TAGATGCATACTACC.GTCAGATCACTTATCGGCCCACGACATACAATTGCCGCCTCCTTCATCTCCTCCAATGATT.AAC
   LCS-PM-1102-01  TGGACACTTACTACC.ACCATATCACGCAATAATACTTGATCTACCACGCTAGCTCGCGCTGTCTCCTCCACCGGTCTGAT
LCS-SQ-1101-01-RC  CGAATATCCGCCACCGATCATAACACTCACCAGCAAACGACAGACAGCCACTACCTCTTTCATCTCCTCTATTAATT.AGT
LCS-TS-1102-01-RC  TAGACGTATACTATT.GTTACTATATATACCAGCAAACAACATACCATCATTACCCTCTCCGTCTTCTTTAA.AATTCAAT
   LCS-TS-1103-01  TAGACGTATACTATT.GTTACTATATATACCAGCAAACGACATACCATCATTACCCTCTCCGTCTTCTTTAA.AATTCAAT
LCS-TS-1104-01-RC  TAGACGTATACTATT.GTTACTATATATACCAGCAAACGACATACCATCATTACCCTCTCCGTCTTCTTTAA.AATTCAAT
```

```
LCS-CF-1101-01-RC  TTCTTATCTCGTAGATGTTGTGTACTCGTCTCGCACAAGCCATTCCCCTTCACCTCCAGAGCATTTAACCACATCTATTTGT
LCS-CR-1101-01-RC  CCCTCATCTCGTAAGCACTATGTATTCGCCTCACGCAAACCATTTTCCACCACCCCTAGAGCATTTAATCAAACCCCTGGTC
   LCS-CR-1102-01  CCCTCATCTCGTAAGCACTATGTATTCGCCTCACGCAAACCATTTTCCACCACCCCTAGAGCATTTAATCACACCCCTGGTC
   LCS-CR-1102-02  CCCTCATCTCGTAAGCACTATGTATTCGCCTCACGCAAACCATTTTCCACCACCCCTAGAGCATTTAATCACACCCCTGGTC
LCS-CR-1102-03-RC  CCCTCATCTCGTAAGCACTATGTATTCGCCTCACGCAAACCATTTTCCACCACCCCTAGAGCATTTAATCACACCCCTGGTC
   LCS-CR-1103-01  CCCTCATCTCGTAAGCACTATGTATTCGCCTCACGCAAACCATTTTCCACCACCCCTAGAGCATTTAATCACCCCCCTGGTC
   LCS-CR-1104-01  CCCTCATCTCGTAAGCACTATGTATTCGCCTCACGCAAACCATTTTCCACCACCCCTAGAGCATTTAATCACACCCCTGGTC
LCS-GS-1101-01-RC  CCCTTATCCCGTAAACATTATGCGCTCGTCCCACATAGACTGCCTCCTACCTCTTCTAAAATATTTAATCACATCTATTTGC
LCS-GS-1102-01-RC  CCCTTATCCCGTAAACATTATGCGCTCGTCCCACATAGACTACCTCCTATCTCTTCTAAAATATTTAATCACATCTATTTGC
LCS-IE-1101-01-RC  CTTTTGTTCCGCAAACACCACAAGTTTATCTCACACAAATCTTTCCCAATCATCTTTTGAACATTTAACCACA.CTATTCGC
LCS-MM-1101-01-RC  CCCTCATCCCGTGAACGTTATGAATTTGCCCCACACAAACCATTTCCTACCACCCCTAGAGTATTTAACCACACCCATCTGC
LCS-MM-1102-01-RC  CCCTCATCCCGTGAACATTATGAATTCGCCCCACACAAACCATTTTCTACCACCCCTAGAGTACCTAACCGCACCTATTTGC
   LCS-MS-1101-01  CTCTCATCTCGTAAACATTATACATCCGCCTCACACAAACCACTTCCCACCACCCCTAGAGCATTTATCACCACTTCTTTGC
LCS-MS-1102-01-RC  CTCTCATCTCGTAAACATTATACATCCGCCTCACACAAACCACTTCCCACCACCCCTAGAGCATTTATCAACTTATCTTTGC
LCS-MS-1103-01-RC  CTCTCATCTCGTAAACATTATACATCCGCCTCACACAAACCACTTCCCACCACCCCTAGAGCATTTTATCACACCTATTTGC
   LCS-PM-1102-01  TTCCCACTTAACGGGCGCCACATACTTACTTCACTTATACCAACTTCTACTGTTTCTAAGACCTCCAACCACACCTATTCGC
LCS-SQ-1101-01-RC  TTTTTATCCCGTAAATGTTATGAATCCATCTCTTACTAATCACCTCCCACCACCTCTAGAACATTTAACCACACCTATTTGC
LCS-TS-1102-01-RC  TTCCTCTCCCGCGAACACCATGAATTTGCCTTAAGCAACATACCTCTAACCATCTCTAAGACATCTAACCACACTTATTCGC
   LCS-TS-1103-01  TTCCTCTCCCGCGAACACCATGAATTTGCCTTAAGCAACATACCTCTAACCATCTCTAAGACATCTAACCACCAACTTTTGC
LCS-TS-1104-01-RC  TTCCTCTCCCGCGAACACCATGAATTTGCCTTAAGCAACATACCTCTAACCATCTCTAAGACATCTAACCACACTTATTCGC
```

图 8-17　龟类样品 *CO* Ⅰ基因片段差异分析

注：相同碱基用“.”表示；没有碱基用“-”表示；所有样品都相同的碱基未列出。

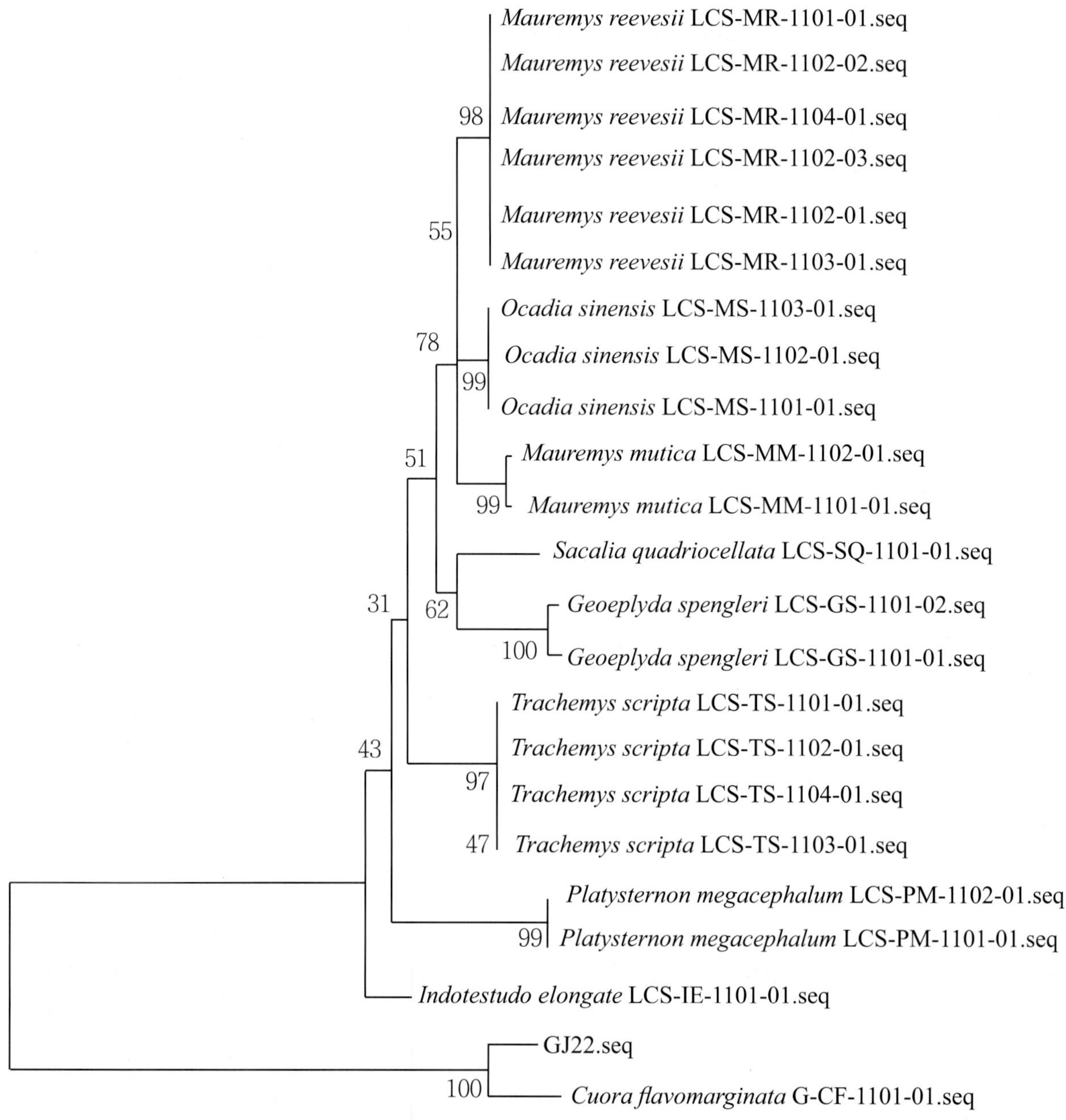

图 8-18　龟类样品遗传邻接树

（三）DNA 条形码鉴定技术操作规程（SOP）

1. 前处理

取 30 mg 左右样品，放入研钵中，加入液氮用力快速研磨成粉末，研磨时尽量减少损失，磨成细粉，倒入微量离心管中。

2. 提取

利用动物组织 DNA 提取试剂盒提取，步骤按说明书进行。

3. 扩增

DNA 提取液用 *CO* Ⅰ序列通用引物和相关条件进行 PCR 扩增。

（1）引物对

上游引物 L*CO* 1490（5′→3′：GGTCAACAAATCATAAAGATATTGG）、下游引物 H*CO* 2198（5′→3′：TAAACTTCAGGGTGACCAAAAAATCA）。

（2）扩增体系

耐热 DNA 聚合酶混合缓冲液 25μl，上下游引物各 0.6 pmol/L，DNA 模板 25 ng，混匀后再用灭菌双蒸水补足反应总体积至 50μl。

（3）扩增程序

94 ℃预变性 7 min；94 ℃变性 1 min，45 ~47 ℃退火 1 min，72 ℃延伸 1 min（进行 40 个循环）；72 ℃再延伸 10 min。

（4）扩增产物电泳结果

扩增液进行 1% 琼脂糖电泳检测，并凝胶成像。

4. 测序

700 bp 左右有亮带者，对其进行测序。所得原始图谱应为清晰的单峰图谱，干扰信息应低于正常信号的 10%。

5. 拼接

测序结果利用 CodonCode Aligner（CodonCode Co.，USA）校对拼接测序峰图，去除引物区，获得长度为 651~706bp 的样品序列。

6. BLAST 比对

获得的序列进入 NCBI 网站（http://blast.ncbi.nlm.nih.gov/BlAST.cgi?PROGRAM=blastn&PAGE_TYPE=BlastSearch&BLAST_SPEC=&LINK_LOC=blasttab）（图 8-19），进行在线比对，确定 DNA 序列物种。

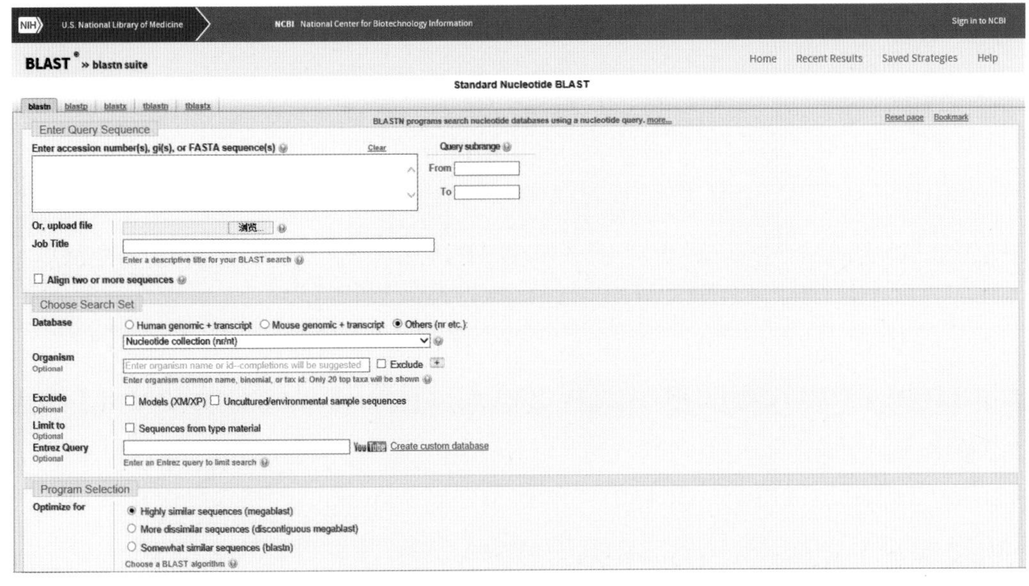

图 8-19　BLAST 网页与网址

四、*CO* Ⅰ条形码序列

（一）平胸龟

1．LCS-PM-1101-01

（1）*CO* Ⅰ序列

GGTACCCTATACCTTATTTTCGGGGCCTGGTCAGGTATAATTGGCACAGCATTAAGTCTTTTG
ATCCGTGCCGAACTGAGCCAGCCAGGCACACTTCTTGGGGATGATCAGATCTACAATGTTAT
TGTTACGGCCCACGCTTTTGTTATAATCTTTTTCATAGTCATACCTGTTATGATCGGCGGGTTC
GGAAACTGATTAGTTCCTTTAATAATTGGGGCGCCAGACATAGCATTCCCTCGTATAAACAA
TATAAGCTTCTGACTCCTACCTCCATCTCTACTGCTACTATTAATATCCTCTGGAATTGAAGC
AGGTGCAGGTACCGGCTGAACTGTATACCCCCCACTAGCTGGGAATATGGCCCATGCCGGG
GCCTCGGTAGACTTGACTATCTTTTCCCTTCACCTCGCCGGGGTGTCTTCAATCTTGGGAGCT
ATTAACTTCATCACCACAGCAATCAATATAAAATCTACAACCATGTCGCAGTACCAGACACC
CCTATTCGTATGATCTGTACTCATTACAGCTATCTTATTACTACTCTCTTTACCTGTACTCGCC
GCAGGAATCACTATATTACTTACAGACCGAAATCTGAATACAACTTTTTTTGACCCTTCAGG
AGGGGGAGACCCCATCCTATACCAACACCTATTC

（2）BLAST 比对

	Description	Max score	Total score	Query cover	E value	Ident	Accession
	Platysternon megacephalum mitochondrion, complete genome	1175	1175	100%	0.0	99%	DQ256377.1
	Platysternon megacephalum mitochondrion, complete genome	1171	1171	100%	0.0	99%	DQ016387.1
	Platysternon megacephalum voucher 2009-PM-004 cytochrome oxidase subunit I (COI) gene, partial cds; mitochondrial	1158	1158	100%	0.0	98%	GQ867674.1
	Platysternon megacephalum voucher HBS16255 cytochrome oxidase subunit 1 (COI) gene, partial cds; mitochondrial	1125	1125	94%	0.0	99%	KX559014.1
	Platysternon megacephalum voucher 2009-PM-005 cytochrome oxidase subunit I (COI) gene, partial cds; mitochondrial	1003	1003	100%	0.0	94%	GQ867675.1

2．LCS-PM-1102-01

（1）*CO* Ⅰ序列

GGTACCCTATACCTTATTTTCGGGGCCTGGTCAGGTATAATTGGCACAGCATTAAGTCTTTTG
ATCCGTGCCGAACTGAGCCAGCCAGGCACACTTCTTGGGGATGATCAGATCTACAATGTTAT
TGTTACGGCCCACGCTTTTGTTATAATCTTTTTCATAGTCATACCTGTTATGATCGGCGGGTTC
GGAAACTGATTAGTTCCTTTAATAATTGGGGCGCCAGACATAGCATTCCCTCGTATAAACAA
TATAAGCTTCTGACTCCTACCTCCATCTCTACTGCTACTATTAATATCCTCTGGAATTGAAGC
AGGTGCAGGTACCGGCTGAACTGTATACCCCCCACTAGCTGGGAATATGGCCCATGCCGGG
GCCTCGGTAGACTTGACTATCTTTTCCCTTCACCTCGCCGGGGTGTCTTCAATCTTGGGAGCT
ATTAACTTCATCACCACAGCAATCAATATAAAATCTACAACCATGTCGCAGTACCAGACACC
CCTATTCGTATGATCTGTACTCATTACAGCTATCTTATTACTACTCTCTTTACCTGTACTCGCC
GCAGGAATCACTATATTACTTACAGACCGAAATCTGAATACAACTTTTTTTGACCCTTCAGG

AGGGGGAGACCCCATCCTATACCAACACTATTC

（2）BLAST 比对

Description	Max score	Total score	Query cover	E value	Ident	Accession
Platysternon megacephalum mitochondrion, complete genome	1168	1168	100%	0.0	99%	DQ256377.1
Platysternon megacephalum mitochondrion, complete genome	1166	1166	100%	0.0	99%	DQ016387.1
Platysternon megacephalum voucher 2009-PM-004 cytochrome oxidase subunit I (COI) gene, partial cds; mitochondrial	1157	1157	100%	0.0	98%	GQ867674.1
Platysternon megacephalum voucher HBS16255 cytochrome oxidase subunit 1 (COI) gene, partial cds; mitochondrial	1118	1118	94%	0.0	99%	KX559014.1
Platysternon megacephalum voucher 2009-PM-005 cytochrome oxidase subunit I (COI) gene, partial cds; mitochondrial	1002	1002	100%	0.0	94%	GQ867675.1
Platysternon megacephalum voucher 2009-PM-009 cytochrome oxidase subunit I (COI) gene, partial cds; mitochondrial	996	996	100%	0.0	94%	GQ867677.1
Platysternon megacephalum voucher 2009-PM-018 cytochrome oxidase subunit I (COI) gene, partial cds; mitochondrial	990	990	100%	0.0	94%	GQ867679.1
Platysternon megacephalum voucher 2009-PM-010 cytochrome oxidase subunit I (COI) gene, partial cds; mitochondrial	990	990	100%	0.0	94%	GQ867678.1
Platysternon megacephalum voucher 2009-PM-008 cytochrome oxidase subunit I (COI) gene, partial cds; mitochondrial	990	990	100%	0.0	94%	GQ867676.1

（二）黄喉拟水龟

1．LCS-MM-1102-01

（1）*CO* Ⅰ序列

AAACATAAAGATATTGGCACTTTATATTTAATTTTCGGGGCCTGAGCAGGTATAGTAGGCACAGCATTAAGTTTATTAATCCGTGCAGAATTAAGCCAACCAGGAGCCCTCCTAGGAGACGACCAAATCTATAATGTCGTCGTCACAGCCCATGCCTTCGTTATAATTTTCTTCATGGTTATACCTGTCATAATCGGTGGCTTTGGAAACTGACTTGTACCTTTAATAATTGGAGCGCCAGATATGGCATTCCCGCGTATGAACAATATAAGTTTCTGACTTCTACCGCCATCCCTGCTTTTACTTCTAGCCTCCTCGGGAATTGAAGCAGGCGCAGGCACAGGCTGAACTGTATATCCACCGTTAGCTGGAAACCTGGCCCACGCTGGCGCCTCTGTAGATCTAACCATCTTTTCCCTCCATTTAGCCGGTGTGTCATCAATTTTAGGGGCCATCAACTTTATCACCACAGCAATTAACATAAAATCCCCAGCTATGTCACAATACCAAACACCTTTATTTGTGTGATCAGTACTTATTACAGCCGTCCTACTACTACTCTCACTACCAGTACTCGCCGCAGGTATTACTATATTACTTACAGACCGAAACCTAAATACAACCTTCTTCGACCCTTCAGGGGGAGGGGATCCAACCTTATACCAGCACCTATTTTGATTTTTTGGTCACC

（2）BLAST 比对

Description	Max score	Total score	Query cover	E value	Ident	Accession
Mauremys mutica isolate taiwan mitochondrion, complete genome	1229	1229	99%	0.0	99%	KP938959.1
Mauremys mutica voucher MVZ 230476 cytochrome c oxidase subunit I (COI) gene, partial cds; mitochondrial	1205	1205	100%	0.0	98%	AF348262.2
Mauremys mutica isolate beigui mitochondrion, complete genome	1190	1190	99%	0.0	98%	KP938957.1
Mauremys mutica isolate MM_TW13 cytochrome oxidase subunit I (COI) gene, partial cds; mitochondrial	1184	1184	93%	0.0	99%	KP752009.1
Mauremys mutica isolate MM_TW11 cytochrome oxidase subunit I (COI) gene, partial cds; mitochondrial	1184	1184	93%	0.0	99%	KP752007.1
Mauremys mutica isolate MM_TW8 cytochrome oxidase subunit I (COI) gene, partial cds; mitochondrial	1184	1184	93%	0.0	99%	KP752004.1
Mauremys mutica isolate MM_TW7 cytochrome oxidase subunit I (COI) gene, partial cds; mitochondrial	1184	1184	93%	0.0	99%	KP752003.1
Mauremys mutica isolate MM_TW4 cytochrome oxidase subunit I (COI) gene, partial cds; mitochondrial	1184	1184	93%	0.0	99%	KP752000.1
Mauremys mutica isolate MM_TW2 cytochrome oxidase subunit I (COI) gene, partial cds; mitochondrial	1184	1184	93%	0.0	99%	KP751998.1
Mauremys mutica isolate MM_TW1 cytochrome oxidase subunit I (COI) gene, partial cds; mitochondrial	1184	1184	93%	0.0	99%	KP751997.1

2. LCS-MM-1101-01

（1）*CO* Ⅰ序列

AAACATAAAGATATTGGCACCTTATATTTAATTTTCGGGGCCTGAGCAGGTATAGTAGGCAC
AGCATTAAGTTTATTAATCCGTGCAGAATTGAGCCAACCAGGAGCCCTCCTAGGGGACGACC
AAATCTATAATGTCATCGTCACAGCCCATGCCTTCGTTATAATTTTCTTCATGGTTATACCTGT
CATAATCGGTGGCTTTGGAAACTGACTTGTACCTTTAATAATTGGAGCGCCAGATATGGCAT
TCCCGCGTATGAACAATATGAGTTTCTGACTTCTACCGCCATCCCTGCTTTTACTTCTAGCCTC
CTCGGGAATTGAAGCAGGCGCAGGCACAGGCTGAACTGTATATCCACCGTTAGCTGGAAAC
CTGGCCCACGCTGGCGCCTCTGTAGATCTAACCATCTTTTCCCTCCACTTAGCCGGTGTGTCA
TCAATTTTAGGGGCCATCAACTTTATCACCACAGCAATTAACATAAAATCCCCAGCTATGTC
ACAATACCAGACACCTTTATTTGTGTGATCAGTACTTATTACAGCTGTCCTACTACTACTCTC
ACTACCAGTACTCGCCGCAGGTATTACTATACTACTTACAGACCGAAACCTAAATACAACCT
TCTTCGACCCTTCAGGGGGAGGGGATCCAATTTTATACCAACACCCATCTTGATTTTTGGTC
ACC

（2）BLAST 比对

	Description	Max score	Total score	Query cover	E value	Ident	Accession
	Mauremys mutica voucher MVZ 230476 cytochrome c oxidase subunit I (COI) gene, partial cds; mitochondrial	1249	1249	100%	0.0	99%	AF348262.2
	Mauremys mutica mitochondrion, complete genome	1240	1240	99%	0.0	99%	DQ453753.1
	Mauremys mutica clone Mm2_MVZ230487 cytochrome oxidase subunit 1 (CO1) gene, partial cds; mitochondrial	1234	1234	99%	0.0	99%	EF011464.1
	Mauremys mutica isolate beigui mitochondrion, complete genome	1229	1229	99%	0.0	99%	KP938957.1

（三）花龟

1. LCS-MS-1102-01

（1）*CO* Ⅰ序列

TATATTTGATTTTCGGAGCCTGAGCAGGTATAGTAGGCACAGCATTAAGTTTATTAATCCGC
GCAGAATTAAGCCAACCGGGAGCCCTCCTAGGCGACGACCAAATCTATAATGTAATCGTTAC
AGCCCATGCCTTTATTATAATTTTCTTCATGGTCATACCTATTATAATCGGTGGCTTTGGAAA
CTGACTTGTGCCCTTAATAATTGGAGCGCCAGATATGGCATTCCCACGTATAAACAATATAA
GCTTCTGGCTTCTACCGCCATCTCTACTTTTACTTCTGGCCTCCTCAGGAATTGAAGCAGGCG
CAGGCACAGGCTGAACTGTATACCCACCATTAGCTGGGAACCTGGCCCACGCTGGCGCCTCT
GTAGATCTAACTATCTTTTCCCTTCACCTAGCAGGTGTGTCATCAATTTTAGGAGCCATTAAC
TTTATCACCACAGCAATTAACATAAAATCTCCAGCTATATCACAATACCAAACACCTTTATTT
GTATGATCCGTACTTATCACAGCCGTCCTATTACTACTCTCACTACCAGTACTCGCCGCAGGC
ATTACTATACTACTCACAGACCGAAACCTAAATACAACCTTCTTCGACCCTTCAGGGGGAGG
GGACCCAATTTTATATCAAACTTATC

（2）BLAST 比对

Description	Max score	Total score	Query cover	E value	Ident	Accession
Mauremys sinensis mitochondrion, complete genome	1190	1190	98%	0.0	100%	KC333650.1
Mauremys sinensis mitochondrion, complete genome	1190	1190	98%	0.0	100%	FJ871126.1
Mauremys sinensis voucher MVZ 230479 cytochrome oxidase subunit I (COI) gene, partial cds; mitochondrial	1184	1184	98%	0.0	99%	AY337353.1
Mauremys sinensis isolate 1 cytochrome oxidase subunit I (COI) gene, partial cds; mitochondrial	1179	1179	98%	0.0	99%	HQ329687.1

2．LCS-MS-1101-01

（1）*CO* Ⅰ序列

CATATTTGATTTTCGGAGCCTGAGCAGGTATAGTAGGCACAGCATTAAGTTTATTAATCCGCGCAGAATTAAGCCAACCGGGAGCCCTCCTAGGCGACGACCAAATCTATAATGTAATCGTTACAGCCCATGCCTTTATTATAATTTTCTTCATGGTCATACCTATTATAATCGGTGGCTTTGGAAACTGACTTGTGCCCTTAATAATTGGAGCGCCAGATATGGCATTCCCACGTATAAACAATATAAGCTTCTGGCTTCTACCGCCATCTCTACTTTTACTTCTGGCCTCCTCAGGAATTGAAGCAGGCGCAGGCACAGGCTGAACTGTATACCCACCATTAGCTGGGAACCTGGCCCACGCTGGCGCCTCTGTAGATCTAACTATCTTTTCCCTTCACCTAGCAGGTGTGTCATCAATTTTAGGAGCCATTAACTTTATCACCACAGCAATTAACATAAAATCTCCAGCTATATCACAATACCAAACACCTTTATTTGTATGATCCGTACTTATCACAGCCGTCCTATTACTACTCTCACTACCAGTACTCGCCGCAGGCATTACTATACTACTCACAGACCGAAACCTAAATACAACCTTCTTCGACCCTTCAGGGGGAGGGGACCCAATTTTATATCAACCACTTC

（2）BLAST 比对

Description	Max score	Total score	Query cover	E value	Ident	Accession
Mauremys sinensis mitochondrion, complete genome	1190	1190	98%	0.0	100%	KC333650.1
Mauremys sinensis mitochondrion, complete genome	1190	1190	98%	0.0	100%	FJ871126.1
Mauremys sinensis voucher MVZ 230479 cytochrome oxidase subunit I (COI) gene, partial cds; mitochondrial	1184	1184	98%	0.0	99%	AY337353.1
Mauremys sinensis isolate 1 cytochrome oxidase subunit I (COI) gene, partial cds; mitochondrial	1179	1179	98%	0.0	99%	HQ329687.1

（四）乌龟

1．LCS-MR-1102-01

（1）*CO* Ⅰ序列

CACCTTAATATTTGATTTTCGGGGCCTGAGCAGGTATAGTAGGCACAGCATTAAGTTTATTAATCCGCGCAGAATTAAGCCAACCTGGAGCCCTCCTAGGGGACGACCAAATCTATAATGTTATCGTTACAGCCCATGCCTTTATCATAATTTTCTTCATGGTTATACCCGTTATAATCGGCGGCTTTGGAAACTGACTTGTACCTTTAATGATCGGAGCGCCAGATATGGCATTCCCACGTATAAACAATATAAGCTTCTGGCTTCTACCACCATCCCTACTTTTACTTCTGGCCTCCTCAGGAATTGAAGCAGGCGCAGGCACAGGCTGAACTGTGTACCCACCATTAGCTGGAAACCTAGCCCACGCTGGCGCCTCTGTAGATCTAACTATCTTTTCCCTTCACCTAGCAGGTGTGTCATCAATTTTAGGGGCCATCAACTTTATCACCACAGCAATTAACATAAAATCTCCAGCTATATCACAGTACCAAACACC

CTTATTTGTGTGATCTGTACTTATTACAGCCGTCCTATTACTACTCTCGCTACCAGTACTCGCC
GCAGGTATTACTATATTACTCACAGACCGAAACCTAAATACAACCTTCTTCGACCCTTCAGG
GGGAGGGGACCCAATTTTATATCAACCCTGTTT

（2）BLAST 比对

Description	Max score	Total score	Query cover	E value	Ident	Accession
Mauremys reevesii voucher AS61MT01 cytochrome oxidase subunit I (COI) gene, partial cds; mitochondrial	1205	1205	100%	0.0	99%	JF700151.1
Mauremys megalocephala mitochondrion, complete genome	1205	1205	100%	0.0	99%	HM132059.1
Mauremys reevesii voucher MVZ 230533 cytochrome c oxidase subunit I (COI) gene, partial cds; mitochondrial	1205	1205	100%	0.0	99%	AF348263.2
Mauremys reevesii isolate NS01 mitochondrion, complete genome	1194	1194	100%	0.0	99%	KJ700438.1
Sacalia quadriocellata X Mauremys reevesii cytochrome oxidase subunit I gene, partial cds; mitochondrial	1194	1194	100%	0.0	99%	AY562183.1
Mauremys reevesii mitochondrion, complete genome	1188	1188	100%	0.0	99%	FJ469674.1
Chinemys reevesi mitochondrion, complete genome	1184	1184	98%	0.0	99%	AY676201.1

2．LCS-MR-1102-02

（1）*CO* Ⅰ序列

CACCTTATATTGATTTTCGGGGCCTGAGCAGGTATAGTAGGCACAGCATTAAGTTTATTAATC
CGCGCAGAATTAAGCCAACCTGGAGCCCTCCTAGGGGACGACCAAATCTATAATGTTATCGT
TACAGCCCATGCCTTTATCATAATTTTCTTCATGGTTATACCCGTTATAATCGGCGGCTTTGG
AAACTGACTTGTACCTTTAATGATCGGAGCGCCAGATATGGCATTCCCACGTATAAACAATA
TAAGCTTCTGGCTTCTACCACCATCCCTACTTTTACTTCTGGCCTCCTCAGGAATTGAAGCAG
GCGCAGGCACAGGCTGAACTGTGTACCCACCATTAGCTGGAAACCTAGCCCACGCTGGCGC
CTCTGTAGATCTAACTATCTTTTCCCTTCACCTAGCAGGTGTGTCATCAATTTTAGGGGCCAT
CAACTTTATCACCACAGCAATTAACATAAAATCTCCAGCTATATCACAGTACCAAACACCCT
TATTTGTGTGATCTGTACTTATTACAGCCGTCCTATTACTACTCTCGCTACCAGTACTCGCCGC
AGGTATTACTATATTACTCACAGACCGAAACCTAAATACAACCTTCTTCGACCCTTCAGGGG
GAGGGGACCCAATTTTATATCAACCCTGTTT

（2）BLAST 比对

Description	Max score	Total score	Query cover	E value	Ident	Accession
Mauremys reevesii voucher AS61MT01 cytochrome oxidase subunit I (COI) gene, partial cds; mitochondrial	1203	1203	100%	0.0	99%	JF700151.1
Mauremys megalocephala mitochondrion, complete genome	1203	1203	100%	0.0	99%	HM132059.1
Mauremys reevesii voucher MVZ 230533 cytochrome c oxidase subunit I (COI) gene, partial cds; mitochondrial	1203	1203	100%	0.0	99%	AF348263.2
Mauremys reevesii isolate NS01 mitochondrion, complete genome	1192	1192	100%	0.0	99%	KJ700438.1
Sacalia quadriocellata X Mauremys reevesii cytochrome oxidase subunit I gene, partial cds; mitochondrial	1192	1192	100%	0.0	99%	AY562183.1
Mauremys reevesii mitochondrion, complete genome	1186	1186	100%	0.0	99%	FJ469674.1
Chinemys reevesi mitochondrion, complete genome	1186	1186	99%	0.0	99%	AY676201.1

3．LCS-MR-1102-03

（1）*CO* Ⅰ序列

CACCTTTATATTTGATTTTCGGGGCCTGAGCAGGTATAGTAGGCACAGCATTAAGTTTATTAA
TCCGCGCAGAATTAAGCCAACCTGGAGCCCTCCTAGGGGACGACCAAATCTATAATGTTATC
GTTACAGCCCATGCCTTTATCATAATTTTCTTCATGGTTATACCCGTTATAATCGGCGGCTTTG
GAAACTGACTTGTACCTTTAATGATCGGAGCGCCAGATATGGCATTCCCACGTATAAACAAT
ATAAGCTTCTGGCTTCTACCACCATCCCTACTTTTACTTCTGGCCTCCTCAGGAATTGAAGCA

GGCGCAGGCACAGGCTGAACTGTGTACCCACCATTAGCTGGAAACCTAGCCCACGCTGGCG
CCTCTGTAGATCTAACTATCTTTTCCCTTCACCTAGCAGGTGTGTCATCAATTTTAGGGGCCA
TCAACTTTATCACCACAGCAATTAACATAAAATCTCCAGCTATATCACAGTACCAAACACCC
TTATTTGTGTGATCTGTACTTATTACAGCCGTCCTATTACTACTCTCGCTACCAGTACTCGCCG
CAGGTATTACTATATTACTCACAGACCGAAACCTAAATACAACCTTCTTCGACCCTTCAGGG
GGAGGGGACCCAATTTTATATCAACACCTGTTT

（2）BLAST 比对

Description	Max score	Total score	Query cover	E value	Ident	Accession
Mauremys reevesii voucher AS61MT01 cytochrome oxidase subunit I (COI) gene, partial cds; mitochondrial	1210	1210	100%	0.0	99%	JF700151.1
Mauremys megalocephala mitochondrion, complete genome	1210	1210	100%	0.0	99%	HM132059.1
Mauremys reevesii voucher MVZ 230533 cytochrome c oxidase subunit I (COI) gene, partial cds; mitochondrial	1210	1210	100%	0.0	99%	AF348263.2
Mauremys reevesii isolate NS01 mitochondrion, complete genome	1201	1201	99%	0.0	99%	KJ700438.1
Sacalia quadriocellata X Mauremys reevesii cytochrome oxidase subunit I gene, partial cds; mitochondrial	1201	1201	99%	0.0	99%	AY562183.1
Mauremys reevesii mitochondrion, complete genome	1195	1195	99%	0.0	99%	FJ469674.1
Chinemys reevesi mitochondrion, complete genome	1194	1194	100%	0.0	99%	AY676201.1

4．LCS-MR-1101-01

（1）*CO* Ⅰ序列

CACCTTGATATTTGATTTTCGGGGCCTGAGCAGGTATAGTAGGCACAGCATTAAGTTTATTA
ATCCGCGCAGAATTAAGCCAACCTGGAGCCCTCCTAGGGGACGACCAAATCTATAATGTTAT
CGTTACAGCCCATGCCTTTATCATAATTTTCTTCATGGTTATACCCGTTATAATCGGCGGCTTT
GGAAACTGACTTGTACCTTTAATGATCGGAGCGCCAGATATGGCATTCCCACGTATAAACAA
TATAAGCTTCTGGCTTCTACCACCATCCCTACTTTTACTTCTGGCCTCCTCAGGAATTGAAGC
AGGCGCAGGCACAGGCTGAACTGTGTACCCACCATTAGCTGGAAACCTAGCCCACGCTGGC
GCCTCTGTAGATCTAACTATCTTTTCCCTTCACCTAGCAGGTGTGTCATCAATTTTAGGGGCC
ATCAACTTTATCACCACAGCAATTAACATAAAATCTCCAGCTATATCACAGTACCAAACACC
CTTATTTGTGTGATCTGTACTTATTACAGCCGTCCTATTACTACTCTCGCTACCAGTACTCGCC
GCAGGTATTACTATATTACTCACAGACCGAAACCTAAATACAACCTTCTTCGACCCTTCAGG
GGGAGGGGACCCAATTTTATA-TCAACAACCCTGTTT

（2）BLAST 比对

Description	Max score	Total score	Query cover	E value	Ident	Accession
Mauremys reevesii voucher AS61MT01 cytochrome oxidase subunit I (COI) gene, partial cds; mitochondrial	1201	1201	100%	0.0	99%	JF700151.1
Mauremys megalocephala mitochondrion, complete genome	1201	1201	100%	0.0	99%	HM132059.1
Mauremys reevesii voucher MVZ 230533 cytochrome c oxidase subunit I (COI) gene, partial cds; mitochondrial	1201	1201	100%	0.0	99%	AF348263.2
Mauremys reevesii isolate NS01 mitochondrion, complete genome	1190	1190	100%	0.0	99%	KJ700438.1
Sacalia quadriocellata X Mauremys reevesii cytochrome oxidase subunit I gene, partial cds; mitochondrial	1190	1190	100%	0.0	99%	AY562183.1
Mauremys reevesii mitochondrion, complete genome	1184	1184	100%	0.0	99%	FJ469674.1
Chinemys reevesi mitochondrion, complete genome	1182	1182	98%	0.0	99%	AY676201.1

5．LCS-MR-1104-01

（1）*CO* Ⅰ序列

CACCTTATAATTTGATTTTCGGGGCCTGAGCAGGTATAGTAGGCACAGCATTAAGTTTATTA
ATCCGCGCAGAATTAAGCCAACCTGGAGCCCTCCTAGGGGACGACCAAATCTATAATGTTAT
CGTTACAGCCCATGCCTTTATCATAATTTTCTTCATGGTTATACCCGTTATAATCGGCGGCTTT

GGAAACTGACTTGTACCTTTAATGATCGGAGCGCCAGATATGGCATTCCCACGTATAAACAA
TATAAGCTTCTGGCTTCTACCACCATCCCTACTTTTACTTCTGGCCTCCTCAGGAATTGAAGC
AGGCGCAGGCACAGGCTGAACTGTGTACCCACCATTAGCTGGAAACCTAGCCCACGCTGGC
GCCTCTGTAGATCTAACTATCTTTTCCCTTCACCTAGCAGGTGTGTCATCAATTTTAGGGGCC
ATCAACTTTATCACCACAGCAATTAACATAAAATCTCCAGCTATATCACAGTACCAAACACC
CTTATTTGTGTGATCTGTACTTATTACAGCCGTCCTATTACTACTCTCGCTACCAGTACTCGCC
GCAGGTATTACTATATTACTCACAGACCGAAACCTAAATACAACCTTCTTCGACCCTTCAGG
GGGAGGGGACCCAATTTTATAATCAACACCTGGTT

（2）BLAST 比对

Description	Max score	Total score	Query cover	E value	Ident	Accession
Mauremys reevesii voucher AS61MT01 cytochrome oxidase subunit I (COI) gene, partial cds; mitochondrial	1201	1201	99%	0.0	99%	JF700151.1
Mauremys megalocephala mitochondrion, complete genome	1201	1201	99%	0.0	99%	HM132059.1
Mauremys reevesii voucher MVZ 230533 cytochrome c oxidase subunit I (COI) gene, partial cds; mitochondrial	1201	1201	99%	0.0	99%	AF348263.2
Mauremys reevesii isolate NS01 mitochondrion, complete genome	1190	1190	99%	0.0	99%	KJ700438.1
Sacalia quadriocellata X Mauremys reevesii cytochrome oxidase subunit I gene, partial cds; mitochondrial	1190	1190	99%	0.0	99%	AY562183.1
Mauremys reevesii mitochondrion, complete genome	1184	1184	99%	0.0	99%	FJ469674.1
Chinemys reevesi mitochondrion, complete genome	1181	1181	97%	0.0	99%	AY676201.1

6．LCS-MR-1103-01

（1）*CO* Ⅰ序列

CACCTTATATTGATTTTCGGGGCCTGAGCAGGTATAGTAGGCACAGCATTAAGTTTATTAATC
CGCGCAGAATTAAGCCAACCTGGAGCCCTCCTAGGGGACGACCAAATCTATAATGTTATCGT
TACAGCCCATGCCTTTATCATAATTTTCTTCATGGTTATACCCGTTATAATCGGCGGCTTTGG
AAACTGACTTGTACCTTTAATGATCGGAGCGCCAGATATGGCATTCCCACGTATAAACAATA
TAAGCTTCTGGCTTCTACCACCATCCCTACTTTTACTTCTGGCCTCCTCAGGAATTGAAGCAG
GCGCAGGCACAGGCTGAACTGTGTACCCACCATTAGCTGGAAACCTAGCCCACGCTGGCGC
CTCTGTAGATCTAACTATCTTTTCCCTTCACCTAGCAGGTGTGTCATCAATTTTAGGGGCCAT
CAACTTTATCACCACAGCAATTAACATAAAATCTCCAGCTATATCACAGTACCAAACACCCT
TATTTGTGTGATCTGTACTTATTACAGCCGTCCTATTACTACTCTCGCTACCAGTACTCGCCGC
AGGTATTACTATATTACTCACAGACCGAAACCTAAATACAACCTTCTTCGACCCTTCAGGGG
GAGGGGACCCAATTTTATA-TCAACCCCTGTTT

（2）BLAST 比对

Description	Max score	Total score	Query cover	E value	Ident	Accession
Mauremys reevesii voucher AS61MT01 cytochrome oxidase subunit I (COI) gene, partial cds; mitochondrial	1203	1203	100%	0.0	99%	JF700151.1
Mauremys megalocephala mitochondrion, complete genome	1203	1203	100%	0.0	99%	HM132059.1
Mauremys reevesii voucher MVZ 230533 cytochrome c oxidase subunit I (COI) gene, partial cds; mitochondrial	1203	1203	100%	0.0	99%	AF348263.2
Mauremys reevesii isolate NS01 mitochondrion, complete genome	1192	1192	100%	0.0	99%	KJ700438.1
Sacalia quadriocellata X Mauremys reevesii cytochrome oxidase subunit I gene, partial cds; mitochondrial	1192	1192	100%	0.0	99%	AY562183.1
Chinemys reevesi mitochondrion, complete genome	1188	1188	99%	0.0	99%	AY676201.1
Mauremys reevesii mitochondrion, complete genome	1186	1186	100%	0.0	99%	FJ469674.1

（五）四眼斑水龟

LCS-SQ-1101-01

（1）*CO* Ⅰ序列

AAATAAAAGTTGGTATAAAATTGGGTCTCCTCCCCCTGAAAGGTAAAGAAGGTTGTATTTAG
GTTTCGGTCTGTGAGTAGTATAGTGATGCCTGCGGCAAGTACTGGAAGTGAAAGAAGTAATA
GAATGGCTGTGATAAGTACTGATCACACAAATAAAGGTGTCTGATATTGTGATATAGCTGGG
GATTTTATGTTAATTGCTGTGGTAATAAAATTAATAGCCCCTAAAATTGATGATACACCAGCT
AAGTGAAGGGAAAAGATAGTTAGATCTACAGAAGCGCCAGCGTGGGCTAAGTTTCCGGCTA
GCGGTGGGTATACCGTTCAGCCTGTGCCTGCGCCTGCTTCAATTCCTGATGATGCTAGGAGT
AGAAGTAGTGATGGAGGTAGAAGTCAGAAGCTTATGTTGTTCATGCGTGGAAATGCTATATC
TGGTGCCCCGATTATTAATGGCACAAGTCAATTTCCAAAGCCACCAATTATAACAGGTATAA
CTATGAAGAAGATTATGATAAAAGCATGGGCTGTAACAATGACGTTATAGATTTGATCATCC
CCTAGGAGGGCTCCGGGTTGGCTTAATTCTGCGCGAATTAATAAGCTTAATGCTGTGCCCAC
CATACCTGCTCAGGCCCCGAAAATCAGATATAAGGTGCC

（2）BLAST 比对

	Description	Max score	Total score	Query cover	E value	Ident	Accession
☐	Sacalia quadriocellata voucher 2009-SQ-009 cytochrome oxidase subunit I (COI) gene, partial cds; mitochondrial	1192	1192	98%	0.0	99%	GQ867683.1
☐	Sacalia quadriocellata mitochondrion, complete genome	1186	1186	98%	0.0	99%	GU320209.1
☐	Sacalia quadriocellata voucher 2009-SQ-013 cytochrome oxidase subunit I (COI) gene, partial cds; mitochondrial	1186	1186	98%	0.0	99%	GQ867684.1
☐	Sacalia quadriocellata voucher 2009-SQ-008 cytochrome oxidase subunit I (COI) gene, partial cds; mitochondrial	1186	1186	98%	0.0	99%	GQ867682.1
☐	Sacalia quadriocellata voucher 2009-SQ-017 cytochrome oxidase subunit I (COI) gene, partial cds; mitochondrial	1181	1181	98%	0.0	99%	GQ867685.1
☐	Sacalia quadriocellata voucher 2009-SQ-006 cytochrome oxidase subunit I (COI) gene, partial cds; mitochondrial	1181	1181	98%	0.0	99%	GQ867680.1
☐	Sacalia quadriocellata isolate 1 from Laos cytochrome oxidase subunit I (COI) gene, partial cds; mitochondrial	1173	1173	97%	0.0	99%	HQ329703.1

（六）红耳侧线龟

1．LCS-TS-1101-01

（1）*CO* Ⅰ序列

ACCTTTATACTTAATTTTTGGGGCCTGGGCAGGAATAGTAGGCACAGCATTAAGTTTATTGAT
CCGCGCAGAATTAAGCCAACCTGGGGCCCTTTTAGGGGATGACCAAATCTACAATGTTGTCG
TCACAGCCCATGCTTTCATTATAATTTTCTTCATAGTTATACCAATTATAATTGGCGGGTTTG
GGAACTGACTCGTGCCATTAATAATTGGAGCGCCAGACATGGCATTTCCACGTATAAACAAT
ATAAGTTTTTGGCTTTTACCCCCTTCATTATTATTACTCCTAGCATCATCAGGAATTGAAGCA
GGCGCAGGCACAGGCTGAACTGTATACCCCCCATTAGCCGGAAATTTAGCCCACGCCGGTGC
CTCTGTAGACCTGACTATCTTTTCTCTTCATTTAGCAGGAGTATCTTCAATTCTAGGGGCTATT
AACTTCATTACCACAGCAATTAACATAAAATCCCCAGCCATGTCACAATACCAAACACCCCT
ATTTGTGTGATCAGTACTTATTACAGCTGTCCTATTATTACTATCGCTACCAGTCCTAGCTGC
AGGCATCACTATACTATTAACAGACCGAAACCTAAATACAACTTTCTTTGACCCTTCAGGAG
GGGGAGACCCAATCTTATACCACATCATGCCT

（2）BLAST 比对

Description	Max score	Total score	Query cover	E value	Ident	Accession
Trachemys scripta elegans mitochondrion, complete genome	1194	1194	98%	0.0	100%	KM216748.1
Trachemys scripta voucher FMNH Herps 257462 cytochrome oxidase subunit 1 (COI) gene, partial cds; mitochondrial	1182	1182	98%	0.0	99%	KU985945.1
Trachemys scripta scripta mitochondrion, complete genome	1182	1182	98%	0.0	99%	KM216749.1
Trachemys scripta voucher AS62MT01 cytochrome oxidase subunit I (COI) gene, partial cds; mitochondrial	1182	1182	98%	0.0	99%	JF700194.1
Trachemys scripta mitochondrion, complete genome	1182	1182	98%	0.0	99%	FJ392294.1
Trachemys scripta voucher ROM Herps 22882 cytochrome oxidase subunit 1 (COI) gene, partial cds; mitochondrial	1181	1181	98%	0.0	99%	KU985679.1
Trachemys scripta voucher FMNH Herps 267587 cytochrome oxidase subunit 1 (COI) gene, partial cds; mitochondrial	1179	1179	97%	0.0	99%	KU986207.1

2．LCS-TS-1102-01

（1）*CO* Ⅰ序列

CACTTTATACTTAATTTTTGGGGCCTGGGCAGGAATAGTAGGCACAGCATTAAGTTTATTGAT
CCGCGCAGAATTAAGCCAACCTGGGGCCCTTTTAGGGGATGACCAAATCTACAATGTTGTCG
TCACAGCCCATGCTTTCATTATAATTTTCTTCATAGTTATACCAATTATAATTGGCGGGTTTG
GGAACTGACTCGTGCCATTAATAATTGGAGCGCCAGACATGGCATTTCCACGTATAAACAAT
ATAAGTTTTTGGCTTTTACCCCCTTCATTATTATTACTCCTAGCATCATCAGGAATTGAAGCA
GGCACAGGCACAGGCTGAACTGTATACCCCCCATTAGCCGGAAATTTAGCCCACGCCGGTGC
CTCTGTAGACCTGACTATCTTTTCTCTTCATTTAGCAGGAGTATCTTCAATTCTAGGAGCTATT
AACTTCATTACCACAGCAATTAACATAAAATCCCCAGCCATGTCACAATACCAAACACCCCT
ATTTGTGTGATCAGTACTTATTACAGCTGTCCTATTATTACTATCGCTACCAGTCCTAGCTGC
AGGCATCACTATACTATTAACAGACCGAAACCTAAATACAACTTTCTTTGACCCTTCAGGAG
GGGGAGACCCAATCTTATACCAACACTTATTC

（2）BLAST 比对

Description	Max score	Total score	Query cover	E value	Ident	Accession
Trachemys scripta voucher AS62MT01 cytochrome oxidase subunit I (COI) gene, partial cds; mitochondrial	1216	1216	100%	0.0	100%	JF700194.1
Trachemys scripta mitochondrion, complete genome	1216	1216	100%	0.0	100%	FJ392294.1
Trachemys scripta voucher FMNH Herps 257462 cytochrome oxidase subunit 1 (COI) gene, partial cds; mitochondrial	1214	1214	99%	0.0	100%	KU985945.1
Trachemys scripta voucher ROM Herps 22882 cytochrome oxidase subunit 1 (COI) gene, partial cds; mitochondrial	1210	1210	99%	0.0	100%	KU985679.1

3．LCS-TS-1103-01

（1）*CO* Ⅰ序列

CACTTTATACTTAATTTTTGGGGCCTGGGCAGGAATAGTAGGCACAGCATTAAGTTTATTGAT
CCGCGCAGAATTAAGCCAACCTGGGGCCCTTTTAGGGGATGACCAAATCTACAATGTTGTCG
TCACAGCCCATGCTTTCATTATAATTTTCTTCATAGTTATACCAATTATAATTGGCGGGTTTG
GGAACTGACTCGTGCCATTAATAATTGGAGCGCCAGACATGGCATTTCCACGTATAAACAAT
ATAAGTTTTTGGCTTTTACCCCCTTCATTATTATTACTCCTAGCATCATCAGGAATTGAAGCA
GGCGCAGGCACAGGCTGAACTGTATACCCCCCATTAGCCGGAAATTTAGCCCACGCCGGTGC
CTCTGTAGACCTGACTATCTTTTCTCTTCATTTAGCAGGAGTATCTTCAATTCTAGGAGCTATT
AACTTCATTACCACAGCAATTAACATAAAATCCCCAGCCATGTCACAATACCAAACACCCCT
ATTTGTGTGATCAGTACTTATTACAGCTGTCCTATTATTACTATCGCTACCAGTCCTAGCTGC
AGGCATCACTATACTATTAACAGACCGAAACCTAAATACAACTTTCTTTGACCCTTCAGGAG

GGGGAGACCCAATCTTATACCAACCAACTTTT

（2）BLAST 比对

Description	Max score	Total score	Query cover	E value	Ident	Accession
Trachemys scripta scripta mitochondrion, complete genome	1195	1195	98%	0.0	99%	KM216749.1
Trachemys scripta elegans mitochondrion, complete genome	1195	1195	98%	0.0	99%	KM216748.1
Trachemys scripta voucher AS62MT01 cytochrome oxidase subunit I (COI) gene, partial cds; mitochondrial	1195	1195	98%	0.0	99%	JF700194.1
Trachemys scripta mitochondrion, complete genome	1195	1195	98%	0.0	99%	FJ392294.1
Trachemys scripta voucher FMNH Herps 257462 cytochrome oxidase subunit 1 (COI) gene, partial cds; mitochondrial	1194	1194	98%	0.0	99%	KU985945.1
Trachemys scripta voucher ROM Herps 22882 cytochrome oxidase subunit 1 (COI) gene, partial cds; mitochondrial	1190	1190	98%	0.0	99%	KU985679.1
Trachemys scripta voucher FMNH Herps 267587 cytochrome oxidase subunit 1 (COI) gene, partial cds; mitochondrial	1186	1186	97%	0.0	100%	KU986207.1

4．LCS-TS-1104-01

（1）*CO* Ⅰ序列

CTGTTTATACTTAATTTTTGGGGCCTGGGCAGGAATAGTAGGCACAGCATTAAGTTTATTGAT
CCGCGCAGAATTAAGCCAACCTGGGGCCCTTTTAGGGGATGACCAAATCTACAATGTTGTCG
TCACAGCCCATGCTTTCATTATAATTTTCTTCATAGTTATACCAATTATAATTGGCGGGTTTG
GGAACTGACTCGTGCCATTAATAATTGGAGCGCCAGACATGGCATTTCCACGTATAAACAAT
ATAAGTTTTTGGCTTTTACCCCCTTCATTATTATTACTCCTAGCATCATCAGGAATTGAAGCA
GGCGCAGGCACAGGCTGAACTGTATACCCCCCATTAGCCGGAAATTTAGCCCACGCCGGTGC
CTCTGTAGACCTGACTATCTTTTCTCTTCATTTAGCAGGAGTATCTTCAATTCTAGGAGCTATT
AACTTCATTACCACAGCAATTAACATAAAATCCCCAGCCATGTCACAATACCAAACACCCCT
ATTTGTGTGATCAGTACTTATTACAGCTGTCCTATTATTACTATCGCTACCAGTCCTAGCTGC
AGGCATCACTATACTATTAACAGACCGAAACCTAAATACAACTTTCTTTGACCCTTCAGGAG
GGGGAGACCCAATCTTATACCAACACTTATTC

（2）BLAST 比对

Description	Max score	Total score	Query cover	E value	Ident	Accession
Trachemys scripta voucher FMNH Herps 257462 cytochrome oxidase subunit 1 (COI) gene, partial cds; mitochondrial	1205	1205	99%	0.0	99%	KU985945.1
Trachemys scripta voucher ROM Herps 22882 cytochrome oxidase subunit 1 (COI) gene, partial cds; mitochondrial	1205	1205	99%	0.0	99%	KU985679.1
Trachemys scripta scripta mitochondrion, complete genome	1205	1205	99%	0.0	99%	KM216749.1
Trachemys scripta elegans mitochondrion, complete genome	1205	1205	99%	0.0	99%	KM216748.1
Trachemys scripta voucher AS62MT01 cytochrome oxidase subunit I (COI) gene, partial cds; mitochondrial	1205	1205	99%	0.0	99%	JF700194.1
Trachemys scripta mitochondrion, complete genome	1205	1205	99%	0.0	99%	FJ392294.1
Trachemys scripta voucher FMNH Herps 267587 cytochrome oxidase subunit 1 (COI) gene, partial cds; mitochondrial	1182	1182	97%	0.0	100%	KU986207.1

（七）黄缘闭壳龟

（1）*CO* Ⅰ序列

TTTGTTAATCCGCGCAGAACTAAGCCAACCAGGGGCTCTTCTGGGGGACGACCAAATCTATA
ATGTCATCGTTACAGCCCATGCCTTTATTATAATCTTCTTCATGGTTATACCTGTTATAATCGG
CGGCTTTGGAAACTGACTCGTACCCTTAATAATTGGAGCACCAGATATAGCATTCCCGCGTA
TAAACAATATAAGCTTCTGACTTCTCCCCCCATCTCTACTTCTACTCCTAGCCTCCTCAGGAA
TTGAAGCAGGCGCAGGCACAGGCTGAACTGTATACCCACCCTTAGCTGGAAACCTGGCTCAC
GCTGGCGCCTCTGTAGATCTAACTATTTTTTCCCTTCACCTGGCTGGTGTATCATCAATTCTAG
GGGCTATTAACTTTATTACCACAGCAATTAACATAAAATCTCCAGCTATATCGCAATATCAG

ACACCTTTGTTTGTGTGATCTGTACTTATTACAGCCGTTCTATTACTGCTCTCACTACCAGTGC
TCGCCGCAGGTATTACCATACTACTCACTGATCGAAACCTAAATACAACCTTCTTTGACCCCT
CAGGGGGAGGGGACCCAATTTTATACCAACATCTATTTTGATTCTTTGGTCACCCTGAAGTAT
ACATCTTAATCTTACCAGGATTTGGCATAATCTCACATGTTGTTACCTACTACGCCGGTAAAA
AAGAACCATTCGGATATATAGGAATAGTTTGAGCAATAATATCTATCGGGTTTTTAG

（2）BLAST 比对

	Description	Max score	Total score	Query cover	E value	Ident	Accession
☐	Cuora flavomarginata mitochondrion, complete genome	1384	1384	100%	0.0	100%	KJ680321.1
☐	Cuora flavomarginata MTD T 232 cytochrome oxidase subunit I (COI) gene, partial cds; mitochondrial	1384	1384	100%	0.0	100%	AY590459.1
☐	Cuora flavomarginata mitochondrion, complete genome	1378	1378	100%	0.0	99%	EU708434.1
☐	Cuora flavomarginata MVZ 230464 cytochrome oxidase subunit I (COI) gene, partial cds; mitochondrial gene for mitochondrial product	1373	1373	100%	0.0	99%	AY357739.1
☐	Cuora flavomarginata clone Cf2_HBS41894_HA44 cytochrome oxidase subunit 1 (CO1) gene, partial cds; mitochondrial	1192	1192	86%	0.0	99%	EF011467.1

（八）地龟

1．LCS-GS-1101-01

（1）*CO* Ⅰ序列

TTGGCACCCTATATTTAATTTTTGGGGCCTGAGCAGGTATAGTAGGCACAGCATTAAGCTTAT
TAATCCGTGCAGAACTAGGCCAACCAGGGGCCCTATTAGGAGATGACCAAATTTACAATGTC
ATTGTTACAGCCCATGCCTTCATTATAATTTTCTTCATGGTTATACCAATTATAATCGGTGGA
TTTGGAAATTGACTTGTGCCCCTAATAATTGGGGCTCCGGACATAGCATTCCCCCGTATAAAT
AATATAAGCTTCTGACTTCTACCTCCGTCCCTGCTTCTGCTTCTAGCTTCATCAGGAATTGAA
GCAGGTGCCGGCACAGGCTGAACCGTATACCCCCCATTAGCTGGAAATTTAGCTCACGCTGG
CGCTTCTGTAGATCTAACTATTTTCTCCCTTCACCTAGCTGGTGTATCATCAATTTTAGGGGC
CATCAACTTTATTACCACAGCAATTAACATAAAATCCCCAGCTATATCACAATACCAAACAC
CTTTATTTGTGTGATCCGTGCTCATTACAGCCGTTCTACTACTACTCTCATTACCGGTACTCGC
TGCGGGCATCACTATACTACTTACAGACCGAAACCTTAATACAACCTTTTTTGACCCTTCAGG
AGGAGGAGATCCAATTTTATATCAACATCTATTTTGATTTTTTGGTCACCCT

（2）BLAST 比对

	Description	Max score	Total score	Query cover	E value	Ident	Accession
☐	Geoemyda spengleri cytochrome oxidase subunit I gene, partial cds; mitochondrial	1234	1234	100%	0.0	99%	AY562184.1
☐	Geoemyda spengleri isolate 1 cytochrome oxidase subunit I (COI) gene, partial cds; mitochondrial	1179	1179	95%	0.0	99%	HQ329679.1

2．LCS-GS-1101-02

（1）*CO* Ⅰ序列

TTGGCACCCTATATTTAATTTTTGGGGCCTGAGCAGGTATAGTAGGCACAGCATTAAGCTTAT
TAATCCGTGCAGAACTAGGCCAACCAGGGGCCCTATTAGGAGATGACCAAATTTACAATGTC
ATTGTTACAGCCCATGCCTTCATTATAATTTTCTTCATGGTTATACCAATTATAATCGGTGGA
TTTGGAAATTGACTTGTGCCCCTAATAATTGGGGCTCCGGACATAGCATTCCCCCGTATAAAT

AATATAAGCTTCTGACTTCTGCCTCCGTCCCTGCTTCTGCTTCTAGCTTCATCAGGAATTGAA
GCAGGTGCCGGCACAGGCTGAACCGTATACCCCCACTAGCTGGAAATTTAGCTCACGCTGG
CGCTTCTGTAGACTTGACTATTTTCTCCCTTCACCTAGCTGGTGTATCATCAATTTTAGGGGCC
ATCAACTTTATTACCACAGCAATTAACATAAAATCCCCAGCTATATCACAATACCAAACACC
TTTATTTGTGTGATCCGTGCTCATTACAGCCGTTCTACTACTACTCTCATTACCGGTACTCGCT
GCAGGCATCACTATACTACTTACAGATCGAAACCTTAATACAACCTTTTTTGACCCTTCAGGA
GGAGGAGATCCAATTTTATATCAACATCTATTTTGATTTTTTGGTCACCCT

（2）BLAST 比对

	Description	Max score	Total score	Query cover	E value	Ident	Accession
☐	Geoemyda spengleri cytochrome oxidase subunit I gene, partial cds; mitochondrial	1229	1229	100%	0.0	99%	AY562184.1
☐	Geoemyda spengleri isolate 1 cytochrome oxidase subunit I (COI) gene, partial cds; mitochondrial	1173	1173	95%	0.0	99%	HQ329679.1

（九）缅甸陆龟

（1）*CO* Ⅰ序列

TTTAAACTTTCCAGGTGACCAAAAAATCAGAATAAGCTGTTGGTATAAAATTGGGTCTCCTC
CCCCAGAAGGATCAAAGAAAGTTGTATTTAGGTTTCGATCTGTTAGTAGTATGGTAATACCA
GCGGCAAGTACTGGTAGTGAGAGTAGTAATAGAATAGCTGTAATAAGCACTGATCATACGA
ATAGGGGTGTTTGGTATTGTGATATGGCTGGGGATTTTATATTAACTGCTGTGGTAATAAAAT
TAATGGCTCCTAGAATTGATGACACACCTGCTAGGTGTAAGGAAAAAATAGTTAGGTCTACA
GAGGCACCAGCATGGGCTAAGTTTCCAGCTAATGGTGGATATACGGTTCAGCCTGTACCTGC
GCCTGCTTCAATTCCTGATGAGGCTAGCAGTAGCAGTAGGGATGGTGGGAGAAGTCAGAAG
CTTATATTATTTATACGTGGAAATGCCATGTCTGGTGCTCCGATTATTAATGGTACAAGTCAG
TTTCCGAAGCCACCAATTATGATTGGTATAACTATAAAGAAAATTATGATAAAGGCGTGGGC
TGTGACAATAACATTATAAATTTGGTCATCTCCAAGGAGAGTTCCGGGTTGGCTTAGTTCTGC
GCGGATTAATAGGCTTAATGCTGTGCCTACTATTCCTGCTCAGGCCCCAAAAATCAGGATAT
ATAGGTACCAATATCTTTATGTTTGGTTGACCCA

（2）BLAST 比对

	Description	Max score	Total score	Query cover	E value	Ident	Accession
☐	Indotestudo elongata mitochondrion, complete genome	1218	1218	97%	0.0	98%	DQ656607.1
☐	Indotestudo elongata voucher MVZ 234627 mitochondrion, complete genome	1218	1218	97%	0.0	98%	DQ080043.1

第九章 水蛭类

一、概述

（一）资源状况

2015 年版《中国药典》规定水蛭（图 9-1、图 9-2）为水蛭科动物蚂蟥 *Whitmania pigra* (Whitman)、水蛭 *Hirudo nipponica* (Whitman) 或柳叶蚂蟥 *Whitmania acranulata* (Whitman) 的干燥全体。现常用品种为蚂蟥，水蛭和柳叶蚂蟥较少。在生活习性上，蚂蟥、柳叶蚂蟥以田螺等水生动物为食，不吸血，而水蛭以人和牲畜的血液为食。

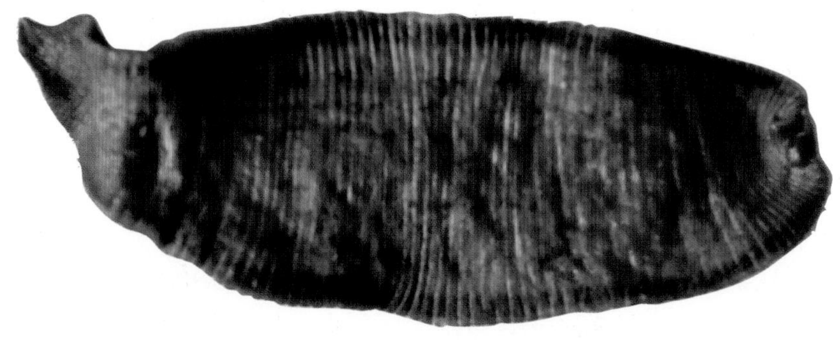

1cm

图 9-1　药材蚂蟥

图 9-2 药材水蛭

（二）本草源流

水蛭始载于《神农本草经》，列为下品，以“水蛭”为名记载。味咸、苦，性微寒，有毒。逐恶血，瘀血，月闭，破血瘕，积聚，无子，利水道。水蛭入腹，啮入肠脏。表明《神农本草经》所记载的水蛭为吸血品种日本医蛭（水蛭）*Hirudo nipponica* (Whitman)。

《名医别录》中记载，水蛭生雷泽池泽，五月、六月采，暴干。该书记载水蛭为生长于今山东菏泽附近池塘的品种，根据现水蛭分布，应为水蛭 *Hirudo nipponica* (Whitman)。

唐·《新修本草》中记载，此物有水蛭、马蛭之说，大的称为马蛭，可以饮牛、马、人血，今多取水中小者，用之大效，不必要食人血满腹者，其草蛭，在深山草上，人行即傅诸胫股，不觉，遂于肉中产育，亦大为害……表明该书记载水蛭有不吸血品种，但是水中小者的临床效果好，且生于深山的草蛭对人体有害。《蜀本草》云：以冬猪脂煎令焦黄，然后用之，勿采山蛭、石蛭，其头尖、腰粗色赤不入药。说明当时水蛭药材来源有牛蛭科，没有山蛭科、石蛭科品种。

《图经本草》记载，水蛭，一名蜞，生雷泽池泽，今近河池中多有之，一名蜞，此有数种，生水中者名水蛭，亦名马蟥……并皆着人，及牛马股胫间，啮咂其血……水蛭有长尺者，用之当以小者为佳……石蛭等并头尖腹，不堪入药……。第一次记载“马蟥”这个名称，但同今“蚂蟥”并不是同一个品种，该书记载的马蟥吸食人、牛、马的血液，应为吸血的医蛭科品种。

《证类本草》中分析阐释，水蛭……大者京师又谓之马鳖，腹黄者谓之马黄……今人用着皆妙。说明较大的水蛭亦有临床功效。陶隐居云，今复有数种，此用马蜞，得啮人腹中有血者，仍干为佳。山蛭及诸小者皆不用。楚王食寒菹，所得而吞之，果能去结积，虽曰阴佑，亦是物性兼然。

根据历代本草对水蛭的形态、生存环境、食性等描述，古代水蛭应为吸血品种，应为日本医蛭（2015 年版《中国药典》称为水蛭），而不应是不吸血的宽体金线蛭（2015 年版《中国药典》称为蚂蟥）和尖细金线蛭（2015 年版《中国药典》称为柳叶蚂蟥）。

（三）科研背景

目前关于水蛭药材鉴定方面的研究，主要集中在性状鉴定、理化鉴定、含量测定等方面。利用分子生物学技术开展水蛭鉴别研究未见报道，希望通过此研究建立规范化的分子鉴定方法。

二、物种信息

（一）宽体金线蛭（蚂蟥） *Whitmania pigra* (Whitman)

形态特征：身体扁平，略呈纺锤形，头区显著变细，眼5对，弧形排列，体型较其他蛭类大，成体长6~13（25）cm，宽1.3~2 cm。背面通常暗绿色，有5条纵纹，中央1条较深而明显。纵纹由黑色和淡黄色两种斑纹间杂排列组成。腹部淡黄色，有7条断续纵行的茶褐色斑纹，其余部分灰白色，杂有茶褐色斑点。体环数107，前吸盘小，后吸盘大。颚齿不发达。不吸血。雄、雌生殖孔各位于33/34、38/39环沟间。（图9-3）

生境分布：生活于水田、河流、湖泊等处。以水中浮游生物及泥面腐殖质等为食。国内大部分地区均有分布。

图9-3　宽体金线蛭

（二）日本医蛭 *Hirudo nipponica* (Whitman)

形态特征：体狭长而稍扁，略呈圆柱形，体长 30~50mm，宽 4~6mm。背面呈黄绿色或黄褐色，有 5 条黄白色的纵纹，但背部和纵纹的色泽变化很大。背中线的 1 条纵纹延伸至后吸盘上。腹面暗灰色，无斑纹。体环数 103。雄性和雌性的生殖孔分别位于 31/32、36/37 环沟，两孔相间 5 环。阴茎露出时呈细线状。眼 5 对，排列成马蹄形。前吸盘较大，口内有 3 个颚，颚脊上有 1 列细齿。后吸盘呈碗状，朝向腹面。（图 9–4）

图 9–4　日本医蛭

生境分布：栖息于水田、沟渠中。分布较广，全国南北方水田及沼泽区域均有。

（三）尖细金线蛭 *Whitmania acranulata* (Whitman)

形态特征：体较宽体金线蛭略小，体型及大小与医蛭相仿。但身体向前伸展时，前端尖细，呈柳叶形，扁平。背部橄榄色或茶褐色，5 条纵线以中间 1 条最宽。背中线两侧有成对的黑褐色斑纹，呈新月形，这些斑纹有时前后对依次相连而成波浪形的纵纹。腹面两侧亦有不规则的黑褐色斑点。雄、雌生殖孔分别位于 34、39 环的腹面正中，阴茎中部膨大。前吸盘小，后吸盘大。（图 9–5）

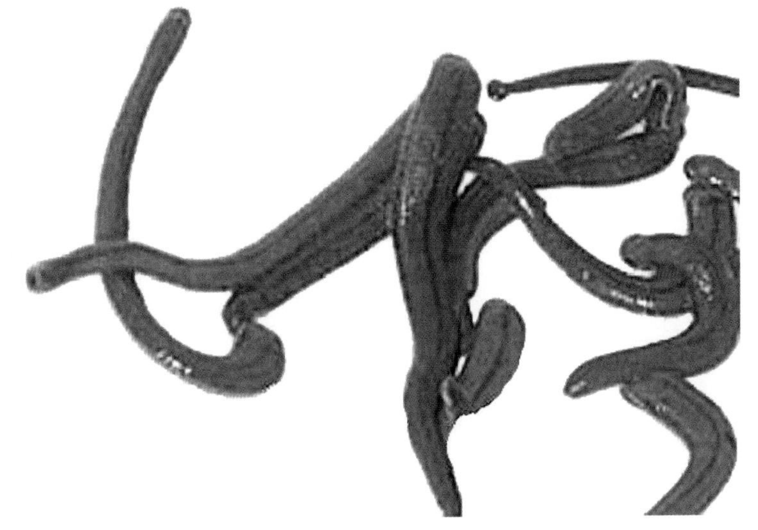

图 9–5　尖细金线蛭

生境分布：一般生活在水稻田、田间水沟中，以水蚯蚓和昆虫的幼虫为食。分布于河北、安徽、江苏、福建等地。

（四）菲牛蛭 *Poecilobdella manillensis* (Lesson)

形态特征：个体狭长而扁平。背中有 1 条不显著的蓝灰色纵纹。尾吸盘明显小于体宽。（图 9–6）

生境分布：生活在水田、水沟或池塘里，主要吸食人、畜血液。分布于福建、台湾、广东、广西、海南、香港等地。

图 9–6　菲牛蛭

（五）天目山蛭 *Haemadipsa tianmushana* Song

形态特征：体型中等大小，呈圆锥形。长 1.1~3.6cm，宽 2.5~6 mm。背中为一较宽的浅色带状区，其两侧共有 6 条粗而直的黑色纵纹。背侧区色深，多黑褐色斑点。腹面有咖啡色斑点或由斑点聚集成的斑块，腹侧有两对平行的棕色纵纹，腹中有 1 条狭窄的银白色区带。（图 9–7）

图 9–7　天目山蛭

生境分布：多见于山地暖湿、阴暗的原始森林、灌木丛、冷竹林、溪边草丛和草坡，尤以小道旁和枯枝落叶中为多。生存的海拔范围为600~2200m。分布于浙江、湖北、河南、四川、广东、海南等地。

三、实验研究

（一）实验样品采（收）集

1. 物种分布及采（收）集区域

水蛭、蚂蟥产于全国各地；柳叶蚂蟥产于河北、安徽、江苏、福建等省。通过市场调研，确定需要收集的水蛭及其混伪品为 5 个品种，分别是宽体金线蛭（蚂蟥）*Whitmania pigra*、日本医蛭（水蛭）*Hirudo nipponica*、尖细金线蛭（柳叶蚂蟥）*Whitmania acranulata*、菲牛蛭 *Poecilobdella manillensis*、天目山蛭 *Haemadipsa tianmushana*。

（1）物种的分布

通过查阅《中国动物志》和相关资料，了解了水蛭及其伪混品物种的分布情况。（表 9–1）

表 9–1　物种分布情况

物种	分布区域
宽体金线蛭（蚂蝗）	全国各地
日本医蛭（水蛭）	全国各地
尖细金线蛭（柳叶蚂蝗）	河北、安徽、江苏、浙江、福建
菲牛蛭	福建、台湾、广东、广西、海南
天目山蛭	浙江、湖北、河南、四川、广东、海南

（2）采（收）集区域

根据物种分布，确定山东、黑龙江、广西等地为主要采集区域。

2. 采（收）集前准备

（1）技能培训

水蛭最佳采集时间为夏、秋二季。出发前，由具有野外带教、资源考察经验丰富的教师进行水蛭原动物鉴别方面的培训。

培训前，先将采集要求和资料复印好发给参加采集工作的师生，仔细阅读并集中培训。对采集方法、采集步骤以及相关表格等逐一讲解。根据2015年版《中国药典》和《中国动物志》，总结了5个物种的鉴定特征。（表9–2）

表9-2　5种药用动物的鉴别要点

物种	鉴别要点
宽体金线蛭	身体扁平，略呈纺锤形，头区显著变细，眼5对，弧形排列，长6~13（25）cm，体宽1.3~2 cm。体背暗绿色，具5条由细密的黄黑斑点组成的纵线，中央1条较深而明显；腹部淡黄色，有7条断续纵行的茶褐色斑纹。前吸盘小，后吸盘大
日本医蛭	体狭长而稍扁，略呈圆柱形，长3~5cm，宽4~6mm。背部黄绿色或黄褐色，有5条黄白纵纹，背中线的一条纵纹延伸至后吸盘上。腹部暗灰色，无斑纹。前吸盘较大，后吸盘呈碗状，朝向腹面
尖细金线蛭	体较宽体金线蛭略小，呈柳叶形，扁平。背面茶褐色，5条纵线以中间1条最宽，两侧的黑色素斑点呈新月形，前后连接成两条波浪形斑纹。前吸盘小，后吸盘大
菲牛蛭	个体狭长而扁平。背中有一条不显著的蓝灰色纵纹。尾吸盘明显小于体宽
天目山蛭	体中等大小，呈圆锥形。长1.1~3.6cm，宽2.5~6 mm。背中为一较宽的浅色带状区，其两侧共有6条粗而直的黑色纵纹。背侧区色深，多黑褐色斑点。腹面有咖啡色斑点或由斑点聚集成的斑块，腹侧有两对平行的棕色纵纹，腹中有一条狭窄的银白色区带

（2）采集分组

每2人为一组，分为3组，分别到3个省份采集。（表9–3）

表9-3　物种分布与分组情况

组别	省区	物种分布
第一组	黑龙江	蚂蟥
第二组	山东	蚂蟥
第三组	广西	天目山蛭、菲牛蛭

（3）物资准备

根据采集方案，进行采集所用的仪器和工具准备，并使每个队员熟悉相关仪器和工具的操作。

仪器工具有 GPS 定位仪、数码相机、笔记本电脑、调查表、动物形态特征彩图、标本瓶、95% 乙醇、标签纸、自封袋、直尺、蛇皮袋、档案袋等。

3. 采（收）集方法

1）固定剂：95% 乙醇，用于野外固定肌肉样品。

2）采集信息：对所采集样品进行统一编号，拍照收集图片信息，填写采集信息表。

3）固定样品：用固定剂浸泡动物或组织，固定后的组织，在路途运输过程中可倒弃固定液，用棉花吸上少量固定剂，保持标本湿润即可达到安全运输的目的。全体浸泡前可往腹部注射固定剂。

4）干燥药材按物种放自封袋中保存。

4. 采（收）集结果

赴山东、广西、黑龙江、安徽亳州、河北安国进行水蛭及其混伪品原动物、药材采集，共收集水蛭及其混伪品菲牛蛭、宽体金线蛭、天目山蛭等 3 种，7 份原动物，购买水蛭药材 4 份。（表 9–4）

表 9–4 水蛭及其混伪品原动物样品收集

物种名称	省区	具体采集地	GPS 定位			采集数
			纬度（N）	经度（E）	海拔 /m	
菲牛蛭	广西	防城港市防城区上思县伏龙乡	22.154	107.983	768	2
宽体金线蛭	山东	济宁市微山县微山湖	34.682	227.276	30	1
	黑龙江	哈尔滨市依兰县	46.32	129.55	31	1
	安徽	亳州药材市场	—	—	—	1
	河北	安国药材市场	—	—	—	1
天目山蛭	广西	防城港市防城区上思县十万大山山脉	22.150	107.984	1362	3
日本医蛭	河北	安国药材市场	—	—	—	1
尖细金线蛭	安徽	亳州药材市场	—	—	—	1

（二）DNA 条形码分析

1. DNA 提取

取活体材料，加入液氮研磨后，利用上海生工生物工程技术服务公司的 Ezup 动物基因组 DNA 抽试提取试剂盒提取动物样本的 DNA。利用上海生工生物工程技术服务公司的 UNIQ-10 动物基因组 DNA 抽试提取试剂盒 SK1205 提取药材的 DNA。

2. PCR 扩增

DNA 提取液用 *CO* Ⅰ序列通用引物和相关条件进行 PCR 扩增。

（1）引物对

上游引物 L*CO* 1490（5′→3′：GGTCAACAAATCATAAAGATATTGG），下游引物 H*CO* 2198（5′→3′：TAAACTTCAGGGTGACCAAAAAATCA）。

（2）扩增体系

1）动物样本扩增体系：耐热 DNA 聚合酶混合缓冲液 25μl，上下游引物各 0.6pmol/L，DNA 模板 25 ng，混匀后用灭菌双蒸水补足反应总体积至 50μl。

2）药材样本扩增体系：耐热 DNA 聚合酶 2 U，氯化镁 2 mmol/L，dNTP2 mmol/L，PCR 缓冲液 2.5mmol/L，上下游引物各 0.2pmol/L，DNA 模板 25ng，混匀后用超纯水补足反应总体积至 50μl。

（3）扩增程序

1）动物样本 PCR 扩增程序：94 ℃预变性 7min；94 ℃变性 30s，45~47℃退火 30s，72℃延伸 1min（40 个循环）；72 ℃再延伸 10min。

2）药材样本 PCR 扩增程序：94 ℃预变性 7min；94℃变性 1min，45℃退火 1min，72℃延伸 1min（循环 40 次）；72℃再延伸 10min。

（4）扩增产物电泳结果

PCR 产物经 1% 琼脂糖凝胶电泳分析，上 5μl 的 PCR 产物，110V 电压下电泳 30min。（图 9-8）

图 9-8　部分水蛭及其混伪品 PCR 结果

3. 测序

在 700 bp 左右出现亮带的样品，其 PCR 产物送上海生工生物工程技术服务公司和博迈德生物公司测序。

4. 拼接

测序后得到正反两向峰图，采用 CodonCode Aligner V 2.06（CodonCode Co.， USA）校对拼接。

5. 结果与分析

根据 PCR 及测序、GeneBank 注册、比对研究，实验样品鉴定结果见表 9-5、表 9-6。

表 9-5 水蛭物种鉴定结果

物种名称	样品编号	省区	具体采集地	BLAST 结果	相似度/%
菲牛蛭	LCS-HM-1101-01	广西壮族自治区	防城港市防城区上思县伏龙乡	菲牛蛭	98
	LCS-HM-1102-01	广西壮族自治区	防城港市防城区上思县伏龙乡	菲牛蛭	98
蚂蟥	LCS-WP-1101-01	山东省	济宁市微山县微山湖	宽体金线蛭	98
	LCS-WP-1102-01	黑龙江省	哈尔滨市依兰县	宽体金线蛭	99
	LCS-WP-1103-01	—	山东（产地）/ 亳州（购买）	宽体金线蛭	99
	LCS-WP-1104-01	—	湖北（产地）/ 安国（购买）	宽体金线蛭	99
天目山蛭	LCS-HI-1101-01	广西壮族自治区	防城港市防城区上思县十万大山山脉	天目山蛭	96
	LCS-HI-1102-01	广西壮族自治区	防城港市防城区上思县十万大山山脉	天目山蛭	96
	LCS-HI-1103-01	广西壮族自治区	防城港市防城区上思县十万大山山脉	天目山蛭	97
水蛭	LCS-HME-1101-01	—	安国（购买）	失败	—
	LCS-HME-1102-01	—	山东（产地）/ 安国（购买）	日本医蛭	98
柳叶蚂蟥	LCS-WP-1105-01	—	安徽（产地）/ 亳州（购买)	宽体金线蛭	98

表 9-6　水蛭药材鉴定结果

编号	LCS-HM-1101-01	暂定科	医蛭科
性状描述	通体黑色，体长较长，9~12cm，口器不明显，环节不明显。断面黑色有光泽，个别个体有分叉	暂定属	牛蛭属
		暂定种	菲牛蛭

照片

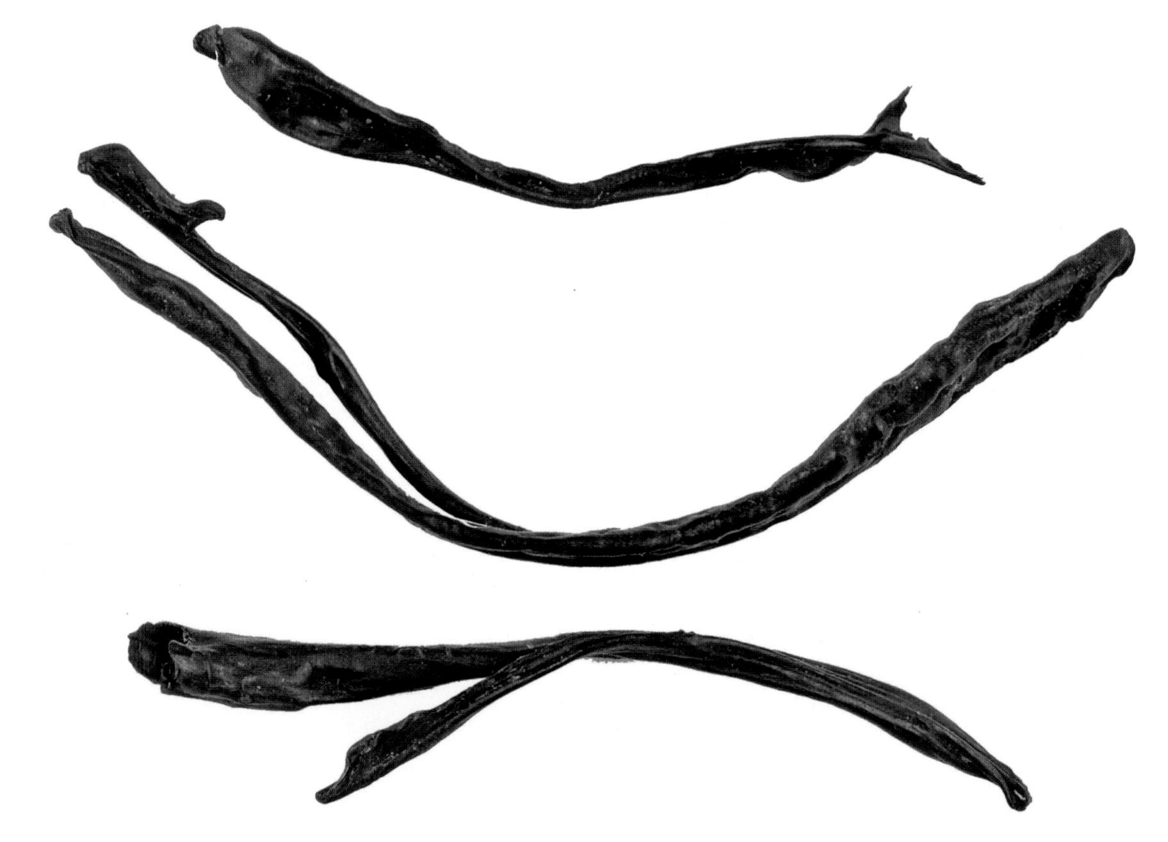

图 9-9　菲牛蛭

DNA 条形码（双向拼接裁剪后）比对情况

Description	Max score	Total score	Query cover	E value	Ident	Accession
Poecilobdella manillensis voucher BPS0011 cytochrome oxidase subunit 1 (COX1) gene, partial cds; mitochondrial	1125	1125	99%	0.0	98%	KU870761.1
Poecilobdella manillensis voucher R2 cytochrome c oxidase subunit I (COI) gene, partial cds; mitochondrial	1123	1123	99%	0.0	98%	KJ551850.1
Hirudinaria manillensis isolate 2 cytochrome oxidase subunit I (COI) gene, partial cds; mitochondrial	1123	1123	99%	0.0	98%	JN412848.1
Poecilobdella manillensis voucher BPS0013 cytochrome oxidase subunit 1 (COX1) gene, partial cds; mitochondrial	1114	1114	99%	0.0	98%	KU870763.1

定种　牛蛭科菲牛蛭（*Poecilobdella manillensis*）

续表

编号	LCS-HME-1101-01	暂定科	医蛭科
性状描述	通体黑色，个小，体长 2~4cm。环节不明显。口器不明显。尾部较尖细	暂定属	医蛭属
		暂定种	日本医蛭

照片

图 9-10　拟为巴蛭

DNA 条形码（双向拼接裁剪后）比对情况

Sequences producing significant alignments:

Accession	Description	Max score	Total score	Query coverage	E value	Max ident	Links
HQ336339.1	Barbronia weberi cytochrome c oxidase subunit I (COI) gene, partial	645	645	89%	0.0	85%	
DQ235598.1	Barbronia arcana cytochrome c oxidase subunit I (COI) gene, partial	645	645	89%	0.0	85%	

定种	鉴定失败，可能为巴蛭属巴蛭

续表

编号	LCS-HME-1102-01	暂定科	医蛭科
性状描述	通体黑色，体长 8~15cm。环节明显，口器明显，断面外缘白色，内部棕褐色	暂定属	医蛭属
		暂定种	日本医蛭（水蛭）

照片

图 9-11　日本医蛭

DNA 条形码（双向拼接裁剪后）比对情况

Description	Max score	Total score	Query cover	E value	Ident	Accession
Hirudo medicinalis cytochrome c oxidase subunit I gene, mitochondrial gene encoding mitochondrial protein, partial cds	1122	1122	100%	0.0	98%	U74067.1

定种　医蛭科日本医蛭（*Hirudo nipponica*）

续表

编号	LCS-WP-1101-01	暂定科	黄蛭科
性状描述	体长 10~15cm，体型宽大。止面黑色，背面红褐色至黑色。有明显的 3 条黑色点状纹路。口器明显，环节明显且较宽	暂定属	金线蛭属
		暂定种	宽体金线蛭

照片

图 9-12　宽体金线蛭

DNA 条形码（双向拼接裁剪后）比对情况

Description	Max score	Total score	Query cover	E value	Ident	Accession
Hirudinaria manillensis mitochondrion, complete genome	1206	1206	99%	0.0	99%	KC688268.1
Whitmania pigra mitochondrion, complete genome	1201	1201	99%	0.0	99%	EU304459.1
Erpobdella octoculata mitochondrion, complete genome	1162	1162	99%	0.0	98%	KC688270.1
Hirudo nipponia mitochondrion, complete genome	1079	1079	99%	0.0	96%	KC667144.1

定种 宽体金线蛭（*Whitmania pigra*）

续表

编号	LCS-WP-1102-01	暂定科	蛭科
性状描述	体长 10~15cm，体型宽大。正面黑色，背面红褐色至黑色。有明显的 3 条黑色点状纹路。口器明显，环节明显且较宽	暂定属	金线蛭属
		暂定种	宽体金线蛭

照片

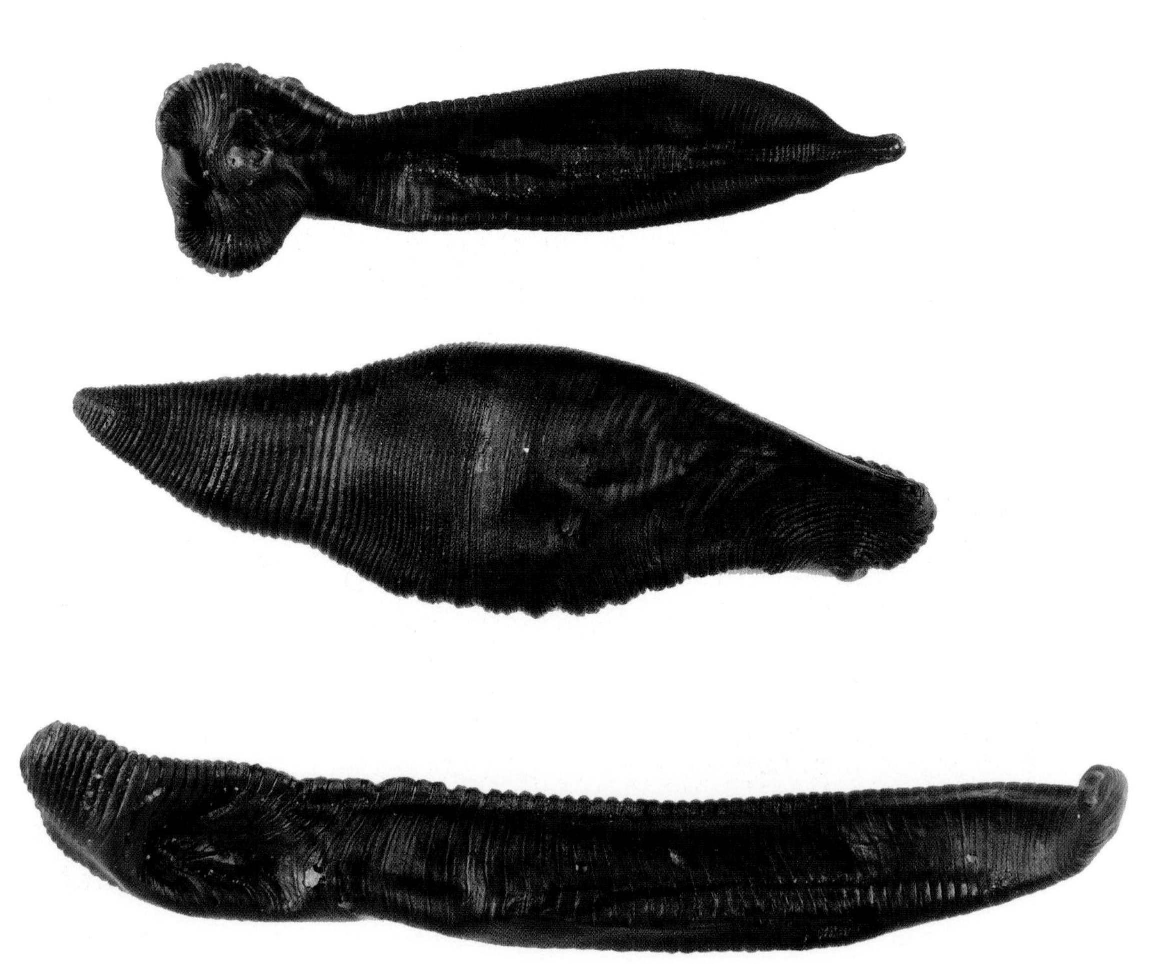

图 9-13　宽体金线蛭

DNA 条形码（双向拼接裁剪后）比对情况

Description	Max score	Total score	Query cover	E value	Ident	Accession
Erpobdella octoculata mitochondrion, complete genome	1179	1179	99%	0.0	98%	KC688270.1
Hirudinaria manillensis mitochondrion, complete genome	1179	1179	99%	0.0	98%	KC688268.1
Whitmania pigra mitochondrion, complete genome	1173	1173	99%	0.0	98%	EU304459.1
Hirudo nipponia mitochondrion, complete genome	1046	1046	99%	0.0	95%	KC667144.1

定种	宽体金线蛭（*Whitmania pigra*）

续表

编号	LCS-WP-1103-01	暂定科	蛭科
性状描述	体长 10~15cm，体型宽大。正面黑色，背面红褐色至黑色。有明显的 3 条黑色点状纹路。口器明显，环节明显且较宽	暂定属	金线蛭属
		暂定种	宽体金线蛭

照片

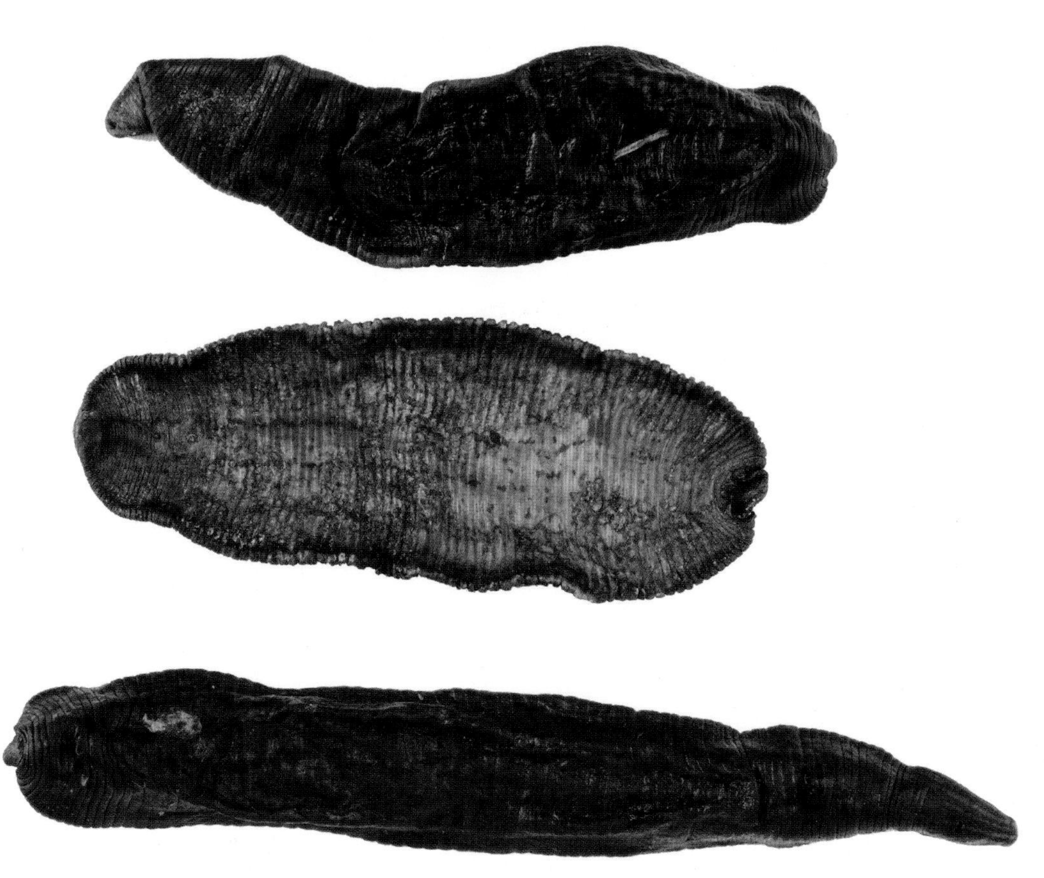

图 9-14　宽体金线蛭

DNA 条形码（双向拼接裁剪后）比对情况

Description	Max score	Total score	Query cover	E value	Ident	Accession
Erpobdella octoculata mitochondrion, complete genome	1173	1173	99%	0.0	98%	KC688270.1
Hirudinaria manillensis mitochondrion, complete genome	1173	1173	99%	0.0	98%	KC688268.1
Whitmania pigra mitochondrion, complete genome	1168	1168	99%	0.0	98%	EU304459.1
Hirudo nipponia mitochondrion, complete genome	1046	1046	99%	0.0	95%	KC667144.1

定种　宽体金线蛭（*Whitmania pigra*）

续表

编 号	LCS-WP-1104-01	暂定科	蛭科
性状描述	体长 10~15cm，体型宽大。正面黑色，背面红褐色至黑色。有明显的 3 条黑色点状纹路。口器明显，环节明显且较宽	暂定属	金线蛭属
		暂定种	宽体金线蛭

照 片

图 9-15 宽体金线蛭

DNA 条形码（双向拼接裁剪后）比对情况

Description	Max score	Total score	Query cover	E value	Ident	Accession
Erpobdella octoculata mitochondrion, complete genome	1155	1155	98%	0.0	98%	KC688270.1
Hirudinaria manillensis mitochondrion, complete genome	1122	1122	98%	0.0	97%	KC688268.1
Whitmania pigra mitochondrion, complete genome	1116	1116	98%	0.0	97%	EU304459.1
Hirudo nipponia mitochondrion, complete genome	1011	1011	98%	0.0	94%	KC667144.1

定 种 宽体金线蛭（*Whitmania pigra*）

续表

编 号	LCS-HME-1102-01	暂定科	蛭科
性状描述	通体黑色，体长较长，9~12cm，口器明显，环节不明显。断面黑色有光泽	暂定属	牛蛭属
		暂定种	菲牛蛭

照 片

图 9-16　菲牛蛭

DNA 条形码（双向拼接裁剪后）比对情况

Description	Max score	Total score	Query cover	E value	Ident	Accession
Hirudo medicinalis cytochrome c oxidase subunit I gene, mitochondrial gene encoding mitochondrial protein, partial cds	1122	1122	100%	0.0	98%	U74067.1

定 种	菲牛蛭（*Poecilobdella manillensis*）

续表

编号	LCS-HI-1101-01	暂定科	蛭科
性状描述	个体很小，体长 1cm 左右。背面黑色，正面棕褐色。环节不明显。口器不明显	暂定属	山蛭属
		暂定种	天目山蛭

照片

图 9-17　天目山蛭

DNA 条形码（双向拼接裁剪后）比对情况

Description	Max score	Total score	Query cover	E value	Ident	Accession
Haemadipsa limuna isolate HACH cytochrome c oxidase subunit I (COI) gene, partial cds; mitochondrial	1064	1064	99%	0.0	96%	HQ203169.:

定种 天目山蛭（*Haemadipsa tianmushana*）

续表

编 号	LCS-WP-1105-01	暂定科	蛭科
性 状 描 述	通体黑色至黑褐色。长 8~12cm，口器明显，环节明显。断面白色至褐色	暂定属	金线蛭属
		暂定种	宽体金线蛭
照 片			

图 9-18 宽体金线蛭

DNA 条形码（双向拼接裁剪后）比对情况

Sequences producing significant alignments:

Accession	Description	Max score	Total score	Query coverage	E value	Max ident	Links
EU304459.1	Whitmania pigra mitochondrion, complete genome	1212	1212	97%	0.0	98%	G

定 种	宽体金线蛭（*Whitmania pigra*）

（三）DNA 条形码鉴定技术操作规程（SOP）

1. 前处理

取30mg左右样品，放入研钵中，加入液氮用力快速研磨成粉末，研磨时尽量减少损失，磨成细粉，倒入微量离心管中。

2. 提取

利用动物组织 DNA 提取试剂盒提取，步骤按说明书进行。

3. 扩增

DNA 提取液用 *CO* Ⅰ序列通用引物和相关条件进行 PCR 扩增。

（1）引物对

上游引物 L*CO* 1490（5′→3′: GGTCAACAAATCATAAAGATATTGG）、下游引物 H*CO* 2198（5′→3′: TAAACTTCAGGGTGACCAAAAAATCA）。

（2）扩增体系

耐热 DNA 聚合酶混合缓冲液 25μl，上下游引物各 0.6 pmol/L，DNA 模板 25 ng，混匀后再用灭菌双蒸水补足反应总体积至 50μl。

（3） 扩增程序

94℃预变性 7min；94℃变性 1min，45~47℃退火 1min，72℃延伸 1min，循环 40 次；72℃再延伸 10min。

（4） 扩增产物电泳结果

扩增液进行 1% 琼脂糖电泳检测，并凝胶成像，700 bp 左右有亮带者送测序。

4. 测序

700 bp 左右有亮带者，对其进行测序。所得原始图谱应为清晰的单峰图谱，干扰信息应低于正常信号的 10%。

5. 拼接

测序结果利用 CodonCode Aligner（CodonCode Co.， USA）校对拼接测序峰图，去除引物区，获得长度为 649~675 bp 的样品序列。

6. BLAST 比对

获得的序列进入 NCBI 网站（http://blast.ncbi.nlm.nih.gov/Blast.cgi?PROGRAM=blastn&PAGE_TYPE=BlastSearch&LINK_LOC=blasthome）（图 9-19），进行在线比对，确定 DNA 序列物种。

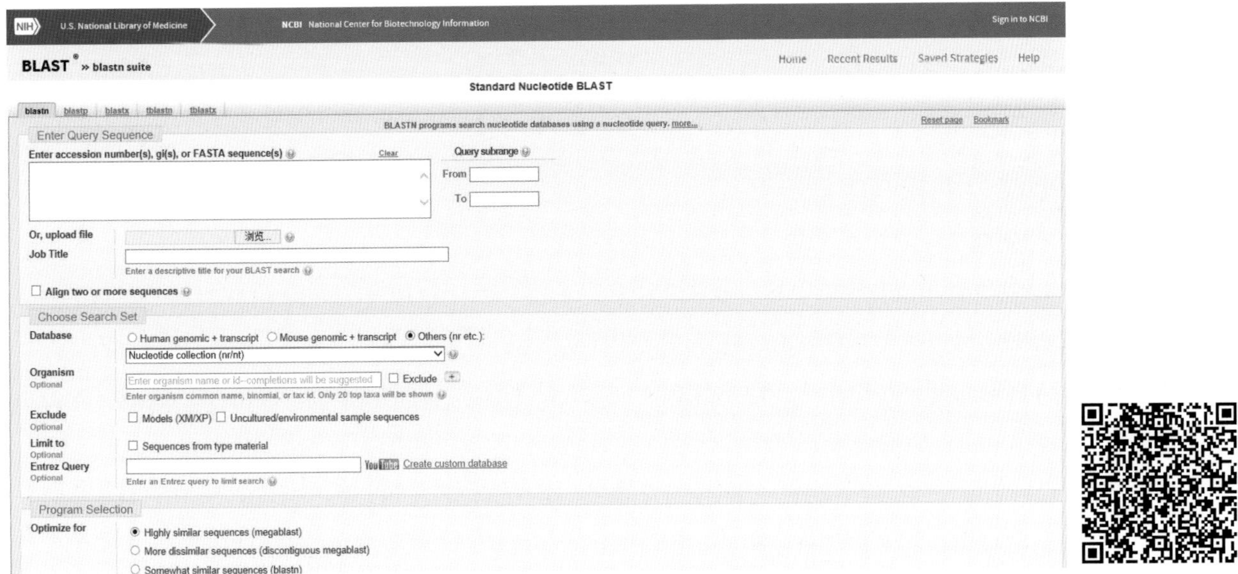

图 9-19　BLAST 网页与网址

四、*CO* Ⅰ条形码序列

（一）菲牛蛭

1. LCS-HM-1101-01

（1）*CO* Ⅰ序列

GACTTTATATTTAATCTTAGGTGCTTGAGCTGCTATATTAGGATCCTCTATAAGTACTATTAT
TCGGGTTGAGTTATCTCAGCCAGGGAGTTTTCTTGGAGATGATCAACTTTATAATTCCTTAAT
TACTGCACATGGACTTATTATAATTTTCTTTATGGTAATACCTATTCTAATTGGAGGTTTTGGT
AATTGACTTTTACCATTAATAATTGGTGCCCCAGATATAGCTTTTCCTCGATTAAATAATTTT
AGGTTTTGATTACTTCCACCATCATTAACTATATTGGTAAGATCATCAATAGTTGAAAATGGT
GTTGGTACAGGATGAACTATTTATCCGCCATTAGCTGATAGCATTTCTCATTCAGGCCCATGT
GTAGATATAGCTATTTTTTCATTACATATAGCTGGTGCATCTTCTATTTTAGGTTCTTTAAATT
TTATTTCTACTATTGTTAATATACGAACTAAGGGAATAGGAAATGAACGAGTTCCATTATTTG
TTTGATCTGTAGTAATTACTACTATTTTATTATTATTATCATTACCAGTATTAGCAGCAGCTAT
TACAATATTATTAACTGACCGTAATTTAAATACTTCATTCTTTGACCCTATAGGTGGTGGAGA
TCCAGTATTGTTTCAGCA

(2) BLAST 比对

	Description	Max score	Total score	Query cover	E value	Ident	Accession
☐	Poecilobdella manillensis voucher BPS0011 cytochrome oxidase subunit 1 (COX1) gene, partial cds; mitochondrial	1125	1125	99%	0.0	98%	KU870761.1
☐	Poecilobdella manillensis voucher R2 cytochrome c oxidase subunit I (COI) gene, partial cds; mitochondrial	1123	1123	99%	0.0	98%	KJ551850.1
☐	Hirudinaria manillensis isolate 2 cytochrome oxidase subunit I (COI) gene, partial cds; mitochondrial	1123	1123	99%	0.0	98%	JN412848.1
☐	Poecilobdella manillensis voucher BPS0013 cytochrome oxidase subunit 1 (COX1) gene, partial cds; mitochondrial	1114	1114	99%	0.0	98%	KU870763.1

2. LCS-HM-1102-01

(1) *CO* I 序列

GACTTTATATTTAATTTTAGGTGCTTGAGCTGCTATATTAGGATCCTCTATAAGTACTATTATT
CGGGTTGAGTTATCTCAGCCAGGGAGTTTTCTTGGAGATGATCAACTTTATAATTCCTTAATT
ACTGCACATGGACTTATTATAATTTTCTTTATGGTAATACCTATTCTAATTGGAGGTTTTGGT
AATTGACTTTTACCATTAATAATTGGTGCCCCAGATATAGCCTTTCCTCGATTAAATAATTTT
AGGTTTTGATTACTTCCACCATCATTAACTATATTGGTAAGATCATCAATAGTTGAAAATGGT
GTTGGTACAGGATGAACTATTTATCCGCCATTAGCTGATAGCATTTCTCATTCAGGCCCATGT
GTAGATATAGCTATTTTTTCATTACATATAGCTGGTGCATCTTCTATTTTAGGTTCTTTAAATT
TTATTTCTACTATTGTTAATATACGAACTAAGGGAATAGGAAATGAACGAGTTCCATTATTTG
TTTGATCTGTAGTAATTACTACTATTTTATTATTATTATCATTACCAGTATTAGCAGCAGCTAT
TACAATATTATTAACTGACCGTAATTTAAATACTTCATTCTTTGACCCTATAGGTGGTGGAGA
TCCAGTATTGTTTCAGCA

(2) BLAST 比对

	Description	Max score	Total score	Query cover	E value	Ident	Accession
☐	Poecilobdella manillensis voucher BPS0011 cytochrome oxidase subunit 1 (COX1) gene, partial cds; mitochondrial	1114	1114	99%	0.0	98%	KU870761.1
☐	Poecilobdella manillensis voucher R2 cytochrome c oxidase subunit I (COI) gene, partial cds; mitochondrial	1112	1112	99%	0.0	98%	KJ551850.1
☐	Hirudinaria manillensis isolate 2 cytochrome oxidase subunit I (COI) gene, partial cds; mitochondrial	1112	1112	99%	0.0	98%	JN412848.1

(二) 宽体金线蛭(蚂蟥)

1. LCS-WP-1101-01

(1) *CO* I 序列

TTTATTTTAGGAACGTGATCAGGTATGTTAGGCTCCTCTATAAGATCAATTATTCGAATTGAA
TTAGCACAGCCAGGAAGATTCCTTGGAGACGACCAATTGTATAATTCACTAGTAACGGCTCA
TGGGTTGGTTATAATCTTCTTTATAGTTATACCAATTCTAATTGGTGGGTTTGGTAATTGACTC
CTACCATTAATGGTAGGGGCCGTAGATATATCGTTTCCTCGTCTGAATAACTTAAGATTTTGG
TTACTACCCCCTTCAATAATCATATTGCTTAGGTCATCCTTAATTGAGGGTGGTGTAGGTGCA
GGGTGAACCCTTTATCCTCCACTATCAGACTCCGTATCTCATTCAGGCCCATCCGTTGACATA
GCCATCTTTTCATTACATATAGCTGGTGCCTCATCTATTTTAGGGTCATTAAATTTTATTTCGA
CTATTATAAATATACGAACTAAAGGAATAACAACTGAACGAGTACCATTATTTGTTTGGTCA
GTTGTTATTACTACTATTTTATTATTGTTATCATTACCAGTTTTAGCAGCAGCTATTACAATAT

TACTTACAGATCGAAATTTAAATACTACTTTCTTTGACCCTATAGGAGGGGGGATCCTATTT
TGTTTCAACATTTATTTTGATTTTTTGGTCACCCGGAAGTTTAA

（2）BLAST 比对

	Description	Max score	Total score	Query cover	E value	Ident	Accession
☐	Hirudinaria manillensis mitochondrion, complete genome	1206	1206	99%	0.0	99%	KC688268.1
☐	Whitmania pigra mitochondrion, complete genome	1201	1201	99%	0.0	99%	EU304459.1
☐	Erpobdella octoculata mitochondrion, complete genome	1162	1162	99%	0.0	98%	KC688270.1
☐	Hirudo nipponia mitochondrion, complete genome	1079	1079	99%	0.0	96%	KC667144.1

2．LCS-WP-1102-01

（1）*CO* Ⅰ序列

TTTATTTTAGGAACGTGATCAGCTATGTTAGGCTCCTCTATAAGATCAATTATTCGAATTGAA
TTAGCACAGCCAGGAAGATTCCTTGGAGACGACCAATTGTATAATTCACTAGTAACGGCTCA
TGGGTTGGTTATAATCTTCTTTATAGTTATACCAATTCTAATTGGTGGGTTTGGTAATTGACTC
TTGCCATTAATGGTAGGAGCCGTAGATATATCATTTCCTCGTCTGAATAATTTAAGATTTTGG
TTACTACCCCCTTCAATAATCATATTGCTTAGGTCATCCTTAATTGAGGGTGGTGTAGGTGCA
GGGTGAACCCTTTATCCCCCACTATCAGACTCCGTATCTCATTCAGGCCCATCAGTTGACATA
GCCATCTTTTCATTACATATAGCTGGTGCCTCATCTATTTTAGGGTCATTAAATTTTATTTCGA
CTATTATAAATATACGAACTAAAGGAATAACAACTGAACGAGTACCATTATTTGTTTGGTCA
GTTGTTATTACTACTATTTTATTATTGTTATCATTACCAGTTTTAGCAGCAGCTATTACAATAT
TACTTACAGATCGAAATTTAAATACTACTTTCTTTGACCCTATAGGAGGGGGGATCCTATTT
TGTTTCAACATTTATTTTGATTTTTTGGTCACCCAGAAGTTTAA

（2）BLAST 比对

	Description	Max score	Total score	Query cover	E value	Ident	Accession
☐	Erpobdella octoculata mitochondrion, complete genome	1179	1179	99%	0.0	98%	KC688270.1
☐	Hirudinaria manillensis mitochondrion, complete genome	1179	1179	99%	0.0	98%	KC688268.1
☐	Whitmania pigra mitochondrion, complete genome	1173	1173	99%	0.0	98%	EU304459.1
☐	Hirudo nipponia mitochondrion, complete genome	1046	1046	99%	0.0	95%	KC667144.1

3．LCS-WP-1103-01

（1）*CO* Ⅰ序列

TTTATTTTAGGAACGTGATCAGCTATGTTAGGCTCCTCTATAAGATCAATTATTCGAATTGAA
TTAGCACAGCCAGGAAGATTCCTTGGAGACGACCAATTGTATAATTCACTAGTAACGGCTCA
TGGGTTGGTTATAATCTTCTTTATAGTTATACCAATTCTAATTGGTGGGTTTGGTAATTGACTC
TTGCCATTAATGGTAGGAGCCGTAGATATATCATTTCCTCGTCTGAATAATTTAAGATTTTGG
TTACTACCCCCTTCAATAATCATATTGCTTAGGTCATCCTTAATTGAGGGTGGTGTAGGTGCA
GGGTGAACCCTTTATCCCCCACTATCAGACTCCGTATCTCATTCAGGCCCATCAGTTGACATA
GCCATCTTTTCATTACATATAGCTGGTGCCTCATCTATTTTAGGGTCATTAAATTTTATTTCGA
CTATTATAAATATACGAACTAAAGGAATAACAACTGAACGAGTACCATTATTTGTTTGGTCA
GTTGTTATTACTACTATTTTATTATTGTTATCATTACCAGTTTTAGCAGCAGCTATTACAATAT

TACTTACAGATCGAAATTTAAATACTACTTTCTTTGACCCTATAGGAGGGGGGATCCTATTT
TGTTTCAACAATTATTTTGATTTTTTGGTCACCCAGAAGTTTAA

(2) BLAST 比对

Description	Max score	Total score	Query cover	E value	Ident	Accession
Erpobdella octoculata mitochondrion, complete genome	1173	1173	99%	0.0	98%	KC688270.1
Hirudinaria manillensis mitochondrion, complete genome	1173	1173	99%	0.0	98%	KC688268.1
Whitmania pigra mitochondrion, complete genome	1168	1168	99%	0.0	98%	EU304459.1
Hirudo nipponia mitochondrion, complete genome	1046	1046	99%	0.0	95%	KC667144.1

4. LCS-WP-1104-01

(1) *CO* Ⅰ序列

ATATTTTTAGGAACGTGATCAGCTATGTTAGGCTCTTCTATAAGATCAATTATTCGAATTGAA
TTAGCACAGCCAGGAAGATTCCTTGGAGACGACCAATTGTATAATTCACTAGTAACGGCTCA
TGGGTTGGTTATAATCTTCTTTATAGTTATACCAATTCTAATTGGTGGGTTTGGTAATTGACTC
CTGCCATTAATGGTAGGAGCCGTAGATATATCATTTCCTCGTCTGAATAATTTAAGATTTTGG
TTACTACCCCCTTCAATAATCATATTGCTTAGGTCATCCTTAATTGAGGGTGGTGTAGGTGCA
GGGTGAACCCTTTATCCCCCACTATCAGACTCCGTATCTCATTCAGGCCCATCCGTTGACATA
GCCATCTTCTCATTACATATAGCTGGTGCCTCATCTATTTTAGGGTCATTAAATTTTATTTCGA
CTATTATAAATATACGAACTAAAGGGATAACAACTGAACGAGTACCATTATTTGTTTGGTCA
GTTGTTATTACTACTATTTTATTATTATTATCATTACCAGTTTTAGCAGCAGCTATTACAATAT
TACTTACAGATCGAAATTTAAATACTACTTTCTTTGACCCTATAGGAGGGGGGATCCTATTT
TCACACATTAATTATTTTGATTTTTTGGTCACCCTGGAAGTTAA

(2) BLAST 比对

Description	Max score	Total score	Query cover	E value	Ident	Accession
Erpobdella octoculata mitochondrion, complete genome	1155	1155	98%	0.0	98%	KC688270.1
Hirudinaria manillensis mitochondrion, complete genome	1122	1122	98%	0.0	97%	KC688268.1
Whitmania pigra mitochondrion, complete genome	1116	1116	98%	0.0	97%	EU304459.1
Hirudo nipponia mitochondrion, complete genome	1011	1011	98%	0.0	94%	KC667144.1

(三) 天目山蛭

1. LCS-HI-1101-01

(1) *CO* Ⅰ序列

TAGTTGAAAGAGAATTGGGTCACCACCACCAATTGGATCAAAGAAAGAAGTATTAATGTTA
CGATCAGTTAATAATATGGTAATAGCTGCAGCTAGTACAGGTAAGGATAAAAGTAAAAGAA
TTGTAGTAATAACCACAGACCAAATAAATAAAGGAACCCGGTCCAACCTTATTCCAGGCCAT
CGTATATTGAAAATTGTAGTAATAAAATTTAAAGAACCTAGAATTGATGAAGCACCAGCTAA
ATGTAAAGAGAAAATAGCCATGTCTACGGATAGACCAGAATGACCTATATTATCTGCTAATG
GTGGATAGATTGTTCAACCTGTTCCAACACCACTCTCTACTATGGATGATGATAATAATATTA

ATAATGATGGAGGTAGTAATCAAAAACTTAAATTGTTTAATCGTGGAAATGCTATATCTGGT
GAACCAATTATTAATGGGATTAATCAATTACCAAACCCACCAATTAAAATGGGTATAACTAC
AAAGAAAATTATAATTAGCCCATGGGCTGTTACTATAGTATTGTATACCTGGTCATCTCCTAA
TAGTATGCCTGGTTGAGATAGTTCAATTCGAATAATTGTACTTATACCTGTACCTACTATAGA
TGATCATAGACCAAAAATAAAATATAATGA

（2）BLAST 比对

Description	Max score	Total score	Query cover	E value	Ident	Accession
Haemadipsa limuna isolate HACH cytochrome c oxidase subunit I (COI) gene, partial cds; mitochondrial	1064	1064	99%	0.0	96%	HQ203169.1

2．LCS-HI-1102-01

（1）*CO* Ⅰ序列

TAGTTGAAAGAGAATTGGGTCACCACCACCAATTGGGTCAAAGAAAGAAGTATTAATGTTA
CGATCAGTTAATAATATGGTAATAGCTGCAGCTAGTACAGGTAAGGATAAAAGTAAAAGAA
TTGTAGTAATAACCACAGACCAAATAAATAAAGGAACTCGGTCCAACCTTATTCCAGGCCAT
CGTATATTGAAAATTGTAGTAATAAAATTTAAAGAACCTAGAATTGATGAAGCACCAGCTAA
ATGTAAAGAGAAAATAGCCATGTCTACGGATAGACCAGAATGACCTATATTATCTGCTAATG
GTGGATAGATTGTTCAACCTGTTCCAACACCACTCTCTACTATGGATGATGATAATAATATTA
ATAATGATGGGGGTAATAATCAAAAACTTAAATTGTTTAATCGTGGGAATGCTATATCTGGT
GAACCAATTATTATTGTGGTTAATCAATTACCAAACCCACCAATTAAAATGGGTATAACTAC
AAAGAAAATTATAATTAGCCCATGGGCTGTTACTATAGTATTGTATACCTGGTCATCTCCTAA
TAGTATGCCTGGTTGAGATAGTTCAATTCGAATAATTGTACTTATACCTGTACCTACTATAGA
TGATCATAGACCAAAAATAAAATATAATGA

（2）BLAST 比对

Description	Max score	Total score	Query cover	E value	Ident	Accession
Haemadipsa limuna isolate HACH cytochrome c oxidase subunit I (COI) gene, partial cds; mitochondrial	1053	1053	99%	0.0	96%	HQ203169.1

3．LCS-HI-1103-01

（1）*CO* Ⅰ序列

TAGTTGAAAGAGAATTGGGTCACCACCACCAATTGGGTCAAAGAAAGAAGTATTAATGTTA
CGATCAGTTAATAATATGGTAATAGCTGCAGCTAGTACAGGTAAGGATAAAAGTAAAAGAA
TTGTAGTAATAACCACAGACCAAATAAATAAAGGAACTCGGTCCAACCTTATTCCAGGCCAT
CGTATATTGAAAATTGTAGTAATAAAATTTAAAGAACCTAGAATTGATGAAGCACCAGCTAA
ATGTAAAGAGAAAATAGCCATGTCTACGGATAGACCAGAATGACCTATATTATCTGCTAATG
GTGGATAGATTGTTCAACCTGTTCCAACACCACTCTCTACTATGGATGATGATAATAATATTA
ATAATGATGGAGGTAGTAATCAAAAACTTAAATTGTTTAATCGTGGAAATGCTATATCTGGT
GAACCAATTATTAATGGGATTAATCAATTACCAAACCCACCAATTAAAATGGGTATAACTAC
AAAGAAAATTATAATTAGCCCATGGGCTGTTACTATAGTATTGTATACCTGGTCATCTCCTAA

TAGTATGCCTGGTTGAGATAGTTCAATTCGAATAATTGTACTTATACCTGTACCTACTATAGA
TGATCATAGACCAAAAATAAAATATAATGC

（2）BLAST 比对

Description	Max score	Total score	Query cover	E value	Ident	Accession
Haemadipsa limuna isolate HACH cytochrome c oxidase subunit I (COI) gene, partial cds; mitochondrial	1075	1075	99%	0.0	97%	HQ203169.1

（四）日本医蛭（水蛭）

1. LCS-HME-1102-01

（1）*CO* Ⅰ序列

TGCTGAAATAAAACTGGATCTCCACCACCTATAGGGTCAAAGAATGAAGTATTCAAATTACG
ATCAGTTAGTAATATTGTAATAGCTGCTGCTAATACTGGTAACGAAAGTAATAATAAAATAG
TAGTAATTACTACAGATCAAACAAATAATGGAACTCGTTCATTTCCTATTCCCTTAGTTCGTA
TATTAACAATAGTAGAAATAAAATTTAAAGAACCTAAAATAGAAGATGCACCAGCTATATG
TAATGAAAAAATAGCTATATCAACACATGGTCCTGAATGAGACATACTATCAGATAATGGTG
GATAAATAGTTCATCCTGTACCAACACCATTTTCAACTATTGATGATCTTACCAATATAGTTA
ACGATGGTGGAAGTAATCAAAACCTAAAATTATTTAATCGAGGAAAAGCTATATCTGGCGC
ACCAATTATTAATGGTAAAAGTCAATTACCAAAACCTCCAATTAAAATAGGTATCACCATAA
AAAAAATTATAATAAGTCCATGTGCAGTAATCAAGGAATTATAAAGTTGATCATCACCAAG
AAAACTACCTGGCTGAGATAATTCAATCCGAATAATAGTACTTATAGAGGATCCCAATATAG
CAGCTCAAGCACCTAAAATTAAATATAAAG

（2）BLAST 比对

Description	Max score	Total score	Query cover	E value	Ident	Accession
Hirudo medicinalis cytochrome c oxidase subunit I gene, mitochondrial gene encoding mitochondrial protein, partial cds	1122	1122	100%	0.0	98%	U74067.1

第十章 海马类

一、概述

（一）资源状况

海马（图 10–1）为我国传统的名贵中药，具温肾壮阳、散结消肿之功效。2015 年版《中国药典》记载其来源为海龙科动物大海马 *Hippocampus kelloggi* Jordan et Snyder、刺海马 *Hippocampus histrix* Kaup、管海马 *Hippocampus kuda* Bleeker、斑海马 *Hippocampus trimaculatus* Leach 或日本海马（海蛆）*Hippocampus japonicus* Kaup 的干燥全体。一般夏、秋二季捕捞，洗净，晒干；或除去皮膜和内脏，晒干。

图 10–1（1） 药材海马

图 10-1（2） 药材海马

市场调查发现，市售海马掺伪现象严重，市售品种共鉴定出 9 种，其中非药典种有 5 种，即有鲍氏海马 *Hippocampus barbouri* Jordan et Richardson、太平洋海马 *Hippocampus ingens* Girard、虎尾海马 *Hippocampus comes* Cantor、昆士兰海马 *Hippocampus queenslandicus* Horne 和 *Hippocampus cf. fuscus*，且非药典种占市场总销售量的比例大，达到 50% 左右。

（二）本草源流

海马始载于《本草经集注》，曰："又有水马，生海中，是鱼虾类，状如马形，亦主易产。"可知"水马"即为海马。海马一名始载《本草拾遗》，曰："谨按《异志》云：海马，生西海，大小如守宫虫，形若马形，其色黄褐。性温、平，无毒。主妇人难产，带之于身，神验。"以后历代本草均使用"海马"这一名称，沿用至今。《图经本草》云："又有一种水马，生南海中，头如马形，长五六寸。虾类也。"《本草衍义》曰："《注》中又引用水马，首如马，身如虾，背伛偻，身有竹节纹，长二三寸，今谓之海马。"《本草蒙筌》云："海马种也虾属，二三寸长；雌雄相对不离，色泽黄褐。首类马仍系虾身，背有纹，仿佛竹节。布网水面，每每得之。下胎易来，果难产圣药。"《本草纲目》曰："弘景曰：是鱼虾类也，状如马形，故名。藏器曰：海马出南海，形如马，长五六寸，虾类也。时珍曰：海马，雌者黄色，雄者青色。"又徐表《南方异物志》云："海中有鱼，状如马头，其喙垂下，或黄或黑，海人捕得，不以啖食，暴干熇之，以备产患，即此也。"《本草求真》云："海马种亦虾属，雌雄勿离。首类马，身似虾，浮于水面。亦主下胎、催产及佐房术之用也。"综上所述，古代使用海马品种较多，为今之海马属的数种海马。

（三）科研背景

目前海马药材的鉴定多应用形态、显微和理化等方法，但海马外观形态差异不明显，显微结构和化学成分也高度相似，常规鉴定方法均难以区分混淆品和正品。也有研究者使用高效毛细管电泳、X 线衍射 Fourier 图谱、红外指纹图谱、Cyt b 序列分析等现代技术进行鉴定研究，但均停留在初期探索阶段，未建立可有效推广的鉴定新方法。

二、物种信息

（一）大海马 *Hippocampus kelloggi* Jordan et Snyder

形态特征：海马中以此种体型最大，体长 30~33cm。侧扁，腹部颇凸出。背鳍 18~19；臀鳍 4；胸鳍 18。体环 11+39~40。躯干部骨环呈七棱形，尾部骨环呈四棱形，尾端卷曲。除头部及腹侧棱棘较发达外，体上各棱棘均短钝，呈瘤状。头冠低小，尖端具 5 个短小棘，略向后方弯曲。吻细长，呈管状；吻长稍大于眶后头部长度，约等于眼后缘颈背第 1 棘长。眼较大，侧上位。眼间隔小于眼径，微隆起。鼻孔很小，每侧两个，相距甚近，位于眼前方。口小，位于吻端；张开时，略呈半圆形。无牙。鳃盖凸出，无放射状嵴纹。鳃孔小，位于头侧之背后方。紧靠于颈部背方第 1 棘基底。颈部背方中央嵴纹较锐，具 2 突起状棘；具颊下棘；胸鳍基部下前方，亦有短钝粗强的棘。肛门位于躯干第 11 骨环的腹侧下方。体无鳞，完全为骨质环所包。体上各环棱棘均不发达，呈短钝瘤状；唯腹侧棱棘突出，腹下嵴不甚突出。背鳍长，较发达，有 18~19 鳍条，位于躯干最后 2 骨环及尾部最前 2 骨环背方。臀鳍短小，位于肛门后方。胸鳍短宽，略呈扇形，侧位。无腹鳍及尾鳍。各鳍无棘，鳍条不分支。体淡黄褐色，体侧具不甚规则或呈囊纹状的白色斑点及线纹。（图 10-2）

生境分布：为近海暖水性鱼类。栖息于水质澄清、多藻类的海区。游泳缓慢，游泳时头部向上，立于水中，靠背鳍和胸鳍的扇动，有时平游，有时垂直游。栖息时常将卷曲的尾部缠绕于海藻等上面。以端足类、桡足类、糠虾类等甲壳类为食。分布于北起浙江披山，南至海南三亚的东海、南海海域。

图 10-2（1） 大海马

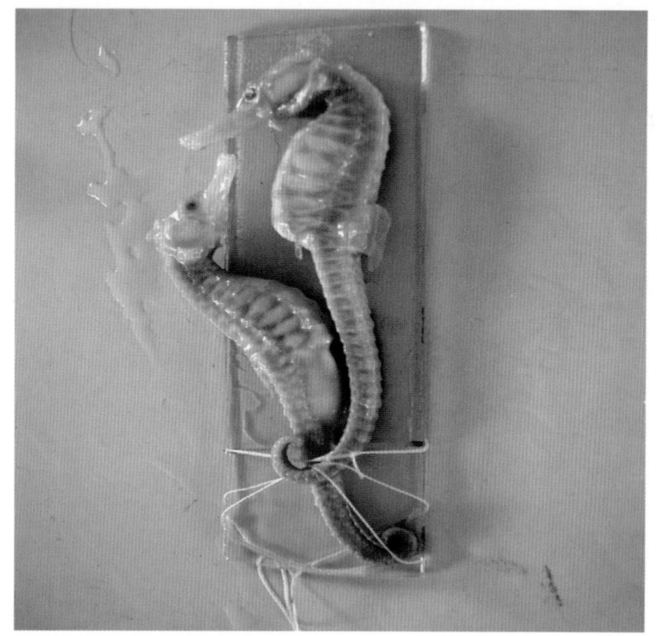

图 10-2（2） 大海马

（二）斑海马 *Hippocampus trimaculatus* Leach

形态特征：体型较大，侧扁，腹部凸出，躯干部七棱形，尾部四棱形，尾端渐细，卷曲。头部似马头，与躯干部垂直，头冠短小，顶端具5个短小棘突；体长为头长的5.3~6.1倍。头长为吻长的2.2~2.3倍，为眼径的5.2~5.6倍。吻细长，管状，吻长稍大于眶后头长。眼小而圆，眶上棘突较发达，细尖，向后弯曲。口小，前位，无牙。鳃盖突出，鳃孔小，位于近头侧背方。项部背方具一隆起嵴，颊部下方具一细尖弯曲的颊下嵴。体无鳞，由骨质环所包。无侧线。背鳍位于躯干最后二骨环及尾部最前二骨环的背方。臀鳍短小，位于肛门后方。胸鳍扇形。无腹鳍和尾鳍。体黑褐色。眼上具放射状褐色斑纹。第1、4、7体环的背方各具1个黑色圆斑。雄性尾部腹面有育儿囊。（图 10-3）

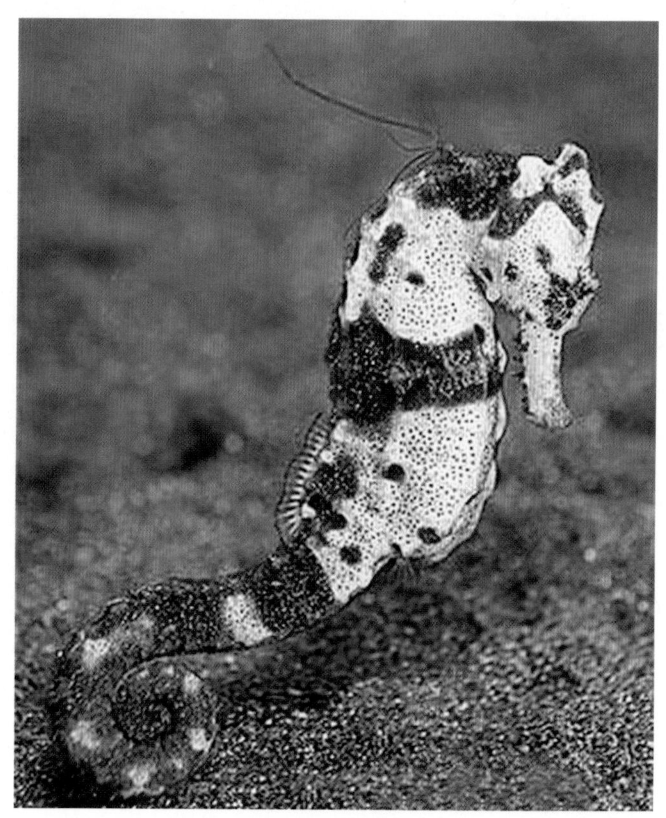

图 10-3 斑海马

生境分布：暖温性近海小型鱼类。栖息于近海内湾水质澄清、藻类繁茂的低潮区，以卷曲的尾部缠绕在大叶藻或其他海藻上。体色随环境而变化，以保护色和拟态来防御敌害及诱食饵料。游泳缓慢，有时作直立游泳。喜食活饵，用口吸食短足类、桡足类、糠虾、毛虾、磷虾、萤虾等浮游甲壳动物。分布于南海。

（三）刺海马 *Hippocampus histrix* Kaup

形态特征：体很侧扁，较高，腹部凸出。躯干部骨环呈七棱形，尾部细长，呈四棱形，尾端细尖，常卷曲，能卷缠他物。头部弯曲，与躯干部的纵轴几呈直角。顶部具顶冠，顶冠后的枕峭上有2个棘突，体环上的隆起嵴突出长棘，体环上隆起嵴的棘很长，几与眼径等长；吻细长，呈管状，吻长明显大于吻后头长，约为眼后头长的2倍；眼小，侧位，较高，眼间隔微凹，小于眼径。口小，前位，无牙，鳃盖突出，具几条放射状隆起线纹。鳃孔很小，位于头侧背方。体无鳞，全由骨环所包。背鳍发达，基底隆起，背鳍位于躯干部和尾部之间。臀鳍很短小。胸鳍宽短，侧位，略呈扇形。无腹鳍和尾鳍。各鳍无鳍棘，鳍条不分支。体淡黄褐色，背鳍近尖端具一纵列斑点，臀鳍，胸鳍淡色，体上小棘尖端淡黑褐色。体色有时会变，吻部有深色带纹；鳃盖凸出上有向上弯曲的小棱嵴。（图 10–4）

图 10–4　刺海马

生境分布：暖温性海洋鱼类，栖息于近海内湾水质澄清、藻类繁茂的低潮区。以卷曲的尾部缠绕在大叶藻或其他海藻上。体色随环境而变化，以保护色和拟态来防御敌害及诱食饵料。游泳缓慢，有时作直立游泳。喜食活饵，用口吸食短足类、桡足类、糠虾、毛虾、磷虾、萤虾等浮游甲壳动物。分布于东海、南海、台湾等地。

（四）管海马 *Hippocampus kuda* Bleeker

形态特征：体侧扁，较高，头上小棘发达，体上棱棘短钝粗强，腹部凸出。头冠较低，顶端具有5个短钝粗棘，躯干部七棱形，尾部四棱形，卷曲。体长为体高的5.5~5.8倍。吻细长，呈管形，吻长等于眼后头长，眼小，侧位而高。眼间隔微凹，小于眼径。鼻孔小，每侧2个。口小，前位，无牙。鳃盖凸出，具放射状嵴纹。鳃孔小，位于头侧背方。头侧及眶上、颊下各棘均较粗强。体无鳞，全为骨环所包。背鳍发达，具17鳍条；臀鳍短小；胸鳍宽，具16鳍条，侧位；无腹鳍与尾鳍。各鳍无棘，鳍条不分支。体淡褐色，头部及体侧有细小暗色斑点和白色小斑点，背鳍有黑色纵列斑纹，臀鳍和胸鳍淡色。（图10-5）

图10-5　管海马

生境分布：暖温性海洋鱼类，栖息于近海内湾水质澄清、藻类繁茂的低潮区，以卷曲的尾部缠绕在大叶藻或其他海藻上。体色随环境而变化，以保护色和拟态来防御敌害及诱食饵料。游泳缓慢，有时作直立游泳。喜食活饵，用口吸食短足类、桡足类、糠虾、毛虾、磷虾、萤虾等浮游甲壳动物。分布于南海。

三、实验研究

（一）实验样品采（收）集

1. 物种分布及采（收）集区域

（1）物种的分布

海马主要分布于热带、亚热带及温带部分海域的浅海区。国内主要分布于东海、南海、渤海、黄海、海南、台湾、山东和广东等沿海地区。海马药材除部分在本地区销售外，大多数销往全国各地。

（2）采（收）集区域

从成都荷花池中药材市场、安徽亳州中药材市场和河北安国中药材市场不同商铺收集市售海马药材。

2. 采（收）集前准备

（1）技能培训

参考《鱼类分类学》《南海鱼类志》《东海鱼类志》《台湾鱼类检索》《中国鱼类系统检索》等书籍，以海马体环和尾环数目，背鳍和胸鳍的鳍条数目，头冠的高低大小以及吻的薄厚、长短等一系列外观形态特征来鉴别海马种类（表 10–1）。对收集人员进行集中培训，使其掌握如何检视这些鉴别要点。

（2）分组采集

每 2 人为一组，分为 3 组，每组到一个药材市场进行收集。

（3）物资准备

根据收集方案，准备所需的仪器工具，包括数码相机、笔记本电脑、调查表、动物形态特征资料、标签纸、自封袋、直尺、蛇皮袋、档案袋等。使每个队员熟悉相关仪器和工具的操作。

3. 采（收）集方法

1）固定剂：95% 乙醇，用于野外固定肌肉样品。

2）采集信息：对所采集样品进行统一编号，拍照收集图片信息，填写采集信息表。

3）固定样品：用固定剂浸泡动物或组织，固定后的组织，在路途运输过程中可倒弃固定液，用棉花吸上少量固定剂，保持标本湿润即可达到安全运输的目的。全体浸泡前可往腹部注射固定剂。

4）干燥药材：海马药材按物种分别放入自封袋中保存。

4. 采（收）集结果

收集成都荷花池中药材市场、安徽亳州中药材市场和河北安国中药材市场共 16 家商铺 5 批次 68 份市售海马药材。经形态鉴定，初步确定收集到 13 种海马，并进行了 13 种海马鉴别要点描述。

13 种海马经 DNA 条形码研究进行修订和完善，最终确定市售海马品种为 10 种，即管海马、斑海马、大海马、刺海马、日本海马、虎尾海马、太平洋海马、鲍氏海马、昆士兰海马和 *Hippocampus cf. fuscus* 10 个物种，并对 10 种海马形态特征进行了描述（表 10–2）。同时，根据 10 种海马的形态特征，编制了海马药材图解检索表（图 10–6、图 10–7）。

表 10-1　13 种海马的鉴别要点

拉丁学名	中文名	吻	头部	眼刺 / 颊刺	躯干环	躯干	尾部	体表颜色
Hippocampus kelloggi	大海马	无	无	钩状颊刺，突出的眼刺	增厚	光滑，通体黄褐色	无	灰白色
Hippocampus trimaculatus	斑海马	斑马条纹	头部斑马纹	钩状颊刺	1、4、7 上有黑斑	无	无	棕褐色
Hippocampus histrix	刺海马	长吻	冠前刺尖锐而明显	均突出	无	腹部延展，其边缘黑色	刺深、等长	暗棕色
Hippocampus kuda	管海马	厚吻	脸颊扩大，无鼻刺	无	无	全身无刺	无	通体黑色
Hippocampus barbouri	鲍氏海马	具纹路	眼睛周围具黑色放射状纹路	双颊刺	无	具棕色纹路	长短刺交替出现	灰褐色
Hippocampus borboniensis	无	无	冠 5 浅裂	圆润的眼刺	无	具白色纹路，刺圆润	无	通体黑褐色
Hippocampus spionosissimus	棘海马	无	冠 4~5 裂，冠前刺较小	无	无	育儿袋边缘体刺扩大	尾刺顶端上具黑色斑点或黑条带	暗棕色
Hippocampus comes	虎尾海马	具纹路	眼睛周围具黑色放射状纹路	无	无	体刺具黑斑或黑纹路	具似虎尾的条纹	黑棕色或黄白色
Hippocampus erectus	直立海马	无	眼睛周围具放射状白色纹路	无	无	腹部边缘延展	具白色斑点	灰褐色
Hippocampus fuscus	短吻海马	无	头部相对于身体来说扩展	均较低	无	全身无刺或刺短钝	34 个尾环	通体黑色
Hippocampus algiricus	西非海马	厚吻	回头冠	几乎双颊刺、眼刺	环纹交接处扩大如旋钮	全身光滑	无	棕褐色
Hippocampus angustus	窄腹海马	具纹路	冠 5 裂；颈部区刺短	双颊刺	无	具棕色纹路	无	棕褐色
Hippocampus jayakari	贾氏海马	无	冠 4 裂	无	无	黑色中腹线，腹部延展	长短刺交替	棕褐色

表 10-2　10 种市售海马形态特征

物种名称	形态特征
管海马（图 10-6a）	体长 20~24cm，体型较大，通体光滑，无尖锐的棘状突出。头冠低，吻管厚，较头长的 1/2 略短。体环 11 个，尾环 34~38 个，多为 36 个。眼眶上部、头部下部及鳃盖下部的棘，即眼棘、鼻棘及颊棘突出呈钮状。躯干部腹部边缘突出不显著。背鳍基部较长，始于第 10 环体节，止于第 2 尾节，共有 17~18 个鳍条。正常条件下，身体呈黑褐色或黑色，体表布有白色斑点
斑海马（图 10-6b、图 10-6c）	体型较大，成年体长最大为 17cm。头冠较低，吻部较长，几乎等于头长 1/2。体环 11 个，尾环 38~43 个，多为 40~41 个。眼眶上部、头部下部棘状突起显著，尤其是颊下棘突起呈钩状，无鼻棘。躯干部的腹缘较为突出。背鳍基底长，位于最后 2 个体环及最前的 2 个尾环，有 18~22 个鳍条。体色为黄褐色至褐色，眼部及周围有放射状的褐色斑纹。在第 1、4、7 体环的背部各具一褐色圆斑，但雌性海马这三个斑点不一定存在
大海马（图 10-6d）	体型较大，体长最大为 28cm。头冠较低，吻管较长，约为头长的 1/2。体环 11 个，尾环 39~41 个，多为 40 个。头部眶上和颊下棘较为突出，而体环和尾环等部位上的棘状突起不甚明显。躯干部腹缘较为平坦。背鳍基底较长，有 17~19 个鳍条，多为 18 个。体色为黄褐色，头部和体侧散布有细小的白色斑点，不连接成线状
日本海马（图 10-6e）	体型较小，体长最大为 8cm。头冠低小，上有 5 个短小钝棘。吻管既短且小，长度仅为头长的 1/3。体环 11 个，尾环 37~40 个，多为 38 个。背鳍基底较长，始于第 10 个体环，止于第 2 个尾环的中部，有 15~16 个鳍条。体色一般为黑褐色或深褐色
刺海马（图 10-6f）	体型较大，冠较高，冠顶通常有 4~5 个尖锐小棘。吻管较长，长于头长的 1/2。体环 11 个，尾环 34~37 个，多为 35 个。头上各部分的棘状突起特别尖锐，身体各部分棘状突起也特别发达，且棘状突起有黑色纹路环绕，这是此海马种的主要特征。体色因生存环境而略显差异，主要有黄白色和黄褐色，同时体表布有纹路
鲍氏海马（图 10-6g）	体型较大，体长最大为 15cm。头冠较高，吻管较短，约为头长的 1/2。体环 11 个，尾环 33~36 个，多为 34~35 个。头部各部分均有较为尖锐的棘状突起，头冠亦有 5 个尖锐小棘。体环和尾环上也有较为发达的棘状突起，仅尾环后部不甚明显。躯干部腹缘较为突出，呈锯齿状。背鳍基部较长，有 16~22 个鳍条，多为 19 个。头部、身体和尾部密布黑色或黑褐色斑点，有时连接成线状的纹路，尤其是眼眶周围
太平洋海马（图 10-6h）	体型大，体长最大为 31cm。头冠较高，吻管较短，略小于头长的 1/2。体环 11 个，尾环 38~40 个，多为 39 个。头部眶上和颊下棘较为突出，而体环和尾环等部位上的棘状突起不甚明显。躯干部腹缘较为平坦。背鳍基底较长，有 18~21 个鳍条，多为 19 个。体色为黑褐色，头部和体侧散布有较为明显的白色纹路和斑点
虎尾海马（图 *10-6i*）	体型较大，体长最大为 18.7cm。头冠较低，吻管较短，略小于头长的 1/2。体环 11 个，尾环 34~38 个，多为 35~36 个。头部眶上和颊下棘较为突出，而体环和尾环等部位上的棘状突起较为明显，呈钮状。躯干部腹缘较为突出。背鳍基底较长，有 17~19 个鳍条，多为 18 个。体色多为黑褐色或褐色，散布有白色带状纹路，尤其在尾部形成黑白交替出现的花纹，极似虎尾，因此而得名
昆士兰海马（图 10-6j）	体型较大，最大体长为 11.6cm。头冠较高，吻管厚、较短，略短于头长的 1/2。体环 11 个，尾环 33~39 个，多为 36 个。头上各部分均有较为尖锐的棘状突起，头冠有 4~5 个尖锐小棘。体环和尾环的棘状突起也较为尖锐和发达，仅尾环靠后部的不甚明显。雄性在育儿袋周围的体环处棘状突起尤为突出，这是此海马的主要鉴别要点。背鳍基底较长，始于第 10 体节中部，止于第 2 尾节中部，有 17~18 个鳍条。体色主要为黄褐色或褐色
H. cf. fuscus（图 10-6k）	体型较大，最大体长为 14.4cm，通体光滑，无尖锐的棘状突出。头冠较低，吻管厚且短，短于头长的 1/2。体环 11 个，尾环 33~37 个，多为 34 个。头上各部的棘状突起均不甚突出，眼眶上部、头部下部及鳃盖下部的棘，即眼棘、鼻棘及颊棘突出呈钮状。躯干部腹部边缘突出不显著。背鳍基部较长，始于第 10 环体节，止于第 2 尾节，共有 14~17 个鳍条。正常条件下，身体呈黑褐色或黑色。目前该种海马仅在 NCBI 上有数据，尚未载入全球鱼类资料库中，其他相关信息并不详细，因此尚未有准确的中文名

图 10-6　10种市售海马

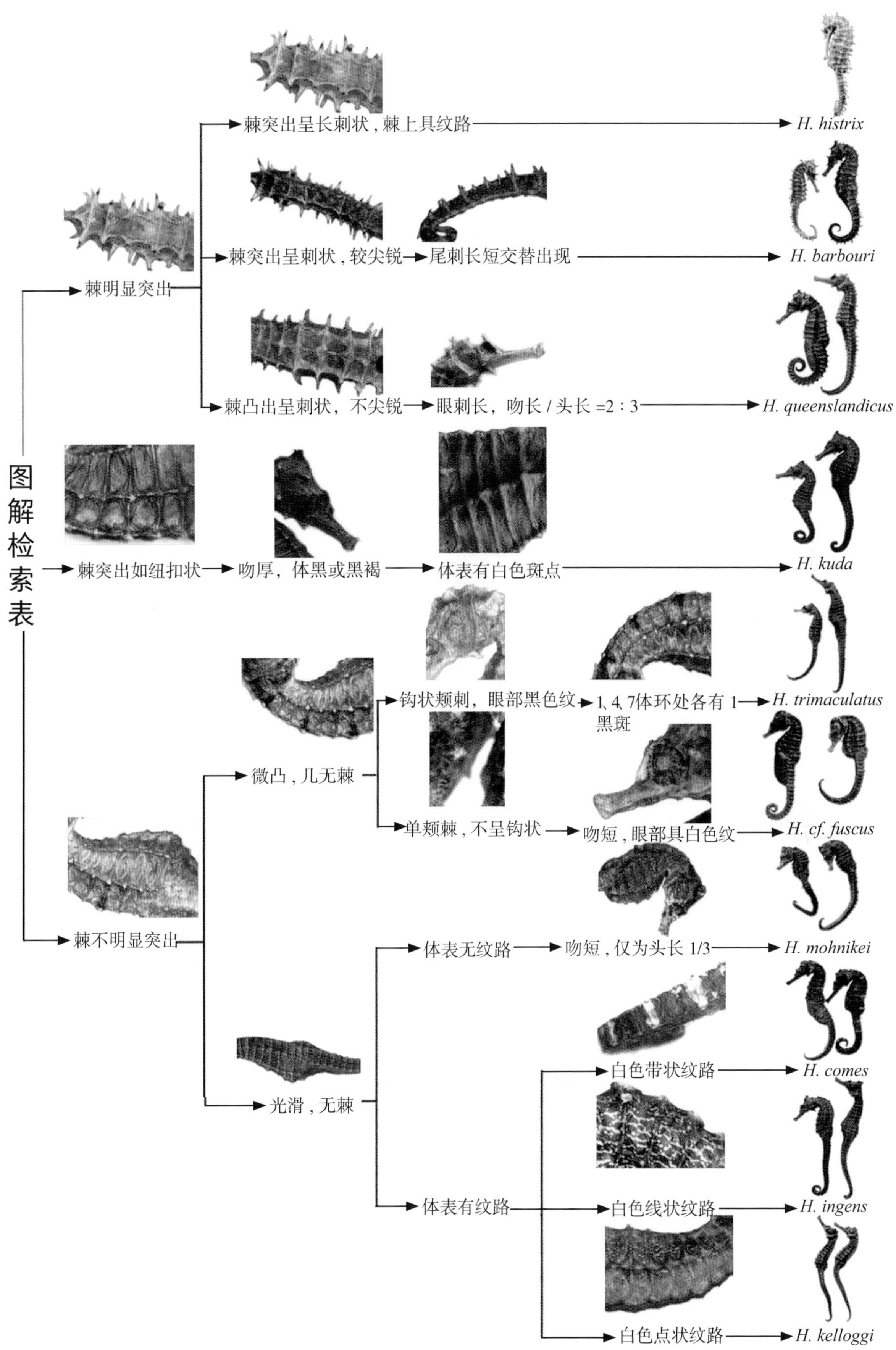

图 10-7　市售海马图解检索表

（二）DNA 条形码分析

1. DNA 提取

海马样品从肛门后 4~7mm 处剪取尾部，沿剪取得的尾部横截面剥取外骨骼及皮肤约 10mm，取肌肉组织 0.05~0.5 克，用液氮研磨后，使用海洋动物组织 DNA 提取试剂盒（北京天根生化科技公司）提取总 DNA。

2. PCR 扩增

DNA 提取液采用鱼类 *CO* Ⅰ序列通用引物和相关条件进行 PCR 扩增。

（1）引物对

FishF1（5′ → 3′：TCAACCAACCACAAAGACATTGGCAC）、FishF2（5′ → 3′：TCGACTAATCATAAAGATATCGGCAC）。

FishR1（5′ → 3′：TAGACTTCTGGGTGGCCAAAGAATCA）、FishR2（5′ → 3′：ACTTCAGGGTGACC GAAGAATCAGAA）。

（2）扩增体系

2×PCR 混合缓冲液 12.5μl，2.5μmol/L 上下游引物对各 1μl，DNA 提取液 2μl（约 30ng），灭菌双蒸水 6.5μl，混匀后再用灭菌双蒸水补足反应总体积至 25μl。

（3）扩增程序

95℃预变性 2min；94℃变性 0.5min，50℃退火 0.5min，72℃延伸 1min（进行 35 个循环）；72℃延伸 10min。

（4）扩增产物电泳结果

用 1.0% 的琼脂糖凝胶电泳，上 5μl 的 PCR 产物，120V 电压下电泳 30min。DL2000 Marker 从上至下为 2000、1000、750、500、250 和 100 bp（Takara 公司），在 500~750 bp 间出现亮带。（图 10-8）

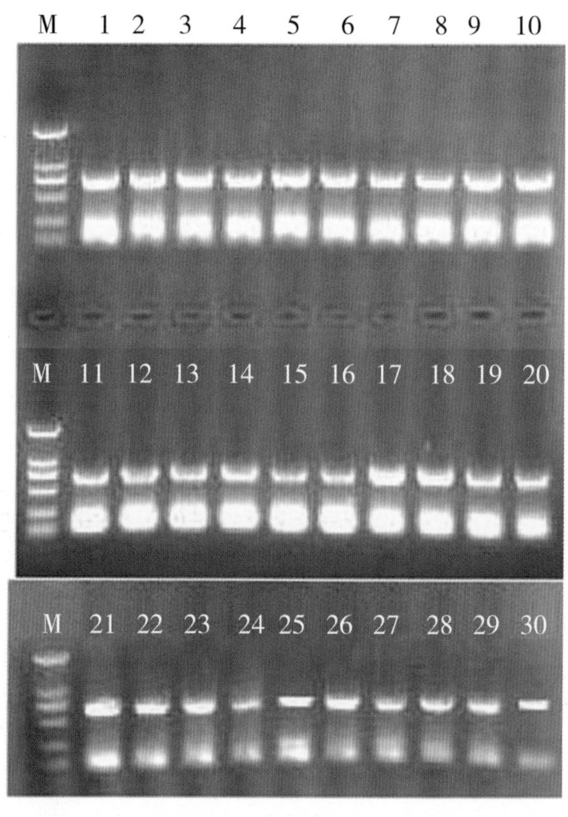

图 10-8 PCR 扩增海马 *CO* Ⅰ序列电泳

除刺海马没有条带，扩增失败外，其余海马种类 DNA 扩增均成功，进行测序。

3. 测序

PCR 扩增产物经纯化试剂盒（多功能 DNA 纯化回收试剂盒，百泰克公司）进行纯化回收，纯化产物使用 ABI 3730XL 测序仪双向测序（上海英潍捷基公司）。

4. 拼接

所得序列使用 CodonCode Aligner V 2.06（CodonCode Co.，USA）软件进行校对拼接，最终获得长度为 654bp 的样品序列。原始图谱为清晰的单峰图谱，干扰信息低于正常信号的 10%。

5. 结果与分析

物种鉴定结果见表 10-3。

表 10-3　物种鉴定结果

物种名称	省份	样品编号	BLAST 结果	相似度 /%
大海马	四川	HM005-02	大海马	99
	四川	HM007-03	大海马	99
	四川	HM008-02	大海马	99
	四川	HM008-03	大海马	99
	四川	HM009-01	大海马	99
	四川	HM009-02	大海马	99
	四川	HM010-01	大海马	99
	四川	HM010-02	大海马	99
西非海马	四川	HM013-01	大海马	99
	四川	HM013-02	大海马	99
太平洋海马	四川	HM005-03	太平洋海马	99
斑海马	四川	HM001-01	斑海马	99
线纹海马	四川	HM002-01	线纹海马	99
	四川	HM007-01	线纹海马	99
吻海马	四川	HM005-01	线纹海马	99
棘海马	四川	HM007-02	昆士兰海马	99
	四川	HM015-01	昆士兰海马	99
	四川	HM015-02	昆士兰海马	99
虎尾海马	四川	HM004-01	虎尾海马	99
贾氏海马	河北	HM006-01	鲍氏海马	99
窄腹海马	河北	HM011-01	鲍氏海马	99
鲍氏海马	河北	HM012-01	鲍氏海马	99
短吻海马	河北	HM009-01	*H. cf. fuscus*	99
直立海马	河北	HM009-02	*H. cf. fuscus*	99
	安徽	HM009-03	*H. cf. fuscus*	99
短头海马	安徽	HM014-01	日本海马	99
	安徽	HM014-02	日本海马	99

实验共提取、扩增及测序成功了 9 个物种共 27 个样品。获得了长度为 654bp 的 *CO* Ⅰ序列，所得原始图谱为清晰的单峰图谱，干扰信息低于正常信号的 10%。刺海马经过重复实验未能成功扩增及测序，推测鱼类 *CO* Ⅰ序列通用引物不适合刺海马的扩增及鉴定，需要进一步的研究。其他物种均鉴定正确。

（三）DNA 条形码鉴定技术操作规程（SOP）

1. 保存

海马药材存放于 4℃冰箱。

2. 前处理

从肛门后 4~7mm 处剪取海马尾部，沿剪取得的尾部横截面剥取外骨骼及皮肤约 10mm，取肌肉组织 0.05~0.5g 放入小乳钵中剪碎，用液氮研磨成细粉后，倒入微量离心管，立刻用试剂盒提取。

3. 提取

利用海洋动物组织 DNA 提取试剂盒提取，步骤按说明书进行。

4. 扩增

DNA 提取液用鱼类 *CO* Ⅰ序列通用引物和相关条件进行 PCR 扩增。

（1）引物对

FishF1（5′→3′：TCAACCAACCACAAAGACATTGGCAC）、FishF2（5′→3′：TCGACTAATCATAAAGATATCGGCAC）。

FishR1（5′ → 3′：TAGACTTCTGGGTGGCCAAAGAATCA）、FishR2（5′ → 3′：ACTTCAGGGTGACCGAAGAATCAGAA）。

（2）扩增体系

2×PCR 混合缓冲液 12.5μl，2.5μmol/L 上下游引物对各 1μl，DNA 提取液 2μl（约 30ng），灭菌双蒸水 6.5μl，混匀后再用灭菌双蒸水补足反应总体积至 25μl。

（3）扩增程序

95℃预变性 2min；94℃变性 0.5min，50℃退火 0.5min，72℃延伸 1min（进行 35 个循环）；72℃延伸 10min。

（4）扩增产物电泳结果

扩增液进行 1.0% 琼脂糖电泳检测，并凝胶成像，500~700bp 间有亮带者送测序。

5. 测序

500~700bp 间有亮带者用测序仪进行测序。所得原始图谱应为清晰的单峰图谱，干扰信息应低于正常信号的 10%。

6. 拼接

测序结果利用 CodonCode Aligner（CodonCode Co.，USA）校对拼接测序峰图，去除引物区，获得长度为 654bp 的样品序列。

7. BLAST 比对

获得的序列进入 NCBI 网站（http：//blast.ncbi.nlm.nih.gov/Blast.cgi?PROGRAM=blastn&BLAST_PROGRAMS=MEGA Blast&PAGE_TYPE=BlastSearch&SHOW_DEFAULTS=on&LINK_LOC=blasthome）（图 10–9），进行在线 BLAST 比对，确定 DNA 序列物种。

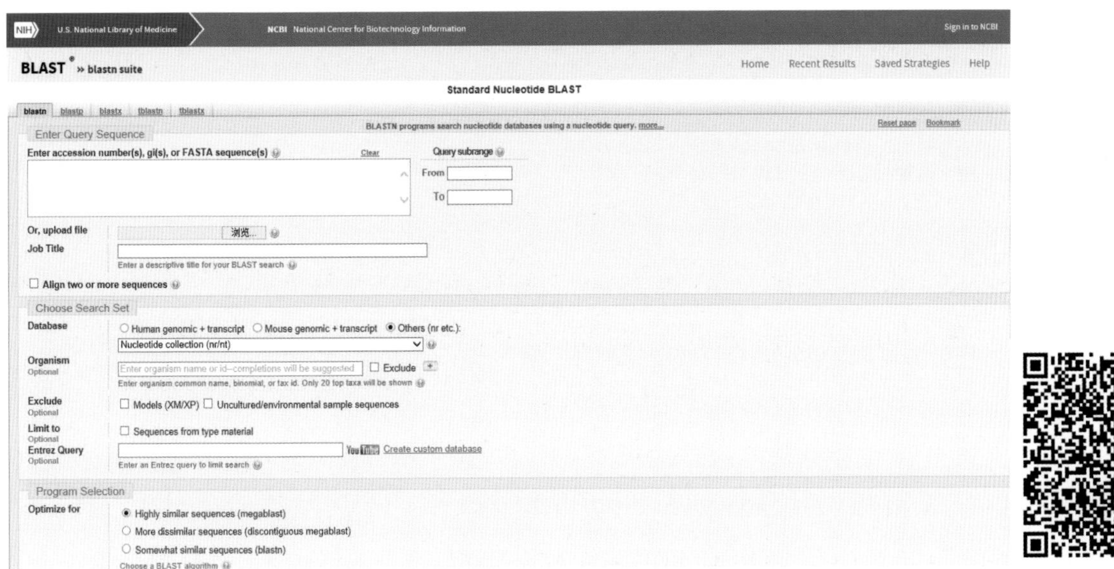

图 10–9　BLAST 网页与网址

四、*CO* Ⅰ条形码序列

（一）大海马

1. HM005-02

（1）*CO* Ⅰ序列

GTATTTGGTGCTTGGGCCGGAATAGTCGGCACTGCACTCAGCCTTTTAATTCGAGCAGAACT
AAGTCAACCAGGAGCTTTACTAGGGGATGACCAAATCTATAATGTTATTGTAACTGCTCATG
CTTTTGTAATAATTTTCTTTATGGTTATGCCTATCATAATCGGGGGTTTTGGTAATTGACTGGT
TCCCTTAATAATCGGAGCCCCTGATATAGCCTTTCCTCGAATAAATAATATGAGTTTTTGATT
ATTACCCCCTTCTTTTCTTCTCCTCCTTGCTTCCTCAGGGGTAGAAGCTGGAGCAGGAACAGG
TTGGACTGTCTACCCTCCACTAGCAGGTAATTTAGCCCATGCTGGGGCCTCTGTAGACTTGAC
AATCTTTTCTCTTCATTTAGCAGGTGTTTCATCAATTCTAGGGGCTATTAACTTTATTACTACT
ATTATCAACATAAAACCCCCATCAATTTCACAATATCAAACACCACTGTTTGTATGAGCAGT
TTTAGTAACCGCAGTTCTACTTTTACTATCATTACCTGTGCTAGCAGCTGGGATCACTATGCT
TCTTACAGACCGAAACTTAAACACAACATTCTTTGACCCTTCCGGAGGGGGAGACCCCATCC
TTTATCAACACTTATTCTGATTCTT

（2）BLAST 结果

Description	Max score	Total score	Query cover	E value	Ident	Accession
Hippocampus kuda mitochondrial DNA, complete genome	1184	1184	100%	0.0	99%	AP005985.1
Hippocampus kuda voucher NBFGR:SH101 cytochrome oxidase subunit I (COI) gene, partial cds; mitochondrial	1170	1170	98%	0.0	99%	FJ176577.1
Hippocampus kuda voucher NBFGR SH197 cytochrome oxidase subunit I (COI) gene, partial cds; mitochondrial	1164	1164	98%	0.0	99%	FJ541046.1
Hippocampus kuda voucher NBFGR SH150 cytochrome oxidase subunit I (COI) gene, partial cds; mitochondrial	1164	1164	98%	0.0	99%	FJ541040.1
Hippocampus kuda voucher NBFGR SH196 cytochrome oxidase subunit I (COI) gene, partial cds; mitochondrial	1158	1158	98%	0.0	99%	FJ541045.1
Hippocampus kuda voucher NBFGR SH168 cytochrome oxidase subunit I (COI) gene, partial cds; mitochondrial	1153	1153	98%	0.0	99%	FJ541044.1
Hippocampus kuda voucher NBFGR SH147 cytochrome oxidase subunit I-like (COI) gene, partial sequence; mitochondrial	1153	1153	98%	0.0	99%	FJ541039.1
Hippocampus kuda voucher BIOUG<CAN>:HLC-12284 cytochrome oxidase subunit 1 (COI) gene, partial cds; mitochondrial	1153	1153	98%	0.0	99%	FJ583552.1
Hippocampus kuda voucher RM2832c cytochrome oxidase subunit 1 (COI) gene, partial cds; mitochondrial	1149	1149	98%	0.0	99%	GQ502153.1
Hippocampus kuda voucher NBFGR SH151 cytochrome oxidase subunit I-like (COI) gene, partial sequence; mitochondrial	1147	1147	98%	0.0	99%	FJ541041.1

2. HM007-03

（1）*CO* Ⅰ序列

GTATTTGGTGCTCGAGCCGGAATAGTCGGCACTGCACTCAGCCTTTTAATTCGAGCAGAACT
AAGTCAACCAGGAGCTTTACTAGGGGATGACCAAATCTATAATGTTATTGTAACTGCTCATG
CTTTTGTAATAATTTTCTTTATGGTTATGCCTATCATAATCGGGGGTTTTGGTAATTGACTGGT
TCCCTTAATAATCGGAGCCCCTGATATAGCCTTTCCTCGAATAAATAATATGAGTTTTTGATT
ATTACCCCCTTCTTTTCTTCTCCTCCTTGCCTCCTCAGGAGTAGAAGCTGGGGCAGGAACAGG
TTGGACTGTCTACCCCCCACTAGCAGGTAATTTAGCCCATGCTGGGGCCTCTGTAGACTTGAC
AATCTTTTCTCTTCATTTAGCAGGTGTTTCATCAATTCTAGGGGCTATTAACTTTATTACTACT
ATTATCAACATAAAACCCCCATCAATTTCACAATATCAAACACCATTGTTTGTATGAGCAGTT
TTAGTAACCGCAGTTCTACTTTTACTGTCATTACCTGTGCTAGCAGCTGGGATCACTATGCTT
CTTACAGACCGAAACTTAAACACAACATTCTTTGACCCTTCCGGAGGGGGAGACCCCATCCT
TTATCAACACTTATTCTGATTCTT

（2）BLAST 结果

Description	Max score	Total score	Query cover	E value	Ident	Accession
Hippocampus kuda mitochondrial DNA, complete genome	1184	1184	100%	0.0	99%	AP005985.1
Hippocampus kuda voucher RM2832c cytochrome oxidase subunit 1 (COI) gene, partial cds; mitochondrial	1171	1171	98%	0.0	99%	GQ502153.1
Hippocampus kuda voucher NBFGR:SH101 cytochrome oxidase subunit I (COI) gene, partial cds; mitochondrial	1170	1170	98%	0.0	99%	FJ176577.1
Hippocampus kuda voucher NBFGR SH197 cytochrome oxidase subunit I (COI) gene, partial cds; mitochondrial	1164	1164	98%	0.0	99%	FJ541046.1
Hippocampus kuda voucher NBFGR SH150 cytochrome oxidase subunit I (COI) gene, partial cds; mitochondrial	1164	1164	98%	0.0	99%	FJ541040.1
Hippocampus kuda voucher NBFGR SH196 cytochrome oxidase subunit I (COI) gene, partial cds; mitochondrial	1158	1158	98%	0.0	99%	FJ541045.1
Hippocampus kuda voucher NBFGR SH168 cytochrome oxidase subunit I (COI) gene, partial cds; mitochondrial	1153	1153	98%	0.0	99%	FJ541044.1
Hippocampus kuda voucher NBFGR SH147 cytochrome oxidase subunit I-like (COI) gene, partial sequence; mitochondrial	1153	1153	98%	0.0	99%	FJ541039.1
Hippocampus kuda voucher NBFGR SH151 cytochrome oxidase subunit I-like (COI) gene, partial sequence; mitochondrial	1147	1147	98%	0.0	99%	FJ541041.1
Hippocampus kuda voucher BIOUG<CAN>:HLC-12284 cytochrome oxidase subunit 1 (COI) gene, partial cds; mitochondrial	1142	1142	98%	0.0	99%	FJ583552.1

3. HM008-02

（1）*CO* Ⅰ序列

GTATTTGGTGCTTGAGCCGGAATAGTCGGCACTGCACTCAGCCTTTTAATTCGAGCAGAACT
AAGTCAACCAGGAGCTTTACTAGGGGATGACCAAATCTATAATGTTATTGTAACTGCTCATG

CTTTTGTAATAATTTTCTTTATGGTTATGCCTATCATAATCGGGGGTTTTGGTAATTGACTGGT
TCCCTTAATAATCGGAGCCCCTGATATAGCCTTTCCTCGAATAAATAATATGAGTTTTTGATT
ATTACCCCCTTCTTTTCTTCTCCTCCTTGCCTCCTCAGGAGTAGAAGCTGGGGCAGGAACAGG
TTGGACTGTCTACCCCCCACTAGCAGGTAATTTAGCCCATGCTGGGGCCTCTGTAGACTTGAC
AATCTTTTCTCTTCATTTAGCAGGTGTTTCATCAATTCTAGGGGCTATTAACTTTATTACTACT
ATTATCAACATAAAACCCCCATCAATTTCACAATATCAAACACCATTGTTTGTATGAGCAGTT
TTAGTAACCGCAGTTCTACTTTTACTGTCATTACCTGTGCTAGCAGCTGGGATCACTATGCTT
CTTACAGACCGAAACTTAAACACAACATTCTTTGACCCTTCCGGAGGGGGAGACCCCATCCT
TTATCAACACTTATTCTGATTCTT

（2）BLAST 结果

Description	Max score	Total score	Query cover	E value	Ident	Accession
Hippocampus kuda mitochondrial DNA, complete genome	1190	1190	100%	0.0	99%	AP005985.1
Hippocampus kuda voucher RM2832c cytochrome oxidase subunit 1 (COI) gene, partial cds; mitochondrial	1177	1177	98%	0.0	99%	GQ502153.1
Hippocampus kuda voucher NBFGR:SH101 cytochrome oxidase subunit I (COI) gene, partial cds; mitochondrial	1175	1175	98%	0.0	99%	FJ176577.1
Hippocampus kuda voucher NBFGR SH197 cytochrome oxidase subunit I (COI) gene, partial cds; mitochondrial	1170	1170	98%	0.0	99%	FJ541046.1
Hippocampus kuda voucher NBFGR SH150 cytochrome oxidase subunit I (COI) gene, partial cds; mitochondrial	1170	1170	98%	0.0	99%	FJ541040.1
Hippocampus kuda voucher NBFGR SH196 cytochrome oxidase subunit I (COI) gene, partial cds; mitochondrial	1164	1164	98%	0.0	99%	FJ541045.1
Hippocampus kuda voucher NBFGR SH168 cytochrome oxidase subunit I (COI) gene, partial cds; mitochondrial	1158	1158	98%	0.0	99%	FJ541044.1
Hippocampus kuda voucher NBFGR SH147 cytochrome oxidase subunit I-like (COI) gene, partial sequence; mitochondrial	1158	1158	98%	0.0	99%	FJ541039.1
Hippocampus kuda voucher NBFGR SH151 cytochrome oxidase subunit I-like (COI) gene, partial sequence; mitochondrial	1153	1153	98%	0.0	99%	FJ541041.1
Hippocampus kuda voucher BIOUG<CAN>:HLC-12284 cytochrome oxidase subunit 1 (COI) gene, partial cds; mitochondrial	1147	1147	98%	0.0	99%	FJ583552.1

4. HM008-03

（1）*CO* Ⅰ序列

GTATTTGGTGCTTGAGCCGGAATAGTCGGCACTGCACTCAGCCTTTTAATTCGAGCAGAACT
AAGTCAACCAGGAGCTTTACTAGGGGATGACCAAATCTATAATGTTATTGTAACTGCTCATG
CTTTTGTAATAATTTTCTTTATGGTTATGCCTATCATAATCGGGGGTTTTGGTAATTGACTGGT
TCCCTTAATAATCGGAGCCCCTGATATAGCCTTTCCTCGAATAAATAATATGAGTTTTTGATT
ATTACCCCCTTCTTTTCTTCTCCTCCTTGCTTCCTCAGGAGTAGAAGCTGGGGCAGGAACAGG
TTGGACTGTCTACCCTCCACTAGCAGGTAATTTAGCCCATGCTGGGGCCTCTGTAGACTTGAC
AATCTTTTCTCTTCATTTAGCAGGTGTTTCATCAATTCTAGGGGCTATTAACTTTATTACTACT
ATTATCAACATAAAACCCCCATCAATTTCACAATATCAAACACCATTGTTTGTATGAGCAGTT
TTAGTAACCGCAGTTCTACTTTTACTGTCATTACCTGTGCTAGCAGCTGGGATCACTATGCTT
CTTACAGACCGAAACTTAAACACAACATTCTTTGACCCTTCCGGAGGGGGAGACCCCATCCT
TTATCAACACTTATTCTGATTCTTGTATTTGGTGCTTGAGCCGGAATAGTCGGCACTGCACTC
AGCCTTTTAAT

（2）BLAST 结果

Description	Max score	Total score	Query cover	E value	Ident	Accession
Hippocampus kuda mitochondrial DNA, complete genome	1201	1294	100%	0.0	99%	AP005985.1
Hippocampus kuda voucher NBFGR:SH101 cytochrome oxidase subunit I (COI) gene, partial cds; mitochondrial	1186	1280	99%	0.0	99%	FJ176577.1
Hippocampus kuda voucher NBFGR SH197 cytochrome oxidase subunit I (COI) gene, partial cds; mitochondrial	1181	1274	99%	0.0	99%	FJ541046.1
Hippocampus kuda voucher NBFGR SH150 cytochrome oxidase subunit I (COI) gene, partial cds; mitochondrial	1181	1274	99%	0.0	99%	FJ541040.1
Hippocampus kuda voucher RM2832c cytochrome oxidase subunit 1 (COI) gene, partial cds; mitochondrial	1177	1270	98%	0.0	99%	GQ502153.1
Hippocampus kuda voucher NBFGR SH196 cytochrome oxidase subunit I (COI) gene, partial cds; mitochondrial	1175	1269	99%	0.0	99%	FJ541045.1
Hippocampus kuda voucher NBFGR SH168 cytochrome oxidase subunit I (COI) gene, partial cds; mitochondrial	1170	1263	99%	0.0	99%	FJ541044.1
Hippocampus kuda voucher NBFGR SH147 cytochrome oxidase subunit I-like (COI) gene, partial sequence; mitochondrial	1170	1263	99%	0.0	99%	FJ541039.1
Hippocampus kuda voucher NBFGR SH151 cytochrome oxidase subunit I-like (COI) gene, partial sequence; mitochondrial	1164	1257	99%	0.0	99%	FJ541041.1
Hippocampus kuda voucher BIOUG<CAN>:HLC-12284 cytochrome oxidase subunit 1 (COI) gene, partial cds; mitochondrial	1158	1252	98%	0.0	99%	FJ583552.1

5. HM009-01

（1）*CO* Ⅰ序列

GTATTTGGTGCTCGAGCCGGAATAGTCGGCACTGCACTCAGCCTTTTAATTCGAGCAGAACT
AAGTCAACCGGGAGCTTTACTAGGAGATGACCAAATCTATAATGTTATTGTAACTGCTCATG
CTTTTGTAATAATTTTCTTTATGGTTATGCCTATCATAATCGGGGGTTTTGGTAATTGACTGGT
TCCCTTAATAATCGGAGCCCCTGATATAGCCTTTCCTCGAATAAATAATATGAGTTTTTGATT
ATTACCCCCTTCTTTTCTTCTCCTCCTTGCTTCCTCAGGAGTAGAAGCTGGGGCAGGAACAGG
TTGGACTGTCTACCCCCCACTAGCAGGTAATTTAGCCCATGCTGGGGCCTCTGTAGACTTGAC
AATCTTTTCTCTTCATTTAGCAGGTGTTTCATCAATTCTAGGGGCTATTAACTTTATTACTACT
ATTATCAACATAAAACCCCCATCAATTTCACAATATCAAACACCATTGTTTGTATGAGCAGTT
TTAGTAACCGCAGTTCTACTTTTACTGTCATTACCTGTGCTAGCAGCTGGGATCACTATGCTT
CTTACAGACCGAAACTTAAACACAACATTCTTTGACCCTTCCGGAGGGGGAGACCCCATCCT
TTATCAACACTTATTCTGATTCTT

（2）BLAST 结果

Description	Max score	Total score	Query cover	E value	Ident	Accession
Hippocampus kuda mitochondrial DNA, complete genome	1179	1179	100%	0.0	99%	AP005985.1
Hippocampus kuda voucher RM2832c cytochrome oxidase subunit 1 (COI) gene, partial cds; mitochondrial	1166	1166	98%	0.0	99%	GQ502153.1
Hippocampus kuda voucher NBFGR:SH101 cytochrome oxidase subunit I (COI) gene, partial cds; mitochondrial	1164	1164	98%	0.0	99%	FJ176577.1
Hippocampus kuda voucher NBFGR SH197 cytochrome oxidase subunit I (COI) gene, partial cds; mitochondrial	1158	1158	98%	0.0	99%	FJ541046.1
Hippocampus kuda voucher NBFGR SH150 cytochrome oxidase subunit I (COI) gene, partial cds; mitochondrial	1158	1158	98%	0.0	99%	FJ541040.1
Hippocampus kuda voucher NBFGR SH196 cytochrome oxidase subunit I (COI) gene, partial cds; mitochondrial	1153	1153	98%	0.0	99%	FJ541045.1
Hippocampus kuda voucher NBFGR SH168 cytochrome oxidase subunit I (COI) gene, partial cds; mitochondrial	1147	1147	98%	0.0	99%	FJ541044.1
Hippocampus kuda voucher NBFGR SH147 cytochrome oxidase subunit I-like (COI) gene, partial sequence; mitochondrial	1147	1147	98%	0.0	99%	FJ541039.1
Hippocampus kuda voucher NBFGR SH151 cytochrome oxidase subunit I-like (COI) gene, partial sequence; mitochondrial	1142	1142	98%	0.0	99%	FJ541041.1
Hippocampus kuda voucher BIOUG<CAN>:HLC-12284 cytochrome oxidase subunit 1 (COI) gene, partial cds; mitochondrial	1136	1136	98%	0.0	99%	FJ583552.1

6. HM009-02

（1）*CO* Ⅰ序列

GTATTTGGTGCTTGAGCCGGAATAGTCGGCACTGCACTCAGCCTTTTAATTCGAGCAGAACT
AAGTCAACCAGGAGCTTTACTAGGGGATGATCAAATCTATAATGTTATCGTAACTGCTCATG

CTTTTGTAATAATTTTCTTTATAGTTATGCCTATCATAATTGGGGGTTTTGGTAATTGACTGGT
TCCCTTAATAATCGGAGCCCCTGATATAGCCTTTCCTCGAATAAATAATATGAGTTTTTGATT
ATTACCACCTTCTTTTCTTCTCCTCCTTGCTTCCTCAGGAGTAGAAGCTGGAGCAGGAACAGG
TTGGACTGTCTACCCTCCACTAGCAGGCAATTTAGCCCATGCTGGGGCCTCTGTAGACTTGAC
AATCTTTTCTCTTCATTTAGCAGGTGTTTCATCAATTCTAGGGGCTATTAACTTTATTACTACT
ATTATTAACATAAAACCCCCATCAATTTCACAATATCAAACACCATTGTTTGTATGGGCAGTT
TTAGTAACCGCAGTTCTACTTTTACTGTCATTACCTGTACTAGCAGCCGGGATCACTATGCTT
CTTACAGACCGAAACTTAAACACAACATTCTTTGACCCTTCCGGAGGGGGAGATCCTATCCT
TTATCAACACTTATTCTGATTCTT

（2）BLAST 结果

Description	Max score	Total score	Query cover	E value	Ident	Accession
Hippocampus cf. fuscus SL-2009 voucher RM2692 cytochrome oxidase subunit 1 (COI) gene, partial cds; mitochondrial	1181	1181	98%	0.0	99%	GQ502132.1
Hippocampus kuda voucher ADC09_145.19#4 cytochrome oxidase subunit 1 (COI) gene, partial cds; mitochondrial	1179	1179	97%	0.0	100%	GU805014.1
Hippocampus cf. borboniensis SL-2009 voucher RM2695a cytochrome oxidase subunit 1 (COI) gene, partial cds; mitochondrial	1175	1175	98%	0.0	99%	GQ502131.1
Hippocampus kuda voucher SH122 cytochrome oxidase subunit 1 (COI) gene, partial cds; mitochondrial	1175	1175	98%	0.0	99%	EU930329.1
Hippocampus kuda voucher SH116 cytochrome oxidase subunit 1 (COI) gene, partial cds; mitochondrial	1170	1170	98%	0.0	99%	EU930326.1
Hippocampus kuda voucher SH114 cytochrome oxidase subunit 1 (COI) gene, partial cds; mitochondrial	1170	1170	98%	0.0	99%	EU930325.1
Hippocampus kuda voucher NBFGR SH199 cytochrome oxidase subunit I (COI) gene, partial cds; mitochondrial	1164	1164	98%	0.0	99%	FJ541048.1
Hippocampus kuda voucher RM2475b cytochrome oxidase subunit 1 (COI) gene, partial cds; mitochondrial	1164	1164	98%	0.0	99%	GQ502154.1
Hippocampus fuscus voucher RM2860 cytochrome oxidase subunit 1 (COI) gene, partial cds; mitochondrial	1164	1164	98%	0.0	99%	GQ502140.1
Hippocampus kuda voucher NBFGR:SH140 cytochrome oxidase subunit I (COI) gene, partial cds; mitochondrial	1164	1164	98%	0.0	99%	FJ176592.1

7. HM010-01

（1）*CO* Ⅰ序列

GTATTTGGTGCTTGAGCCGGAATAGTCGGCACTGCACTCAGCCTTTTAATTCGAGCAGAACT
AAGTCAACCAGGAGCTTTACTAGGGGATGACCAAATCTATAATGTTATTGTAACTGCTCATG
CTTTTGTAATAATTTTCTTTATGGTTATGCCTATCATAATCGGGGGTTTTGGTAATTGACTGGT
TCCCTTAATAATCGGAGCCCCTGATATAGCCTTTCCTCGAATAAATAATATGAGTTTTTGATT
ATTACCCCCTTCTTTTCTTCTCCTCCTTGCCTCCTCAGGAGTAGAAGCTGGGGCAGGAACAGG
TTGGACTGTCTACCCCCCACTAGCAGGTAATTTAGCCCATGCTGGGGCCTCTGTAGACTTGAC
AATCTTTTCTCTTCATTTAGCAGGTGTTTCATCAATTCTAGGGGCTATTAACTTTATTACTACT
ATTATCAACATAAAACCCCCATCAATTTCACAATATCAAACACCATTGTTTGTATGAGCAGTT
TTAGTAACCGCAGTTCTACTTTTACTGTCATTACCTGTGCTAGCAGCTGGGATCACTATGCTT
CTTACAGACCGAAACTTAAACACAACATTCTTTGACCCTTCCGGAGGGGGAGACCCCATCCT
TTATCAACACTTATTCTGATTCTT

（2）BLAST 结果

Description	Max score	Total score	Query cover	E value	Ident	Accession
Hippocampus kuda mitochondrial DNA, complete genome	1190	1190	100%	0.0	99%	AP005985.1
Hippocampus kuda voucher RM2832c cytochrome oxidase subunit 1 (COI) gene, partial cds; mitochondrial	1177	1177	98%	0.0	99%	GQ502153.1
Hippocampus kuda voucher NBFGR:SH101 cytochrome oxidase subunit I (COI) gene, partial cds; mitochondrial	1175	1175	98%	0.0	99%	FJ176577.1
Hippocampus kuda voucher NBFGR SH197 cytochrome oxidase subunit I (COI) gene, partial cds; mitochondrial	1170	1170	98%	0.0	99%	FJ541046.1
Hippocampus kuda voucher NBFGR SH150 cytochrome oxidase subunit I (COI) gene, partial cds; mitochondrial	1170	1170	98%	0.0	99%	FJ541040.1
Hippocampus kuda voucher NBFGR SH196 cytochrome oxidase subunit I (COI) gene, partial cds; mitochondrial	1164	1164	98%	0.0	99%	FJ541045.1
Hippocampus kuda voucher NBFGR SH168 cytochrome oxidase subunit I (COI) gene, partial cds; mitochondrial	1158	1158	98%	0.0	99%	FJ541044.1
Hippocampus kuda voucher NBFGR SH147 cytochrome oxidase subunit I-like (COI) gene, partial sequence; mitochondrial	1158	1158	98%	0.0	99%	FJ541039.1
Hippocampus kuda voucher NBFGR SH151 cytochrome oxidase subunit I-like (COI) gene, partial sequence; mitochondrial	1153	1153	98%	0.0	99%	FJ541041.1
Hippocampus kuda voucher BIOUG<CAN>:HLC-12284 cytochrome oxidase subunit 1 (COI) gene, partial cds; mitochondrial	1147	1147	98%	0.0	99%	FJ583552.1

8. HM010-02

（1）*CO* Ⅰ序列

GTATTTGGTGCTTGAGCCGGAATAGTCGGCACTGCACTCAGCCTTTTAATTCGAGCAGAACT
AAGTCAACCAGGAGCTTTACTAGGGGATGACCAAATCTATAATGTTATTGTAACTGCTCATG
CTTTTGTAATAATTTTCTTTATGGTTATGCCTATCATAATCGGGGGTTTTGGTAATTGACTGGT
TCCCTTAATAATCGGAGCCCCTGATATAGCCTTTCCTCGAATAAATAATATGAGTTTTTGATT
ATTACCCCCTTCTTTTCTTCTCCTCCTTGCCTCCTCAGGAGTAGAAGCTGGGGCAGGAACAGG
TTGGACTGTCTACCCCCCACTAGCAGGTAATTTAGCCCATGCTGGGGCCTCTGTAGACTTGAC
AATCTTTTCTCTTCATTTAGCAGGTGTTTCATCAATTCTAGGGGCTATTAACTTTATTACTACT
ATTATCAACATAAAACCCCCATCAATTTCACAATATCAAACACCATTGTTTGTATGAGCAGTT
TTAGTAACCGCAGTTCTACTTTTACTGTCATTACCTGTGCTAGCAGCTGGGATCACTATGCTT
CTTACAGACCGAAACTTAAACACAACATTCTTTGACCCTTCCGGAGGGGGAGACCCCATCCT
TTATCAACACTTATTCTGATTCTT

（2）BLAST 结果

Description	Max score	Total score	Query cover	E value	Ident	Accession
Hippocampus kuda mitochondrial DNA, complete genome	1190	1190	100%	0.0	99%	AP005985.1
Hippocampus kuda voucher RM2832c cytochrome oxidase subunit 1 (COI) gene, partial cds; mitochondrial	1177	1177	98%	0.0	99%	GQ502153.1
Hippocampus kuda voucher NBFGR:SH101 cytochrome oxidase subunit I (COI) gene, partial cds; mitochondrial	1175	1175	98%	0.0	99%	FJ176577.1
Hippocampus kuda voucher NBFGR SH197 cytochrome oxidase subunit I (COI) gene, partial cds; mitochondrial	1170	1170	98%	0.0	99%	FJ541046.1
Hippocampus kuda voucher NBFGR SH150 cytochrome oxidase subunit I (COI) gene, partial cds; mitochondrial	1170	1170	98%	0.0	99%	FJ541040.1
Hippocampus kuda voucher NBFGR SH196 cytochrome oxidase subunit I (COI) gene, partial cds; mitochondrial	1164	1164	98%	0.0	99%	FJ541045.1
Hippocampus kuda voucher NBFGR SH168 cytochrome oxidase subunit I (COI) gene, partial cds; mitochondrial	1158	1158	98%	0.0	99%	FJ541044.1
Hippocampus kuda voucher NBFGR SH147 cytochrome oxidase subunit I-like (COI) gene, partial sequence; mitochondrial	1158	1158	98%	0.0	99%	FJ541039.1
Hippocampus kuda voucher NBFGR SH151 cytochrome oxidase subunit I-like (COI) gene, partial sequence; mitochondrial	1153	1153	98%	0.0	99%	FJ541041.1
Hippocampus kuda voucher BIOUG<CAN>:HLC-12284 cytochrome oxidase subunit 1 (COI) gene, partial cds; mitochondrial	1147	1147	98%	0.0	99%	FJ583552.1

9. HM013-01

（1）*CO* Ⅰ序列

GTATTTGGTGCTTGAGCCGGAATAGTCGGCACTGCACTCAGCCTTTTAATTCGAGCAGAACTAA
GTCAACCAGGAGCTTTACTAGGGGATGACCAAATCTATAATGTTATTGTAACTGCTCATGCTTTT
GTAATAATTTTCTTTATGGTTATGCCTATCATAATCGGGGGTTTTGGTAATTGACTGGTTCCCTTA

ATAATCGGAGCCCCTGATATAGCCTTTCCTCGAATAAATAATATGAGTTTTTGATTATTACCCCC

TTCTTTTCTTCTCCTCCTTGCTTCCTCAGGAGTAGAAGCTGGGGCAGGAACAGGTTGGACTGTCT

ACCCCCCACTAGCAGGTAATTTAGCCCATGCTGGGGCCTCTGTAGACTTGACAATCTTTTCTCTT

CATTTAGCAGGTGTTTCATCAATTCTAGGGGCTATTAACTTTATTACTACTATTATCAACATAAA

ACCCCCATCAATTTCACAATATCAAACACCATTGTTTGTATGAGCAGTTTTAGTAACCGCAGTTC

TACTTTTACTGTCATTACCTGTGCTAGCAGCTGGGATCACTATGCTTCTTACAGACCGAAACTTAAA

CACAACATTCTTTGACCCTTCCGGAGGGGGAGACCCCATCCTTTATCAACACTTATTCTGATTCTT

（2）BLAST 结果

Description	Max score	Total score	Query cover	E value	Ident	Accession
Hippocampus kuda mitochondrial DNA, complete genome	1195	1195	100%	0.0	99%	AP005985.1
Hippocampus kuda voucher RM2832c cytochrome oxidase subunit 1 (COI) gene, partial cds; mitochondrial	1182	1182	98%	0.0	99%	GQ502153.1
Hippocampus kuda voucher NBFGR:SH101 cytochrome oxidase subunit I (COI) gene, partial cds; mitochondrial	1181	1181	98%	0.0	99%	FJ176577.1
Hippocampus kuda voucher NBFGR SH197 cytochrome oxidase subunit I (COI) gene, partial cds; mitochondrial	1175	1175	98%	0.0	99%	FJ541046.1
Hippocampus kuda voucher NBFGR SH150 cytochrome oxidase subunit I (COI) gene, partial cds; mitochondrial	1175	1175	98%	0.0	99%	FJ541040.1
Hippocampus kuda voucher NBFGR SH196 cytochrome oxidase subunit I (COI) gene, partial cds; mitochondrial	1170	1170	98%	0.0	99%	FJ541045.1
Hippocampus kuda voucher NBFGR SH168 cytochrome oxidase subunit I (COI) gene, partial cds; mitochondrial	1164	1164	98%	0.0	99%	FJ541044.1
Hippocampus kuda voucher NBFGR SH147 cytochrome oxidase subunit I-like (COI) gene, partial sequence; mitochondrial	1164	1164	98%	0.0	99%	FJ541039.1
Hippocampus kuda voucher NBFGR SH151 cytochrome oxidase subunit I-like (COI) gene, partial sequence; mitochondrial	1158	1158	98%	0.0	99%	FJ541041.1
Hippocampus kuda voucher BIOUG<CAN>:HLC-12284 cytochrome oxidase subunit 1 (COI) gene, partial cds; mitochondrial	1153	1153	98%	0.0	99%	FJ583552.1

10. HM013-02

（1）*CO* Ⅰ序列

GTATTTGGTGCTTGAGCCGGAATAGTCGGCACTGCACTCAGCCTTTTAATTCGAGCAGAACTAA

GTCAACCAGGAGCTTTACTAGGGGATGACCAAATCTATAATGTTATTGTAACTGCTCATGCTTTT

GTAATAATTTTCTTTATGGTTATGCCTATCATAATCGGGGGTTTTGGTAATTGACTGGTTCCCTTA

ATAATCGGAGCCCCTGATATAGCCTTTCCTCGAATAAATAATATGAGTTTTTGATTATTACCCCC

TTCTTTTCTTCTCCTCCTTGCCTCCTCAGGAGTAGAAGCTGGGGCAGGAACAGGTTGGACTGTCT

ACCCCCCACTAGCAGGTAATTTAGCCCATGCTGGGGCCTCTGTAGACTTGACAATCTTTTCTCTT

CATTTAGCAGGTGTTTCATCAATTCTAGGGGCTATTAACTTTATTACTACTATTATCAACATAAA

ACCCCCATCAATTTCACAATATCAAACACCATTGTTTGTATGAGCAGTTTTAGTAACCGCAGTTC

TACTTTTACTGTCATTACCTGTGCTAGCAGCTGGGATCACTATGCTTCTTACAGACCGAAACTTAAA

CACAACATTCTTTGACCCTTCCGGAGGGGGAGACCCCATCCTTTATCAACACTTATTCTGATTCTT

（2）BLAST 结果

Description	Max score	Total score	Query cover	E value	Ident	Accession
Hippocampus kuda mitochondrial DNA, complete genome	1190	1190	100%	0.0	99%	AP005985.1
Hippocampus kuda voucher RM2832c cytochrome oxidase subunit 1 (COI) gene, partial cds; mitochondrial	1177	1177	98%	0.0	99%	GQ502153.1
Hippocampus kuda voucher NBFGR:SH101 cytochrome oxidase subunit I (COI) gene, partial cds; mitochondrial	1175	1175	98%	0.0	99%	FJ176577.1
Hippocampus kuda voucher NBFGR SH197 cytochrome oxidase subunit I (COI) gene, partial cds; mitochondrial	1170	1170	98%	0.0	99%	FJ541046.1
Hippocampus kuda voucher NBFGR SH150 cytochrome oxidase subunit I (COI) gene, partial cds; mitochondrial	1170	1170	98%	0.0	99%	FJ541040.1
Hippocampus kuda voucher NBFGR SH196 cytochrome oxidase subunit I (COI) gene, partial cds; mitochondrial	1164	1164	98%	0.0	99%	FJ541045.1
Hippocampus kuda voucher NBFGR SH168 cytochrome oxidase subunit I (COI) gene, partial cds; mitochondrial	1158	1158	98%	0.0	99%	FJ541044.1
Hippocampus kuda voucher NBFGR SH147 cytochrome oxidase subunit I-like (COI) gene, partial sequence; mitochondrial	1158	1158	98%	0.0	99%	FJ541039.1
Hippocampus kuda voucher NBFGR SH151 cytochrome oxidase subunit I-like (COI) gene, partial sequence; mitochondrial	1153	1153	98%	0.0	99%	FJ541041.1
Hippocampus kuda voucher BIOUG<CAN>:HLC-12284 cytochrome oxidase subunit 1 (COI) gene, partial cds; mitochondrial	1147	1147	98%	0.0	99%	FJ583552.1

（二）太平洋海马

HM005-03

（1）*CO* Ⅰ序列

GTATTTGGTGCTTGAGCCGGAATAGTCGGCACTGCACTCAGCCTTTTAATTCGAGCAGAACTAA
GTCAACCAGGAGCTTTACTAGGGGATGATCAAATCTATAATGTTATCGTAACTGCTCATGCTTTT
GTAATAATTTTCTTTATGGTTATACCTATTATAATTGGGGGTTTTGGTAATTGATTGGTTCCCTTA
ATAATCGGAGCCCCTGATATAGCCTTTCCTCGAATAAATAATATGAGCTTTTGATTATTACCACC
TTCTTTTCTTCTCCTCCTTGCTTCCTCAGGAGTAGAAGCTGGAGCAGGAACAGGTTGAACCGTCT
ACCCCCCACTAGCAGGCAATTTAGCCCATGCTGGGGCCTCTGTAGACTTGACAATCTTTTCTCTT
CATTTAGCAGGTGTTTCATCAATTCTAGGGGCTATTAACTTTATCACTACTATTATTAACATAAA
ACCCCCATCAATTTCACAATATCAAACACCATTGTTTGTATGAGCAGTTTTAGTAACCGCAGTTC
TACTTTTACTATCACTACCTGTGCTAGCAGCAGGGATCACCATGCTTCTCACAGACCGAAACTTAAA
CACAACATTCTTTGACCCTTCTGGAGGGGGAGATCCTATCCTTTATCAACACCTATTCTGATTCTT

（2）BLAST 结果

Description	Max score	Total score	Query cover	E value	Ident	Accession
Hippocampus ingens mitochondrion, complete genome	1201	1201	100%	0.0	99%	KF680453.1
Hippocampus ingens isolate HI2 cytochrome oxidase subunit 1 gene, partial cds; mitochondrial	1181	1181	98%	0.0	99%	KC851895.1
Hippocampus ingens voucher RM2535d cytochrome oxidase subunit 1 (COI) gene, partial cds; mitochondrial	1181	1181	98%	0.0	99%	GQ502148.1
Hippocampus ingens isolate HI1 cytochrome oxidase subunit 1 gene, partial cds; mitochondrial	1175	1175	98%	0.0	99%	KC851894.1
Hippocampus reidi voucher RM2542a cytochrome oxidase subunit 1 (COI) gene, partial cds; mitochondrial	1175	1175	98%	0.0	99%	GQ502165.1
Hippocampus reidi isolate HR1 cytochrome oxidase subunit 1 gene, partial cds; mitochondrial	1170	1170	97%	0.0	99%	KC851891.1
Unidentified shark fin isolate AP013-Sea_Horse cytochrome oxidase subunit I (COI) gene, partial cds; mitochondrial	1098	1098	91%	0.0	99%	JN654254.1
Hippocampus capensis voucher RM3084 cytochrome oxidase subunit 1 (COI) gene, partial cds; mitochondrial	1092	1092	97%	0.0	97%	GQ502128.1
Hippocampus kuda voucher SH116 cytochrome oxidase subunit 1 (COI) gene, partial cds; mitochondrial	1092	1092	98%	0.0	97%	EU930326.1
Hippocampus kuda voucher SH114 cytochrome oxidase subunit 1 (COI) gene, partial cds; mitochondrial	1092	1092	98%	0.0	97%	EU930325.1

（三）斑海马

HM001-01

（1）*CO* Ⅰ序列

GTATTCGGTGCTTGAGCCGGAATAGTCGGCACTGCACTCAGCCTCCTAATTCGAGCAGAACT
AAGTCAACCAGGAGCTTTATTAGGAGATGATCAAATCTATAATGTTATTGTAACTGCTCATG
CTTTTGTAATAATTTTCTTTATAGTAATACCAATTATAATTGGAGGATTTGGTAATTGATTAG
TTCCTTTAATAATTGGAGCTCCTGACATGGCTTTTCCTCGAATAAATAATATAAGTTTTTGAT
TACTACCCCCCTCTTTCCTTCTCCTCCTTGCCTCATCAGGAGTAGAAGCTGGTGCAGGAACAG
GTTGAACTGTTTATCCTCCATTAGCAGGCAATCTGGCACATGCCGGAGCTTCTGTTGACTTAA
CAATCTTCTCCCTTCATTTAGCAGGTGTCTCATCAATCCTAGGGGCTATTAACTTTATCACCA
CTATTATTAATATAAAACCTCCCTCAATCTCACAATACCAAACACCACTATTTGTATGAGCCG

TCTTAGTAACCGCAGTATTACTTTTATTATCCCTACCTGTACTAGCAGCCGGCATTACTATGC
TTCTAACAGACCGAAATTTAAACACGACATTCTTTGACCCATCTGGAGGGGGTGACCCTATT
CTCTATCAACACTTATTCTGATTTTT

（2）BLAST 结果

Description	Max score	Total score	Query cover	E value	Ident	Accession
Hippocampus trimaculatus mitochondrion, complete genome	1201	1201	100%	0.0	99%	JX682713.1
Hippocampus trimaculatus voucher AS45MT01 cytochrome oxidase subunit I (COI) gene, partial cds; mitochondrial	1186	1186	98%	0.0	99%	JF700168.1
Hippocampus trimaculatus voucher RM2130d cytochrome oxidase subunit 1 (COI) gene, partial cds; mitochondrial	1186	1186	98%	0.0	100%	GQ502171.1
Hippocampus trimaculatus voucher SH126 cytochrome oxidase subunit 1 (COI) gene, partial cds; mitochondrial	1186	1186	98%	0.0	99%	EU930320.1
Hippocampus trimaculatus voucher RM2116 cytochrome oxidase subunit 1 (COI) gene, partial cds; mitochondrial	1181	1181	98%	0.0	99%	GQ502172.1
Hippocampus trimaculatus voucher SH154 cytochrome oxidase subunit 1 (COI) gene, partial cds; mitochondrial	1181	1181	98%	0.0	99%	EU930323.1
Hippocampus trimaculatus voucher SH146 cytochrome oxidase subunit 1 (COI) gene, partial cds; mitochondrial	1181	1181	98%	0.0	99%	EU930322.1
Hippocampus trimaculatus voucher RM2023 cytochrome oxidase subunit 1 (COI) gene, partial cds; mitochondrial	1147	1147	98%	0.0	99%	GQ502173.1
Hippocampus trimaculatus voucher RM2193 cytochrome oxidase subunit 1 (COI) gene, partial cds; mitochondrial	1136	1136	98%	0.0	99%	GQ502174.1
Hippocampus trimaculatus voucher RM2517 cytochrome oxidase subunit 1 (COI) gene, partial cds; mitochondrial	1123	1123	94%	0.0	99%	GQ502175.1

（四）线纹海马

1. HM002-01

（1）*CO* Ⅰ序列

GTATTTGGTGCTTGGGCCGGAATAGTCGGCACTGCACTCAGCCTTTTAATCCGAGCAGAACTAA
GTCAACCAGGAGCTTTATTAGGGGACGATCAAATCTATAATGTTATCGTAACTGCTCATGCTTTT
GTAATAATTTTTTTTATAGTAATGCCAATTATAATCGGGGGTTTCGGTAATTGATTAGTCCCATT
AATAATCGGAGCGCCTGATATAGCCTTTCCTCGAATAAATAACATAAGTTTTTGATTATTACCCC
CTTCTTTTCTCCTCCTCCTTGCTTCGTCAGGAGTAGAAGCTGGGGCGGGAACAGGTTGGACTGTT
TACCCCCCACTAGCAGGCAATTTGGCGCACGCTGGAGCCTCTGTAGACTTAACAATCTTCTCTCT
TCATTTAGCAGGTGTTTCATCAATTCTAGGGGCTATTAACTTTATTACTACTATTATTAATATAAA
ACCCCCATCAATTTCACAATATCAAACACCATTATTTGTATGAGCAGTTTTAGTAACCGCAGTTC
TACTTTTATTATCATTACCTGTACTAGCAGCCGGGATTACCATACTTCTCACAGACCGAAACTTA
AACACAACATTTTTTGATCCTTCCGGAGGAGGGGACCCCATCCTCTATCAACACTTATTTTGATT
TTT

（2）BLAST 结果

Description	Max score	Total score	Query cover	E value	Ident	Accession
Hippocampus kelloggi voucher RM2688 cytochrome oxidase subunit 1 (COI) gene, partial cds; mitochondrial	1186	1186	98%	0.0	100%	GQ502150.1
Hippocampus kelloggi isolate Hkell2 cytochrome oxidase subunit 1 gene, partial cds; mitochondrial	1181	1181	98%	0.0	99%	KC851893.1
Hippocampus kelloggi isolate Hkell1 cytochrome oxidase subunit 1 gene, partial cds; mitochondrial	1181	1181	98%	0.0	99%	KC851892.1
Hippocampus kelloggi cytochrome c oxidase subunit I (COI) gene, partial cds; mitochondrial	1107	1107	96%	0.0	98%	JX912714.1
Hippocampus queenslandicus voucher RM3051 cytochrome oxidase subunit 1 (COI) gene, partial cds; mitochondrial	974	974	98%	0.0	94%	GQ502161.1
Hippocampus spinosissimus voucher RM2813n cytochrome oxidase subunit 1 (COI) gene, partial cds; mitochondrial	963	963	98%	0.0	94%	GQ502169.1
Hippocampus spinosissimus voucher RM2468f cytochrome oxidase subunit 1 (COI) gene, partial cds; mitochondrial	963	963	98%	0.0	94%	GQ502168.1
Hippocampus queenslandicus voucher RM3048 cytochrome oxidase subunit 1 (COI) gene, partial cds; mitochondrial	961	961	96%	0.0	94%	GQ502162.1
Hippocampus spinosissimus voucher RM2650c cytochrome oxidase subunit 1 (COI) gene, partial cds; mitochondrial	957	957	98%	0.0	94%	GQ502167.1
Hippocampus queenslandicus voucher RM3039c cytochrome oxidase subunit 1 (COI) gene, partial cds; mitochondrial	948	948	98%	0.0	93%	GQ502163.1

2. HM007-01

（1）*CO* Ⅰ序列

GTATTCGGTGCCTGGGCCGGAATAGTCGGCACTGCACTCAGCCTTTTAATCCGAGCAGAACT
AAGTCAACCAGGAGCTTTATTAGGGGACGATCAAATCTATAATGTTATCGTAACTGCTCATG
CTTTTGTAATAATTTTTTTATAGTAATGCCAATTATAATCGGGGGTTTCGGTAATTGATTAGT
CCCATTAATAATCGGAGCGCCTGATATAGCCTTTCCTCGAATAAATAACATAAGTTTTTGATT
ATTACCCCCTTCTTTTCTCCTCCTCCTTGCTTCGTCAGGAGTAGAAGCTGGGGCGGGAACAGG
TTGGACTGTTTACCCCCCACTAGCAGGCAATTTGGCGCACGCTGGAGCCTCTGTAGACTTAA
CAATCTTCTCTCTTCATTTAGCAGGTGTTTCATCAATTCTAGGGGCTATTAACTTTATTACTAC
TATTATTAATATAAAACCCCCATCAATTTCACAATATCAAACACCATTATTTGTATGAGCAGT
TTTAGTAACCGCAGTTCTACTTTTATTATCATTACCTGTACTAGCAGCCGGGATTACCATACT
TCTCACAGACCGAAACTTAAACACAACATTTTTTGATCCTTCCGGAGGAGGGGACCCCATCC
TCTATCAACACTTATTCTGATTCTT

（2）BLAST 结果

Description	Max score	Total score	Query cover	E value	Ident	Accession
Hippocampus kelloggi voucher RM2688 cytochrome oxidase subunit 1 (COI) gene, partial cds; mitochondrial	1175	1175	98%	0.0	99%	GQ502150.1
Hippocampus kelloggi isolate Hkell2 cytochrome oxidase subunit 1 gene, partial cds; mitochondrial	1170	1170	98%	0.0	99%	KC851893.1
Hippocampus kelloggi isolate Hkell1 cytochrome oxidase subunit 1 gene, partial cds; mitochondrial	1170	1170	98%	0.0	99%	KC851892.1
Hippocampus kelloggi cytochrome c oxidase subunit I (COI) gene, partial cds; mitochondrial	1096	1096	95%	0.0	98%	JX912714.1
Hippocampus queenslandicus voucher RM3051 cytochrome oxidase subunit 1 (COI) gene, partial cds; mitochondrial	963	963	98%	0.0	94%	GQ502161.1
Hippocampus spinosissimus voucher RM2813n cytochrome oxidase subunit 1 (COI) gene, partial cds; mitochondrial	952	952	98%	0.0	93%	GQ502169.1
Hippocampus spinosissimus voucher RM2468f cytochrome oxidase subunit 1 (COI) gene, partial cds; mitochondrial	952	952	98%	0.0	93%	GQ502168.1
Hippocampus queenslandicus voucher RM3048 cytochrome oxidase subunit 1 (COI) gene, partial cds; mitochondrial	950	950	96%	0.0	94%	GQ502162.1
Hippocampus spinosissimus voucher RM2650c cytochrome oxidase subunit 1 (COI) gene, partial cds; mitochondrial	946	946	98%	0.0	93%	GQ502167.1
Hippocampus queenslandicus voucher RM3039c cytochrome oxidase subunit 1 (COI) gene, partial cds; mitochondrial	937	937	98%	0.0	93%	GQ502163.1

3. HM005-01

（1）*CO* Ⅰ序列

GTATTTGGTGCTTGGGCCGGAATAGTCGGCACTGCACTCAGCCTTTTAATCCGAGCAGAACT
AAGTCAACCAGGAGCTTTATTAGGGGACGATCAAATCTATAATGTTATCGTAACTGCTCATG
CTTTTGTAATAATTTTTTTATAGTAATGCCAATTATAATCGGGGGTTTCGGTAATTGATTAGT
CCCATTAATAATCGGAGCGCCTGATATAGCCTTTCCTCGAATAAATAACATAAGTTTTTGATT
ATTACCCCCTTCTTTTCTCCTCCTCCTTGCTTCGTCAGGAGTAGAAGCTGGGGCGGGAACAGG
TTGGACTGTTTACCCCCCACTAGCAGGCAATTTGGCGCACGCTGGAGCCTCTGTAGACTTAA
CAATCTTCTCTCTTCATTTAGCAGGTGTTTCATCAATTCTAGGGGCTATTAACTTTATTACTAC
TATTATTAATATAAAACCCCCATCAATTTCACAATATCAAACACCATTATTTGTATGAGCAGT
TTTAGTAACCGCAGTTCTACTTTTATTATCATTACCTGTACTAGCAGCCGGGATTACCATACT
TCTCACAGACCGAAACTTAAACACAACATTTTTTGATCCTTCCGGAGGAGGGGACCCCATCC
TCTATCAACACTTATTCTGATTCTT

（2）BLAST 结果

Description	Max score	Total score	Query cover	E value	Ident	Accession
Hippocampus kelloggi voucher RM2688 cytochrome oxidase subunit 1 (COI) gene, partial cds; mitochondrial	1186	1186	98%	0.0	100%	GQ502150.1
Hippocampus kelloggi isolate Hkell2 cytochrome oxidase subunit 1 gene, partial cds; mitochondrial	1181	1181	98%	0.0	99%	KC851893.1
Hippocampus kelloggi isolate Hkell1 cytochrome oxidase subunit 1 gene, partial cds; mitochondrial	1181	1181	98%	0.0	99%	KC851892.1
Hippocampus kelloggi cytochrome c oxidase subunit I (COI) gene, partial cds; mitochondrial	1107	1107	96%	0.0	98%	JX912714.1
Hippocampus queenslandicus voucher RM3051 cytochrome oxidase subunit 1 (COI) gene, partial cds; mitochondrial	974	974	98%	0.0	94%	GQ502161.1
Hippocampus spinosissimus voucher RM2813n cytochrome oxidase subunit 1 (COI) gene, partial cds; mitochondrial	963	963	98%	0.0	94%	GQ502169.1
Hippocampus spinosissimus voucher RM2468f cytochrome oxidase subunit 1 (COI) gene, partial cds; mitochondrial	963	963	98%	0.0	94%	GQ502168.1
Hippocampus queenslandicus voucher RM3048 cytochrome oxidase subunit 1 (COI) gene, partial cds; mitochondrial	961	961	96%	0.0	94%	GQ502162.1
Hippocampus spinosissimus voucher RM2650c cytochrome oxidase subunit 1 (COI) gene, partial cds; mitochondrial	957	957	98%	0.0	94%	GQ502167.1
Hippocampus queenslandicus voucher RM3039c cytochrome oxidase subunit 1 (COI) gene, partial cds; mitochondrial	948	948	98%	0.0	93%	GQ502163.1

（五）昆士兰海马

1. HM007-02

（1）*CO* Ⅰ序列

GTATTTGGTGCTTGAGCCGGAATAGTCGGCACTGCACTCAGCCTTTTAATCCGAGCAGAACT
AAGTCAACCAGGAGCTTTACTAGGGGATGATCAAATCTATAATGTTATCGTAACTGCTCATG
CTTTTGTAATAATCTTTTTTATAGTTATACCAATTATAATCGGAGGTTTTGGTAATTGGTTAGT
CCCGCTAATAATTGGAGCGCCTGATATAGCCTTTCCTCGAATAAATAATATAAGTTTTTGATT
ATTACCACCTTCTTTTCTTCTCCTCCTTGCTTCCTCAGGAGTGGAAGCTGGGGCAGGGACAGG
CTGAACTGTTTACCCCCCGCTAGCCGGTAATTTGGCACACGCTGGAGCCTCTGTAGATTTAAC
AATCTTTTCTCTTCACTTAGCAGGTGTTTCATCAATTCTAGGGGCTATTAACTTTATTACTACT
ATTATTAATATAAAACCCCCATCAATTTCACAATATCAAACACCATTATTTGTATGGGCTGTT
TTAGTAACCGCAGTCCTACTCTTACTATCATTACCCGTATTAGCAGCTGGCATTACCATACTT
CTCACAGACCGAAACTTAAACACAACATTTTTTGACCCTTCTGGAGGAGGAGACCCAATCCT
CTACCAACACTTGTTCTGATTCTT

（2）BLAST 结果

Description	Max score	Total score	Query cover	E value	Ident	Accession
Hippocampus queenslandicus voucher RM3039c cytochrome oxidase subunit 1 (COI) gene, partial cds; mitochondrial	1168	1168	98%	0.0	99%	GQ502163.1
Hippocampus spinosissimus voucher RM2468f cytochrome oxidase subunit 1 (COI) gene, partial cds; mitochondrial	1142	1142	98%	0.0	99%	GQ502168.1
Hippocampus spinosissimus voucher RM2813n cytochrome oxidase subunit 1 (COI) gene, partial cds; mitochondrial	1131	1131	98%	0.0	98%	GQ502169.1
Hippocampus spinosissimus voucher RM2650c cytochrome oxidase subunit 1 (COI) gene, partial cds; mitochondrial	1125	1125	98%	0.0	98%	GQ502167.1
Hippocampus queenslandicus voucher RM3051 cytochrome oxidase subunit 1 (COI) gene, partial cds; mitochondrial	1120	1120	98%	0.0	98%	GQ502161.1
Hippocampus queenslandicus voucher RM3048 cytochrome oxidase subunit 1 (COI) gene, partial cds; mitochondrial	1099	1099	96%	0.0	98%	GQ502162.1
Hippocampus kelloggi isolate Hkell2 cytochrome oxidase subunit 1 gene, partial cds; mitochondrial	957	957	98%	0.0	94%	KC851893.1
Hippocampus kelloggi voucher RM2688 cytochrome oxidase subunit 1 (COI) gene, partial cds; mitochondrial	952	952	98%	0.0	93%	GQ502150.1
Hippocampus kelloggi isolate Hkell1 cytochrome oxidase subunit 1 gene, partial cds; mitochondrial	946	946	98%	0.0	93%	KC851892.1
Hippocampus kelloggi cytochrome c oxidase subunit I (COI) gene, partial cds; mitochondrial	902	902	96%	0.0	93%	JX912714.1

2. HM015-01

（1）*CO* Ⅰ序列

GTATTTGGTGCTTGAGCCGGAATAGTCGGCACTGCACTCAGCCTTTTAATCCGAGCAGAACT
AAGTCAACCAGGAGCTTTACTAGGGGATGATCAAATCTATAATGTTATCGTAACTGCTCATG
CTTTTGTAATAATCTTTTTTATAGTTATACCAATTATAATCGGAGGTTTTGGTAATTGGTTGGT
CCCGTTAATAATTGGAGCGCCTGATATAGCCTTTCCTCGAATAAATAATATAAGTTTTTGATT
ATTACCACCTTCTTTTCTTCTCCTCCTTGCTTCCTCAGGAGTGGAAGCTGGGGCAGGGACAGG
CTGAACTGTTTACCCCCCGCTAGCCGGTAATTTGGCACACGCTGGAGCCTCTGTAGATTTAAC
AATCTTTTCTCTTCACTTAGCAGGTGTTTCATCAATTCTAGGGGCTATTAACTTTATTACTACT
ATTATTAATATAAAACCCCCATCAATTTCACAATATCAAACACCATTATTTGTATGGGCTGTT
TTAGTAACCGCAGTCCTACTCTTACTATCATTACCCGTATTAGCAGCTGGCATTACCATACTT
CTCACAGACCGAAACTTAAACACAACATTTTTTGACCCTTCTGGAGGAGGAGACCCAATCCT
CTACCAACACTTGTTCTGATTCTT

（2）BLAST 结果

Description	Max score	Total score	Query cover	E value	Ident	Accession
Hippocampus queenslandicus voucher RM3039c cytochrome oxidase subunit 1 (COI) gene, partial cds; mitochondrial	1179	1179	98%	0.0	99%	GQ502163.1
Hippocampus spinosissimus voucher RM2468f cytochrome oxidase subunit 1 (COI) gene, partial cds; mitochondrial	1153	1153	98%	0.0	99%	GQ502168.1
Hippocampus spinosissimus voucher RM2813n cytochrome oxidase subunit 1 (COI) gene, partial cds; mitochondrial	1142	1142	98%	0.0	99%	GQ502169.1
Hippocampus spinosissimus voucher RM2650c cytochrome oxidase subunit 1 (COI) gene, partial cds; mitochondrial	1136	1136	98%	0.0	99%	GQ502167.1
Hippocampus queenslandicus voucher RM3051 cytochrome oxidase subunit 1 (COI) gene, partial cds; mitochondrial	1131	1131	98%	0.0	98%	GQ502161.1
Hippocampus queenslandicus voucher RM3048 cytochrome oxidase subunit 1 (COI) gene, partial cds; mitochondrial	1110	1110	96%	0.0	98%	GQ502162.1
Hippocampus kelloggi isolate Hkell2 cytochrome oxidase subunit 1 gene, partial cds; mitochondrial	957	957	98%	0.0	94%	KC851893.1
Hippocampus kelloggi voucher RM2688 cytochrome oxidase subunit 1 (COI) gene, partial cds; mitochondrial	952	952	98%	0.0	93%	GQ502150.1
Hippocampus kelloggi isolate Hkell1 cytochrome oxidase subunit 1 gene, partial cds; mitochondrial	946	946	98%	0.0	93%	KC851892.1
Hippocampus ingens mitochondrion, complete genome	907	907	100%	0.0	92%	KF680453.1

3. HM015-02

（1）*CO* Ⅰ序列

GTATTTGGTGCTTGAGCCGGGATAGTCGGCACTGCACTCAGCCTTTTAATCCGAGCAGAACT
AAGTCAACCAGGAGCTTTACTAGGGGATGATCAAATCTATAATGTTATCGTAACTGCTCATG
CTTTTGTAATAATCTTTTTTATAGTTATACCAATTATAATCGGAGGTTTTGGTAATTGGTTGGT
CCCGTTAATAATTGGAGCGCCTGATATAGCCTTTCCTCGAATAAATAATATAAGTTTTTGATT
ATTACCGCCTTCTTTTCTTCTCCTCCTTGCTTCCTCAGGAGTGGAAGCTGGGGCAGGGACAGG
CTGAACTGTTTACCCCCCGCTAGCCGGTAATTTGGCACACGCTGGAGCCTCTGTAGATTTAAC
AATCTTTTCTCTTCACTTAGCAGGTGTTTCATCAATTCTAGGGGCTATTAACTTTATTACTACT
ATTATTAATATAAAACCCCCATCAATTTCACAATATCAAACACCATTATTTGTATGGGCTGTT
TTAGTAACCGCAGTCCTACTCTTACTATCATTACCCGTATTAGCAGCTGGCATTACCATACTT
CTCACAGACCGAAACTTAAACACAACATTTTTTGACCCTTCTGGAGGAGGAGACCCAATCCT
CTACCAACACTTGTTCTGATTCTT

（2）BLAST 结果

Description	Max score	Total score	Query cover	E value	Ident	Accession
Hippocampus queenslandicus voucher RM3039c cytochrome oxidase subunit 1 (COI) gene, partial cds; mitochondrial	1168	1168	98%	0.0	99%	GQ502163.1
Hippocampus spinosissimus voucher RM2468f cytochrome oxidase subunit 1 (COI) gene, partial cds; mitochondrial	1142	1142	90%	0.0	99%	GQ502168.1
Hippocampus spinosissimus voucher RM2813n cytochrome oxidase subunit 1 (COI) gene, partial cds; mitochondrial	1131	1131	98%	0.0	98%	GQ502169.1
Hippocampus spinosissimus voucher RM2650c cytochrome oxidase subunit 1 (COI) gene, partial cds; mitochondrial	1125	1125	98%	0.0	98%	GQ502167.1
Hippocampus queenslandicus voucher RM3051 cytochrome oxidase subunit 1 (COI) gene, partial cds; mitochondrial	1120	1120	98%	0.0	98%	GQ502161.1
Hippocampus queenslandicus voucher RM3048 cytochrome oxidase subunit 1 (COI) gene, partial cds; mitochondrial	1099	1099	96%	0.0	98%	GQ502162.1
Hippocampus kelloggi isolate Hkell2 cytochrome oxidase subunit 1 gene, partial cds; mitochondrial	952	952	98%	0.0	93%	KC851893.1
Hippocampus kelloggi voucher RM2688 cytochrome oxidase subunit 1 (COI) gene, partial cds; mitochondrial	946	946	98%	0.0	93%	GQ502150.1
Hippocampus kelloggi isolate Hkell1 cytochrome oxidase subunit 1 gene, partial cds; mitochondrial	941	941	98%	0.0	93%	KC851892.1
Hippocampus reidi voucher BZLW6368 cytochrome oxidase subunit 1 (COI) gene, partial cds; mitochondrial	904	904	98%	0.0	92%	JQ840871.1

（六）虎尾海马

HM004-01

（1）*CO* Ⅰ序列

GTATTTGGTGCCTGAGCCGGAATACTCGGCACTGCACTCAGCCTATTAATTCGAGCAGAACTAAGTCAGCCAGGAGCTTTACTAGGGGATGATCAAATCTATAATGTTATCGTAACTGCCCATGCTTTCGTAATAATTTTTTTTATAGTAATACCAATTATGATCGGAGGTTTTGGTAATTGATTAGTTCCTTTAATAATTGGAGCGCCTGATATAGCCTTCCCTCGGATAAACAATATGAGTTTTTGATTATTACCTCCTTCTTTCCTCCTTCTCCTTGCCTCATCAGGAGTAGAAGCCGGTGCAGGAACAGGTTGAACTGTTTACCCCCCATTAGCAGGCAACCTAGCACATGCTGGAGCTTCAGTAGACTTAACAATTTTCTCCCTCCATTTAGCAGGTGTTTCGTCAATCCTCGGAGCTATTAACTTTATTACCACTATTATTAATATAAAACCCCCATCAATTTCACAATATCAAACACCACTGTTTGTATGAGCAGTCTTAGTAACTGCAGTTCTACTCTTACTATCCCTGCCTGTATTAGCAGCTGGTATTACTATACTTTTAACAGATCGGAATTTAAATACAACATTCTTTGACCCTTCTGGAGGAGGAGATCCTATTCTCTATCAACACTTATTCTGATTCTT

（2）BLAST 结果

Description	Max score	Total score	Query cover	E value	Ident	Accession
Hippocampus comes mitochondrion, complete genome	1179	1179	100%	0.0	99%	JX970973.1
Hippocampus comes voucher RM2060a cytochrome oxidase subunit 1 (COI) gene, partial cds; mitochondrial	1175	1175	98%	0.0	99%	GQ502133.1
Hippocampus comes voucher RM2804 cytochrome oxidase subunit 1 (COI) gene, partial cds; mitochondrial	1164	1164	98%	0.0	99%	GQ502135.1
Hippocampus comes voucher RM2741 cytochrome oxidase subunit 1 (COI) gene, partial cds; mitochondrial	1164	1164	98%	0.0	99%	GQ502134.1
Hippocampus angustus voucher RM3071 cytochrome oxidase subunit 1 (COI) gene, partial cds; mitochondrial	1081	1081	98%	0.0	97%	GQ502121.1
Hippocampus cf. barbouri SL-2009 voucher RM2819a cytochrome oxidase subunit 1 (COI) gene, partial cds; mitochondrial	1075	1075	98%	0.0	97%	GQ502130.1
Hippocampus angustus voucher RM2883 cytochrome oxidase subunit 1 (COI) gene, partial cds; mitochondrial	1064	1064	98%	0.0	97%	GQ502122.1
Hippocampus angustus voucher RM2886 cytochrome oxidase subunit 1 (COI) gene, partial cds; mitochondrial	1042	1042	98%	0.0	96%	GQ502120.1
Hippocampus barbouri mitochondrion, complete genome	957	957	100%	0.0	93%	KF712276.1
Hippocampus barbouri voucher RM2205i cytochrome oxidase subunit 1 (COI) gene, partial cds; mitochondrial	942	942	98%	0.0	93%	GQ502123.1

（七）鲍氏海马

1. HM006-01

（1）*CO* Ⅰ序列

GTATTTGGTGCTTGGGCCGGAATAGTCGGCACTGCACTCAGCCTATTGATTCGAGCAGAACT
AAGTCAGCCAGGAGCTTTACTAGGGGATGATCAAATCTATAATGTTATCGTAACTGCCCATG
CTTTCGTAATAATTTTTTTTATGGTAATACCAATTATGATTGGAGGGTTTGGTAATTGATTAG
TTCCTTTAATAATCGGGGCGCCTGATATAGCCTTCCCTCGGATAAACAACATAAGTTTTTGAT
TACTGCCACCTTCTTTCCTCCTCCTCCTTGCCTCATCAGGAGTAGAAGCCGGTGCAGGAACAG
GTTGGACTGTTTACCCCCCATTAGCGGGCAACCTAGCACACGCTGGAGCTTCTGTAGACTTA
ACAATTTTCTCGCTCCACTTAGCAGGTGTTTCATCAATCCTAGGAGCTATCAACTTTATTACT
ACTATTATTAACATAAAACCCCCATCAATCTCACAATATCAGACACCATTATTTGTATGAGC
AGTTTTAGTAACTGCAGTTCTACTTCTACTGTCCTTACCTGTACTAGCAGCTGGTATTACAAT
ACTCTTAACAGACCGAAATTTAAACACAACATTCTTTGACCCTTCTGGAGGAGGAGACCCCA
TTCTTTACCAACACTTATTCTGATTTTT

（2）BLAST 结果

Description	Max score	Total score	Query cover	E value	Ident	Accession
Hippocampus barbouri mitochondrion, complete genome	1195	1195	100%	0.0	99%	KF712276.1
Hippocampus barbouri voucher RM2205i cytochrome oxidase subunit 1 (COI) gene, partial cds; mitochondrial	1175	1175	98%	0.0	99%	GQ502123.1
Hippocampus barbouri voucher RM2021k cytochrome oxidase subunit 1 (COI) gene, partial cds; mitochondrial	1147	1147	98%	0.0	99%	GQ502124.1
Hippocampus comes mitochondrion, complete genome	963	963	100%	0.0	93%	JX970973.1
Hippocampus cf. barbouri SL-2009 voucher RM2819a cytochrome oxidase subunit 1 (COI) gene, partial cds; mitochondrial	942	942	98%	0.0	93%	GQ502130.1
Hippocampus comes voucher RM2804 cytochrome oxidase subunit 1 (COI) gene, partial cds; mitochondrial	942	942	98%	0.0	93%	GQ502135.1
Hippocampus comes voucher RM2741 cytochrome oxidase subunit 1 (COI) gene, partial cds; mitochondrial	942	942	98%	0.0	93%	GQ502134.1
Hippocampus comes voucher RM2060a cytochrome oxidase subunit 1 (COI) gene, partial cds; mitochondrial	942	942	98%	0.0	93%	GQ502133.1
Hippocampus angustus voucher RM3071 cytochrome oxidase subunit 1 (COI) gene, partial cds; mitochondrial	937	937	98%	0.0	93%	GQ502121.1
Hippocampus angustus voucher RM2883 cytochrome oxidase subunit 1 (COI) gene, partial cds; mitochondrial	920	920	98%	0.0	93%	GQ502122.1

2. HM011-01

（1）*CO* Ⅰ序列

GTATTTGGTGCTTGGGCCGGAATAGTCGGCACTGCACTCAGCTTATTGATTCGAGCAGAACT
AAGTCAGCCAGGAGCTTTACTAGGGGATGATCAAATCTATAATGTTATCGTAACTGCCCATG
CTTTCGTAATAATTTTTTTTATGGTAATACCAATTATGATTGGAGGGTTTGGTAATTGATTAG
TTCCTTTAATAATCGGGGCGCCTGATATAGCCTTCCCTCGGATAAACAACATAAGTTTTTGAT
TACTACCACCTTCTTTCCTCCTCCTCCTTGCCTCATCAGGAGTAGAAGCCGGTGCAGGAACAG
GTTGGACTGTTTACCCCCCATTAGCGGGCAACCTAGCACACGCTGGAGCTTCCGTGGACTTA
ACAATTTTCTCGCTCCACTTAGCAGGTGTTTCATCAATCCTAGGAGCTATCAACTTTATTACT
ACTATTATTAACATAAAACCCCCATCAATCTCACAATATCAGACACCATTATTTGTATGAGC
AGTTTTAGTAACTGCAGTTCTACTTCTACTGTCCTTACCTGTGCTAGCAGCTGGTATTACAAT

ACTTTTAACAGACCGAAATTTAAACACAACATTCTTTGACCCTTCTGGAGGAGGAGACCCCA
TTCTTTACCAACACTTATTCTGATTCTT

（2）BLAST 结果

Description	Max score	Total score	Query cover	E value	Ident	Accession
Hippocampus barbouri voucher RM2021k cytochrome oxidase subunit 1 (COI) gene, partial cds; mitochondrial	1181	1181	98%	0.0	99%	GQ502124.1
Hippocampus barbouri mitochondrion, complete genome	1179	1179	100%	0.0	99%	KF712276.1
Hippocampus barbouri voucher RM2205i cytochrome oxidase subunit 1 (COI) gene, partial cds; mitochondrial	1164	1164	98%	0.0	99%	GQ502123.1
Hippocampus comes mitochondrion, complete genome	963	963	100%	0.0	93%	JX970973.1
Hippocampus cf. barbouri SL-2009 voucher RM2819a cytochrome oxidase subunit 1 (COI) gene, partial cds; mitochondrial	948	948	98%	0.0	93%	GQ502130.1
Hippocampus angustus voucher RM3071 cytochrome oxidase subunit 1 (COI) gene, partial cds; mitochondrial	942	942	98%	0.0	93%	GQ502121.1
Hippocampus comes voucher RM2804 cytochrome oxidase subunit 1 (COI) gene, partial cds; mitochondrial	937	937	98%	0.0	93%	GQ502135.1
Hippocampus comes voucher RM2741 cytochrome oxidase subunit 1 (COI) gene, partial cds; mitochondrial	937	937	98%	0.0	93%	GQ502134.1
Hippocampus comes voucher RM2060a cytochrome oxidase subunit 1 (COI) gene, partial cds; mitochondrial	937	937	98%	0.0	93%	GQ502133.1
Hippocampus angustus voucher RM2883 cytochrome oxidase subunit 1 (COI) gene, partial cds; mitochondrial	926	926	98%	0.0	93%	GQ502122.1

3. HM012-01

（1）*CO* Ⅰ序列

GTATTTGGTGCTTGGGCCGGAATAGTCGGCACTGCACTCAGCTTATTGATTCGAGCAGAACT
AAGTCAGCCAGGAGCTTTACTAGGGGATGATCAAATCTATAATGTTATCGTAACTGCCCATG
CTTTCGTAATAATTTTTTTTATGGTAATACCAATTATGATTGGAGGGTTTGGTAATTGATTAG
TTCCTTTAATAATCGGGGCGCCTGATATAGCCTTCCCTCGGATAAACAACATAAGTTTTTGAT
TACTACCACCTTCTTTCCTCCTCCTCCTTGCCTCATCAGGAGTAGAAGCCGGTGCAGGAACAG
GTTGGACTGTTTACCCCCCATTAGCGGGCAACCTAGCACACGCTGGAGCTTCCGTGGACTTA
ACAATTTTCTCGCTCCACTTAGCAGGTGTTTCATCAATCCTAGGAGCTATCAACTTTATTACT
ACTATTATTAACATAAAACCCCCATCAATCTCACAATATCAGACACCATTATTTGTATGAGC
AGTTTTAGTAACTGCAGTTCTACTTCTACTGTCCTTACCTGTGCTAGCAGCTGGTATTACAAT
ACTTTTAACAGACCGAAATTTAAACACAACATTCTTTGACCCTTCTGGAGGAGGAGACCCCA
TTCTTTACCAACACTTATTCTGATTCTT

（2）BLAST 结果

Description	Max score	Total score	Query cover	E value	Ident	Accession
Hippocampus barbouri voucher RM2021k cytochrome oxidase subunit 1 (COI) gene, partial cds; mitochondrial	1181	1181	98%	0.0	99%	GQ502124.1
Hippocampus barbouri mitochondrion, complete genome	1179	1179	100%	0.0	99%	KF712276.1
Hippocampus barbouri voucher RM2205i cytochrome oxidase subunit 1 (COI) gene, partial cds; mitochondrial	1164	1164	98%	0.0	99%	GQ502123.1
Hippocampus comes mitochondrion, complete genome	963	963	100%	0.0	93%	JX970973.1
Hippocampus cf. barbouri SL-2009 voucher RM2819a cytochrome oxidase subunit 1 (COI) gene, partial cds; mitochondrial	948	948	98%	0.0	93%	GQ502130.1
Hippocampus angustus voucher RM3071 cytochrome oxidase subunit 1 (COI) gene, partial cds; mitochondrial	942	942	98%	0.0	93%	GQ502121.1
Hippocampus comes voucher RM2804 cytochrome oxidase subunit 1 (COI) gene, partial cds; mitochondrial	937	937	98%	0.0	93%	GQ502135.1
Hippocampus comes voucher RM2741 cytochrome oxidase subunit 1 (COI) gene, partial cds; mitochondrial	937	937	98%	0.0	93%	GQ502134.1
Hippocampus comes voucher RM2060a cytochrome oxidase subunit 1 (COI) gene, partial cds; mitochondrial	937	937	98%	0.0	93%	GQ502133.1
Hippocampus angustus voucher RM2883 cytochrome oxidase subunit 1 (COI) gene, partial cds; mitochondrial	926	926	98%	0.0	93%	GQ502122.1

（八）*Hippocampus cf. fuscus*

1. HM009-01

（1）*CO* Ⅰ序列

GTATTTGGTGCTTGAGCCGGAATAGTCGGCACTGCACTCAGCCTTTTAATTCGAGCAGAACT
AAGTCAACCAGGAGCTTTACTAGGGGATGATCAAATCTATAATGTTATCGTAACTGCTCATG
CTTTTGTAATAATTTTCTTTATAGTTATGCCTATCATAATTGGGGGTTTTGGTAATTGACTGGT
TCCCTTAATAATCGGAGCCCCTGATATAGCCTTTCCTCGAATAAATAATATGAGTTTTTGATT
ATTACCACCTTCTTTTCTTCTCCTCCTTGCTTCCTCAGGAGTAGAAGCTGGAGCAGGAACAGG
TTGGACTGTCTACCCTCCACTAGCAGGCAATTTAGCCCATGCTGGGGCCTCTGTAGACTTGAC
AATCTTTTCTCTTCATTTAGCAGGTGTTTCATCAATTCTAGGGGCTATTAACTTTATTACTACT
ATTATTAACATAAAACCCCCATCAATTTCACAATATCAAACACCATTGTTTGTATGGGCAGTT
TTAGTAACCGCAGTTCTACTTTTACTGTCATTACCTGTACTAGCAGCCGGGATCACTATGCTT
CTTACAGACCGAAACTTAAACACAACATTCTTTGACCCTTCCGGAGGGGGAGATCCTATCCT
TTATCAACACTTATTCTGATTCTT

（2）BLAST 结果

Description	Max score	Total score	Query cover	E value	Ident	Accession
Hippocampus kuda mitochondrial DNA, complete genome	1179	1179	100%	0.0	99%	AP005985.1
Hippocampus kuda voucher RM2832c cytochrome oxidase subunit 1 (COI) gene, partial cds; mitochondrial	1166	1166	98%	0.0	99%	GQ502153.1
Hippocampus kuda voucher NBFGR:SH101 cytochrome oxidase subunit I (COI) gene, partial cds; mitochondrial	1164	1164	98%	0.0	99%	FJ176577.1
Hippocampus kuda voucher NBFGR SH197 cytochrome oxidase subunit I (COI) gene, partial cds; mitochondrial	1158	1158	98%	0.0	99%	FJ541046.1
Hippocampus kuda voucher NBFGR SH150 cytochrome oxidase subunit I (COI) gene, partial cds; mitochondrial	1158	1158	98%	0.0	99%	FJ541040.1
Hippocampus kuda voucher NBFGR SH196 cytochrome oxidase subunit I (COI) gene, partial cds; mitochondrial	1153	1153	98%	0.0	99%	FJ541045.1
Hippocampus kuda voucher NBFGR SH168 cytochrome oxidase subunit I (COI) gene, partial cds; mitochondrial	1147	1147	98%	0.0	99%	FJ541044.1
Hippocampus kuda voucher NBFGR SH147 cytochrome oxidase subunit I-like (COI) gene, partial sequence; mitochondrial	1147	1147	98%	0.0	99%	FJ541039.1
Hippocampus kuda voucher NBFGR SH151 cytochrome oxidase subunit I-like (COI) gene, partial sequence; mitochondrial	1142	1142	98%	0.0	99%	FJ541041.1
Hippocampus kuda voucher BIOUG<CAN>:HLC-12284 cytochrome oxidase subunit 1 (COI) gene, partial cds; mitochondrial	1136	1136	98%	0.0	99%	FJ583552.1

2. HM009-02

（1）*CO* Ⅰ序列

GTATTTGGTGCTTGAGCCGGAATAGTCGGCACTGCACTCAGCCTTTTAATTCGAGCAGAACT
AAGTCAACCAGGAGCTTTACTAGGGGATGATCAAATCTATAATGTTATCGTAACTGCTCATG
CTTTTGTAATAATTTTCTTTATAGTTATGCCTATCATAATTGGGGGTTTTGGTAATTGACTGGT
TCCCTTAATAATCGGAGCCCCTGATATAGCCTTTCCTCGAATAAATAATATGAGTTTTTGATT
ATTACCACCTTCTTTTCTTCTCCTCCTTGCTTCCTCAGGAGTAGAAGCTGGAGCAGGAACAGG
TTGGACTGTCTACCCTCCACTAGCAGGCAATTTAGCCCATGCTGGGGCCTCTGTAGACTTGAC
AATCTTTTCTCTTCATTTAGCAGGTGTTTCATCAATTCTAGGGGCTATTAACTTTATTACTACT
ATTATTAACATAAAACCCCCATCAATTTCACAATATCAAACACCATTGTTTGTATGGGCAGTT
TTAGTAACCGCAGTTCTACTTTTACTGTCATTACCTGTACTAGCAGCCGGGATCACTATGCTT

CTTACAGACCGAAACTTAAACACAACATTCTTTGACCCTTCCGGAGGGGGAGATCCTATCCT
TTATCAACACTTATTCTGATTCTT

（2）BLAST 结果

Description	Max score	Total score	Query cover	E value	Ident	Accession
Hippocampus cf. fuscus SL-2009 voucher RM2692 cytochrome oxidase subunit 1 (COI) gene, partial cds; mitochondrial	1181	1181	98%	0.0	99%	GQ502132.1
Hippocampus kuda voucher ADC09_145.19#4 cytochrome oxidase subunit 1 (COI) gene, partial cds; mitochondrial	1179	1179	97%	0.0	100%	GU805014.1
Hippocampus cf. borboniensis SL-2009 voucher RM2695a cytochrome oxidase subunit 1 (COI) gene, partial cds; mitochondrial	1175	1175	98%	0.0	99%	GQ502131.1
Hippocampus kuda voucher SH122 cytochrome oxidase subunit 1 (COI) gene, partial cds; mitochondrial	1175	1175	98%	0.0	99%	EU930329.1
Hippocampus kuda voucher SH116 cytochrome oxidase subunit 1 (COI) gene, partial cds; mitochondrial	1170	1170	98%	0.0	99%	EU930326.1
Hippocampus kuda voucher SH114 cytochrome oxidase subunit 1 (COI) gene, partial cds; mitochondrial	1170	1170	98%	0.0	99%	EU930325.1
Hippocampus kuda voucher NBFGR SH199 cytochrome oxidase subunit I (COI) gene, partial cds; mitochondrial	1164	1164	98%	0.0	99%	FJ541048.1
Hippocampus kuda voucher RM2475b cytochrome oxidase subunit 1 (COI) gene, partial cds; mitochondrial	1164	1164	98%	0.0	99%	GQ502154.1
Hippocampus fuscus voucher RM2860 cytochrome oxidase subunit 1 (COI) gene, partial cds; mitochondrial	1164	1164	98%	0.0	99%	GQ502140.1
Hippocampus kuda voucher NBFGR:SH140 cytochrome oxidase subunit I (COI) gene, partial cds; mitochondrial	1164	1164	98%	0.0	99%	FJ176592.1

3. HM009-03

（1）*CO* Ⅰ序列

GTATTTGGTGCTTGAGCCGGAATAGTCGGCACTGCACTCAGCCTTTTAATTCGAGCAGAACT
AAGTCAACCAGGAGCTTTACTAGGGGATGATCAAATCTATAATGTTATCGTAACTGCTCATG
CTTTTGTAATAATTTTCTTTATAGTTATGCCTATCATAATTGGGGGTTTTGGTAATTGACTGGT
TCCCTTAATAATCGGAGCCCCTGATATAGCCTTTCCTCGAATAAATAATATGAGTTTTTGATT
ATTACCACCTTCTTTTCTTCTCCTCCTTGCTTCCTCAGGAGTAGAAGCTGGAGCAGGAACAGG
TTGGACTGTCTACCCTCCACTAGCAGGCAATTTAGCCCATGCTGGGGCCTCTGTAGACTTGAC
AATCTTTTCTCTTCATTTAGCAGGTGTTTCATCAATTCTAGGGGCTATTAACTTTATTACTACT
ATTATTAACATAAAACCCCCATCAATTTCACAATATCAAACACCATTGTTTGTATGGGCAGTT
TTAGTAACCGCAGTTCTACTTTTACTGTCATTACCTGTACTAGCAGCCGGGATCACTATGCTT
CTTACAGACCGAAACTTAAACACAACATTCTTTGACCCTTCCGGAGGGGGAGATCCTATCCT
TTATCAACACTTATTCTGATTCTT

（2）BLAST 结果

Description	Max score	Total score	Query cover	E value	Ident	Accession
Hippocampus cf. fuscus SL-2009 voucher RM2692 cytochrome oxidase subunit 1 (COI) gene, partial cds; mitochondrial	1181	1181	98%	0.0	99%	GQ502132.1
Hippocampus kuda voucher ADC09_145.19#4 cytochrome oxidase subunit 1 (COI) gene, partial cds; mitochondrial	1179	1179	97%	0.0	100%	GU805014.1
Hippocampus cf. borboniensis SL-2009 voucher RM2695a cytochrome oxidase subunit 1 (COI) gene, partial cds; mitochondrial	1175	1175	98%	0.0	99%	GQ502131.1
Hippocampus kuda voucher SH122 cytochrome oxidase subunit 1 (COI) gene, partial cds; mitochondrial	1175	1175	98%	0.0	99%	EU930329.1
Hippocampus kuda voucher SH116 cytochrome oxidase subunit 1 (COI) gene, partial cds; mitochondrial	1170	1170	98%	0.0	99%	EU930326.1
Hippocampus kuda voucher SH114 cytochrome oxidase subunit 1 (COI) gene, partial cds; mitochondrial	1170	1170	98%	0.0	99%	EU930325.1
Hippocampus kuda voucher NBFGR SH199 cytochrome oxidase subunit I (COI) gene, partial cds; mitochondrial	1164	1164	98%	0.0	99%	FJ541048.1
Hippocampus kuda voucher RM2475b cytochrome oxidase subunit 1 (COI) gene, partial cds; mitochondrial	1164	1164	98%	0.0	99%	GQ502154.1
Hippocampus fuscus voucher RM2860 cytochrome oxidase subunit 1 (COI) gene, partial cds; mitochondrial	1164	1164	98%	0.0	99%	GQ502140.1
Hippocampus kuda voucher NBFGR:SH140 cytochrome oxidase subunit I (COI) gene, partial cds; mitochondrial	1164	1164	98%	0.0	99%	FJ176592.1

（九）日本海马

1. HM014-01

（1）*CO* Ⅰ序列

GTATTTGGTGCTTGAGCCGGAATAGTCGGCACTGCACTCAGCCTCTTAATTCGAGCAGAACT
AAGTCAACCAGGAGCTTTACTAGGTGATGATCAAATCTATAATGTTATCGTAACTGCTCATG
CTTTCGTAATAATTTTCTTTATAGTAATACCAATTATGATTGGAGGATTTGGTAATTGACTAA
TTCCTCTAATAATCGGAGCCCCTGATATAGCATTTCCTCGAATAAATAACATAAGTTTCTGAT
TATTACCACCCTCATTCCTTCTTCTCCTCGCCTCATCAGGCGTAGAAGCTGGTGCAGGGACAG
GTTGAACTGTTTATCCCCCCTTAGCAGGCAATCTAGCTCATGCTGGAGCTTCTGTAGACCTAA
CAATTTTCTCTCTTCATTTAGCGGGTGTTTCATCAATCCTAGGAGCTATTAACTTTATTACTAC
TATCATTAACATAAAACCCCCGTCAATCACGCAATACCAAACACCCCTGTTTGTGTGAGCTG
TTTTAGTAACCGCAGTATTACTTTTATTATCTCTGCCTGTATTAGCAGCTGGTATTACCATACT
CCTTACAGATCGAAACTTAAACACAACATTTTTTGATCCTTCTGGAGGGGGCGACCCTATTCT
TTACCAACATTTATTCTGATTCTT

（2）BLAST 结果

Description	Max score	Total score	Query cover	E value	Ident	Accession
Hippocampus mohnikei voucher RM2177i cytochrome oxidase subunit 1 (COI) gene, partial cds; mitochondrial	1098	1098	98%	0.0	98%	GQ502159.1
Hippocampus mohnikei voucher RM2177c cytochrome oxidase subunit 1 (COI) gene, partial cds; mitochondrial	1092	1092	98%	0.0	97%	GQ502158.1
Hippocampus biocellatus voucher RM3065 cytochrome oxidase subunit 1 (COI) gene, partial cds; mitochondrial	843	843	98%	0.0	90%	GQ502126.1
Hippocampus mohnikei voucher RM2179 cytochrome oxidase subunit 1 (COI) gene, partial cds; mitochondrial	841	841	97%	0.0	90%	GQ502157.1
Hippocampus biocellatus voucher RM3059 cytochrome oxidase subunit 1 (COI) gene, partial cds; mitochondrial	832	832	98%	0.0	90%	GQ502125.1
Hippocampus trimaculatus voucher SH146 cytochrome oxidase subunit 1 (COI) gene, partial cds; mitochondrial	826	826	98%	0.0	90%	EU930322.1
Hippocampus trimaculatus mitochondrion, complete genome	819	819	99%	0.0	89%	JX682713.1
Hippocampus comes mitochondrion, complete genome	819	819	100%	0.0	89%	JX970973.1
Hippocampus trimaculatus voucher SH154 cytochrome oxidase subunit 1 (COI) gene, partial cds; mitochondrial	815	815	98%	0.0	89%	EU930323.1
Hippocampus trimaculatus voucher AS45MT01 cytochrome oxidase subunit I (COI) gene, partial cds; mitochondrial	809	809	98%	0.0	89%	JF700168.1

2. HM014-02

（1）*CO* Ⅰ序列

GTATTTGGTGCTTGAGCCGGAATAGTCGGCACTGCACTCAGCCTCTTAATTCGAGCAGAACT
AAGTCAACCAGGAGCTTTACTAGGTGATGATCAAATCTATAATGTTATCGTAACTGCTCATG
CTTTCGTAATAATTTTCTTTATAGTAATACCAATTATGATTGGAGGATTTGGTAATTGACTAA
TTCCTCTAATAATCGGAGCCCCTGATATAGCATTTCCTCGAATAAATAACATAAGTTTCTGAT
TATTACCACCCTCATTCCTTCTTCTCCTCGCCTCATCAGGCGTAGAAGCTGGTGCAGGGACAG
GTTGAACTGTTTATCCCCCCTTAGCAGGCAATCTAGCTCATGCTGGAGCTTCTGTAGACCTAA
CAATTTTCTCTCTTCATTTAGCGGGTGTTTCATCAATCCTAGGAGCTATTAACTTTATTACTAC
TATCATTAACATAAAACCCCCGTCAATCACGCAATACCAAACACCCCTGTTTGTGTGAGCTG
TTTTAGTAACCGCAGTATTACTTTTATTATCTCTGCCTGTATTAGCAGCTGGTATTACCATACT

CCTTACAGATCGAAACTTAAACACAACATTTTTTGATCCTTCTGGAGGGGGCGACCCTATTCT
TTACCAACATTTATTCTGATTCTT

（2）BLAST 结果

Description	Max score	Total score	Query cover	E value	Ident	Accession
Hippocampus mohnikei voucher RM2177i cytochrome oxidase subunit 1 (COI) gene, partial cds; mitochondrial	1098	1098	98%	0.0	98%	GQ502159.1
Hippocampus mohnikei voucher RM2177c cytochrome oxidase subunit 1 (COI) gene, partial cds; mitochondrial	1092	1092	98%	0.0	97%	GQ502158.1
Hippocampus biocellatus voucher RM3065 cytochrome oxidase subunit 1 (COI) gene, partial cds; mitochondrial	843	843	98%	0.0	90%	GQ502126.1
Hippocampus mohnikei voucher RM2179 cytochrome oxidase subunit 1 (COI) gene, partial cds; mitochondrial	841	841	97%	0.0	90%	GQ502157.1
Hippocampus biocellatus voucher RM3059 cytochrome oxidase subunit 1 (COI) gene, partial cds; mitochondrial	832	832	98%	0.0	90%	GQ502125.1
Hippocampus trimaculatus voucher SH146 cytochrome oxidase subunit 1 (COI) gene, partial cds; mitochondrial	826	826	98%	0.0	90%	EU930322.1
Hippocampus trimaculatus mitochondrion, complete genome	819	819	99%	0.0	89%	JX682713.1
Hippocampus comes mitochondrion, complete genome	819	819	100%	0.0	89%	JX970973.1
Hippocampus trimaculatus voucher SH154 cytochrome oxidase subunit 1 (COI) gene, partial cds; mitochondrial	815	815	98%	0.0	89%	EU930323.1
Hippocampus trimaculatus voucher AS45MT01 cytochrome oxidase subunit I (COI) gene, partial cds; mitochondrial	809	809	98%	0.0	89%	JF700168.1

第十一章 鲌属类

一、概述

（一）资源状况

《中国药典》未收载鲌属类药材（图 11-1）。鲌属类隶属于鲤形目（Cypriniformes）鲤科（Cyprinidae），在我国广泛分布于江河、湖泊、水库等各种水系，是我国内陆天然水域中重要的经济鱼类之一。现知鲌属鱼类有 9 个种和亚种，本属的翘嘴鲌（*Culter alburnus*）是重要的药用鱼类，全体入药，具有开胃健脾、行水之功能，主治胃气不舒、水肿等，其同属的其他 4 种鲌也具有相似的药用功效。一般于春季至秋季捕捞，获得后，除去鳞片、鳍及内脏，洗净备用。

图 11-1　药材翘嘴鲌

（二）本草源流

《本草纲目》载翘嘴鲌“可治肝气不足，补肝明目，血助脉”。

（三）科研背景

由于过度捕捞和环境污染，近年来天然渔业资源逐渐减少。为弥补天然资源的不足和满足市场的需求，现已对鲌属的一些鱼种进行人工繁殖，但人工养殖时生态环境的单一及近亲繁殖概率增高等因素，可导致遗传多样性降低及种质退化。因此，对其物种和资源进行鉴定研究，对促进该属鱼种的研发和利用具有重要的实践意义。

虽然已经对鲌属鱼类的生物学特性、资源、种群遗传多样性等方面已进行了相应的研究，但基于 *CO* Ⅰ基因序列进行鲌属药用鱼类自然种群间遗传差异和分子鉴定方面的研究较少。本研究对我国长江流域不同地区鲌属药用鱼类进行 *CO* Ⅰ序列 5′端测序，分析不同鲌属鱼类的遗传特征，探讨利用 *CO* Ⅰ基因片段作为我国鲌属药用鱼类鉴定条形码的适用性，以期为我国药用鱼类的有效识别、种质资源的保护提供科学依据。

二、物种信息

（一）蒙古鲌 *Culter mongolicus mongolicus* Basilewsky

形态特征：体延长而侧扁。腹棱自腹鳍基部至肛门。头中等大，近锥形，头部背面较平坦。吻突出。口大，端位，斜裂，后端达鼻孔后缘的下方。下颌稍突出，较上颌颇为长。无须。每侧鼻孔 2 个，位于眼上缘前方，距眼较距吻端为近。眼中等大，侧前位。眼间隔较平。鳃耙细长，排列紧密。肛门靠近臀鳍起点。咽骨窄长，齿端呈钩状。鳔分 3 室，中室最大，后室细长。腹膜银白色。背鳍Ⅲ，7；臀鳍Ⅲ，20~22；胸鳍Ⅰ，14~15；腹鳍Ⅰ，8。鳃耙 18~20。咽齿 3 行；侧线鳞 72（14~15/6V）~79。体被较小圆鳞。侧线完全，侧中位，近平直。背鳍短，第 3 根不分支鳍条为光滑硬刺，其长度比头短，其起点在腹鳍基之后上方，距吻端稍近于距尾鳍基距离。臀鳍起点距鳃盖后缘较距尾鳍基为远。胸鳍短，侧下位，末端不伸达腹鳍。腹鳍不伸达肛门。尾鳍深叉形，下叶稍长。体背为灰褐色，腹部银白色。背鳍为灰褐色。胸、腹鳍及臀鳍为淡黄色。尾鳍上叶为淡橘黄色，下叶为鲜红色。（图 11–2）

图 11–2　蒙古鲌

生境分布：为湖泊中习见鱼类，喜栖息于水之上层，性活泼，游泳迅速，集群生活，性凶猛。随个体的长大食性有明显差异，全长在 200mm 以上的鱼则以小鱼、水生昆虫、甲壳类等为食。分布很广，黑龙江、松花江、嫩江、长江、钱塘江、珠江及山东黄河水系、南四湖、东平湖等均可见。

（二）尖头鲌 *Culter oxycephalus* Bleeker

形态特征：体长而侧扁。腹部自腹鳍基部至肛门间有明显的腹棱。头较小，头后背部隆起。吻尖，口亚上位，口裂斜，下颌稍长。无须。眼较小，侧上位。眼间隔稍凸。鼻孔每侧2个，位于眼上缘水平线之上，距眼较距吻端为近。鳃耙细长，排列紧密。肛门靠近臀鳍起点。下咽骨难长，齿端呈钩状。背鳞Ⅲ，7；臀鳞Ⅲ，27；胸鳍Ⅰ，15；腹鳍Ⅰ，8。鳃耙22。咽齿3行，2·4·4/4·4·2。侧线鳞59（13/7 Ⅴ）。体被较小圆鳞。侧线完全，在胸鳍上方弧形下弯，向后伸达尾柄正中。背鳍短，第3不分支鳍条为光滑硬刺，后缘无锯齿，起点在腹鳍之后上方。臀鳍无硬刺，鳍基长，起点距腹鳍较距尾基为近。胸鳍侧下位，末端不伸达腹鳍起点。腹鳍不伸达臀鳍。尾鳍深叉形，下叶稍长。体背为青灰色，体侧及腹部银白色。尾鳍橘红色，镶有黑色边缘。

生境分布：生活于静水湖泊，喜栖于水之中下层，活动力较强，为肉食性鱼类。分布于小兴凯湖、乌苏里江、长江流域及山东南四湖、东平湖。

（三）达氏鲌 *Culter dabryi dabryi* Bleeker

形态特征：体长，侧扁且较薄。腹面自腹鳍基至肛门具明显腹棱。头中等大，头背后方稍隆起。吻较长。口亚上位，斜裂。下颌稍比上颌长。无须。鼻孔每侧2个，位于眼之前上方，距吻端较距眼为远。眼较大，侧上位。眼间隔微凸。鳃耙排列紧密而细长。咽骨窄长，齿端呈钩状。鳔分3室，中室最大，略呈圆锥形，后室最小，呈长圆锥形。腹膜银白色。背鳍Ⅲ，7；臀鳍Ⅲ，24~26；胸鳍Ⅰ，13~14；腹鳍Ⅰ，8。鳃耙20~22。咽齿3行，2·4·4/4·3·3或2·4·4/4·3·2。侧线鳞64（13~14/6 Ⅴ）~69。体被较小圆鳞。侧线完全，在胸鳍上方弧形下弯，向后伸至尾柄中央。背鳍短，末根不分支鳍条为强大而光滑的硬刺，其长度小于头长，起点位于腹鳍之后上方，距吻端较距尾鳍基为近。臀鳍无硬刺，其基较长，起点与背鳍基部终点相对。胸鳍侧下位，末端达腹鳍基部或稍超过腹鳍。腹鳍不达臀鳍，起点约在吻端至臀鳍末端的中点。肛门紧靠臀鳍起点。尾鳍深叉形，下叶比上叶稍长。体背为青灰色，体侧灰白色，腹部银白色，各鳍为青灰色。

生境分布：喜栖息于湖泊水域的中上层，一般喜集群于水草丛生的浅湖湾中。为凶猛肉食性鱼类。分布于全国各地河流、湖泊及附属水系。

（四）翘嘴鲌 *Culter alburnus* Basilewsky

形态特征：体延长而侧扁，头背面几乎平直，后部微隆起。体高与头长略相等；个体长200mm以下的头长比体高为大，个体长200mm以上则相反。6冬龄鱼体长可达615~648mm，体重达2.5~3.5kg。口上位，口裂伸至鼻孔前缘的垂直线下方。下咽齿3行，齿的顶端呈钩状。下颌肥厚，急剧突出而上翘。眼大，位于头的侧上方。鳃耙细长。侧线前段稍向腹方弯曲，后段横贯体侧正中。鳞小，侧线鳞83~93，大多为86~90。背鳍Ⅲ，7，具有强大而光滑的硬刺，其起点在腹鳍起点与臀鳍起点之中央的稍前，至吻端与尾鳍基部的距离几相等。臀鳍Ⅲ，21~25，基部较长。鳔3室，中室大而圆，后室细小。腹腔膜银白色。背部及体侧上部为灰褐色，腹部为银白色，各鳍灰色乃至灰黑色。（图11-3）

图 11–3 翘嘴鲌（谢佳燕拍摄）

生境分布：为生活在流水及大水体中的广温性鱼类，一般在水体中上层。行动迅速，善于跳跃，性凶猛而暴躁，容易受惊。以活鱼为主食，抗逆性强，病害较少；能耐低氧，即使同一池塘的四大家鱼缺氧浮死，而它也不一定死亡。为广泛分布性鱼类之一，分布于从金沙江到河口，长江流域各主要水系及附属湖泊；黑龙江、黄河、辽河等干支流及附属湖泊均有分布。

三、实验研究

（一）实验样品采（收）集

于野外采集鲌属 4 种药用鱼类，26 份样品。标本取肌肉样于 95% 的乙醇中固定，保存。（表 11–1）

表 11–1 鱼类样本来源

物种	采样点	样本编号
蒙古鲌	湖北省东湖	CM110201
	湖北省梁子湖	CM110501
	江苏省丹阳市	CM110101
	湖北省十堰	CM110301

续表

物种	采样点	样本编号
蒙古鲌	湖北省十堰	CM110302
	湖北省十堰	CM110305
	—	*AP009060
尖头鲌	湖北省十堰	CO110101
达氏鲌	湖北省东湖	CD110103
	湖北省东湖	CD110105
	湖北省东湖	CD110106
	湖北省十堰	CD110201
	湖北省十堰	CD110202
	湖北省十堰	CD110203
	湖北省当阳市	CD110303
	湖北省当阳市	CD110305
	湖北省南漳县	CD110402
翘嘴鲌	四川省达县	CA110101
	江苏省丹阳市	CA110201
	江苏省丹阳市	CA110202
	江苏省丹阳市	CA110203
	江苏省丹阳市	CA110205
	湖北省东湖	CA110304
	湖北省东湖	CA110305
	湖北省十堰	CA110401
	湖北省十堰	CA110402
	湖北省十堰	CA110403
	—	*NC_013616
	—	*GU1903626

注：* 表示该序列是在 GenBank 中下载的。

（二）DNA 条形码分析

1. 样本 DNA 的提取、PCR 扩增反应及测序

采用标准的酚–氯仿法提取基因组 DNA，采用引物 FishF1 / FishR2 扩增 *CO* Ⅰ序列。

（1）引物对

FishF1（5′ → 3′：TCAACCAACCACAAAGACA TTGGCAC）、FishR2（5′ → 3′：ACTTCAGGGTGACC GAAGAATCAGAA）。

（2）扩增程序

94℃预变性 2min；94℃变性 30s，53℃退火 45s，72℃延伸 1min（进行 35 个循环）；72℃延伸 10min。

（3）测序

采用 Qiagen 的 QiAquick PCR 产物纯化试剂盒进行回收纯化，在 ABI 377 DNA 测序仪上利用扩增引物进行测序。

2. DNA 序列数据处理

采用 ClustalX1.83、SeaView 和 MEGA 4.0 等软件进行 *CO* Ⅰ基因片段核苷酸组成和序列分析。从 GenBank 下载了蒙古鲌（*Culter mongolicus*，序列号 AP009060）、翘嘴鲌（*Culter alburnus*，序列号 GU190362、NC_013616），以及鲤属鲤（*Cyprinus carpio*，序列号 X61010）和青鱼（*Mylopharyngodon piceus*，序列号 EU979307）的线粒体 DNA 全序列，与其他鲌属鱼类的 DNA 序列进行比对，识别 *CO* Ⅰ序列并进行不同鱼类的比较分析。以 Kimura 双参数法（Kimura 2-parameter）为替代模型，采用 MEGA4.0 软件中的邻接法构建不同物种间的聚类树，分支的置信度采用自举法重复检测 1000 次。

（三）结果与分析

1. 鲌属鱼类 *CO* Ⅰ基因片段核苷酸组成特点

对 4 种鲌属鱼类的线粒体 *CO* Ⅰ序列进行排列和比对，获得 *CO* Ⅰ基因 5′ 端长度为 648bp 的同源序列，无插入或碱基缺失。该序列中 A、T、G 和 C 碱基的含量分别为 25.6%、28.0%、18.7% 和 27.7%，碱基 A+T 的含量高于 G+C 含量，碱基 G 的含量最低，表现出明显的碱基偏倚性，但碱基组成在鲌属不同鱼种间无显著性差异；G+C 含量在密码子的不同位点上存在差异，其在密码子第 1、2、3 位点的 G+C 平均含量分别为 58.2%、44.0% 和 37.0%；在所有位点中，共发现 48 个碱基变异位点，其中，44 个位点发生了碱基转换，4 个位点发生颠换，转换 / 颠换的比例为 12；碱基变异均匀地分布于该序列各个区域，但有明显的密码子偏好，仅有 2 个变异位点发生在编码区密码子第 1 位点上，占总变异位点的 4%，其余变异均发生在密码子第 3 位点，但所有翻译后氨基酸组成均相同，表明 *CO* Ⅰ基因编码在鲌属鱼类中的保守性。

2. 鲌属药用鱼类的遗传结构

基于 Kimura 双参数法计算鲌属药用鱼类的种内和种间遗传距离（表 11–2）。鲌属药用鱼类种内平均遗传距离均较低，种间遗传距离平均值为 0.036，种间遗传距离大于 10 倍的种内遗传距离。在鲌属药用鱼类中，达氏鲌与其他几种鲌属鱼种间遗传差异较大，尤其是达氏鲌与尖头鲌间遗传距离最大，而蒙古鲌与尖头鲌间遗传距离最小为 0.024。

表 11-2　不同鲌属药用鱼类的种内和种间遗传距离

物种	蒙古鲌	尖头鲌	达氏鲌	翘嘴鲌
蒙古鲌	0.0033			
尖头鲌	0.0239	0.0000		
达氏鲌	0.0419	0.0451	0.0000	
翘嘴鲌	0.0318	0.0384	0.0352	0.0017

3. 鲌属药用鱼类的遗传变异

对鲌属药用鱼类所有的 *CO* Ⅰ基因序列构建邻接树（图 11-4）。由图可见，同属鱼类聚在一起，且各物种又形成相对独立的支；鲌属鱼类聚成独立的一支，之后又形成 4 个分支，分属于鲌属不同的 4 种鱼类，不同的分支均具有较高的节点支持率。

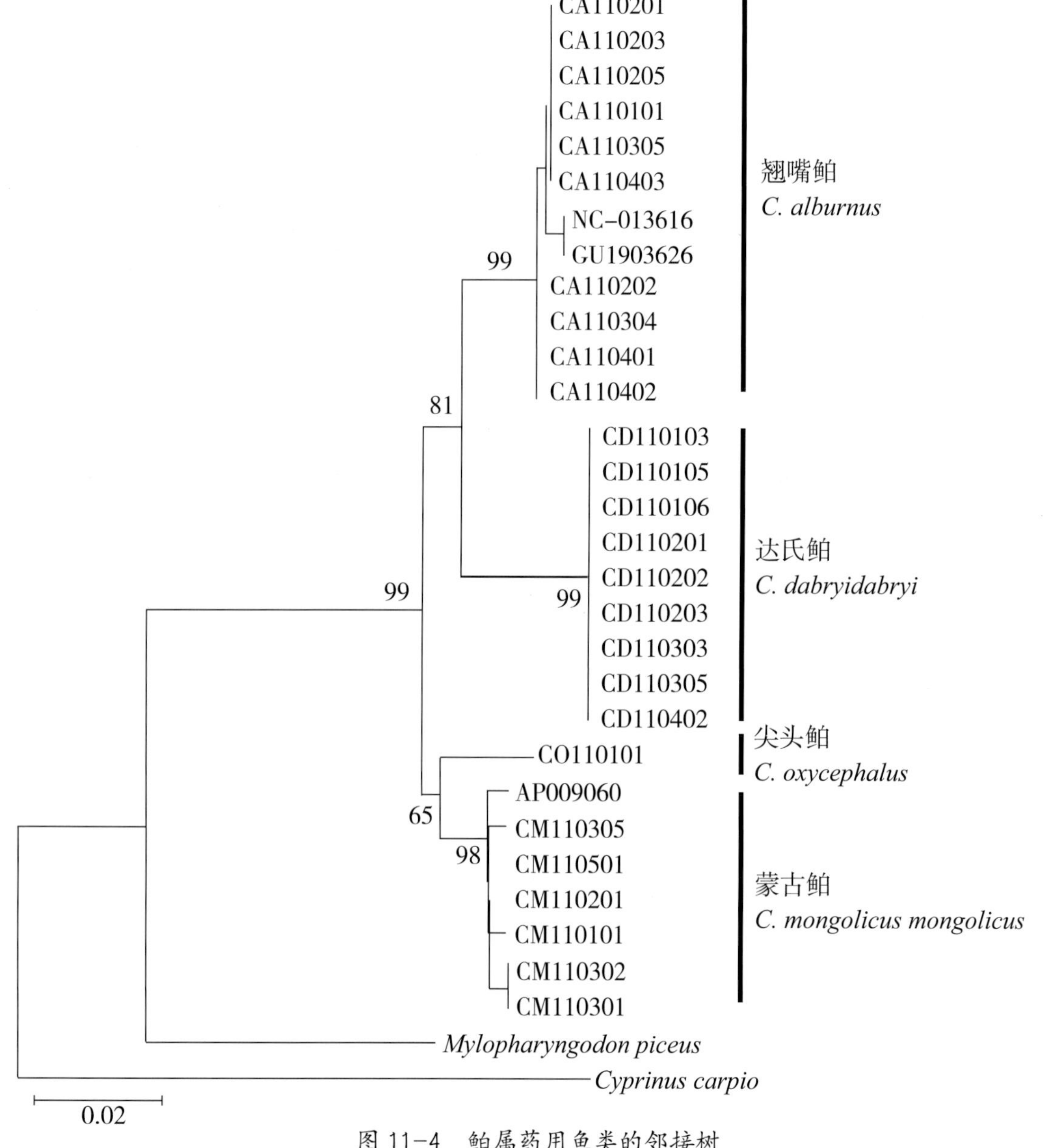

图 11-4　鲌属药用鱼类的邻接树

四、讨论

CO Ⅰ基因是线粒体内的蛋白质编码基因。鲌属药用鱼类的 *CO* Ⅰ基因序列片段遵循动物线粒体 DNA 的特点，在该片段中未发现碱基插入与缺失，这与 *CO* Ⅰ为蛋白质编码基因满足功能上的需要和三联体密码子结构的限制有关。在鲌属鱼类的 *CO* Ⅰ基因序列片段中碱基组成表现出明显的碱基偏倚性，且在密码子不同位点上的分布也存在差异，这与其他硬骨鱼类的研究结果类似，但碱基偏倚性现象在鲌属不同鱼种间无显著性差异。同时，在鲌属药用鱼类的 *CO* Ⅰ基因序列中发生多次碱基替换，替换主要集中在密码子第 3 位点，且多为同义突变，致使翻译后所有鲌属鱼类个体的氨基酸组成均相同，表明 *CO* Ⅰ基因编码在鲌属鱼类中的保守性。

本研究中鲌属药用鱼类 *CO* Ⅰ基因片段的种间遗传距离与种内距离相差 10 倍以上，从而揭示了其适合于物种鉴定的内在特征。同时，分析以 *CO* Ⅰ条形码序列构建的邻接树，鲌属鱼类聚成独立的一支，属内不同物种之间界限明晰，鲌属鱼类被聚为不同的类别，分支间具有较高的节点支持率。鲌属 4 种鱼类的 DNA 分类和形态学分类结果基本一致，表明 *CO* Ⅰ基因序列能够对鲌属鱼类进行有效的物种鉴定。彭居俐等采用了更长的 *CO* Ⅰ基因序列片段对鲌属鱼类也进行了有效的区分。

DNA 条形码技术不仅是传统物种鉴定的强有力补充，同时也可使标本鉴定过程实现自动化和标准化，突破了对经验的过度依赖，能够在较短时间内建成易于利用的应用系统。产业化、规范化、标准化是我国中药现代化的必经之路，中药的有效鉴定是中药质量控制的首要任务。因此，通过构建动物性中药材的 DNA 条形码，进而建立 DNA 条形码数据库，对促进中药的现代化具有重要的意义。

第十二章 虻虫类

一、概述

（一）资源状况

虻虫（图 12-1）为传统活血化瘀中药。从 1985 年至 2015 年《中国药典》历年版本之附录均将复带虻 *Tabanus bivlttatus* Matsumura 作为虻虫原动物来源，但据其拉丁学名应为双斑黄虻。建议在修订《中国药典》时，将虻虫原动物中文名改为双斑黄虻，拉丁学名也同时予以更正，即虻虫为虻科虻亚科黄虻属昆虫双斑黄虻 *Atylotus bivittateinus* Takahasi 雌性成虫的干燥全体。

图 12-1 虻虫药材与饮片

虻虫属虻科昆虫俗称牛虻，亦称“瞎虻”。在动物分类学上属节肢动物门（Arthropoda）、昆虫纲（Insecta）、双翅目（Diptera）、短角亚目（Brachycera）、虻科（Tabanidae）。截止到 2005 年，我国虻科昆虫大约有 450 种。我国虻科昆虫研究始于 1838 年 Macquart 报告黄虻属 1 种。根据世界上大都采用 Leclercq（1960）提出的 3 亚科分类系统，我国虻科分为距虻亚科（Pangonlinae）、斑虻亚科（Chrysopsinae）和虻亚科（Tabaninae），《中国经济昆虫志》（1983 年）共记载 13 属，其中斑虻属（*Chrysops*）、瘤虻属（*Hybomitra*）、虻属（*Tabanus*）和麻虻属（*Haematopota*）种类最多，占我国已知种（336 种）的 90% 以上，我国虻科分类系统见表 12-1。

表 12-1　我国虻科分类系统及种数（截至 2005 年）

科名	亚科名	属名	种数
虻科 Tabanidae	距虻亚科（Pangonlinae）	1. 长喙虻属（*Philoliche*）	1
		2. 石虻属（*Stonemyia*）	2
		3. 胃虻属（*Gastroxides*）	1
		4. 林虻属（*Silvius*）	6
	斑虻亚科（Chrysopsinae）	5. 斑虻属（*Chrysops*）※	35
		6. 少节虻属（*Thaumastomyia*）	1
		7. 格虻属（*Gressittia*）	1
		8. 瘤虻属（*Hybomitra*）※	86
		9. 黄虻属（*Atylotus*）	9
	虻亚科（Tabaninae）	10. 虻属（*Tabanus*）※	170
		11. 麻虻属（*Haematopota*）※	22
		12. 指虻属（*Isshikia*）	2
总计	—	—	336

注：※ 指该属为我国种类最多之一。

根据有关文献、书籍记载，目前药用虻虫种类有 27 种之多。我们在北京、云南、河南、四川、浙江、湖南、湖北、辽宁、内蒙古等地收集的商品药材样品，经中国军事医学科学院微生物流行病研究所许荣满教授鉴定，除云南、北京、辽宁、内蒙古有 2%~5% 的正品复带虻 *Tabanus bivlttatus* Matsumura 外，其余均为伪混品。（表 12-2）

表 12-2　市场流通的伪混品虻虫药材

属名	品种中文名	拉丁学名
虻属 *Tabanus*	汉斯虻	*Tabanus haysi* Philip
	土灰虻	*Tabanus amaenus* Walker
	杭州虻	*Tabanus hongchowensis* Liu
	广西虻	*Tabanus kwangsinensis* Wang et Liu
	庐山虻	*Tabanus lushanensis* Liu

续表

属名	品种中文名	拉丁学名
虻属 *Tabanus*	朝鲜虻	*Tabanus coreanus* Shiraki
	中华斑虻	*Chrysops sinensis* Walker
	缅甸虻	*Tabanus birmanicus* (Bigot)
	浙江虻	*Tabanus chekiangensis* Ouchi
	辅助虻	*Tabanus administrans* Schiner
	亚柯虻	*Tabanus subcordiger* Liu
斑虻属 *Chrysops*	中华斑虻	*Chrysops sinensis* Walker
黄虻属 *Atylotus*	霍氏黄虻	*Atylotus horvathi* (Szilady)

（二）本草源流

虻虫一名，始载于《神农本草经》，有木虻和蜚虻之别。经姜波、章明珠等考证认为，蜚虻即今之虻虫。唐以前的本草仅有其药用记载而无形态等描述，故当时使用的是何种虻虫已难以考证；唐至明代的“本草”对虻虫形态和习性描述基本一致，“大如蜜蜂，黄黑色或黄色或黄绿色，食牛马血。”“生于塘河、川谷，茂暑繁盛，产于江夏（湖北云梦、安陆）、霸州（河北境内）。”故唐以后所用虻虫为今之昆虫复带虻 *Tabanus bivittatus* Matsumura 等虻科多种昆虫的干燥雌性体，与《中国药典》记载一致。

《神农本草经》记载：“蜚虻味苦微寒，主逐瘀血，破下血积，坚痞，癥瘕，寒热，通利血脉及九窍。”

现代主要作为中药成方制剂如大黄蛰虫丸之原料，治疗冠心病、心绞痛等。虻虫分布于我国大部分地区，种类复杂，对其分类、生态及其传播疾病与控制方面研究较多，有关其药用方面的研究较少。

（三）科研背景

大部分动物药材通常以粉末等形式入药，而药材市场中的动物药材来源繁多，且多经过处理（如入药虻虫应去头、翅、足），有的甚至已经粉碎，其真伪已经无法以形态学方法加以鉴别。近年来，我国在中药材 DNA 分子鉴定技术上取得快速进展，涌现出 RFLP、SSR、RAPD、AP-PCR 等技术，但 RFLP 操作复杂，要求新鲜的材料，难适用于干燥药材的鉴别；RAPD 技术的稳定性和重复性差；AP-PCR 每个新的多态性都必须经纯化才能进一步区别。上述 DNA 分子鉴定技术在实际应用中受到限制。而基于 PCR 技术发展起来的 DNA 条形码技术操作简单，鉴定周期短，可对微量或高度降解的 DNA 样品进行分析，尤其适用于干燥药材的鉴别。

本研究利用 DNA 条形码技术，对药材市场流通中的药材虻虫进行分子鉴定研究。以产地为四川、湖南、河南、内蒙古、云南、北京、浙江、陕西、辽宁的市售中药材虻虫为样品，对其中95个个体进行总DNA提取和mt*CO* Ⅰ基因片段扩增，对所得基因片段进行测序和序列聚类分析。剔除12个异常数据后，83个个体聚类分为7支，与其形态学分类基本吻合，但仍存在种间交叠的部分。我国中药材市场上流通的虻虫药材物种较多，DNA条形码技术可为虻虫药材的分子鉴定真伪奠定基础，而现阶段研究结果仍需经过进一步的补充与验证，方可应用。

二、物种信息

（一）双斑黄虻 *Atylotus bivittateinus* Takahasi ［骚扰黄虻 *Atylotus miser* (Szilady)］

形态特征：雌性体长11.0~13.5mm，灰黄色，覆黄白毛。头部复眼无毛，有1条窄带；额灰黄色，高度为基部宽度的4.5倍，两侧平行。基胛棕色至黑色；中胛心形，黑色，头顶有浅色短毛；亚胛与颜灰白色，颜覆白毛。触角黄色，鞭节带棕色，基环节有低的背突，长为宽的1.5倍。下颚须灰白色，覆灰黄毛和黑毛。胸部背板灰黑色，着生浅色短毛，背侧片黄棕色，有黑毛；侧板灰色，覆浅黄色长毛。足黄棕色，但前足胫节端部和跗节黑色，着生浅色短毛，各足股节基部的1/6~1/3呈灰黑色，中、后跗节端部黑色。翅透明，翅脉黄色，R4脉有附脉。腋瓣棕色，缘毛白色。平衡棒黄白色。腹部背板灰黄色，着生黑毛，第1~2节或至3节的两侧具黄色斑，中暗条占腹宽的1/3，前后大致等宽，或第2节上的最宽。腹板灰黄色，着生浅色毛，第7腹板有黑毛。

雄性体长11~14mm，复眼有短毛，上、下小眼面分界明显，头顶仅覆浅色短毛；触角与雌性相似，但鞭节较细，色较浅；下颚须第2节卵圆形，覆黑毛，第1~3节或至4节背板两侧具黄色斑，中暗条占腹宽的1/4。（图12-2）

图12-2 双斑黄虻

生境分布：为我国古北界东北区、华北区极其常见的种类，6~8 月活动。雌虻攻击人、马、牛、狗、羊。分布于黑龙江、吉林、辽宁、内蒙古、北京、山西、陕西、上海、江苏、浙江、福建等地。

（二）斜纹黄虻 *Atylotus karybenthinus* Szilady

形态特征：雌性体长 10~13mm，灰色至灰黄色。头部复眼无毛，有 1 条窄带；额灰白色，着生灰白毛，头顶有 1 排白色长毛，额高为基部宽的 3.5~4 倍，两侧平行，或基部略窄；基胛和中胛棕色至黑色，小；亚胛灰白色；颜灰白色，覆白色长毛，颊有的有一些黑毛；口毛白色。触角黄色，柄节色较浅，鞭节基环节有低背突。下颚须白色，着生白毛。胸部浅灰黑色，着生白色毛，盾片有不明显纵条，小盾片较暗，背侧片黄色；侧板灰色，覆白色长毛。足大部浅黄色，着生同色毛，前胫节端半和前跗节黑色，中、后跗节色略深，均着生黑毛。翅透明，翅脉棕黑色，翅基部和前缘略带黄棕色，R4 脉有长附脉。腋瓣灰黄色，着生浅黄色毛。平衡棒白色。腹部浅灰色，前 4 节两侧略黄，着生浅色短毛，背板中央 1/4 至 1/3 具暗纵条，背板有 4 列三角形黑毛斑，黑毛斑长短有较大的个体变异。腹板黄灰色，尾端几节较灰，有不明显暗棕纵条。

雄性类似于雌性。复眼光裸，上 2/3 眼面与下眼面分界线明显，头顶仅有 1 排白色长毛；触角鞭节较雌性细；下颚须白色，覆白色长毛；胸部、腹部和足着生的浅色毛较雌性的长，腹部背板中央 1/3 具暗纵条，后 3~4 节较暗，腹部背板 4 列黑毛斑均达各节的后缘。

本种体色和毛斑有较大的变异，腹部背板两侧有时仅第 1 节着黄色，有时整个腹部背板两侧着黄色；触角黄色至棕色。

生境分布：经实验研究，斜纹黄虻可作为骆驼锥虫病的传播媒介。7 月多见于林边、路旁牛体。分布于黑龙江、新疆、宁夏、内蒙古、北京等地。

（三）布虻 *Tabanus budda* Portschinsky

形态特征：雌性体长 22~23mm，金黄色。头部复眼具 1 带（回潮）；额黄色，基宽约等于顶宽，着生金黄毛，高为基宽的 3 倍；基胛栗子形，黄棕色，与亚胛接触，与复眼分离，中胛无或很短，黑色，与基胛连接；亚胛金黄色，“眉片”高；颜与颊金黄色，着生金黄色毛；触角柄节和梗节棕黄色，着生金黄色毛夹杂少量黑毛，鞭节基环节红黄色，基环节长为宽的 1.5 倍，背突明显，指状，长为端环节的 1.5 倍；下颚须金黄色，第 1 节覆黄色长毛，第 2 节粗，长为宽的 3.6 倍，覆红黄色毛；喙棕黑色，着生棕黄色毛；口毛金黄色。胸部背板黑色，覆棕色粉黑毛，具 2 条灰黄色纵条，小盾片色同盾片，背侧片黄棕色；侧板黑色，密覆金黄色毛；足棕黄色，着生棕色毛，股节色较暗。翅透明，翅脉黄色，R4 无附脉，

图 12-3 布虻

R5 室开放。腋瓣灰黑色，两腋瓣交接处具黄毛。平衡棒黄棕色，球部两侧暗棕色。腹部背板黑色，着生黑毛，后缘具黄色宽毛带，第 1~3 节的横带较窄，其后各节的横带较宽，几乎占满全节；腹板黑色，色斑同背板。

雄性体长 20~22mm，复眼上 2/3 大眼面与下 1/3 小眼面界限清晰；触角窄于雌性；小盾片有时端部 1/2 橙色；余者同雌性。（图 12–3）

生境分布：林区种，6~8 月多见。分布于黑龙江、吉林、辽宁、北京等地。

（四）汉斯虻 *Tabanus haysi* Philip

形态特征：雌性体长 22~24mm，灰黑色。头部复眼绿，无色带（回潮）；额灰黄色，基宽略窄于顶宽，着生黑毛，高为基宽的 7~8 倍；基胛长卵形，黑色，与亚胛接触，与复眼分离，中胛线形，达额高的 2/3，黑色，与基胛连接；亚胛灰黄色，“眉片”低；颜与颊灰黄色，着生灰黄色毛；口毛灰黄色。触角柄节和梗节灰黄色，着生黑毛，鞭节基环节棕黄色，基环节长为宽的 1.5 倍，背突明显，短指状，端部及端环节暗棕色。下颚须灰棕色，第 1 节覆黄色长毛，第 2 节长为宽的 4 倍，覆黑毛。喙棕黑色，着生棕色毛。胸部背板灰黑色，覆黑毛夹杂黄毛，3 条细纵条不明显，小盾片色同盾片，背侧片着生灰黑毛和灰黄色毛；侧板灰色，着生黑毛和灰黄色毛；足基节和股节红棕色，覆浅黄毛，胫节棕色，着生黑毛，跗节暗棕色，覆黑毛。翅透明，翅脉棕色，R4 脉具附脉，R5 室开放。腋瓣灰黑色，两腋瓣交接处具灰黄色毛。平衡棒棕色，球部两侧棕黑色。腹部背板灰黑色，第 1~6 节具灰黄色毛端带，第 2~6 节具灰黄色后缘中三角，有时中三角不清晰；腹板灰色，中央带棕色，各节具不清晰的浅色后缘带，除尾端杂有黑毛外，覆灰黄色毛。

雄性体长 20mm，复眼上 2/3 大眼面与下 1/3 小眼面界限清晰；触角窄于雌性。

生境分布：山区、丘陵种，出现较晚，8 月多见。分布于北京、辽宁等地。

（五）土灰虻 *Tabanus amaenus* Walker

形态特征：雌性体长 15~18mm，灰黑色。头部复眼无带（回潮）；额灰白色，基宽略窄于顶宽，着生黑毛，基部多白毛，高为基宽的 6~7 倍；基胛卵形，黑色，与亚胛接触，与复眼分离；中胛黑色，与基胛连接；亚胛灰白色；颜与颊灰白色，着生灰白毛；口毛白色。触角柄节和梗节棕色，着生黑毛，鞭节基环节基部棕红色，端部及端环节黑色，基环节长为宽的 1.5 倍，背突明显，端环节短于基环节。下颚须灰黄色，第 1 节覆长白毛，第 2 节粗，长为宽的 4 倍，覆黑毛夹杂白毛；喙棕黑色，着生棕色毛和黑毛。胸部背板灰黑色，覆黑毛，具 5 条到达盾片后缘的灰白色纵条，小盾片与盾片同色，背侧片灰色黑毛；侧板灰色，着生浅黄毛和黑毛。足灰黑色，着生黑毛，前足胫节基部的 2/3 和中、后胫节浅黄白色，端部及跗节黑色。翅透明，翅脉棕色，R4 脉无附脉，R5 室封闭。腋瓣灰黑色，两腋瓣交接处具白毛。平衡棒黄棕色，球部两侧棕黑色。腹部背板黑色，着生黑毛，第 2~6 背板中央具白色三角和侧白斑，中三角正三角形，达不到所在节的前缘，侧斑多在第 2~3 或 2~5 背板显现，后缘具浅黄色窄带；腹板灰黑色，具浅色后缘带，中央具黑色纵条。

雄性体长 14~16mm，复眼上 2/3 大眼面与下 1/3 小眼面界限清晰，触角窄于雌性，足色浅于雌性，腹部背板两侧带棕色，余者同雌性。

生境分布：为我国南方平原、山区的优势种。分布于宁夏、上海、浙江、广东、广西、福建、香港、四川、云南等地。

（六）浙江虻 *Tabanus chekiangensis* Ouchi

形态特征：雌性体长 21~22mm，黑色。复眼绿色，无带；额基灰色，主要覆黑毛，额顶端宽大于基部宽，高为基宽的 9~10 倍；额基胛黑色，盾形，与亚胛接触，与复眼分离；中胛黑色，为基胛的细延线；亚胛灰白色，覆粉，“眉片”低，灰色；颜灰色，覆白毛，上侧颜浅棕色；口毛白色。触角柄节和梗节浅棕色，覆黑毛，梗节背突长，鞭节棕色，端环节略暗，基环节长为宽的 1.4 倍，背突钝。下颚须浅棕色，第 1 节覆黄白色长毛，第 2 节覆黑毛，长为基宽的 5 倍。胸部背板黑色，覆灰粉和黑毛，夹杂白毛；具 3 条不明显灰色纵纹，小盾片色同盾片；侧板灰色，覆白色长毛。足基节色同侧板，覆白毛，股节黑色，覆白毛夹杂少量黑毛，前胫节基部的 2/3 和中、后胫节棕色，覆黑毛，端部和跗节黑色，覆黑毛。翅略着黄色，翅脉棕色，R4 具附脉。两腋瓣棕黑色，交接处着生的一撮白色毛。平衡棒棕黑色，球部顶端棕色。腹部黑色，第 2~6 背板中央具白色正三角形斑，后缘具白色横带，两侧加宽成侧三角。腹板棕黑色，具浅色后缘。

雄性不详。

生境分布：山区种。为长江流域山区优势种。

（七）杭州虻 *Tabanus hongchowensis* Liu

形态特征：雌性体长 14~16mm，棕色。头部复眼无毛，绿色，无带（回潮）；额浅黄色，头顶覆黑毛，基部覆白毛，额基宽略小于顶宽，高为基宽的 5~6 倍；额基胛黑色，类圆形，与亚胛接触，与复眼分离；中胛黑色，矛形，与基胛连接或分离；亚胛浅黄色，覆粉，“眉片”高，棕色，颜灰白色白毛，上侧颜黄灰色，具棕黑色毛；口毛白色。触角柄节浅黄色，覆黑毛，梗节和鞭节橙黄色，基环节长为宽的 1.8 倍，背突钝。下颚须灰白色，第 1 节着生白色长毛，第 2 节长为宽的 3 倍，末端尖，覆黑毛夹杂一些白毛。胸部背板灰黄色，覆黄毛和黑毛，无纵纹。侧板灰色，具黄色长毛。足基节和股节黑色，主要覆白毛，胫节基部的 1/2 和中、后胫节基部大部黄白色，覆黑毛和白毛，胫节端部和跗节黑色，覆黑毛。翅透明，翅脉棕色，R5 室边缘宽开放，R4 脉无附脉。两腋瓣暗棕色，交接处着生一撮黄白色毛。平衡棒棕黑色，球部顶端棕色。腹部灰棕色，背板中央具一列黄灰色宽三角斑，第 2、3 背板两侧有的具斜方形黄白斑，背板后缘具浅色横带。腹板深灰色，具浅色窄后缘。

雄性不详。

生境分布：平原、山区均常见。

（八）广西虻 *Tabanus kwangsiensis* Wang et Liu

形态特征：雌性体长 20~23mm，棕黑色。头部复眼无毛，绿色，有 1 条紫带（回潮）；额灰黄色，着生白毛和黑毛，头顶着生密黑毛，形成毛三角区，基部窄于顶端，高为基宽的8倍；额基胛亮黑色，近卵形，与亚胛接触，与复眼窄分离；中胛黑色，线形，与基胛连接，上端延至额高的1/2；亚胛灰白色，“眉片”低，棕色；颜覆灰白色粉，着生黄色，颊覆黄粉黄毛；口毛浅黄色。触角柄节和梗节橙色，着生黑毛，鞭节基环节橙红色，长为宽的1.3倍，背突高，靠近基部，端环节暗于基环节，黑色。下颚须棕黄色，第1节着生黄色长毛，第2节长为宽的4倍，覆黑毛。喙棕黑色，具黑毛。胸部盾片黑色，覆灰粉和黄毛，3条纵纹不清晰，达盾片后缘，小盾片色、毛同盾片，背侧片密覆黑色长毛，翅后胛具黄色长毛簇；侧板灰黄色，着生金浅色细长毛。足棕黑色，除股节覆黄色毛和少量黑毛外，其余覆黑毛。翅透明，前缘略着棕色，翅脉棕黑色，翅R4脉具附脉。腋瓣暗棕黑色，两腋瓣交接处具一簇黄色毛。平衡棒柄棕黄色，球部暗棕色。腹部黑褐色，第1背板后缘具宽的浅黄色带，第2~5背板中央具浅黄色三角和后缘带，第1~3或1~4背板两侧具大块棕色斑。腹板橙色，着生黑毛，有的个体第2~4节两侧橙色，中央1/3覆黑毛，第5~7腹板全部黑色，第2~6腹板具黄色后缘带。

雄性未详。

生境分布：山区林地种。

（九）姚虻 *Tabanus yao* Macquart

形态特征：雌性体长22~24mm，棕黑色。头部复眼绿色，具1条紫色带（回潮）；额灰黄色，基宽略窄于顶宽，着生灰黄毛，高为基宽的7倍；基胛长卵形，棕黑色至黑色，与亚胛接触，与复眼分离，中胛线形，达额高的2/3，黑色，与基胛连接；亚胛灰黄色，“眉片”低；颜与颊灰黄色，着生浅黄色毛；口毛浅黄色。触角柄节和梗节棕色，着生黑毛，鞭节基环节棕黄色，基环节长为宽的1.5倍，背突明显，指状。下颚须金黄色，第1节覆黄色长毛，第2节长为宽4倍，覆金黄毛夹杂少量黑毛。喙棕黑色，着生棕黄色毛。胸部背板灰黑色，覆黑毛夹杂金黄毛，3条细纵条不明显，小盾片色同盾片，背侧片灰黑色，着生黑毛和棕黄毛；侧板灰黑色，着生黄色毛。足基节和股节红棕色，覆浅黄毛和黑毛，胫节浅黄色，着生黑毛，腹缘有许多黑毛，跗节黑色，覆黑毛。翅透明，翅脉棕色，R4脉具附脉，R5室开放。腋瓣灰黑色，两腋瓣交接处具浅黄毛。平衡棒棕色，球部两侧棕黑色。腹部背板灰棕色至灰黑色，第1~6节具黄毛端带，第2~6节具灰黄色后缘和中三角，有时中三角不清晰；腹板灰色，中央带棕色，除尾端杂有黑毛外，覆金黄色毛。

雄性体长20mm，复眼上2/3大眼面与下1/3小眼面界限清晰；触角窄于雌性。

生境分布：为平原、丘陵种，6~7月多见。分布于辽宁、北京、河南、上海、江苏、浙江、江西、四川、福建、云南等地。

（十）类柯虻 *Tabanus subcordiger* Liu

形态特征：雌性体长14~16mm，灰黑色。头部复眼无毛，无带（回潮）；额黄灰色，着生黑毛，额基宽小于顶宽，高为基宽的4~4.5倍；基胛亮黑色，方形，两侧与复眼接近，与亚胛紧密接触，中胛黑色，与基胛分离；亚胛灰黄色；颜与颊色灰色，着生灰白毛，上侧颜棕色；触角柄节和梗节棕黑色，着生黑毛夹杂少量金黄色，鞭节基环节暗棕色，长为宽的 1.5 倍，具背突，基环节端部和端环节黑色；下颚须黄白色，第 2 节粗，长为宽的 2.4 倍，覆白毛夹杂黑毛；喙棕黑色，着生棕色毛和黑毛；口毛白色。胸部背板黑色，着生黑毛和黄毛，具 5 条浅色纵条，背侧片红棕色，具黑毛；侧板灰白色，着生白毛夹杂黑毛；足基节与侧板同色，覆灰白毛，股节灰色，覆白毛，胫节灰黄色，覆灰白毛，前胫节端部的 1/3 和跗节黑色，覆黑毛。翅透明，翅脉棕色，R4 无或具附脉，R5 室开放。腋瓣灰黑色，两腋瓣交接处具白毛。平衡棒棕色，球部两侧暗棕色。腹部背板黑色，覆灰粉和黑毛，中央具灰黄色三角，两侧具斜形灰白色斑，各节具灰白色后缘窄带，浅色部分着生浅色毛；腹板灰色，着生浅黄毛，各节后缘具黄白色后缘窄带，腹板中央具不明显灰黑色纵条。

雄性上 2/3 大眼面与下 1/3 小眼面界限清晰，触角鞭节较雌性窄，色较深，腹部背板较雌性的略带红棕色。

生境分布：林区种。

三、实验研究

（一）实验样品采（收）集

1. 物种分布及采（收）集区域

（1）物种分布

通过查阅《中国动物志》和相关资料，了解了虻虫及其伪混品物种的分布情况。（表 12-3）

表 12-3　虻虫及其伪混品物种分布

编号	中文名称	拉丁学名	主产地	备注
1	双斑黄虻 *	*Atylotus bivittateinus* Takahasi*	北京、东北三省等	未采集
2	斜纹黄虻	*Atylotus karybenthinus* Szilady	北京、内蒙古、新疆	未采集
3	布虻	*Tabanus budda* Portschinsky	北京、东北三省等	—
4	汉斯虻	*Tabanus haysi* Philip	北京、辽宁	—
5	土灰虻	*Tabanus amaenus* Walke	四川、广东、广西	—
6	浙江虻	*Tabanus chekiangensis* Ouchi	浙江、广西、四川	—
7	杭州虻	*Tabanus hongchowensis* Liu	浙江	—
8	广西虻	*Tabanus kwangsiensis* Wang et Liu	广西、福建	—
9	姚虻	*Tabanus yao* Macquart	北京、辽宁、上海	未采集
10	类柯虻	*Tabanus subcordiger* Liu	北京、河北、内蒙古	—

续表

编号	中文名称	拉丁学名	主产地	备注
11	南方大斑蝥 *	*Mylabris phalerata* Pallas	安徽、河南、广西	—
12	黄黑小斑蝥 *	*Mylabris cichorii* Linnaeus	河北、安徽、江苏	—
13	苹斑芫青	*Mylabris calida* Pallas	黑龙江、内蒙古、新疆	未采集
14	丽斑芫青	*Mylabris speciosa* Pallas	东北、内蒙古、河北	未采集

（2）采（收）集区域

根据实验样品分布区域，确定了样品采集区域及分组分工。（表 12–4）

表 12-4　实验样品采集区域

编号	1	2	3	4	5	6	7	8	9	10
中文名	双斑黄虻	斜纹黄虻	布虻	汉斯虻	土灰虻	浙江虻	杭州虻	广西虻	姚虻	类柯虻
北京	+		++	++	+					+
内蒙古	+	++	++							+
河北	+				+					+
辽宁	+		++	++	+				++	+
吉林	+	+	++	++	+					+
黑龙江	+		++							
江苏	+				+				++	+
浙江	+				+	+	+	++	++	+
福建	+				+	+	+	++	++	
江西					+	+	+			
山东	+				+				++	+
河南	+	+	++	++	+		+		++	+
湖南					+	+	+			
湖北					+	+	+	+		+
广东	+				+	+	+	++		

续表

编号	1	2	3	4	5	6	7	8	9	10
中文名	双斑黄虻	斜纹黄虻	布虻	汉斯虻	土灰虻	浙江虻	杭州虻	广西虻	姚虻	类柯虻
广西	+				+	+	+	++		
海南						+				
四川	+				+	+	+	++		+
贵州	+				+	+	+	++		+
云南	+				+	+	+	++		+
山西					+					+
陕西	+	++	+	++	+	+	+			+
甘肃	+	++	+	++	+	+	+			+
宁夏	+	++	+							+
新疆		++								

注："+"代表一个居群的标本，"++"代表两个居群标本。

2. 采（收）集前准备

出发前，由具有丰富野外带教、资源考察经验的教师进行虻虫原动物鉴别方面的培训。培训前，先将采集要求和资料复印好发给参加采集工作的师生，仔细阅读并集中培训。根据《中国药典》和《中国动物志》，总结了各物种的鉴定特征。（表 12-5）

表 12-5　虻虫鉴别要点

物种	鉴别要点
双斑黄虻	复眼光裸，有 1 条窄带；额有基胛和中胛；头顶有浅色短毛；足灰黄色至黄棕色；翅 R4 脉有长附脉；腹部背板有中纵暗条
斜纹黄虻	复眼无毛，有 1 条窄带；额两侧平行，有基胛；两性头顶有浅色长毛；胸部和腹部覆灰色毛；翅 R4 脉有长附脉；足大部黄棕色
布虻	体大型，金黄色；复眼无带；额黄色，高约为基宽的 3 倍，基胛栗子形，与亚胛连接；亚胛覆粉；触角棕黄色，鞭节基环节背突大，指状；下颚须金黄色，长为宽的 4 倍；胸部盾片黑色，覆黄粉，具 2 条灰黄色细纵条，小盾片色同盾片；翅 R5 室开放；腹部背板黑色，具很宽的金黄色后缘带

续表

物种	鉴别要点
汉斯虻	体大型，灰黑色；复眼无带；额灰黄色，高为基宽的 7~8 倍，基胛长卵圆形，与亚胛连接；亚胛覆粉；触角灰黄色，鞭节基环节背突大，指状突出；下颚须灰黄色，长为宽的 4 倍，覆黑毛；胸部盾片黑色，3 条细纵条不明显，小盾片与盾片同色；翅 R5 室开放；腹部背板棕黑色，具棕色后缘带和中三角
土灰虻	复眼无带；额高为基宽的 6~7 倍，基胛卵形，与亚胛连接；亚胛覆粉；触角棕黄色，鞭节基环节基部红棕色，端部及端环节黑色；下颚须长为宽的 4 倍；胸部盾片黑色，有 3 条纵条，翅 R5 室封闭；腹部背板黑色，具 3 列浅色斑，中三角正三角形，不达所在节的前缘
浙江虻	复眼无带；额高为基宽的 9~10 倍；亚胛覆粉；触角棕色，鞭节基环节较宽，高为宽的 1.4 倍；下颚须棕色，第 2 节长为宽的 5 倍，覆黑毛；胸部背板黑灰色，具 3 条不明显灰色纵纹；翅透明，R4 脉具附脉；腹部背板黑色，中央具 1 列正三角形白斑，后缘具白色窄横带
杭州虻	复眼无带；额高为基宽的 5~6 倍；亚胛覆粉；触角鞭节的基环节长为宽的 1.8 倍；下颚须灰白色，第 2 节长为宽的 3 倍；胸部背板灰黄色，无纵条；翅透明，R4 脉无附脉；腹部背板灰棕色，中央具 1 列宽的黄灰色三角斑，两侧具不清晰的斜方形斑
广西虻	复眼有 1 条带，眼后缘毛；额高为基宽的 8 倍；额基胛和中胛接触；亚胛覆粉；触角橙色；下颚须第 2 节长为宽的 4 倍；胸部盾片纵纹不明显；腹部黑褐色，第 1 背板后缘具宽的浅黄色带，第 2~5 背板中央具浅黄色三角和后缘带，第 1~3 或 1~4 背板两侧具大块棕色斑
姚虻	体大型，棕黑色；复眼具 1 带；额高约为基宽的 7 倍，基胛三角形，与亚胛连接；亚胛覆粉；触角灰黄色，鞭节基环节背突大，指状突出；下颚须灰黄色，长为宽的 4 倍，覆黑毛；胸部盾片黑色，3 条细纵条不明显，小盾片色同盾片；翅 R5 室开放，R4 具附脉；腹部背板棕黑色，具棕色后缘带和中三角
类柯虻	复眼无带；额高为基宽的 4~4.5 倍，基胛方形，与眼接近，与中胛分离；亚胛覆粉；下颚须短粗，长为宽的 2.5 倍；胸部盾片黑色，有 5 条纵条；腹部背板灰色，具 3 列浅色斑

根据虻虫特性，设计制定了标本（实验样品）采集记录表。（表 12-6 至表 12-9）

表 12-6 虻虫标本采集记录表

<table>
<tr><th colspan="4">标本信息</th></tr>
<tr><td>标本编号</td><td>LY-ABT-1105-XX</td><td>存储方式</td><td>自然干燥</td></tr>
<tr><td>数量</td><td>2</td><td>采集人</td><td>戴蓉</td></tr>
<tr><td>暂定名</td><td colspan="3">双斑黄虻</td></tr>
<tr><th colspan="4">标本采集信息</th></tr>
<tr><td>采集时间</td><td>13-JUL-2011</td><td>地理坐标和海拔</td><td>—</td></tr>
<tr><td>采集详细地点</td><td colspan="3">湖南省吉首市</td></tr>
<tr><th colspan="4">采集生境描述</th></tr>
<tr><td colspan="4">山地、林地</td></tr>
<tr><td colspan="4">
图 12-4　湖南虻虫采集点</td></tr>
<tr><th colspan="4">采集标本特征</th></tr>
<tr><td colspan="4">（整体特征简要描述）
复眼光裸，有 1 条窄带；额有基胛和中胛；头顶有浅色短毛；足灰黄色至黄棕色；翅 R4 脉有长附脉；腹部背板有中纵暗条</td></tr>
<tr><td colspan="4">
图 12-5　LY-ABT-1105-XX</td></tr>
</table>

表 12-7　虻虫标本采集记录表

标本信息			
标本编号	LY-TAW-1101-XX	存储方式	自然干燥
数量	—	采集人	戴蓉
暂定名	土灰虻		
标本采集信息			
采集时间	13-JUL-2011	地理坐标和海拔	—
采集详细地点	湖南省吉首市		
采集生境描述			
山地、林地			
 图 12-4　湖南虻虫采集点			
采集标本特征			
（整体特征简要描述） 复眼无带；基胛卵形，与亚胛连接；触角棕黄色；胸部盾片黑色，有 3 条纵条，翅 R5 室封闭；腹部背板黑色，具 3 列浅色斑，中三角正三角形			
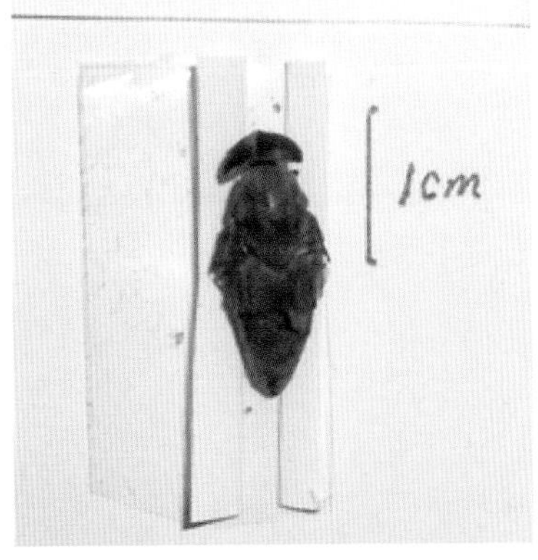 图 12-6　LY-TAW-1101-XX			

表 12-8　虻虫标本采集记录表

标本信息			
标本编号	LY-TSL-1103-XX	存储方式	自然干燥
数量	—	采集人	戴蓉
暂定名	类柯虻		
标本采集信息			
采集时间	13-JUL-2011	地理坐标和海拔	—
采集详细地点	湖南省吉首市		
采集生境描述			
山地、林地			

图 12-4　湖南虻虫采集点

采集标本特征
（整体特征简要描述） 复眼无带；额高为基宽的 4~4.5 倍，基胛方形，与眼接近，与中胛分离；亚胛覆粉；下颚须短粗，长为宽的 2.5 倍；胸部盾片黑色，有 5 条纵条；腹部背板灰色，具 3 列浅色斑

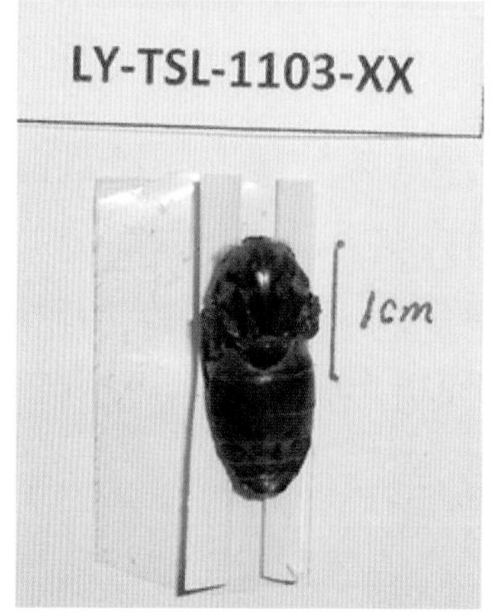

图 12-7　LY-TSL-1103-XX

表 12-9 虻虫标本采集记录表

标本信息			
标本编号	LY-THP-1106-XX	存储方式	自然干燥
数量	—	采集人	北京同仁堂
暂定名	汉斯虻		
标本采集信息			
采集时间	13-JUL-2011	地理坐标和海拔	—
采集详细地点	北京		
采集生境描述			
山地、林地			
采集标本特征			
（整体特征简要描述） 体大型，灰黑色；复眼无带；额灰黄色，高为基宽的 7~8 倍，基胛长卵圆形，与亚胛连接；亚胛覆粉；触角灰黄色，鞭节基环节背突大，指状突出；下颚须灰黄色，长为宽的 4 倍，覆黑毛；胸部盾片黑色，3 条细纵条不明显，小盾片与盾片同色；翅 R5 室开放；腹部背板棕黑色，具棕色后缘带和中三角			
 图 12-8 LY-THP-1106-XX			

3. 采（收）集方法

1）固定剂：95% 乙醇，用于野外固定肌肉样品。

2）采集信息：对所采集样品进行统一编号，拍照收集图片信息，填写采集信息表。

3）固定样品：用固定剂浸泡动物或组织，固定后的组织，在路途运输过程中可倒弃固定液，用棉花吸上少量固定剂，保持标本湿润即可达到安全运输的目的。全体浸泡前可往腹部注射固定剂。

4）干燥药材：药材按物种分别放入自封袋中保存。

4. 采（收）集结果

根据有关资料，对收集到的 12 个虻虫物种馆藏标本、商品药材标本、实地采集的标本进行了形态特征描述和鉴定。（表 12-10、表 12-11）

经过实地考察，虻虫的分布区与文献报道不符，所以捕获的样品很少，只从江苏、湖南和辽宁三地获得了新鲜样品双斑黄虻、土灰虻、类柯虻和汉斯虻。从药材市场上搜集来的虻虫样品的来源分别为四川、湖南、河南、内蒙古、云南药材公司、北京同仁堂、浙江及河北安国药材市场。对新鲜样品和从药材市场上搜集的样品参照虻虫形态学分类依据（头部复眼、亚胛、中胛、基胛、触角，胸部背板、小盾片、侧板和腹板，腹部黄黑色斑纹和毛，足腿节、胫节和翅脉的结构特征）进行分类，最终获得8个品种的虻虫，没有表12-11中的品种2和品种9。经军事医学科学院许荣满教授帮助，获取了1975~2008年来自全国10余省市的5属10种，40份虻虫实地、药材和馆藏标本。

表12-10　12个物种的鉴定情况

实地采集标本（鉴定人：薛堃）	商品药材标本（鉴定人：薛堃）	馆藏标本（鉴定人：许荣满）
① 2012年夏，内蒙古呼和浩特地区，海东瘤虻	① 2011年，药材市场采购，产地为湖南、云南、浙江、内蒙古、四川、北京、河南的虻虫共5种	① 2013年，军事医学科学院许荣满教授提供来自10余省市的馆藏5属10种虻虫标本
② 2012年秋，辽宁大连地区，汉斯虻	② 2012年，药材市场采购，产地为浙江、陕西的虻虫共3种	—
③ 2011年，湖南省吉首市，双斑黄虻、类柯虻、土灰虻	③ 2013年夏，河北安国药材市场采购，产地为陕西、内蒙古的虻虫共2种	—

表12-11　形态特征描述物种

编号	中文名称	拉丁学名	主产地
1	双斑黄虻（正品）	*Atylotus bivittateinus* Takahasi*	北京、东北三省等
2	斜纹黄虻	*Atylotus karybenthinus* Szilady	内蒙古（呼和浩特）、吉林（抚松、集安、珲春、和龙、安图）、河南（郑州、武陟）、陕西（榆林）、甘肃（金塔）、宁夏（青铜峡、银川）、新疆（霍城、蔚犁、若羌、开屏）
3	布虻	*Tabanus budda* Portschinsky	北京、东北三省
4	汉斯虻	*Tabanus haysi* Philip	北京、辽宁
5	土灰虻	*Tabanus amaenus* Walke	四川、广东、广西
6	浙江虻	*Tabanus chekiangensis* Ouchi	浙江、广西、四川
7	杭州虻	*Tabanus hongchowensis* Liu	浙江
8	广西虻	*Tabanus kwangsinensis* Wang et Liu	广西、福建
9	姚虻	*Tabanus yao* Macquart	北京、辽宁、上海
10	类柯虻	*Tabanus subcordiger* Liu	北京、河北、内蒙古

（二）DNA 条形码分析

1. DNA 提取

（1）方案一

参考昆虫干样品 DNA 提取技术，以及预试验的验证与修改，本实验采取酚 - 氯仿抽提法，对虻虫新鲜采集标本和商品药材标本样品进行 DNA 提取，具体操作如下：

1）研磨：取虻虫个体于研钵中，加入液氮研磨至粉末状，将其转移至 1.5ml 离心管中，加入配制好的缓冲液，混匀。

2）水浴：37℃水浴 12h，台式高速离心机 4℃下 10000r/min 离心 10min，取上清液。

3）酚抽提：在上清液中加入等体积 Tris–酚，混匀勿振荡，4℃下 10000r/min 离心 10min，取上清液。重复该步骤，直至水相与酚相界面处无蛋白质。

4）氯仿 - 异戊醇（24 ： 1）抽提：在上清液中加入等体积的氯仿 - 异戊醇，混匀勿振荡，4℃下 10000r/min 离心 10min，取上清液。

5）沉淀 DNA：在上清液中加入 1/10 体积的 3mol/L 乙酸钠和 2 倍体积的无水冰乙醇，–20℃冰箱放置 1h，4℃下 10000r/min 离心 10min，弃上清液。

6）洗涤 DNA：在留有沉淀的离心管内加入 70% 乙醇洗涤 DNA，4℃下 12000r/min 离心 5min，弃上清液，自然干燥至无乙醇味道。

7）保存：向自然干燥 DNA 离心管中加入 TE 缓冲液 50μl，4℃冰箱内静置 2h，使 DNA 溶解充分，于 –20℃冰箱长期保存。

8）DNA 样品检测：用琼脂糖凝胶电泳法检测。

（2）方案二

采用试剂盒，对馆藏标本样品进行提取，未果，详细步骤如下：

1）将虻虫用液氮研磨成细粉后，转入装有 180μl 组织裂解液 TL 的 1.5ml 离心管中，用大口径枪头吹打混匀。

2）加入 20mg/ml 蛋白酶 K 20μl，立刻涡旋振荡充分混匀。

3）将裂解物放置在 55℃水浴 3h 或者直到组织消化完全，期间轻柔的振荡几次帮助裂解。

4）用枪头抽打裂解物 2~3 次。

5）加入结合液 CB 200μl 和异丙醇 100μl，立刻涡旋振荡充分混匀。

6）13000r/min 离心 5min，将上清液加入一个吸附柱 AC 中，吸附柱放入收集管中，13000r/min 离心 30~60s，倒掉收集管中的废液。（上述步骤中立刻涡旋或者吹打充分混匀非常重要，混匀不充分会严重降低产量，必要时如样品黏稠不易混匀时可以涡旋振荡 15s 混匀）

7）加入抑制物去除液 IR 500μl，12000r/min 离心 30s，弃废液。

8）加入漂洗液 WB（第一次使用前需加无水乙醇）700μl，12000r/min 离心 30s，弃掉废液。

9）加入漂洗液 WB 500μl，12000r/min 离心 30s，弃掉废液。

10）将吸附柱 AC 放回空的收集管中，13000r/min 离心 2min，尽量除去漂洗液，以免漂洗液中残留乙醇抑制下游反应。

11）取出吸附柱 AC，放入一个干净的离心管中，在吸附膜的中间部位加洗脱缓冲液 EB（事先在 65~70℃水浴中预热）100μl，室温放置 3~5min，12000r/min 离心 1min。将得到的溶液重新加入离心吸附柱中，12000r/min 离心 1min。将得到的溶液重新加入离心吸附柱中，室温放置 2min，12000r/min 离心 1min。洗脱体积增大，洗脱效率增大，如果需要 DNA 浓度较高，可适当减少洗脱体积，但应大于或等于 50μl。

12）DNA 可存放在 4℃，长时间放置在 -20℃。

（3）方案三

参照昆虫标本提取方案并加以改良，对馆藏标本进行提取，无结果，具体操作如下：

1）研磨：用液氮研磨法将虻虫研磨装于 1.5ml 离心管中。

2）水浴：离心管中加入 STE 抽提缓冲液 600μl、10% SDS 12μl 和蛋白酶 K 20μl，颠倒混匀，在恒温水浴锅内消化 5h，其间不时上下颠倒，直至混合液消化清亮，在恒温箱中过夜。

3）在低温台式高速离心机上 12000r/min 离心 15min，取上清液。

4）在上清液中加入饱和氯化钠 300μl，涡旋 15s 后以 10000r/min 离心 10min。

5）氯仿-异戊醇提取：加入氯仿 - 异戊醇 500μl，在低温台式高速离心机上 12000r/min 离心 10min，取上清液。重复 3 次。

6）沉淀 DNA：在上清液中加入醋酸钠 300μl，上下颠倒混匀，加入预冷的异丙醇 300μl，沉淀 DNA 混匀，-20℃冰箱中保存 30min。而后在低温台式高速离心机上 12000r/min 离心 10min，去上清液。

7）洗涤 DNA：在留有沉淀的离心管中加入 70% 乙醇 300μl，小心吸掉废液。

8）干燥和保存：将离心管放入恒温箱中 50℃干燥 30min。取出后，加入 TE 溶液 50μl 溶解，冰箱内 -20℃保存备用。

2. PCR 扩增

实验扩增目的片段位于线粒体轻链 1490（L*CO* 1490）和重链 2198（H*CO* 2198）之间，选用华大基因合成的通用引物。

（1）引物对

上游引物 L*CO* 1490（5′→3′: GGTCAACAAATCATAAAGATATTGG），下游引物 H*CO* 2198（5′→3′: TAAACTTCAGGGTGACCAAAAAATCA）。

（2）扩增体系

耐热 DNA 聚合酶（2U/μl）1.5μl，dNTPs（10mmol/L）1.5μl，20mmol/L 镁离子缓冲液 6μl，L*CO* 1490、H*CO* 2198 引物（10mol/L）各 1 μl，DNA 模板（25~50ng）10 μl，混匀后再用灭菌双蒸水补足反应总体积至 40μl。

（3）扩增程序

将扩增体系分装于 0.2ml 离心管中，5000r/min 离心 10 s，放置于 PCR 扩增仪内，设定反应程序：94℃预变性 5 min，94℃变性 45 s，设置退火梯度 40~60℃，退火 1 min，72℃延伸 1min，40 个循环，最后在 72℃下延伸 5 min。

（4）扩增产物电泳结果

1.5% 的琼脂糖凝胶电泳检测，点样量为 6μl PCR 产物、4μl 核酸染料、5μl 100bp DNA Ladder、4μl 核酸染料、1μl TAB 电泳缓冲液。紫外光照射下观察电泳检测结果。

3. 测序

扩增得到的产物直接送由英潍捷基贸易有限公司进行正向和反向测序。

4. 数据处理

项 目	软 件	备 注
序列拼接	DNAStar	正、反向拼接，去掉上、下游引物
序列比对	MEGA5、NCBI 在线	种内、种间遗传距离分析，与数据库内已存在物种序列打分比对
聚类建树	MEGA5	以 Kimura 双参数为模型建树

5. 结果与分析

对收集来的样品，进行筛选鉴定后，首先选取部分样品进行实验条件的测试与优化，经反复试验后，确定全部新鲜样品及部分保藏完好、年代较近的商品药材标本可采用改良后的酚–氯仿法（方案一）进行总 DNA 的提取，提取后检测结果条带清晰，可用作 PCR 扩增。而对于馆藏标本样品，根据文献所尝试的方案一至方案三均未能提取出有效的可用于 PCR 扩增的基因组片段。

（1）电泳检测

1）总 DNA：总 DNA 凝胶电泳检测结果（图 12–9），集中亮带表明均有完整 DNA 被检测，但部分样品也存在明显的弥散条带，根据弥散的程度表明该样品基因组已被部分（或全部）降解。

2）PCR 产物：PCR 产物检测结果（图 12–10），样品在 Marker 标记的 600~700bp 条带间出现

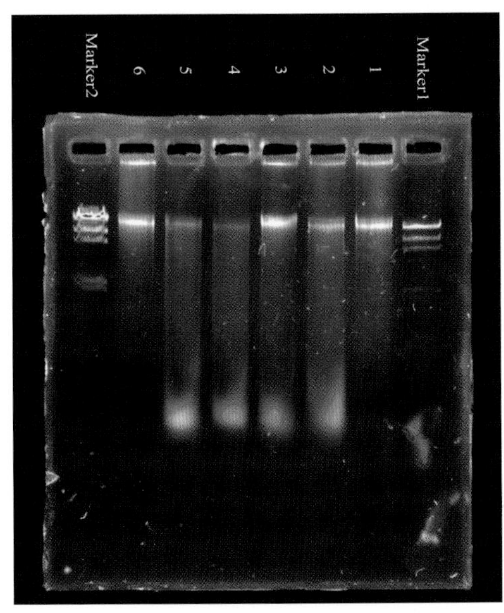

图 12–9　蛀虫 DNA 凝胶电泳检测

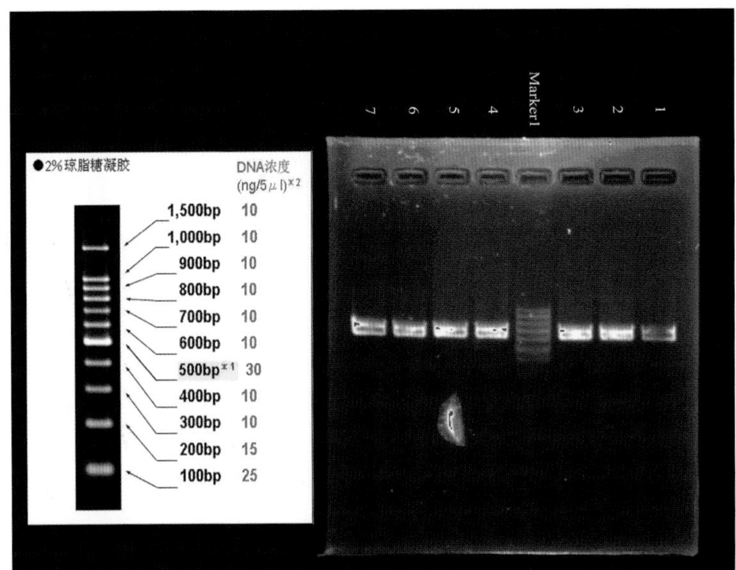

图 12–10　PCR 凝胶电泳检测

集中亮带，则可初步证明 PCR 产物为实验目的片段 mt*CO* Ⅰ。此时即可将初步确定的样品分装直接送由英潍捷基贸易有限公司进行正向和反向测序。

（2）数据实测

1）遗传距离：经测序后，对各样品序列进行组装，分析其各组和种类遗传距离（表 12–12 至表 12–19）。

表 12–12　组间遗传距离

	2	3	4	5	6	7
ABT1						
ABT2	0.089					
TAW	0.082	0.091				
TCO	0.080	0.080	0.059			
TSL	0.089	0.105	0.083	0.075		
THP1	0.081	0.095	0.084	0.067	0.023	
THP2	0.094	0.093	0.089	0.078	0.049	0.044

表 12–13　双斑黄虻种内遗传距离

	2	3	4
LY–ABT–1102–04.seq			
LY–ABT–1102–06.seq	0.005		
LY–ABT–1105–01.seq	0.088	0.086	
LY–ABT–1107–08.seq	0.092	0.090	0.008

表 12–14　海东瘤虻种内遗传距离

	2	3	4	5	6	7	8	9
LY–HHX–1200–01.seq								
LY–HHX–1200–02.seq	0.000							
LY–HHX–1200–03.seq	0.000	0.000						
LY–HHX–1200–04.seq	0.000	0.000	0.000					
LY–HHX–1200–05.seq	0.000	0.000	0.000	0.000				
LY–HHX–1200–06.seq	0.000	0.000	0.000	0.000	0.000			
LY–HHX–1200–07.seq	0.000	0.000	0.000	0.000	0.000	0.000		
LY–HHX–1200–08.seq	0.000	0.000	0.000	0.000	0.000	0.000	0.000	
LY–HHX–1200–09.seq	0.000	0.000	0.000	0.000	0.000	0.000	0.000	0.000

表 12-15　原野虻种内遗传距离

	2	3	4
LY-HHX-1101-01.seq			
LY-HHX-1101-03.seq	0.002		
LY-HHX-1101-04.seq	0.008	0.007	
LY-HHX-1101-05.seq	0.008	0.007	0.000

表 12-16　类柯虻种内遗传距离

	2	3	4	5
LY-TSL-1103-01.seq				
LY-TSL-1103-03.seq	0.000			
LY-TSL-1103-06.seq	0.000	0.000		
LY-TSL-1103-08.seq	0.000	0.000	0.000	
LY-TSL-1207-01.seq	0.000	0.000	0.000	0.000

表 12-17　汉斯虻种内遗传距离（1 组）

	2	3	4	5	6	7	8	9	10	11	12	13	14
LY-THP-1103-04.seq													
LY-THP-1106-01.seq	0.002												
LY-THP-1106-05.seq	0.003	0.002											
LY-THP-1106-13.seq	0.005	0.003	0.002										
LY-THP-1106-15.seq	0.005	0.003	0.002	0.000									
LY-THP-1209-01.seq	0.003	0.002	0.003	0.005	0.005								
LY-THP-1209-03.seq	0.003	0.002	0.003	0.005	0.005	0.003							
LY-THP-1209-04.seq	0.002	0.000	0.002	0.003	0.003	0.002	0.002						
LY-THP-1209-05.seq	0.002	0.000	0.002	0.003	0.003	0.002	0.002	0.000					
LY-THP-1209-06.seq	0.008	0.007	0.008	0.010	0.010	0.008	0.008	0.007	0.007				
LY-THP-1209-07.seq	0.002	0.000	0.002	0.003	0.003	0.002	0.002	0.000	0.000	0.007			
LY-THP-1209-08.seq	0.002	0.000	0.002	0.003	0.003	0.002	0.002	0.000	0.000	0.007	0.000		
LY-THP-1209-09.seq	0.003	0.002	0.003	0.005	0.005	0.003	0.003	0.002	0.002	0.008	0.002	0.002	
LY-THP-1209-10.seq	0.003	0.002	0.003	0.005	0.005	0.003	0.000	0.002	0.002	0.008	0.002	0.002	0.003

表 12-18 汉斯虻种内遗传距离（2 组）

	2	3	4	5	6	7	8	9	10	11	12	13	14	15
LY-THP-1102-09.seq														
LY-THP-1104-08.seq	0.002													
LY-THP-1104-09.seq	0.012	0.013												
LY-THP-1104-11.seq	0.002	0.003	0.013											
LY-THP-1104-13.seq	0.002	0.003	0.013	0.000										
LY-THP-1106-03.seq	0.012	0.013	0.000	0.013	0.013									
LY-THP-1106-04.seq	0.012	0.013	0.000	0.013	0.013	0.000								
LY-THP-1107-05.seq	0.012	0.013	0.000	0.013	0.013	0.000	0.000							
LY-THP-1207-01.seq	0.012	0.013	0.000	0.013	0.013	0.000	0.000	0.000						
LY-THP-1207-02.seq	0.005	0.007	0.010	0.007	0.007	0.010	0.010	0.010	0.010					
LY-THP-1208-01.seq	0.002	0.000	0.013	0.003	0.003	0.013	0.013	0.013	0.013	0.007				
LY-THP-1208-02.seq	0.000	0.002	0.012	0.002	0.002	0.012	0.012	0.012	0.012	0.005	0.002			
LY-THP-1208-03.seq	0.012	0.013	0.000	0.013	0.013	0.000	0.000	0.000	0.000	0.010	0.013	0.012		
LY-THP-1208-04.seq	0.012	0.013	0.000	0.013	0.013	0.000	0.000	0.000	0.000	0.010	0.013	0.012	0.000	
LY-THP-1208-05.seq	0.012	0.013	0.000	0.013	0.013	0.000	0.000	0.000	0.000	0.010	0.013	0.012	0.000	0.000

表 12-19　浙江虻种内遗传距离

	[illegible]	[illegible]	[illegible]	[illegible]	[illegible]	[illegible]	[illegible]	[illegible]	[illegible]	[illegible]	[illegible]	[illegible]	[illegible]	[illegible]	[illegible]	[illegible]	[illegible]	[illegible]	[illegible]	[illegible]	[illegible]	[illegible]	[illegible]	[illegible]	[illegible]	[illegible]	[illegible]	[illegible]	[illegible]	[illegible]	[illegible]
LY-TCO-1102-07.seq																															
LY-TCO-1102-08.seq	[illegible]																														
LY-TCO-1102-10.seq	[illegible]	[illegible]																													
LY-TCO-1102-11.seq	[illegible]	[illegible]	[illegible]																												
LY-TCO-1104-01.seq	[illegible]	[illegible]	[illegible]	[illegible]																											
LY-TCO-1104-02.seq	[illegible]	[illegible]	[illegible]	[illegible]	[illegible]																										
LY-TCO-1104-03.seq	[illegible]	[illegible]	[illegible]	[illegible]	[illegible]	[illegible]																									
LY-TCO-1104-04.seq	[illegible]	[illegible]	[illegible]	[illegible]	[illegible]	[illegible]	[illegible]																								
LY-TCO-1104-05.seq	[illegible]	[illegible]	[illegible]	[illegible]	[illegible]	[illegible]	[illegible]	[illegible]																							
LY-TCO-1104-06.seq	[illegible]	[illegible]	[illegible]	[illegible]	[illegible]	[illegible]	[illegible]	[illegible]	[illegible]																						
LY-TCO-1104-07.seq	[illegible]	[illegible]	[illegible]	[illegible]	[illegible]	[illegible]	[illegible]	[illegible]	[illegible]	[illegible]																					
LY-TCO-1104-10.seq	[illegible]	[illegible]	[illegible]	[illegible]	[illegible]	[illegible]	[illegible]	[illegible]	[illegible]	[illegible]	[illegible]																				
LY-TCO-1104-12.seq	[illegible]	[illegible]	[illegible]	[illegible]	[illegible]	[illegible]	[illegible]	[illegible]	[illegible]	[illegible]	[illegible]	[illegible]																			
LY-TCO-1104-14.seq	[illegible]	[illegible]	[illegible]	[illegible]	[illegible]	[illegible]	[illegible]	[illegible]	[illegible]	[illegible]	[illegible]	[illegible]	[illegible]																		
LY-TCO-1106-06.seq	[illegible]	[illegible]	[illegible]	[illegible]	[illegible]	[illegible]	[illegible]	[illegible]	[illegible]	[illegible]	[illegible]	[illegible]	[illegible]	[illegible]																	
LY-TCO-1106-07.seq	[illegible]	[illegible]	[illegible]	[illegible]	[illegible]	[illegible]	[illegible]	[illegible]	[illegible]	[illegible]	[illegible]	[illegible]	[illegible]	[illegible]	[illegible]																
LY-TCO-1106-08.seq	[illegible]	[illegible]	[illegible]	[illegible]	[illegible]	[illegible]	[illegible]	[illegible]	[illegible]	[illegible]	[illegible]	[illegible]	[illegible]	[illegible]	[illegible]	[illegible]															
LY-TCO-1106-10.seq	[illegible]	[illegible]	[illegible]	[illegible]	[illegible]	[illegible]	[illegible]	[illegible]	[illegible]	[illegible]	[illegible]	[illegible]	[illegible]	[illegible]	[illegible]	[illegible]	[illegible]														

续表

	1	2	3	4	5	6	7	8	9	10	11	12	13	14	15	16	17	18	19	20	21	22	23	24	25	26	27	28	29	30	31
LY-TCO-1106-11.seq	-	-	-	-	-	-	-	-	-	-	-	-	-	-	-	-	-	-													
LY-TCO-1106-12.seq	-	-	-	-	-	-	-	-	-	-	-	-	-	-	-	-	-	-	-												
LY-TCO-1106-14.seq	-	-	-	-	-	-	-	-	-	-	-	-	-	-	-	-	-	-	-	-											
LY-TCO-1106-16.seq	-	-	-	-	-	-	-	-	-	-	-	-	-	-	-	-	-	-	-	-	-										
LY-TCO-1107-01.seq	-	-	-	-	-	-	-	-	-	-	-	-	-	-	-	-	-	-	-	-	-	-									
LY-TCO-1107-02.seq	-	-	-	-	-	-	-	-	-	-	-	-	-	-	-	-	-	-	-	-	-	-	-								
LY-TCO-1107-03.seq	-	-	-	-	-	-	-	-	-	-	-	-	-	-	-	-	-	-	-	-	-	-	-	-							
LY-TCO-1107-04.seq	-	-	-	-	-	-	-	-	-	-	-	-	-	-	-	-	-	-	-	-	-	-	-	-	-						
LY-TCO-1107-07.seq	-	-	-	-	-	-	-	-	-	-	-	-	-	-	-	-	-	-	-	-	-	-	-	-	-	-					
LY-TCO-1107-09.seq	-	-	-	-	-	-	-	-	-	-	-	-	-	-	-	-	-	-	-	-	-	-	-	-	-	-	-				
LY-TCO-1207-01.seq	-	-	-	-	-	-	-	-	-	-	-	-	-	-	-	-	-	-	-	-	-	-	-	-	-	-	-	-			
LY-TCO-1207-02.seq	-	-	-	-	-	-	-	-	-	-	-	-	-	-	-	-	-	-	-	-	-	-	-	-	-	-	-	-	-		
LY-TCO-1208-01.seq	-	-	-	-	-	-	-	-	-	-	-	-	-	-	-	-	-	-	-	-	-	-	-	-	-	-	-	-	-	-	
LY-TCO-1208-02.seq	-	-	-	-	-	-	-	-	-	-	-	-	-	-	-	-	-	-	-	-	-	-	-	-	-	-	-	-	-	-	-

2）系统建树：根据计算结果，全部 95 头虻虫个体以 Kimura 双参数为模型建树。（图 12–11）

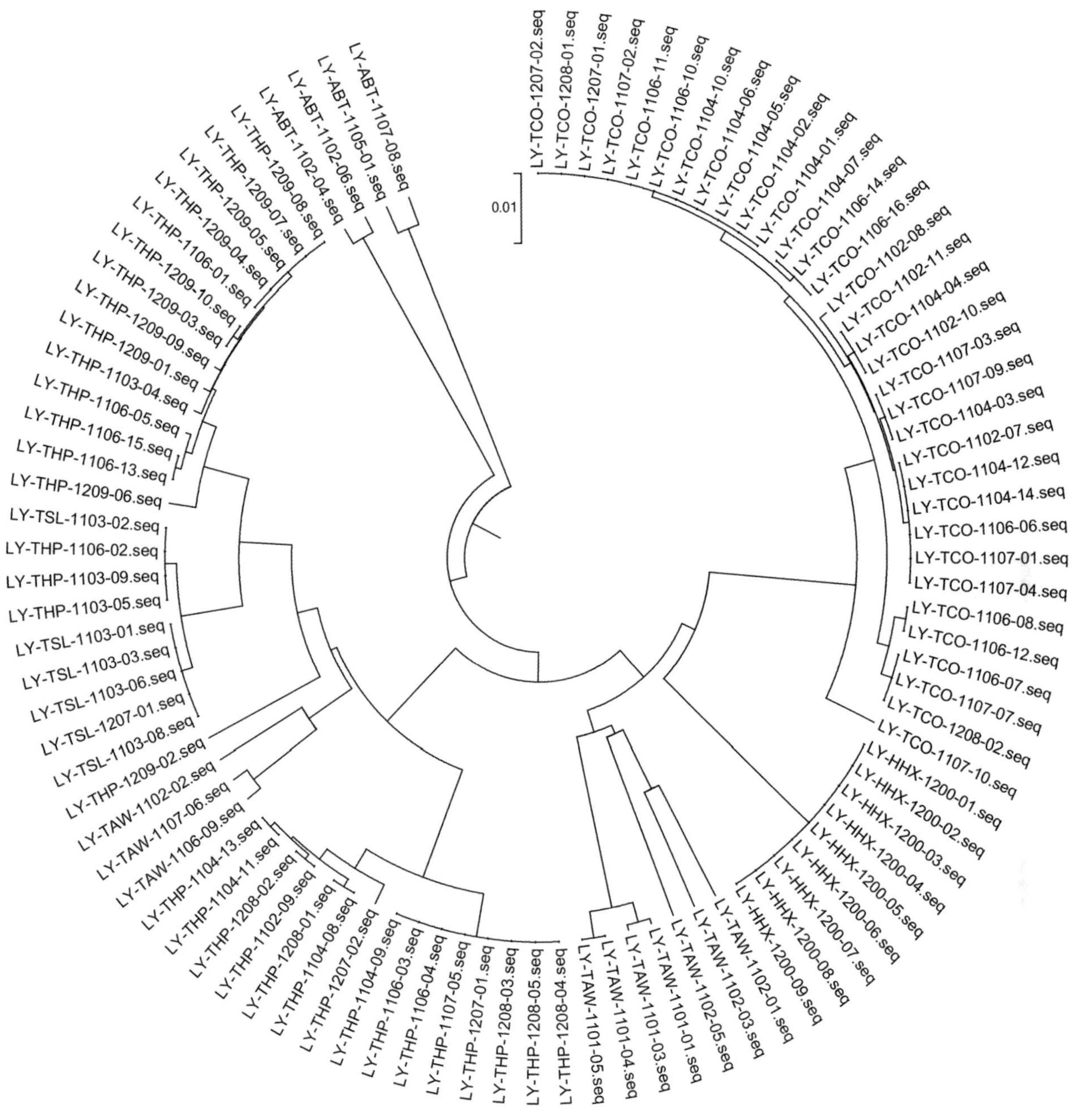

图 12–11 现有样品 UPGMA 聚类图

从上述结果可知，本研究所获取样品种间遗传距离为 0.023~0.105，跨度极大，个别种如双斑黄虻与汉斯虻在种内已出现较大分歧，而类柯虻却聚类到汉斯虻一支。虽从图中可以看出大致聚类的结果与形态鉴定相符，但分支不明确，种内差异过大等因素的存在直接影响了 *CO* Ⅰ基因作为虻虫分类依据的准确性。为了进一步确认，研究组认为应采集更为丰富的种属，继续扩大样本容量，以求验证 *CO* Ⅰ作为虻虫分类鉴定依据的可靠性。

（三）DNA 条形码鉴定技术操作规程（SOP）

1. 总 DNA 提取

1）研磨：取虻虫个体于研钵中，加入液氮研磨至粉末状，将其转移至 1.5ml 离心管中，加入配制好的缓冲液，混匀。

2）水浴：37℃水浴 12h，台式高速离心机 4℃下 10000r/min 离心 10min，取上清液。

3）酚抽提：在上清液中加入等体积 Tris–酚，混匀勿振荡，4℃下 10000r/min 离心 10min，取上清液。重复该步骤，直至水相与酚相界面处无蛋白质。

4）氯仿–异戊醇（24∶1）抽提：在上清液中加入等体积的氯仿–异戊醇（24∶1），混匀勿振荡，4℃下 10000r/min 离心 10min，取上清液。

5）沉淀 DNA：在上清液中加入 1/10 体积的 3mol/L 乙酸钠和 2 倍体积的无水冰乙醇，–20℃冰箱放置 1h，4℃下 10000r/min 离心 10min，弃上清液。

6）洗涤 DNA：在留有沉淀的离心管内加入 70% 乙醇洗涤 DNA，4℃下 12000r/min 离心 5min，弃上清液，自然干燥至无乙醇味道。

7）保存：向自然干燥 DNA 离心管中加入 TE 缓冲液 50μl，4℃冰箱内静置 2h，使 DNA 溶解充分，于 –20℃冰箱长期保存。

8）DNA 样品检测：用琼脂糖凝胶电泳法检测。

2. PCR 扩增

（1）引物对

上游引物 L*CO* 1490（5′→3′：GGTCAACAAATCATAAAGATATTGG）、下游引物 H*CO* 2198（5′→3′：TAAACTTCAGGGTGACCAAAAAATCA）。

（2）扩增体系

2U/μl 耐热 DNA 聚合酶 1.5μl，10mmol/L dNTPs 1.5μl，20mmol/L 镁离子缓冲液 6μl，L*CO* 1490、H*CO* 2198 引物（10mol/L）各 1 μl，DNA 模板（25~50ng）10 μl，混匀后再用灭菌双蒸水补足反应总体积至 40μl。

（3）扩增程序

将扩增体系分装于 0.2ml 离心管中，5000r/min 离心 10s，放置于 PCR 扩增仪内，设定反应程序：94℃预变性 5min，94℃变性 45s，设置退火梯度 40~60℃，退火 1min，72℃延伸 1min，40 个循环，最后在 72℃下延伸 5min。

四、讨论

经过实地考察，由于虻虫的分布区与文献报道不符，捕获的样品很少，只获得 4 种新鲜样品、8 种药材样品，后从军事医学科学院许荣满教授处获取 1975~2008 年来自全国 10 余省市的 5 属

10 种，40 份虻虫实地、药材和馆藏标本。虽大致聚类的结果与形态鉴定相符，但分支不明确，种内差异过大等因素的存在直接影响了 *CO* Ⅰ基因作为虻虫分类依据的准确性。为了进一步确认，应采集更为丰富的种属，继续扩大样本容量，以求验证 *CO* Ⅰ作为虻虫分类鉴定依据的可靠性。

第十三章 桑螵蛸类

一、概述

（一）资源状况

桑螵蛸（图13-1）为临床常用中药，具有固精缩尿、补肾助阳之功效，2015年版《中国药典》（一部）记载其来源为螳螂科昆虫大刀螂 *Tenodera sinensis* Saussure、小刀螂 *Statilia maculate* (Thunberg) 或巨斧螳螂［广斧螂 *Hierodula patellifera* (Sercille)］的干燥卵鞘，分别习称"团螵蛸""长螵蛸"及"黑螵蛸"。

团螵蛸

长螵蛸

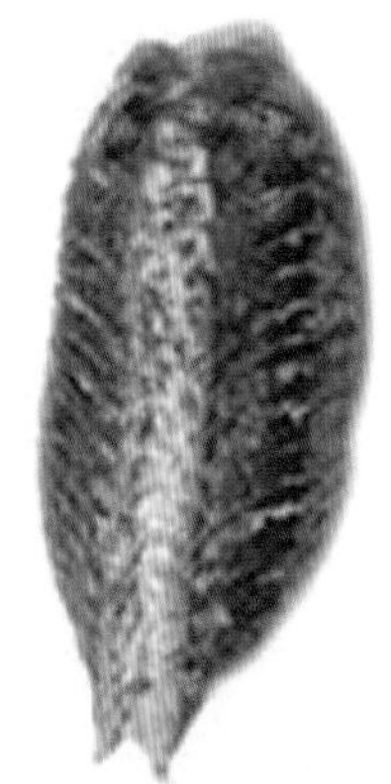

黑螵蛸

图13-1 药材桑螵蛸

（二）本草源流

桑螵蛸入药始载于《神农本草经》，列为上品。《神农本草经》曰："桑螵蛸生桑枝上。"《名医别录》载："螳螂子也"。《本草图经》云："今在处有之，螳螂逢木便产，一枚出子百数，多在小木荆棘间。桑上者兼得桑皮之津气，故为佳。"《本草纲目》曰："（螳螂）深秋乳子作房，粘着枝上，即螵蛸也。房长寸许，大如拇指，其内重重有隔房。每房有子如蛆卵，至芒种节后一齐出。"综上所述可知，古代称螳螂卵为螵蛸，产于桑树树枝上者称之为桑螵蛸，但是，桑螵蛸为何种螳螂所产之卵鞘，则没有明确界定。现代临床应用的桑螵蛸并非完全采于桑树树枝之上，其原动物也并非一种。

（三）科研背景

通过对桑螵蛸的本草文献考证及市场调查发现，桑螵蛸的种类及来源远不止药典收载的 3 种。螳螂产卵后即飞，依靠桑螵蛸的外观形状难以直接鉴定出其原昆虫，通过螳螂产卵，或桑螵蛸孵化后进行形态鉴定，可知二者对应关系。但该方法周期长。目前尚无有效方法直接评价桑螵蛸的原动物。DNA 条形码技术由于不受样品形态特征和发育阶段的影响，在动物分类工作中发挥了重要的作用，近年来在中药鉴定中越来越受到重视。

二、物种信息

（一）中华大刀螳 *Tenodera sinensis* Saussure

形态特征：体型大，体长雌性 92mm 左右，雄性 78mm 左右。全体淡褐色或暗黄绿色。头部大，比前胸背板宽，近似三角形，宽大于高。复眼椭圆形，浅褐绿色；单眼 3 个，三角形排列。触角丝状，柄节粗大，鞭节细小。前胸背板、肩部较发达，后部至前肢基部稍宽。前胸细长。前翅浅褐色或浅绿色，末端有较明显的褐色翅脉；后翅扇形，比前翅稍长，有深浅不等的黑褐色斑点散布其间。雌性腹部尤其膨大。足 3 对，前胸足粗大，镰刀状。中足和后足细长。（图 13-2）

图 13-2（1） 中华大刀螳

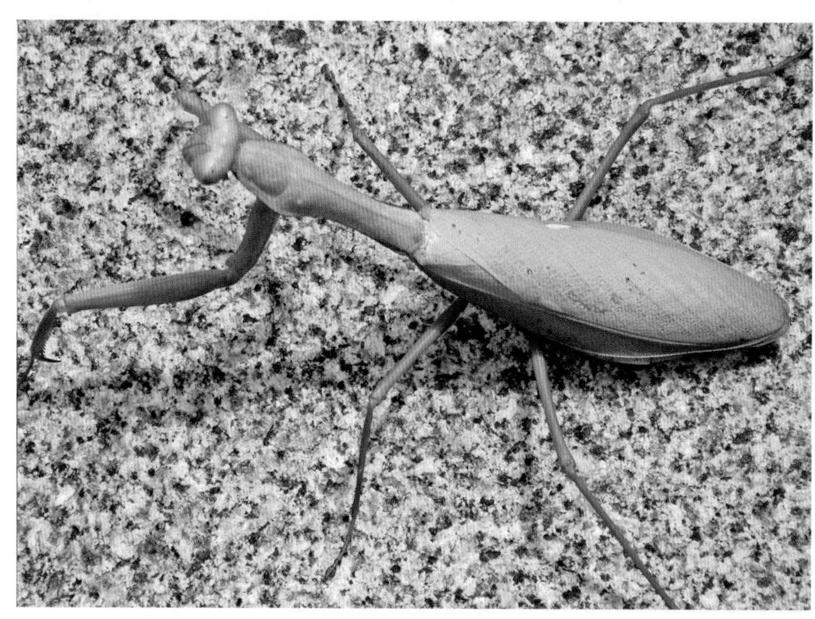

图 13-2（2）　中华大刀螳

生境分布：以卵鞘附于树干、树枝或墙壁上，或以成虫越冬。分布于辽宁、河北、宁夏、山东、江苏、上海、浙江、安徽、湖北、湖南、江西、广西、广东、福建、四川、贵州、西藏、台湾等地。药材俗称“团螵蛸”。

（二）棕污斑螳　*Statilia maculata* (Thunberg)

形态特征：体型较其他几种小，体长雄性 43mm 左右，雌性 50mm 左右，体色灰褐至棕褐，散布有大小、深浅不一的黑褐色斑纹。头部较大，额面稍隆起。触角细长。腹部细而呈长筒形，背面淡黄色，有褐斑。前翅细长，棕褐色，臀膜烟色，翅上有赤褐色至深褐色斑。后翅扇形，暗褐至烟褐色，末端不外露。前足腿节基部内侧及胫节内侧中央各有 1 块黑色斑纹；胫节外侧排列 7~8 根刺。（图 13-3）

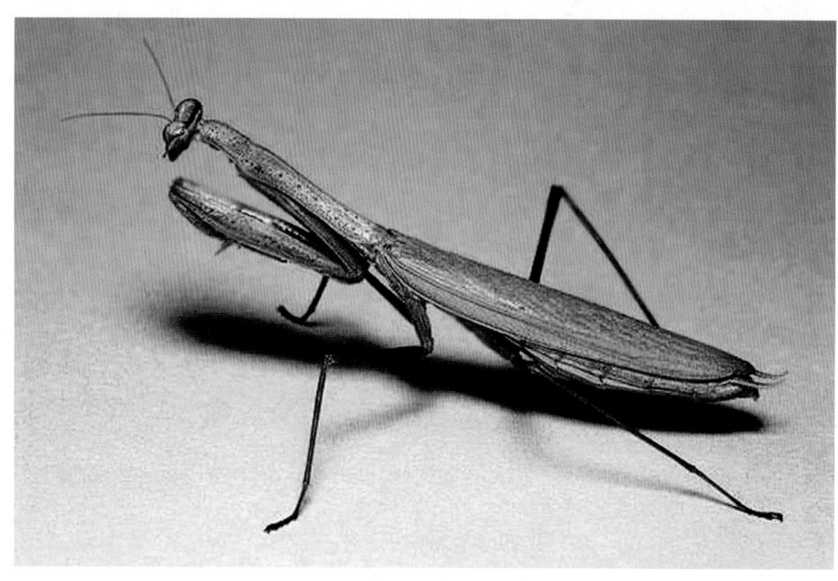

图 13-3　棕污斑螳

生境分布：以卵鞘附于树干、树枝或墙壁上，或以成虫越冬。分布于北京、山东、江苏、上海等地。药材俗称“长螵蛸”。

（三）广斧螳 *Hierodula patellifera* (Serville)

形态特征：雌性体长 70mm 以下（不连翅）。体绿色至黄绿色。前翅有 1 个黄色较宽短的条形翅痣，两端暗色较明显。前胸背板向两侧扩展，边缘具小锯齿。前足基节具 3~5 个较小的三角形黄色疣突，第 1、2 疣突相距较远，大于疣突本身的宽度；前足腿节外列刺基部较隆起，爪沟位于中部之后；从基部到端部，前足胫节内列刺，第 4、5 大刺之间具 1 枚小刺；中、后足腿节膝叶内侧片具刺。雄性前翅翅痣之后的纵脉之间具 1 排小翅室，翅室排列较稀疏。雄性成虫下生殖板末端具 15 枚左右的小黑刺。（图 13–4）

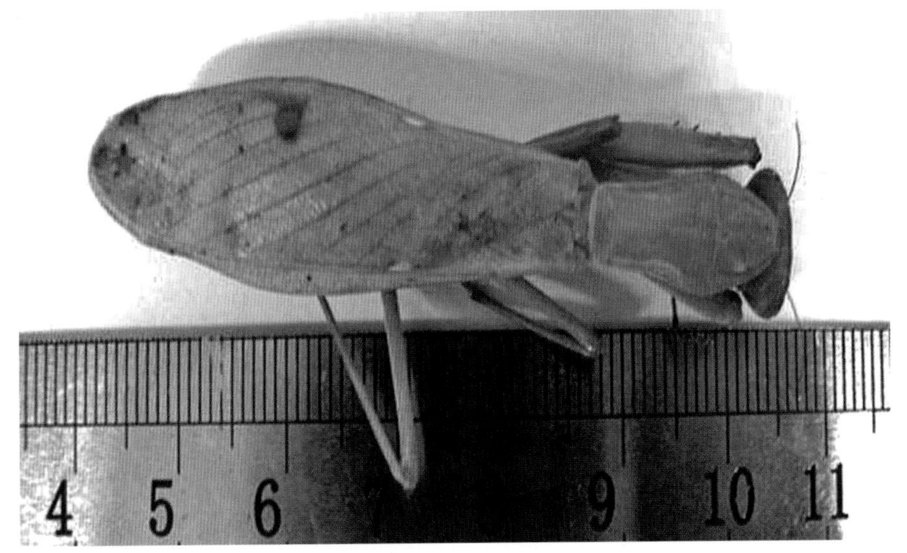

图 13–4　广斧螳

生境分布：以卵鞘附于树干、树枝或墙壁上，或以成虫越冬。分布于河北、北京、山东、陕西、浙江、江苏、上海、四川、重庆、贵州、广东、广西、福建、海南等地。药材俗称“黑螵蛸”。

（四）狭翅大刀螳 *Tenodera angustipennis* Saussure

形态特征：体长雌性约 80mm，雄性约 73mm。大型黄绿色种。头部三角形，颜面较阔，头顶黄色，颜面褐色，其上有 2 条黑色带；后头黑褐色，其上有一黄色斑点。触角丝状；两触角之间的上方有 3 个棕黑色单眼。复眼大，椭圆形突起，黑褐色。前胸长于前足胫节，有瘤状钝齿。前胸前部中央有一纵沟，纵沟两侧有许多瘤状颗粒；前后部中央有一纵脊，纵脊前段黑色，后段黄色。后胸有白色或黄色水泡状颗粒，其上有白色短小的微毛。前翅革质，褐色，外缘部绿色，静止时右翅覆于左翅。后翅膜质，较薄，前后翅几乎等长。前腿节外缘有 4 个刺，黄色，末端黑色，内缘有 14 个刺，内侧靠前端有一撮密集的淡黄色钝毛。胫节末端有两个强大而弯曲的刺，胫节下缘外侧有 8 个齿，内侧有 15 个齿，其在胫节的排列是由胫节的基部短小向末端递增变大。中足较后足短，腿节末端外侧有 1 刺，胫节末端有 2 刺，跗节 5 节，每节下有黑色叶状垫。后足较长，腿节末端外侧有 1 刺，胫节末端有 2 刺，每个跗节下有黑色叶状垫。（图 13-5）

生境分布：大多数栖息在树上，肉食性，以活的小动物为食，大多以蝇类、叶蝉、蚱蜢、青虫等为食料，其他如小型蛙类及蜥蜴等动物，也为其捕食对象。好斗。分布于宁夏、河北、山东、江苏、安徽、浙江、湖北、福建、广西、四川等地。国外分布于东南亚等地。

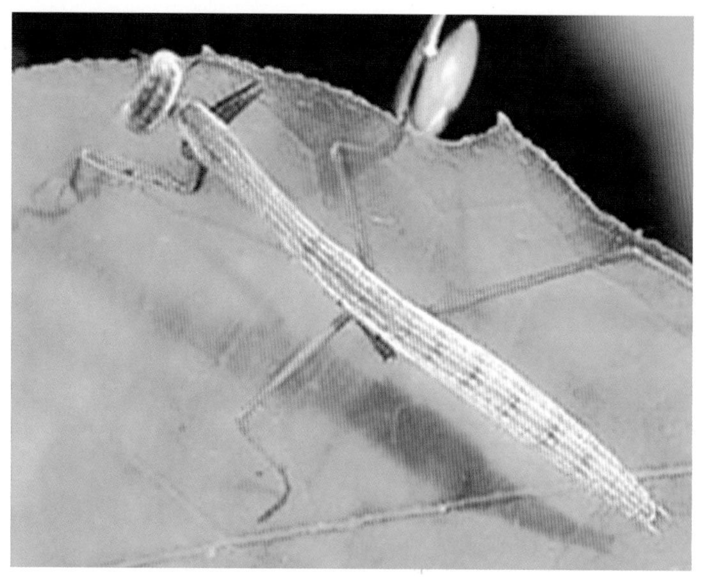

图 13-5　狭翅大刀螳

（五）枯叶大刀螳　*Tenodera aridifolia* (Stoll)

形态特征：体长雌性 82mm 左右，雄性 70mm 左右，略瘦长，全体浅褐色，形似枯叶。头大，宽为前胸背板的 1.5 倍，正面三角形；复眼大，圆球形突起；单眼 3 个，三角形排列；触角丝状，长于前胸。前翅翅端较尖，后翅基部具明显大黑斑。前足基节腹缘有钝齿，腿节腹面外列和中列刺各 4 个，内列刺 15 个，中、后足腿节无端刺。前翅浅褐或淡褐绿色，后翅前缘域多为红紫色，胫脉和中脉区有横黑条纹。（图 13-6）

生境分布：大多数栖息在树上。分布于辽宁、北京、山东、江苏、上海、浙江、安徽、江西、湖北、广东、广西、福建、贵州、四川、西藏、台湾等地。药材俗称“团螵蛸”。

图 13-6　枯叶大刀螳

（六）勇斧螳 *Hierodula membranacea* (Burmeister)

形态特征：身体粉绿至草绿色。雌性体长 8~10cm，雄性体长 7~9cm。前胸背板中部较宽，呈菱形。前胸背板宽约 8.5mm，长约 29.5mm。前翅中部宽，在脉纹的偏后左方各有 1 个椭圆形的白色眼形斑，斑的外周镶有浅色黄边。此斑有的个体不甚明显。后翅透明，呈浅茶褐色，基部棕色。前足基节缺疣突，仅具刺，前足腿节与转节相接处有个黑点。前足转节向后伸时，其位置一般不超过前胸背板后缘。中、后足细长，前足粗壮，呈镰刀形，基节内侧有短齿 3 个，腿节及腔节有成排小齿，为典型的捕捉式足。（图 13–7）

生境分布：捕食性，且常自相残杀，交配时雄性常被雌性取食，取食多种昆虫。分布于湖北、贵州、河南、江苏、浙江、江西、福建、广东、云南等地。

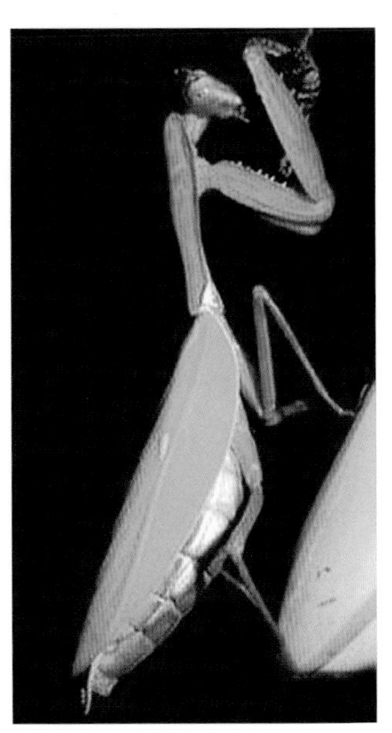

图 13–7 勇斧螳

（七）薄翅螳 *Mantis religiosa* Linnaeus

形态特征：雄性体长 34~45mm，雌性体长 49~63mm。体淡绿或褐绿色。头部三角形，中间稍凹平、单眼 3 个，复眼圆形，两侧突出，褐色较头深暗。触角丝状，雄者长而扁粗，雌者细而短。腹部细长黄褐色。翅薄而透明，前翅淡灰绿色，后翅宽大扁形，长度略超出前翅。前足基节长，向后伸超过前脑背板后缘；前足腿节与前胸背板等长，腹面内列刺 13 个，长刺黑色，短刺末端黑色，外列刺、中列刺各 4 个，尖端均黑色。中、后足腿节无端刺。（图 13–8）

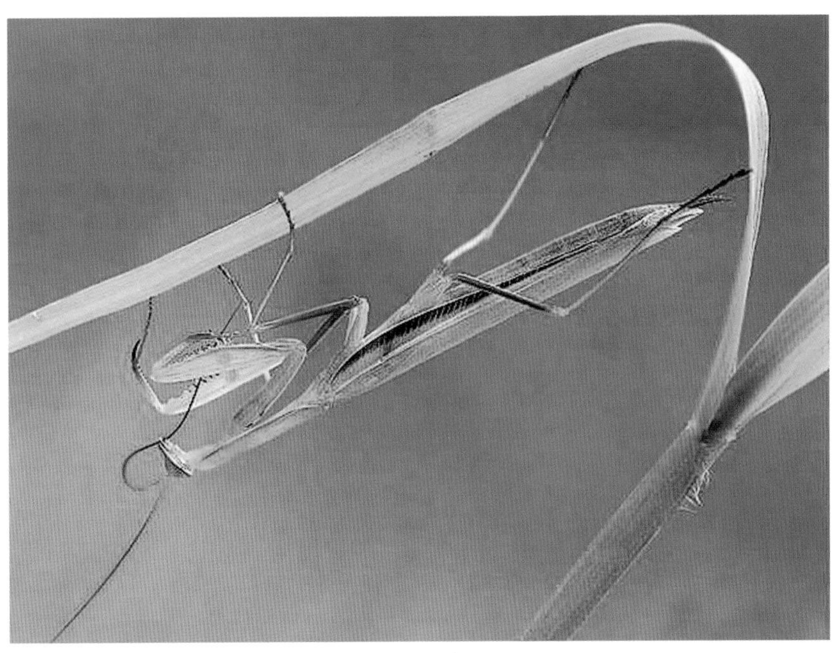

图 13–8 薄翅螳

生境分布：卵多产于树皮上或草根附近。成虫喜活动于农田、农地及居民点附近，捕食各种昆虫。分布于黑龙江、吉林、辽宁、新疆、河北、山西、江苏、浙江、福建、广东、海南、四川、贵州、云南、西藏等地。药材俗称“黑螵蛸”。

（八）绿污斑螳螂 *Statilia nemoralis* (Saussure)

形态特征：成虫体长 61mm 左右，全体暗棕色。头三角形，颈细，可自由活动；复眼大，棕褐色，球状突起；触角丝状，基节特别粗壮；前胸背板甚长；前足基节略伸过前胸背板后缘，短于前胸；前足基节内侧基半部及腿节内侧中部具黑斑。前翅狭长，后翅稍短于前翅。腹部比胸部短，有棕色污斑，腹末有 1 对分节的尾须，被密毛。雌性腹部显著宽大。（图 13-9）

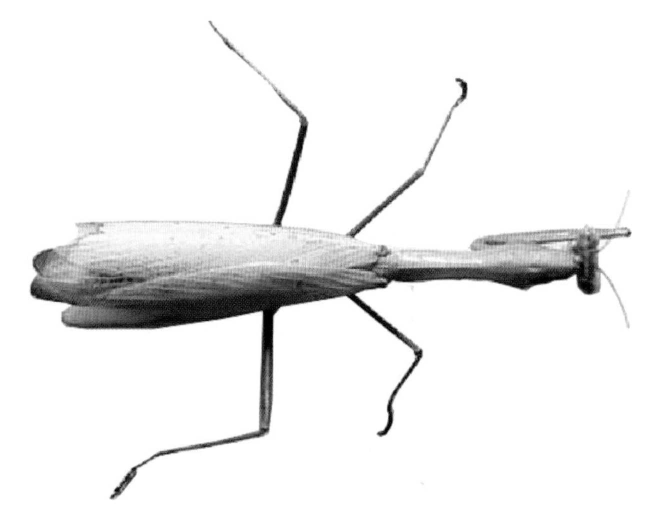

图 13-9　绿污斑螳螂

生境分布：捕食蚜虫、飞虱、叶蝉、蝇类及蛾类等多种昆虫。分布于我国中南部地区。

（九）端污斑螳螂 *Statilia apicalis* (Saussure)

形态特征：前胸腹板接近后缘有一宽的浅黑色带，前足基节内侧具一个茧状污斑，顶端内侧叶状突起相互邻接。（图 13-10）

生境分布：捕食多种昆虫。分布于江苏、浙江、湖南、四川、贵州、云南、西藏、福建、广东、广西、海南等地。

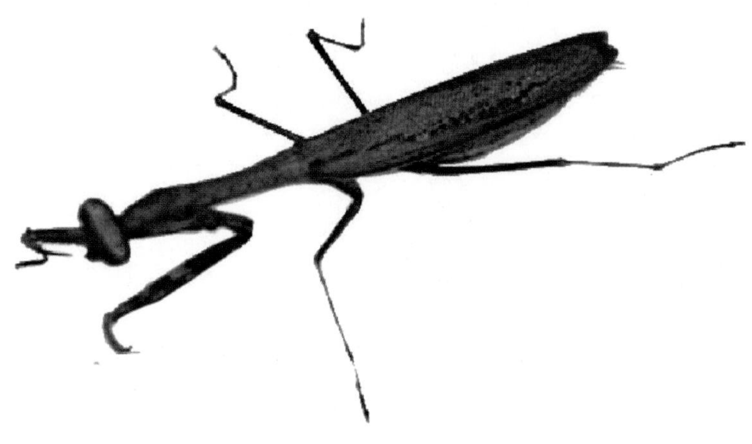

图 13-10　端污斑螳螂

三、实验研究

（一）实验样品采（收）集

1. 物种分布及采（收）集区域

团螵蛸主产于广西、云南、湖北、湖南、河北、辽宁；长螵蛸主产于浙江、江苏、安徽、山东、湖北；黑螵蛸主产于河北、山东、河南、山西等地。

中华大刀螂、棕污斑螂、广斧螂分布于山东、江苏、浙江、四川、贵州、福建等多地。多生活于向阳背风的灌木、矮小灌木丛及草丛中。

拟采集桑螵蛸 9 种螳螂如下：中华大刀螳 *Tenodera sinensis* Saussure、棕污斑螂 *Statilia maculata* (Thunberg)、广斧螳 *Hierodula patellifera* (Serville)、狭翅大刀螳 *Tenodera angustipennis* Saussure、枯叶大刀螳 *Tenodera aridifolia* (Stoll)、勇斧螳 *Hierodula membranacea* (Burmeister)、薄翅螳 *Mantis religiosa* Linnaeus、绿污斑螳螂 *Statilia nemoralis* (Saussure)、端污斑螳螂 *Statilia apicalis* (Saussure)。

（1）物种的分布

课题组查阅《中国动物志》《中国动物药志》《中国动物药资源》《中国药用动物志》《中国常用中药材》《中国螳螂目分类概要》等工具书以及相关文献，了解桑螵蛸原动物物种的分布情况。（表 13–1）

表 13–1　物种分布情况

物种	分布区域
中华大刀螳	辽宁、北京、山东、江苏、上海、浙江、安徽、江西、湖北、四川、贵州、西藏、福建
棕污斑螳	北京、上海、山东、江苏、安徽、江西、湖南、四川、贵州、云南、西藏、福建、广东、广西、海南
广斧螳	河北、北京、山东、陕西、浙江、江苏、上海、四川、贵州、福建、广东、海南
狭翅大刀螳	宁夏、山东、江苏、上海、浙江、湖北、福建、广西
枯叶大刀螳	江苏、浙江、湖南、四川、贵州、云南、西藏、福建、广东、广西、海南
勇斧螳	浙江、安徽、湖南、四川、西藏、广西
薄翅螳	黑龙江、辽宁、吉林、北京、河北、山西、江苏、上海、四川、云南、西藏、广东、海南
绿污斑螳螂	江苏、上海、浙江、湖南、四川、贵州、西藏、广东、福建
端污斑螳螂	江苏、浙江、湖南、四川、贵州、云南、西藏、福建、广东、广西、海南

（2）采（收）集区域

螳螂为广布种，9 种螳螂在四川均有分布，故采集四川境内的 9 种螳螂，同时于成都荷花池中药材市场购买桑螵蛸药材。

2. 采（收）集前准备

（1）技能培训

螳螂最佳采集时间为 8~11 月，桑螵蛸最佳采集时间为每年 11 月到次年 3 月。出发前，由具有丰富野外带教、资源考察经验的教师做培训及形态鉴别相关的学习。

培训前，先将采集要求和资料复印好发给各个学生和老师，进行阅读和理解，然后集中进行培训，对采集方法、采集步骤以及相关表格等进行逐一讲解。根据《中国螳螂目分类概要》及《中国药典》将拟采集的桑螵蛸及螳螂的形态特征总结描述。（表 13-2、表 13-3）

表 13-2　3 种桑螵蛸的鉴别要点

种类	鉴别要点
团螵蛸	略呈圆柱形或半圆形，由多层膜状薄片叠成，长 2.5~4cm，宽 2~3cm。表面浅黄褐色，上面带状隆起不明显，底面平坦或有凹沟。体轻，质松而韧，横断面可见外层为海绵状，内层为许多放射状排列的小室，室内各有一细小椭圆形卵，深棕色，有光泽。气微腥，味淡或微咸
黑螵蛸	略呈平行四边形，长 2~4cm，宽 1.5~2cm。表面灰褐色，上面带状隆起明显，两侧有斜向纹理，近尾端微向上翘。质硬而韧
长螵蛸	略呈长条形，一端较细，长 2.5~5cm，宽 1~1.5cm。表面灰黄色，上面带状隆起明显，带的两侧各有一条暗棕色浅沟和斜向纹理。质硬而脆

表 13-3　9 种螳螂的鉴别要点

属名	种名	鉴别要点
大刀螳属	中华大刀螳	体型较大，但相对较阔；前胸背板相对较宽，其沟后区与前足基节长度之差约是前胸背板最大宽度的 0.3~1.0 倍（雄性约 1.0 倍，雌性为 0.3~0.6 倍）；雌性前胸背板侧缘具较密的细齿，雄性于沟前区两侧具少量细齿或缺；前翅翅端较钝，后翅基部具明显大黑斑
污斑螳属	棕污斑螳	体褐色，前足胫节具 7~8 枚外列刺；前胸腹板在前足基节之后具黑色横带
斧螳属	广斧螳	身体粉绿至草绿色。前胸背板中部较宽呈菱形。前翅中部宽，在脉纹的偏后左方各有 1 个椭圆形的白色眼形斑，斑的外周镶有浅色黄边。后翅透明，呈浅茶褐色，基部棕色。中、后足细长，前足粗壮，呈镰刀形，基节内侧有短齿 3 个，腿节及腔节有成排小齿，为典型的捕捉式足
大刀螳属	狭翅大刀螳	前胸背板沟后区略长于前足基节；前翅较狭长；后翅基部缺较大的黑斑，端部较尖，臀域部分透明状或略带烟褐色；雄性下阳茎叶端突较细长，且右上阳茎叶缺明显的缺刻

续表

属名	种名	鉴别要点
大刀螳属	枯叶大刀螳	体型较大；前胸背板相对较狭长，其沟后区与前足基节长度之差是前胸背板最大宽度的 1.0~1.5 倍（雄性约为 1.5 倍，雌性约为 1.0 倍）；雌性前胸背板侧缘具细齿，雄性缺齿或仅于沟 2 前区两侧具少量细；前翅翅端较尖，后翅基部具明显的大黑斑；雄性下阳茎叶端突明显长于左上阳茎叶端突之长
斧螳属	勇斧螳	前胸背板宽约 8.5mm，长约 29.5mm。前足基节缺疣突，仅具刺，前足腿节与转节相接处有个黑点。前足转节向后伸时，其位置一般不超过前胸背板后缘。前翅前缘脉基部三分之一处有黄色或白色斑，此斑有的个体不甚明显
螳属	薄翅螳	前足基节内侧具一个黑色斑或茧状斑，前足腿节爪沟位于中部，中、后足腿节膝部内侧片缺刺。通体常呈绿色
污斑螳属	绿污斑螳螂	成虫体长 61mm 左右，全体暗棕色。头三角形，颈细，可自由活动；复眼大，棕褐色，球状突起；触角丝状，基节特别粗壮；前胸背板甚长；前足基节略伸过前胸背板后缘，短于前胸；前足基节内侧基半部及腿节内侧中部具黑斑。前翅狭长，后翅稍短于前翅。腹部比胸部短，有棕色污斑，腹末有 1 对分节的尾须，被密毛。雌性腹部显著宽大
污斑螳属	端污斑螳螂	前胸腹板接近后缘有一宽的浅黑色带，前足基节内侧具一个茧状污斑，顶端内侧叶状突起相互邻接

（2）采集分组

每 2~3 人为一组，分为 5 组。主要在荷花池中药材市场收集桑螵蛸药材，在四川温江、四川绵阳、四川南充 3 个地方进行螳螂的捕捉采集。

（3）物资准备

根据采集方案，进行采集所用的仪器和工具准备，并使每个队员熟悉相关仪器和工具的操作。

仪器工具有 GPS 定位仪、数码相机、笔记本电脑、调查表、动物形态特征彩图、标本瓶、95% 乙醇、标签纸、自封袋、直尺、蛇皮袋、档案袋等。

3. 采（收）集方法

1）固定剂：95% 乙醇，用于野外固定样品。

2）采集信息：对所采集样品进行统一编号，拍照收集图片信息，填写采集信息表。

3）固定样品：用固定剂浸泡动物或组织，固定后的组织，在路途运输过程中可倒弃固定液，用棉花吸上少量固定剂，保持标本湿润即可达到安全运输的目的。全体浸泡前可往腹部注射固定剂。

4）干燥药材按物种放自封袋中保存。

4. 采（收）集结果

采集到端污斑螳螂、广斧螳 2 个物种，共计 19 只，桑螵蛸若干，其余 7 种螳螂未采集到。（表 13-4）

表 13-4 物种采集情况

物种名称	具体采集地	GPS 定位			采集数
		纬度（N）	经度（E）	海拔 /m	
广斧螳	成都市温江区成都中医药大学	30.693	103.816	532.475	1
	绵阳市安县桑枣镇浴溪村	31.383	104.083	1353.637	1
端污斑螳螂	成都市温江区成都中医药大学	30.600	103.683	532.475	5
	绵阳市安县桑枣镇浴溪村	31.383	104.083	1353.637	3
	南充市西充县鸣龙整猫儿山村	31.173	105.728	413.542	7
	峨眉山市峨山镇	29.582	103.472	674.345	2
团螵蛸	成都市荷花池中药材市场	30.796	104.094	533.579	若干
长螵蛸	成都市荷花池中药材市场	30.796	104.094	533.579	若干
黑螵蛸	成都市荷花池中药材市场	30.796	104.094	533.579	若干

（二）DNA 条形码分析

1. DNA 提取

用灭菌后手术剪取样品（螳螂腿或桑螵蛸卵）约 5mg，剪刀剪碎后用参考蒋超等碱裂解快速提取法提取样品 DNA。

2. PCR 扩增

DNA 提取液用 *CO* Ⅰ序列通用引物和相关条件进行 PCR 扩增。

（1）引物对

上游引物 L*CO* 1490（5′→3′: GGTCAACAAATCATAAAGATATTGG），下游引物 H*CO* 2198（5′→3′: TAAACTTCAGGGTGACCAAAAAATCA）。

（2）扩增体系

Taq DNA 聚合酶混合缓冲液 12.5μl，2.5μmol/L 上下游引物各 1μl，DNA 提取液 1μl（约 30ng），灭菌双蒸水 9.5 μl，混匀后再用灭菌双蒸水补足反应总体积至 25 μl。

（3）扩增程序

94℃变性 1min；94℃变性 1min，45℃退火 1.5min，72℃延伸 1.5min（进行 5 个循环）；94℃变性 1min，50℃退火 1.5min，72℃延伸 1min（进行 35 个循环）；72℃延伸 5min。

（4）扩增产物电泳结果

用 1.5% 的琼脂糖凝胶电泳，上 4μl 的 PCR 产物，100V 电压下电泳 10min。DL2000 Marker 从

上至下为 2000、1000、750、500、250 和 100 bp（Takara 公司），在 500~750 bp 间出现亮带。如图 13-11 可看出，所有样品条带清晰，DNA 扩增成功，进行测序。

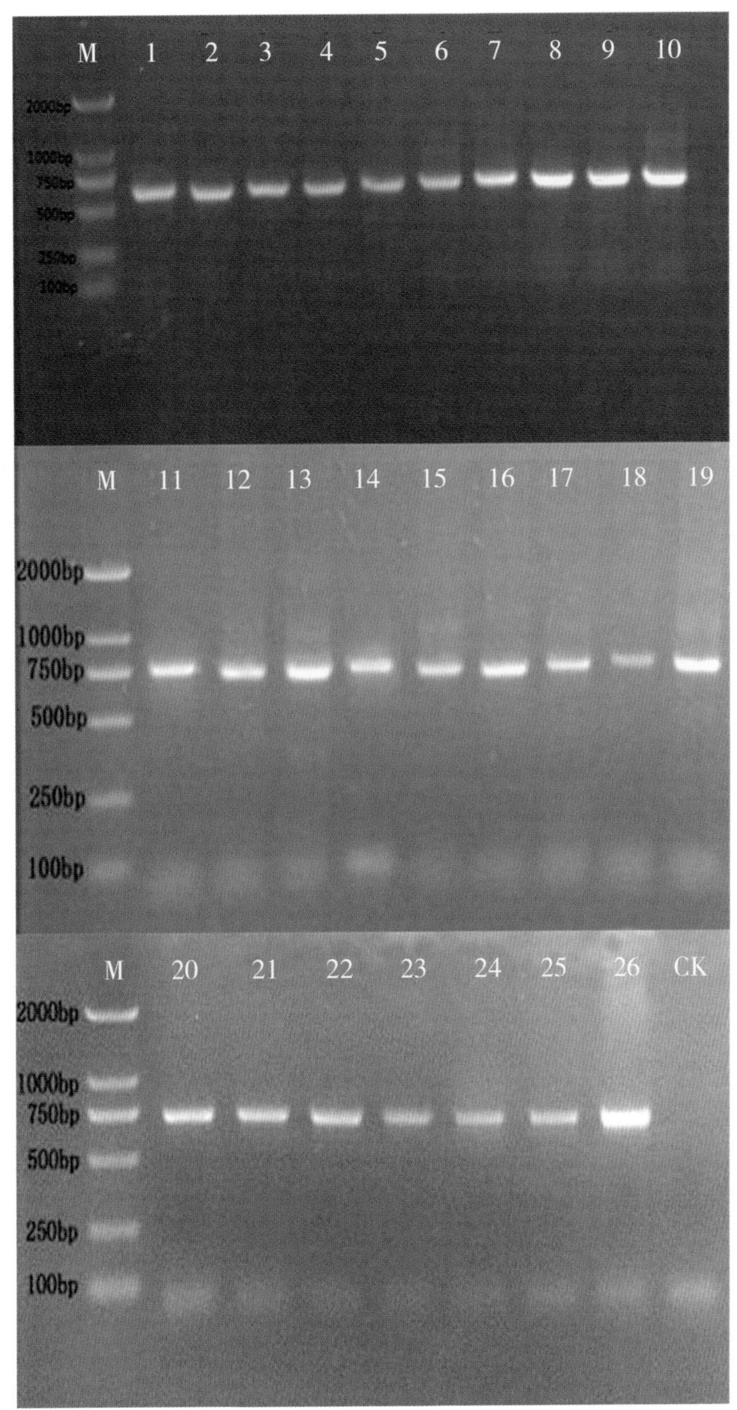

图 13-11　桑螵蛸螳螂 DNA 电泳

M：Marker　1~7：团螵蛸　8~11：长螵蛸　12~19：黑螵蛸　20、21：广斧螳　22~26：端污斑螳螂　ck：阴性

3. 测序

在 500~750bp 间出现亮带的样品，其 PCR 产物使用 ABI 3730XL 测序仪双向测序（英潍捷基公司）。测序后得到正反两向峰图，采用 CodonCode Aligner V 2.06（CodonCode Co.，USA）校对拼接

获得长度为 632bp 的样品序列，原始图谱为清晰的单峰图谱，干扰信息低于正常信号的 10%。

4. 结果与分析

DNA 条形码鉴定结果表 13-5。

表 13-5　物种鉴定结果

物种名称	样品编号	具体采集地	BLAST 结果	相似度 / %
团螵蛸	T1	成都荷花池药材市场	螳螂科螳螂	99
	T2	成都荷花池药材市场	螳螂科螳螂	99
	T3	成都荷花池药材市场	螳螂科螳螂	99
	T4	成都荷花池药材市场	螳螂科螳螂	99
	T5	成都荷花池药材市场	螳螂科螳螂	99
	T6	成都荷花池药材市场	螳螂科螳螂	99
	T7	成都荷花池药材市场	螳螂科螳螂	99
黑螵蛸	H1	成都荷花池药材市场	斧螳属螳螂	92
	H2	成都荷花池药材市场	斧螳属螳螂	92
	H3	成都荷花池药材市场	斧螳属螳螂	92
	H4	成都荷花池药材市场	斧螳属螳螂	92
	H5	成都荷花池药材市场	斧螳属螳螂	92
	H6	成都荷花池药材市场	斧螳属螳螂	90
	H7	成都荷花池药材市场	斧螳属螳螂	90
	H8	成都荷花池药材市场	斧螳属螳螂	90
长螵蛸	C1	成都荷花池药材市场	螳螂科螳螂	94
	C2	成都荷花池药材市场	广斧螳	99
	C3	成都荷花池药材市场	螳螂科螳螂	94
	C4	成都荷花池药材市场	薄翅螳	99
广斧螳（巨斧螳）	JF1	成都市温江区成都中医药大学	斧螳属螳螂	90
	JF2	绵阳市安县桑枣镇浴溪村	斧螳属螳螂	90
端污斑螳螂	DW1	绵阳市安县桑枣镇浴溪村	广斧螳	99
	DW2	成都市温江区成都中医药大学	广斧螳	99
	DW3	南充市西充县鸣龙整猫儿山村	广斧螳	99
	DW4	南充市西充县鸣龙整猫儿山村	广斧螳	99
	DW5	峨眉山市峨山镇	广斧螳	99

实验共提取、扩增及测序成功了 2 个螳螂物种，3 种桑螵蛸共 26 个样品。

获得了长度为 632bp 样品序列，原始图谱为清晰单峰图谱，干扰信息低于正常信号 10%。经过 NCBI 网站的 BLAST 比对，长螵蛸中有编号为 C4 的样品与薄翅螳的相似度达到 99%，可认为薄翅螳为长螵蛸的基原螳螂之一。编号为 C2 的长螵蛸、端污斑螳螂与 NCBI 上广斧螂相似度 99%；长螵蛸与棕污斑螂、绿污斑螳螂的相似度低于 98%；可能与 NCBI 共享数据中相关螳螂 *CO* Ⅰ序列缺乏有关，有待进一步研究。

（三）DNA 条形码鉴定技术操作规程（SOP）

1. 保存

野外采集的新鲜组织用 95% 乙醇固定，干燥组织存放于 4℃冰箱。

2. 前处理

用灭菌后的手术剪取样品（螳螂腿或桑螵蛸卵）约 5mg，剪刀剪碎。

3. 提取

参考蒋超等碱裂解快速提取 DNA。

4. 扩增

DNA 提取液用 *CO* Ⅰ序列通用引物和相关条件进行 PCR 扩增。

（1）引物对

上游引物 L*CO* 1490（5′→3′：GGTCAACAAATCATAAAGATATTGG）、下游引物 H*CO* 2198（5′→3′：TAAACTTCAGGGTGACCAAAAAATCA）。

（2）扩增体系

耐热 DNA 聚合酶混合缓冲液 12.5μl，2.5μmol/L 上下游引物各 1μl，DNA 提取液 1μl（约 30ng），灭菌双蒸水 9.5μl，混匀后再用灭菌双蒸水补足反应总体积至 25μl。

（3）扩增程序

94℃变性 1min；94℃变性 1min，45℃退火 1.5min，72℃延伸 1.5min（进行 5 个循环）；94℃变性 1min，50℃退火 1.5min，72℃延伸 1min（进行 35 个循环）；72℃延伸 5min。

（4）扩增产物电泳结果

扩增液进行 1.5% 琼脂糖电泳检测，并凝胶成像，500~700bp 间有亮带者送测序。

5. 测序

500~700bp 间有亮带者用测序仪进行测序。所得原始图谱应为清晰的单峰图谱，干扰信息应低于正常信号的 10%。

6. 拼接

测序结果利用 CodonCode Aligner（CodonCode Co.，USA）校对拼接测序峰图，去除引物区，获得长度为 632bp 的样品序列。

7. BLAST 比对

获得的序列进入 NCBI 网站（http：//blast.ncbi.nlm.nih.gov/Blast.cgi PROGRAM=blastn&BLAST_PROGRAMS=MEGA Blast&PAGE_TYPE=BlastSearch&SHOW_DEFAULTS=on&LINK_LOC=blasthome）（图 13-12），进行在线 BLAST 比对，确定 DNA 序列物种。

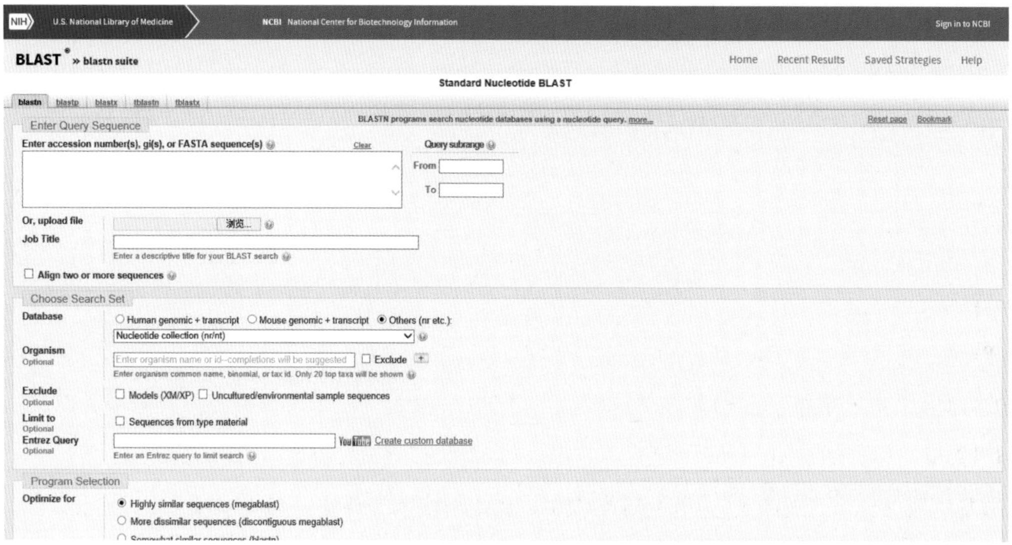

图 13-12　BLAST 网页与网址

四、*CO* Ⅰ条形码序列

（一）团螵蛸

1. T1

（1）*CO* Ⅰ序列

GAGCAGGAATATTAGGAACATCATTAAGAATTTTAATTCGAACTGAATTAGGACAACCGG
GATCTCTAATTGGAGATGATCAAATTTATAATGTTATTGTAACTGCTCACGCTTTCATTAT
AATTTTCTTTATAGTAATACCAATCATGATTGGTGGATTTGGAAATTGACTAGTACCTCTC
ATATTAGGAGCCCCCGATATAGCTTTTCCCCGAATAAATAATATAAGATTTTGACTTTTAC
CACCATCAATTTTATTATTATTAATTAGAAGAATAGTAGAAAGAGGTGCTGGAACAGGTT
GAACTGTCTATCCCCCTCTTTCAGCTAGAATTGCTCACGCAGGGCCTGCAGTAGATTTAAC
AATCTTTTCTTTACATCTTGCAGGAATATCAAGAATTATAGGAGCAGTAAATTTTATTACA
ACTATAATTAACATAAAACCAATTTACATAAATCAAACACAAGTTCCTCTTTTTGTATGAT
CTGTAGGAATTACTGCTTTACTTTTATTATTATCACTTCCTGTACTTGCAGGAGCAATTACT
ATACTTTTAACTGATCGAAATCTTAATACTTCTTTCTTTGATCCAGCAGGAGGAGGAGATC
CAATTCTATATCAACACTTATTC

（2）BLAST 结果

Description	Max score	Total score	Query cover	E value	Ident	Accession
Mantodea sp. BOLD:AAW5350 voucher BIOUG03034-E02 cytochrome oxidase subunit 1 (COI) gene, partial cds; mitochondrial	1048	1048	93%	0.0	99%	KJ087738.1
Mantidae sp. DIMC031-09 voucher BIOUG<CAN>:DS-Test-031 cytochrome oxidase subunit 1 (COI) gene, partial cds; mitochondrial	835	835	95%	0.0	92%	GU013622.1
Mantidae gen. mantisJanzen01 sp. Janzen01 cytochrome oxidase subunit 1 (COI) gene, partial cds; mitochondrial	824	824	100%	0.0	90%	JQ574478.1
Tenodera costalis isolate MN025 cytochrome c oxidase subunit I-like gene, partial sequence; mitochondrial	819	819	93%	0.0	92%	EF383810.1
Mantidae gen. mantisJanzen01 sp. Janzen01 cytochrome oxidase subunit 1 (COI) gene, partial cds; mitochondrial	813	813	100%	0.0	90%	JQ574477.1
Mantidae gen. mantisJanzen01 sp. Janzen01 cytochrome oxidase subunit 1 (COI) gene, partial cds; mitochondrial	795	795	99%	0.0	89%	JQ574481.1
Stagmomantis sp. MN278 cytochrome oxidase subunit I (COI) gene, partial cds; mitochondrial	787	787	95%	0.0	90%	FJ802856.1
Stagmomantis sp. MN027 cytochrome oxidase subunit I (COI) gene, partial cds; mitochondrial	752	752	94%	0.0	89%	FJ802761.1
Gastrimargus marmoratus mitochondrion, complete genome	750	750	99%	0.0	88%	EU527334.1
Polyspilota aeruginosa isolate MN248 cytochrome oxidase subunit I (COI) gene, partial cds; mitochondrial	747	747	95%	0.0	89%	FJ802847.1

2. T2

（1）*CO* Ⅰ序列

GAGCAGGAATATTAGGAACATCATTAAGAATTTTAATTCGAACTGAATTAGGACAACCGGG
ATCTCTAATTGGAGATGATCAAATTTATAATGTTATTGTAACTGCTCACGCTTTCATTATAAT
TTTCTTTATAGTAATACCAATCATGATTGGTGGATTTGGAAATTGACTTGTACCTCTCATATT
AGGAGCCCCCGATATAGCTTTTCCCCGAATAAATAATATAAGATTTTGACTTTTACCACCATC
AATTTTATTATTATTAATTAGAAGAATAGTAGAAAGAGGTGCAGGAACAGGTTGAACTGTTT
ATCCCCCTCTTTCAGCTAGAATTGCTCATGCAGGGCCTGCAGTAGATTTAACAATCTTTTCTT
TACATCTTGCAGGAATATCAAGAATTATAGGAGCAGTAAATTTTATTACAACTATAATTAAC
ATAAAACCAATTTACATAAATCAAACACAAGTTCCTCTTTTTGTATGATCTGTAGGAATTACT
GCTTTACTTTTATTATTATCACTTCCTGTACTTGCAGGAGCAATTACTATACTTTTAACTGATC
GAAATCTTAATACTTCTTTTTTTGATCCAGCGGGAGGAGGGGATCCAATTCTATATCAACACT
TATTT

（2）BLAST 结果

Description	Max score	Total score	Query cover	E value	Ident	Accession
Mantodea sp. BOLD:AAW5350 voucher BIOUG03034-E02 cytochrome oxidase subunit 1 (COI) gene, partial cds; mitochondrial	1075	1075	93%	0.0	99%	KJ087738.1
Mantidae sp. DIMC031-09 voucher BIOUG<CAN>:DS-Test-031 cytochrome oxidase subunit 1 (COI) gene, partial cds; mitochondrial	857	857	95%	0.0	92%	GU013622.1
Tenodera costalis isolate MN025 cytochrome c oxidase subunit I-like gene, partial sequence; mitochondrial	843	843	93%	0.0	92%	EF383810.1
Mantidae gen. mantisJanzen01 sp. Janzen01 cytochrome oxidase subunit 1 (COI) gene, partial cds; mitochondrial	811	811	99%	0.0	90%	JQ574478.1
Mantidae gen. mantisJanzen01 sp. Janzen01 cytochrome oxidase subunit 1 (COI) gene, partial cds; mitochondrial	811	811	99%	0.0	90%	JQ574477.1
Mantidae gen. mantisJanzen01 sp. Janzen01 cytochrome oxidase subunit 1 (COI) gene, partial cds; mitochondrial	808	808	100%	0.0	90%	JQ574481.1
Stagmomantis sp. MN278 cytochrome oxidase subunit I (COI) gene, partial cds; mitochondrial	785	785	95%	0.0	90%	FJ802856.1
Parastagmatoptera sp. MN125 cytochrome oxidase subunit I (COI) gene, partial cds; mitochondrial	756	756	95%	0.0	89%	FJ802801.1
Stagmomantis sp. MN027 cytochrome oxidase subunit I (COI) gene, partial cds; mitochondrial	754	754	94%	0.0	89%	FJ802761.1
Prohierodula ornatipennis isolate MN249 cytochrome c oxidase subunit I gene, partial cds; mitochondrial	754	754	93%	0.0	90%	EF383930.1

3. T3

（1）*CO* Ⅰ序列

GAGCAGGAATATTAGGAACATCATTAAGAATTTTAATTCGAACTGAATTAGGACAACCGGG
ATCCCTAATTGGAGATGATCAAATTTATAATGTTATTGTAACTGCTCACGCTTTCATTATAAT
TTTCTTTATAGTAATACCAATCATGATTGGTGGATTTGGAAATTGACTTGTACCTCTCATATT

AGGAGCCCCCGATATAGCTTTTCCCCGAATAAATAATATAAGATTTTGACTTTTACCACCATC
AATTTTATTATTATTAATTAGAAGAATAGTAGAAAGAGGTGCAGGAACAGGTTGAACTGTTT
ATCCCCCTCTTTCAGCTAGAATTGCTCATGCAGGACCTGCAGTAGATTTAACAATCTTTTCTT
TACATCTTGCAGGAATATCAAGAATTATAGGAGCAGTAAATTTTATTACAACTATAATTAAC
ATAAAACCAATTTACATAAATCAAACACAAGTTCCTCTTTTTGTATGATCTGTAGGAATTACTGC
TTTACTTTTATTATTATCACTTCCTGTACTTGCAGGAGCAATTACTATACTTTTAACTGATCGAAA
TCTTAATACTTCTTTTTTTGATCCAGCGGGAGGAGGGATCCAATTCTATATCAACACTTATTT

（2）BLAST 结果

Description	Max score	Total score	Query cover	E value	Ident	Accession
Mantodea sp. BOLD:AAW5350 voucher BIOUG03034-E02 cytochrome oxidase subunit 1 (COI) gene, partial cds; mitochondrial	1064	1064	93%	0.0	99%	KJ087738.1
Mantidae sp. DIMC031-09 voucher BIOUG<CAN>:DS-Test-031 cytochrome oxidase subunit 1 (COI) gene, partial cds; mitochondrial	869	869	95%	0.0	93%	GU013622.1
Tenodera costalis isolate MN025 cytochrome c oxidase subunit I-like gene, partial sequence; mitochondrial	854	854	93%	0.0	93%	EF383810.1
Mantidae gen. mantisJanzen01 sp. Janzen01 cytochrome oxidase subunit 1 (COI) gene, partial cds; mitochondrial	813	813	100%	0.0	90%	JQ574481.1
Mantidae gen. mantisJanzen01 sp. Janzen01 cytochrome oxidase subunit 1 (COI) gene, partial cds; mitochondrial	811	811	99%	0.0	90%	JQ574478.1
Mantidae gen. mantisJanzen01 sp. Janzen01 cytochrome oxidase subunit 1 (COI) gene, partial cds; mitochondrial	811	811	99%	0.0	90%	JQ574477.1
Stagmomantis sp. MN278 cytochrome oxidase subunit I (COI) gene, partial cds; mitochondrial	785	785	95%	0.0	90%	FJ802856.1
Parastagmatoptera sp. MN125 cytochrome oxidase subunit I (COI) gene, partial cds; mitochondrial	767	767	95%	0.0	89%	FJ802801.1
Gastrimargus marmoratus mitochondrion, complete genome	758	758	100%	0.0	88%	EU527334.1
Austrovates variegata isolate MN084 cytochrome c oxidase subunit I gene, partial cds; mitochondrial	756	756	93%	0.0	90%	EF383845.1

4. T4

（1）*CO* Ⅰ序列

GAGCAGGAATATTAGGAACATCATTAAGAATTTTAATTCGAACTGAATTAGGACAACCGGG
ATCTCTAATTGGAGATGATCAAATTTATAATGTTATTGTAACTGCTCACGCTTTCATTATAAT
TTTCTTTATAGTAATACCAATCATGATTGGTGGGTTTGGAAATTGACTTGTACCTCTCATATT
AGGAGCCCCCGATATAGCTTTTCCCCGAATAAATAATATAAGATTTTGACTTTTACCACCATC
AATTTTATTATTATTAATTAGAAGAATAGTAGAAAGAGGTGCAGGAACAGGTTGAACTGTTT
ACCCCCCTCTTTCAGCTAGAATTGCTCATGCAGGGCCTGCAGTAGATTTAACAATCTTTTCTT
TACATCTTGCAGGAATATCAAGAATTATAGGAGCAGTAAATTTTATTACAACTATAATTAAC
ATAAAACCAATTTACATAAATCAAACACAAGTTCCTCTTTTTGTATGATCTGTAGGAATTACTGC
TTTACTTTTATTATTATCACTTCCTGTACTTGCAGGAGCAATTACTATACTTTTAACTGATCGAAA
TCTTAATACTTCTTTTTTTGATCCAGCGGGAGGAGGGATCCAATTCTATATCAACACTTATTT

（2）BLAST 结果

Description	Max score	Total score	Query cover	E value	Ident	Accession
Mantodea sp. BOLD:AAW5350 voucher BIOUG03034-E02 cytochrome oxidase subunit 1 (COI) gene, partial cds; mitochondrial	1064	1064	93%	0.0	99%	KJ087738.1
Mantidae sp. DIMC031-09 voucher BIOUG<CAN>:DS-Test-031 cytochrome oxidase subunit 1 (COI) gene, partial cds; mitochondrial	857	857	95%	0.0	92%	GU013622.1
Tenodera costalis isolate MN025 cytochrome c oxidase subunit I-like gene, partial sequence; mitochondrial	843	843	93%	0.0	92%	EF383810.1
Mantidae gen. mantisJanzen01 sp. Janzen01 cytochrome oxidase subunit 1 (COI) gene, partial cds; mitochondrial	800	800	99%	0.0	90%	JQ574478.1
Mantidae gen. mantisJanzen01 sp. Janzen01 cytochrome oxidase subunit 1 (COI) gene, partial cds; mitochondrial	800	800	99%	0.0	90%	JQ574477.1
Mantidae gen. mantisJanzen01 sp. Janzen01 cytochrome oxidase subunit 1 (COI) gene, partial cds; mitochondrial	797	797	100%	0.0	89%	JQ574481.1
Stagmomantis sp. MN278 cytochrome oxidase subunit I (COI) gene, partial cds; mitochondrial	774	774	95%	0.0	90%	FJ802856.1
Austrovates variegata isolate MN084 cytochrome c oxidase subunit I gene, partial cds; mitochondrial	750	750	93%	0.0	89%	EF383845.1
Prohierodula ornatipennis isolate MN249 cytochrome c oxidase subunit I gene, partial cds; mitochondrial	749	749	93%	0.0	89%	EF383930.1
Parastagmatoptera sp. MN125 cytochrome oxidase subunit I (COI) gene, partial cds; mitochondrial	745	745	95%	0.0	89%	FJ802801.1

5. T5

（1）*CO* Ⅰ序列

GAGCAGGAATATTAGGAACATCATTAAGAATTTTAATTCGAACTGAATTAGGACAACCGG
GATCCCTAATTGGAGATGATCAAATTTATAATGTTATTGTAACTGCTCACGCTTTCATTAT
AATTTTCTTTATAGTAATACCAATCATGATTGGTGGATTTGGAAATTGACTTGTACCTCTC
ATATTAGGAGCCCCCGATATAGCTTTTCCCCGAATAAATAATATAAGATTTTGACTTTTAC
CACCATCAATTTTATTATTATTAATTAGAAGAATAGTAGAAAGAGGTGCAGGAACAGGTT
GAACTGTTTATCCCCCTCTTTCAGCTAGAATTGCTCATGCAGGACCTGCAGTAGATTTAAC
AATCTTTTCTTTACATCTTGCAGGAATATCAAGAATTATAGGAGCAGTAAATTTTATTACA
ACTATAATTAACATAAAACCAATTTACATAAATCAAACACAAGTTCCTCTTTTTGTATGAT
CTGTAGGAATTACTGCTTTACTTTTATTATTATCACTTCCTGTACTTGCAGGAGCAATTACT
ATACTTTTAACTGATCGAAATCTTAATACTTCTTTTTTTGATCCAGCGGGAGGAGGGGATC
CAATTCTATATCAACACTTATTT

（2）BLAST 结果

Description	Max score	Total score	Query cover	E value	Ident	Accession
Mantodea sp. BOLD:AAW5350 voucher BIOUG03034-E02 cytochrome oxidase subunit 1 (COI) gene, partial cds; mitochondrial	1053	1053	93%	0.0	99%	KJ087738.1
Mantidae sp. DIMC031-09 voucher BIOUG<CAN>:DS-Test-031 cytochrome oxidase subunit 1 (COI) gene, partial cds; mitochondrial	869	869	95%	0.0	93%	GU013622.1
Tenodera costalis isolate MN025 cytochrome c oxidase subunit I-like gene, partial sequence; mitochondrial	843	843	93%	0.0	92%	EF383810.1
Mantidae gen. mantisJanzen01 sp. Janzen01 cytochrome oxidase subunit 1 (COI) gene, partial cds; mitochondrial	800	800	99%	0.0	90%	JQ574478.1
Mantidae gen. mantisJanzen01 sp. Janzen01 cytochrome oxidase subunit 1 (COI) gene, partial cds; mitochondrial	800	800	99%	0.0	90%	JQ574477.1
Mantidae gen. mantisJanzen01 sp. Janzen01 cytochrome oxidase subunit 1 (COI) gene, partial cds; mitochondrial	791	791	100%	0.0	89%	JQ574481.1
Prohierodula ornatipennis isolate MN249 cytochrome c oxidase subunit I gene, partial cds; mitochondrial	760	760	93%	0.0	90%	EF383930.1
Parastagmatoptera sp. MN125 cytochrome oxidase subunit I (COI) gene, partial cds; mitochondrial	750	750	95%	0.0	89%	FJ802801.1
Polyspilota aeruginosa isolate MN248 cytochrome oxidase subunit I (COI) gene, partial cds; mitochondrial	749	749	95%	0.0	89%	FJ802847.1
Austrovates variegata isolate MN084 cytochrome c oxidase subunit I gene, partial cds; mitochondrial	745	745	93%	0.0	89%	EF383845.1

6. T6

（1）*CO* Ⅰ序列

GAGCAGGAATATTAGGAACATCATTAAGAATTTTAATTCGAACTGAATTAGGACAACCGG
GATCTCTAATTGGAGATGATCAAATTTATAATGTTATTGTAACTGCTCACGCTTTCATTAT
AATTTTCTTTATAGTAATACCAATCATGATTGGTGGATTTGGAAATTGACTTGTACCTCTC
ATATTAGGAGCCCCCGATATAGCTTTTCCCCGAATAAATAATATAAGATTTTGACTTTTAC
CACCATCAATTTTATTATTATTAATTAGAAGAATAGTAGAAAGAGGTGCAGGAACAGGTT
GAACTGTTTATCCCCCTCTTTCAGCTAGAATTGCTCATGCAGGGCCTGCAGTAGATTTAAC
AATCTTTTCTTTACATCTTGCAGGAATATCAAGAATTATAGGAGCAGTAAATTTTATTACA
ACTATAATTAACATAAAACCAATTTACATAAATCAAACACAAGTTCCTCTTTTTGTATGAT
CTGTAGGAATTACTGCTTTACTTTTATTATTATCACTTCCTGTACTTGCAGGAGCAATTACT
ATACTTTTAACTGATCGAAATCTTAATACTTCTTTTTTTGATCCAGCGGGAGGAGGGGATC
CAATTCTATATCAACACTTATTT

（2）BLAST 结果

Description	Max score	Total score	Query cover	E value	Ident	Accession
Mantodea sp. BOLD:AAW5350 voucher BIOUG03034-E02 cytochrome oxidase subunit 1 (COI) gene, partial cds; mitochondrial	1075	1075	93%	0.0	99%	KJ087738.1
Mantidae sp. DIMC031-09 voucher BIOUG<CAN>:DS-Test-031 cytochrome oxidase subunit 1 (COI) gene, partial cds; mitochondrial	857	857	95%	0.0	92%	GU013622.1
Tenodera costalis isolate MN025 cytochrome c oxidase subunit I-like gene, partial sequence; mitochondrial	843	843	93%	0.0	92%	EF383810.1
Mantidae gen. mantisJanzen01 sp. Janzen01 cytochrome oxidase subunit 1 (COI) gene, partial cds; mitochondrial	811	811	99%	0.0	90%	JQ574478.1
Mantidae gen. mantisJanzen01 sp. Janzen01 cytochrome oxidase subunit 1 (COI) gene, partial cds; mitochondrial	811	811	99%	0.0	90%	JQ574477.1
Mantidae gen. mantisJanzen01 sp. Janzen01 cytochrome oxidase subunit 1 (COI) gene, partial cds; mitochondrial	808	808	100%	0.0	90%	JQ574481.1
Stagmomantis sp. MN278 cytochrome oxidase subunit I (COI) gene, partial cds; mitochondrial	785	785	95%	0.0	90%	FJ802856.1
Parastagmatoptera sp. MN125 cytochrome oxidase subunit I (COI) gene, partial cds; mitochondrial	756	756	95%	0.0	89%	FJ802801.1
Stagmomantis sp. MN027 cytochrome oxidase subunit I (COI) gene, partial cds; mitochondrial	754	754	94%	0.0	89%	FJ802761.1
Prohierodula ornatipennis isolate MN249 cytochrome c oxidase subunit I gene, partial cds; mitochondrial	754	754	93%	0.0	90%	EF383930.1

7. T7

（1）*CO* Ⅰ序列

GAGCAGGAATATTAGGAACATCATTAAGAATTTTAATTCGAACTGAATTAGGACAACCGGGATCTCTAATTGGAGATGATCAAATTTATAATGTTATTGTAACTGCTCACGCTTTCATTATAATTTTCTTTATAGTAATACCAATCATGATTGGTGGATTTGGAAATTGACTTGTACCTCTCATATTAGGAGCCCCCGATATAGCTTTTCCCCGAATAAATAATATAAGATTTTGACTTTTACCACCATCAATTTTATTATTATTAATTAGAAGAATAGTAGAAAGAGGTGCAGGAACAGGTTGAACTGTTTATCCCCCTCTTTCAGCTAGAATTGCTCATGCAGGGCCTGCAGTAGATTTAACAATCTTTTCTTTACATCTTGCAGGAATATCAAGAATTATAGGAGCAGTAAATTTTATTACAACTATAATTAACATAAAACCAATTTACATAAATCAAACACAAGTTCCTCTTTTTGTATGATCTGTAGGAATTACTGCTTTACTTTTATTATTATCACTTCCTGTACTTGCAGGAGCAATTACTATACTTTTAACTGATCGAAATCTTAATACTTCTTTTTTTGATCCAGCGGGAGGAGGGGATCCAATTCTATATCAACACTTATTT

（2）BLAST 结果

Description	Max score	Total score	Query cover	E value	Ident	Accession
Mantodea sp. BOLD:AAW5350 voucher BIOUG03034-E02 cytochrome oxidase subunit 1 (COI) gene, partial cds; mitochondrial	1075	1075	93%	0.0	99%	KJ087738.1
Mantidae sp. DIMC031-09 voucher BIOUG<CAN>:DS-Test-031 cytochrome oxidase subunit 1 (COI) gene, partial cds; mitochondrial	857	857	95%	0.0	92%	GU013622.1
Tenodera costalis isolate MN025 cytochrome c oxidase subunit I-like gene, partial sequence; mitochondrial	843	843	93%	0.0	92%	EF383810.1
Mantidae gen. mantisJanzen01 sp. Janzen01 cytochrome oxidase subunit 1 (COI) gene, partial cds; mitochondrial	811	811	99%	0.0	90%	JQ574478.1
Mantidae gen. mantisJanzen01 sp. Janzen01 cytochrome oxidase subunit 1 (COI) gene, partial cds; mitochondrial	811	811	99%	0.0	90%	JQ574477.1
Mantidae gen. mantisJanzen01 sp. Janzen01 cytochrome oxidase subunit 1 (COI) gene, partial cds; mitochondrial	808	808	100%	0.0	90%	JQ574481.1
Stagmomantis sp. MN278 cytochrome oxidase subunit I (COI) gene, partial cds; mitochondrial	785	785	95%	0.0	90%	FJ802856.1
Parastagmatoptera sp. MN125 cytochrome oxidase subunit I (COI) gene, partial cds; mitochondrial	756	756	95%	0.0	89%	FJ802801.1
Stagmomantis sp. MN027 cytochrome oxidase subunit I (COI) gene, partial cds; mitochondrial	754	754	94%	0.0	89%	FJ802761.1
Prohierodula ornatipennis isolate MN249 cytochrome c oxidase subunit I gene, partial cds; mitochondrial	754	754	93%	0.0	90%	EF383930.1

（二）长螵蛸

1. C1

（1）*CO* Ⅰ序列

GAGCAGGAATATTAGGGACATCATTAAGAATTCTAATTCGAACTGAATTAGGACAACCCG

GTTCCCTTATTGGTGATGATCAAATTTATAATGTTATCGTAACCGCTCATGCTTTCATTATA
ATTTTCTTCATAGTAATACCAATTATAATTGGTGGATTTGGAAATTGACTTGTACCACTTA
TATTAGGAGCCCCAGATATAGCTTTTCCCCGAATAAATAACATAAGATTTTGACTTTTACC
ACCATCAATTTTATTATTATTAATTAGAAGAATAGTAGAAAGAGGTGCAGGAACAGGATG
AACTGTTTACCCCCCTCTTTCAGCTAGAATTGCTCATGCAGGACCCGCAGTAGATTTAACA
ATTTTCTCCTTACATCTTGCAGGTATATCAAGAATTATAGGAGCAGTAAATTTTATTACAA
CCATAATTAATATAAAACCCCTTTACATAAACCAAACACAAGTACCCCTTTTCGTATGATC
TGTAGGAATTACCGCTCTACTTTTATTATTATCACTTCCTGTACTTGCAGGAGCAATTACT
ATACTTTTAACTGATCGAAATCTTAATACTTCATTTTTTGACCCAGCAGGGGGAGGAGATC
CAATTTTATATCAACACCTATTT

（2）BLAST 结果

Description	Max score	Total score	Query cover	E value	Ident	Accession
Mantodea sp. BOLD:AAW5350 voucher BIOUG03034-E02 cytochrome oxidase subunit 1 (COI) gene, partial cds; mitochondrial	876	876	93%	0.0	94%	KJ087738.1
Mantidae sp. DIMC031-09 voucher BIOUG<CAN>:DS-Test-031 cytochrome oxidase subunit 1 (COI) gene, partial cds; mitochondrial	841	841	95%	0.0	92%	GU013622.1
Tenodera costalis isolate MN025 cytochrome c oxidase subunit I-like gene, partial sequence; mitochondrial	837	837	93%	0.0	92%	EF383810.1
Mantidae gen. mantisJanzen01 sp. Janzen01 cytochrome oxidase subunit 1 (COI) gene, partial cds; mitochondrial	791	791	100%	0.0	89%	JQ574481.1
Mantidae gen. mantisJanzen01 sp. Janzen01 cytochrome oxidase subunit 1 (COI) gene, partial cds; mitochondrial	778	778	98%	0.0	89%	JQ574478.1
Mantidae gen. mantisJanzen01 sp. Janzen01 cytochrome oxidase subunit 1 (COI) gene, partial cds; mitochondrial	778	778	98%	0.0	89%	JQ574477.1
Stagmomantis sp. MN278 cytochrome oxidase subunit I (COI) gene, partial cds; mitochondrial	758	758	94%	0.0	90%	FJ802856.1
Stagmomantis sp. MN027 cytochrome oxidase subunit I (COI) gene, partial cds; mitochondrial	741	741	94%	0.0	89%	FJ802761.1
Plistospilota guineensis isolate MN236 cytochrome c oxidase subunit I gene, partial cds; mitochondrial	732	732	93%	0.0	89%	EF383922.1
Mantidae gen. mantBioLep01 sp. BioLep01 cytochrome oxidase subunit 1 (COI) gene, partial cds; mitochondrial	719	719	100%	0.0	87%	JQ547894.1

2. C2

（1）*CO* Ⅰ序列

GAGCAGGAATACTTGGTACATCACTAAGAATTTTAATTCGAACAGAACTTGGTCAACCAG
GATCCTTAATTGGAGATGATCAAATTTATAATGTTATTGTTACCGCACACGCTTTCATTAT
AATTTTCTTTATAGTTATACCAATTATAATTGGGGGATTTGGTAATTGATTAGTTCCTTTAA
TATTAGGAGCCCCTGATATAGCTTTTCCACGTATAAATAACATAAGATTTTGACTTTTACC
ACCTTCAATTTTACTTTTATTAATTAGAAGAACAGTTGAAAGAGGGGCGGGAACAGGATG
AACAGTTTATCCCCCTTTATCAGCAAGAATTGCCCATGCAGGGCCCGCAGTTGATTTAAC
AATCTTTTCATTACATTTAGCTGGAATATCAAGTATTATAGGAGCAGTAAATTTTATTACA
ACTATAATTAATATAAAGCCAGCTTATATAAATCAAACTCAAGTTCCTTTATTTGTTTGAT
CAGTAGGAATTACAGCACTTTTACTTCTACTTTCCTTACCAGTTCTTGCAGGAGCTATCAC
AATACTTTTAACAGATCGAAACCTCAATACATCTTTTTTTGATCCTGCTGGGGGAGGAGAT
CCAATTTTATATCAACATTTATTT

（2）BLAST 结果

Description	Max score	Total score	Query cover	E value	Ident	Accession
Hierodula patellifera voucher AS39MT02 cytochrome oxidase subunit I (COI) gene, partial cds; mitochondrial	1146	1146	100%	0.0	99%	JF700167.1
Statilia sp. MN255 cytochrome oxidase subunit I (COI) gene, partial cds; mitochondrial	909	909	95%	0.0	94%	FJ802849.1
Statilia maculata isolate MN346 cytochrome oxidase subunit I (COI) gene, partial cds; mitochondrial	887	887	95%	0.0	93%	FJ802915.1
Statilia maculata isolate MN336 cytochrome oxidase subunit I (COI) gene, partial cds; mitochondrial	883	883	95%	0.0	93%	FJ802905.1
Statilia nemoralis isolate MN078 cytochrome oxidase subunit I (COI) gene, partial cds; mitochondrial	843	843	95%	0.0	92%	FJ802781.1
Statilia maculata isolate MN062 cytochrome c oxidase subunit I gene, partial cds; mitochondrial	826	826	93%	0.0	92%	EF383829.1
Statilia apicalis isolate MN048 cytochrome oxidase subunit I (COI) gene, partial cds; mitochondrial	804	804	95%	0.0	91%	FJ802774.1
Statilia apicalis isolate MN050 cytochrome c oxidase subunit I gene, partial cds; mitochondrial	804	804	93%	0.0	91%	EF383820.1
Hierodulella celebensis isolate MN345 cytochrome oxidase subunit I (COI) gene, partial cds; mitochondrial	769	769	95%	0.0	90%	FJ802914.1
Mantidae gen. mantisJanzen01 sp. Janzen01 cytochrome oxidase subunit 1 (COI) gene, partial cds; mitochondrial	736	736	100%	0.0	88%	JQ574481.1

3. C3

（1）*CO* Ⅰ序列

GAGCAGGAATATTAGGGACATCATTAAGAATTCTAATTCGAACTGAATTAGGACAACCCG
GTTCCCTTATTGGTGATGATCAAATTTATAATGTTATCGTAACCGCTCATGCTTTCATTATA
ATTTTCTTCATAGTAATACCAATTATAATTGGTGGATTTGGAAATTGACTTGTACCACTTA
TATTAGGAGCCCCAGATATAGCTTTTCCCCGAATAAATAACATAAGATTTTGACTTTTACC
ACCATCAATTTTATTATTATTAATTAGAAGAATAGTAGAAAGAGGTGCAGGAACAGGATG
AACTGTTTACCCCCCTCTTTCAGCTAGAATTGCTCATGCAGGACCCGCAGTAGATTTAACA
ATTTTCTCCTTACATCTTGCAGGTATATCAAGAATTATAGGAGCAGTAAATTTTATTACAA
CCATAATTAATATAAAACCCCTTTACATAAACCAAACACAAGTACCCCTTTTCGTATGATC
TGTAGGAATTACCGCTCTACTTTTATTATTATCACTTCCTGTACTTGCAGGAGCAATTACT
ATACTTTTAACTGATCGAAATCTTAATACTTCATTTTTTGACCCAGCAGGGGGAGGAGATC
CAATTTTATATCAACACCTATTT

（2）BLAST 结果

Description	Max score	Total score	Query cover	E value	Ident	Accession
Mantodea sp. BOLD:AAW5350 voucher BIOUG03034-E02 cytochrome oxidase subunit 1 (COI) gene, partial cds; mitochondrial	876	876	93%	0.0	94%	KJ087738.1
Mantidae sp. DIMC031-09 voucher BIOUG<CAN>:DS-Test-031 cytochrome oxidase subunit 1 (COI) gene, partial cds; mitochondrial	841	841	95%	0.0	92%	GU013622.1
Tenodera costalis isolate MN025 cytochrome c oxidase subunit I-like gene, partial sequence; mitochondrial	837	837	93%	0.0	92%	EF383810.1
Mantidae gen. mantisJanzen01 sp. Janzen01 cytochrome oxidase subunit 1 (COI) gene, partial cds; mitochondrial	791	791	100%	0.0	89%	JQ574481.1
Mantidae gen. mantisJanzen01 sp. Janzen01 cytochrome oxidase subunit 1 (COI) gene, partial cds; mitochondrial	778	778	98%	0.0	89%	JQ574478.1
Mantidae gen. mantisJanzen01 sp. Janzen01 cytochrome oxidase subunit 1 (COI) gene, partial cds; mitochondrial	778	778	98%	0.0	89%	JQ574477.1
Stagmomantis sp. MN278 cytochrome oxidase subunit I (COI) gene, partial cds; mitochondrial	758	758	94%	0.0	90%	FJ802856.1
Stagmomantis sp. MN027 cytochrome oxidase subunit I (COI) gene, partial cds; mitochondrial	741	741	94%	0.0	89%	FJ802761.1
Plistospilota guineensis isolate MN236 cytochrome c oxidase subunit I gene, partial cds; mitochondrial	732	732	93%	0.0	89%	EF383922.1
Mantidae gen. mantBioLep01 sp. BioLep01 cytochrome oxidase subunit 1 (COI) gene, partial cds; mitochondrial	719	719	100%	0.0	87%	JQ547894.1

4. C4

（1）*CO* Ⅰ序列

GAGCTGGTATATTAGGAACATCATTAAGTATTTTAATTCGAACAGAATTAGGTCAACCAG
GTTCATTAATTGGAGATGATCAAATCTATAATGTTATTGTTACTGCTCACGCCTTCATTAT

AATTTTTTTTATAGTTATACCAATTATGATTGGAGGATTTGGTAATTGATTAGTTCCTTTAA
TACTTGGAGCACCTGATATAGCATTTCCTCGAATAAATAATATAAGATTTTGATTACTTCC
TCCCTCAATTTTATTATTACTAATTAGTAGAACAGTTGAAAGAGGGGCTGGAACAGGATG
AACTGTTTATCCCCCTTTATCAGCAAGAATTGCTCATGCAGGACCCGCTGTAGATTTAACA
ATTTTTTCCCTTCACTTAGCAGGTATATCTAGAATTATAGGAGCAGTTAATTTTATTACAA
CTATAATTAATATAAAACCTATTTATATAAATCAAACTCAAGTTCCACTTTTTGTTTGATC
TGTAGGTATTACAGCTCTACTTTTATTATTATCTCTACCAGTTCTTGCAGGAGCAATTACT
ATACTTTTAACTGATCGAAATCTTAATACATCCTTTTTTGATCCAGCAGGAGGAGGTGATC
CAATTTTATATCAACATTTATTT

(2) BLAST 结果

Description	Max score	Total score	Query cover	E value	Ident	Accession
Gastrimargus marmoratus mitochondrion, complete genome	1162	1162	100%	0.0	99%	EU527334.1
Mantis religiosa isolate MN247 cytochrome oxidase subunit I (COI) gene, partial cds; mitochondrial	1075	1075	95%	0.0	99%	FJ802846.1
Mantis religiosa isolate MN001 cytochrome c oxidase subunit I gene, partial cds; mitochondrial	1042	1042	93%	0.0	98%	EF383796.1
Mantidae gen. mantisJanzen01 sp. Janzen01 cytochrome oxidase subunit 1 (COI) gene, partial cds; mitochondrial	833	833	99%	0.0	91%	JQ574478.1
Mantidae gen. mantisJanzen01 sp. Janzen01 cytochrome oxidase subunit 1 (COI) gene, partial cds; mitochondrial	833	833	99%	0.0	91%	JQ574477.1
Stagmomantis sp. MN278 cytochrome oxidase subunit I (COI) gene, partial cds; mitochondrial	802	802	95%	0.0	91%	FJ802856.1
Mantidae gen. mantisJanzen01 sp. Janzen01 cytochrome oxidase subunit 1 (COI) gene, partial cds; mitochondrial	797	797	100%	0.0	89%	JQ574481.1
Stagmomantis sp. MN027 cytochrome oxidase subunit I (COI) gene, partial cds; mitochondrial	793	793	94%	0.0	91%	FJ802761.1
Phyllovates cingulata isolate MN214 cytochrome oxidase subunit I (COI) gene, partial cds; mitochondrial	776	776	95%	0.0	90%	FJ802839.1
Mantis religiosa haplotype 169 cytochrome c oxidase subunit 1 (CO1) gene, partial cds; mitochondrial	771	771	68%	0.0	99%	KP640158.1

（三）黑螵蛸

1. H1

(1) *CO* Ⅰ序列

GAGCTGGAATGCTCGGAACATCACTAAGAATTTTAATTCGAACCGAATTAGGTCAACCAG
GCTCTTTAATTGGAGATGACCAAATTTACAATGTTATTGTAAGCGCACATGCCTTTATTAT
AATTTTCTTTATAGTAATACCAATTATGATTGGTGGGTTCGGAAATTGACTTGTACCATTA
ATACTAGGAGCTCCAGATATAGCCTTTCCTCGAATAAATAATATAAGATTTTGGCTTCTTC
CTCCATCTATTTTATTACTATTAATTAGAAGCACTGTAGAAAGTGGAGCAGGAACTGGTT
GAACTGTTTATCCACCTTTATCTGCAAGAATTGCTCATGCAGGGCCTGCTGTAGATTTAAC
AATTTTTTCTTTACACCTTGCAGGTATATCAAGAATTATAGGAGCAGTAAATTTTATTACA
ACTATAATCAATATAAAACCATTATATATAAATCAAACCCAAGTTCCCCTCTTCGTTTGAT
CTGTTGGTATTACAGCACTTTTATTATTACTTTCACTACCAGTTCTTGCTGGAGCAATTACC
ATATTATTAACCGATCGAAACTTAAATACTTCTTTTTTTGATCCTGCTGGAGGAGGAGATC
CAATTCTTTATCAACATTTATTT

(2) BLAST 结果

Description	Max score	Total score	Query cover	E value	Ident	Accession
Hierodula sp. MN343 cytochrome oxidase subunit I (COI) gene, partial cds; mitochondrial	837	837	95%	0.0	92%	FJ802912.1
Rhombodera stalii isolate MN018 cytochrome c oxidase subunit I gene, partial cds; mitochondrial	832	832	93%	0.0	92%	EF383806.1
Rhombodera basalis isolate MN344 cytochrome oxidase subunit I (COI) gene, partial cds; mitochondrial	821	821	95%	0.0	91%	FJ802913.1
Hierodula sp. MN019 cytochrome oxidase subunit I (COI) gene, partial cds; mitochondrial	821	821	95%	0.0	91%	FJ802758.1
Tamolanica tamolana cytochrome c oxidase subunit I (COI) gene, partial cds; mitochondrial	813	813	100%	0.0	90%	KJ889704.1
Tamolanica tamolana mitochondrion, complete genome	813	813	100%	0.0	90%	DQ241797.1
Hierodula schultzei isolate MN044 cytochrome c oxidase subunit I gene, partial cds; mitochondrial	795	795	93%	0.0	91%	EF383817.1
Tamolanica tamolana isolate MN020 cytochrome c oxidase subunit I gene, partial cds; mitochondrial	771	771	93%	0.0	90%	EF383807.1
Hierodulella celebensis isolate MN345 cytochrome oxidase subunit I (COI) gene, partial cds; mitochondrial	769	769	95%	0.0	90%	FJ802914.1
Hierodulella reticulata isolate MN342 cytochrome oxidase subunit I (COI) gene, partial cds; mitochondrial	754	754	95%	0.0	89%	FJ802911.1

2. H2

(1) *CO* Ⅰ序列

GAGCTGGAATGCTCGGAACATCACTAAGAATTTTAATTCGAACCGAATTAGGTCAACCAG
GCTCTTTAATTGGAGATGACCAAATTTACAATGTTATTGTAAGTGCACATGCCTTTATTAT
AATTTTCTTTATAGTAATACCAATTATAATTGGTGGGTTCGGAAATTGACTTGTACCATTA
ATACTAGGAGCTCCAGATATAGCCTTTCCTCGAATAAATAATATAAGATTTTGGCTTCTTC
CTCCATCTATTTTATTACTATTAATTAGAAGCACTGTAGAAAGTGGAGCAGGAACTGGTT
GAACTGTTTATCCACCTTTATCTGCAAGAATTGCTCATGCAGGGCCTGCTGTAGATTTAAC
AATTTTTTCTTTACACCTTGCAGGTATATCAAGAATTATAGGAGCAGTAAATTTTATTACA
ACTATAATCAATATAAAACCATTATATATAAATCAAACCCAAGTTCCCCTCTTCGTTTGAT
CTGTTGGTATTACAGCACTTTTATTATTACTTTCACTACCAGTTCTTGCTGGAGCAATTACC
ATATTATTAACCGATCGAAACTTAAATACTTCTTTTTTTGATCCTGCTGGAGGAGGAGACC
CAATTCTTTATCAACATTTATTT

(2) BLAST 结果

Description	Max score	Total score	Query cover	E value	Ident	Accession
Hierodula sp. MN343 cytochrome oxidase subunit I (COI) gene, partial cds; mitochondrial	854	854	95%	0.0	92%	FJ802912.1
Rhombodera stalii isolate MN018 cytochrome c oxidase subunit I gene, partial cds; mitochondrial	837	837	93%	0.0	92%	EF383806.1
Rhombodera basalis isolate MN344 cytochrome oxidase subunit I (COI) gene, partial cds; mitochondrial	826	826	95%	0.0	91%	FJ802913.1
Hierodula sp. MN019 cytochrome oxidase subunit I (COI) gene, partial cds; mitochondrial	826	826	95%	0.0	91%	FJ802758.1
Tamolanica tamolana cytochrome c oxidase subunit I (COI) gene, partial cds; mitochondrial	819	819	100%	0.0	90%	KJ889704.1
Tamolanica tamolana mitochondrion, complete genome	819	819	100%	0.0	90%	DQ241797.1
Hierodula schultzei isolate MN044 cytochrome c oxidase subunit I gene, partial cds; mitochondrial	811	811	93%	0.0	91%	EF383817.1
Tamolanica tamolana isolate MN020 cytochrome c oxidase subunit I gene, partial cds; mitochondrial	776	776	93%	0.0	90%	EF383807.1
Hierodulella celebensis isolate MN345 cytochrome oxidase subunit I (COI) gene, partial cds; mitochondrial	774	774	95%	0.0	90%	FJ802914.1
Hierodulella reticulata isolate MN342 cytochrome oxidase subunit I (COI) gene, partial cds; mitochondrial	771	771	95%	0.0	90%	FJ802911.1

3. H3

(1) *CO* Ⅰ序列

GAGCTGGAATGCTCGGAACATCACTAAGAATTTTAATTCGAACCGAATTAGGTCAACCAG
GCTCTTTAATTGGAGATGACCAAATTTACAATGTTATTGTAAGCGCACATGCCTTTATTAT

AATTTTCTTTATAGTAATACCAATTATGATTGGTGGGTTCGGAAATTGACTTGTACCATTA
ATACTAGGAGCTCCAGATATAGCCTTTCCTCGAATAAATAATATAAGATTTTGGCTTCTTC
CTCCATCTATTTTATTACTATTAATTAGAAGCACTGTAGAAAGTGGAGCAGGAACTGGTT
GAACTGTTTATCCACCTTTATCTGCAAGAATTGCTCATGCAGGGCCTGCTGTAGATTTAAC
AATTTTTTCTTTACACCTTGCAGGTATATCAAGAATTATAGGAGCAGTAAATTTTATTACA
ACTATAATCAATATAAAACCATTATATATAAATCAAACCCAAGTTCCCCTCTTCGTTTGAT
CTGTTGGTATTACAGCACTTTTATTATTACTTTCACTACCAGTTCTTGCTGGAGCAATTACC
ATATTATTAACCGATCGAAACTTAAATACTTCTTTCTTTGATCCTGCTGGAGGAGGAGATC
CAATTCTTTATCAACATTTATTT

（2）BLAST 结果

Description	Max score	Total score	Query cover	E value	Ident	Accession
Hierodula sp. MN343 cytochrome oxidase subunit I (COI) gene, partial cds; mitochondrial	832	832	95%	0.0	91%	FJ802912.1
Rhombodera basalis isolate MN344 cytochrome oxidase subunit I (COI) gene, partial cds; mitochondrial	826	826	95%	0.0	91%	FJ802913.1
Rhombodera stalii isolate MN018 cytochrome c oxidase subunit I gene, partial cds; mitochondrial	826	826	93%	0.0	92%	EF383806.1
Tamolanica tamolana cytochrome c oxidase subunit I (COI) gene, partial cds; mitochondrial	819	819	100%	0.0	90%	KJ889704.1
Tamolanica tamolana mitochondrion, complete genome	819	819	100%	0.0	90%	DQ241797.1
Hierodula sp. MN019 cytochrome oxidase subunit I (COI) gene, partial cds; mitochondrial	815	815	95%	0.0	91%	FJ802758.1
Hierodula schultzei isolate MN044 cytochrome c oxidase subunit I gene, partial cds; mitochondrial	800	800	93%	0.0	91%	EF383817.1
Tamolanica tamolana isolate MN020 cytochrome c oxidase subunit I gene, partial cds; mitochondrial	776	776	93%	0.0	90%	EF383807.1
Hierodulella celebensis isolate MN345 cytochrome oxidase subunit I (COI) gene, partial cds; mitochondrial	763	763	95%	0.0	89%	FJ802914.1
Hierodulella reticulata isolate MN342 cytochrome oxidase subunit I (COI) gene, partial cds; mitochondrial	749	749	95%	0.0	89%	FJ802911.1

4. H4

（1）*CO* Ⅰ序列

GAGCTGGAATGCTCGGAACATCACTAAGAATTTTAATTCGAACCGAATTAGGTCAACCAG
GCTCTTTAATTGGAGATGACCAAATTTACAATGTTATTGTAAGCGCACATGCCTTTATTAT
AATTTTCTTTATAGTAATACCAATTATGATTGGTGGGTTCGGAAATTGACTTGTACCATTA
ATACTAGGAGCTCCAGATATAGCCTTTCCTCGAATAAATAATATAAGATTTTGGCTTCTTC
CTCCATCTATTTTATTACTATTAATTAGAAGCACTGTAGAAAGTGGAGCAGGAACTGGTT
GAACTGTTTATCCACCTTTATCTGCAAGAATTGCTCATGCAGGGCCTGCTGTAGATTTAAC
AATTTTTTCTTTACACCTTGCAGGTATATCAAGAATTATAGGAGCAGTAAATTTTATTACA
ACTATAATCAATATAAAACCATTATATATAAATCAAACCCAAGTTCCCCTCTTCGTTTGAT
CTGTTGGTATTACAGCACTTTTATTATTACTTTCACTACCAGTTCTTGCTGGAGCAATTACC
ATATTATTAACCGATCGAAACTTAAATACTTCTTTCTTTGATCCTGCTGGAGGAGGAGATC
CAATTCTTTATCAACATTTATTT

（2）BLAST 结果

Description	Max score	Total score	Query cover	E value	Ident	Accession
Hierodula sp. MN343 cytochrome oxidase subunit I (COI) gene, partial cds; mitochondrial	832	832	95%	0.0	91%	FJ802912.1
Rhombodera basalis isolate MN344 cytochrome oxidase subunit I (COI) gene, partial cds; mitochondrial	826	826	95%	0.0	91%	FJ802913.1
Rhombodera stalii isolate MN018 cytochrome c oxidase subunit I gene, partial cds; mitochondrial	826	826	93%	0.0	92%	EF383806.1
Tamolanica tamolana cytochrome c oxidase subunit I (COI) gene, partial cds; mitochondrial	819	819	100%	0.0	90%	KJ889704.1
Tamolanica tamolana mitochondrion, complete genome	819	819	100%	0.0	90%	DQ241797.1
Hierodula sp. MN019 cytochrome oxidase subunit I (COI) gene, partial cds; mitochondrial	815	815	95%	0.0	91%	FJ802758.1
Hierodula schultzei isolate MN044 cytochrome c oxidase subunit I gene, partial cds; mitochondrial	800	800	93%	0.0	91%	EF383817.1
Tamolanica tamolana isolate MN020 cytochrome c oxidase subunit I gene, partial cds; mitochondrial	776	776	93%	0.0	90%	EF383807.1
Hierodulella celebensis isolate MN345 cytochrome oxidase subunit I (COI) gene, partial cds; mitochondrial	763	763	95%	0.0	89%	FJ802914.1
Hierodulella reticulata isolate MN342 cytochrome oxidase subunit I (COI) gene, partial cds; mitochondrial	749	749	95%	0.0	89%	FJ802911.1

5. H5

（1）*CO* Ⅰ序列

GAGCTGGAATGCTCGGAACATCACTAAGAATTTTAATTCGAACCGAATTAGGTCAACCAG
GCTCTTTAATTGGAGATGACCAAATTTACAATGTTATTGTAAGCGCACATGCCTTTATTAT
AATTTTCTTTATAGTAATACCAATTATGATTGGTGGTTCGGAAATTGACTTGTACCATTA
ATACTAGGAGCTCCAGATATAGCCTTTCCTCGAATAAATAATATAAGATTTTGGCTTCTTC
CTCCATCTATTTTATTACTATTAATTAGAAGCACTGTAGAAAGTGGAGCAGGAACTGGTT
GAACTGTTTATCCACCTTTATCTGCAAGAATTGCTCATGCAGGGCCTGCTGTAGATTTAAC
AATTTTTTCTTTACACCTTGCAGGTATATCAAGAATTATAGGAGCAGTAAATTTTATTACA
ACTATAATCAATATAAAACCATTATATATAAATCAAACCCAAGTTCCCCTCTTCGTTTGAT
CTGTTGGTATTACAGCACTTTTATTATTACTTTCACTACCAGTTCTTGCTGGAGCAATTACC
ATATTATTAACCGATCGAAACTTAAATACTTCTTTCTTTGATCCTGCTGGAGGAGGAGATC
CAATTCTTTATCAACATTTATTT

（2）BLAST 结果

Description	Max score	Total score	Query cover	E value	Ident	Accession
Hierodula sp. MN343 cytochrome oxidase subunit I (COI) gene, partial cds; mitochondrial	832	832	95%	0.0	91%	FJ802912.1
Rhombodera basalis isolate MN344 cytochrome oxidase subunit I (COI) gene, partial cds; mitochondrial	826	826	95%	0.0	91%	FJ802913.1
Rhombodera stalii isolate MN018 cytochrome c oxidase subunit I gene, partial cds; mitochondrial	826	826	93%	0.0	92%	EF383806.1
Tamolanica tamolana cytochrome c oxidase subunit I (COI) gene, partial cds; mitochondrial	819	819	100%	0.0	90%	KJ889704.1
Tamolanica tamolana mitochondrion, complete genome	819	819	100%	0.0	90%	DQ241797.1
Hierodula sp. MN019 cytochrome oxidase subunit I (COI) gene, partial cds; mitochondrial	815	815	95%	0.0	91%	FJ802758.1
Hierodula schultzei isolate MN044 cytochrome c oxidase subunit I gene, partial cds; mitochondrial	800	800	93%	0.0	91%	EF383817.1
Tamolanica tamolana isolate MN020 cytochrome c oxidase subunit I gene, partial cds; mitochondrial	776	776	93%	0.0	90%	EF383807.1
Hierodulella celebensis isolate MN345 cytochrome oxidase subunit I (COI) gene, partial cds; mitochondrial	763	763	95%	0.0	89%	FJ802914.1
Hierodulella reticulata isolate MN342 cytochrome oxidase subunit I (COI) gene, partial cds; mitochondrial	749	749	95%	0.0	89%	FJ802911.1

6. H6

（1）*CO* Ⅰ序列

GAGCAGGTATATTAGGAACATCTTTAAGAATTCTAATTCGAACCGAATTAGGTCAACCAG
GTTCCCTAATTGGAGATGATCAAATTTATAATGTAATTGTAACTGCTCATGCTTTTATCAT

AATTTTCTTTATAGTAATACCTATTATAATTGGAGGATTTGGAAATTGACTTGTTCCTTA
ATATTAGGGGCCCCAGATATAGCCTTCCCTCGAATAAACAACATAAGATTTTGACTTCTTC
CACCCTCTATTTTACTATTATTAATCAGAAATACTGTAGAAAGAGGTGCAGGAACAGGTT
GAACTGTATATCCACCCCTATCAGCAAGTATTGCTCATGCAGGACCTGCAGTAGATTTAA
CAATTTTCTCATTACATCTTGCAGGTATATCTAGAATTATAGGAGCAGTAAACTTTATTAC
AACTATAATTAACATAAAACCATTATATATAAATCAAACTCAAGTTCCCCTTTTTGTTTGA
TCCGTCGGTATTACAGCTTTATTACTTCTATTATCATTACCTGTTCTTGCAGGAGCAATTAC
TATATTATTAACTGATCGAAATCTAAATACCTCATTTTTTGATCCTGCTGGAGGAGGTGAT
CCCATTCTCTATCAACACTTATTT

（2）BLAST 结果

Description	Max score	Total score	Query cover	E value	Ident	Accession
Hierodula sp. MN019 cytochrome oxidase subunit I (COI) gene, partial cds; mitochondrial	793	793	95%	0.0	90%	FJ802758.1
Rhombodera basalis isolate MN344 cytochrome oxidase subunit I (COI) gene, partial cds; mitochondrial	760	760	95%	0.0	89%	FJ802913.1
Tamolanica tamolana cytochrome c oxidase subunit I (COI) gene, partial cds; mitochondrial	758	758	100%	0.0	88%	KJ889704.1
Tamolanica tamolana mitochondrion, complete genome	758	758	100%	0.0	88%	DQ241797.1
Hierodula sp. MN343 cytochrome oxidase subunit I (COI) gene, partial cds; mitochondrial	749	749	95%	0.0	89%	FJ802912.1
Mantidae gen. mantisJanzen01 sp. Janzen01 cytochrome oxidase subunit 1 (COI) gene, partial cds; mitochondrial	739	739	99%	0.0	88%	JQ574477.1
Mantidae gen. mantisJanzen01 sp. Janzen01 cytochrome oxidase subunit 1 (COI) gene, partial cds; mitochondrial	728	728	99%	0.0	88%	JQ574478.1
Hierodula schultzei isolate MN044 cytochrome c oxidase subunit I gene, partial cds; mitochondrial	717	717	93%	0.0	89%	EF383817.1
Stagmomantis carolina isolate MN023 cytochrome c oxidase subunit I gene, partial cds; mitochondrial	715	715	93%	0.0	88%	EF383809.1
Tamolanica tamolana isolate MN020 cytochrome c oxidase subunit I gene, partial cds; mitochondrial	715	715	93%	0.0	88%	EF383807.1

7. H7

（1）*CO* Ⅰ序列

GAGCAGGTATATTAGGAACATCTTTAAGAATTCTAATTCGAACCGAATTAGGTCAACCAG
GTTCCCTAATTGGAGATGATCAAATTTATAATGTAATTGTAACTGCTCATGCTTTTATCAT
AATTTTCTTTATAGTAATACCTATTATAATTGGAGGATTTGGAAATTGACTTGTTCCTTA
ATATTAGGGGCCCCAGATATAGCCTTCCCTCGAATAAACAACATAAGATTTTGACTTCTTC
CACCCTCTATTTTACTATTATTAATCAGAAATACTGTAGAAAGAGGTGCAGGAACAGGTT
GAACTGTATATCCACCCCTATCAGCAAGTATTGCTCATGCAGGACCTGCAGTAGATTTAA
CAATTTTCTCATTACATCTTGCAGGTATATCTAGAATTATAGGAGCAGTAAACTTTATTAC
AACTATAATTAACATAAAACCATTATATATAAATCAAACTCAAGTTCCCCTTTTTGTTTGA
TCCGTCGGTATTACAGCTTTATTACTTCTATTATCATTACCTGTTCTTGCAGGAGCAATTAC
TATATTATTAACTGATCGAAATCTAAATACCTCATTTTTTGATCCTGCTGGAGGAGGTGAT
CCCATTCTCTATCAACACTTATTT

（2）BLAST 结果

Description	Max score	Total score	Query cover	E value	Ident	Accession
Hierodula sp. MN019 cytochrome oxidase subunit I (COI) gene, partial cds; mitochondrial	793	793	95%	0.0	90%	FJ802758.1
Rhombodera basalis isolate MN344 cytochrome oxidase subunit I (COI) gene, partial cds; mitochondrial	760	760	95%	0.0	89%	FJ802913.1
Tamolanica tamolana cytochrome c oxidase subunit I (COI) gene, partial cds; mitochondrial	758	758	100%	0.0	88%	KJ889704.1
Tamolanica tamolana mitochondrion, complete genome	758	758	100%	0.0	88%	DQ241797.1
Hierodula sp. MN343 cytochrome oxidase subunit I (COI) gene, partial cds; mitochondrial	749	749	95%	0.0	89%	FJ802912.1
Mantidae gen. mantisJanzen01 sp. Janzen01 cytochrome oxidase subunit 1 (COI) gene, partial cds; mitochondrial	739	739	99%	0.0	88%	JQ574477.1
Mantidae gen. mantisJanzen01 sp. Janzen01 cytochrome oxidase subunit 1 (COI) gene, partial cds; mitochondrial	728	728	99%	0.0	88%	JQ574478.1
Hierodula schultzei isolate MN044 cytochrome c oxidase subunit I gene, partial cds; mitochondrial	717	717	93%	0.0	89%	EF383817.1
Stagmomantis carolina isolate MN023 cytochrome c oxidase subunit I gene, partial cds; mitochondrial	715	715	93%	0.0	88%	EF383809.1
Tamolanica tamolana isolate MN020 cytochrome c oxidase subunit I gene, partial cds; mitochondrial	715	715	93%	0.0	88%	EF383807.1

8. H8

（1）*CO* Ⅰ序列

GAGCAGGTATATTAGGAACATCTTTAAGAATTCTAATTCGAACCGAATTAGGTCAACCAG
GTTCCCTAATTGGAGATGATCAAATTTATAATGTAATTGTAACTGCTCATGCTTTTATCAT
AATTTTCTTTATAGTAATACCTATTATAATTGGAGGATTTGGAAATTGACTTGTTCCTTTA
ATATTAGGGGCCCCAGATATAGCCTTCCCTCGAATAAACAACATAAGATTTTGACTTCTTC
CACCCTCTATTTTACTATTATTAATCAGAAGTACTGTAGAAAGAGGTGCAGGAACAGGTT
GAACTGTATATCCACCCCTATCAGCAAGTATTGCTCATGCAGGGCCTGCAGTAGATTTAA
CAATTTTCTCATTACATCTTGCAGGTATATCTAGAATTATAGGAGCAGTAAACTTTATTAC
AACTATAATTAACATAAAACCATTATATATAAATCAAACTCAAGTTCCCCTTTTTGTTTGA
TCCGTCGGTATTACAGCTTTATTACTTCTATTATCATTACCTGTTCTTGCAGGAGCAATTAC
TATATTATTAACTGATCGAAATCTAAATACCTCATTTTTTGATCCTGCTGGAGGAGGTGAT
CCCATTCTCTATCAACACTTATTT

（2）BLAST 结果

Description	Max score	Total score	Query cover	E value	Ident	Accession
Hierodula sp. MN019 cytochrome oxidase subunit I (COI) gene, partial cds; mitochondrial	804	804	95%	0.0	91%	FJ802758.1
Rhombodera basalis isolate MN344 cytochrome oxidase subunit I (COI) gene, partial cds; mitochondrial	771	771	95%	0.0	90%	FJ802913.1
Tamolanica tamolana cytochrome c oxidase subunit I (COI) gene, partial cds; mitochondrial	758	758	100%	0.0	88%	KJ889704.1
Tamolanica tamolana mitochondrion, complete genome	758	758	100%	0.0	88%	DQ241797.1
Hierodula sp. MN343 cytochrome oxidase subunit I (COI) gene, partial cds; mitochondrial	754	754	95%	0.0	89%	FJ802912.1
Mantidae gen. mantisJanzen01 sp. Janzen01 cytochrome oxidase subunit 1 (COI) gene, partial cds; mitochondrial	739	739	99%	0.0	88%	JQ574477.1
Mantidae gen. mantisJanzen01 sp. Janzen01 cytochrome oxidase subunit 1 (COI) gene, partial cds; mitochondrial	728	728	99%	0.0	88%	JQ574478.1
Hierodula schultzei isolate MN044 cytochrome c oxidase subunit I gene, partial cds; mitochondrial	723	723	93%	0.0	89%	EF383817.1
Hierodulella celebensis isolate MN345 cytochrome oxidase subunit I (COI) gene, partial cds; mitochondrial	719	719	95%	0.0	88%	FJ802914.1
Stagmomantis carolina isolate MN023 cytochrome c oxidase subunit I gene, partial cds; mitochondrial	715	715	93%	0.0	88%	EF383809.1

（四）广斧螳

1. JF1

（1）*CO* Ⅰ序列

GAGCAGGTATATTAGGAACATCTTTAAGAATTCTAATTCGAACCGAATTAGGTCAACCAGGT
TCCCTAATTGGAGATGATCAAATTTATAATGTAATTGTAACTGCTCATGCTTTTATCATAATT
TTCTTTATAGTAATACCTATTATAATTGGAGGATTTGGAAATTGACTTGTTCCTTTAATATTA
GGGGCCCCAGATATAGCCTTCCCTCGAATAAACAACATAAGATTTTGACTTCTTCCACCCTCT
ATTTTACTATTATTAATCAGAAGTACTGTAGAAAGAGGTGCAGGAACAGGTTGAACTGTATA
TCCACCCCTATCAGCAAGTATTGCTCATGCAGGGCCTGCAGTAGATTTAACAATTTTCTCATT
ACATCTTGCAGGTATATCTAGAATTATAGGAGCAGTAAACTTTATTACAACTATAATTAACA
TAAAACCATTATATATAAATCAAACTCAAGTTCCCCTTTTTGTTTGATCCGTCGGTATTACAG
CTTTATTACTTCTATTATCATTACCTGTTCTTGCAGGAGCAATTACTATATTATTAACTGATCG
AAATCTAAATACCTCATTTTTTGATCCTGCTGGAGGAGGTGATCCCATTCTCTATCAACACTT
ATTT

（2）BLAST 结果

Description	Max score	Total score	Query cover	E value	Ident	Accession
Hierodula sp. MN019 cytochrome oxidase subunit I (COI) gene, partial cds; mitochondrial	804	804	95%	0.0	91%	FJ802758.1
Rhombodera basalis isolate MN344 cytochrome oxidase subunit I (COI) gene, partial cds; mitochondrial	771	771	95%	0.0	90%	FJ802913.1
Tamolanica tamolana cytochrome c oxidase subunit I (COI) gene, partial cds; mitochondrial	758	758	100%	0.0	88%	KJ889704.1
Tamolanica tamolana mitochondrion, complete genome	758	758	100%	0.0	88%	DQ241797.1
Hierodula sp. MN343 cytochrome oxidase subunit I (COI) gene, partial cds; mitochondrial	754	754	95%	0.0	89%	FJ802912.1
Mantidae gen. mantisJanzen01 sp. Janzen01 cytochrome oxidase subunit 1 (COI) gene, partial cds; mitochondrial	739	739	99%	0.0	88%	JQ574477.1
Mantidae gen. mantisJanzen01 sp. Janzen01 cytochrome oxidase subunit 1 (COI) gene, partial cds; mitochondrial	728	728	99%	0.0	88%	JQ574478.1
Hierodula schultzei isolate MN044 cytochrome c oxidase subunit I gene, partial cds; mitochondrial	723	723	93%	0.0	89%	EF383817.1
Hierodulella celebensis isolate MN345 cytochrome oxidase subunit I (COI) gene, partial cds; mitochondrial	719	719	95%	0.0	88%	FJ802914.1
Stagmomantis carolina isolate MN023 cytochrome c oxidase subunit I gene, partial cds; mitochondrial	715	715	93%	0.0	88%	EF383809.1

2. JF2

（1）*CO* Ⅰ序列

GAGCAGGTATATTAGGAACATCTTTAAGAATTCTAATTCGAACCGAATTAGGTCAACCAGGT
TCCCTAATTGGAGATGATCAAATTTATAATGTAATTGTAACTGCTCATGCTTTTATCATAATT
TTCTTTATAGTAATACCTATTATAATTGGAGGATTTGGAAATTGACTTGTTCCTTTAATATTA
GGGGCCCCAGATATAGCCTTCCCTCGAATAAACAACATAAGATTTTGACTTCTTCCACCCTCT
ATTTTACTATTATTAATCAGAAGTACTGTAGAAAGAGGTGCAGGAACAGGTTGAACTGTATA
TCCACCCCTATCAGCAAGTATTGCTCATGCAGGGCCTGCAGTAGATTTAACAATTTTCTCATT
ACATCTTGCAGGTATATCTAGAATTATAGGAGCAGTAAACTTTATTACAACTATAATTAACA
TAAAACCATTATATATAAATCAAACTCAAGTTCCCCTTTTTGTTTGATCCGTCGGTATTACAG
CTTTATTACTTCTATTATCATTACCTGTTCTTGCAGGAGCAATTACTATATTATTAACTGATCG

AAATCTAAATACCTCATTTTTTGATCCTGCTGGAGGAGGTGATCCCATTCTCTATCAACACTT
ATTT

（2）BLAST 结果

Description	Max score	Total score	Query cover	E value	Ident	Accession
Hierodula sp. MN019 cytochrome oxidase subunit I (COI) gene, partial cds; mitochondrial	804	804	95%	0.0	91%	FJ802758.1
Rhombodera basalis isolate MN344 cytochrome oxidase subunit I (COI) gene, partial cds; mitochondrial	771	771	95%	0.0	90%	FJ802913.1
Tamolanica tamolana cytochrome c oxidase subunit I (COI) gene, partial cds; mitochondrial	758	758	100%	0.0	88%	KJ889704.1
Tamolanica tamolana mitochondrion, complete genome	758	758	100%	0.0	88%	DQ241797.1
Hierodula sp. MN343 cytochrome oxidase subunit I (COI) gene, partial cds; mitochondrial	754	754	95%	0.0	89%	FJ802912.1
Mantidae gen. mantisJanzen01 sp. Janzen01 cytochrome oxidase subunit 1 (COI) gene, partial cds; mitochondrial	739	739	99%	0.0	88%	JQ574477.1
Mantidae gen. mantisJanzen01 sp. Janzen01 cytochrome oxidase subunit 1 (COI) gene, partial cds; mitochondrial	728	728	99%	0.0	88%	JQ574478.1
Hierodula schultzei isolate MN044 cytochrome c oxidase subunit I gene, partial cds; mitochondrial	723	723	93%	0.0	89%	EF383817.1
Hierodulella celebensis isolate MN345 cytochrome oxidase subunit I (COI) gene, partial cds; mitochondrial	719	719	95%	0.0	88%	FJ802914.1
Stagmomantis carolina isolate MN023 cytochrome c oxidase subunit I gene, partial cds; mitochondrial	715	715	93%	0.0	88%	EF383809.1

（五）端污斑螳螂

1. DW1

（1）*CO* Ⅰ序列

GAGCAGGAATACTTGGTACATCACTAAGAATTTTAATTCGAACAGAACTTGGTCAACCAG
GATCCTTAATTGGAGATGATCAAATCTACAATGTTATTGTTACCGCACACGCTTTCATTAT
AATTTTCTTTATAGTTATACCAATTATAATTGGGGGATTTGGTAATTGATTAGTTCCTTTAA
TATTAGGAGCCCCTGATATAGCTTTTCCACGTATAAATAACATAAGATTTTGACTTTTACC
ACCTTCAATTTTACTTTTATTAATTAGAAGAACAGTTGAAAGAGGGGCGGGAACAGGATG
AACAGTTTATCCCCCTTTATCAGCAAGAATTGCCCATGCAGGGCCTGCAGTTGATTTAAC
AATCTTTTCATTACATTTAGCTGGAATATCAAGTATTATAGGAGCAGTAAATTTTATTACA
ACTATAATTAATATAAAACCAGCTTATATAAATCAAACTCAAGTTCCTTTATTTGTTTGAT
CAGTAGGAATTACAGCACTTTTACTTCTACTTTCCTTACCAGTTCTTGCAGGGGCTATCAC
AATACTTTTAACAGATCGAAACCTCAATACATCTTTTTTTGATCCTGCTGGAGGAGGAGAT
CCAATTTTATATCAACATTTATTT

（2）BLAST 结果

Description	Max score	Total score	Query cover	E value	Ident	Accession
Hierodula patellifera voucher AS39MT02 cytochrome oxidase subunit I (COI) gene, partial cds; mitochondrial	1157	1157	100%	0.0	99%	JF700167.1
Statilia sp. MN255 cytochrome oxidase subunit I (COI) gene, partial cds; mitochondrial	909	909	95%	0.0	94%	FJ802849.1
Statilia maculata isolate MN346 cytochrome oxidase subunit I (COI) gene, partial cds; mitochondrial	887	887	95%	0.0	93%	FJ802915.1
Statilia maculata isolate MN336 cytochrome oxidase subunit I (COI) gene, partial cds; mitochondrial	883	883	95%	0.0	93%	FJ802905.1
Statilia nemoralis isolate MN078 cytochrome oxidase subunit I (COI) gene, partial cds; mitochondrial	837	837	95%	0.0	92%	FJ802781.1
Statilia maculata isolate MN062 cytochrome c oxidase subunit I gene, partial cds; mitochondrial	821	821	93%	0.0	92%	EF383829.1
Statilia apicalis isolate MN048 cytochrome oxidase subunit I (COI) gene, partial cds; mitochondrial	815	815	95%	0.0	91%	FJ802774.1
Statilia apicalis isolate MN050 cytochrome c oxidase subunit I gene, partial cds; mitochondrial	804	804	93%	0.0	91%	EF383820.1
Hierodulella celebensis isolate MN345 cytochrome oxidase subunit I (COI) gene, partial cds; mitochondrial	769	769	95%	0.0	90%	FJ802914.1
Mantidae gen. mantisJanzen01 sp. Janzen01 cytochrome oxidase subunit 1 (COI) gene, partial cds; mitochondrial	736	736	100%	0.0	88%	JQ574481.1

2. DW2

（1）*CO* Ⅰ序列

GAGCAGGAATACTTGGTACATCACTAAGAATTTTAATTCGAACAGAACTTGGTCAACCAG
GATCCTTAATTGGAGATGATCAAATTTACAATGTTATTGTTACCGCACACGCTTTCATTAT
AATTTTCTTTATAGTTATACCAATTATAATTGGGGGATTTGGTAATTGATTAGTTCCTTTAA
TATTAGGAGCCCCTGATATAGCTTTTCCACGTATAAATAATATAAGATTTTGACTTTTACC
ACCTTCAATTTTACTTTTATTAATTAGAAGAACAGTTGAAAGAGGGGCGGGAACAGGATG
AACAGTTTATCCCCCTTTATCAGCAAGAATTGCCCATGCAGGGCCCGCAGTTGATTTAAC
AATCTTTTCATTACATTTAGCTGGAATATCAAGTATTATAGGAGCAGTAAATTTTATTACA
ACTATAATTAATATAAAACCAGCTTATATAAATCAAACTCAAGTTCCTTTATTTGTTTGAT
CAGTAGGAATTACAGCACTTTTACTTCTACTTTCCTTACCAGTTCTTGCAGGGGCTATCAC
AATACTTTTAACAGATCGAAACCTCAATACATCTTTTTTTGATCCTGCTGGAGGAGGAGAT
CCAATTTTATATCAACATTTATTT

（2）BLAST 结果

Description	Max score	Total score	Query cover	E value	Ident	Accession
Hierodula patellifera voucher AS39MT02 cytochrome oxidase subunit I (COI) gene, partial cds; mitochondrial	1162	1162	100%	0.0	99%	JF700167.1
Statilia sp. MN255 cytochrome oxidase subunit I (COI) gene, partial cds; mitochondrial	915	915	95%	0.0	94%	FJ802849.1
Statilia maculata isolate MN346 cytochrome oxidase subunit I (COI) gene, partial cds; mitochondrial	893	893	95%	0.0	93%	FJ802915.1
Statilia maculata isolate MN336 cytochrome oxidase subunit I (COI) gene, partial cds; mitochondrial	889	889	95%	0.0	93%	FJ802905.1
Statilia nemoralis isolate MN078 cytochrome oxidase subunit I (COI) gene, partial cds; mitochondrial	848	848	95%	0.0	92%	FJ802781.1
Statilia maculata isolate MN062 cytochrome c oxidase subunit I gene, partial cds; mitochondrial	826	826	93%	0.0	92%	EF383829.1
Statilia apicalis isolate MN048 cytochrome oxidase subunit I (COI) gene, partial cds; mitochondrial	809	809	95%	0.0	91%	FJ802774.1
Statilia apicalis isolate MN050 cytochrome c oxidase subunit I gene, partial cds; mitochondrial	809	809	93%	0.0	91%	EF383820.1
Hierodulella celebensis isolate MN345 cytochrome oxidase subunit I (COI) gene, partial cds; mitochondrial	774	774	95%	0.0	90%	FJ802914.1
Mantidae gen. mantisJanzen01 sp. Janzen01 cytochrome oxidase subunit 1 (COI) gene, partial cds; mitochondrial	736	736	100%	0.0	88%	JQ574481.1

3. DW3

（1）*CO* Ⅰ序列

GAGCAGGAATACTTGGTACATCACTAAGAATTTTAATTCGAACAGAACTTGGTCAACCAG
GATCCTTAATTGGAGATGATCAAATCTACAATGTTATTGTTACCGCACACGCTTTCATTAT
AATTTTCTTTATAGTTATACCAATTATAATTGGGGGATTTGGTAATTGATTAGTTCCTTTAA
TATTAGGAGCCCCTGATATAGCTTTTCCACGTATAAATAACATAAGATTTTGACTTTTACC
ACCTTCAATTTTACTTTTATTAATTAGAAGAACAGTTGAAAGAGGGGCGGGAACAGGATG
AACAGTTTATCCCCCTTTATCAGCAAGAATTGCCCATGCAGGGCCTGCAGTTGATTTAAC
AATCTTTTCATTACATTTAGCTGGAATATCAAGTATTATAGGAGCAGTAAATTTTATTACA
ACTATAATTAATATAAAACCAGCTTATATAAATCAAACTCAAGTTCCTTTATTTGTTTGAT
CAGTAGGAATTACAGCACTTTTACTTCTACTTTCCTTACCAGTTCTTGCAGGGGCTATCAC
AATACTTTTAACAGATCGAAACCTCAATACATCTTTTTTTGATCCTGCTGGAGGAGGAGAT
CCAATTTTATATCAACATTTATTT

（2）BLAST 结果

Description	Max score	Total score	Query cover	E value	Ident	Accession
Hierodula patellifera voucher AS39MT02 cytochrome oxidase subunit I (COI) gene, partial cds; mitochondrial	1157	1157	100%	0.0	99%	JF700167.1
Statilia sp. MN255 cytochrome oxidase subunit I (COI) gene, partial cds; mitochondrial	909	909	95%	0.0	94%	FJ802849.1
Statilia maculata isolate MN346 cytochrome oxidase subunit I (COI) gene, partial cds; mitochondrial	887	887	95%	0.0	93%	FJ802915.1
Statilia maculata isolate MN336 cytochrome oxidase subunit I (COI) gene, partial cds; mitochondrial	883	883	95%	0.0	93%	FJ802905.1
Statilia nemoralis isolate MN078 cytochrome oxidase subunit I (COI) gene, partial cds; mitochondrial	837	837	95%	0.0	92%	FJ802781.1
Statilia maculata isolate MN062 cytochrome c oxidase subunit I gene, partial cds; mitochondrial	821	821	93%	0.0	92%	EF383829.1
Statilia apicalis isolate MN048 cytochrome oxidase subunit I (COI) gene, partial cds; mitochondrial	815	815	95%	0.0	91%	FJ802774.1
Statilia apicalis isolate MN050 cytochrome c oxidase subunit I gene, partial cds; mitochondrial	804	804	93%	0.0	91%	EF383820.1
Hierodulella celebensis isolate MN345 cytochrome oxidase subunit I (COI) gene, partial cds; mitochondrial	769	769	95%	0.0	90%	FJ802914.1
Mantidae gen. mantisJanzen01 sp. Janzen01 cytochrome oxidase subunit 1 (COI) gene, partial cds; mitochondrial	736	736	100%	0.0	88%	JQ574481.1

4. DW4

（1）*CO* Ⅰ序列

GAGCAGGAATACTTGGTACATCACTAAGAATTTTAATTCGAACAGAACTTGGTCAACCAG
GATCCTTAATTGGAGATGATCAAATCTACAATGTTATTGTTACCGCACACGCTTTCATTAT
AATTTTCTTTATAGTTATACCAATTATAATTGGGGGATTTGGTAATTGATTAGTTCCTTTAA
TATTAGGAGCCCCTGATATAGCTTTTCCACGTATAAATAACATAAGATTTTGACTTTTACC
ACCTTCAATTTTACTTTTATTAATTAGAAGAACAGTTGAAAGAGGGGCGGGAACAGGATG
AACAGTTTATCCCCCTTTATCAGCAAGAATTGCCCATGCAGGGCCTGCAGTTGATTTAAC
AATCTTTTCATTACATTTAGCTGGAATATCAAGTATTATAGGAGCAGTAAATTTTATTACA
ACTATAATTAATATAAAACCAGCTTATATAAATCAAACTCAAGTTCCTTTATTTGTTTGAT
CAGTAGGAATTACAGCACTTTTACTTCTACTTTCCTTACCAGTTCTTGCAGGGGCTATCAC
AATACTTTTAACAGATCGAAACCTCAATACATCTTTTTTTGATCCTGCTGGAGGAGGAGAT
CCAATTTTATATCAACATTTATTT

（2）BLAST 结果

Description	Max score	Total score	Query cover	E value	Ident	Accession
Hierodula patellifera voucher AS39MT02 cytochrome oxidase subunit I (COI) gene, partial cds; mitochondrial	1157	1157	100%	0.0	99%	JF700167.1
Statilia sp. MN255 cytochrome oxidase subunit I (COI) gene, partial cds; mitochondrial	909	909	95%	0.0	94%	FJ802849.1
Statilia maculata isolate MN346 cytochrome oxidase subunit I (COI) gene, partial cds; mitochondrial	887	887	95%	0.0	93%	FJ802915.1
Statilia maculata isolate MN336 cytochrome oxidase subunit I (COI) gene, partial cds; mitochondrial	883	883	95%	0.0	93%	FJ802905.1
Statilia nemoralis isolate MN078 cytochrome oxidase subunit I (COI) gene, partial cds; mitochondrial	837	837	95%	0.0	92%	FJ802781.1
Statilia maculata isolate MN062 cytochrome c oxidase subunit I gene, partial cds; mitochondrial	821	821	93%	0.0	92%	EF383829.1
Statilia apicalis isolate MN048 cytochrome oxidase subunit I (COI) gene, partial cds; mitochondrial	815	815	95%	0.0	91%	FJ802774.1
Statilia apicalis isolate MN050 cytochrome c oxidase subunit I gene, partial cds; mitochondrial	804	804	93%	0.0	91%	EF383820.1
Hierodulella celebensis isolate MN345 cytochrome oxidase subunit I (COI) gene, partial cds; mitochondrial	769	769	95%	0.0	90%	FJ802914.1
Mantidae gen. mantisJanzen01 sp. Janzen01 cytochrome oxidase subunit 1 (COI) gene, partial cds; mitochondrial	736	736	100%	0.0	88%	JQ574481.1

5. DW5

（1）*CO* Ⅰ序列

GAGCAGGAATACTTGGTACATCACTAAGAATTTTAATTCGAACAGAACTTGGTCAACCAG
GATCCTTAATTGGAGATGATCAAATCTACAATGTTATTGTTACCGCACACGCTTTCATTAT
AATTTTCTTTATAGTTATACCAATTATAATTGGGGGATTTGGTAATTGATTAGTTCCTTTAA

TATTAGGAGCCCCTGATATAGCTTTTCCACGTATAAATAACATAAGATTTTGACTTTTACC
ACCTTCAATTTTACTTTTATTAATTAGAAGAACAGTTGAAAGAGGGGCGGGAACAGGATG
AACAGTTTATCCCCCTTTATCAGCAAGAATTGCCCATGCAGGGCCTGCAGTTGATTTAAC
AATCTTTTCATTACATTTAGCTGGAATATCAAGTATTATAGGAGCAGTAAATTTTATTACA
ACTATAATTAATATAAAACCAGCTTATATAAATCAAACTCAAGTTCCTTTATTTGTTTGAT
CAGTAGGAATTACAGCACTTTTACTTCTACTTTCCTTACCAGTTCTTGCAGGGGCTATCAC
AATACTTTTAACAGATCGAAACCTCAATACATCTTTTTTTGATCCTGCTGGAGGAGGAGAT
CCAATTTTATATCAACATTTATTT

（2）BLAST 结果

Description	Max score	Total score	Query cover	E value	Ident	Accession
Hierodula patellifera voucher AS39MT02 cytochrome oxidase subunit I (COI) gene, partial cds; mitochondrial	1157	1157	100%	0.0	99%	JF700167.1
Statilia sp. MN255 cytochrome oxidase subunit I (COI) gene, partial cds; mitochondrial	909	909	95%	0.0	94%	FJ802849.1
Statilia maculata isolate MN346 cytochrome oxidase subunit I (COI) gene, partial cds; mitochondrial	887	887	95%	0.0	93%	FJ802915.1
Statilia maculata isolate MN336 cytochrome oxidase subunit I (COI) gene, partial cds; mitochondrial	883	883	95%	0.0	93%	FJ802905.1
Statilia nemoralis isolate MN078 cytochrome oxidase subunit I (COI) gene, partial cds; mitochondrial	837	837	95%	0.0	92%	FJ802781.1
Statilia maculata isolate MN062 cytochrome c oxidase subunit I gene, partial cds; mitochondrial	821	821	93%	0.0	92%	EF383829.1
Statilia apicalis isolate MN048 cytochrome oxidase subunit I (COI) gene, partial cds; mitochondrial	815	815	95%	0.0	91%	FJ802774.1
Statilia apicalis isolate MN050 cytochrome c oxidase subunit I gene, partial cds; mitochondrial	804	804	93%	0.0	91%	EF383820.1
Hierodulella celebensis isolate MN345 cytochrome oxidase subunit I (COI) gene, partial cds; mitochondrial	769	769	95%	0.0	90%	FJ802914.1
Mantidae gen. mantisJanzen01 sp. Janzen01 cytochrome oxidase subunit 1 (COI) gene, partial cds; mitochondrial	736	736	100%	0.0	88%	JQ574481.1

第十四章 斑蝥类

一、概述

（一）资源状况

斑蝥（图 14–1）的药用历史非常悠久。2015 年版《中国药典》规定斑蝥素含量大于 0.35% 的药材方可入药，将南方大斑蝥（大斑芫菁 *Mylabris phalerata* Pallas）和黄黑小斑蝥（眼斑芫菁 *Mylabris cichorii* Linnaeus）干燥全体规定为正品入药。一般夏、秋二季捕捉，闷死或烫死，晒干。

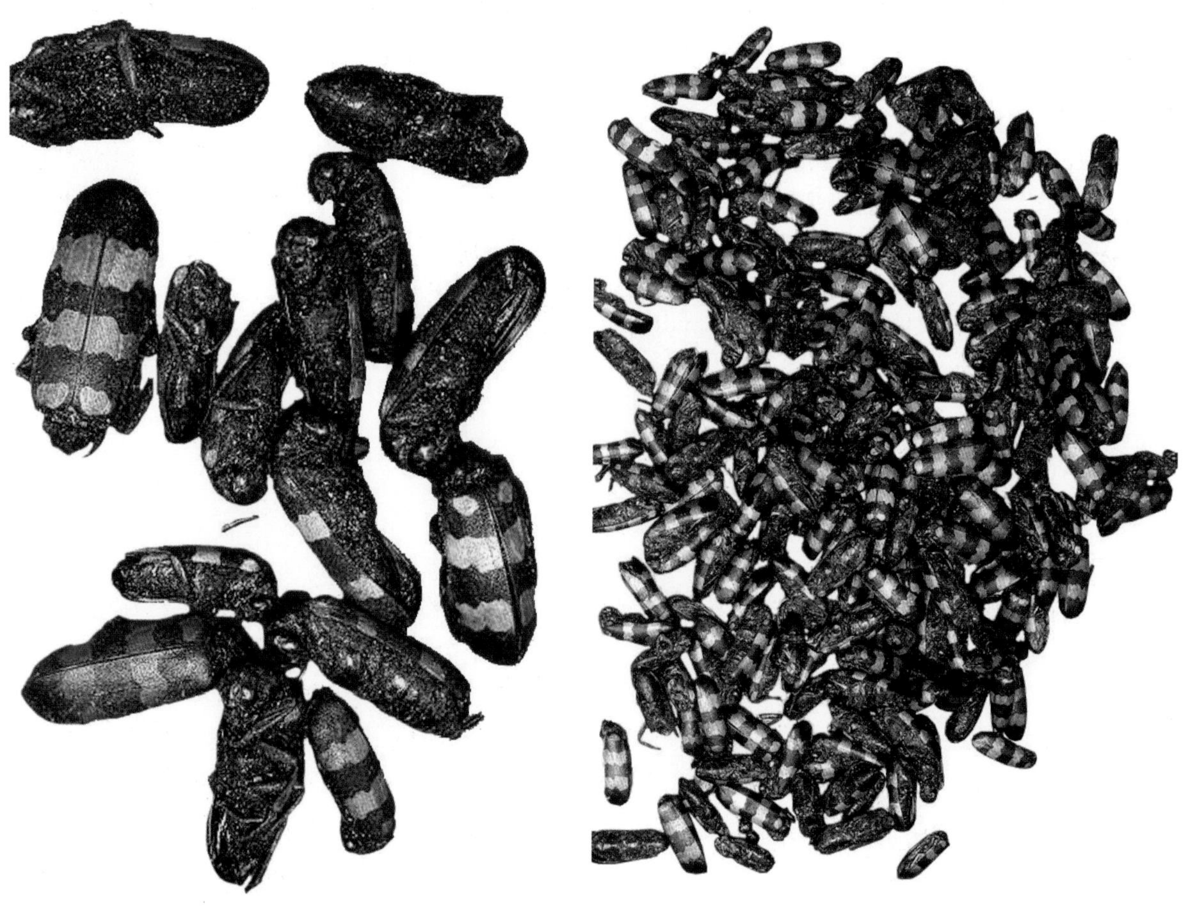

大斑芫菁　　眼斑芫菁

图 14–1　斑蝥药材与饮片

（二）本草源流

芫菁（canthari）俗称斑蝥（cantharis），始载于《神农本草经》，列为下品，属节肢动物门昆虫纲鞘翅目芫菁科（Meloidae）昆虫，为我国最早发现的一种具有抗肿瘤作用的传统动物药材之一，已有2100多年应用历史。斑蝥体内含有斑蝥素（cantharidin，$C_{10}H_{12}O_4$），其具有重要药用价值。《神农本草经》中记载斑猫、龙尾可以治疗痈疽、癣疮和溃疡等，具有逐瘀散结、攻毒蚀疽等功效，以后《名医别录》《本草纲目》《日华子本草》和《大观本草》等历代本草均有记述。陶弘景云："豆花时取之，甲上黄黑斑色，如巴豆大者是也。"《蜀本草》曰："《本草图经》云，七月、八月大豆叶上甲虫，长五六分，黄斑文，乌腹者，今所在有之。"综上所述，斑蝥古今来源一致，均为今之芫菁科多种芫菁昆虫。

（三）科研背景

目前，利用野生斑蝥提取斑蝥素仍然是斑蝥素药物生产的主流方式，斑蝥素人工合成条件苛刻且人工合成品还不能代替天然斑蝥。导致市场上出现了各种斑蝥伪混品。早在1973年出版的《昆虫分类学》中，就有记载郭公虫科（Cleridae）我国产的种类中，提到"伪斑蝥（*Trichodes sinae* Chevrolat）"，该虫从外观上看很像斑蝥，个体比斑蝥体小，颜色较红，在药材中也有类似发现。还有一些伪混品属于不同科属，但外形近似，不易鉴别区分，如红斑郭公虫、虎斑步甲类。传统鉴定方法包括性状、显微、成分及理化鉴定，一些研究者除形态外观和显微鉴别外，还采用气相色谱、质谱、毛细管电泳、高效液相色谱等鉴别主要成分指纹图谱的方法，为斑蝥药材质量评价提供了一定依据，但均未提供正品及伪混品斑蝥药材鉴别方法。DNA条形码技术能够利用一段标准DNA序列实现动物、植物以及真菌快速准确鉴定，线粒体DNA序列上*CO* Ⅰ基因已经成为一种标准的动物DNA条形码。目前，国内外斑蝥的DNA条形码研究尚未见文献报道，*CO* Ⅰ基因可供参考序列极其少，斑蝥药材的正品及伪混品鉴别尚未形成一套成熟的分子鉴定体系，因而有必要对其进行研究和探讨。

二、物种信息

（一）眼斑芫菁 *Mylabris cichorii* Linnaeus

形态特征：体长10~19mm，体宽3.5~7mm。身体和足完全黑色，被黑毛，鞘翅具黄斑。头略呈方形，后角圆，密布细小刻点和黑竖毛，额中央有1个小光瘤。触角短，11节，末端5节膨大成棒状，末节的基部与第10节等宽。前胸长稍大于宽，密布细刻点和黑色竖毛，疏布淡色短毛；盘区有2个凹洼，一个在中央，另一个在后缘中间之前。鞘翅基部在小盾片的两侧各有1个黄色小圆斑，两侧相对，形似1对眼睛，翅基的外侧还有1个黄色小纵斑；在盘区中部的前后各有1条黄横斑，黄斑上均被淡黄色毛，有时分布有非常稀疏的黑竖毛；翅端完全为黑色，鞘翅的黑色部分被黑毛。（图14–2）

图 14-2　眼斑芫菁

生境分布：眼斑芫菁属复变态昆虫，1 年仅发生 1 代，于 7 月中旬到 9 月出现。成虫喜食瓜类、豆类、苹果的花以及番茄、花生的叶子。分布于河北、安徽、江苏、浙江、湖北、福建、台湾、广东、广西、四川等地。

（二）大斑芫菁　*Mylabris phalerata* Pallas

形态特征：体长 15~30mm。全体被黑毛。头圆三角形，密布细小刻点，额中有 1 条光纵纹。触角短，11 节，端部 5 节膨大成棒状，前胸两侧平行，前端束狭。背板密布细刻点，中部有 1 个圆凹洼，接近后缘的中部有 1 个三角形凹洼。鞘翅黄、黑两色相间；翅基部具暗长方圆形大黄斑，肩部外侧有 1 个小黄斑，翅的中部及中下部各有 1 条横贯全翅的黄色宽横纹；翅上除黄斑、黄横纹外，余全为黑色。腹面及足均黑色。（图 14-3）

生境分布：喜集群栖息和取食。复变态，幼虫共 6 龄，成虫 4~5 月开始危害植物的枝、芽及花等器官，7~8 月最烈，多损伤大豆、花生、芝麻、茄子及棉花等。分布于河南、江苏、湖北、浙江、江西、福建、云南、广西、广东、台湾等地。

图 14-3　大斑芫菁

（三）霍氏沟芫菁 *Hycleus chodschenticus* (Ballion)

形态特征：翅鞘黄色具黑斑，端部黑缘细窄，黄色部分大于黑色部分。

雄性体黑色，略具光泽，密布浅大刻点和黑长毛。唇基前缘暗红，触角向后伸达前胸背板基部；第 3~11 节略呈暗红，末节基部略窄于第 10 节，基半部两侧近平行，中间最宽，端部变狭，顶尖；鞘翅黄色至棕黄色，密布黑短毛，基部毛略长；每翅黑斑如下：肩部 1 个纵斑，向后至 1/4 处，向前达基部，沿基缘至小盾片侧面；翅面 1/4 近翅缝处 1 个圆斑；中央靠后 1 个横斑，偶 2 裂；端 1/4 处 2 个斑，翅缘侧斑弧形，较大，翅缝侧斑小，圆形。各足基、转节和腿节下侧以及前足胫节和跗节外侧被毛长，前足跗节和前、中足胫节下侧密布黄色短柔毛；前足第 1 跗节略短于末节。

雌性触角略短，向后仅达前胸背板中部，前足胫节端部具短锥状短刺，前足跗节外侧毛不甚长，第 1 跗节明显短于末节。（图 14–4）

图 14–4　霍氏沟芫菁

生境分布：分布于北京、河北、山西、内蒙古、江西、湖北、湖南、陕西、甘肃、宁夏、新疆等地。

（四）小沟芫菁 *Hycleus parvulus* (Frivaldszky)

形态特征：雄性体黑色，略具光泽，密布浅大刻点，密被黑色和黄色毛。鞘翅黑色，具黄斑。额中央一光滑微隆，后侧刻点较前侧密；背面无黄毛，腹毛略长于背毛，且杂有黄柔毛。复眼大，其长约为复眼后缘至头顶长度的 2 倍。触角向后伸达前胸背板基部；完全黑色；末节基半部两侧近平行，端部变狭，基部略窄于第 10 节。前胸背板盘区刻点较头部密集；密布黑毛，两侧杂黄毛。鞘翅黑色，密布黑毛，基部较长，黄色部分密被黄毛；前足，中、后足基、转节、腿节和胫节内侧和下侧密被黄毛。前足第 1 跗节明显短于末节。

雌性各足几乎不杂有黄毛，前足胫节和跗节无较长黑毛；肛板后缘平滑，无凹陷。（图 14–5）

生境分布：分布于云南、四川等地。

图 14–5　小沟芫菁

（五）四点斑芫菁 *Mylabris quadripunctata* (Linnaeus)

形态特征：翅鞘黄色，密布黑短毛，中间 2 对近圆形黑斑，翅鞘末端黑斑中间凹进。唇基前缘暗红，中后部密布粗大刻点和黑毛，额中央有时具一不明显纵脊，无红斑。前胸背板近椭圆形，长明显大于宽。各足密被黑毛，以腿节和转节下侧的为长；前足胫节和各足跗节下侧密被淡色毛垫。（图 14–6）

生境分布：分布于新疆。

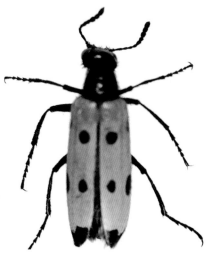

图 14–6 四点斑芫菁

（六）疑豆芫菁 *Epicauta dubia* Fabricius

形态特征：体黑色，头红色，额部中央具一长圆形小红斑，唇基前缘和上唇端部中央红色，下颚须各节基部和触角基节一侧红色。各附肢基本及头腹面、胸部腹板、翅鞘侧缘和端缘亦被灰白毛。头横向，后头大于复眼部宽，雄性触角向一侧极度延伸，第 4 节至第 9 节背面中央光滑凹陷，前足第一跗节斧状。雌性触角不侧展，前足第一跗节柱状。（图 14–7）

图 14–7 疑豆芫菁

生境分布：分布于北京、黑龙江、内蒙古、宁夏、甘肃、陕西、山西、河北、山东、安徽、江苏、台湾等地。

（七）大头豆芫菁　*Epicauta megalocephala* Gebler

形态特征：体型小，体长6.0~13mm；宽1.0~3.0mm。

雄性体黑色，头黑色，额部中央具一长圆形小红斑，触角基部2节一侧，前胸背板两侧、后缘和中央纵沟两侧，各足除跗节端部4节外，头和体腹面除后胸和腹部中央外均密被白短毛，其中鞘翅中央纵纹平直，额部近触角基部内侧有1对光亮，明显隆起的“圆瘤”，与头同色。足细长，前足第1跗节左右侧扁，基部细，端部膨阔，刀状，约为第2跗节长的1.5倍，短于胫节长的一半，胫节平直，具2端距等同，短细直尖；后足胫节2端距细直尖，内端距较长。

图14-8　大头豆芫菁

雌性触角基部“瘤”小，触角基部3节背面及上颚须红棕色；前足第1跗节正常柱状，2端距较长，细且直尖；鞘翅边缘红棕色且边缘具同色毛，中线及后缘为黑毛。前足胫节端部背面具一短片状距。（图14-8）

生境分布：分布于北京、东北、内蒙古、新疆、宁夏、青海、甘肃、陕西、四川、山西、河北等地。

三、实验研究

（一）实验样品采（收）集

1. 物种分布及采（收）集区域

（1）物种的分布

正品斑蝥主产于河南、广西、安徽、江苏、湖南、贵州等省区。其中南方大斑蝥主产广西、广东、浙江、湖北、云南等地，黄黑小斑蝥主产广西、广东、福建、湖南、湖北、云南、浙江、江苏等地。在山区林缘植物叶上表面极为普遍，集群于大豆、花生、茄子、棉花及瓜类植物上，啃食植物的叶、花、芽等。通过市场调查及查阅《中国动物志》《中国药用动物志》《中国动物药资源》等工具书以及相关文献资料，斑蝥及其伪混品的分布情况见表14-1。

表 14-1　斑蝥及其伪混品分布情况

物种	分布区域
眼斑芫菁	河北、河南、安徽、江苏、湖北、湖南、四川、海南、贵州、重庆、浙江、福建、江西、广西、广东、云南、西藏、台湾等
大斑芫菁	浙江、湖北、台湾、广东、广西、云南等
霍氏沟芫菁	北京、河北、山西、内蒙古、江西、湖北、湖南、陕西、甘肃、宁夏、新疆等
小沟芫菁	云南、四川等
四点斑芫菁	新疆
疑豆芫菁	北京、黑龙江、内蒙古、宁夏、甘肃、陕西、山西、河北、山东、安徽、江苏、台湾等
大头豆芫菁	北京、东北、内蒙古、新疆、宁夏、青海、甘肃、陕西、四川、山西、河北等

（2）采（收）集区域

由于农业和城市建设的发展、生态环境的改变、化学农药的滥用，以及多年来对斑蝥的掠夺式滥捕，野生资源日益减少。经过对比筛选，确定采集区域为四川、贵州、内蒙古、新疆、云南、广西、重庆、广东 8 个省（市、自治区）。

2. 采（收）集前准备

（1）技能培训

国内外从事芫菁分类专业的人员较少，芫菁相关分类鉴定专著几乎空白，项目组从国内外分类资料中，将 7 个斑蝥类物种的鉴别要点进行分析整理（表 14–2），并在样品采集前集中培训学习，针对物种形态鉴别及其方法进行学习和培训。

表 14-2　7 种斑蝥类动物鉴别要点

属名	种名	鉴别要点
沟芫菁属	眼斑芫菁	头、胸密布黄毛，翅鞘黄斑上被黄毛，第一黄斑近圆形，触角末节基部与第 10 节等宽
沟芫菁属	大斑芫菁	第一红斑（黄斑）近方形，触角末节基部小于第 10 节
沟芫菁属	霍氏沟芫菁	体中型，无黄毛；鞘翅斑纹为肩部一纵斑，端 1/4 处具 2 块斑，翅缘侧斑弧形，较大，翅缝侧斑小，圆形；沿端缘具一黑色窄缘斑，雄性前足跗节外侧被长毛，第 1 跗节略短于末节
沟芫菁属	小沟芫菁	体黑色，略具光泽，密布浅大刻点，密被黑色和黄色毛。鞘翅黑色，具黄斑。额中央一光滑微隆，后侧刻点较前侧密。前足第 1 跗节明显短于末节
斑芫菁属	四点斑芫菁	翅鞘黄色，密布黑短毛，中间 2 对近圆形黑斑，翅鞘末端黑斑中间凹进。额中央有时具一不明显纵脊，无红斑。前胸背板近椭圆形，长明显大于宽。各足密被黑毛，以腿节和转节下侧的为长；前足胫节和各足跗节下侧密被淡色毛垫

续表

属名	种名	鉴别要点
豆芫菁属	疑豆芫菁	体黑色，头红色，额部中央具一长圆形小红斑，唇基前缘和上唇端部中央红色，下颚须各节基部和触角基节一侧红色。雄性触角向一侧极度延伸，前足第 1 跗节斧状。雌性触角不侧展，前足第 1 跗节柱状
豆芫菁属	大头豆芫菁	体黑色，头黑色，额部中央具一长圆形小红斑。雄性额部近触角基部内侧有 1 对光亮、明显隆起的“圆瘤”，与头同色。足细长，前足第 1 跗节左右侧扁，刀状，约为第 2 跗节长的 1.5 倍，短于胫节长的一半，胫节平直，具 2 端距，等同，短细直尖；后足胫节 2 端距细直尖，内端距较长。雌性触角基部“瘤”小，触角基部 3 节背面及上颚须红棕色；前足第 1 跗节正常柱状，2 端距较长，细且直尖。前足胫节端部背面具一短片状距。

（2）采集分组

将项目组成员分为 4 个小组，每小组 2 人，分别到 2 个地点采集。（表 14-3）

表 14-3　采集分组情况

组 别	采 集 地
第一组	四川、重庆
第二组	内蒙古、新疆
第三组	广西、广东
第四组	云南、贵州

（3）物资准备

采集出发前，准备必要的采集工具以及相关参考资料，并使每个成员能够熟练掌握所用工具方法及熟悉资料内容。采集工具及相关资料有数码相机、GPS 定位仪、标本瓶、80% 乙醇、标签纸、自封袋、笔记本电脑、采集信息表、斑蝥形态鉴别方法资料等。

3. 采（收）集方法

1）固定剂：80% 乙醇，用于野外固定样品。

2）标记信息：对所采集样品进行拍照，并填写采集信息表（日期、采集地、采集人、GPS 参数、鉴别形态特征等）且备份电子存档。

3）样品固定：野外采集新鲜样品后立即浸泡于 80% 乙醇中。固定后的组织，在运输过程中可倒弃固定液，用棉花吸上少量固定剂，保持标本湿润即可达到安全运输的目的。

4）干燥标本于自封袋中保存。

4. 采（收）集结果

共采集到芫菁科昆虫 2000 余号，初步鉴定眼斑芫菁、大斑芫菁、霍氏沟芫菁、小沟芫菁、四点斑芫菁、疑豆芫菁、大头豆芫菁等 15 个物种。在四川采集到一种未知新种，在广东采集到的曲纹沟芫菁为一珍稀亚种。（表 14-4）

表 14-4 样品采集情况

物种名称	省区	具体采集地	样品编号	GPS 参数			采集数
				纬度（N）	经度（E）	海拔 / m	
眼斑芫菁	贵州	罗甸沫阳镇	CSJ-HC-1101	25° 29′	106° 51′	459	500
	云南	西双版纳小勐龙	CSJ-HC-1105	21° 54′	100° 47′	560	15
大斑芫菁	贵州	罗甸县沫阳镇	CSJ-HP-1101	25° 29′	106° 51′	459	80
	广西	田林县乐里镇	CSJ-HP-1105	24° 17′	106° 15′	467	20
霍氏沟芫菁	内蒙古	呼和浩特市大青山	CSJ-HC-1102	41° 37′	111° 21′	1308	50
小沟芫菁	四川	西昌大兴乡	CSJ-HP-1110	27° 52′	102° 51′	1665	5
四点斑芫菁	新疆	乌鲁木齐县方家庄子村路南	CSJ-MQ-1101	43° 58′	87° 35′	592	100
疑豆芫菁	内蒙古	呼和浩特市大青山	CSJ-ED-1101	41° 52′	111° 26′	1382	5
大头豆芫菁	内蒙古	呼和浩特市大青山	CSJ-EM-1101	41° 52′	111° 26′	1310	120
曲纹沟芫菁	广东	清远飞龙峡	CSJ-HS-1101	23° 41′	111° 26′	170	5
苹斑芫菁	内蒙古	额尔古纳湿地公园	CSJ-MC-1101	50° 14′	120° 10′	756	15
丽斑芫菁	内蒙古	呼伦贝尔海拉尔五花甸	CSJ-MS-1101	49° 12′	119° 44′	634	5
高原伪斑芫菁	四川	石渠洛须镇	CSJ-PP-1101	32° 27′	97° 59′	3292	5
钩刺豆芫菁	广西	田林县乐里乡	CSJ-EC-1101	24° 17′	106° 13′	283	5
短翅豆芫菁	重庆	缙云山	CSJ-EA-1101	29° 52′	106° 21′	246	2
达氏豆芫菁	重庆	缙云山	CSJ-ED-1106	29° 52′	106° 21′	246	5
南亚豆芫菁	重庆	涪陵区天台乡	CSJ-EA-1103	29° 39′	107° 27′	521	2
芫菁科沟芫菁属待定种	四川	西昌会理	—	26° 39′	119° 44′	1750	5

（二）DNA 条形码分析

1. DNA 提取

取芫菁腹部放于标记好的 1.5ml 灭菌离心管中，用灭菌小剪刀尽可能剪碎。然后用液氮研磨将样品进一步研碎。采用改良过的 CTAB 法对采集到的样品进行 DNA 提取。

2. PCR 扩增

DNA 提取液用 *CO* Ⅰ序列通用引物和相关条件进行 PCR 扩增。

（1）引物对

上游引物 L*CO* 1490（5′→3′：GGTCAACAAATCATAAAGATATTGG）、下游引物 H*CO* 2198（5′→3′：TAAACTTCAGGGTGACCAAAAAATCA）。

（2）扩增体系

10×PCR 缓冲液 5μl，2.5mmol/L dNTP 混合液 4μl，25mmol/L 氯化镁 3μl，10mmol/L 正反引物各 2μl，5U/μl 耐热 DNA 聚合酶 0.5μl，DNA 模板 4μl（约 30ng），灭菌双蒸水 31.5μl，混匀后再用灭菌双蒸水补足反应总体积至 50μl。

（3）扩增程序

94℃预变性 4min；94℃变性 30s，55℃退火 1min，72℃延伸 1min（35 个循环）；72℃后延伸 7min。

（4）扩增产物电泳结果

1% 的琼脂糖凝胶电泳检测 PCR 扩增结果，上样 5μl 的 PCR 产物，140V 电压下电泳 25min。Marker Ⅱ从上至下为 1200、900、700、500、300 和 100bp（天根公司），在 700bp 附近出现亮带。从图 14-9 可看出，1~7 样品（分别为霍氏沟芫菁、大斑芫菁、眼斑芫菁、大头豆芫菁、疑豆芫菁、四点斑芫菁、小斑芫菁）的条带清晰，DNA 扩增成功，表 14-4 所列除该 7 种芫菁外的其余物种未获得 *CO* Ⅰ基因序列。

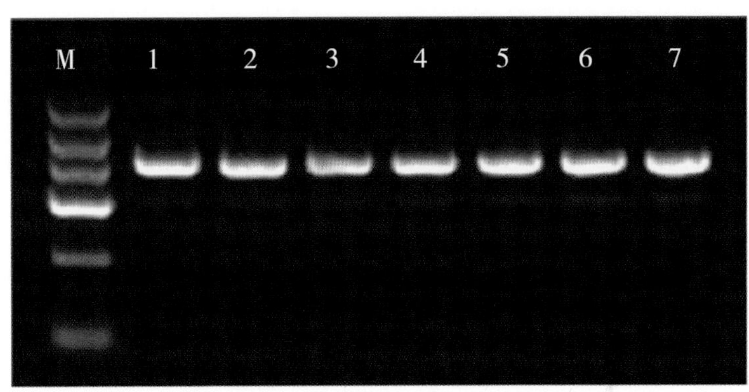

图 14-9 斑蝥扩增产物电泳结果

3. 测序

将目的片段切下后用 AxyPrepTM DNA Gel Extraction Kit（AxyGEN）回收 PCR 纯化产物，送南京金斯瑞生物技术科技有限公司进行双向测序。

4. 结果与分析

将测序序列用 DNAstar 软件拼接后做 BLAST 分析，得出以下结果：

1）国内外研究斑蝥资料有限，仅有韩国研究者 Kang TH 等人于 2009 年在 NCBI 上提交了我国药典中收录的大斑芫菁和眼斑芫菁 *CO* Ⅰ序列（登录号：FJ462782.2 和 FJ462783.2）。将此序列与我们采集到的大斑芫菁和眼斑芫菁比对，发现其序列差异较大，同源性均低于 90%。FJ462782.2 与大斑芫菁个体同源性 89%；眼斑芫菁序列 FJ462783.2 也与我们所测序列差异极大，同源性为 86%。产生这种差异的原因可能是采集地不同（数据库中并未给出该样品的采集地信息）。

2）贵州罗甸来源的大斑芫菁有橘红斑和黄斑两种类型，已有的研究认为二者是同一种，颜色的差异是由于不同的生境和海拔高度导致。但我们从野外同一生境采集到不同颜色个体并且发现有中间颜色个体。对红、黄不同颜色个体的线粒体 DNA 分析显示两类个体线粒体 DNA 同源性仅为 82.46%，达到种的差异，判定为不同种。

3）不同地域眼斑芫菁序列差异。采于云南西双版纳的 2 个眼斑芫菁个体同源性 98.64%，与贵州来源的眼斑芫菁同源性为 96.59%，贵州和云南来源的眼斑芫菁与 FJ462783.2 同源性分别为 86.05% 和 85.67%。可见不同地区的同一种芫菁有一定遗传差异。GenBank 中登陆的眼斑芫菁与我们采集的眼斑芫菁序列则完全分为不同分支。

4）将拼接后最终所得序列经 Clustal W 同源比对后，用 MEGA5.0 软件中的 NJ 法建立系统发育树。如图 14-10 所示，各个属的斑蝥序列样品聚为一支。

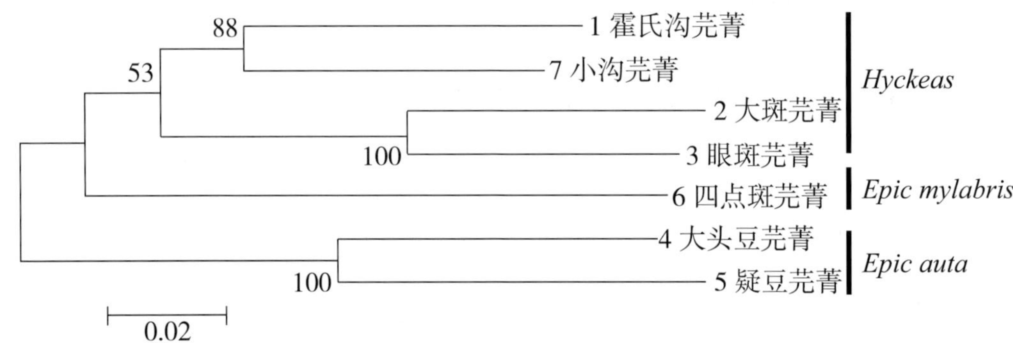

图 14-10 基于 CO Ⅰ 序列的斑蝥所测样品系统发育树（自举法重复 1000 次）

5）将所得序列提交至 NCBI，获得登录号。（表 14-5）

表 14-5 物种及其对应 NCBI 登录号

物种	霍氏沟芫菁	大斑芫菁	眼斑芫菁	大头豆芫菁	疑豆芫菁	四点斑芫菁	小沟芫菁
登录号	JX679716	KC112991	KC112989	JX861892	KC112990	JX861891	JX861893

6）已测芫菁科昆虫的系统进化关系：从进化树（图 14-11）可以看出，沟芫菁、斑芫菁分别明显聚集在一起，而绿芫菁与其他芫菁有着更远的亲缘关系，其次为曲角短翅芫菁、豆芫菁。贵州

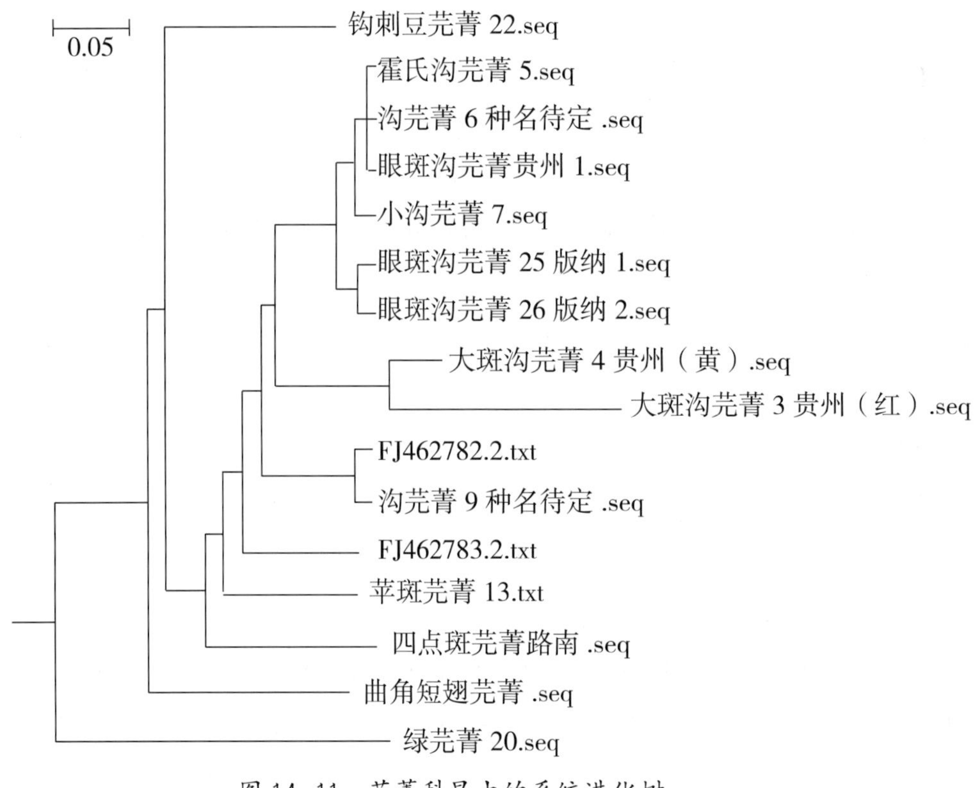

图 14-11 芫菁科昆虫的系统进化树

的大斑芫菁黄色和红色种也有着比较近的亲缘关系，但与韩国人测定的大斑芫菁同源性相去甚远。

综上所述，对芫菁科昆虫，mt*CO* Ⅰ基因可能不是最好的鉴定序列。经对 20 余个样品的扩增和序列分析，样品间差异并不明显，甚至在族、亚科、属的水平上差异也不大。还需进一步探讨其他具有特异性鉴定斑蝥的序列。

（三）DNA 条形码鉴定技术操作规程（SOP）

1. 样品预处理

取浸泡样品或新鲜样品的胸部肌肉，小剪刀剪成小碎块，液氮研磨后放入 1.5ml 离心管。

2. DNA 提取

用改良过的 CTAB 法提取不同种类斑蝥基因组 DNA。

3. PCR 扩增

DNA 模板用 *CO* Ⅰ序列通用引物和相关条件进行 PCR 扩增。

（1）引物对

上游引物 L*CO* 1490（5′→3′：GGTCAACAAATCATAAAGATATTGG）、下游引物 H*CO* 2198（5′→3′：TAAACTTCAGGGTGACCAAAAAATCA）。

（2）扩增体系

10×PCR 缓冲液 5μl，2.5mmol/L dNTP 混合液 4μl，25mmol/L 氯化镁 3μl，10mmol/L 正反引物各 2μl，5U/μl 耐热 DNA 聚合酶 0.5μl，DNA 模板 4μl（约 30ng），灭菌双蒸水 31.5μl，混匀后再用灭菌双蒸水补足反应总体积至 50μl。

（3）扩增程序

94℃预变性 4 min。94℃变性 30 s，55℃退火 1 min，72℃延伸 1 min（进行 35 个循环）；72℃后延伸 7 min。

（4）扩增产物电泳结果

PCR 产物进行 1% 琼脂糖电泳检测，凝胶成像分析，700bp 附近有特异性亮带送测序。

4. 测序

700bp 附近有特异性亮带的样品经回收纯化后送测序公司进行测序，所得原始图谱应为清晰的单峰图谱。

5. 拼接

测序结果利用 DNAstar 软件拼接后，去除引物区域，获得长度为 700bp 左右的样品序列。

6. BLAST 比对

进入 NCBI 数据库（http：//blast.ncbi.nlm.nih.gov/Blast.cgi?PROGRAM=blastn&BLAST_PROGRAMS=MEGA Blast&PAGE_TYPE=BlastSearch&SHOW_DEFAULTS=on&LINK_LOC=blasthome）（图 14-12），将获得的序列进行 BLAST 在线比对，并通过多重比对分析结果建立系统发育进化树。

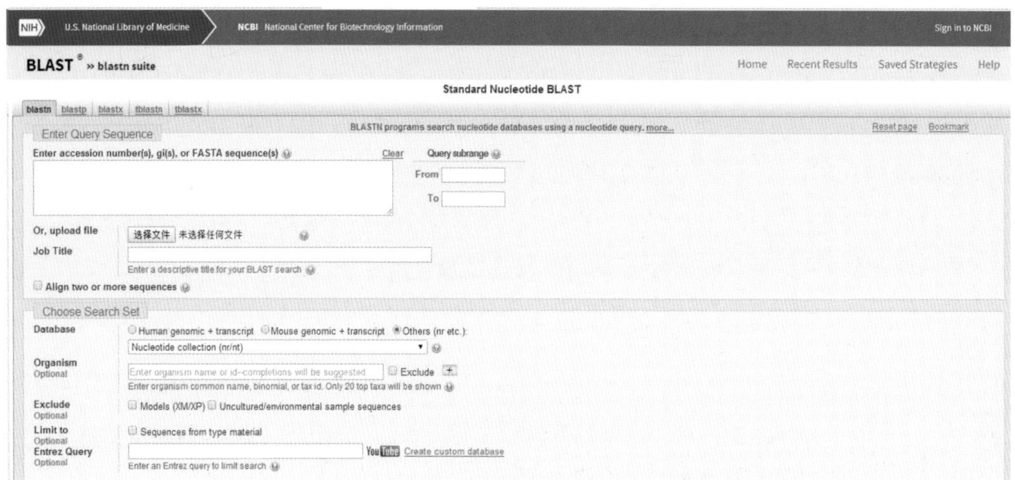

图 14-12　BLAST 网页与网址

四、*CO* Ⅰ条形码序列

（一）眼斑芫菁　CSJ-HC-1101-01

CCCCGCAAAGACCAAACGCAAAAACGCAATTAACATCATTACCCCAGCGTGGTTTTGGTCA
ACAAATCATAAAGATATTGGCACACTCTATTAGATTTTTGGTGCATGAGCAGGAATAGTAGG
AACCTCCCTCAGAATACTAATCCGCTCAGAACTAGGAAATCCTGGAACACTTATTGGAGATG
ACCAAATCTATAATGTTATTGTTACTGCCCATGCATTTATCATAATTTTCTTTATGGTAATAC
CCATTATAATTGGCGGTTTCGGGAACCTGGCTTGTACCTCTAATATTAGGGGCCCCTGATAT
AGCTTTCCCTCGAATAAATAACATGAGATTTTGATTACTCCCTCCTTCATTAACCCTTCTGAT
CATAAGAAGAATTGTAGAAAATGGTGCAGGAACGGGATGAACAGTGTACCCTCCACTTTCA
TCCAATATTGCCCATGGAGGTTCTTCGGTAGATTTGGCCATCTTTAGTCTTCACTTGGCTGGG
GTCTCTTCAATCCTGGGAGCAGTCAATTTTATTTCTACTGTAATTAACATACGCCCAGCTGGT
ATAACATTTGACCGTATACCCCTCTTTGTATGGGCAGTTGCTATTACCGCTCTTCTCCTGCTG
TTATCCCTACCTGTATTGGCCGGTGCAATTACAATACTATTAACAGACCGAAACTTGAATAC
TTCATTTTTTGACCCAGCAGGAGGTGGAGACCCTATCCTCTACCAGCATCTATTTTGATTTTT
TGGTCACCCGGAAGTTTAAAATAAGTTAGA

（二）大斑芫菁　CSJ-HP-1101-01

TGGTCAACAAAATCATAAAGATATTGGTACTCTTTACTTGATTTTTGGTGCATGAGCAGGAA
TAGTAGGAACCTCCCTCAGAATACTAATCCGTTCAGAACTAGGAAATCCCGGCACACTCATC
GGAGATGACCAAATCTATAATGTTATTGTTACTGCCCATGCATTCATCATAATTTTCTTTATG
GTAATGCCTATCATAATTGGTGGTTTTGGGAACTGACTAGTACCCCTAATATTAGGGGCCCCT

GATATAGCTTTCCCTCGAATAAACAACATAAGATTTTGATTACTTCCACCTTCATTAACCCTT
TTAATCATAAGAAGAATTGTAGAAAATGGAGCAGGAACCGGATGAACTGTATACCCCCCAC
TCTCATCCAACATTGCCCATGGAGGTTCTTCAGTAGATTTAGCCATCTTTAGACTTCACTTGG
CCGGAGTTTCATCAATCCTGGGAGCAGTCAACTTTATTTCTACTGTTATCAACATACGCCCAG
CTGGAATGACATTCGATCGTATACCCCTCTTTGTATGGGCAGTTGCCATCACTGCCCTTCTCC
TGCTGCTATCCCTTCCTGTCTTAGCGGGTGCAATTACCATGCTATTAACAGACCGAAACTTAA
ATACTTCATTTTTTGACCCGGCCGGAGGTGGAGATCCAATTCTCTACCAACATCTATTCTGAT
TTTTTGGTCACCCTGAAAGTTTAA

（三）霍氏沟芫菁　CSJ-HC-1102-01

CTTGGTCAACAAATCATAAAGATATTGGAACACTTTATTTAATTTTCGGTGCATGAGCGGGA
ATAGTAGGTACTTCACTCAGAATACTTATCCGCTCAGAACTCGGAAATCCAGGAACTCTAAT
TGGAGATGACCAGATTTATAATGTTATTGTTACAGCTCACGCTTTCATTATAATTTTCTTTATA
GTGATACCCATTGTTATTGGTGGATTTGGGAACTGGCTTGTACCCTTAATGCTAGGGGCCCCC
GACATAGCCTTTCCCCGTATAAATAACATAAGATTTTGATTACTACCCCCATCTCTTACTCTT
TTAATCATAAGAAGAATTGTAGAAAATGGAGCAGGAACAGGATGAACAGTCTACCCCCCAC
TGTCATCTAATATTGCCCATGGAGGTTCTTCTGTAGATTTAGCCATCTTTAGACTACACTTGG
CTGGAGTATCATCAATTTTAGGAGCTGTAAACTTTATTACAACTGTAATTAATATACGACCTG
CTGGTATAACATTTGATCGTATACCTTTATTTGTATGAGCAGTTGCCATTACAGCTCTTCTTCT
ACTTCTTTCTCTACCTGTTTTAGCAGGGGCAATTACTATATTATTAACTGATCGAAATTTAAA
TACTTCCTTTTTTGACCCAGCAGGTGGGGGAGACCCAATCCTTTACCAGCATCTTTTCTGATT
TTTTGGTCACCCT

（四）四点斑芫菁　CSJ-MQ-1101-01

CTTCCAGGGGAAGTTTGKTCAACAAAATCATAAAGATATTGGTACATTGTACCTAATCTTTG
GTGCTTGGGCAGGTATAGTAGGAACATCGCTTAGTCTACTTATCCGCTCTGAACTCGGAAAC
CCAGGAATTCTCATTGGAGATGATCAAATTTATAATGTTATTGTTACAGCCCACGCTTTCATT
ATAATTTTCTTTATAGTGATACCAATCATAATTGCTGGGTTTGGGAATTGGCTTGTACCCCTA
ATRCTGGGGGCCCCCGACATAGCCTTTCCCCGTATAAATAACATAAGATTTTGACTACTCCC
CCCGTCCCTTTCTCTATTACTATTAAGAAGAATTGTGGAAAATGGTGCTGGAACCGGATGAA
CAGTTTACCCTCCACTTTCCTCTAATATTGCTCATGGAGGATCCTCAGTGGATTTAGCCATCT
TTAGACTGCACCTAGCCGGAATCTCATCAATCTTAGGGGCAGTAAATTTCATTACCACTGTT
ATTAACATGCGACCCGCAGGAATGTCATTTGACCGTATACCATTATTTGTATGGGCAGTGGC
TATTACAGCCCTACTCCTGCTTCTTTCCCTACCAGTTCTTGCAGGAGCAATCACTATACTTTTA
ACTGACCGAAACCTTAATACATCCTTCTTTGACCCAGCAGGGGGAGGAGACCCGAATTTTAT

ATCAACATCTATTTTGATTTTTTGGTCACCCTGGAAGTTTAA

（五）疑豆芫菁　CSJ-ED-1101-01

TTTTTCGGCCCACAAACATAAAGATATTGGTACCTTGTACCTAATTTTCGGTGCTTGAGCTGG
TATAGTAGGGACATCCTTAAGCCTTTTAATTCGATCAGAACTAGGAAACCCTGGATCTCTTAT
TGGAGATGACCAAATCTATAACGTTATCGTTACAGCTCATGCTTTCATTATAATTTTCTTTAT
AGTTATGCCTATTATAATTGGAGGCTTTGGAAACTGATTAGTCCCACTTATATTAGGGGCCCC
TGACATAGCTTTCCCTCGTATAAATAACATAAGATTTTGACTTTTACCCCCTTCTCTTACGCTT
TTAATTATAAGAAGTGTAGTAGAAAACGGTGCTGGTACTGGATGAACAGTGTACCCCCCACT
TTCATCTAATATTGCACACGGAGGATCTTCTGTGTATTTAGCTATCTTTAGACTACACCTAGC
CGGAATCTCATCTATTCTAGGAGCAGCTAATTTCATTACTACAGTAATTAATATACGACCTGC
AGGGATAACATTTGACCGAATACCCCTATTTGTTTGAGCAGTTGTAATTACTGCCCTTTCACT
GATTATTGTCCCTCCCTGTACCAGCCGGTGCTATTACTATGCTTTTAACTGACCGAAACCTCT
AATACTTCATATTTTGGCCAGCTGGAGGTGGAGACCCAATCTTGTACCAACATCTATTCTGAT
TTTTTGGCACGCTGGACAAAATAAATA

（六）大头豆芫菁　CSJ-EM-1101-01

CTTTGTTAAGTTGGTCAACAAATCATAAAGATATTGGTACTTTATACTTAATTTTCGGCGCTT
GGGCTGGAATAGTGGGTACATCCTTAAGCCTATTAATTCGATCAGAGCTAGGAAACCCTGGG
TCTCTTATTGGAGATGACCAAATCTATAACGTTATCGTAACAGCCCATGCTTTCATTATAATT
TTCTTTATAGTTATGCCTATCATAATTGGGGGCTTTGGAAATTGACTTGTACCCCTAATGTTA
GGAGCACCTGACATAGCTTTCCCTCGTATAAATAATATAAGATTTTGACTTTTACCTCCCTCC
CTGACACTTCTAATCATAAGAAGTGTAGTAGAAAACGGTGCAGGCACAGGATGAACAGTGT
ACCCCCCACTTTCATCTAATATTGCACACGGAGGATCTTCTGTAGATTTAGCTATCTTTAGCC
TTCATCTGGCTGGGATTTCATCAATCCTGGGAGCAGCTAATTTTATTACTACTGTAATTAACA
TACGGCCTACAGGAATAACTTTTGACCGAATACCTCTATTTGTTTGAGCAGTGGTAATTACTG
CCCTTTTACTACTATTATCCCTTCCTGTTTTAGCTGGAGCTATTACTATACTTTTAACTGACCG
GAACCTCAATACTTCATTTTTCGACCCAGCAGGAGGTGGCGATCCAATCTTGTACCAACATC
TATTCTGATTTTTTGGTCACCCTGGAAGATTTAAAATCC

（七）小沟芫菁　CSJ-HP-1110-01

GCGATGGGGAGTTTTCTGGGCAACAAATCATAAAGATATCGGCACACTTTACTTGATTTTTG
GTGCATGAGCAGGAATAGTAGGTACATCCCTCAGTATACTCATCCGCTCAGAGCTAGGAAAT
CCTGGAACTCTAATTGGAGATGACCAAATCTATAATGTTATTGTTACAGCCCATGCATTCATT
ATAATTTTCTTTATAGTAATGCCCATCATAATTGGTGGATTTGGGAACTGGCTTGTACCCTTA

ATACTAGGGGCCCCCGACATAGCCTTTCCTCGAATAAATAACATGAGATTTTGACTACTTCC
CCCATCTTTGACTCTTTTAATCATAAGAAGAATTGTAGAAAATGGTGCAGGAACTGGATGAA
CAGTTTACCCCCCACTCTCATCCAATATTGCCCATGGAGGTTCCTCTGTTGATTTAGCCATCTT
TAGATTACATCTGGCTGGAGTATCATCAATCCTAGGAGCAGTCAATTTTATCACAACTGTAA
TTAATATACGACCTGCAGGTATAACATTTGATCGAATACCTCTATTTGTATGAGCAGTTGCTA
TTACAGCTCTYCTGCTTCTTTTATCTTTACCTGTCCTTGCAGGTGCAATTACTATACTTTTAAC
TGATCGAAATCTTAATACATCCTTCTTTGACCCAGCAGGTGGTGGAGACCCTATTCTTTACCA
GCATCTTTTYTGATTTTTTGGTCACCTTGGAAGTTTAAAAAACAAGCACCT

第十五章 鹿茸类

一、概述

（一）资源状况

鹿茸（图 15-1、图 15-2）为我国常用动物药材之一，具有壮肾阳、益精血、强筋骨等功效。鹿茸含有比人参更丰富的氨基酸、卵磷脂、维生素和微量元素等。据 2015 年版《中国药典》记载，鹿茸为鹿科动物梅花鹿 *Cervus nippon* Temminck 或马鹿 *Cervus elaphus* Linnaeus 的雄鹿未骨化密生茸毛的幼角。前者习称"花鹿茸"，后者习称"马鹿茸"。一般于夏、秋二季锯取鹿茸，经加工后，阴干或烘干。

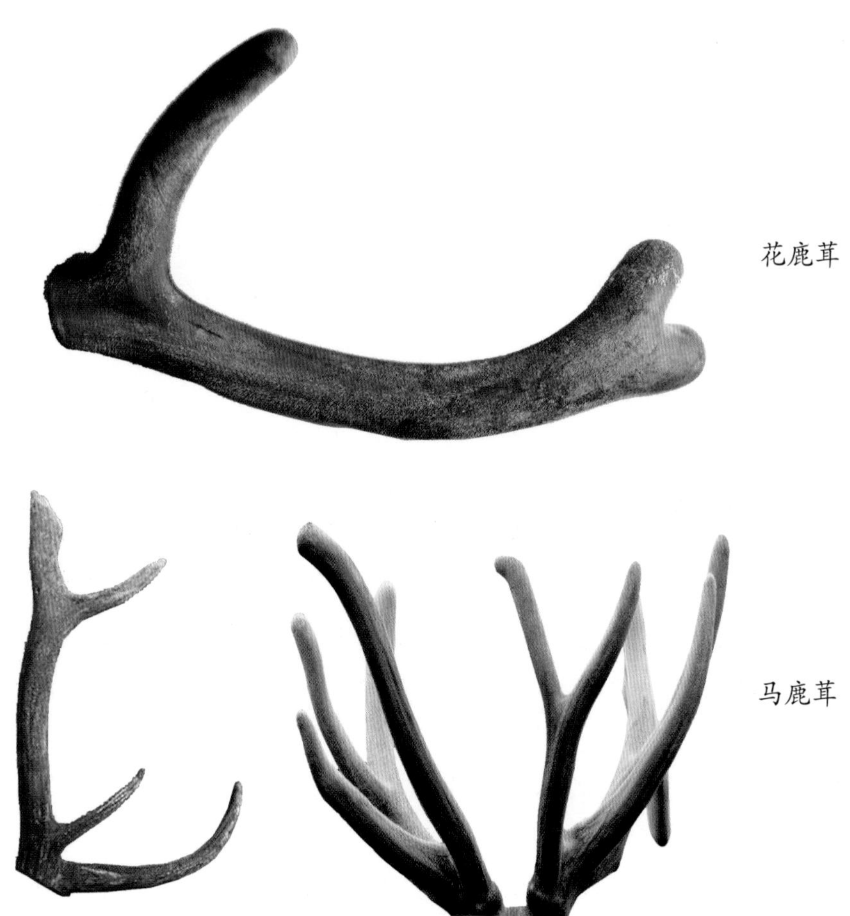

图 15-1　鹿茸药材

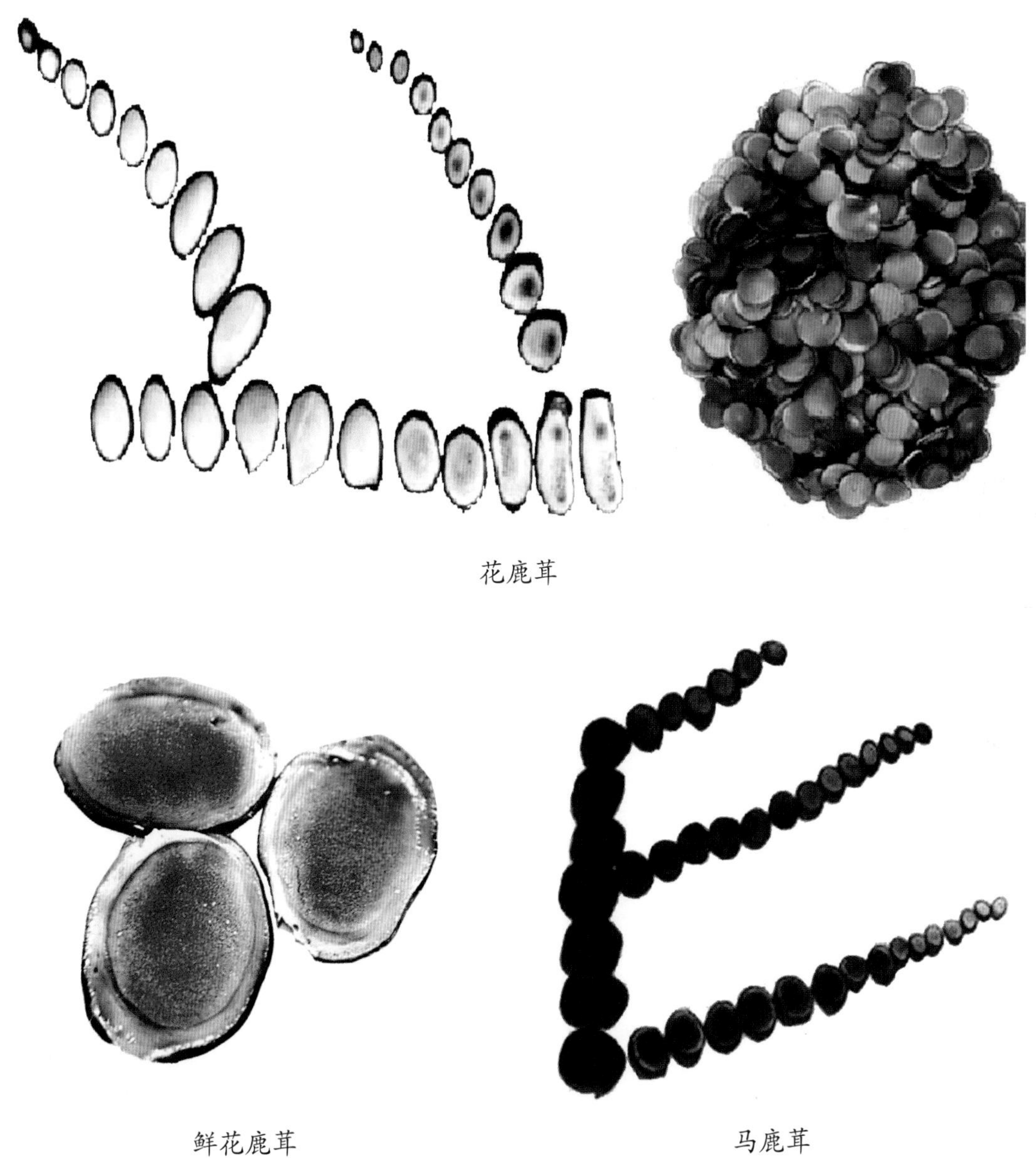

图 15-2 鹿茸饮片

（二）本草源流

鹿茸首载于《神农本草经》，列为中品。《本草图经》云：“《本经》不载所出州土，今有山林处皆有之，四月角欲生时取其茸，阴干。以形如小紫茄子者为上，或云茄子茸太嫩，血气犹未具，不若分歧如马鞍形者有力。”并附有郢州鹿及砍茸图。郢州即今之河南信阳市，其图示鹿之背部有斑点，即为今之梅花鹿。沈括《梦溪笔谈》言：“北方戎狄（我国北方民族地区）中有麇、麖、尘……极大而色苍，尻黄而无斑，亦鹿之类。角大而有文，莹莹如玉，其茸亦可用。”《本草纲目》载：“鹿，处处山林中有之。马身羊尾，头侧而长，高脚而行速。牡者有角，夏至则解。大小如马，黄质白斑。”由上可知，《梦溪笔谈》所载为现今的马鹿 *Cervus elaphus* Linnaeus，李时珍所描述的鹿为今之梅花鹿 *Cervus nippon* Temminck，与现代药用鹿茸原动物一致。

（三）科研背景

鹿茸价格昂贵，具有较大市场需求，鹿茸市场存在以假充真、以次充好现象。根据对鹿茸商品药材调查，市售鹿茸来源于 5 种动物包括梅花鹿、马鹿、白唇鹿、黑尾鹿、驯鹿。急需建立一套准确、有效的鹿茸药材鉴定方法，确保药材质量。本研究拟探索建立一种高特异性分子鉴定方法，能准确、快速、高效地鉴定目标物种。

二、物种信息

（一）马鹿 *Cervus elaphus* Linnaeus

形态特征：头体长 1.65~2.65m，肩高 1~1.5m，体重 75~240kg，最大可达 250kg，是体型很大的鹿类。雌兽比雄兽要小一些。头与面部较长，有眶下腺，耳大，呈圆锥形。鼻端裸露，其两侧和唇部为纯褐色。额部和头顶为深褐色，颊部为浅褐色。颈部较长，四肢也长。蹄子很大，侧蹄长而着地。尾较短。马鹿的角很大，只有雄兽才有，而且体重越大的个体，角也越大；一般分为 6 或 8 个叉，个别可达 9~10 叉。在基部即生出眉叉，斜向前伸，与主干几乎成直角；主干较长，向后倾斜，第 2 叉紧靠眉叉，因为距离极短，称为对门叉，并以此区别于梅花鹿和白唇鹿的角。第 3 叉与第 2 叉的间距较大，以后主干再分出 2~3 叉。各分叉的基部较扁，主干表面有密布的小突起和少数浅槽纹。雌兽仅在相应部位有隆起的嵴突。夏毛短，没有绒毛，通体呈赤褐色；背面较深，腹面较浅，故有赤鹿之称；冬毛厚密，有绒毛，毛色灰棕。臀斑较大，呈褐色、黄赭色或白色。（图 15-3）

图 15-3（1） 马鹿

图 15-3（2） 马鹿

生境分布：栖息于混交林、高山的森林草原。分布于东北、西北，以及内蒙古等地。

（二）梅花鹿 *Cervus nippon* Temminck

形态特征：头体长 1.05~1.7m，肩高 0.64~1.1m，尾长 8~18cm，体重 40~150kg，为体型略小而优美的鹿。头部略圆，颜面部较长，鼻端裸露，眼大而圆，眶下腺呈裂缝状，泪窝明显，耳长且直立。颈部长。四肢细长，主蹄狭而尖，侧蹄小。尾较短。皮毛呈红色，沿脊背在体侧有数行不规整的白色斑点，状似梅花，故而得名。下颌白色，尾侧和尾下均为白色。有 1 条深褐色线从背部到尾的上面变宽形成深色斑块，尾中央为红褐色。冬毛更厚，更显核桃褐色，白斑不太明显。雌鹿无角，雄鹿头上具有 1 对雄伟的实角，通常只分 3~4 叉；眉叉和主干成 1 个钝角，在近基部向前伸出，次叉和眉叉距离较大，位置较高，常被误以为没有次叉，主干在其末端再次分成 2 个小支。主干一般向两侧弯曲，略呈半弧形，眉叉向前上方横抱，角尖稍向内弯曲，非常锐利。（图 15-4）

生境分布：栖息于混交林、山地草原及森林近缘。分布于东北、华北、华东、华南。

图 15-4 梅花鹿

（三）黑尾鹿 *Odocoileus hemionus* Rafinesque

形态特征：肩高 90~105cm，体重 50~215kg。耳朵特别长，像骡子的耳朵，故又名骡鹿。仅雄性有角，犄角有个明显的主干，犄角的分叉是从主干分出的，分为 5~8 叉，略向内弯曲，角架倾向于有宽伸展，并且顶端缺乏尖叉。眼窝凹陷，有颜面腺；有足腺；无胆囊。胃 4 室，反刍。腿细长，善奔跑。毛皮在夏天为锈棕色，冬天转为灰棕色。臀部白色，尾巴上半截白下半截黑。

生境分布：广泛分布于北美洲自阿拉斯加至墨西哥的西部地区。生活于草原、农地到林地边缘。

（四）白唇鹿 *Przewalskium albirostris* Przewalski

形态特征：大型鹿类，体型大小与水鹿、马鹿相似。唇的周围和下颌为白色，故名“白唇鹿”，为我国特产动物。头体长 1.55~2.1m，肩高 1.2~1.45m，体重 180~230kg。站立时，其肩部略高于臀部。耳长而尖。雄鹿具茸角，一般有 5 叉，个别老年雄体可达 6 叉，眉支与次支相距远，次支长，主支略侧扁。因其角叉的分叉处特别宽扁，故也称作“扁角鹿”。雌鹿无角，鼻端裸露，上下嘴唇，鼻端四周及下颌终年纯白色。臀部具淡黄色块斑。毛被及色调在冬夏有差别。冬季毛被厚，毛略粗而稍有弹性，毛形直，毛尖处稍弯曲，通体呈现一致的枯黄褐色，胸腹及四肢内侧乳白或棕白色，四肢下端棕黄色至浅褐色，臀斑黄白色；夏季毛被薄而致密，通体色调多变异，有褐棕色、灰褐色或灰棕色等，臀斑棕色或黄棕色。出生鹿羔毛被柔软，在浅棕色的体背分布有不规则的斑点。（图 15-5）

图 15-5 白唇鹿

生境分布：为生活于高寒地区的山地动物，栖息于海拔 3500~5000m 的森林灌丛、灌丛草甸及高山草甸草原地带。喜营群栖生活。以高原生长草本植物为主食。发情交配期多在 9~10 月，妊娠期 7~8 个月，次年 5~7 月产仔。雄性幼鹿次年开始长出茸角，但不分叉。3 岁性成熟，并开始分叉。青藏高原特有种。分布于青海、甘肃及四川西部、西藏东部。

（五）驯鹿 *Rangifer tarandus* (Linnaeus)

形态特征：体型中等，体长 110~220cm，肩高 94~127cm，体重 91~272kg。驯鹿是适应苔原生活的古老的北方鹿类，身体结实，雌雄均具角。角形变化大，很少对称。眉叉呈掌状向前伸出，各枝有分叉；雄鹿 3 月脱角，雌鹿稍晚，在 4 月中、下旬；驯鹿头长而直，耳较短似马耳，额凹；颈长，肩稍隆起，背腰平直；尾短；主蹄大而阔，中央裂线很深，悬蹄大，行走时能触及地面，因此适于在雪地和崎岖不平的道路上行走；体背毛色夏季为灰棕、栗棕色，腹面和尾下部、四肢内侧白色，冬毛稍淡、灰褐或灰棕色。5 月开始脱毛，9 月长冬毛。（图 15-6）

生境分布：栖息于寒温带针叶林中，处于半野生状态。食物主要是石蕊，也吃问荆、蘑菇及木本植物的嫩枝叶。驯鹿是环北极分布的动物，广泛分布于欧亚和北美大陆北部及一些大型岛屿，此外人工引进南乔治亚岛上，也生存得很好。据考证，我国的驯鹿与贝加尔湖东北部尼布楚河上游温多苔原高地的驯鹿有渊源关系（马逸清，1992）。目前，驯鹿只见于大兴安岭东北部林区。

图 15-6　驯鹿（绘画者：Elizabeth McClelland）

三、实验研究

（一）实验样品采（收）集

鹿茸的原动物均为国家保护动物，未经批准不得猎捕野生物种，药用人工养殖品或自然淘汰品，且根据药材形态可基本鉴定其原动物品种，故此次研究直接从相关养殖场或药材市场购买相应药材作为实验样品。

（二）DNA 条形码分析

1. DNA 提取

用灭菌后的骨钻取样品粉末约 20mg，使用动物 DNA 提取试剂盒（北京天恩泽基因科技有限公司）提取总 DNA。

2. PCR 扩增

用扩增 Cyt b 序列通用引物和相关条件进行 PCR 扩增。

（1）引物对

上游引物 Cyt b-L（5′→3′：CCATCCAACATCTCAGCATGATGA）、下游引物 Cyt b-H（5′→3′：CCCTCAGAATGATATTTGTCCTCA）。

（2）扩增体系

10×PCR 缓冲液 2.5μl，dNTP 混合液 1μl，引物对 P-1、P-2 各 0.25μl，耐热 DNA 聚合酶 0.25μl，DNA 模板 1μl，用灭菌双蒸水补足反应总体积至 25μl。

（3）扩增程序

95℃预变性 5min；95℃变性 30s，52℃退火 30s，72℃延伸 45s（进行 40 个循环）； 72℃延伸 5min。95℃变性 5min。

（4）扩增产物电泳结果

用 1.2% 的琼脂糖凝胶电泳，上 5μl 的 PCR 产物，180V 电压下电脉 20min。DL2000 Marker 从上至下为 2000、1000、750、500、250 和 100 bp（Takara 公司），在 330bp 附近出现亮带。如图 15-7 可看出，各样品条带清晰，DNA 扩增成功，进行测序。

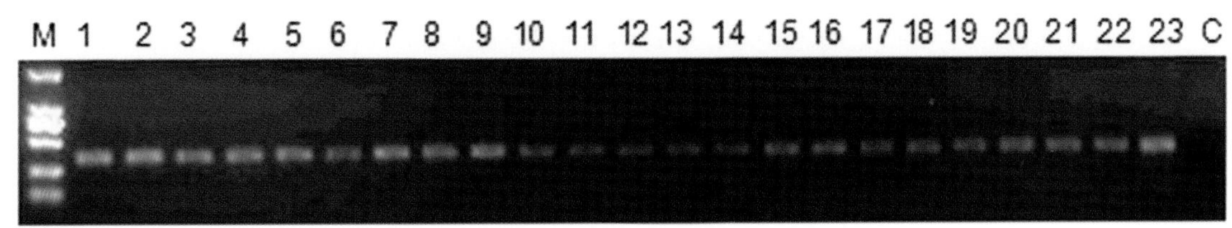

图 15-7　扩增产物电泳结果

M：Marker　1~23：动物样本　C：空白对照

3. 测序

在 330bp 附近出现亮带的样品，其 PCR 产物进行双向测序（上海美吉生物医药科技有限公司）。测序后得到正反两向峰图，采用 Chromas、Clustal X 软件进行拼接并辅以人工校正，去除两端引物序列，获得长度为 220bp 的样品序列。并将所得序列登录到 GenBank 和 BOLD 系统，获得登录号。

4. 序列排列和分析

利用 BioEdit 与 Clustal X 等软件对测序所得序列进行排序比对并辅以手工校正，去除引物区，获得长度为 209bp 的样品序列，然后在 GenBank（http：//www.ncbi.nlm.nih.gov/genbank/）（图 15-8）中用 BLAST 程序进行相似性检索确定基因片段，将序列登录到 GenBank 系统。将所有序

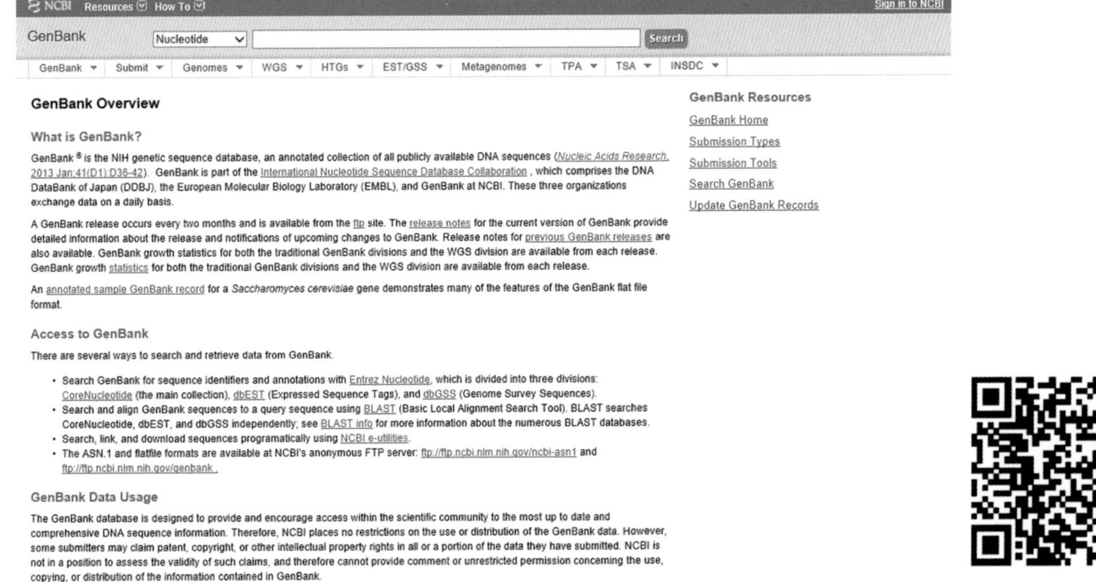

图 15-8　GenBank 网页与网址

列用 MEGA5.0 软件比对，进行 Kimura 双参数（Kimura 2-parameter）遗传距离等分析，用邻接法（neighbour-joining method，NJ 法）对比对的序列构建系统聚类树。系统树各分支的置信度用自举检验法（bootstrap test），检验各分支的支持率，共进行 1000 次循环。

5. 结果

（1）各样本 Cyt b 序列结果

见表 15-1。

表 15-1　各样本序列信息

样本编号	物种	拉丁名	基因片段	提交者
ACE01	马鹿	*Cervus elaphus*	Cyt b	蒋超*
ACE02	马鹿	*Cervus elaphus*	Cyt b	蒋超
ACE03	马鹿	*Cervus elaphus*	Cyt b	蒋超
ACE04	马鹿	*Cervus elaphus*	Cyt b	蒋超
ACE05	马鹿	*Cervus elaphus*	Cyt b	蒋超
ACE06	马鹿	*Cervus elaphus*	Cyt b	蒋超
ACE07	马鹿	*Cervus elaphus*	Cyt b	蒋超
ACE08	马鹿	*Cervus elaphus*	Cyt b	蒋超
ACE09	马鹿	*Cervus elaphus*	Cyt b	蒋超
ACE10	马鹿	*Cervus elaphus*	Cyt b	蒋超
ACE11	马鹿	*Cervus elaphus*	Cyt b	蒋超
ACE12	马鹿	*Cervus elaphus*	Cyt b	蒋超
ACE13	马鹿	*Cervus elaphus*	Cyt b	蒋超
ACN01	梅花鹿	*Cervus nippon*	Cyt b	蒋超
ACN02	梅花鹿	*Cervus nippon*	Cyt b	蒋超
ACN03	梅花鹿	*Cervus nippon*	Cyt b	蒋超
ACN04	梅花鹿	*Cervus nippon*	Cyt b	蒋超
ACN05	梅花鹿	*Cervus nippon*	Cyt b	蒋超
ACN06	梅花鹿	*Cervus nippon*	Cyt b	蒋超
ACN07	梅花鹿	*Cervus nippon*	Cyt b	蒋超
ACN08	梅花鹿	*Cervus nippon*	Cyt b	蒋超
ACN09	梅花鹿	*Cervus nippon*	Cyt b	蒋超
AOH01	黑尾鹿	*Odocoileus hemionus*	Cyt b	蒋超

续表

样本编号	物种	拉丁名	基因片段	提交者
APA01	白唇鹿	*Przewalskium albirostris*	Cyt b	蒋超
ART01	驯鹿	*Rangifer tarandus*	Cyt b	蒋超
ART02	驯鹿	*Rangifer tarandus*	Cyt b	蒋超
ART03	驯鹿	*Rangifer tarandus*	Cyt b	蒋超
ART04	驯鹿	*Rangifer tarandus*	Cyt b	蒋超
ART05	驯鹿	*Rangifer tarandus*	Cyt b	蒋超
ART06	驯鹿	*Rangifer tarandus*	Cyt b	蒋超
ART07	驯鹿	*Rangifer tarandus*	Cyt b	蒋超
ART08	驯鹿	*Rangifer tarandus*	Cyt b	蒋超
ART09	驯鹿	*Rangifer tarandus*	Cyt b	蒋超

注：* 代表该数据来源于中药分子鉴定网络平台数据库（www.tcmmm.com.cn）。

（2）碱基组成

应用 MEGA5.0 软件 Statistic 程序分析 207bp 公共区段序列碱基组成与变异位点情况。鹿茸与其主要混伪品的 Cyt b 序列存在较多变异位点，有 50 个变异位点，157 个保守位点；马鹿中 A、T、C、G 碱基平均含量分别为 30.6%、26.8%、31.6%、11.0%；GC 含量范围为 41.7%~43.0%，平均 GC 含量为 42.5%；梅花鹿中 A、T、C、G 碱基平均含量分别为 30.9%、27.5%、30.9%、10.6%；GC 含量范围均为 41.5%。驯鹿中 A、T、C、G 碱基平均含量分别为 31.8%、29.3%、29.0%、9.8%；GC 含量范围为 37.9%~42.0%，平均 GC 含量为 38.9%。（表 15-2）

表 15-2　33 条鹿茸 207bp 序列片段的碱基组成

名称	T（U）	C	A	G	总数	GC 含量 /%
ACE01	27.2	31.1	30.1	11.7	206.0	42.7
ACE02	27.2	31.1	30.1	11.7	206.0	42.7
ACE03	27.1	31.4	30.4	11.1	207.0	42.5
ACE04	26.4	31.7	31.7	10.1	208.0	41.8
ACE05	26.6	31.9	30.9	10.6	207.0	42.5
ACE06	26.6	31.9	30.9	10.6	207.0	42.5
ACE07	26.6	31.9	30.9	10.6	207.0	42.5
ACE08	26.6	31.9	30.9	10.6	207.0	42.5
ACE09	26.6	31.9	30.9	10.6	207.0	42.5

续表

名称	T（U）	C	A	G	总数	GC 含量 /%
ACE10	26.7	31.6	31.6	10.2	206.0	41.7
ACE11	27.1	31.4	30.0	11.6	207.0	43.0
ACE12	27.1	31.4	30.0	11.6	207.0	43.0
ACE13	27.1	31.4	30.0	11.6	207.0	43.0
ACN01	27.5	30.9	30.9	10.6	207.0	41.5
ACN02	27.5	30.9	30.9	10.6	207.0	41.5
ACN03	27.5	30.9	30.9	10.6	207.0	41.5
ACN04	27.5	30.9	30.9	10.6	207.0	41.5
ACN05	27.5	30.9	30.9	10.6	207.0	41.5
ACN06	27.5	30.9	30.9	10.6	207.0	41.5
ACN07	27.5	30.9	30.9	10.6	207.0	41.5
ACN08	27.5	30.9	30.9	10.6	207.0	41.5
ACN09	27.5	30.9	30.9	10.6	207.0	41.5
AOH01	27.5	29.5	32.9	10.1	207.0	39.6
APA01	26.7	32.0	30.1	11.2	206.0	43.2
ART01	29.5	28.5	32.4	9.7	207.0	38.2
ART02	29.4	30.4	30.4	9.8	204.0	40.2
ART03	27.8	31.2	30.2	10.7	205.0	42.0
ART04	29.0	29.0	32.4	9.7	207.0	38.6
ART05	30.1	28.2	32.0	9.7	206.0	37.9
ART06	29.5	28.5	32.4	9.7	207.0	38.2
ART07	29.5	28.5	32.4	9.7	207.0	38.2
ART08	29.5	28.5	32.4	9.7	207.0	38.2
ART09	29.6	28.6	32.0	9.7	206.0	38.3
平均	27.7	30.7	31.1	10.5	206.7	41.2

（3）种内变异

马鹿的 13 条种内序列，转换总数为 10，在 1、40、112、188 的位置进行 T-C 转换，在 37、70、119、124、133、148 的位置进行 A-G 转换；颠换总数为 1，在 189 的位置 G-C 颠换。马鹿种内平均 Kimura 双参数（Kimura 2-parameter）距离为 0.033，种内最大 Kimura 双参数距离为 0.075。（表 15-3、表 15-4）

表 15-3 马鹿种内变异位点情况统计表

变异类型		变异位点	总数
转换	T—C	1、40、112、188	10
	A—G	37、70、119、124、133、148	
颠换	G—C	189	1
	A—T	—	

表 15-4 马鹿种内的 Kimura 双参数遗传距离

	物种	1	2	3	4	5	6	7	8	9	10
1	ACE01										
2	ACE02	0.000									
3	ACE03	0.062	0.062								
4	ACE04	0.020	0.020	0.075							
5	ACE05	0.020	0.020	0.075	0.000						
6	ACE06	0.038	0.038	0.031	0.049	0.049					
7	ACE07	0.038	0.038	0.031	0.049	0.049	0.000				
8	ACE08	0.038	0.038	0.031	0.049	0.049	0.000	0.000			
9	ACE09	0.038	0.038	0.031	0.049	0.049	0.000	0.000	0.000		
10	ACE10	0.044	0.044	0.037	0.056	0.056	0.015	0.015	0.015	0.015	
11	ACE11	0.010	0.010	0.062	0.031	0.031	0.038	0.038	0.038	0.038	0.044
12	ACE12	0.010	0.010	0.062	0.031	0.031	0.038	0.038	0.038	0.038	0.044
13	ACE13	0.010	0.010	0.062	0.031	0.031	0.038	0.038	0.038	0.038	0.044

梅花鹿的 9 条种内序列，其转换 / 颠换值为 6；转换总数为 4，在 25、40 的位置进行 T—C 转换，在 91、104 的位置进行 A—G 转换；颠换总数为 0。梅花鹿种内平均 Kimura 双参数距离为 0.008，种内最大 Kimura 双参数距离为 0.038。（表 15-5、表 15-6）

表 15-5 梅花鹿种内变异位点情况统计表

变异类型		变异位点	总数
转换	T—C	25、40	4
	A—G	91、104	
颠换	G—C	—	0
	A—T		

表 15-6 梅花鹿种内的 Kimura 双参数遗传距离

	物种	1	2	3	4	5	6	7	8	9
1	ACN01	0.038								
2	ACN02	0.038	0.000							
3	ACN03	0.038	0.000	0.000						
4	ACN04	0.038	0.000	0.000	0.000					
5	ACN05	0.038	0.000	0.000	0.000	0.000				
6	ACN06	0.038	0.000	0.000	0.000	0.000	0.000			
7	ACN07	0.038	0.000	0.000	0.000	0.000	0.000	0.000		
8	ACN08	0.038	0.000	0.000	0.000	0.000	0.000	0.000	0.000	
9	ACN09	0.038	0.000	0.000	0.000	0.000	0.000	0.000	0.000	0.000

驯鹿的种内最大 Kimura 双参数距离为 0.056，平均种内 Kimura 双参数距离为 0.047。（表 15-7）

表 15-7 5 种鹿茸的种内遗传距离

鹿茸的种类	ACE	ACN	AOH	APA	ART
最小种内遗传距离	0	0	0	0	0
最大种内遗传距离	0.075	0.038	0	0	0.056
平均种内遗传距离	0.033	0.008	0	0	0.047

ACE：（*Cervus elaphus*）马鹿；ACN：（*Cervus nippon*）梅花鹿；AOH：（*Odocoileus hemionus*）黑尾鹿；APA：（*Przewalskium albirostris*）白唇鹿；ART：（*Rangifer tarandus*）驯鹿。

（4）种间变异

种间平均 Kimura 双参数距离为 0.119，最小种间平均 Kimura 双参数距离值出现在梅花鹿与白唇鹿之间为 0.039，大于 Hebert 所推荐的物种鉴定最小种间遗传距离 0.027；最大种间变异为 0.180，出现在梅花鹿和黑尾鹿之间。梅花鹿与白唇鹿的种间遗传距离最小，与黑尾鹿的种间遗传距离最大。（表 15-8）

表 15-8 平均种间距离

物种	ACE	ACN	AOH	APA	ART
ACE					
ACN	0.057				
AOH	0.147	0.180			
APA	0.041	0.039	0.159		
ART	0.135	0.142	0.153	0.138	

ACE：（*Cervus elaphus*）马鹿；ACN：（*Cervus nippon*）梅花鹿；AOH：（*Odocoileus hemionus*）黑尾鹿；APA：（*Przewalskium albirostris*）白唇鹿；ART：（*Rangifer tarandus*）驯鹿。

（5）鹿茸及其混伪品邻接（NJ）树

基于 5 种鹿茸的 33 个 Cyt b 序列，通过邻接法所构建的系统聚类树图（图 15-9），可以看出同属序列聚在一起，且各物种又形成相对独立的支。从基于 Cyt b 序列的邻接树中明显地看到，鹿茸（马鹿、梅花鹿）与其混伪品能够很好地区分开。

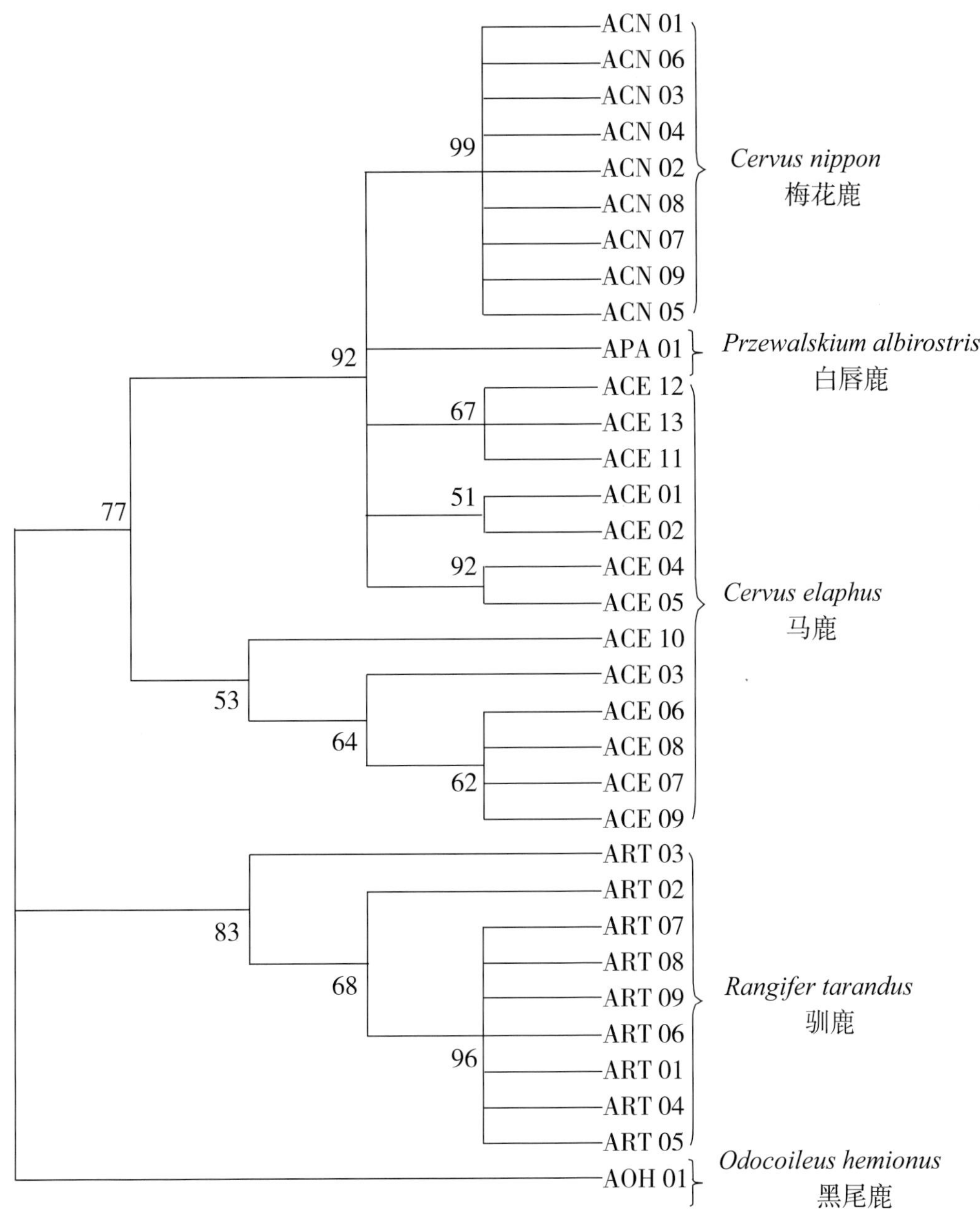

图 15-9　基于 Cyt b 序列构建的鹿茸及其混伪品的邻接树

注：1000 次自举循环，支上数值仅显示自举支持率≥ 50%。

（三）DNA 条形码鉴定技术操作规程（SOP）

1. 保存

野外采集的新鲜组织用 95% 乙醇固定，干燥组织存放于 4℃冰箱。

2. 前处理

用灭菌后的骨钻取样品粉末约 20mg。

3. 提取

使用动物 DNA 提取试剂盒（北京天恩泽基因科技有限公司）提取总 DNA，步骤按说明书进行。

4. 扩增

DNA 提取液用 Cyt b 通用引物和相关条件进行 PCR 扩增。

（1）引物对

上游引物 Cyt b-L（5′→3′：CCATCCAACATCTCAGCATGATGA）、下游引物 Cyt b-H（5′→3′：CCCTCAGAATGATATTTGTCCTCA）。

（2）扩增体系

10×PCR 缓冲液 2.5μl，dNTP 混合液 1μl，引物对 P-1、P-2 各 0.25μl，耐热 DNA 聚合酶 0.25μl，DNA 模板 1μl，用灭菌双蒸水补足反应总体积至 25μl。

（3）扩增程序

95℃预变性 5min；95℃变性 30s，52℃退火 30s，72℃延伸 45s（进行 40 个循环）； 72℃延伸 5min。其中退火温度可视扩增结果上下调整。

（4）扩增产物电泳结果

扩增液进行 1.2% 琼脂糖电泳检测，并凝胶成像，330bp 附近有亮带者送测序。

5. 测序

测序所得原始图谱应为清晰的单峰图谱，干扰信息应低于正常信号的 10%。

6. 拼接

测序结果利用 Chromas、 Clustal X 校对拼接测序峰图，去除引物区，获得长度为 200bp 的样品序列。

7. 鉴定

所得序列在 BOLD 网站上的鉴定引擎（http://www.boldsystems.org/index.php/ IDS_OpenIdEngine）（图 15-10），对其相似度进行检索以确定样本基原； 或者进入 NCBI 网站，进行在线 BLAST 比对，确定 DNA 序列物种。

BOLDSYSTEMS
Databases | Taxonomy | Identification | Workbench | Resources
Identification Request
Print
Animal Identification [COI]
Fungal Identification [ITS]
Plant Identification [rbcL & matK]
The BOLD Identification System (IDS) for COI accepts sequences from the 5' region of the mitochondrial Cytochrome c oxidase subunit I gene and returns a species-level identification when one is possible. Further validation with independent genetic markers will be desirable in some forensic applications.
Historical Databases: Jul-2015 Jul-2014 Jul-2013 Jul-2012 Jul-2011 Jul-2010 Jul-2009
Search Databases:
All Barcode Records on BOLD (4,528,986 Sequences)
Every COI barcode record on BOLD with a minimum sequence length of 500bp (warning: unvalidated library and includes records without species level identification). This includes many species represented by only one or two specimens as well as all species with interim taxonomy. This search only returns a list of the nearest matches and does not provide a probability of placement to a taxon.
Species Level Barcode Records (2,607,022 Sequences/174,825 Species/63,183 Interim Species)
Every COI barcode record with a species level identification and a minimum sequence length of 500bp. This includes many species represented by only one or two specimens as well as all species with interim taxonomy.
Public Record Barcode Database (990,838 Sequences/85,083 Species/18,054 Interim Species)
All published COI records from BOLD and GenBank with a minimum sequence length of 500bp. This library is a collection of records from the published projects section of BOLD.
Full Length Record Barcode Database (1,643,813 Sequences/156,874 Species/54,767 Interim Species)
Subset of the Species library with a minimum sequence length of 640bp and containing both public and private records. This library is intended for short sequence identification as it provides maximum overlap with short reads from the barcode region of COI.
Enter sequences in fasta format:
Submit

图 15-10　BOLD 网页与网址

四、Cyt b 条形码序列

（一）马鹿

CTATACCCCAGCAAATCCACTCAACACACCCCCTCACATTAAACCTGAATGATATTTCCTATTTGCATACGCAATCCTACGATCAATTCCCAACAAACTAGGAGGGGTCTTAGCCCTAGTCTCATCTATCCTAATCTTGATTCTCATGCCTCTTCTTCACACGTCCAAACAACGCAGCATGATATTCCGACCATTCAGCCAATGCTATTCTGAAA

（二）梅花鹿

CAGACAACTATACCCCAGCAAATCCACTCAACACACCCCCTCACATCAAACCTGAATGATACTTCCTATTTGCATACGCAATCCTACGATCAATTCCCAACAAATTAGGAGGAGTCTTAGCCCTAATCTCATCTATCCTAATCTTGATTCTCATGCCTTTTCTTCACACGTCCAAACAACGTAGCATGATATTCCGACCATTCAGCCAATGCCTATTCTGAAA

（三）黑尾鹿

TCATCAGCCAGTCACAGGACATTTATACCCCAGCAAATCCACTCAATACCCCTCCCCATATTAAACCTGAATGATACTTCCTGTTTGCATACGCAATCTTACGATCAATTCCAAACAAACTAGG

AGGAGGATTAGCCCTAGTCTCATCTATCTTAATCCTAATTCTCATACCCCTACTTCATACATCTAAACAACGCAGCATAATATTCCGACCATTCAGCCAATGCCTATTCTGAAA

（四）白唇鹿

CCCCAGCAATCCACTCAACACACCCCCTCACATCAAACCTGAATGATATTTCCTATTTGCATACGCAATCCTACGATCAATTCCTAACAAACTAGGAGGAGTCCTAGCCCTAGTCTCATCTATCCTAATCTTGATTCTCATGCCTCTTCTTCACACGTCCAAACAACGCAGCATGATATTCCGACCATTCAGCCAATGCCTATTCTGAAA

（五）驯鹿

ACAACTATACCCCAGCAAACCCACTCAACACTCCCCCTCATATTAAACCTGAATGATACTTTCTATTCGCATACGCAATCCTACGATCAATTCCAAATAAACTAGGAGGAGTCCTAGCTCTAGTCTTATCTATCCTAATCTTAATTCTTATACCTTTACTTCATACATCCAAACAGCGTAGCATAATATTCCGACCATTCAGCCAATGCCTATTCTGAAA

第十六章 羚羊角类

一、概述

（一）资源状况

羚羊角（图 16–1）为我国重点保护野生药材，具有平肝息风、清肝明目、散血解毒之功效。据 2015 年版《中国药典》记载，羚羊角为牛科动物赛加羚羊（高鼻羚羊 *Saiga tatarica* Linnaeus）的角。猎取后锯取其角，晒干。高鼻羚羊为国家Ⅰ级保护野生动物。禁止猎捕野生高鼻羚羊和养殖高鼻羚羊，药用自然淘汰品。

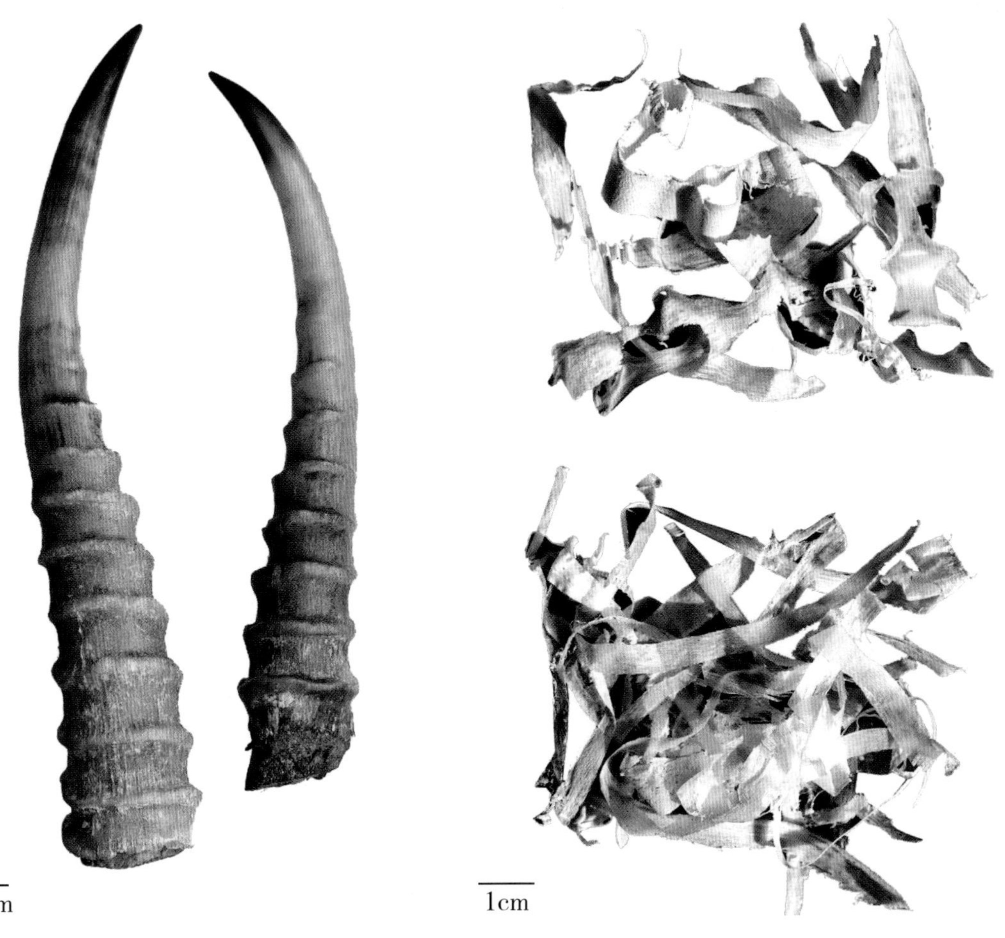

图 16–1　羚羊角药材和饮片

（二）本草源流

羚羊角入药始载于《神农本草经》，列为中品。《名医别录》记载："生石城山川谷及华阴山。"《本草经集注》记载为："建平、宜都诸蛮中及西域。多两角，一角者为胜。"《新修本草》载羚羊角产地为：南山、商、浙；梁州、直州、洋。其形状为：细如人指，长四五寸。《本草图经》记载产地为：秦、陇、龙、蜀、金、商州。明代《本草汇言》记载："羚羊角白亮如玉，长七八寸。"清代《本草从新》认为："羚羊角明亮而尖，不黑者良。"综上所述，古代羚羊角产地主要为今之甘肃、青海、陕西、四川、内蒙古西南部及宁夏等地。从产地、角形分析，古代所用羚羊角主要为分布于我国西北地区的鹅喉羚、黄羊、小羚羊、斑羚等动物之角。而色白之羚羊角与现代所用高鼻羚羊角药材相符。可知高鼻羚羊角入药始于明代，并逐渐被视为羚羊角之正品。2015 年版《中国药典》规定高鼻羚羊角为羚羊角之正品。

山羊角入药始载于《神农本草经》，列为中品。《名医别录》载："羖羊生河西（今云南通海县西北）。"《本草经集注》言："羊有三四种，最以青色者为胜，次者乌羊。"《本草图经》云："羊之种类亦多，而羖羊亦有褐色、黑色、白色者。毛长尺余，亦谓之羖羺羊，北人引大羊以此群羊为首。"《本草衍义》记载："羖羊角出陕西、河东，谓之羖羺羊，尤狠健，毛最长而厚，此羊可入药。"《本草纲目》曰："生江南者为吴羊，头身相等而毛短；生秦晋（今陕西、山西）者为夏羊，头小身大而毛长，土人二岁而剪其毛，以为毡物，谓之绵羊。"综上所述，古代所言羖羊主要为两种即短毛之吴羊与长毛之羖羺羊或称夏羊、绵羊。吴羊即为今之山羊，羖羺羊即为今之绵羊。

（三）科研背景

羚羊角产量甚少，市场需求大，需求与供应严重矛盾，导致羚羊角在市场上存在严重的以假充真、以次充好的现象，给消费者造成很大损失。根据对羚羊角商品药材调查，鉴定出羚羊角药材基原动物 4 种包括高鼻羚羊、鹅喉羚、山羊、普氏原羚，严重威胁到羚羊角临床用药安全，亟需建立一套准确、有效的羚羊角药材鉴定方法，确保药材质量。近年来，已有不同文献报道对羚羊角及其混伪品的 PCR 鉴别研究。高特异性 PCR 方法能快速、高效地鉴定目标物种。

二、物种信息

（一）高鼻羚羊 *Saiga tatarica* (Linnaeus)

形态特征：头体长 1.0~1.4m，肩高 60~80cm，体重 26~59kg。体型中等、外表笨拙的羚羊。具有极度膨大、向下的鼻孔，侧面看来像骡子；鼻端大，鼻中间具槽，鼻孔呈现明显的筒状，整个鼻子呈肿胀状突起，故称为高鼻羚羊。耳郭短小，眼眶突出。雄性具角 1 对，不分叉。角自基部长出后几乎竖直向上，至生长到整个角长的 1/3 高度时，二角略向外斜，接着又往上、往里靠近又再微微往外，最后双角尖相向略往内弯。角尖端平滑，而下半段具环棱。角呈半透明状，黄蜡色。整个体色呈灰黄色，但是体侧较灰白。冬毛色显得更淡。（图16–2）

生境分布：生活于荒漠、半荒漠开阔地带。国内仅分布于新疆北部的边境地区。为国家Ⅰ级保护野生动物。

图 16–2（1） 高鼻羚羊

图 16–2（2） 高鼻羚羊

（二）普氏原羚 *Procapra przewalskii* (Buchner)

形态特征：头体长 109~160cm，肩高 50~70cm，体重 17~32kg。外形似黄羊，界于黄羊与藏原羚之间。整个体色亦与黄羊、原羚相仿，唯其独特之处是一对角尖明显往内侧钩曲，此点不同于黄羊及原羚。（图 16-3）

生境分布：栖息于高海拔的干草原地带，包括开阔谷底、起伏地带、沙丘和湿地草原。主要以禾本科草类、芦苇尖为食物。小群生活，一夫多妻交配制度。分布于内蒙古、甘肃、青海等地。现局限于青海湖边（1997）。普氏原羚是我国特有的哺乳动物中数量最少的物种。IUCN（2009）：濒危（EN），C2a（i）。为国家 I 级保护野生动物。药用自然淘汰品。

图 16-3　普氏原羚

（三）山羊 *Capra hircus* Linnaeus

形态特征：体重比绵羊小得多，最小的成体山羊 9~10kg，最大 35kg。山羊的体型与绵羊相反，前者瘦而后者肥胖。头面狭而略尖，颌下具须，此点不同于绵羊。一般雌雄都有角，角小而较直，角型简单。通体被毛，毛直而不卷曲，长度适中，绒毛细短。山羊的毛色基本是白色者多，但也有纯黑、灰色或灰褐色的。这主要是因为随着人们对品种的不断改良，其毛色亦在不断改变。（图 16-4）

图 16-4　山羊

生境分布：多栖息于海拔较高、人迹罕至的山林中，多在阳坡活动。分布于华北、东北及陕西、甘肃、浙江、四川、云南等地。有人工养殖。

（四）鹅喉羚 *Gazella subgutturosa* (Guldenstaedt)

形态特征：头体长 88~109cm，肩高 60~70cm，尾长 12~17cm，体重 29~42kg。体似黄羊，但较黄羊小，耳较长而大。在颈的前下部有 1 个瘤状物，故名。雄羚有角，角形微向后弯，近尖端略微向上，再向内弯转。角基部较粗，环棱紧密，角尖光滑无棱。环棱随年龄增加。雌羚无角，但在相应部位也有较高的突起。背毛为褐色，吻鼻部由上唇到眼平线白色，略染棕黄色调。额部、眼间至角基以及枕部，均呈棕灰，其间杂以少许黑毛，有些则呈黄白色。胸部及四肢内侧为污白色。臀部白色。尾黑棕色，但近基部的半段毛尖为赭黄色。（图 16–5）

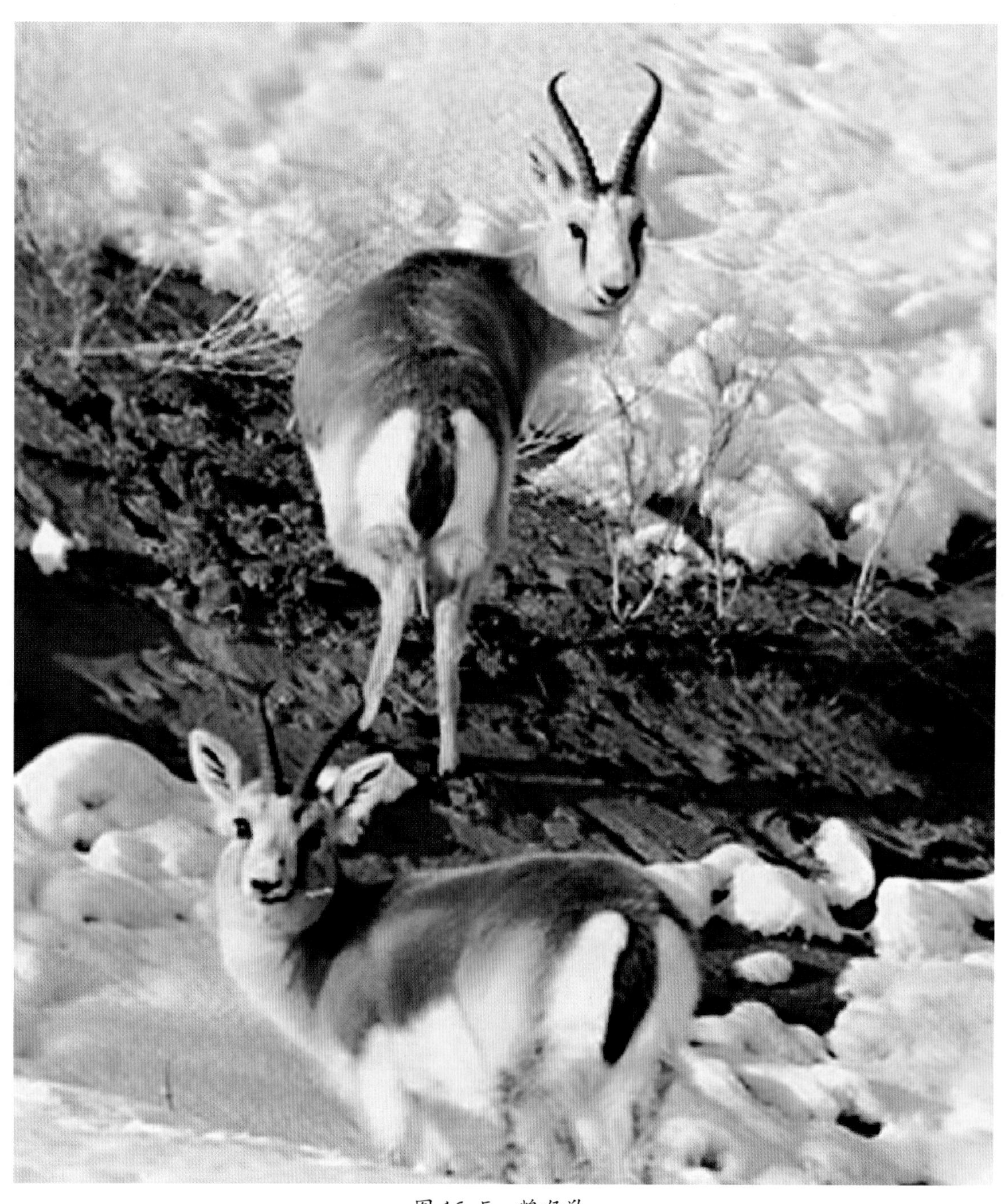

图 16–5　鹅喉羚

生境分布：典型的荒漠和半荒漠地区的种类，喜在开旷的地方活动，善跑，集群，白昼活动。能耐旱。很少饮水。主要以猪毛菜属、葱属、戈壁羽茅、艾蒿类以及其他禾本科草类等为食。分布于内蒙古、新疆、西藏、青海、甘肃、宁夏、陕西北部等地。国家Ⅱ级重点保护野生动物。未经批准不得捕猎野生物种。药用人工养殖品或自然淘汰品。

三、实验研究

（一）实验样品采（收）集

除山羊外，其他均为国家保护动物，未经批准不得猎捕野生物种，药用人工养殖品（高鼻羚羊除外）或自然淘汰品，故此次研究直接从药材市场购买相应药材作为实验样品。

（二）DNA 条形码分析

1. DNA 提取

用灭菌后的骨钻取样品粉末约 20mg，使用动物 DNA 提取试剂盒（北京天恩泽基因科技有限公司）提取总 DNA。

2. PCR 扩增

（1）使用 *CO* Ⅰ序列扩增

1）扩增 *CO* Ⅰ序列通用引物：上游引物 L*CO* 1490（5′→3′：GGTCAACAAATCATAAAGATATTGG）、下游引物 H*CO* 2198（5′→3′：TAAACTTCAGGGTGACCAAAAAATCA）。

2）PCR 反应体系：10×PCR 缓冲液 2.5μl，dNTP 混合液 1μl，引物对 P-1、P-2 各 0.25μl，耐热 DNA 聚合酶 0.25μl，DNA 模板 1μl，用灭菌双蒸水补足反应总体积至 25μl。

3）扩增程序：95℃预变性 5min；95℃变性 30s，52℃退火 30s，72℃延伸 45s（进行 40 个循环）；72℃延伸 5min。95℃变性 5min。

4）扩增产物电泳结果：用 1.2% 的琼脂糖凝胶电泳，加 PCR 产物 5μl，180V 电压下电泳 20min。DL2000 Marker 从上至下为 2000、1000、750、500、250 和 100 bp（Takara 公司），在 600bp 附近出现亮带。各样品条带清晰，DNA 扩增成功，进行测序。

（2）使用 Cyt b 序列扩增

1）扩增 Cyt b 序列通用引物：上游引物 Cyt b-L（5′→3′：CCATCCAACATCTCAGCATGATGA），下游引物 Cyt b-H（5′→3′：CCCTCAGAATGATATTTGTCCTCA）。

2）PCR 反应体系：10×PCR 缓冲液 2.5μl，dNTP 混合液 1μl，引物对 P-1、P-2 各 0.25μl，耐热 DNA 聚合酶 0.25μl，DNA 模板 1μl，用灭菌双蒸水补足反应总体积至 25μl。

3）扩增程序：95℃预变性 5min；95℃变性 30s，52℃退火 30s，72℃延伸 45s（进行 40 个循环）；72℃延伸 5min。95℃变性 5min。

4）扩增产物电泳结果：用 1.2% 的琼脂糖凝胶电泳，加 PCR 产物 5μl，180V 电压下电泳 20min。DL2000 Marker 从上至下为 2000、1000、750、500、250 和 100 bp（Takara 公司），在 330bp 附近出现亮带。各样品条带清晰，DNA 扩增成功，进行测序。

3. 测序

CO Ⅰ序列扩增，在 600bp 附近出现亮带的样品；Cyt b 序列扩增，在 330bp 附近出现亮带的样品，其 PCR 产物进行双向测序（上海美吉生物医药科技有限公司）。测序后得到正反两向峰图，采用 Chromas、Clustal X 软件进行拼接并辅以人工校正，去除两端引物序列，获得长度为 440bp 的 *CO* Ⅰ样品序列；获得长度为 320bp 的 Cyt b 样品序列。并将所得序列登录到 GenBank 和 BOLD 系统，获得登录号。

4. 序列排列和分析

利用 BioEdit 、Clustal X 等软件对测序所得序列进行排序比对并辅以手工校正，去除引物区，获得长度为 389bp 的 *CO* Ⅰ样品序列；获得长度为 313bp 的 Cyt b 样品序列。然后在 GenBank（http://www.ncbi.nlm.nih.gov/genbank/）（图 16–6）中用 BLAST 程序进行相似性检索确定基因片段，将序列登录到 GenBank 系统。将所有序列用 MEGA5.0 软件比对，进行 Kimura 双参数（Kimura 2–parameter）遗传距离等分析，用邻接法对比对的序列构建系统聚类树。系统树各分支的置信度用自举检验法（bootstrap test），检验各分支的支持率，共进行 1000 次循环。

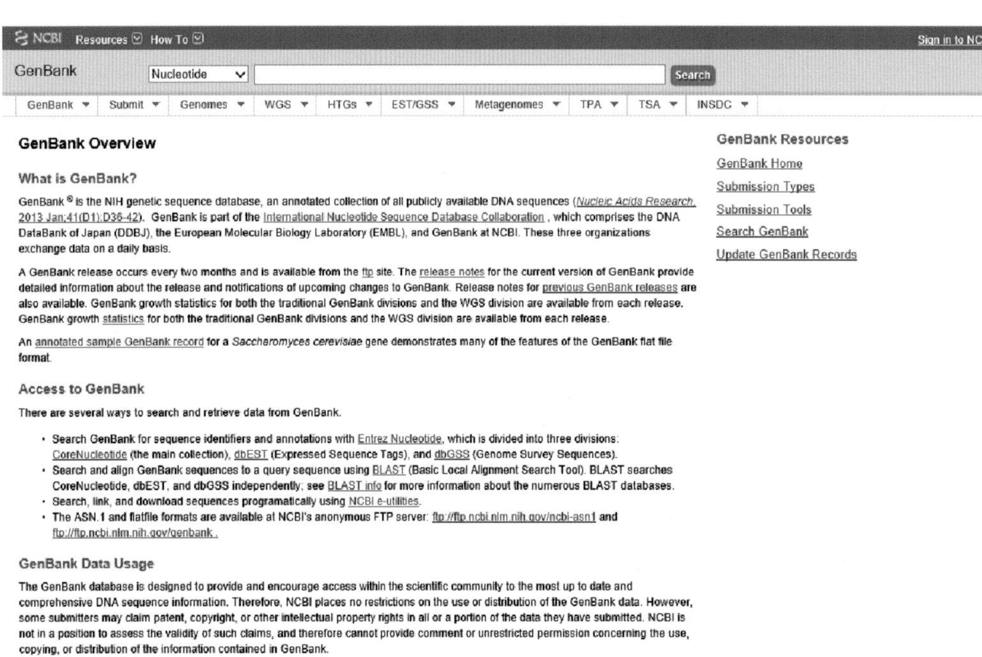

图 16–6　GenBank 网页与网址

5. 结果

（1）各样本 Cyt b 序列

结果见表 16–1。

表 16-1 各样本序列信息

样本编号	物种	拉丁名	基因片段	提交者
ACH01	山羊	*Capra hircus*	*CO* Ⅰ	童宇茹*
ACH02	山羊	*Capra hircus*	*CO* Ⅰ	童宇茹
ACH03	山羊	*Capra hircus*	*CO* Ⅰ	童宇茹
ACH04	山羊	*Capra hircus*	*CO* Ⅰ	童宇茹
ACH05	山羊	*Capra hircus*	Cyt b	童宇茹
ACH06	山羊	*Capra hircus*	Cyt b	童宇茹
ACH07	山羊	*Capra hircus*	Cyt b	童宇茹
ACH08	山羊	*Capra hircus*	Cyt b	童宇茹
ACH09	山羊	*Capra hircus*	Cyt b	童宇茹
AGS01	鹅喉羚	*Gazella subgutturosa*	*CO* Ⅰ	童宇茹
AGS02	鹅喉羚	*Gazella subgutturosa*	*CO* Ⅰ	童宇茹
AGS03	鹅喉羚	*Gazella subgutturosa*	Cyt b	童宇茹
AGS04	鹅喉羚	*Gazella subgutturosa*	Cyt b	童宇茹
AST01	高鼻羚羊	*Saiga tatarica*	*CO* Ⅰ	童宇茹
AST02	高鼻羚羊	*Saiga tatarica*	*CO* Ⅰ	童宇茹
AST03	高鼻羚羊	*Saiga tatarica*	*CO* Ⅰ	童宇茹
AST04	高鼻羚羊	*Saiga tatarica*	*CO* Ⅰ	童宇茹
AST05	高鼻羚羊	*Saiga tatarica*	Cyt b	童宇茹
AST06	高鼻羚羊	*Saiga tatarica*	Cyt b	童宇茹
AST07	高鼻羚羊	*Saiga tatarica*	Cyt b	童宇茹
AST08	高鼻羚羊	*Saiga tatarica*	Cyt b	童宇茹
AST09	高鼻羚羊	*Saiga tatarica*	Cyt b	童宇茹
APP01	普氏原羚	*Procapra przewalskii*	Cyt b	童宇茹
APP02	普氏原羚	*Procapra przewalskii*	Cyt b	童宇茹

注：* 表示该数据来源于中药分子鉴定网络平台数据库（www.tcmmm.com.cn）。

（2）碱基组成

应用 MEGA5.0 软件 Statistic 程序分析高鼻羚羊及其主要混伪品的 *CO* Ⅰ序列 310bp 公共区段序列碱基组成情况。高鼻羚羊 4 条序列中，A、T、C、G 碱基平均含量分别为 29.4%、28.9%、26.4%、15.3%；GC 含量范围为 40.5%~43.0%，平均 GC 含量为 41.7%。4 条山羊序列中，A、T、C、G 碱基平均含量分别为 28.8%、28.6%、 28.0%、14.6%；GC 含量范围为 40.9%~43.6%，平均

GC 含量为 42.6%；2 条鹅喉羚序列中，A、T、C、G 碱基平均含量分别为 29.8%、28.8%、29.4%、12.0%；GC 含量范围分别为 42.3%、40.6%，平均 GC 含量为 41.4%。（表 16–2）

表 16-2　10 条羚羊 388bp *CO* Ⅰ序列片段的碱基组成

样品名称	碱基组成					GC 含量 /%
	T（U）	C	A	G	总数	
ACH01	27.8	28.1	28.6	15.5	388.0	43.6
ACH02	30.6	27.5	28.5	13.4	389.0	40.9
ACH03	28.1	28.4	29.4	14.2	388.0	42.5
ACH04	27.8	28.1	28.6	15.5	388.0	43.6
AGS01	28.1	29.6	29.6	12.6	388.0	42.3
AGS02	29.5	29.2	30.0	11.4	387.0	40.6
AST01	29.6	26.0	28.1	16.2	388.0	42.3
AST02	28.9	26.5	28.1	16.5	388.0	43.0
AST03	28.6	26.3	30.4	14.7	388.0	41.0
AST04	28.6	26.5	30.9	13.9	388.0	40.5
平均	28.8	27.6	29.2	14.4	388.0	42.0

应用 MEGA5.0 软件 Statistic 程序分析高鼻羚羊及其主要混伪品的 Cyt b 序列 310bp 公共区段序列碱基组成情况。高鼻羚羊 5 条序列中，A、T、C、G 碱基平均含量分别为 26.3%、30.1%、14.9%、28.7%；GC 含量范围为 43.4%~44.1%，平均 GC 含量为 43.6%。5 条山羊序列中，A、T、C、G 碱基平均含量分别为 28.2%、31.0%、 15.0%、25.8%；GC 含量范围为 40.5%~40.8%，平均 GC 含量为 40.8%；2 条鹅喉羚序列中，A、T、C、G 碱基平均含量分别为 26.2%、31.1%、15.3%、27.5%；GC 含量范围分别为 42.2%、43.3%，平均 GC 含量为 42.8%；2 条普氏原羚序列中，A、T、C、G 碱基平均含量分别为 28.3%、39.9%、14.8%、27.0%；GC 含量范围均为 41.8%。（表 16–3）

表 16-3　14 条羚羊 310bp Cyt b 序列片段的碱基组成

样品名称	碱基组成					GC 含量 /%
	T（U）	C	A	G	总数	
ACH01	31.2	14.8	28.3	25.7	311.0	40.5
ACH02	30.9	15.1	28.3	25.7	311.0	40.8
ACH03	30.9	15.1	28.3	25.7	311.0	40.8
ACH04	31.2	14.8	28.0	26.0	311.0	40.8

续表

样品名称	碱基组成					GC 含量 /%
	T（U）	C	A	G	总数	
ACH05	30.9	15.1	28.3	25.7	311.0	40.8
AGS01	30.9	15.3	25.7	28.0	307.0	43.3
AGS02	31.2	15.3	26.6	26.9	308.0	42.2
AST01	30.9	15.1	25.7	28.3	311.0	43.4
AST02	29.9	14.8	26.7	28.6	311.0	43.4
AST03	29.6	15.1	26.4	28.9	311.0	44.1
AST04	29.9	14.8	26.4	28.9	311.0	43.7
AST05	30.1	14.7	26.3	28.8	312.0	43.6
APP01	29.9	14.8	28.3	27.0	311.0	41.8
APP02	29.9	14.8	28.3	27.0	311.0	41.8
平均	30.5	15.0	27.3	27.3	310.6	42.2

（3）种内变异

高鼻羚羊的4条*CO* Ⅰ种内序列，转换总数为6，在22、34、37、387的位置进行T—C转换，在4、325的位置进行A—G转换；颠换总数为0。高鼻羚羊种内平均Kimura双参数距离为0.033，种内最大Kimura双参数距离为0.043，种内*CO* Ⅰ序列变异较小。（表16-4、16-5）

表16-4　高鼻羚羊 CO Ⅰ序列种内变异位点情况统计表

变异类型		变异位点	总数
转换	T—C	22、34、37、387	6
	A—G	4、325	
颠换	G—C	—	0
	A—T		

表16-5　高鼻羚羊 CO Ⅰ的种内的 Kimura 双参数遗传距离

序号	羚羊种类	1	2	3
1	AST01			
2	AST02	0.008		
3	AST03	0.040	0.043	
4	AST04	0.043	0.046	0.019

山羊的种内 Kimura 双参数距离范围为 0.0030~0.0361，平均种内 Kimura 双参数距离为 0.0195；鹅喉羚种内 Kimura 双参数距离范围为 0.0015~0.0030，平均值为 0.0023。（表 16-6）

表 16-6　3 种羚羊 *CO* Ⅰ的种内遗传距离

羚羊种类	AST	ACH	AGS
最小种内遗传距离	0.019	0	0.130
最大种内遗传距离	0.043	0.110	0.542
平均种内遗传距离	0.033	0.061	0.345

AST：*Saiga tatarica*（高鼻羚羊）；ACH：*Capra hircus*（山羊）；AGS：*Gazella subgutturosa*（鹅喉羚）。

高鼻羚羊的 5 条 Cyt b 种内序列，转换总数为 6，在 90、142 的位置进行 T—C 转换在 19、160、192、193 的位置进行 A—G 转换；颠换总数为 1，在 76 的位置 A—T 颠换。高鼻羚羊种内平均 Kimura 双参数距离为 0.031，种内最大 Kimura 双参数距离为 0.072。（表 16-7、表 16-8）

表 16-7　高鼻羚羊 Cyt b 序列种内变异位点情况统计表

变异类型		变异位点	总数
转换	T—C	90、142	6
	A—G	19、160、192、193	
颠换	G—C	—	1
	A—T	76	

表 16-8　高鼻羚羊 Cyt b 的种内的 Kimura 双参数遗传距离

序号	羚羊种类	1	2	3	4
1	AST05				
2	AST06	0.063			
3	AST07	0.055	0.007		
4	AST08	0.072	0.010	0.017	
5	AST09	0.068	0.003	0.010	0.007

山羊的种内 Kimura 双参数距离范围为 0~0.110，平均种内 Kimura 双参数距离为 0.061；鹅喉羚种内 Kimura 双参数距离范围为 0.130~0.542，平均值为 0.345。（表 16-9）

表 16-9　4 种羚羊 Cyt b 的种内遗传距离

羚羊种类	AST	ACH	AGS	APP
最小种内遗传距离	0.007	0	0.028	0
最大种内遗传距离	0.072	0.007	0.351	0.139
平均种内遗传距离	0.031	0.003	0.228	0.092

AST：*Saiga tatarica*（高鼻羚羊）；ACH：*Capra hircus*（山羊）；AGS：*Gazella subgutturosa*（鹅喉羚）；APP：*Procapra przewalskii*（普氏原羚）。

（4）种间变异

根据 *CO* Ⅰ序列计算，种间平均 Kimura 双参数距离为 0.331，最小种间平均 Kimura 双参数距离值出现在高鼻羚羊与鹅喉羚之间为 0.219，远大于 Hebert 所推荐的物种鉴定最小种间遗传距离 0.027；最大种间变异为 0.455，出现在高鼻羚羊与山羊之间。高鼻羚羊与鹅喉羚的种间遗传距离最小，与山羊的种间遗传距离最大。（表 16-10）

表 16-10　*CO* Ⅰ序列平均种间距离

羚羊种类	AST	ACH
AST		
ACH	0.455	
AGS	0.219	0.321

AST：*Saiga tatarica*（高鼻羚羊）；ACH：*Capra hircus*（山羊）；AGS：*Gazella subgutturosa*（鹅喉羚）。

根据 Cyt b 序列计算，种间平均 Kimura 双参数距离为 0.240，最小种间平均 Kimura 双参数距离值出现在鹅喉羚与普氏原羚之间为 0.039，远大于 Hebert 所推荐的物种鉴定最小种间遗传距离 0.027；最大种间变异为 0.326，出现在高鼻羚羊与山羊之间。鹅喉羚与普氏原羚的种间遗传距离最小，高鼻羚羊与山羊的种间遗传距离最大。（表 16-11）

表 16-11　Cyt b 序列平均种间距离

羚羊种类	AST	ACH	AGS
AST			
ACH	0.326		
AGS	0.185	0.315	
APP	0.198	0.278	0.136

AST：*Saiga tatarica*（高鼻羚羊）；ACH：*Capra hircus*（山羊）；AGS：*Gazella subgutturosa*（鹅喉羚）；APP：*Procapra przewalskii*（普氏原羚）。

（5）羚羊及其混伪品 NJ 树

基于 3 种羚羊的 10 个 *CO* Ⅰ序列，通过邻接法所构建的系统聚类树图（图 16–7），可以看出同属序列聚在一起，且各物种又形成相对独立的枝。从基于 *CO* Ⅰ序列的邻接树中明显地看到，高鼻羚羊与其混伪品能够很好地区分开。

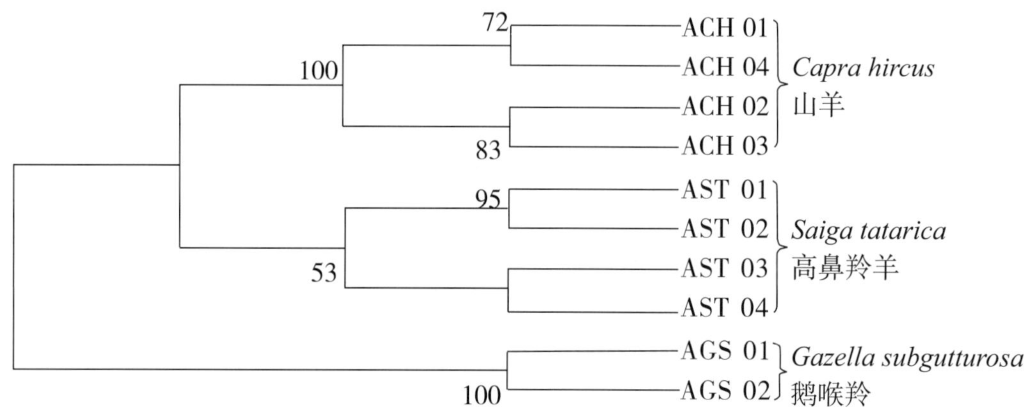

图 16–7　基于 *CO* Ⅰ序列构建的羚羊及其混伪品的邻接树

注：系统树各分支的置信度用自举检验法检验各分支的支持率，共进行 1000 次循环，支上数值仅显示自举支持率≥ 50%。

基于 4 种羚羊的 14 个 Cyt b 序列，通过邻接法所构建的系统聚类树图（图 16–8），可以看出同属序列聚在一起，且各物种又形成相对独立的支。从基于 Cyt b 序列的邻接树中明显地看到，羚羊与其混伪品能够很好地区分开。

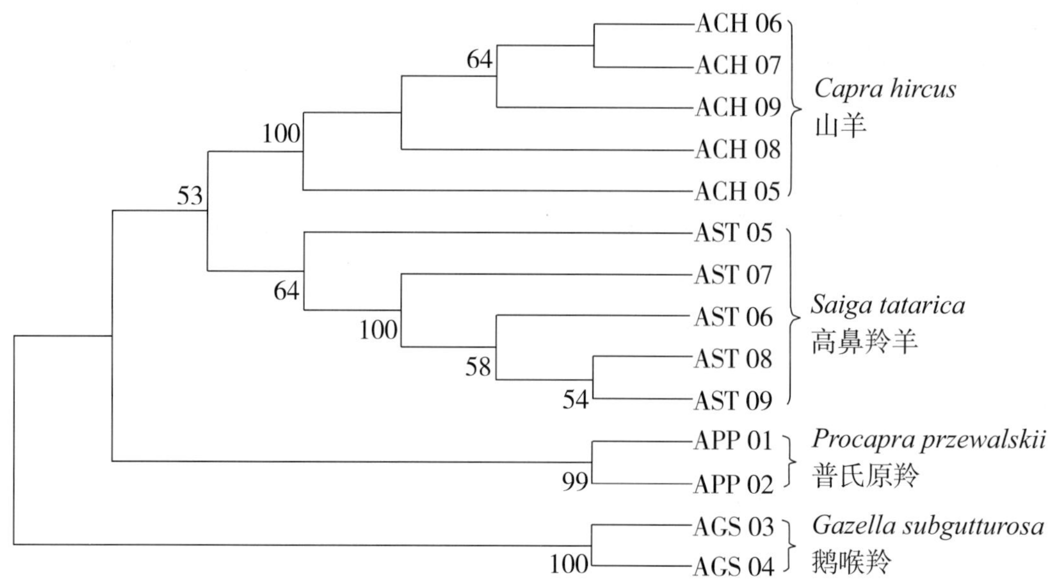

图 16–8　基于 Cyt b 序列构建的羚羊及其混伪品的邻接树

注：系统树各分支的置信度用自举检验法，共进行 1000 次循环，支上数值仅显示自举支持率≥ 50%。

（三）DNA 条形码鉴定技术操作规程（SOP）

1. 保存

野外采集的新鲜组织用 95% 乙醇固定。干燥组织存放于 4℃冰箱。

2. 前处理

用灭菌后的骨钻取样品粉末约 20mg。

3. 提取

使用动物 DNA 提取试剂盒（北京天恩泽基因科技有限公司）提取总 DNA，步骤按说明书进行。

4. 扩增

DNA 提取液用 Cyt b 和 *CO* Ⅰ通用引物和相关条件进行 PCR 扩增。

（1）引物对

1）Cyt b 引物：上游引物 Cyt b-L（5′→3′CCATCCAACATCTCAGCATGATGA）、下游引物 Cyt b-H（5′→3′CCCTCAGAATGATATTTGTCCTCA）。

2）*CO* Ⅰ引物：上游引物 L*CO* 1490（5′→3′：GGTCAACAAATCATAAAGATATTGG）、下游引物 H*CO* 2198（5′→3′：TAAACTTCAGGGTGACCAAAAAATCA）。

（2）扩增体系

10×PCR 缓冲液 2.5μl，dNTP 混合液 1μl，引物对 P-1、P-2 各 0.25μl，耐热 DNA 聚合酶 0.25μl，DNA 模板 1μl，用灭菌双蒸水补足反应总体积至 25μl。

（3）扩增程序

95℃预变性 5min；95℃变性 30s，52℃退火 30s，72℃延伸 45s（进行 40 个循环）；72℃延伸 5min。其中退火温度可视扩增结果上下调整。

（4）扩增产物电泳结果

扩增液进行 1.2% 琼脂糖电泳检测，并凝胶成像，330bp 附近有亮带者送测序。

5. 测序

测序所得原始图谱应为清晰的单峰图谱，干扰信息应低于正常信号的 10%。

6. 拼接

测序结果利用 Chromas、Clustal X 校对拼接测序峰图，去除引物区，获得长度为 200bp 的样品序列。

7. 鉴定

所得序列在 BOLD 网站上的鉴定引擎（http：//www.boldsystems.org/index.php/ IDS_OpenIdEngine）（图 16-9），对其相似度进行检索以确定样本基原。

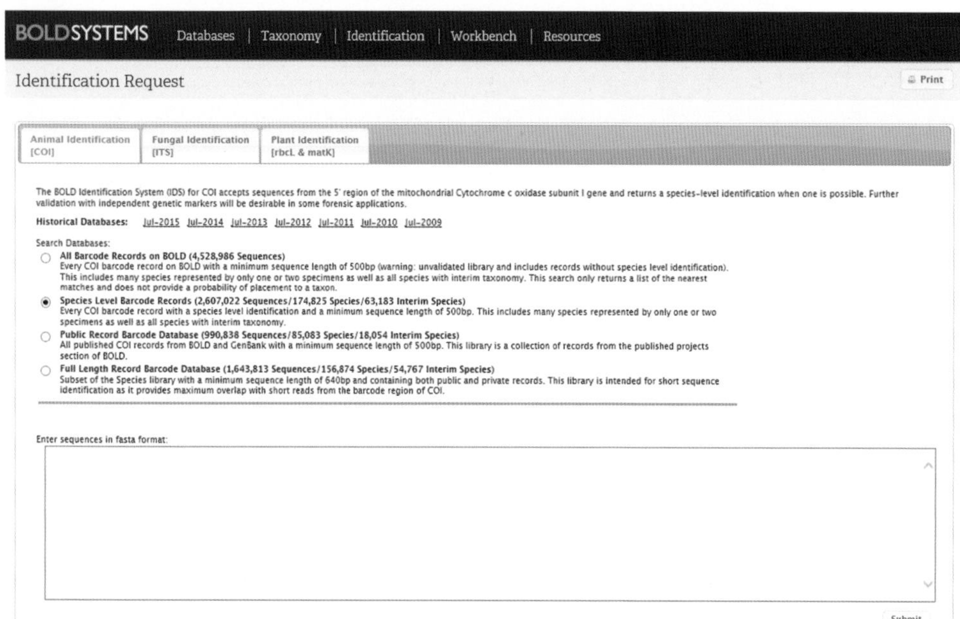

图 16-9　BOLD 网页与网址

或者进入 NCBI 网站，进行在线 BLAST 比对（http：//blast.ncbi.nlm.nih.gov/ Blast.cgi?PROGRAM=blastn&BLAST_PROGRAMS=MEGA Blast&PAGE_TYPE=BlastSearch&SHOW _DEFAULTS=on&LINK_LOC=blasthome）（图 16-10），确定 DNA 序列物种。

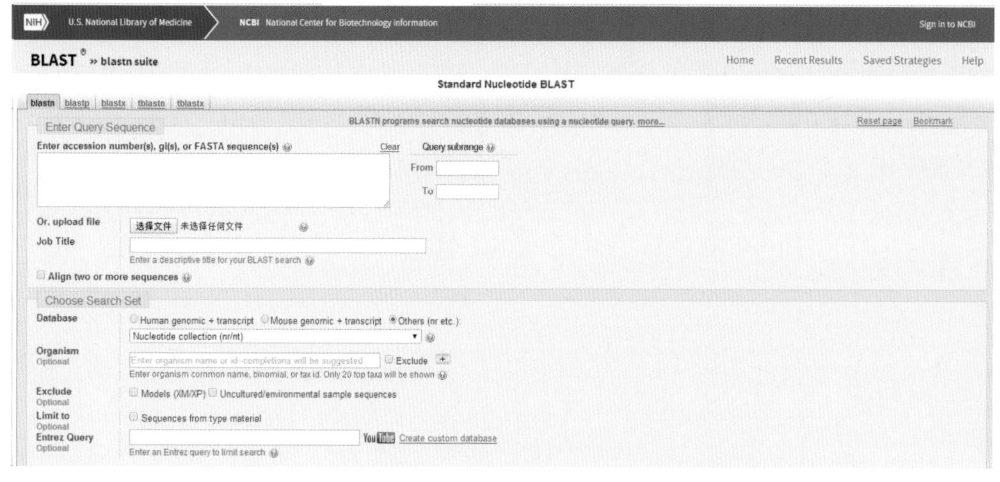

图 16-10　BLAST 网页与网址

四、DNA 条形码序列

（一）高鼻羚羊

（1）Cyt b 序列

CGTTGGGGATTCCTATGATGCTGTGGCTATTGTTGCGAATAGAAGAATAACTCCAA

TGTTTCATGTTTCTAGGAATGTATAGGATCCGTAATAAAGGCCTCGTCCTACGTGTATGAA
TAGGCAGATAAAGAATATGGATGCTCCGTTTGCATGTATATACCGGATAATTCAGCCATA
GTTGACGTCTCGGCAGATGTGGGTAACAGAGTGGAATGCTGTTGCTGTGTCAGCTGTGTAG
TGTATTGCTAGAAATAGGCCTGTTAGGATTTGTAGGATTAGGCAGATGCCCAGGAGGGAG
CCGAAGTTTCATCATGCTGAGATGTTGGATGGA

（2）*CO* Ⅰ序列

CCTCTTCCCCCTTCTTTCCTGCTACTTCTAGCATCTTCCATAGTTGAAGCAGGAGCAGGAACA
GGCTGAACTGTATACCCTCCTCTAGCAGGGAATTTAGCCCACGCAGGAACCTCAGTAAACTT
AACCATTTTTTCCCTTCACCTAACAGGGGTTTCATCAATTTTAGGAGCTATTAATTTTATTACA
ACAATTATTAATATAAAACCCCCCGCAATATCACAATATCAAACGCCTCTATTTGTATGATCT
GTCCTAATTACGGCTGTCCTCCTACTCCTTTCACTTCCCGTACTAACTGCCGGCATTACAATG
CTTCTAACAAACCGAAATCTAAACACAACTTTCTTTGACCCAGCAGGAGGAGGAAACCCAAT
TCTATATCAACACCTATTTTGATTCTTTGGCCACCCAAAAATCTAGTCATAACTGGTTTCCTG
GA

（二）普氏原羚

Cyt b 序列

TCCGGGTGAATATCCTATGATGCTGTGGCTATTGTTGCGAATAGAAGGATTACTCCAACATTT
CATGTTTCGAGGAAAGTGTATGATCCATAATATAGGCCTCGTCCTACGTGTATAAATAAGCA
AATAAAGAATATTGAAGCTCCATTTGCATGTATATATCGGATGATTCAGCCATAGTTAACGT
CTCGACAGATATGGGTGACGGAGGAGAATGCTGTTGCTGTGTCGGCTGTGTAGTGTATTGCT
AGGAATAGGCCTGTTAGGATTTGTAGAATTAGGCAGATGCCTAAGAGGGAGCCAAAGTTTC
ATCATGCTGAGATGTTGGATGGA

（三）山羊

（1）Cyt b 序列

CGGTTTATTGTCTATGATGCTGTGGCCATTGTCGCGAGCAGGAGGATTACTCCAATGTTT
CATGTTTCTAGAAAGGTATATGATCCATAATATAGACCTCGTCCGATATGTATGAATAGG
CAGATAAAGAATATTGATGCTCCGTTTGCGTGTATGTATCGGATGATTCAGCCATAATTT
ACATCTCGACAAATGTGAGTTACAGAGGAAAATGCTGTTATTGTGTCGGATGTATAGTG
TATTGCTAGGAATAGGCCTGTCAGGATTTGTAAGATTAGGCAAATTCCTAGGAGGGATC
CAAAGTTTCATCATGCTGAGATGTTGGATGGA

（2）*CO* Ⅰ序列

CTCGTGATAATAATATAAGCTTTTGACTCCTTCCCCCCTCTTTCCTATTACTTCTAGCATCCTC
TATAGTTGAAGCCGGAGCAGGAACAGGTTGAACCGTATATCCTCCTCTAGCAGGTAATCTAG

CCCATGCAGGAGCCTCAGTAGACCTAACTATTTTTTCCCTACACCTAGCAGGCATCTCTTCAA
TTCTAGGAGCCATTAATTTTATCACAACTATCATTAACATGAAACCACCCGCAATATCACAA
TATCAAACTCCCCTGTTTGTGTGATCTGTCTTAATTACTGCCGTACTACTCCTCCTTTCACTTC
CTGTATTAGCAGCTGGCATCACAATACTACTAACAGACCGAAACCTAAACACAACCTTCTTT
GACCCAGCAGGAGGAGGAGACCCTATTTTATATCAACACCTATTCTGATTCTTTGGCCACCC
AGAAGTCTAGTCATAGCTGGTTTCCTGAAGA

（四）鹅喉羚

（1）Cyt b 序列

GCGGTGGGATTCTATAATTGCTGTGGCTATCGTTGGCGATAGAATTACTCCGATGTTGCAT
GTTGCTACGAGGATGTATGATCTGTAGTATAGGCCTCATCCTACATGTAGAAATAAGCAG
ATGAAAAACACTGATGCTCCATTTTTGTGTATATATCGGATAATTCATCCGGAGTTGATG
TCTCGGCAAATGTGGGTGACCGAAGATAATGCTGTTATTGTGTCGGATGTGTAGTGCATT
GCTAGGAATAAGCCTGTTAGGATTTGTAGAACTAGGCAGATACCTAGTTGGGAGCCAAA-
GTTTCATCATGCTGAGATGTTGGATGATGG

（2）*CO* Ⅰ序列

CCTAAATACTGAAAAAATTAACTTCCGAATTCTTACTCCCTCTTTTCTATATTATCCTGTATTC
TCCGAAACAATAAAGCCTGAACAGGAACCAGCTGAACCGCCTACCCTCCCCTAACCAGGAA
CCCAACCCCCCCAGGGACCTCATGATATTTAACTATTTTTTCCCTTCACCTTACAGGGGTTTC
CTCAATTTTAGGGGCCATCAACTTTATTACAACAATTATTAATATGAAACCTCCCGCAATATC
ACAATATCAAACCCCCTTATTTGTATGATCCGTTCTAATTACCGCTGTACTCCTACTCCTTTCA
CTTCCCGTACTAGCTGCCGGCATTACAATACTTCTAACAGACCGAAACTTAAATACAACTTTC
TTTGACCCGGCAGGAAGAGGAGATCCCATCCTATATCAACATTTATTCTGAATCTTTGGGCA
CCCAAAAATCTAATCATAACTGTTTCCTCGGAA

附 录 相关推荐论文汇编

分子生物学（molecular biology）是一门从分子水平研究生物大分子的结构与功能，从而阐明生命现象本质的科学。自20世纪50年代以来，分子生物学一直是生物学的前沿与生长点，其主要研究领域包括蛋白质体系、蛋白质－核酸体系（中心是分子遗传学）和蛋白质－脂质体系（即生物膜）。1953年，DNA分子双螺旋结构模型的提出，标志着分子生物学的诞生。生物大分子，特别是蛋白质和核酸结构功能的研究，是分子生物学的基础。现代化学和物理学理论、技术和方法的应用推动了生物大分子结构功能的研究，从而出现了近几十年来分子生物学的蓬勃发展，尤其是基因组计划、蛋白质组计划的相继实施，更是让分子生物学走上了一日千里的发展轨迹。

分子生药学是生药学与分子生物学的新兴交叉学科。分子生药学是在分子水平上研究中药的鉴定、品质形成、资源保护与生产的一门科学，是中药学领域一个分支。1995年，黄璐琦在《中国中药杂志》上发表了《展望分子生物技术在生药学中的应用》一文，首次提出了“分子生药学”（molecular pharmacognosy）的概念，提出分子生药学是一门在分子水平上研究生药的鉴定、生产和成分的科学，所依据的主要是生药学和分子生物学的理论和方法，是生药学的一个极富前瞻性和前景性的分支。可以说，分子生药学不仅继承了传统生药学的内容和使命，更赋予了生药学新的任务和挑战。

自1995年“分子生药学”新学科设想提出以来，2000年出版了首部《分子生药学》专著，开始了分子生药学本科教育，2012年分子生药学成为国家中医药管理局重点学科。经过了20年的发展，目前分子生药学在研究内容、技术方法、科研成果、人才队伍等方面日趋成熟，显示出巨大的活力和生命力。

药用动物DNA条形码技术也是分子生药学的一个新兴分支，有关分子生药学的一些基本原理、基本思想、基本战略和展望，仍然对其有着指导作用，因此，特择选几篇在分子生药学发展历史中重要的、具有全局性或前瞻性的论文汇编于此，作为本书的一个补充。

·综述·

展望分子生物技术在生药学中的应用

黄璐琦

（中国中医研究院中药研究所　北京100700）

摘要　分析了分子生物学与生药学结合的理论基础，对分子生物学技术在生药学中的应用进行了展望，认为其在药材鉴定、生产和有效成分获取等方面有着广泛的运用前景，提出了分子生药学（Molecular Pharmacognosy）的概念。

关键词　分子生物技术　生药学　分子生药学

生药学是研究生药（药材）的一门科学，是研究生药的名称、来源、形态、性状、组织、成分、效用及生产、采制、贮藏等的学科[1]；是一门边缘学科，也是一门应用性学科，它的发展是随着其他学科的发展而发展；当今，分子生物技术是生命学科中最重要也是最先进的技术，且已广泛地运用于生命学科的各个领域，那么它是否也能在生药学科中得到应用呢？回答是肯定的，生药学的研究对象生药，一般认为是得自生物的药材，兼有生货原药之意，也就是说是由遗传物质DNA编码形成的生物，因此它与分子生物学有着结合的物质基础，这种物质基础为分子生物技术在生药学中的运用提供了理论上的依据。本文对分子生物技术在生药学中的应用进行了展望。

1　在鉴定方面的应用

我国药材种类繁多，资源丰富，然而来源复杂，品种混淆厉害，目前一直运用经典形态分类来研究药材来源，即鉴定生物物种，这种用形态分类学来划分物种是建立在个体性状描述和宏观观测水平上，得到的结论往往不完善，易引起争论[2]，这就使生药的正本清源产生了困难，随着分子生物学和分子克隆技术的发展，现在可以根据遗传物质DNA在不同生物个体的差异来鉴别生物物种，如可利用限制性内切酶酶切片段长度多态性（RFLP）来研究品种间、属间的DNA的变异情况，从而揭示不同品种间的亲缘关系[3,4]，为鉴别药材品种提供依据。同时这种方法也能为寻找新的药用资源提供线索，如天花粉蛋白是从栝楼 *Trichosanthes kzrilowii* Maxim 根中提取，因其具有抗癌、中期引产和抑制艾滋病病毒[5]等作用而引起世人的关注，很多学者正在寻找新的具有天花粉蛋白活性的蛋白，如香港中文大学的杨显荣等对葫芦科植物王瓜、木鳖、苦瓜等作了许多研究，发现有类似天花粉蛋白的引产活性[6]，而木鳖、苦瓜等都不是栝楼属植物。根据亲缘关系相近的植物类群有相似的化学成分，我们认为应该在同属植物中寻找，并且在国内的调查中发现作天花粉入药的栝楼属植物有19种之多，因此，为寻找新的活性蛋白，首先就要搞清这19种植物间的亲缘关系，只有这样才能做到有的放矢，减少盲目性。以上是在鉴定药材来源方面的运用。

在药材鉴定上，虽然药材（不含矿物药）多不是新鲜的，DNA会有很大的降解，这似乎给DNA的分析带来了困难，但Mullis等1985年和1987年发展了1种聚合酶链式反应（PCR），能将原来痕迹量的DNA扩增到足以供实验人员方便进行检测与分析的数量，而且产物专一性强，不需进行特殊纯化，这种高速、高效、优质和全部自动化的优点使得PCR技术在短短几年中在分子生物学各个领域得到广泛应用，如90年代在PCR技术基础上发展起来的随机扩增的DNA多态性分析（RAPD）[7]，就可用于药材的鉴定，特别是贵重药材的鉴定，通过RAPD技术分析真伪药材的DNA多态性，找出真品特定的 DNA 片段，对此进行测序，进而制备 DNA 探针，来检测相应的药材，为生药学提供一个新的、便捷、准确的鉴定方法，相信这种方法尤其能运用于动物药的鉴定。

这种分子生物技术来鉴别药材，可称为“分子标记鉴别”。

2 在生产方面的应用

生药中绝大部分是植物药，为了扩大药源，保障质量，生产出更多更好的药材，药用植物中很大一部分都已引种栽培，如何有效地防治病虫害是栽培过程中所遇到的难题，目前防治病虫害的主要措施是施撒农药，这种方法不但危害人畜，而且污染环境，现在通过分子生物技术能使植物自身获得抗病虫害的能力，从而避免了上述问题。

在抗病毒方面，主要运用向植物转移病毒的外壳蛋白基因，利用植物病毒的卫星 DNA 基因及利用反义 RNA 等3种方法[8]，如向植物转移病毒的外壳蛋白基因防治病毒工作做得最多的是对烟草花叶病毒(TMV)[9]的防治，把烟草花叶病毒 U_1株系的 RNA 中编码、外壳蛋白(CP)的部分反转录成 cDNA，把 cDNA 插入到带 CaMV35S 启动子的中间载体中，然后把这一中间载体引入根癌农杆菌，再用这种根癌农杆菌叶圆盘法转化烟草，再生的烟草(转基因烟草)高水平地表达了 TMV 的 CP 基因，对 TMV 表现出明显的抗性，这种转基因烟草已用于大田栽培，在继烟草花叶病毒外壳蛋白基因工程成功之后，现已有黄瓜花叶病毒(CMV)[10]，马铃薯 X 病毒(PVX)[11,12]的外壳蛋白基因分别在烟草、番茄和马铃薯中表达。在药用植物方面还未见报道，然而上述这些病毒对药用植物亦造成危害，据不完全统计，感染烟草花叶病毒的有白花曼陀罗，黄花败酱，八角莲；感染黄瓜花叶病毒的有太子参、丝瓜、白术、桔梗、毛当归、百合、车前草、牛蒡、蒲公英、青葙、马齿苋、虎杖等[13]，因此，用分子生物技术使药用植物获得抗病毒能力，将有很大的市场，能产生很高的经济效益。

在抗虫害方面，1987年比利时学者把金云杆菌的 δ 毒素基因通过根癌农杆菌的 Ti 质粒转移到烟草中并得到表达，这种 δ 内毒素能杀死鳞翅目害虫，如烟草角虫在这种烟草上1天即停食，3天内死亡，并且 δ 内毒素基因在转基因烟草中能稳定表达和遗传[14]，用这种方法已获得了抗虫的番茄和马铃薯等[15]。而药用植物花果所受虫害主要来源于鳞翅目害虫，如豆荚螟危害白扁豆、黄芪等豆科植物；梨小食心虫危害木瓜、贴梗海棠等；棉铃虫危害白扁豆、穿心莲、丹参、牛蒡、颠茄等；白术术籽虫危害白术等[16]，因此，这种方法的运用对保护花果入药的药用植物的有着重要意义。

另外，在抗虫等方面，英国曾把豇豆编码胰蛋酶抑制基因引入烟草，烟草具备制造胰蛋白酶抑制剂的能力，在昆虫吃了转化烟草后，虫体消化道内的胰蛋白酶活性得到抑制，蛋白在消化道内不能降解，害虫因得不到必需的营养而死去，这种方法可以防治各种害虫对植物的侵害[8]。

总之，目前用分子生物学技术使植物自身获得抗病虫害的能力，主要应用在农作物上，把其运用到药用植物上，相信也能取得同样可喜的成果。

另外在药材生产上，自古就存在着药材道地性问题，如何看待这个问题？笔者认为药材的道地性是由同一种植物不同居群之间的差异形成的，其物质基础是化学成分或含量的不同，然而化学成分可能是由遗传因子产生的，也可能是地理-生态因子形成的，如水菖蒲 *Acorus calamus* L. 根茎含油量和油中成分与染色体数有关，二倍体者芳香油中无β-细辛醚，三倍体者含20%～30%β-细辛醚，四倍体中β-细辛醚比三倍体高2倍，说明根茎含油量是由遗传因子控制的，又如生长在东北三省，苏、鄂的一叶楸含有左旋一叶楸碱，而生长在北京近郊县的则多为右旋一叶楸碱，而一叶楸碱的旋光性和植物形态没有必然联系，其旋光性的差异可能是由于地理-生态因子的关系形成的[17]。因此，通过分子生物技术如 RFLP，RAPD 比较不同居群之间在遗传物质 DNA 上的变化，可为揭示“道地"药材的"地道"之本质提供线索，并为药材的培育选种产生指导作用。

3　在获取有效成分方面应用

生药学的一个重大任务就是生药有效成分的提取和测定，对某一药材经过一系列繁琐而艰辛的分离提取及测定后得知其所含的有效成分，然而有效成分往往是微量的，如长春花碱、美登木碱等，如何获得更多有效成分一直是生药学的一个研究目标。80年代以来，由于分子生物技术的发展，为这一研究提供了新的方法，如转基因器官培养技术和反义技术等。转基因器官培养技术现主要是毛状根的培养，就是用发根农杆菌 *Agrotacterium rhizogeres* 转化植物，产生生长迅速，生产效能高而稳定的毛状根培养物，从而产生有效的次生物质，因为发根农杆菌含有 Ri-质粒，他在感染植物细胞过程中可通过 Vir 区(致病区)片段的作用，可将质粒上的 T-DNA 整合到植物细胞的 DNA 中，T-DNA 在被感染的植物细胞中表达的表现型是从被感染的部位长出毛状根，将毛状根分离作为培养系统就能产生与自然根一样甚至更多的次生物质，如绞股蓝是1种含有80多种皂甙，具有人参样生理活性的药用植物，费厚满等[18]为开发利用绞股蓝皂甙，用发根农杆菌的 R_{1600} 菌株感染绞股蓝叶外植体，使外植株切口处出现毛状根，毛状根经 Southern 分析后，证明确已转化，在无激素的 MS 培养基中悬浮培养20天，至使毛状根中总皂甙含量约为自然根的2倍，并且在悬浮培养过程中，培养物向培养基中分出一定量的皂甙。这种方法已经在很多药用植物中得到运用，如在赛莨菪毛状根中分别得到了0.1%的东莨菪碱和0.3%的莨菪碱，含量均高于野生植株，在甘草毛状根培养物中检测到高于正常培养物含量的黄酮类化合物等[19,20]，另外在颠茄[21]和紫草[22]等也得到运用。

反义技术是根据碱基互补原理，用反义 DNA 或 RNA 片段导入植物细胞，控制某一代测途径上的关键酶活性，使之受到抑制或增强，而使活性成分含量提高，如木质素和黄酮类化合物都是苯丙氨酸代测产物。用反义技术调节亚麻属植物 *Linum flavum* L. 毛状根中肉桂醇脱氢酶活性，抑制本质素的合成，使主要抗癌活性成分5-甲基鬼臼素含量提高[23]。

总之，分子生物技术在生药学中的运用，在分子水平上研究生药的鉴定，生产和成分等，正如其在其它生命学科中运用一样，将使生药等的发展进入到一个崭新的发展阶段，并由此产生一门新的学科——分子生药学(Molecular Pharmcogonosy)。

参 考 文 献

[1]中国医学百科全书编辑委员会. 中国医学百科全书(药物学与药理学). 上海:上海科学技术出版社，1988:3

[2]邓务国. 生物学通报　1994;29(1):7

[3]党进军等. 生物化学与生物物理进展　1986;4:12

[4]程罗根等. 生物学杂志　1994;3:7

[5]Special Repont. CDC AIDS Welkly　1989;4(24):3

[6]汪猷. 天花粉蛋白. 北京:科学出版社，1990:134

[7]J Williams et al. Nucleic Acids Res　1990;18:6531

[8]程玉忠. 遗传　1991;13(4):45

[9]Powell Abel P et al. Science 1986;232:738

[10]Cuozzo M et al. Bio/Technology　1988;6:549

[11]Hemenway C et al. EMBO J　1988;7:1273

[12]Hoekema A et al. Bio/Technology　1989;7:273

[13]中国医学科学院药用植物资源开发研究所. 中国药用植物栽培学. 北京:农业出版社，1991:185

[14]Vaeck M et al. Nature　1987;328:33

[15]孟建华. 生物工程进展　1989;9(1):46

[16]姚宗凡等. 常用中药种植技术. 北京:金盾出版社，1993:32

[17]周荣汉. 药用植物化学分类学. 上海:上海科学技术出版社，1988:6

[18]费厚满等. 植物学报　1993;35(8):626

[19]张荫麟. 植物学报　1988;30(4):368

[20]张荫麟等. 中草药　1990;21(12):23

[21]Kamada H et al. Plant Cell Rep　1986;5:239

[22]Shimomura K et al. Plant Cell Rep　1991;10:282

[23]张荫麟. 中国医药情报　1995;1(3):168

1995—06—28收稿

ABSTRACTS OF ORIGINAL ARTICLE

Prospects for Application of Molecular Biotechnique to Pharmacognosy

Huang Luqi

(Institute of Chinese Materia Medica, China Academy of Traditional Chinese Medicine, Beijing 100700)

Abstract The basis for integration of molecular biotechnique and pharmacognosy is analysed; the application of molecular biotechnique to pharmacognosy in identification, production and extraction of active constituents is viewed prospect; the concept of "Molecular pharmacognosy" is presented.

Key words molecular biotechnique; pharmacognosy; molecular pharmacognosy

(original article on page 643)

中药的分子生物学研究

黄璐琦，许明淑

1953年Waston和Crick对DNA结构的发现标志着生命科学的发展进入一个新纪元，以DNA为基础建立起来的分子生物学的快速发展，在生物医学及其相关领域渗透应用，极大地改变了生物医学及其相关领域学者的思维方式。这也为中药的发展支起了一片广阔的天空，正在全面拓新和丰富中药的研究领域和研究方法，现就中药的分子生物学研究作一评述。

一、中药资源的亲缘进化关系的分子生物学研究

中药资源的亲缘进化关系是鉴定中药来源、寻找和保护新资源的基础，因此，中药资源的亲缘进化关系一直是中药研究的热点，过去用于这方面研究的遗传标记主要有形态特征（整体、组织、细胞的形态）、化学成分、染色体等，到80年代后期发展了DNA及其片段的分析技术，让人们对中药资源亲缘进化等关系的研究能从DNA（或RNA）这个遗传本质出发，更客观更全面地反映中药在来源上的相互关系，如1996年就有人对人参属（Panax）12种植物的ITS区及5.8s rRNA基因区进行了序列分析[1]，并构建了系统树，表明美洲东北部的两个种中，西洋参（P. quinquetolius）与东亚种具有更近的亲缘关系，P. trifolius在系统上是较

· 39 ·

孤立；人参(P. ginseng)，P. notoginseng 和西洋参是药用价值最大的三个种，以前的研究认为它们是一个单系群，ITS 序列分析不支持这一结论；人参属和楤属(Aralia)具有很近的亲缘关系；在 1994，1995 年有人利用 OPD-2 和 OPE-2 引物进行 RAPD 扩增，获取甘草属 4 种药用植物光果甘草(*Glycyrrhiza glabra*)、甘草(*G. uralensis*)、刺甘草(*G. echinata*)、和刺果甘草(*G. palliadiflora*)的 DNA 指纹图[2,3]；以 BamHI，DraI，EcoI，Hinfl 和 HcoI 酶解后与水稻 rDNA 基因 pRR217 进行分子杂交和 RFLP 指纹图分析，建立其亲缘关系树，结果发现富含甘草甜素(glycyrrhizin)的品种光果甘草和甘草之间遗传关系非常相近，这两者与不含甘草甜素或含量极低的刺甘草和刺果甘草的遗传关系则较远，与传统植物分类研究结果吻合；这几年我国学者对栝楼属(*Trichosanthes*)也进行了类似研究，确定了天花粉来源的复合种问题[4]。另有学者对木蓝属进行了研究[5]。

二、中药种质资源的分子生物学研究

种质资源是中药的源头，种质本身有优劣区分，生产上所选用的种质在一定程度上决定了中药的质量，由此可见种质鉴定极为重要。利用分子遗传标记鉴定种质的研究发展很快，其中 DNA 指纹技术是近年来发展起来的一组可以检测出大量 DNA 位点差异性的分子生物学新技术，因它们的电泳谱带类似人的指纹图形而得名，主要包括 RAPD，PCR-RFLP，小卫星、微卫星指纹分析等，运用这些技术对中药种质资源中的品种品系鉴定、品种品系纯度检测、种质多样性分析研究及遗传育种等，1997 年有学者对人参野生和栽培种子的分析[6]。另有学者用 RAPD 指纹从遗传上证实野生人参遗传多样性远大于栽培参，在育种上极具价值，遗传因素在人参形态变异上的作用可能小于环境饰变，这一结果为“充山参”培育提供了理论依据[7]；通过对中药白芷种质资源的 RAPD 分析，确定祁白芷、禹白芷、杭白芷和川白芷同属一类群，与野生白芷有一定区别[8]。并对栝楼农家品种苗期进行分子标识鉴别，为栝楼在早期育种中选取雌雄株提供方法和技术[9]。

三、中药材的分子标识鉴别研究

中药材鉴定是中药研究的重要组成部分，长期以来我国中药材处于品种混乱和质量难以保证的不利局面，很大程度上制约了中医药的安全有效及其向现代化、标准化和国际化的发展，因此，中药材鉴定是有重要现实意义；传统中药材鉴定主要包括：性状鉴别、显微鉴定、理化鉴定、生物鉴定等，然而，这些鉴定所用的标记特征均为生物体的遗传表现型，不仅受到遗传因素的影响，而且与生长发育阶段、环境条件等有着密切关系，是有很大的变异和可塑性。当分子生物学技术在中药研究中运用时，以中药材 DNA 分子鉴定为核心的分子鉴别技术应运而生，成为一种新的快速准确的中药材鉴定手段。主要研究有用 RAPD 标记法对人参属 3 个品种(人参 *Panax ginseng*。西洋参 *P. quinquefolius*、三七 *P. notoginseng*)和 4 种伪品(桔梗 *Platycodon grandiflorum*、紫茉莉 *Mirabilis jalapa*、栌兰 *Talinum paniculatum*、商陆 *Phytolacca acinosa*)进行了有效鉴别[10]。另外有人利用 18～24 个碱基的 6 种引物(M13forword、M13reverse、Galk、Seq2、P4SH1133)进行 AP-PCR 和用 10 个碱基的 OPC-6 引物进行 RAPD 扩增，获得了菊科地胆草属 2 种植物地胆草(*Elphantopus scaber*)、白花地胆草(*E. mollis*)和假地胆草属 1 种植物假地胆草(*Pseudo-elephantopus spicatus*)以及 4 种商品苦地胆药材 DNA 指纹图谱，同时测算了其 DNA 指纹图谱的相似系数，据此可区别中药苦地胆及其混淆品白花地胆草和假地胆草[11～13]。国内外学者运用 RAPD、RFLP、AFLP、AFLP 等分子标记法对淫羊藿属(*Epimedium*)[14]、黄连属(*Coplis*)[15]、山麦冬属

· 40 ·

(*Liriope*)[16]、栝楼属(*Trichosanthes*)[4]、铁线莲属(*Climatis*)[17]、溪黄草属(*Isodon*)[18]、姜黄属(*Curcuma*)[19]。苍术属(*Atractylodes*)[20~23]、大麻属(*Cannabis*)[24]中的近缘生药品种,进行了鉴别的研究;同时,DNA分子遗传标记技术也为动物类生药的鉴定提供有力的技术支持,它不仅对有形的动物药整体及破碎部分器官组织和进行准确的鉴定,而且对以动物粉末、体液、分泌物和排泄物入药的生药及制剂进行有效的真伪鉴定、纯度检查与质量评价,如龟鳖胶囊、纯蛇粉、鹿血粉、水牛角粉、麝香等。从保存9年以上的药材龟版和鳖甲中提取出DNA,并用细胞色素b基因片段的通用引物对(引物间距500bp),通过PCR扩增到了长约500bp的DNA片段,成功地对龟版和鳖甲进行了DNA指纹鉴定[25]。利用陈旧皮张的DNA提取技术从鸡内金、鸭内金提取DNA,通过特异扩增DNA片段的PCR技术,以线粒体DNA细胞色素b(cyt-b)通用引物中的L14841和H15149为引物扩增片段,将扩增后的DNA用双脱氧链终止法测定其序列,表明鸡内金DNA序列与鸭内金的DNA序列有明显差异,以此能准确鉴别鸡内金和鸭内金[26]。1997年在我国采用微量DNA提取技术,在梅花鹿血、鹿毛、鹿鞭、鹿茸、牛鞭、驴鞭中提取DNA,以线粒体DNA细胞色素b通用引物L14841和H15149扩增约307 bp DNA片段,扩增产物纯化后采用双脱氧链终止法测定其序列,结果证明梅花鹿毛、鹿血和鹿鞭的DNA序列完全一样,而所谓的"鹿茸"则与其有较大的差异[27]。1997年科研人员用RAPD标记技术用于蛇类动物的分类学研究和鉴定,结果表明RAPD对标记技术不仅能够对蛇类动物种间系统演化、种内个体间遗传多样性,并且可以用于蛇类药材的鉴定[28]。用DNA序列分析法鉴别中药紫河车获得成功[29]。1998年应用(RFLP)分析能有效地鉴定海马类药材[30]。

由于中药材的DNA不是一个完整的分子,不同条件下中药材所保存下来的DNA分子和片段大小是不一样的,为了保证鉴定结果的准确性,应对所采用的标记技术进行必要的稳定性考察,为此,黄璐琦等做了有意义的探讨,他们以细辛类药材的鉴别为例,对RAPD方法在药材鉴别中所存在的问题进行了探讨,结果表明药材DNA模板浓度、降解程度及药材的产地均对RAPD产物有不同程度的影响,从而提出选择适宜的药材DNA模板浓度,筛选合适的引物和采用对照组聚类分析等方法来消除上述因素的影响,进而讨论了RAPD方法在药材鉴别上的使用范围[31]。

四、中药有效成分的基因调控和转基因器官培养的研究

中药有效成分是治病防病的物质基础,一直是中药研究的重点之一,中药有效成分化学结构往往复杂(比如包含多个手性中心),这种复杂性反映出其生物合成的奇妙机制,并提示有关研究的困难程度。本世纪50年代末,人们利用放射性同位素标记的前体喂饲药用植物,然而对所形成的放射性物质进行化学降解,便可确定放射性标记在化合物结构中所处的位置,这样便开始了药用植物有效成分生物合成途径的实验生物学研究阶段。后来,随着各种先进仪器设备(如质谱、光谱和磁共振仪)的出现和使用,结合放射性同位素标记的前体的喂饲实验,使得药用植物有效成分生物合成途径的研究变得容易得多。自70年代以来,人们利用培养细胞来研究药用有效成分生物合成途径特别是有效成分生物合成途径中的酶,使得药用植物有效成分的研究深入到了蛋白质水平。据估计,从那时到现在已有80多种参与生物碱生物合成的酵被成功地得到分离和鉴定。进入80年代后期,国内外学者又把重点转移到药用植物有效成分生物合成相关基因的克隆、分离、特性分析和基因调控的研究领域。已有不少参与生物碱和类萜生物合成的基因被克隆,如Kutchan和De Luca分别于

1988 和 1989 年克隆了参与单萜吲哚生物碱生物合成早期步骤的西垂特斯定合成酶和色氨酸脱羧酶的 cDNA 克隆，进行有效成分基因调控研究的植物有长春花、罂粟、紫草、青蒿、红豆杉、小檗、天仙子、曼陀罗、颠茄、黑莨菪、喜树、烟草、蛇根木等数十种植物。进人 90 年代以后，在分子生物学研究技术和研究成果的促进下，药用植物有效成分基因调控的研究又取得了进一步的发展，一些结构极其复杂的药用植物有效成分生物合成途径及其基因调控的细节已逐渐被揭示出来，而且有些有效成分的人工调控已获得了初步的成功，显示出了本研究领域十分诱人的发展前景。与此同时，应用冠瘿瘤和发状根这些转基因器官来生产药用植物次生代谢产物有了长足的进展，这一生物技术为植物有用成分的大量生产提供了一条崭新的途径，日益引起人们的关注。迄今为止，用发根农杆菌诱导形成的植物毛状根至少涉及到 31 科 100 余种双子叶植物，其中茄科植物由于实验材料容易获得，诱导成功率高，研究的种类较多，而单子叶植物诱导毛状根成功的例子却很少。国内在这方面的研究起步虽然较晚，但也取得了一些可喜的结果，许多中药的发根培养系统均已建立(表 1)。

表 1　已建立的植物毛状根培养系

植物科名	植物种名
五加科 Araliaceae	人参 *Panax ginseng*
紫草科 Boraginaceae	紫草 *Lithvspermun erythrorhizon*
桔梗科 Campanulaceae	半边莲 *Lobelia inflata*
	桔梗 *Platycodon grandiflorum*
葫芦科 Cucurbitaceae	绞股蓝 *Gynostemma pentaphyllum*
	栝楼 *Trichosanthes kirilowii*
	日本栝楼 *Trichosanthes kirilowii* var. *japanica*
龙胆科 Gentianaceae	獐牙菜 *Swertin japonica*
牻儿苗科 Geraniaceae	老鹳草 *Geranium thunbergii*
唇形科 Labiatae	丹参 *Salvia miltiorrhiza*
豆科 Leguminosae	蒙古黄芪 *Astragalus membranaceus Bge*
	膜荚黄芪 *Astragalus membranaceus*
	大豆 *Glycine max*
	甘草 *Glycyrrhiza glabra*
	补骨脂 *Psoralea spp.*
茜草科 Rubiaceae	茜草 *Rubia tinctorum*
茄科 Solanaceae	颠茄 *Atropa belladonna*
	毛曼陀罗 *Datura inoxia*
	洋金花 *Datura metel*
	曼陀罗 *Datura stramonium*
伞形科 Umbelliferae	三岛柴胡 *Bupleurum falcatum*
败酱科 Valerianaceae	缬草 *Valeriana officinalis* var. *sambucifolia*

五、中药作用机制研究

分子生物学技术的飞速发展在研究中药作用机制方面也得到了应用。为古老的中药走

· 42 ·

上世界舞台提供了有力的依据，如中药砒霜治疗白血病有着独特的疗效，我国科研人员通过基因水平的研究解释了其作用机制，证明砒霜可加速癌细胞凋亡过程，这一成果得到了世界血液学界的公认。还有，冬虫夏草、灵芝、鹿茸、龟版等滋补类中药是中华医药瑰宝的重要组成部分，但由于无法解释清楚作用机制，导致其在国际市场竞争能力较弱。研究表明，干燥中药中的核酸类物质能长期保存，中医药数千年来以水煎剂为主要给药方式，传统汤剂的加工过程可使中药中核酸成分泄漏出来，其虽可发生变性，但仅仅是立体结构的消除（单链伸直），特别是小分子核酸物质，虽发生了变性，但在高温下仍呈可溶性状态，有效成分可通过煎制成的汤剂经口服进入体内。研究生物信息的科学家曾提出中药之所以呈缓慢、持续和调节性，是由于其作用本质是基因导入，并实验证明了外源的氯霉素乙酰基转移酶基因可经大鼠消化道天然生理过程，被导入机体的细胞中。基因导入途径的研究也证明外源性的DNA可经小鼠的消化道吸收进入体内。基因疗法的非病毒转导研究者发现脂质体是一较为有效的基因传递载体，且裸DNA注入试验动物和病人体内能够激发起被编码蛋白质的表达。

中药复方是中医辨证论治理论精髓的集中体现，方剂的临床配伍有着深刻的科学内涵。我国学者提出中药消化道基因治疗作用有助于揭示中药方剂作用的奥秘，即方剂中各单位药在煎煮过程中，DNA从细胞中溢出、变性、复性时各中药的核酸类成分可融合、杂交，共同形成脂质体而导入机体细胞，发挥多基因治疗作用，使人体细胞的功能得以拓广和延伸[32]。

从长远的角度来看，人体基因组的解码成功后将对人类的遗传疾病、肿瘤等病可在基因水平上定位，并结合个体差异进行“对证治疗”。中医药在这一方面有着现代医学无法取代的优势，采用分子生物技术不仅可研究中药治疗遗传病、肿瘤等疑难病的机制，也可研究不同产地的药材对机体的不同影响和同种药材对相同疾病不同个体的影响。这些研究可以解释中药的作用机制，还可以为中医药理论提供有力的依据。

总之，中药的分子生物学研究虽已取得一些成果，但在分子水平上全面阐述中药的科学内涵还仅仅开始，我们有理由相信，随着生命科学，特别是分子生物学的进一步发展，中药在保持固有特色和优势的前提下，能与现代科学技术相融合，用现代科学的语言进行阐释，并使之在理论上得以升华，为中药能全面走向世界、放出更加夺目的光彩提供科学依据。

参考文献

[1] Wen J, Zimmer E A. Phylogeny and Biogeography of Panax L.: Inferences from ITS Sequencens of Nuclear Ribosomal DNA. *Molec Phylogen Evol*, 1996, 6: 167.

[2] Yamazaki M, Sato A, Shimomura K, et al. Extraction of DNA and RAPD Analysis from Dried Licorice Root. *Natural Med*, 1995, 49: 448.

[3] Yamazaki M, Sato A, Shimomura K, et al. Genetic Relationships among Glycyrrhiza Plants Determined by RAPD and RFLP Analyses. Biol Pharm Bull, 1994, 17: 1529.

[4] 黄璐琦等. 栝楼属(Tricho santhes L)的系统学研究. 海峡两岸植物多样性与保育, 1998: 75.

[5] 张荣等. 用RAPD分析法鉴定木蓝属生药. 中国中药杂志, 1997, 22(2): 72.

[6] Zhang Zhi E et al. Analysis morphology and protein electrophoresis of wild and cultivated ginseng seeds. *Journal of plant Resources and Environment*, 1997, 6(4): 19.

[7] 马小军等. 野生人参RAPD指纹研究. 药学学报, 1999, 34(4): 312.

[8] 黄璐琦等. 中药白芷种质资源的RAPD分析. 中国中药杂志, 1999, 24(8): 457.

[9] 黄璐琦等．栝楼农家品种苗期的分子标识鉴别．中国药学杂志,1999,34(9):642.

[10] Shaw P C and But P H. Authentication of Panax Species and Their Adulterants by Random-primed Polymerase Chain Reaction. *Planta Med*,1995,61:466.

[11] 曹晖等．A Molecular Approach to Identification of Chinese Drug "Pu-Gong Ying"(Herba Taraxaci) by DNA Fingerprinting Using Random Primed PCR. *J Chin Pharm Sci*,1996a,5:186.

[12] 曹晖等. Authentication of the Chinese Drug Ku-Di-Dan(Herba Elephantopi) and its Substitutes Using Random-Primed Polymerase Chain Reaction(PCR). 药学学报,1996,31(7):543.

[13] 曹晖等.中药材苦地胆的 DNA 指纹鉴定．中药材,1996,19(12):608.

[14] Nakai R,Shoyama Y and Shirashi S. Genetic Characterization of Epimedium Species Using Random Amplified Polymorphic DNA(RAPD) and PCR-restriction Fragment Length Polymorphism(RFLP) Diagnosis. *Biol Pharm Bull*,1996,19(1):67.

[15] Cheng K T,Chang H C,Su C H,et al. Identification of Dried Rhizomes of Coptis Species Using Fragment Length Polymorphism Analysis of Canabis sativa. *Natural Med*,1998,52:160.

[16] 吴弢等.RAPD 在山麦冬属四种植物分类中的应用.中草药,1998,29(1):37.

[17] 张荣等.用 RAPD 方析法对铁线连属 7 种中药的鉴定研究.中草药,1996,27(11):686.

[18] 陈林娇等.RAPD 技术在溪黄草类原植物鉴别中的应用.中国中药杂志 1998,23(6):328.

[19] 夏文娟等.国产姜黄属药用植物的化学成分分析.中国中药杂志,1999,24(7):423.

[20] Kohjyouma M,Iida O,Yoshida N,et al. Random Amplified Polymorphic DNA and Restriction Fragment Length Polymorphism Analyses of Cannabis Sativa. *Natural Med*,1998,52:160.

[21] Miyahara M, Sugaya K, Tanimura A, et al. Nucleotide Sequences of 5S-rDNA Gene Spacer Region of Moraceae and Cannabaceae. *Natural Med*.,1998,52:209.

[22] Mizukami H. Amplification and Sequence of a 5S-rRNA Gene Spacer Region from the Crude Drug "Angelica Root", *Biol. Pharm. Bull*,1995,18(9):1299.

[23] Mizukami H, Shimizu R, Kohjyouma M, et al. Phylogenetic Analysis of Atractylodes Plants Based on Chloroplast trnK Sequence. *Biol. Pharm. Bull*,1998,21(5):474.

[24] Shirota O,Watanable A,Yamazaki,M,et al. Random Amplified Polymorphic DNA and Restriction Fragment Length Polymorphism Analysis of Canabis sativa. *Natural Med*,1998,52:160.

[25] 王亚明等.中药材龟板和鳖甲中 DNA 的提取与扩增.药学学报,1996,31(6):472.

[26] 王建云等.DNA 序列分析技术鉴定鸡内金的方法学研究.中国科大学学报,1996,27(8):471.

[27] 王建云等.鹿鞭的微量 DNA 提取及序列鉴定.中国中药杂志,1997,22(10):579.

[28] 王义权等.蛇类药材分子遗传标记鉴别的初步研究.药学学报,1997,32(5):384.

[29] 熊丽娟等.DNA 序列测定鉴定紫河车.中国药学杂志,1997,32(增刊):41.

[30] 吴平等.海马类药材的分子遗传标记鉴定研究.药学学报,1998,33(2):226.

[31] 黄璐琦等.RAPD 方法在细辛类药材鉴别研究中的问题及其对策.药学学报,1998,(33):778.

[32] 李萍.现代生物技术和生药学科的发展.《中国药学科学发展战略与新药研究开发》第二军医大学出版社:1999:25.

原载:《中国药学年鉴》药学研究,PP:71

中国科学 C辑:生命科学 2009年 第39卷 第12期: 1101 ~ 1110
www.scichina.com life.scichina.com

评 述

分子生药学: 一门新兴的边缘学科

黄璐琦[①*], 肖培根[②], 郭兰萍[①], 高文远[③]

① 中国中医科学院中药研究所, 北京 100700;
② 中国医学科学院药用植物研究所, 北京 100094;
③ 天津大学药物科学与技术学院, 天津 300072
* 联系人, E-mail: huangluqi@263.net

收稿日期: 2009-09-22; 接受日期: 2009-10-27
国家重点基础研究发展计划(批准号: 2006CB504701)、国家中医药管理局行业专项(批准号: 200707014)、国家十一五科技支撑计划(批准号: 2006BAI09B03)资助项目

摘要 分子生药学为生药学与分子生物学有机融合形成的新兴边缘学科. 本文分析了分子生药学产生的背景、意义, 介绍了分子生药学的研究内容, 包括: 生药分子鉴定、药用动植物的系统进化、药用动植物种质资源的评估及保存、药用动植物濒危机制及保护、药用植物活性成分的生物合成及调控、药用动植物的道地性及分子机理. 认为分子生药学具有以下学科特色: (1) 研究领域广泛, 学科综合性很强; (2) 次生代谢产物积累的研究贯穿分子生药学; (3) 研究对象丰富多样, 模式植物构建困难较大. 简要介绍了分子生药学的常用技术方法, 主要包括: DNA分析技术(分子杂交、分子标记技术、基因芯片、基因工程技术)、蛋白质分析技术、生物转化技术. 指出分子生药学学科的发展呈现以下趋势: (1) 学科理论体系进一步完善; (2) 应用实践进一步加强; (3) 生药资源永续利用的需求及技术发展导致特色领域成为热点, 主要表现为分子鉴定稳步发展, biocoding成为分子鉴定的重要方向; 次生代谢产物相关的功能基因组研究异军突起; 基因组学、蛋白组学、代谢组学研究结果的整合和分析成为新热点; 核心种质构建形成新思路和新方法.

关键词
分子生药学
生药学
边缘学科

分子生药学(Molecular Pharmacognosy)是在分子水平上研究生药的分类与鉴定、栽培与保护及有效成分生产的一门科学, 是生药学(Pharmacognosy)的一个极富前瞻性的分支[1]. 1995年, 黄璐琦等人[2]在《展望分子生物技术在生药学中的应用》一文中提出"分子生药学"这一概念. 2000年6月, 北京医科大学出版社出版了《分子生药学》一书[3], 该书于2006年发行了第二版[4]. 同年, 《分子生药学》进入本科生教材系列[1]. 迄今为止, 全国已有不少中医院校或医学院校开设分子生药学课程. 本文着重介绍了分子生药学产生的背景和意义、学科定位、10余年来取得的进展及其未来的发展方向.

1 分子生药学产生的背景

1.1 生药及生药学的概念

生药是指来源于植物、动物和矿物的新鲜品或经过简单的加工, 直接用于医疗保健或作为医药用原料的天然药材[5]. 药用植物和动物是生药学的主体, 占生药总量的99%以上. "生药"一词兼有生货原药之意[6], 最早出现于明代太医院中规定"凡天下解纳药材, 俱贮本院生药库", "凡太医院所用药饵, 均由……各地解来生药制造"[6]. 生药学(Pharmakognosie,

引用格式: 黄璐琦, 肖培根, 郭兰萍, 等. 分子生药学: 一门新兴的边缘学科. 中国科学C辑: 生命科学, 2009, 39: 1101—1110

Pharmacognosy)是应用本草学、植物学、动物学、化学(包括植物化学、药物分析化学、生物化学等)、药理学、中医学、临床医学和分子生物学(Molecular Biology)等学科的理论和知识, 运用现代科学技术来研究生药的基源、鉴定、有效成分、生产、采制、品质评价及资源可持续性开发利用等的一门学科[7]. 这一词首见于 1880 年日本学者大井玄洞的译著《生药学》[7]. 通观生药学的研究内容, 我国古代生药的研究内容主要包含在本草学中[3]. 现阶段, 生药学与中药资源学和中药鉴定学学科的内涵和外延存在一定的交叉.

1.2 生药学研究和发展的成就

几十年来, 生药学研究与实践在资源调查与整理、常用中药材品种整理与质量研究、资源的扩大与保护、资源的开发利用等方面取得了巨大的成就. 通过 3 次全国范围的中药资源普查, 已基本摸清了我国中药资源种类、分布、生态环境、蕴藏量、历史、生产利用情况以及传统使用经验等基本情况; 对 220 种常用中药材开展了以品种整理为重点的系统研究; 对 71 种常用中药材进行质量标准规范化研究; 对 400 余种中药材进行了较深入的化学成分研究, 填补了一大批中草药化学成分空白; 筛选出 800 余种生物活性成分. 从亲缘相近的同种属植物中成功地在我国找到国产安息香(*Styrax macrothyrsus*, *S. subniveus*, *S. hypoglauca*)等进口药的国产资源. 牛黄、麝香、虎骨、犀牛角、冬虫夏草等名贵中药人工制品或代用品研究均获成功. 探索了药用部位的综合利用, 如钩藤(*Oncaria rhynchophylla*)的药用部位由钩扩大到茎[8]. 中药人工繁殖及种植养殖迅速发展, 国家从 1999 年开始推行中药材规范化种植, 这些均大大缓解了野生资源的压力. 这些年来, 整理出版了一些具有代表性的大型著作, 如《全国中草药汇编》、《中药大辞典》、《新华本草纲要》、《中国中药资源》、《中国中药区划》等著作[9].

1.3 生药学面临的问题和局限

作为一门不断成长分化的学科, 生药学有其自身在研究领域、技术方法等方面的局限. 比如, 作为品种整理、资源调查、保护、开发利用的基础, 生药鉴定是生药学的核心内容. 生药材鉴定技术最初只是依据药材的外部形态特征、色泽、断面、质地、气味等进行药材真伪鉴别, 其后逐步发展为对药材内部的细胞组织形态特征进行光学显微鉴别, 对超微结构的扫描电子显微镜, 以及对依据药材的理化性质开展的理化鉴别等, 特别是各种光谱分析技术的应用, 使生药学鉴定发展到一个新的高峰[10]. 但至今为止, 生药鉴定仍存在很多无法解决的难题. 例如, 动物类药材由于药效成分不明确, 特征不够鲜明而无法实现有效鉴别; 又如, 由于缺少有效的快速鉴别的技术, 一些珍贵稀有的药材市场伪品严重. 特别值得一提的是, 多来源药材(一种中药来源于多种原植物)一直是影响中药材质量稳定性和均一性的关键问题之一. 如黄芪原植物为豆科蒙古黄芪(*Astragalus Membranaceus* Fisch. Bge.Var. Mongholicus Bge. Hsiao)或膜荚黄芪(*A. membranaceus* Fisch. Bge); 甘草原植物为豆科甘草(*Glycyrrhiza uralensis* Fisch.), 胀果甘草(*G. inflata* Bat.)或光果甘草(*G. glabra* L.)等[11]. 从生物学上来讲, 每个物种都有其独特的遗传特性和表型特征, 以及特定的对环境的适应方式, 因此, 将不同来源的药材视为一种中药显然是不合理的. 为此, 2005 版《中华人民共和国药典》试图将多来源物种, 按其来源不同拆分或合并, 最终形成生物学上的物种与中药的种一一对应的关系. 但由于很多多来源药材在进化中的分类地位存在争议, 其系统关系不确定, 基于遗传上的证据不足而无法确定其药材来源, 导致无法对该多来源药材进行合并或拆分, 这一计划并未很好实现, 目前多来源问题仍是未来《中国药典》亟需解决的问题. 例如, 茅苍术(*Atractylodes lancea* Thunb. DC)和北苍术(*A. chinensis* DC. Koidz.)、多个来源的山银花, 包括灰毡毛忍冬(*Lonicera macranthoides* Hand.-Mazz.)、红腺忍冬(*L. hypoglauca* Miq.)、华南忍冬(*L. confusa* DC.)等. 可见, 学科的发展对生药学提出了理论、方法及技术更新的要求.

1.4 分子水平的研究成为生药学发展的必然要求

20 世纪末期, 科学技术尤其是现代生物学及相关学科的飞速发展, 极大地促进了生药学的发展, 其他学科及相关知识的渗入使得生药学的研究内容不断扩大, 技术方法不断更新, 生药学科的内涵和外延也不断延伸, 并产生了许多新的热点和难点问题. 例如, 如何认识生药的质量变异? 其物质基础是什么? 生药优质药材(特别是道地药材)是如何形成的, 其形成的分子遗传与环境机理是什么[12]? 生药药效成分积累的生物学机理是什么? 受什么因素影响? 如何提高药效成分的含量? 生药的种质资源具有怎样的特性, 其与作物种质资源的研究有无不同等. 这一个时期, 人们开始意识到种质资源评价、珍稀濒危机制研究、次生代谢产物的调控等不少科学问题, 已不仅仅是在有机体、组织、器官甚至细胞水平就可以揭示和解决, 生药学的发展迫切要求在基因、蛋白质、酶等生物分子水平来阐释生药学的诸多生物学问题. 生药来源于生物, 但人们对其许多生物学的现象、规律及机理的研究和掌握却明显不足, 而这些现象和规律的分子机理研究更是鲜有报道. 可见, 生产实践的需求, 理所当然地将生药学的研究推进到分子水平.

1.5 分子生药学是生药学与分子生物学学科交叉的必然产物

自从 1953 年 Watson 和 Crick 对 DNA 结构的发现后, 分子生物学迅速成为 20 世纪里发展最快, 对人类影响最大的学科之一. 分子生物学的飞速发展, 极大地改变了人类对世界的认知, 提高了人类改造自身和其他生物的能力, 使与生物学有关的所有领域的分支学科, 都发展到了分子水平[13]. 作为现代生命科学的“共同语言”, 分子生物学的研究与发展一方面不断深化和提升本学科的理论和技术, 使表现型和基因型的关系得到客观准确的阐释; 另一方面不断地与其他学科进行广泛而深入的横向联系和交叉融合, 以此开拓新的前沿领域和新的增长点, 使得一大批交叉科学、边缘学科和前沿学科应运而生, 例如分子遗传学、植物分子遗传学、分子系统学、分子生态学、蛋白组学、基因组学、代谢组学、微生物分子生态学、生物信息学等. 分子生物学在生物医学各个领域渗透应用并飞速发展, 由此产生了分子药理学、分子肿瘤学、分子病毒学、分子细胞生物学、分子生药学等相关学科. 其中, 作为分子生物学与生药学学科交叉的产物, 分子生药学的形成和发展受到分子遗传学、分子系统学、分子生态学、保护生物学、药用植物育种学等诸多学科的启发, 主要在核酸、蛋白等分子水平研究生药学的相关问题. 分子生药学的产生, 是生药学向微观深入研究发展的必然趋势之一.

2 分子生药学与生药学的关系及其产生的意义

2.1 分子生药学与生药学的关系

分子生药学不仅继承了传统生药学的内容和使命, 更将赋予生药学新的任务和挑战. 谢宗万分析了分子生药学和传统生药学、现代生药学的关系问题, 认为“它们永远是一种互补关系, 而不是什么替代关系, 因为它们使用的手段有所不同, 解决的关键问题和取得的效果也不尽相同”, 并进一步指出“在今后, 要解决生药领域里的复杂疑难问题, 看来是缺一不可, 把这些手段统统加在一起联用或从中选择几种手段配合使用, 才是更全面和更有效的办法”[10]. 本文就生药学与分子生药学进行了系统的比较分析, 足以看出分子生药学与生药学可以相互促进, 但决不可能相互替代(表 1).

2.2 分子生药学产生的意义

生药学的主要任务为: 在个体和种群等较宏观水平开展生药真伪优劣的鉴别和质量评价, 为生药资源生产及可持续利用提供依据. 相关研究涉及细胞(cell)、组织(tissue)、器官(organ)、有机体(organism)、种群(population)等层次, 并在这些层次上形成了比较成熟和独立的理论和方法, 如生药组织学、生药形态学等. 分子生药学的主要任务为: 在分子水平研究生药的遗传背景、开展生药的分子鉴别, 揭示次生代谢产物积累的分子机理、探索次生代谢产物的分子调控及生物合成, 为生药的优质生产和保护提供依据. 分子生药学的产生, 一方面将生药的研究层次向微观推进到基因(genes)水平, 极大地丰富了以往对生药生命现象的认识; 另一方面, 由于不同基因或 DNA 片段的进化速度不同, 其在进化中的特殊地位不同, 所反映的遗传变异的尺度和水平也不同, 这一点强化了人们对生药细胞、组织、器官、有机体、种群等层次的重新认识和思考. 人们意识到生药作为一个生命体在不同研究水平所观察到的现象及规律的意义和局限, 并试图通过对这些层次的全面分析

表 1 生药学与分子生药学的区别及联系

	生药学	分子生药学
概念	生药学是研究生药的基源、鉴定、有效成分、生产、采制、品质评价及资源可持续性开发利用等的一门科学[14].	分子生药学是在分子水平上研究生药的分类与鉴定、栽培与保护及有效成分生产的一门科学, 是生药学的一个极富前瞻性和前景性的分支[15].
学科定位	面向应用, 主要在个体和种群等较宏观水平开展生药真伪优劣的鉴别和质量评价, 为生药资源生产及可持续利用提供依据.	面向机理和应用, 主要在分子水平研究生药的遗传背景、开展生药的分子鉴别、揭示次生代谢产物积累的分子机理、探索次生代谢产物的分子调控及生物合成, 为生药的优质生产和保护提供依据.
核心研究内容	识别鉴定生药基源 调查考证生药资源 制定生药的质量标准, 并对其进行品质评价 为中药材规范化生产服务 资源开发[14,16]	药用动植物的系统进化 药用动植物种质资源评价及保存 药用动植物濒危机制及保护 药用植物活性成分的生物合成及调控 药用动植物的道地性及分子机理 生药分子鉴定[17]
主要研究方法	基源鉴定、性状鉴定、显微鉴定、理化鉴定、化学成分分析等	DNA 分析技术(分子杂交、分子标记技术、基因芯片、基因工程技术)、蛋白质分析技术(酶技术)、生物转化技术, 以及生药学的常规分析方法(包括基源鉴定、显微鉴定、理化鉴定、化学成分分析)等.
密切相关学科	本草学、中药资源学、中药鉴定学、中药化学、分析化学等	生药学、分子生物学、分子遗传学、分子生态学、植物生理学、生物学、遗传学

和整合, 得到一个生药的全貌. 这样的努力提升了生药学研究的深度和广度, 使生药学更多地摆脱唯象学, 成为一门系统的现代科学. 可以说, 研究层次的改变导致了独特的视角, 由此产生了独特的科学问题和解决思路、方法和理论, 并最终导致了分子生药学学科的出现. 我国生药学界前辈谢宗万先生认为 2000 年《分子生药学》"第一次正式出版, 其意义十分重大, 且涉及到分子生药学这个分支学科创立的大问题"[10].

3 分子生药学的研究内容、学科特色及技术方法

3.1 研究内容

(1) 生药分子鉴定. 生药分子鉴定是分子生药学科的首要任务. 作为可检测的遗传标记, DNA 标记具备准确性高、重现性好等特点, 相对于传统鉴定方法(包括基原鉴定、性状鉴定、显微鉴定和理化鉴定), 分子鉴定具有不受环境因素影响, 也不受药材加工炮制后外观性状改变影响的优势. 比在形态、组织和化学水平上的检测更能代表生药的变异类型. 生药的分子鉴定最常用的技术有基于 PCR 与电泳技术相结合的 RAPD, SSR, AR-PCR, MARMS, APAPD 和 PCR-RFLP 等技术[18]; 基于 DNA 测序的 SNP 技术和 DNA 条形码技术. 近年来, 从国家科技期刊数据库中检索到生药分子鉴定的文献有百余篇, 涉及到天花粉、人参、当归、大黄、柴胡等诸多生药[19,20].

(2) 药用动植物的系统进化. 药用动植物系统关系的确定, 不但是其分类鉴别的基础, 也是拓展近缘种, 寻找替代品及开发新药源的基础. 与传统的表型特征相比较, 分子生物学方法受到环境的影响较少, 因而更能反映出生物体在演变进化过程中的本质, 其研究结果也更可靠. 因此, 利用 DNA 分子遗传标记、基因组序列分析、蛋白质分析及染色体计数等技术, 从居群、个体乃至基因水平上, 准确刻画药用动植物遗传背景差异和亲缘关系, 进而构建基于叶绿体基因组基因和核基因组基因序列分析的重要药用动植物系统发育树, 确定药用动植物系统关系及其在进化中的地位是分子生药学基础研究的重心. 目前常用于分子系统学研究的主要基因种类有: rbcL, matK, rps4, 18s rRNA, ITS 等, 其中前三者为叶绿体基因组基因, 后二者为核基因组基因. 相关研究已有不少报道, 如白芷[21]、瓜蒌[22]、党参[23]、苍术[24]、芍药[25]、厚朴[26]、蛇[27]等.

(3) 药用动植物种质资源评价及保存. 种质资源(germplasm resources)也称遗传资源(genetic resources), 是指选育新品种的基础材料, 包括各种植物的栽培种、野生种的繁殖材料以及利用上述繁殖材料人工创造的各种植物的遗传材料[28]. 药用植物种

质是影响中药质量和产量的重要因素, 更是生药品种选育及资源可持续利用的物质基础. 种质资源的收集、整理、保存及评价是药用动植物种质资源研究的主要内容. 早些年, 人们在品种选育的时候, 就注意到红豆杉、人参、枸杞、地黄等很多中药种质资源在表型上的多样性. 近年来, 人们利用分子技术对石斛[29]、厚朴[30]、菊花[31]、芍药[32]、黄芩[33]、白芷、苍术等种质资源的多样性、遗传结构、种质纯度、表型与遗传的相关性等进行了研究, 为药用动植物种质资源的保护提供了丰富的遗传学资料.

(4) 药用动植物濒危机制及保护. 遗传多样性对种群是否能适应环境变化、是否能长期存活都是非常重要的, 如果没有遗传多样性, 就没有能力应付变化的环境、进化的竞争. 导致药用动植物濒危的内外因很多, 其中, 药用动植物种群遗传多样性低导致对环境的适合度降低是物种濒危的重要内在原因之一. 因此, 保护濒危物种的遗传多样性是濒危物种保护的基本目标. 以 DNA 多态性分析为基础的分子标记和以基因组序列分析为基础的分子系统学, 能直接测定 DNA 变异式样和确定保护的重点单元, 并因种内群体的分衍和发展在本质上与物种的系统进化有相似的过程, 可根据药用动植物的分子系统研究推测群体的发展状态和濒危程度, 从而为生物多样性的测度与珍稀药用动植物资源保护对策的制定提供新的具有强操作性的手段. 例如濒危药用植物荒漠肉苁蓉[34]、杜仲、三七等. 特别是目前用分子谱系地理学(molecular phy1ogeography)研究居群遗传变异方面取得的突破, 为生药居群遗传变异研究提供了新的理论和研究方法[35,36].

(5) 药用植物活性成分的生物合成及调控. 生药有效成分绝大多数来源于次生代谢产物, 次生代谢产物的有无和多少决定着生药的品质, 因此, 研究药用植物次生代谢产物的形成机理, 开展次生代谢产物的调控和生物合成, 或进行次生代谢产物的基因工程, 以此提高生药有效成分的含量, 是分子生药学研究的新热点. 例如, 利用微生物转化体系对延胡索中镇痛成分延胡索乙素进行转化, 得到了 2 个活性明显高于延胡索乙素的转化产物; 利用转基因何首乌毛状根培养体系和转基因西洋参冠瘿组织培养体系转化外源性化合物香豆素类, 大部分转化产物为糖基化产物. 部分通过生物转化得到的新化合物, 其活性超过了母体化合物. 例如, 利用小克银汉霉 AS3.970 转化雷公藤中雷公藤内酯, 获得了 4 个新化合物且都具有对人肿瘤细胞株的细胞毒效应[37].目前, 已建立毛状根培养系统的药用植物有紫草[38]、长春花[39]、人参[40]、丹参[41]、青蒿[42]、甘草[43]等数十种; 进行有效成分基因调控研究的药用植物有罂粟、青蒿[44]、丹参[45]、红豆杉[46]、喜树[47]等数十种; 利用根癌农杆菌感染石刁柏产生冠瘿瘤使其产生大量的喹啉生物碱, 感染鬼针草产生大量的多炔类, 感染长春花产生大量的生物碱, 感染毛地黄产生大量的强心甾; 利用转基因技术提高抗病虫害、抗旱抗盐等抗逆能力, 或提高有效成分含量的药用植物有丹参毛状根、天仙子毛状根[48]等.

(6) 药用动植物的道地性及分子机理. 道地药材是古人对产于特定产地的优质中药材的称谓, 其形成是特定的基因型, 在特定的生境下受到复杂的调控, 导致某些代谢过程的关键酶基因的表达产生了时空差异的产物[49,50]. 道地性研究一直是分子生药学研究的特色领域. 生药道地性及其分子机理的研究, 就是要在分子水平揭示道地药材居群水平的遗传变异, 明确道地药材基因型特征, 以及环境对道地药材基因表达的影响, 从而揭示遗传因素对道地药材形成的贡献率. 近年来, 有学者指出道地性的遗传本质在居群水平通常是个量变的过程, 它与种内其它非道地药材的区别主要表现为居群内基因型频率的改变; 在个体水平表现为微效多基因控制的数量遗传, 或是微效多基因和主基因联合控制的数量性状. 目前药用植物次生代谢生物合成酶基因的克隆[51,52], 相关转录控制因子的研究[53], 及细胞在接受外界刺激时的信号传导研究[54]等方面取得的成果均为从遗传、环境及信号传导等多方面来研究优质药材的形成机理提供了基础[55]. 目前, 道地分子机理研究较多的生药有芍药、苍术[24]、广藿香、厚朴、栀子等.

3.2 学科特色

分子生药学的学科特色既表现为这一学科研究和发展的困惑和困难, 也是学科形成和发展的动力. 学科特色主要体现在以下几个方面.

(1) 研究领域广泛, 学科综合性很强. 生药学本身就是一门多学科综合的应用基础学科，分子生物学又是建立在生药学及其他诸多现代科学基础之上的边缘学科和综合学科，这一学科外延广泛且内涵丰富. 研究中涉及到生药学、分子生物学、分子遗传学、分子生态学、植物生理学、生物学、遗传学、中药化学、分析化学、生物化学等诸多学科的知识和技术，学科综合性很强，研究者个人知识背景及学科交叉的能力和素质对分子生药的研究及学科发展的影响很大[56]. 可见，复合型人才的培养，学科队伍的建设是分子生药学长期和艰巨的任务.

(2) 次生代谢产物积累的研究贯穿分子生药学. 药用动植物与普通动植物相比，最大的区别是前者具有药用价值. 由此造成了生药特殊的质量特性，既除了性状、气味、口感等外部特征外，次生代谢产物的积累及其种类和配比关系是其质量标准的核心. 纵观分子生药学的研究内容，不论是药用植物活性成分的生物合成及调控，还是分子鉴定(真伪优劣)、药用动植物的道地性(涉及到药材的优质性)，或是药用动植物种质资源评价(包括品质评价)、药用动植物濒危机制及保护(优质药材更易濒危)，相关研究都与次生代谢产物的积累有直接或间接的关系. 所以说次生代谢产物的积累贯穿分子生药学研究. 分子水平观察和调控次生代谢产物的形成和积累是分子生药学重要内容，这一点与普通动植物，包括作物和林木等显著不同[15].

(3) 研究对象丰富多样，模式植物构建困难较大. 分子生药学的研究对象为上万种药用动植物，其中常用药用动植物有数百种，与农作物、林木等研究对象相比(后者的常用种数目通常为几十种)，分子生药学的研究对象丰富多样. 同时，作为贯穿分子生药学研究的主线，次生代谢产物形成机理复杂多样，其中公认的最核心的生物合成途径就有5条[57]，各个途径彼此相差很大，且各途径内外部形成的复杂的代谢网络，造成以次生代谢产物的形成和积累为核心的分子生药学研究很难寻找到一个通用的理想的模式植物.

3.3 技术方法

分子生药学的常用技术方法主要包括：DNA 分析技术(分子杂交、分子标记技术、基因芯片、基因工程技术)、蛋白质分析技术(酶技术)、生物转化技术[58]，以及生药学的常规分析方法(包括基源鉴定、显微鉴定、理化鉴定、化学成分分析)等[1,4,59]. 部分技术介绍如下：

(1) DNA 分析技术. DNA 分析技术主要包括分子杂交、分子标记技术、基因芯片、基因工程技术等.

① 分子杂交. 分子杂交(molecularhybridization)是确定单链核酸碱基序列的技术，主要用于核酸片段碱基序列的检测、鉴定及目标基因的定位等研究. 主要包括固相杂交和液相杂交，其中固相膜核酸分子杂交技术又可分为：菌落原位杂交(Colonyinsituhybridization)；斑点杂交(Dot blotting)；Southern 印迹杂交(Southern blotting)；Northern 印迹杂交(Northern blotting)；组织原位杂交(*Tissueinsituhybridization*).

② 分子标记. 是指以 DNA 多态性为基础的遗传标记技术. 通过直接分析 DNA 的多态性，快速准确地测定 DNA 的差异性，可用于生药的鉴定、新药源的寻找开发等.

DNA 分子标记技术分以下几类：

(ⅰ) 以分子杂交为基础的分子标记技术. RFLP (restraction fragment length polymorphism)限制性内切酶片段长度多态性标记；VNTRs(variable number of tandem repeats)可变数量串联重复；DGGE-RFLP (denaturing gradient gel electrophoresis-RFLP)变性梯度凝胶电泳-RFLP.

(ⅱ) 以 PCR 为基础的分子标记技术. RAPD (randomly amplified polymorphic DNA)随机扩增多态性 DNA; AP-PCR(arbitary primer-PCR)随机引物 PCR; DAF(DNA amplification fingerprinting)DNA 扩增产物指纹分析；SSCP(single strand conformation polymophism-RFLP)单链构象多态性；SCAR(sequence characterized amplified region)特征性片段扩增区域；CAPS(cleaved amplified polymorphism sequences)酶切扩增多态性序列，又称 PCR-RFLP; AFLP (amplfied fragment lenghth polymorphism)扩增片段长度多态性；AS-PCR(allele-specific PCR)等位基因特异 PCR; SPAR(sigle primer amplification reaction)单引物扩增的反应；SSR(simple sequence repeat)简单重复序列，又称微卫星 DNA(Microsatellite DNA)或 STR (short tandem repeat)短串联重复；ISSR(inter simple sequence repeat)inter-简单重复序列.

(iii) 以 PCR 和 RFLP 相结合的分子标记技术. AFLP(amplified fragment length polymorphism)扩增片段长度多态性.

(iv) 以逆转录 PCR 为基础的分子标记技术. RT-PCR(revert transcription PCR)逆转录 PCR; DD (differential display)差异显示; RDA(representative difference analysis)特征性差异分析; 荧光定量 PCR (fluoresence quantive polymerase chain reaction, FQ-PCR).

(v) 以测序为基础的分子标记技术(Sequencing). SNP(single nucleotide polymorphisms)单核苷酸多态性; DNAbarcoding 生物条形编码.

(vi) 基因芯片技术(DNA Chips). cDNA microarray cDNA 芯片; Oligo microarray 寡核苷酸芯片.

③ 基因芯片. 基因芯片技术系指将大量(通常每平方厘米点阵密度高于 400)探针分子固定于支持物上后与标记的样品分子进行杂交, 通过检测每个探针分子的杂交信号强度进而获取样品分子的数量和序列信息的新型杂交和测序技术. 这一技术由于可以一次性对样品大量序列进行高效、快速检测和分析, 从而解决了传统核酸印迹杂交技术操作繁杂、自动化程度低、操作序列数量少、检测效率低等不足. 可应用于基因表达谱测定、多态性分析、基因组文库作图及杂交测序等. 在分子生药学中, 目前主要应用于监测环境因素对道地药材基因表达的影响、主要有效成份调控基因的分析等研究[60].

④ DNA 重组技术. 也称基因克隆或分子克隆, 是基因工程操作的基础.它包括了一系列的实验技术, 最终目的是把一个生物体中的遗传信息(DNA)转入另一个生物体. 随着同源 DNA 重组技术的产生, 基因工程将变得更为简易、快速和准确. 该技术具有以下优点: 无需使用限制性内切酶和连接酶; 不改变 DNA 重组试验步骤; 操作简单. 目前, 市售克隆载体很多. 这一技术主要用于生药遗传改造及次生代谢产物的生物合成载体的构建等.

(2) 蛋白质分析. 这一技术主要用于生药蛋白质水平变异的分析, 包括蛋白质分离纯化的前处理、蛋白质的鉴定、蛋白质的盐析与透析及蛋白质的电泳技术(electrophoresis)、染色方法. 其中, 电泳技术包括: 醋酸纤维素薄膜电泳(Cellulose Acetate Membrane Electrophoresis); 琼脂和琼脂糖凝胶电泳(agarose gel electrophoresis); 聚丙烯酰氨凝胶电泳(polyacrylamide gel electrophoresis, PAGE); SDS-PAGE; 印迹转移电泳(Electrophoretic Blottransfer); 聚丙烯酰胺凝胶等电聚焦(isoelectric focusing, IEF); 双向聚丙烯酰胺凝胶电泳(two-dimensional polyacrylamide gel electrophoresis); 免疫电泳(immunoelectrophoresis).

(3) 生物转化技术. 这一技术主要用于生药次生代谢产物积累的生物合成和生产研究, 包括: (微生物、悬浮培养细胞或转基因器官)转化体系的构建和筛选; 冠瘿瘤及毛状根获得及培养; 添加底物诱导[61]; 生物转化产物的提取分离和鉴定等[62].

4 分子生药学的展望

4.1 生药资源永续利用的需求及技术发展导致特色领域成为热点

生药资源永续利用的需求与分子技术的优势相结合, 最终决定着分子生药学研究的方向和热点. 未来一段时间, 分子生药学在药用动植物的系统进化、药用动植物濒危机制及保护、药用动植物道地性等原有的研究领域持续稳定发展, 并将在以下领域形成热点.

(1) 分子鉴定稳步发展, biocoding 成为分子鉴定的重要方向. 根据国家科技期刊数据库中检索结果, 近年来, 生药分子鉴定的文献处于快速增长阶段. 随着分子生药学相关仪器及分子试剂成本的不断降低, 分子生药学知识和技术将不断普及. 作为分子生药学研究的核心和基础内容, 分子鉴定将持续成为分子生药学的热点领域. 与此同时, 人们对分子鉴别的速度及方便程度提出新的要求和目标. 因 DNA 条形码技术在物种鉴定方面拥有巨大的潜力, 有望实现生药的快速和标准化鉴别, 因而会在一段时间内成为分子生药鉴定的新热点.

(2) 次生代谢产物相关的功能基因组研究异军突起. 基因组学(genomics)研究主要包括以全基因组测序为目标的结构基因组学(structural genomics)和以基因功能鉴定为目标的功能基因组学(functional genomics), 又被称为后基因组(postgenome)研究或后基因组学(postgenomics). 随着越来越多的全基因序列的获得, 人们在将基因组静态的碱基序列弄清楚之后, 逐步转入对基因组动态的生物学功能学研究. 次生代谢及其调控的分子机理是分子生药学的特色领域, 促进和调控次生代谢产物合成是分子生药研究的重要目标之一. 近年来, 次生代谢途径的基础研究越来越受到重视, 次生代谢产物的关键酶基因的研究取得积极进展. 随着生药基因工程、组织培养、生物转化技术水平的整体提高, 次生代谢产物相关的功能基因组研究异军突起, 并将成为分子生药学研究中最富挑战和前景的方向之一[63].

(3) 基因组学、蛋白组学、代谢组学研究结果的整合和分析成为新热点. 基因组学(genomics)、蛋白质组学(proteomics)、代谢组学(metabonomics/metabolomics)虽然均是在分子水平开展生药相关研究, 但三者各有其优势和独特性, 基因组学主要研究功能基因等基因层面的内容, 蛋白质组学主要研究差异蛋白等蛋白质层面的内容, 代谢组学主要研究次生代谢物, 三者的分工不同. 次生代谢产物是典型的多基因性状, 其积累很大程度上受到环境, 尤其是环境胁迫的影响, 主要在基因表达和蛋白水平发生变异. 随着代谢组学、蛋白组学在分子生药研究中的不断拓展, 将基因组、蛋白质组和代谢组三个不同层次的研究结果进行整合分析, 从而获得超越三个组学各自领域的知识和信息将成为一种新的趋势[64].

(4) 核心种质构建形成新思路和新方法. 核心种质(core collection)是种质资源的一个核心子集, 以最少数量的遗传资源最大限度地保存整个资源群体的遗传多样性, 同时代表了整个群体的地理分布. 核心种质是生药种质资源群体研究和利用的切入点, 可提高整个种质库的管理和利用水平. 生药资源核心种质的构建模式主要参考农作物, 后者通常是在已有种质资源库或已有大量种质资源的基础上, 按照科学的取样方法与技术, 从中选出约10%样品, 在一定程度上, 代表了某一种及其近缘野生种的形态特征、地理分布、基因与基因型的最大范围的遗传多样性. 与农作物种质资源研究形成明显区别的是, 多数生药资源本身不具备种质资源库, 而且不少野生、甚至珍稀濒危物种很难收集到大量种质. 这一方面是由于生药资源研究基础较薄弱, 另一方面, 也与生药资源种类繁多, 而且多数种质数量有限, 种质资源库构建难度很大有关. 显而易见, 生药核心种质的构建模式无法也不该照搬农作物核心种质模式. 在未来一段时间, 如何发挥分子生药技术和方法在遗传多样性检测方面的优势, 充分利用有限的材料, 在分析药用动植物基因型上的差异, 以及不同基因型对环境反应上的差异, 特别是遗传结构的基础上, 配合混合线性模型等统计分析, 无偏预测生药性状的基因型值, 用预测出的基因型值计算遗传材料间的遗传距离, 准确评价不同材料间在遗传上的相似性, 通过设计合理的抽样策略, 构建生药核心种质库, 并建立生药学核心种质构建的特有模式势在必行.

4.2 理论体系进一步完善

分子生药学从概念的提出到第一本《分子生药学》著作的出版历经6年时间, 又经过了8年时间进入全国高等院校创新教材系列. 在这短短十几年的时间里, 越来越多的人参与到这一领域的研究中来, 学科取得了突飞猛进的发展.随着研究的不断深入, 许多分子层面的研究结果给人以新的启迪, 人们对生药的认识不断深入. 例如, 生药多样性及种内变异的研究, 使人们开始重新思考生药的标准化问题及解决策略; 对次生代谢产物形成微效多基因及其与环境的互作, 以及基因网络化和程序表达的认识, 引发了人们对生药基因调控、品种选育的思考[12]. 又如, 次生代谢产物的生物合成本身是个极复杂的系统工程, 它有相对独立的一套理论、方法和技术, 研究的深化要求人们对其在分子生药学学科中的地位进行思考. 相应的思考会导致分子生药学理论体系的不断完善.

4.3 应用实践进一步加强

生药学是一门来源于实践的应用学科. 虽然, 有关分子层面机理的研究增加了分子生药学学科的理论成分, 但分子生药学依然继承了生药学面向应用的这一属性, 解决生药在生产实践和保护利用中的具体问题依然是学科发展的航标. 分子生药学研究成果在实践中的应用是学科存在的意义所在, 也是衡量学科健康发展的重要标志. 目前, 利用分子生药学技术对栝楼属的系统分类的结果同时被 *Flora of China*(第19卷)及2000年《中国药典》采纳是分子生药研究结果应用的典范[65]. 相信在不远的未来, 这一领域的应用实践会进一步得到加强.

参考文献

1 黄璐琦, 肖培根, 主编. 分子生药学. 北京: 中国中医药出版社, 2008. 1—189
2 黄璐琦. 展望分子生物技术在生药学中的应用. 中国中药杂志, 1995, 20: 634
3 黄璐琦, 主编. 分子生药学. 第1版. 北京: 北京医科大学出版社, 2000. 1—375
4 黄璐琦, 主编. 分子生药学. 北京: 北京医科大学出版社, 2006. 1—678
5 黄璐琦, 主编. 分子生药学. 北京: 北京医科大学出版社, 2006. 1—2
6 徐国钧, 主编. 生药学. 第2版. 北京: 人民卫生出版社, 1987. 1
7 蔡少青, 主编. 生药学. 第5版. 北京: 人民卫生出版社, 2007. 4
8 黄璐琦, 主编. 分子生药学. 第1版. 北京: 北京医科大学出版社, 2000. 9
9 黄璐琦, 主编. 分子生药学. 第1版. 北京: 北京医科大学出版社, 2000. 8
10 谢宗万. 《分子生药学》评介. 中国中药杂志, 2001, 26: 216
11 国家药典委员会. 中华人民共和国药典. 2005版. 第一册. 北京: 化学工业出版社, 2005. 212, 59
12 黄璐琦, 郭兰萍, 胡娟, 等. 中药道地性的分子机理及遗传背景. 中国中药杂志, 2008, 33: 2303—2308
13 黄璐琦. 展望分子生物技术在生药学中的应用. 中国中药杂志, 1995, 20: 634
14 蔡少青, 主编. 生药学. 第5版. 北京: 人民卫生出版社, 2007. 2
15 黄璐琦, 肖培根, 主编. 分子生药学. 北京: 中国中医药出版社, 2008. 2
16 徐国钧, 主编. 生药学. 第2版. 北京. 人民卫生出版社, 1987, 3
17 黄璐琦, 肖培根, 主编. 分子生药学. 北京. 中国中医药出版社, 2008, 2—3
18 徐红, 王峥涛, 胡之壁. 中药DNA分子鉴定技术的发展与应用. 世界科学技术——中医药现代化, 2003, 5(2): 24—30
19 陈美兰. 采用RAPD和PCR-RFLP方法从分子水平鉴定人参. 国外医学. 中医中药分册. 2002, 24: 305
20 武莹, 刘春生, 刘玉法, 等. 5种习用柴胡的ITS序列鉴别. 中国中药杂志, 2005, 30: 732—734
21 杨滨, 王敏, 曹春雨, 等. 中药白芷的分子遗传及其原植物分析. 中国中药杂志, 39: 654—657
22 黄璐琦, 王敏, 杨滨. 栝楼农家品种苗期的分子标识鉴别. 中国中药杂志, 1999. 34: 66
23 邱英雄, 傅承新, 吴斐捷. 明党参与川明参群体遗传结构及分子鉴定的ISSR分析. 中国中药杂志, 2003, 28: 598—603
24 郭兰萍, 黄璐琦, 蒋有绪. 苍术遗传结构的RAPD分析. 中国药学杂志, 2006, 41: 178—181
25 周红涛, 胡世林, 郭宝林, 等. 芍药野生与栽培群体的遗传变异研究. 药学学报, 2002, 37: 383—388
26 郭宝林, 斯金平. 厚朴DNA分子标记的研究——正品的RAPD研究. 药学学报, 2001, 36: 386—389
27 唐晓晶, 冯成强, 黄璐琦, 等. 高特异性PCR方法鉴别乌梢蛇及其混淆品. 中国药学杂志, 2007, 42: 333—336
28 黄璐琦, 主编. 分子生药学. 第1版. 北京: 北京医科大学出版社, 2000. 217
29 白音, 包英华, 王文全, 等. 不同居群美花石斛种质资源的RAPD分析. 中草药, 2007, 38: 748—751
30 斯金平, 童再康, 曾燕如, 等. 厚朴种质资源评价与利用研究. 中药材, 2002, 25: 79—81
31 李辛雷, 陈发棣. 菊花种质资源与遗传改良研究进展. 植物学通报, 2004, 21: 392—401
32 周红涛, 胡世林, 郭宝林, 等. 芍药野生与栽培群体的遗传变异研究. 药学学报, 2002, 37: 383—388
33 李欣, 黄璐琦, 邵爱娟, 等. 黄芩种质资源的研究概况. 世界科学技术一中医药现代化, 2003, 5: 54—58
34 崔光红, 陈敏, 黄璐琦, 等. 药用肉苁蓉的遗传多样性RAPD分析. 中国中药杂志, 2004, 29: 727—730
35 Gao L M, Möller M, Zhang X M, et al. High variation and strong phylogeographic pattern among cpDNA haplotypes in Taxus wallichiana(Taxaceae) in China and North Vietnam. Mol Ecol, 2007, 16: 4684
36 Yuan Q J, Zhang Z Y, Peng H, et al. Chloroplast phylogeography of Dipentodon(Dipentodontaceae) in southwest China and northern Vietnam. Mol Ecol, 2008, 17: 1054
37 余伯阳. 中药与天然药物生物技术研究进展与展望. 中国药科大学学报, 2002, 33: 359—363
38 Koichiro S, Hiroshi S, Hitoshi S, et al. Shikonin production and secretion by hairy root cultures of Lithospermum erythrorhizon. Plant Cell Reports, 1991, 10: 282—285
39 Rajiv B, John A M, Jacqueline V S. Transient Studies of Light-adapted Cultrues of Hairy Root of Catharanthus roseus: Growth and Indole Alkaloid Accumulation. Biotechnol and Bioeng, 1998, 60: 670
40 孙彬贤, 杨光孝, 汪沁琳, 等. 人参毛状根合成人参皂苷培养条件的优化. 中成药, 2003, 25: 746—748
41 崔光红, 黄璐琦, 邱德有, 等. 丹参功能基因组学研究Ⅱ-丹参毛状根不同时期基因表达谱分析. 中国中药杂志, 2007, 32:

1267—1272

42 刘春朝，王玉春，欧阳藩．青蒿毛状根合成青蒿素的培养条件研究．植物学报，1998, 40: 54—58

43 杜旻，刘峻，丁家宜，等．甘草毛状根体内外抗氧化能力的测定．植物资源与环境学报，2000, 9: 1—4

44 王红，叶和春，刘本叶，等．青蒿素生物合成分子调控研究进展．生物工程学报，2003, 19: 651—654

45 晏琼，胡宗定，吴建勇．生物与非生物诱导子协同作用对丹参毛状根培养生产丹参酮的影响．中国中药杂志，2006, 31: 188—191

46 杜亚填，陈建华，许建宇，等．植物生长调节剂对南方红豆杉愈伤组织培养和紫杉醇合成的影响．天然产物研究与开发．2006, 18: 569—576

47 Zu Y G, Tang Z H, Yu J H, et al. Different responses of camptothecin and 10-hydroxycamptothecin to heat shock in camptotheca acuminata Seedlings. Acta Botanica Sinica, 2003, 45: 494—499

48 Zhang L, Ding R X, Chai Y R, et al. Engineering tropane biosynthetic pathway in *Hyoscyamus niger* hairy root cultures. Proc Natl Acad Sci USA, 2004, 10: 6786—6791

49 黄璐琦．分子生药学．北京：北京医科大学出版社，2006. 369—388

50 黄璐琦，郭兰萍，华国栋．道地药材属性及研究对策．中国中医药信息杂志，2007, 14: 44—46

51 Hikaru S, Kiyoshi O, Satoru S, et al. Licorice β -amyrin 11-oxidase, a cytochrome P450 with a key role in the biosynthesis of the triterpene sweetener glycyrrhizin. Proc Natl Acad Sci USA, 2008, 105: 14204—14209

52 戴住波，钱子刚，胡运乾，等．金铁锁鲨烯合酶 cDNA 的克隆和功能鉴定．药学学报，2008, 43: 1245—1250

53 Keinanen M, Oldham N J. ORCA3, a Jasmonate-responsive transcriptional regulator of plant primary and secondary metabolism. Science, 2000, 289: 295—297

54 Xu M J, Dong J F, Zhu M Y. Nitric oxide mediates the fungal elicitor-induced hypericin production of hypericum perforatum cell suspension cultures through a jasmonic-acid-dependent signal pathway. Plant Physiology, 2005, 139: 991—998

55 黄璐琦，戴住波，吕冬梅，等．探讨道地药材研究的模式生物及模型．中国中药杂志，2009, 34: 1063

56 黄璐琦，主编．分子生药学．第 1 版．北京：北京医科大学出版社，2000. 16—17

57 黄璐琦，郭兰萍，主编．中药资源生态学．上海：上海科学技术出版社，2009. 44—45

58 黄璐琦，肖培根，主编．分子生药学．北京：中国中医药出版社，2008. 36—103

59 蔡少青，主编．生药学．第 5 版．北京：人民卫生出版社，2007. 49—65

60 黄璐琦，肖培根，主编．分子生药学．北京：中国中医药出版社，2008. 68—71

61 严春艳，马伟丽，梁建，等．转基因何首乌毛状根对 8 种活性成分的生物转化研究．中国生物工程杂志．2008, 28: 78—81

62 张传会，陈有为，郑毅，等．黄山药的黑曲霉转化产物化学成分研究．天然产物研究与开发，2008, 20: 585—588

63 邱德有，黄璐琦．代谢组学研究——功能基因组学研究的重要组成部分．分子植物育种，2004, 2: 165—177

64 王四旺，王剑波．综观中药研究新观点，试论药物开发新思路．医学研究杂志，2008, 37: 95—99

65 国家药典委员会．中华人民共和国药典．北京：化学工业出版社，2000. 84

第36卷第3期
2011年2月

Vol 36, Issue 3
February, 2011

·专论·

动物药材分子鉴定研究策略

黄璐琦*，唐仕欢，李军德，赵静雪
（中国中医科学院 中药研究所，北京 100700）

［摘要］ 作者对动物药材分子鉴定研究的现状及问题进行了总结和分析，在此基础上，提出全国范围内相关单位联合攻关，扩大研究品种，加快动物药材分子鉴定试剂盒的研制和推广，全面启动中国动物药材DNA条形码研究计划，建立动物药材分子鉴定标准数据库等研究策略。

［关键词］ 动物药材；分子鉴定；DNA条形码

动物药材是祖国医药重要组成部分，临床上被广泛用于治疗疑难杂证、急重病证等。由于动物药材特别是多来源品种较为混乱，如虻虫、斑蝥等，而且大部分为贵重紧缺药材，通常多以粉末、中成药等形式入药，给动物药材的准确鉴定带来了极大的困难。过去传统的中药鉴定技术，主要是经验性的性状鉴别，这些方法虽然简便、快速，但对多来源药材、破碎药材、粉末药材以及中成药的鉴定有一定的局限性。随着现代科学技术的发展，显微鉴定、红外光谱、紫外吸收光谱、薄层色谱、凝胶电泳等方法也在动物药材的鉴定中起到了重要作用[1-9]。近年来，分子生物学技术和方法不断更新，其理论和实验技术不断渗透到中药鉴定领域，中药鉴定涌现了一批中药材DNA分子鉴定技术，如RFLP（restriction fragment length polymorphism，限制性片段长度多态性），RAPD（random amplified polymorphic DNA，随机扩增多态性DNA标记）以及基因芯片技术等。DNA分子鉴定技术不仅能对有形的动物药材整体及破碎部分器官组织进行准确的鉴定，而且还可以对以动物粉末、体液、分泌物和排泄物入药的生药及制剂进行有效的真伪鉴定、纯度检查与质量评价，为动物药材的鉴定带来了蓬勃生机，呈现出良好的发展前景。

1 动物药材分子鉴定研究现状

1.1 基于线粒体12S rRNA基因序列的鉴别研究 由于线粒体12S rRNA基因的进化速率较快，不同物种间序列差异大，有利于设计针对目标物种的高特异性引物，加上扩增该基因的稳定性和可重复性好，可以用来作为生物物种种属的鉴定，并在动物药材的分子鉴定中得到应用。利用该基因序列对蛇类药材进行鉴定的报道较多，主要集中在乌梢蛇、金钱白花蛇、蕲蛇及其混淆品的鉴定，如根据乌梢蛇及10种常见混淆品线粒体12S rRNA基因序列，设计一对专用于乌梢蛇的鉴别引物，从而建立一种简便、准确的乌梢蛇药材分子标记鉴别方法。结果表明，所设计的鉴别引物对正品乌梢蛇有高度的特异性[10]。运用分子标记技术分别从药材蛇胆的胆衣和胆汁、原动物棕黑锦蛇的肌肉和胆汁中提取DNA，经PCR扩增得到约400 bp的12S rRNA基因片段，并对该基因片段进行测序研究。结果表明，DNA分子标记技术可用于中药材蛇胆和胆汁的鉴定，提示该技术也可用于其他动物分泌物类型药材的鉴别[11]。有学者从乌龟 *Chinemys reevesii* 和其他20种产地为中国或东南亚国家的龟类组织材料中提取DNA，扩增约110 bp的线粒体12S rRNA基因片段并进行序列分析，构建了21种龟类的12S rRNA基因片段序列数据库。序列比较的结果表明乌龟与其他20种龟类的这段序列均有差别，序列差异在3.7%～15.7%[12]。基于此，设计1对专用于鉴定中药材龟甲原动物乌龟的鉴别引物，对龟甲药材进行了分子鉴定[13]。从5种海马药材中提取DNA，用PCR技术扩增约450 bp的12S rRNA基因片段和约490 bp的细胞色素b基因片段。结果表明，用DNA序列分析方法得到的分子遗传标记可以鉴别所有5种海马[14]。

1.2 基于线粒体 *Cyt* b基因序列的鉴别研究 *Cyt* b基因是动物线粒体上一个编码蛋白质的基因，有一定的保守性，根据蛇类药材 *Cyt* b基因片段序列的分析，表明这种在种内个体间的序列差异很小，而种间的序列差异却较大的DNA片段，正是物种鉴别的理想标记。因此，*Cyt* b基因片段的DNA序列是鉴别蛇类药材原动物种类的一种良好分子标记[15]。设计金钱白花蛇PCR鉴别的一对高度特异性引物，可以对金钱白花蛇及其伪品的 *Cyt* b基因片段序列分析和PCR鉴别研究。结果表明，该对引物在对金钱白花蛇的PCR鉴别中，可以100%检出金钱白花蛇，并能在混合的药材粉末中检测出被检样品中是否含有金钱白花蛇组分[16-17]。以同样的原理，利用 *Cyt* b基因对蕲蛇药材及其市场收集样品进行了序列测定和分析。结果表明，*Cyt* b基因序列是一种鉴别蕲

［稿件编号］ 20100629003
［基金项目］ 《中国药典》2010版一部标准研究项目（YD-195）；中国中医科学院自主选题项目（Z02085）
［通信作者］ *黄璐琦，Tel：（010）64014411-2956，E-mail：huangluqi@263.net

第 36卷第 3期
2011年 2月

Vol 36, Issue 3
February, 2011

蛇药材与其混淆品较好的分子遗传标记[18]。类似的研究还有鸡内金及其伪品的分子鉴别研究,所设计的引物只扩增家鸡 DNA,而不扩增其他动物 DNA[19]。利用 *Cyt* b基因对鹿类中药材进行分子鉴定研究已见诸多报道。在对鹿类中药材的正品原动物梅花鹿、马鹿及其混伪品原动物的 *Cyt* b基因全序列分析的基础上,设计一对专用于鉴定正品鹿类药材的位点特异性鉴别引物,建立鹿类中药材鹿茸、鹿鞭、鹿筋、鹿胎的 DNA分子标记鉴定方法[20-21]。建立的位点特异性 PCR方法,能将正品鹿茸与其他近源种鹿茸药材鉴别开来,具有较高的特异性、重复性,可广泛应用于鹿类药材的鉴别[22-23]。

2 动物药材分子鉴定研究存在的问题

2.1 研究品种局限 近几年,国内动物药材的 DNA 分子鉴定报道较多,但研究的品种比较局限,主要研究的品种集中在蛇类中药材、鹿类中药材、鸡内金、海马、龟甲等少数品种,而对于其他常用的品种研究不多,如中药材虻虫、斑蝥、蝉蜕、土鳖虫、水蛭、地龙、全蝎、蜈蚣等,急需在以后的研究工作中得到加强。

2.2 参与单位较少 文献报道显示,从事动物药材分子鉴定的研究机构主要是中国药科大学、沈阳药科大学、南京师范大学、北华大学、中国科学院昆明动物所、安徽大学、北京中医药大学、中国中医科学院中药研究所等少数大中专院校和科研院所,加之从事动物药材鉴定和分类学的研究队伍不断缩减,使得全面而系统地开展动物药材分子鉴定面临巨大的挑战,急需呼吁各具有分子生物学技术的相关单位和从业人员联合研究,扩大规模。

2.3 数据共享不足 由于各自研究比较分散,品种局限,在分子鉴定的操作中,没有形成统一和规范的操作标准和规程,如药用动物遗传物质材料采集规范、动物药材 DNA提取操作规范等,难以形成共享的分子鉴定数据信息系统,从而限制了相应技术和方法的推广应用。因此,急需制定实验技术使用规范流程,建立中国药用动物分子鉴定共享信息平台。

2.4 实际应用不够 有关动物药材的分子鉴定重点在基础研究,虽然在很多的报道中,均提示建立的方法具有简单、准确、快速、灵敏度高、重复性好等特点,但在实际操作中得到推广应用的很少。当然,基础研究到实际应用需要一定的积累,随着蕲蛇、乌梢蛇饮片 PCR 鉴别方法被 2010年版《中国药典》收载,分子鉴别动物药材技术与方法,将逐步走向应用,有广阔的发展潜力及应用价值。

3 动物药材分子鉴定研究策略

3.1 研究品种应逐步扩大 根据 1985— 1989年开展的全国中药资源普查显示,我国中药资源共有 12 772种,其中药用动物有 414科、879属、1 574种;《中国中药资源志要》(1994年)收载药用动物 1 590种(414科, 879属);《中国动物药志》(1996年)收载动物药 975种,药用动物 1 546种;《中华本草》(1999年)收载动物药(药用动物)1 047种;《动物本草》(2001年)收载药用动物 1 567种;目前,由中国中医科学院中药研究所牵头修订再版的《中国药用动物志》将收载药用动物约 1 800种。可以看出,我国动物药材(药用动物)品种丰富,为此,应在进行临床常用的动物药材分子鉴定研究的基础上,逐步完成 2010年版《中国药典》记载的动物药材品种的分子鉴定研究,并从药用动物科属的角度,进一步扩大样品,从而逐步拓宽研究品种和对象,开展全面深入研究。

3.2 组织形式应联合攻关 开展动物药材的分子鉴定,最为关键的是获得准确和足够的样品,由于动物药材的获得不同于一般的植物药材,尤其是珍稀濒危的野生动物,其样品的获得更是困难。为开展大规模的动物药材的分子鉴定研究,应以《中国药用动物志》修订再版工作为基础,抓住即将开展的全国中药资源普查的契机,进行全国范围药用动物的采样调查,在药材鉴定和动物分类学鉴定的基础上,采用适宜的分子鉴定技术进行鉴定研究。由于品种较多,分布复杂,采样工作艰苦,仅靠一个单位或一部分科研工作者,难以完成,需要与动物药材相关的各大中专院校、科研机构、药监部门、林业部门等联合攻关,协调进行,从而建立动物药材分子鉴定的技术平台。

3.3 加快分子鉴定试剂盒的开发与应用 近几年来,针对某一类药材的鉴定,位点特异性鉴别 PCR方法应用较为广泛,通过对正品药材及其伪、混品的某些 DNA片段序列(如 12S rRNA, *Cyt* b)的研究,找出正品药材的特异性位点,从而设计高度特异性的鉴别引物,PCR反应后,经过电泳检测便可准确鉴别样品的真伪,这种方法简便,可操作性强,容易推广应用。并且,这种方法在反复实验验证后,进一步优化各种条件,可以制成分子鉴定的试剂盒,从而可以在实际操作中推广应用。已经有学者根据对不同产地梅花鹿、马鹿、白唇鹿、水鹿线粒体 DNA进行 PCR扩增和序列测定,并与常见伪充药材来源动物线粒体 DNA同位置序列比较,找到该 4个鹿种的特征片段,建立中药材鹿鞭的分子分类学鉴定试剂盒。结果表明,该引物与相关试剂组成试剂盒后,可用于中药材鹿鞭与常见伪充药材牛鞭、驴鞭等的鉴别[23]。因此,动物药材分子鉴定试剂盒的研制,应当大力提倡和推广,逐步将基础研究走向应用研究。

3.4 全面启动中国动物药材 DNA条形码研究计划 与上述分子生物学技术相比,DNA条形码(DNA barcoding)是利用一段标准 DNA序列作为标记来实现快速、准确和自动化的物种鉴定,是分类学中辅助物种鉴定的新技术,这种新兴分类学技术引起了越来越多的生物学家关注,成为物种鉴定和分类学研究的新方向和研究热点。目前,中国作为国际生命条形码计划 4个中心节点(加拿大、美国、欧盟和中国)之一,中国在世界生物 DNA系统分类及条形码技术中占据相当重要的地位。植物(包括药用植物)DNA条形码研究已经全面启动,动物条形码研究正在逐步开展,为此,对常用的动物药材也进行了有益尝试,制定了相应的操作规范,包括药

第 36卷第 3期
2011年 2月

Vol 36, Issue 3
February, 2011

用动物遗传物质材料采集规范、动物药材 DNA提取操作规范等,下一步将联合国内各有关科研院所、大中专院校,全面启动中国动物药材 DNA条形码研究计划,按照标准的操作规范,进一步扩大样品数量,完善标本的采集,利用分子生物学技术获得动物药材标准序列,构建动物药材 DNA条形码分子鉴定的标准平台。

3.5 建立中国动物药材分子鉴定标准数据库 对《中国药用动物志》(修订版)收载药用动物种质资源(包括活体、标本、精子等)进行标准化整理、整合和数字化表达,建立"中国药用动物种质资源共享平台",在此基础上,联合全国有关科研院校,制定、完善药用动物种质资源的描述标准、技术规程,逐步建立"中国动物药材分子鉴定数据库系统",包括"中国动物药材 DNA条形码数据库"、"中国动物药材分子标识数据库"、"中国动物药材分子鉴定基因序列数据库"等,实现信息数据共享,这不仅为动物药材的鉴定提供依据,而且为药用动物的分类及其遗传多样性研究奠定基础。

[参考文献]

[1] 刘宝玲,岩崎裕二,风见务,等. 常用虫类药材的显微鉴定[J]. 中国中药杂志, 2002, 27(10): 729.
[2] 周友华,王振忠,黄振宇,等. 羚羊角及其骨角塞的紫外光谱鉴别[J]. 基层中药杂志, 1996, 10(1): 15.
[3] 画红顺. 羚羊角与水牛角的薄层色谱法比较[J]. 江西中医学院学报, 1998, 10(2): 84.
[4] 廖汉成,王实强,杨瑛,等. 蜈蚣全蝎蛤蚧 3种动物中药超微饮片的薄层鉴别[J]. 湖南中医杂志, 2003, 19(6): 54.
[5] 石俊英,李辉,宋广运,等. 14种皮类中药的电泳鉴别[J]. 中国中药杂志, 1992, 17(2): 74.
[6] 孙晓荣,吴爱英,邹德录,等. 4种鞭类中药蛋白电泳鉴别[J]. 中国中药杂志, 1997, 22(5): 271.
[7] 李仁茂,钟炳辉,林海强,等. 鹿筋的电泳鉴别研究[J]. 湛江师范学院学报:自然科学版, 1998, 19(2): 77.
[8] 曹秀明,尚明,郑蔚虹. 中药鉴定中电泳技术的应用[J]. 黑龙江医药, 2005, 18(6): 428.
[9] 赵华英,许欣荣,陈永林,等. 羚羊角及其伪品的蛋白电泳鉴别[J]. 中国中药杂志, 1994, 19(9): 524.
[10] 唐晓晶,冯成强,黄璐琦,等. 高特异性 PCR方法鉴别乌梢蛇及其混淆品[J]. 中国药学杂志, 2007, 42(5): 333.
[11] 刘向华,王义权,刘忠权,等. 中药材蛇胆的 DNA分子标记鉴定研究[J]. 药学学报, 2001, 36(3): 229.
[12] 吴平,周开亚,徐珞珊,等. 中药材龟甲的分子鉴定研究[J]. 药学学报, 1998, 33(4): 304.
[13] 刘中权,王义权,周开亚,等. 中药材龟甲及原动物的高特异性 PCR鉴定研究[J]. 药学学报, 1999, 34(12): 941.
[14] 吴平,周开亚,张朝晖,等. 海马类药材的分子遗传标记鉴定研究[J]. 药学学报, 1998, 33(3): 226.
[15] 王义权,周开亚,徐珞珊,等. 中药材乌梢蛇及其混淆品的 DNA序列分析鉴别[J]. 药学学报, 1999, 34(1): 67.
[16] 王义权,周开亚,徐珞珊,等. 金钱白花蛇及其伪品的 *Cyt* b基因片段序列分析和 PCR鉴别研究[J]. 药学学报, 1998, 33(12): 941.
[17] 冯成强,唐晓晶,黄璐琦,等. 金钱白花蛇及其混淆品高特异性 PCR的鉴别[J]. 中国中药杂志, 2006, 31(13): 1050.
[18] 宋文成,宋社吾,刘道芳,等. 蕲蛇药材及其市售混淆品的 *Cyt* b基因序列与分析[J]. 中草药, 2006, 37(12): 1862.
[19] 曲萌,崔继春,董志恒,等. 鸡内金的分子鉴定研究[J]. 中国中药杂志, 2009, 34(24): 3192.
[20] 刘向华,王义权,周开亚,等. 鹿类中药材的位点特异性 PCR鉴定研究[J]. 药学学报, 2001, 36(8): 631.
[21] 傅文,唐双焱,陈永久,等. 鹿属动物线粒体 DNA序列测定的研究[J]. 中国药学杂志, 2000, 35(12): 803.
[22] 王学勇,刘春生,张蓉,等. 位点特异性 PCR方法的建立及对近源种鹿茸药材的鉴别研究[J]. 中国中药杂志, 2009, 34(23): 3013.
[23] 唐双焱,傅文,陈永久,等. 中药材鹿鞭的分子鉴定研究[J]. 中国中药杂志, 2002, 27(8): 573.

Research strategy on molecular identification of animal medical material

HUANG Luqi*, TANG Shihuan, LI Junde, ZHAO Jingxue
(Institute of Chinese Materia Medica, China Academy of Chinese Medical Sciences, Beijing 100700, China)

[Abstract] This paper summarized and analyzed the status quo and problems about molecular identification of animal medical material, based on the facts, we proposed some research strategies, including uniting to tackle key problems, expanding the research species, accelerating manufacture and generalization of molecular identification kit, priming the research project of DNA barcoding and establishing standard database on animal medical material.

[Key words] animal medical material; molecular identification; DNA barcoding

doi: 10.4268/cjcmm20110301

[责任编辑 吕冬梅]

第 37 卷第 8 期
2012 年 4 月

Vol. 37, Issue 8
April, 2012

·学术探讨·

中药材二维分子标记法及其构建

黄璐琦[1*]，王学勇[2]，郭兰萍[1]，邵爱娟[1]
（1. 中国中医科学院 中药研究所，北京 100700；2. 北京中医药大学 中药学院，北京 100102）

［摘要］ 该文针对目前中药鉴定学重“真伪”、轻“优劣”的不足，充分发挥一般分子标记和测序技术的“真伪”鉴别优势，结合功能基因在表征药材“优劣”方面的独特作用，提出了中药材“真伪、优劣”二维分子标记的构建策略。该文系统介绍了二维分子标记法的概念、原理及方法，总结了该方法所具备的技术优势，展望了其在同时解决中药“真伪”和“优劣”鉴定评价中的重要作用。二维分子标记法的提出，将从技术方法层面，进一步拓展中药鉴定学的科学内涵和外延，为真正实现中药的“真伪优劣”鉴定奠定方法学基础。

［关键词］ 分子标记；二维分子标记；鉴定；真伪；优劣

中药材的“真伪”、“优劣”是保障药材质量最关键的 2 个要素。人们往往更重视中药“真伪”方面的鉴定。诚然，中药的“真伪”鉴定在药材资源长期依赖野生资源的匮乏时期，或者对于濒危药材以及贵重药材品种的鉴定等方面，确实保证了药材来源的准确性。然而，随着中药栽培技术的发展，栽培药材的比重越来越大，对于大宗普通药材品种来说，掺伪的可能性已大大降低，因而药材“优劣鉴定”将逐步成为中药鉴定研究的重点。

目前，包括基于分子鉴定方法在内的中药鉴定研究，大多存在“真伪”鉴定有余、“优劣”鉴定不足局面。究其原因，这与中药“真伪”鉴定远比“优劣”鉴别从方法学上容易实现有关。中药材真伪鉴定方法除基于中药材基原、性状、显微及理化等传统四大鉴定方法外，还运用基于 DNA 的诸多分子标记方法等，进行广泛而深入的研究。相对而言，中药材“优劣”方面的鉴定或评价，主要采用分析化学的方法，即通过鉴定和评价药材有效成分的“含量”，或有效成分指纹图分析各成分之间的比例等，对药材品质进行评价。这种化学分析方法对于“成品”药材的品质评价和鉴定发挥了不可替代的作用，然而对于药材的早期的“种子”、“幼苗”及非采收期的药材的评价则无能为力。因此，需要建立新的方法，实现对中药材各个时期优劣的“动态”鉴定，这方面，采用功能基因的分子鉴定方法将有助于解决和填补这一中药鉴定领域“空白”。

综上，开展中药“真伪”和“优劣”2 个重要“维度”方面的鉴定研究，具有重要的意义。而如何建立中药“真伪、优劣”的二维鉴定的综合方法则是目前中药鉴定需要解决但面临巨大困难的瓶颈问题。近年来，随着分子标记技术及药材基原植物功能基因的研究的迅猛发展，不同药用植物居群间包括功能基因在内的基因序列普遍存在变异现象，为中药“真伪、优劣”评价的二维鉴定带了新的契机，并奠定了良好理论基础。基于此，本文提出了中药“真伪、优劣”二维分子标记法及其策略构想，以期在分子水平同时解决中药“真伪、优劣”评价的 2 个核心问题。

1 中药材分子标记研究的现状

目前，一般的分子标记方法常用于不同药用植物种间或同一种、不同居群间的药用植物遗传多态性分析，缺乏针对药材品质的分子标记。以丹参为例：已有文献报道采用 RAPD[1]，AFLP[2]，ITS[3]，ISSR[4] 等标记方法对丹参进行了广泛研究，结果大多得出了不同产地丹参居群间遗传多态性比较丰富，居群间遗传变异明显，且某些居群内存在遗传均一性等的结论，并推断这些居群间的差异反映了丹参品种繁多、药材质量不稳定的内在遗传原因，但未见有效针对药材品质标记的研究报道。

随着后基因组时代的来临，功能基因成为引领时代的研究热点，药用植物次生代谢功能基因的研究也日益受到重视。越来越多的研究证据表明功能基因的遗传变异可对药材品质形成产生重要影响[7-10]，这为新的分子标记策略提供了证据支持。

2 中药材二维分子标记法的方法

2.1 二维分子标记方法

二维分子标记法（2-dimensional molecular marking method，2DM）是基于分子标记技术以及功能基因分析方法，在分子水平同时研究中药材基原植物的种类、药材品种和品质的一种分子标记方法。该方法主要针对普通分子标记方法存在单一解决中药材“真伪”鉴定，忽略了“优劣”品质鉴定的

［稿件编号］ 20120201030
［基金项目］ 国家自然科学基金项目（81072990，81130070）
［通信作者］ *黄璐琦，Tel：（010）84738625，E-mail：huangluqi@263.net

第37卷第8期
2012年4月
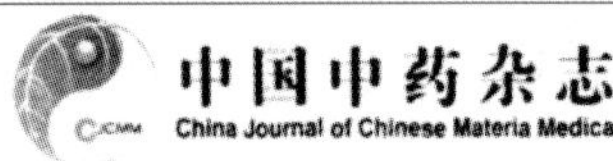
Vol. 37, Issue 8
April, 2012

不足,而提出的一种更为全面、综合鉴定中药材"真伪、优劣"的新策略和新方法。具体思路是在"真伪"鉴定方面:中药材DNA—分子标记技术(包括DNA条形码技术)—中药材及其基原植物的真伪鉴定;在"优劣"鉴定方面:中药材DNA或RNA—功能基因(包括功能基因编码区、非编码区)的序列变异及特征(核苷酸水平、氨基酸水平),表达水平、酶活性差异等—有效成分"有无"、"含量高低"的药材基因型的鉴定。简而言之,即"中药材物种相关的分子标记+中药材有效成分相关功能基因=中药材二维分子标记法",用公式表示为2DM = marker1 (marker2 ……) + functional gene1 (gene2……)。

2.2 二维分子标记的原理与方法

中药材"真伪、优劣"的科学内涵归根结底与DNA的差异有关。这种差异主要体现在2个方面:种及以上水平上的差异,这种差异往往用于解决中药的"真伪"问题以及中药的多来源问题。种以下的水平,包括不同居群间、株系之间的差异,这方面常常用于解决药材品质的"优劣"问题。正是由于中药基原植物无论在"种"以上水平,还是在"种"以下水平均存在DNA信息间的差异,这些DNA信息差异可以表征在叶绿体DNA、核DNA、线粒体DNA以及功能基因DNA等碱基排列顺序的差异方面。因而可根据这一特点,设计包括基于PCR技术、分子杂交技术、测序技术等的检测方法,将这些DNA差异位点或碱基检测出来,结合统计学方法,系统分析由DNA差异所表达出来的"表型"包括如药材性状差异、品质差异等,在此基础上为各差异药材贴上DNA"分子标签",这就是中药"真伪、优劣"二维分子标记方法的基本原理。

在"种"及以上水平的中药"真伪"鉴定方面,由于DNA序列信息差异较大,这种差异可通过叶绿体DNA、核DNA、甚至是动植物的线粒体DNA序列信息差异所表达出来。因此,在鉴定过程中,有多种技术手段可运用,如常见的基于PCR的分子标记技术RAPD, ISSR, SSR, AFLP,黄璐琦等构建的APAPD方法[5]等;测序技术如核DNA的ITS, 18S, 5.8S, 26S等,叶绿体DNA的16S, *rbc*L, *matk*, *ndh*F, *rpo*C1, *rpo*B, *trn*H-*psb*A, *atp*F-*atp*H等,以及线粒体的COI, *cytb*等,常用于"物种"DNA条形码的分析鉴定[6]。

在种以下水平,虽然种内DNA差异较种间的差异小,但越来越多的证据表明,不同产地、不同居群、甚至不同株系的中药基原植物存在次生代谢功能基因变异[7-8],这种变异极有可能是产生中药材品质"优劣"的直接关联的分子基础。因此在"种"以下水平中药材的"优劣"鉴定方面,更应着重关注与有效成分生物合成(也称植物次生代谢)相关的功能基因的序列差异。因此可采用测序技术, SNP分析技术、EST-SSR技术等,分析和寻找特定药材"品质"相关的某一基因型作为中药材"品质"的分子标记。在此基础上,进一步分析该功能基因突变类型对次生代谢作用的影响,从而科学揭示中药材"优劣"品质形成的基因机制。

目前在中药材的定性标记方面,研究报道较多,在此不做赘述;在"定质"标记方面,其实植物领域已有许多研究报道。例如有报道对35个小麦品种的淀粉合成功能基因(*Wx-Bl*基因)的研究结果发现, *Wx-Bl*基因的多态性与直链淀粉含量密切相关,仅*Wx-Bl*基因第4内含子发生2个碱基的变异,就可导致直链淀粉含量超过20%,而正常情况直链淀粉含量低于20%[9]。同样,在莱茵衣藻类胡萝卜素生物合成过程中,关键酶基因——*PDS*基因发生突变,会导致有色类胡萝卜素生物合成明显升高[10]。英国"自然遗传学"杂志重点报道了控制玉米产油量的功能基因[11]。研究也显示,不同β-香树酯醇合成酶基因变异类型会影响甘草酸的积累效率[7-8]。上述文献报道提示,功能基因的微小变异可能导致目标产物的积累量产生显著差异,进而影响药用植物有效成分的积累,从而影响药材的品质,这为二维分子标记法关于"优劣"鉴定提供了文献证据支持。

3 二维分子标记优势与应用

3.1 具备对中药材"定性与定质"的双重标记优势　定性也即是指对药材"真伪"鉴定 "定质"即指对中药材的"优劣"鉴定。二维分子标记法(2DM)可实现同时对试验材料(中药材样本)实施种以上水平的"真伪"鉴定和种以下类群如不同品种、居群、株系等进行"优劣"鉴定和评价,这是二维分子标记法突出优势之一。

3.2 具有"真伪优劣"鉴定非时限性的特点　二维分子标记法的另一个突出优势是对中药材的鉴定不受采收时间和采收季节的限制,可对药材种子和幼苗进行筛选和评价,保障种植药材品种的均一性、药材品质的优良性,具有重要的科学意义和应用价值。

目前中药材的鉴定及评价往往是对采收药材的一种"既定事实的被动鉴定",如果成品药材被鉴定为伪品或不合格"商品"的话,从劳力成本及资源成本来看,无疑是一种劳动力和资源的巨大浪费。因此若将这种"被动"鉴定转变为"主动"的动态鉴定,将鉴定时限大大提前,可避免重大资源浪费和经济损失。中药材二维分子标记法所具备的非时限性特点,正好可以实现对中药材药材种子和幼苗的"真伪优劣"鉴定,从而保障种植药材品种的均一性、药材品质的优良性,有利于从源头上控制药材的质量。目前本课题组正在开展丹参的这方面研究,已取得相应的初步成果。

3.3 具备发现中药材"优良"性状的隐性品种的优势　目前中药材来源混杂,遗传背景复杂,生物多样性明显。从药材质量控制方面来讲,这是中药材质量参差不齐的首要原因之一,是药材品质保障的一大"缺陷"。然而,从另一个角度来讲,其丰富的遗传多样性特点,必然出现药材品质的多样性或多元化特征,对寻找优良性状的分子标记而言,反而变成了一大"优势"。因此,如果从DNA信息分析角度,采用二维分子标记法,对某种具备"优良"特性或变异类型药材进行真

第 37 卷第 8 期
2012 年 4 月

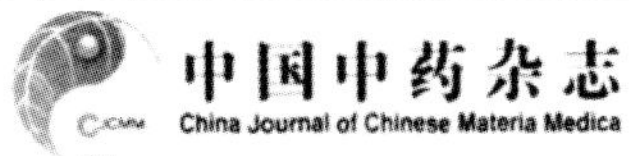

中国中药杂志
China Journal of Chinese Materia Medica
Vol. 37, Issue 8
April, 2012

伪和优劣进行定位和标记，极有可能从纷乱复杂的药材品种中发现某些虽然形态性状与普通品种一致，但却具有特定遗传信息和变异特征的隐性优良品种，这不仅对于中药材种质筛选产生重大影响，也将有可能对分子杂交育种提供重要的技术和材料支持。

3.4 应用实例　以中药材丹参 *Salvia miltiorrhiza* 为例，有报道采用 DNA 测序方法，对丹参及其近缘种的 ITS 序列进行分析，结果表明 ITS1 和 ITS2 两段序列在丹参种内保守，在属间有较大的差异，与外类群的差异最大，可作为中药丹参分子鉴定的标记，用于丹参及其近缘种的鉴别及系统学研究[3]。王学勇等[12]在前期研究工作基础上，建立了丹参 EST-SSR 标记方法[13]，并通过已建立的实时荧光定量 PCR 方法，检测了不同产地丹参居群 3 个功能基因 *SmAACT*, *SmCMK*, *SmIPPI* 的表达水平，同时结合 HPLC 方法对丹参酮类成分含量检测结果，利用 SAS 9.1 软件对二者进行了相关性分析，结果表明，除 *SmIPPI* 表达水平与隐丹参酮呈低度正相关外，*SmAACT*, *SmCMK* 表达水平均与隐丹参酮含量呈中度正相关。鉴于 *SmAACT*, *SmCMK* 基因在丹参酮类合成途径上的关键作用，*SmAACT*, 和 *SmCMK* 基因可作为丹参药材品质"优劣"鉴定的分子标记分析候选基因（图 1），目前正在对这 2 个功能基因的地理变异特征进行分析，以寻找能够对药材"优劣"进行标记的特异位点，从而实现丹参药材"优劣"的分子标记。因此，丹参的二维分子标记可用公式表示为：Sm2DM = SmIT1 (SmIT2) + SmAACT (SmCMK)，其中 SmIT1 (SmIT2) 为丹参的真伪标记，SmAACT (SmCMK) 为丹参的优劣标记，将二者结合起来，实现丹参药材"真伪优劣"的二维分子标记。

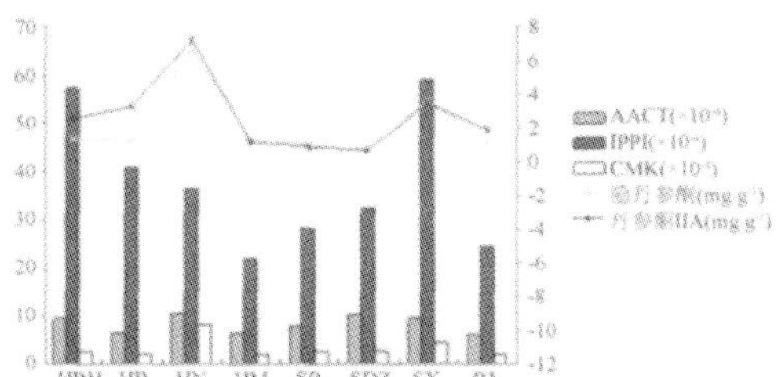

图 1　不同产地丹参功能基因表达量与有效成分含量的关系[13]

Fig. 1　Relationship between gene expression and effective content of *Salvia miltiorrhiza* in different habitats

4　结语

中药鉴定学的科学内涵和本质是解决中药"真伪优劣"问题。建立新的研究策略和方法，在解决中药材真伪问题的同时，解决目前存在中药材"优劣"的动态（中药材基原植物发育的各个阶段）鉴定的瓶颈性难题，具有重要的科学意义和应用价值。

二维分子标记法既利用了一般分子标记对中药真伪鉴定的功能，又结合了功能基因在药材品质形成过程中的关键作用特点；既发挥了一般分子标记方法在"种"以上水平的鉴定优势，又强调了功能基因在种以下水平的不同居群间、甚至是株系间药材品质"优劣"表征过程中的独特作用，达到了对中药材及其基原植物"真伪"和"优劣"的二维系统鉴定和评价的目的。二维分子标记法的提出和应用尝试，除了要求对中药材真伪及多来源的标准化鉴定外，再一次强调了中药材品质早鉴定、早评价、早知道的重要性。因此，充分利用中药材二维分子鉴定法的非时限性特点、具备发现阴性优良品种的能力，发挥其"定性、定质"优势，将在"主动"鉴定中药材药材种子和幼苗的品质，保障所种植药材品种的均一性和质量，避免造成劳力成本及资源的巨大浪费等方面发挥重要作用。

[参考文献]

[1]　李晓燕．丹参遗传多样性的 RAPD 分析[D]．沈阳：沈阳农业大学，2000.

[2]　郝岗平，孙立彦，史仁玖，等．山东产丹参遗传多样性的扩增片段长度多态性指纹分析[J]．时珍国医国药，2007，18(1)：51.

[3]　王迎，李大辉，张英涛．鼠尾草属药用植物及其近缘种的 ITS 序列分析[J]．药学学报，2007，42(12)：1309.

[4]　李荣，王喆之．丹参 ISSR-PCR 反应体系的建立与正交优化[J]．广西植物，2008，28(5)：599.

[5]　崔光红，黄璐琦，李欣，等．中药材分子鉴别新方法：锚定引物扩增多态性 DNA 的研究[J]．药学学报，2007，42(3)：329.

[6]　Scott E Miller. DNA barcoding and the renaissance of taxonomy[J]. Proc Natl Acad Sci USA, 2007, 104(12): 4775.

[7]　沈湛云，刘春生，王学勇，等．甘草β-香树酯醇合成酶编码区 SNP 与甘草酸含量的相关性研究[J]．中国中药杂志，2010，35(7)：813.

[8]　沈湛云，刘春生，黄建梅，等．甘草β-香树酯醇合成酶的多态性对其催化效率的影响研究[J]．中国中药杂志，2010，35(22)：2941.

[9]　王芳，赵辉，王燕，等．小麦 *Wx-Bl* 基因酶切片断长度多态性及其与直链淀粉的含量[J]．植物生理与分子生物学报，2005，31(3)：269.

[10]　徐田枚，张洪涛，吾甫尔·米吉提．莱茵衣藻 Nfr-4 突变株中类胡萝卜素含量的变化及其对藻生长的影响[J]．植物生理学通讯，2007，43(3)：417.

[11]　Peizhong Zheng, William B Allen, Keith Roesler, et al. A phenylalanine in DGAT is a key determinant of oil content and composition in maize[J]. Nat Genet, 2008, 40(3): 367.

[12]　李贝宁，周晓丽，黄璐琦，等．不同产地丹参功能基因表达水平对丹参酮类成分积累的影响[J]．中国中药杂志，2011，36(24)：3406.

[13]　王学勇，周晓丽，高伟，等．丹参新的 EST-SSR 分布规律及分子标记的建立[J]．中国中药杂志，2011，36(3)：289.

第 37 卷第 8 期
2012 年 4 月

Vol. 37, Issue 8
April, 2012

Hypothesis and establishment of 2-dimensional molecular marking method inidentification of Chinese material medica

HUANG Luqi[1*], WANG Xueyong[2], GUO Lanping[1], SHAO Aijuan[1]
(1. *Institute of Chinese Meteria Medica, China Academy of Chinese Sciences, Beijing* 100700, *China*;
2. *Beijing University of Chinese Medicine, Beijing* 100102, *China*)

[Abstract] This paper introduced a new identification method, the 2-dimensional molecular marking method (2-DM), for Chinese materia medica identification. It can be used in genuine /false discriminating and quality evaluating for the Chinese materia medica. Concept, principle and process of 2-DM method were introduced in this paper. The technical advantages and contributions of 2-DM method in the study of Chinese materia medica were also discussed. Generally speaking, the occurring of 2-DM method would not only expand connotation of identification of Chinese materia medica but provide another effective way for quality evaluating.

[Key words] molecular marker; 2-DM; identification; genuine /false; quality

doi:10.4268/cjcmm20120809

[责任编辑 吕冬梅]

第 39 卷第 19 期
2014 年 10 月

Vol. 39, Issue 19
October, 2014

· 中药分子鉴定专题 ·

中药分子鉴定发展中的若干问题探讨

黄璐琦[1*]，袁媛[1]，袁庆军[1]，金效华[2]，张伟[3]，钱丹[4]，蒋超[1]

(1. 中国中医科学院 中药资源中心 道地药材国家重点实验室培育基地，北京 100700;
2. 中国科学院 植物研究所，北京 100093; 3. 山东大学(威海)，山东 威海 264209;
4. 中国中医科学院 医学实验中心，北京 100700)

[摘要] 中药分子鉴定已从实验室研究进入广泛应用阶段，但在其快速发展的同时也存在一些误区和问题。该文对中药分子鉴定使用原则、研究领域中的热点问题以及技术创新发展进行了深入探讨，提出中药分子鉴别技术应建立在科学、客观的基础上，遵循在一定系统学研究背景，采取个案分析原则建立分阶层的鉴定体系。在此基础上研发满足实际需要的分子鉴定技术，以达到快速、现场、高通量、低成本的中药鉴定目的，将实验室成果进一步转化，服务于中药产业。

[关键词] 中药分子鉴定；使用原则；热点领域；技术创新

近 20 年间，国内外学者一起致力于运用生物技术对中药进行研究，尤其是分子标记技术在中药鉴定中的应用是目前最令人鼓舞的进展之一。蛇类药材的分子鉴别方法成为《中国药典》(2010 年版)收载的第一个中药分子鉴别方法，标志着这一技术已从实验室研究进入广泛应用阶段。与传统中药鉴别方法相比，中药分子鉴别具有准确性高、重现性好等特点，且不受样品形态的限制，原药材、饮片、粉末乃至含有生药原型的中成药(丸剂、散剂等)均可应用，由于其所需检样量少，对珍稀药材及化石标本的鉴定更具应用价值[1]。但随着中药分子鉴别快速发展的同时，也存在一些误区和问题，值得探讨。

1 中药分子鉴定使用原则

随着分子生物技术的高速发展，大量药用动、植物的基因序列已见发表，动植物 DNA 条形码的开发已成为科研热点之一[2-3]。这些公共基因资源为各科研领域的发展提供了宝贵的基础，也加速了中药分子鉴定技术的开发与应用。但由于生物进化机制的复杂性，如多倍化现象(如大黄属植物[4])、基因水平转移(如菟丝子属[5])、杂交(如独活属[6]、白珠属[7])、基因渗入、辐射物种形成(如石斛属[8]、龙胆属[9])和物种谱系分选不完全[10]等，经常造成物种树与基因树不一致，导致 DNA 条形码序列在一些物种间没有鉴别力[11-14]。因此，即使药材真伪品来源于不同物种，其 DNA 条形码序列也可能完全一致，以致会导致错误的鉴别结论。中药分子鉴定的本质是物种的界定，物种的概念有生物学的种和分类学的种，生物学种的界限是生殖隔离，分类学种的界定是根据分类学特征(如形态特征、DNA 序列特征等)的差异，在植物中，很多种间没有明显的生殖隔离，出现大量的过渡类型，导致分类学种界定的困难。如何界定某种中药的物种界限和种内变异幅度，是中药分子鉴定的瓶颈问题，分子系统学是解决这一瓶颈问题的有力工具，缺乏分子系统学分析的中药分子鉴定，就好比"盲人摸象"，难免盲目性和片面性，必然是不可靠的。为此提出中药分子鉴定的二步法：首先建立被鉴定中药所在属完全物种取样(包括药用和非药用的种)的分子系统数据库，然后将被鉴定中药在该数据库中进行比对判断其归属。数据库涵盖物种的全面与否决定了该鉴定系统的可靠程度。

另一方面，中药材种类繁多，使用历史悠久，来源复杂；有些药材来自野生，有些药材来自栽培，它们的进化历史不尽相同[15]。加上异地引种和商业贸易的发展，人为改变了居群间、种间的基因流，使药用植物间发生杂交或基因渐渗程度进一步增强，在栽培药用植物中出现了明显的种质混杂情况。因此，某味药材分子鉴别方法的建立不能证明其他药材品种也具备建立分子鉴定方法的条件，需要采取个案分析原则，即针对具体的药材品种进行个案评估，逐步进行推进，在了解和把握品种具体情况前，不应作出中药分子鉴别使用的结论和决定，更不能简单地予以全盘通过或者全盘否定。

在明确药材物种树与基因树一致的前提下，可以选择合适的基因片段进行中药分子鉴别。由于物种的生活型(木本与草本)、物种形成方式(渐进式分化与适应性辐射)等存在极大的多样性，物种间基因的进化速率存在很大的差异[16-17]。这使得基因标记在某一类群可能分辨率很高而在另一类群却很低，甚至没有分辨度[18]。到目前为止，还没有一个理想基因标记可以分辨所有的植物类群[19]，因此一味

[收稿日期] 2014-04-15
[基金项目] 中医药行业科研专项(201407003)
[通信作者] * 黄璐琦，E-mail：huangluqi01@126.com

第39卷第19期
2014年10月

Vol. 39, Issue 19
October, 2014

地去寻找高分辨率的"万能标记"可能是中药分子鉴定的误区。在中药DNA条形码的选择上一个可行的办法是"分阶层的鉴定体系"[19-20]，即先在整个植物界确定一个进化速率适中的基因片段作为核心条形码，然后再在科或属级水平寻找高进化速率的基因作为辅助条形码。当前对于陆生植物核心条形码已经达成共识（*matK* + *rbcL* 或 ITS），而在特定类群基于药用植物基因组筛选辅助条形码并建立标准可能是未来中药分子鉴定的发展方向之一。

总之，中药分子鉴别技术应建立在科学、客观的基础上，遵循在一定系统学研究背景，采取个案分析原则建立分阶层的鉴定体系，为中药分子鉴定使用提供依据。

2 中药分子鉴定研究领域中的热点问题

"真伪优劣"是中药鉴定领域的核心问题。就中药分子鉴别而言，其研究的重点应侧重于解决传统鉴别中的难点和热点问题，如多来源药材鉴别、产地鉴别、年限鉴别、成药鉴别等。

2.1 多来源药材鉴别 受到历史、地理和人为因素的影响及研究手段的限制，长期以来我国中药材存在多来源的现象。2010年版《中国药典》中收载140余种多来源的药材。按一药一名一标准的原则，科学、客观地逐步解决中药材长期存在的同品名来源问题是未来重要的研究方向，也是《中国药典》要求和规定的理想目标。

药材多来源的生物学内涵即亲缘关系相近的近缘种或相近的分类单位。原动植物的分类地位的确定对多来源药材的鉴别有显著作用。现今多来源药材的研究主要集中于同种药材不同来源的主要化学成分及显微鉴别，如淫羊藿[21-22]研究，分子水平的鉴别研究尚处于起步阶段。解决多来源药材的问题，在结合形态学考察的前提下，针对特定的问题选择合适的分子片段开展多来源药材的分子鉴定。通常使用核基因组ITS序列、叶绿体基因的非编码区序列或线粒体*CO* Ⅰ基因对植物较低分类阶元[23]及动物物种进行鉴定分类。遵循中医临床用药经验，对常用的多来源药材进行深入研究，基于系统学的鉴定方法与体系，从居群水平搞清楚中药原动植物的分类地位。按照中药分子鉴定使用原则，在分子系统学研究基础上开展多来源药材的分子鉴定[24]，以期对我国常用多来源中药材进行进一步的系统研究与鉴定分类。

2.2 产地鉴别 药材的质量因其产地不同而存在差异，已成为业界公论。从总体上来看，近现代药材被划分类为川药、广药、云药、贵药、怀药、浙药、关药、北药、西药、南药十大类别[25]。从单一品种来看，按照产地命名的药材种类繁多，如当归可分为岷归、云归、川归、窑归等[26]；菊花可分为亳菊、滁菊、贡菊和杭菊等[27]。随着对"道地药材认证"、"地理标识产品认证"等工作的重视，对产地鉴别标记的开发已成为迫切需要解决的关键技术问题。

除提取传统区域性状鉴别特征外，分子鉴定有望成为产地鉴别的有力工具，主要体现在以下3种手段：利用分子谱系地理学基本理论，分析不同产地药材单倍型，构建网状进化树，并结合单倍型和进化树筛选可进行产地鉴别的分子标记[28]。利用遗传学理论，筛选与药材活性成分积累相关的功能基因，通过比较其在不同产地药材功能基因的变异程度差异，筛选可用于进行产地鉴别的分子标记[29]。利用代谢组学等技术筛选获得产地特征成分标记物（群）[30]，利用免疫检测技术制备成分相关抗体（群），并建立免疫检测芯片、试剂盒或检测试纸条。

2.3 年限鉴别 大多数中药材均为多年生，其有效成分积累随时间变化呈现一定的规律性。药材的质量因生长年限不同而存在差异，其功效也有区别。如生长4年以上的黄芩宿根称"枯芩"，善清上焦肺火，主治肺热咳嗽痰黄；生长2～3年的黄芩称"子芩"，善泻大肠湿热，主治湿热泻痢腹痛[31]。传统认为人参、黄连等部分根及根茎类药材须生长5年以上才能采收，厚朴等须生长15年以上才能采收使用。目前年限鉴别的主要方法是传统性状鉴别，如人参通过芦头形状和芦碗数目来判断年限，依赖于药工的经验，难以实现鉴定方法的定量化、标准化。

分子鉴定有望成为中药材年限鉴定的有力工具。梁加贝等利用端粒酶活性和端粒长度随生长年限变化的规律，建立了不同年限人参的端粒长度鉴别方法，并建立了对应的数学模型[32]。程春松等利用端粒酶切长度分析（TRFs）对不同年限石柱人参及赤芍端粒长度进行了进一步研究，发现石柱人参及赤芍端粒均随生长年限延长而变短，表明平均端粒长度的缩短可作为年限鉴别的依据[33]。解决多年生中药材年限鉴别问题，将理论研究转化为实际应用工具还需要更多深入的工作。

2.4 成药鉴别 中成药的定性鉴别通常是利用其原料药的形态、组织学特征、化学成分的物理和化学性质等进行鉴别，常用的方法包括性状鉴别、显微鉴别、色谱法、化学定性法、物理常数测定法、升华法、光谱法等[34]。但由于中成药剂型种类繁多，给其原料鉴定工作带来了许多困难。薄层色谱法是目前中成药鉴别的常用方法之一，《中国药典》收录的一些中成药大部分都采用该方法进行定性鉴别，如复方丹参滴丸、复方鱼腥草片等[35]。然而薄层色谱法根据特征性化学成分有无对中成药中原料药材生药基原进行鉴别不够客观、准确，如对含有金银花中成药的鉴别，一般只检测成药中是否含有绿原酸，然而金银花及其混淆品中均含有绿原酸[36]，因此无法判断在中成药中投放的原料药材是金银花还是山银花。另外，显微技术也是中成药鉴别的主要方法之一，但超微粉碎技术的出现使药粉直径常常不足10 μm[37]，导致无法使用光学显微技术对中成药进行鉴定。

分子鉴定技术应用于中成药鉴别，不受化学成分的影响，即使没有性状或显微鉴别经验的人员也能够进行中成药鉴别。蒋超等建立了基于位点特异性PCR技术的中成药金

第 39 卷第 19 期
2014 年 10 月

Vol. 39, Issue 19
October, 2014

银花原料分子鉴别方法，利用该方法可有效检测成药中投放的原料药材是金银花还是其混淆品[38]。崔占虎等利用序列分析技术尝试对中成药中的复杂原料进行鉴定，采用梯度扩增、克隆测序结合生物信息学分析等手段，从市售连翘败毒丸的 19 种原料中鉴定出其中的 10 种[39]，为中成药鉴别研究提供的新思路。

3 中药分子鉴别的技术创新

随着中药分子鉴别的快速发展，对其的要求也越来越高。作为传统鉴别技术的有益补充，中药分子鉴别不仅要在实验室中使用，而且被要求进一步运用于野外、药市、药房和生产企业等各个环节。针对这种情况，袁媛等提出了中药分子鉴别现场运用的策略[40]，按照中药分子鉴别的基本步骤，即 DNA 提取技术、扩增反应、检测和真伪判定，通过开发新方法[41-44]，并结合已有技术，进行有效的选择、优化、整合，形成"积木式"的模块化技术体系，即针对具体检测对象的实际情况，在各个环节上选择最优技术，从而搭建最适技术体系，用于中药快速、现场鉴别。

中药分子鉴别的发展除了依赖于人们对生命活动认识的逐步加深，还取决于先进仪器和技术在该领域的应用。以核酸扩增为例，核酸扩增可分为目标扩增（靶扩增）、探针扩增和信号扩增 3 种方法。其中目标扩增包括 PCR、反转录 PCR、巢式 PCR、多重 PCR、随机引物 PCR、实时荧光定量 PCR、依赖核酸序列的扩增（NASBA）、环介导等温扩增（LAMP）、转录介导扩增（TMA）、链置换扩增（SDA）等；探针扩增包括连接酶链反应（LCR）和多重链接依赖探针扩增（MLPA）；信号扩增包括滚环扩增（RCA）、分支 DNA（bDNA）和杂交捕获扩增（HCR）等。目前在中药分子鉴定中常用的是 PCR 技术，但 NASBA，LAMP，TMA，SDA 等核酸等温扩增技术[45-49]，由于其检测的灵敏度和特异性都得到很大提高，因而在炮制品、中成药等分子鉴定中将发挥更强的作用。随着分子生物学、化学等技术的不断发展，中药分子鉴定将向着快速、简便和高度自动化的方向发展。未来基因测序、基因芯片技术、免疫检测技术、荧光标记技术等检测方法[50-51]将在中药鉴定领域中得到广泛的发展与应用。

中药分子鉴别是一个应用性很强的领域，尽管考虑的只是药材的"真伪优劣"，容易只关注药用的物种，然而这些物种的准确界定离不开其所在属完全物种取样的分子系统学研究。因此，从中药鉴别的实际出发，基于分子系统学理论，建立尽可能全面涵盖所有物种（包括药用和非药用物种）的系统数据库和药用物种的居群数据库，才能确保鉴定的正确性和可靠性。在此基础上研发满足实际需要的分子鉴定技术，以达到快速、现场、高通量、低成本的中药鉴定目的，将实验室成果进一步转化，服务于中药产业。

［参考文献］

[1] 黄璐琦. 展望分子生物技术在生药学中的应用［J］. 中国中药杂志，1995，20（11）：643.

[2] Hebert P D N, Ratnasingham S, de Waard J R. Barcoding animal life: cytochrome coxidase subunit 1 divergences among closely related species［J］. Proc Roy Soc London Ser B: Biol Sci, 2003, 270: 96.

[3] China Plant BOL Group. Comparativeanalysis of a large dataset indicates that internal transcribed spacer (ITS) should be incorporated into the core barcode for seed plants［J］. Proc Nat Acad Sci USA, 2011, 108 (49): 19641.

[4] Liu R, Wang A, Tian X, et al. Uniformity of karyotypes in *Rheum* (Polygonaceae), a species-rich genus in the Qinghai-Tibetan Plateau and adjacent regions［J］. Caryologia, 2010, 63 (1): 82.

[5] Zhang D, Qi J, Yue J, et al. Root parasitic plant *Orobanchea egyptiaca* and shoot parasitic plant *Cuscuta australis* obtained Brassicaceae-specific strictosidine synthase-like genes by horizontal gene transfer［J］. BMC Plant Biol, 2014, 14 (1): 19.

[6] Yu Y, Downie S R, He X, et al. Phylogeny and biogeography of Chinese *Heracleum* (Apiaceae tribe Tordylieae) with comments on their fruit morphology［J］. Plant Syst Evol, 2011, 296 (3/4): 179.

[7] Lu L, Fritsch P W, Cruz B C, et al. Reticulate evolution, cryptic species, and character convergence in the core East Asian clade of *Gaultheria* (Ericaceae)［J］. Mol Phylogeneti Evol, 2010, 57 (1): 364.

[8] Xiang X G, Schuiteman A, Li D Z, et al. Molecular systematics of *Dendrobium* (Orchidaceae, Dendrobieae) from mainland Asia based on plastid and nuclear sequences［J］. Mol Genet Evol, 2013, 69 (3): 950.

[9] Zhang X L, Wang Y J, Ge X J, et al. Molecular phylogeny and biogeography of Gentiana sect. *Cruciata* (Gentianaceae) based on four chloroplast DNA datasets［J］. Taxon, 2009, 58 (3): 862.

[10] Degnan J H, Rosenberg N A. Gene tree discordance, phylogenetic inference and the multispecies coalescent［J］. Trend Ecol Evol, 2009, 24: 332.

[11] Xiang L, Song J, Xin T, et al. DNA barcoding the commercial Chinese caterpillar fungus［J］. FEMS Microbiol Lett, 2013, 347 (2): 156.

[12] Zhang J M, Wang J X, Xia T, et al. DNA barcoding: species delimitation in tree peonies［J］. Sci Chin Ser C: Life Sci, 2009, 52 (6): 568.

[13] Spooner D M. DNA barcoding will frequently fail in complicated groups: an example in wild potatoes［J］. Amer J Bot, 2009, 96: 1177.

[14] Roy S, Tyagi A, Shukla V, et al. Universal plant DNA barcode loci may not work in complex groups: a case study with Indian Berberis species［J］. PLoS ONE, 2010, 5 (10): e13674.

[15] Yuan Q J, Zhang Z Y, Huang L Q, et al. Impacts of recent cultivation on genetic diversity pattern of a medicinal plant, *Scutellaria baicalensis* (Lamiaceae)［J］. BMC Genet, 2010, 11: 29.

[16] Smith S A, Donoghue M J. Rates of molecular evolution are

第39卷第19期
2014年10月

Vol. 39, Issue 19
October, 2014

linked to life history in flowering plants [J]. Science, 2008, 322: 86.

[17] Bromham L. Why do species vary in their rate of molecular evolution [J]. Biol Lett, 2008, 5: 401.

[18] Hollingsworth P M, Graham S W, Little D P. Choosing and using a plant DNA barcode [J]. PLoS ONE, 2011, 6 (5): e19254.

[19] Newmaster S G, Fazekas A J, Ragupathy S. DNA barcoding in land plants: evaluation of *rbc*L in a multigene tiered approach [J]. Can J Bot, 2006, 84: 335.

[20] Fazekas A J, Burgess K S, Kesanakurti P R, et al. Multiple multilocus DNA barcodes from the plastid genome discriminate plant species equally well [J]. PLoS ONE, 2008, 3(7): e2802.

[21] 郭宝林, 王春兰, 陈建民, 等. 药典内5种淫羊藿中黄酮类成分的反相高效液相色谱分析 [J]. 药学学报, 1996, 31(4): 292.

[22] 高敏, 冯学峰, 郭宝林, 等. 淫羊藿药典品种显微鉴别研究 [J]. 中国中药杂志, 2009, 34(23): 3123.

[23] 田欣, 李德铢. DNA序列在植物系统学研究中的应用 [J]. 云南植物研究, 2002, 24(2): 170.

[24] 钱丹, 陈敏, 袁庆军, 等. 中药黄芪原植物的分子遗传学研究及其分类地位探讨 [J]. 药学学报, 2009, 44(12): 1429.

[25] 胡世林. 中国道地药材论丛 [M]. 北京: 中医古籍出版社, 1997: 2.

[26] 严辉, 段金廒, 钱大玮, 等. 我国不同产地当归药材质量的分析与评价 [J]. 中草药, 2009(12): 1988.

[27] 徐文斌, 郭巧生, 王长林. 药用菊花遗传多样性的RAPD分析 [J]. 中国中药杂志, 2006, 31(1): 18.

[28] 袁庆军, 黄璐琦, 郭兰萍, 等. 展望分子谱系地理学在道地药材研究中的应用 [J]. 中国中药杂志, 2009, 34(16): 2007.

[29] 李贝宁, 周晓丽, 黄璐琦, 等. 不同产地丹参功能基因表达水平对丹参酮类成分积累的影响 [J]. 中国中药杂志, 2011, 36(24): 3406.

[30] 罗尚华, 吴四维, 范刚, 等. 基于1H NMR对泽泻药材地缘区分和质量评价的代谢组学研究 [J]. 第三军医大学学报, 2013, 35(10): 996.

[31] 黄兆胜. 中药学 [M]. 北京: 人民卫生出版社, 2002: 80.

[32] 梁加贝. 不同年限人参的分子鉴别研究 [D]. 成都: 成都中医药大学, 2012.

[33] 程春松. 基于端粒研究的人参年限鉴定及数学模型的构建 [D]. 合肥: 安徽中医药大学, 2013.

[34] 李家实. 中药鉴定学 [M]. 上海: 上海科学技术出版社, 2006: 1.

[35] 中国药典. 一部 [S]. 2010: 906.

[36] 李红霞, 王雪芹, 李振国, 等. 不同产地金银花与山银花主要成分的含量比较 [J]. 中国药房, 2011(31): 2935.

[37] 侯连兵. 中药细胞级微粉碎技术在中药药剂中的应用 [J]. 中药材, 2001(10): 765.

[38] Jiang Chao, Yuan Yuan, Cui Zhanhu, et al. Molecular authentication of multi-species original honeysuckle in commercial tablet [J]. Genet Mol Res, 2013, 12 (4): 4827.

[39] 崔占虎, 蒋超, 李旻辉, 等. 连翘败毒丸的分子鉴别研究 [J]. 药学学报, 2013, 48(4): 590.

[40] 袁媛, 蒋超, 黄璐琦. 中药材分子鉴别现场运用的策略与实践 [J]. 中国中药杂志, 2013, 38(16): 2553.

[41] 蒋超, 黄璐琦, 袁媛, 等. 使用碱裂解法快速提取药材DNA方法的研究 [J]. 药物分析杂志, 2013(7): 1081.

[42] 崔占虎, 蒋超, 黄璐琦, 等. 断肠草与金银花类药材水提液特异性PCR鉴定方法研究 [J]. 中国中药杂志, 2013, 38(16): 2563.

[43] 蒋超, 张雅华, 陈敏, 等. 基于双向位点特异性PCR的金银花真伪鉴别方法研究 [J]. 中国中药杂志, 2012, 37(24): 3752.

[44] 余淑琳, 蒋超, 黄璐琦, 等. 基于环介导等温扩增技术快速鉴别钩吻 [J]. 中药材, 2014(4): 598.

[45] Compton J. Nucleic acid sequence-based amplification [J]. Nature, 1991, 350(6313): 91.

[46] Lizardi P M, Huang X, Zhu Z, et al. Mutation detection and single-molecule counting using isothermal rolling-circle amplification [J]. Nat Genet, 1998, 19(3): 225.

[47] Walker G T, Fraiser M S, Schram J L, et al. Strand displacement amplication is othermal, *in vitro* DNA amplification technique [J]. Nucl Acids Res, 1992, 20 (7): 1691.

[48] Notomi T, Okayama H M, Masubuchi H, et al. Loop mediated isothermal amplification of DNA [J]. Nucl Acids Res, 2000, 28(12): 63.

[49] Schweitzer B, Kingsmore S. Combining nucleic acid amplification and detection [J]. Curr Opin Biotechnol, 2001, 12(1): 21.

[50] Techen N, Parveen I, Pan Z, et al. DNA barcoding of medicinal plant material for identification [J]. Curr Opin Biotechnol, 2014, 25: 103.

[51] 南铁贵, 曹振, 何丽珊, 等. 人参皂苷Re胶体金免疫检测试纸条的制备与应用 [J]. 中国中药杂志, 2013, 38(16): 2586.

第 39 卷第 19 期
2014 年 10 月

Vol. 39, Issue 19
October, 2014

Key problems in development of molecular identification in traditional Chinese medicine

HUANG Lu-qi[1*], YUAN Yuan[1], Yuan Qing-jun[1], JIN Xiao-hua[2], ZHANG Wei[3], QIAN Dan[4], JIANG Chao[1]

(1. *State Key Laboratory of Dao-di Herbs, National Resource Center for Chinese Materia Medica, China Academy of Chinese Medical Sciences, Beijing* 100700, *China*;
2. *Institute of Botany, Chinese Academy of Sciences, Beijing* 100093, *China*;
3. *Shandong University* (*Weihai*), *Weihai* 264209, *China*;
4. *Experimental Research Center, China Academy of Chinese Medical Sciences, Beijing* 100700, *China*)

[Abstract] Molecular identification of Chinese traditional medicine has come from laboratory research into application, but there are some misunderstandings and problems emerging after rapid development. In this paper, we discuss the usage principle, hot field and technology innovation in molecular identification of Chinese traditional medicine. And molecular identification of traditional Chinese medicine has scientific and objective basis, follows the certain systematic research background, and adopts practical principles to establish case by case multi-class identification system. In order to achieve rapid, on-site, high throughput, low cost of traditional Chinese medicine identification purpose, molecular identification technology is further developing for meet the actual needs and the laboratory results further transformation in the service of traditional Chinese medicine industry.

[Key words] molecular identification of traditional Chinese medicine; usage principle; hot field; technology innovation

doi:10.4268/cjcmm20141901

[责任编辑 吕冬梅]

2015 年 1 月 | 第 40 卷第 2 期 中国中药杂志 CHINA JOURNAL OF CHINESE MATERIA MEDICA Vol. 40, No. 2 | January, 2015

·专论·

双分子标记法的构建及在中药研究中的应用

黄璐琦[1*]，钱丹[2]，邓超[3]

（1. 中国中医科学院 中药资源中心 道地药材国家重点实验室培育基地，北京 100700；
2. 中国中医科学院 医学实验中心，北京 100700；3. 农业部 科技发展中心，北京 100122）

[摘要] 该文针对作者之前提出的分子鉴定中真伪鉴别有余，优劣评价不足的现象，以及中药材二维分子标记法构建中功能基因研究基础薄弱的情况，提出了基于 DNA 分子标记和代谢标识物相结合的双分子标记法（bimolecular marking methods，简称 BIMM），能满足现阶段在分子水平同时研究中药的种类和质量差异。该文系统介绍了双分子标记法的概念、原理、方法和技术流程，总结了该方法所具备的技术优势，展望了其在中药多来源药材的鉴别研究、年限鉴别研究、产地鉴别研究、优良种质研究、新的药物资源的寻找和开发及中药植物新品种保护中的重要应用。作为中药材二维分子标记法的补充，双分子标记法的提出，将进一步促进分子水平对中药的真伪鉴定及质量优劣评价研究的发展。

[关键词] 双分子标记法；DNA 分子标记；代谢标识物；真伪；优劣

Hypothesis and application of bimolecular marking methods in Chinese materia medica

HUANG Lu-qi[1*], QIAN Dan[2], DENG Chao[3]

(1. *State Key Laboratory of Dao-di Herbs, National Resource Center for Chinese Materia Medica, China Academy of Chinese Medical Sciences, Beijing* 100700, *China*;
2. *Experimental Research Center, China Academy of Chinese Medical Sciences, Beijing* 100700, *China*;
3. *Science and Technology Development Center, Ministry of Agriculture, Beijing* 100122, *China*)

[Abstract] Based on the current shortage of genuine/false authentication and quality evaluation in the molecular identification, and the weak functional gene research in the establishment of two-dimensional molecular markering methods for Chinese materia medica, the authors proposed a new method, the bimolecular marking methods (BIMM) for Chinese materia medica, combining DNA marker and metabolomics marker, that could simultaneously research the species and quality differences at the molecular level at the present stage. The authors introduced the concept, principle, methods, and technical process of BIMM, and summarized the technical advantages in this paper. Meanwhile, the application of BIMM in the identification of multiple sources of Chinese materia medica, years-identification, different locations, elite germplasm research, discovery of new drugs resources, protection of new varieties was also discussed. As a supplement of two-dimensional molecular markering method for Chinese materia medica, BIMM would not only expand connotation of identification of Chinese materia medica but also provide another effective way for quality evaluating.

[Key words] bimolecular marking methods; DNA marker; metabolomics marker; genuine/false; quality

doi:10.4268/cjcmm20150201

[收稿日期] 2014-11-28

[基金项目] 国家杰出青年科学基金项目(81325023)

[通信作者] * 黄璐琦，Tel:(010)64014411-2955，E-mail:huangluqi01@126.com

笔者 2012 年提出了中药"真伪、优劣"二维分子标记法及其策略构想，以期在分子水平同时解决中药"真伪、优劣"评价的 2 个核心问题[1]。经过近 3 年的研究实践，发现"优劣"鉴定方面的功能基因研究难度较大，导致该方法研究进展缓慢，而随着代谢标识物研究快速发展，为上述策略构想的实施提供新的方向和支撑，为此本文提出了双分子标记法及其构想，以期促进二维分子标记法构建，从分子水平对中药的真伪优劣进行鉴定及评价研究的进一步发展。

1　双分子标记法的构建

1.1　双分子标记法的提出　目前，中药鉴定与评价的分子标识主要侧重于单一 DNA 分子标记对中药不同种属间的鉴别（黄芪[2]、川贝母[3]、洋金花[4]等）及对不同居群间的遗传多样性的分析，或根据单指标化学成分评价同一中药不同来源、不同产地、不同发育阶段的质量差异。但由于中药的原植物生物进化机制复杂，杂交、基因转移、多倍化现象、栽培种质混杂等会导致 DNA 序列信息在一些物种间没有鉴别力或产生错误的鉴定结论。中药是多成分的复杂体系，通过单一或部分指标性成分来评价其质量优劣，无法体现其整体效应，存在一定局限性。

双分子标记法（bimolecular marking methods，简称 BIMM）是基于 DNA 分子标记和代谢标识物相结合的分析方法，在分子水平同时研究中药的种类、区别和质量差异的一种分子标记方法。DNA 分子标记用于中药物种的遗传信息分析，代谢标识物的定性及定量分析完成对中药物质基础的评价。

1.2　双分子标记法的原理与方法　DNA 分子标记是指能反映中药物种个体或种群间基因组中某种差异的特异性 DNA 片段，主要来源有核糖体基因 ITS，18S，叶绿体基因如 *mat*k，*rbc*L，*psb*A-*trn*H，*trn*L-*trn*F 等，动物中线粒体 *CO* Ⅰ基因的 DNA 序列信息。目前获得 DNA 分子标记的主要技术方法包括 RFLP，AFLP，RAPD，ISSR，SRAP，SSR，基于 DNA 序列分析的 SNP 及测序等。

中药的代谢产物是治疗疾病的物质基础，是人类药物的重要来源。代谢产物的研究及其质量优劣关系到用药的有效性、安全性及稳定性。中药植物药中有效成分多为其次生代谢产物，动物药中多为初生代谢产物。中药代谢产物成分复杂，具有评价中药质量的代谢产物是代谢标识物。目前多以单指标代谢标识物评价中药质量，该方法操作性强、相对有效，但也存在不足：个别或部分代谢标识物难以体现其整体效应。随着代谢组学高通量、高灵敏度和高精准度的各种谱学分析技术的发展，这种无选择性的接近全景代谢物的分析使得不同来源、不同产地、不同年限、不同部位等中药的代谢标识物-主要活性化合物或者代谢中间产物的发现成为可能。

根据不同的研究对象，筛选合适的 DNA 分子标记，通过对其多态性的分析，获取不同研究对象的特征 DNA 序列。应用 LC-MS，GC-MS，Tof-MS 和 QTof-MS 等分析仪器对中药进行全景代谢谱测定，通过应用多种统计分析手段（如主成分分析、聚类分析等）分析来自不同类别的中药的数据，寻找可以有效区分其类别的标识性化合物。综合比较 DNA 分子标记与代谢标识物分析的关系，建立与药材品质紧密连锁的双分子标记技术平台。双分子标记法结合基因组和代谢组 2 个方面进行研究，将中药的遗传信息多态性与其表型性状化学成分的定性与定量分析相结合，不仅从 DNA 序列信息上找出差异，亦结合其代谢物的有无和含量差异，进行中药的鉴定与质量评价，双分子标记法技术流程图见图 1。

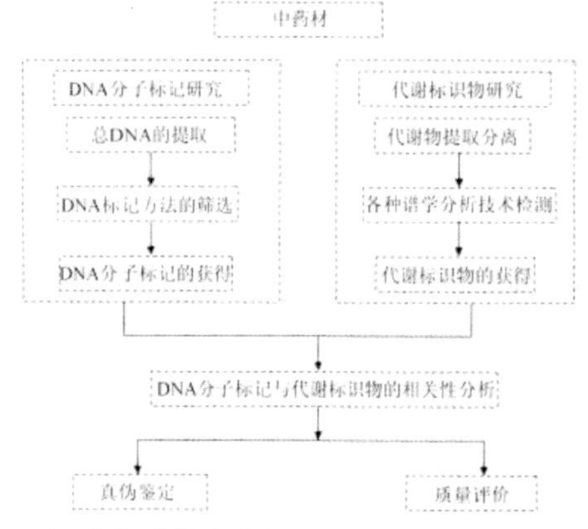

图 1　双分子标记法技术流程图

Fig. 1　Technical flowchart of bimolecular marking methods

2　双分子标记法在中药研究中的应用

2.1　多来源药材的鉴别研究　2010 年版《中国药典》中收载 140 多种多来源的药材，如何科学客观地逐步解决中药材长期存在的同品名多来源问题是中药鉴别研究的重点和难点问题。对于多基原的鉴别研究，本质是解决其生物学的近缘种或相近的分类单位的鉴别问题。如贝母属植物鳞茎多做贝母用，产于浙江的浙贝母长于清肺化痰，产于四川、西藏、云南等地的川贝母长于润肺止咳，其来源复杂，鉴定难度大。

在形态学考察的前提下，可以针对特定的物种选择合适的分子标记开展多来源药材的鉴定研究。双分子标记法中的 DNA 分子标记能够部分完成从种及种上水平的分类和鉴别，即真伪鉴别。根据药用植物亲缘学理论，亲缘关系相近的物种不仅在形态上相似，其所含的次生代谢产物往往也比较相似。但单一或某几个化学成分往往无法完成对近缘物种的鉴别。通过代谢组学技术进行全景式扫描，可以获得用于近源物种鉴定的特异性代谢标识物或标识物组合。这些代谢标识物的确定不仅是对 DNA 分子标记的补充，亦避免了由于近缘物种的种质交流、谱系分选不彻底等问题导致的 DNA 分子标记研究中的阴性或假阳性结果。综上所述，同时运用DNA分子标记及代谢标识物双标记可以有效进行不同基原药材的鉴别研究。

2.2 年限鉴别的研究 中药中根、根茎类、皮类药材,如人参、三七、赤芍、龙胆、延胡索、黄芪、黄芩、黄连、苍术、厚朴、杜仲等多是多年生。其临床疗效的物质基础多为次生代谢产物,这些代谢产物的积累随时间变化呈现出一定的规律性,故药材的疗效和质量与其生长年限有着紧密的联系。

中药不同年限鉴别的本质是解决其生物学不同发育阶段的鉴别问题。目前关于年限的鉴别主要通过宏观层面的传统的器官层次的性状鉴别,如通过芦头形状和芦碗数判断人参年限等。梁加贝等[5]通过端粒酶的长度和端粒酶活性随生长年限的变化规律建立了不同年限人参的鉴别方法。程春松等[6]发现石柱人参及赤芍端粒均随着生长年限延长而变短,为中药年限的DNA分子鉴别研究做出了有益的尝试与探索。中药次生代谢产物的积累随时间变化呈现一定规律性,因此可以通过代谢组学技术对同一药材不同生长年限或发育阶段的代谢物成分进行分析,尝试找出合适的代谢标识物及变化规律。通过双分子标记法可以在DNA分子标记完成真伪鉴别的基础上,通过代谢标识物完成对年限的鉴定。

2.3 产地的鉴别研究 中药次生代谢产物的积累因环境因素不同发生变化。药材的质量因产地不同存在差异。临床用药上,历代医家习用道地药材。道地药材是指在特定自然条件、生态环境的地域所产的药材,因生产较为集中、栽培技术与采收加工有一定讲究,较同种药材其他地区所产者品质佳、疗效好。药名前标有"川"、"云"、"广"等字样,说明药材的质量与地理分布有着密切的关系。同种异地产出的药材在质量上有明显差异,导致其药效差异很大。

对于中药不同产地的鉴定研究其本质是解决其种下不同居群水平的鉴别问题。不同产地药材的鉴别中,除去传统区域性状鉴别特征外,可以利用分子谱系地理学的理论,运用DNA分子标记寻找用于产地鉴别的分子标记。但不同产地间中药的基因交流较为频繁,存在种质混杂严重现象,在一些物种中,无法寻找出能鉴别出所有产地的DNA分子标记。因此可通过代谢组学技术对不同产地药材进行分析,寻找具有产地特征的代谢标识物并研究其变化规律,结合DNA分子标记的信息与代谢产物的化学信息进行综合分析,从而达成产地鉴定的目的。

2.4 优良种质研究 中药中很大一部分都已引种栽培,但引种多存在盲目性,品种混乱。自留种、各地农家栽培类型构成家种中药的主要品种来源,往往造成中药产量低、质量差现象。在中药的品种改良中不仅需考虑其产量,还需考虑其有效成分的含量高低。目前中药的育种研究工作较为薄弱,仅少数几个中药有品系的系统研究,如人参[7](大马牙,二马牙)、地黄[8](北京1号,2号,金状元,85-5等)、杭菊花[9](大洋菊,早小洋菊,红心菊)、柴胡[10](中柴1号、中柴2号、中柴3号)等。双分子标记法以中药主要次生代谢产物指标性成分的组成和含量为优良种质标准,寻找与药材品质相关的DNA分子标记,筛选构建优质的中药分子标记图谱;通过代谢组学分析技术对其化学成分指标进行分析,分析中药资源的遗传差异与药材品质的相关性。从整体上评价中药不同种质间的化学差异,筛选出一批有效成分含量高的优良种质资源,为中药优良种质的鉴定、筛选及品质改良等提供科学依据和技术支持。

2.5 寻找和开发新的药物资源 近年来,随着回归自然理念的畅行,中医药产业兴起,对中药资源的需求愈发加大。为此应不断探索新药源,提供新药物和新产品。系统进化关系和植物化学成分分类学揭示亲缘关系越亲近的物种,其体内所含的有效化学成分越近似。通过DNA分子标记的研究可以掌握中药类群间亲缘关系,探讨其系统演化关系,完成其分子系统进化关系的研究。从而依据肖培根院士[11]提出的药用植物亲缘学理论,再结合对中药的整体物质组成的化学表征和活性成分的测试,通过统计学的相关性分析代谢标识物的研究,寻找和扩大新药源,为开发新药提供思路。

2.6 为中药的植物新品种权保护提供技术支持 我国自1999年4月加入国际植物新品种保护联盟(UPOV)以后便开始受理国内外植物新品种权申请。随着我国对知识产权保护力度的不断加大和人们对于植物新品种权的日益重视,我国的植物新品种保护名录持续扩大,新品种权申请量逐年递增。然而目前我国对于中药新品种的保护力度较小,表现在列入保护名录的中药种类和申请量均很少。植物新品种权授予时考察的主要技术指标是该申请品种的特异性(distinctness)、一致性(uniformity)和稳定性(stability)(简称DUS测试)。进行DUS测试的基础是植物的性状,主要从形态学上进行考察。然而中药与其他植物相比具有自身特性:一方面,中药的不同品种不仅从形态性状上进行区分,而且更加注重其活性成分有无和含量的高低,仅用DUS测试的形态性状难以全面反映中药新品种的所有特征;另一方面,中药某些代谢产物的种类或含量具有较好的特异性,不仅能成为区别不同来源的中药,而且可以成为区别同一来源不同品种的重要指标。目前DNA分子标记技术已经成功应用于植物新品种保护中DUS测试近似品种辅助筛选和植物真实性鉴定,因此通过对中药双分子标记的研究,能弥补中药DUS测试的不足,作为DUS测试的重要补充,为中药的植物新品种权保护提供技术支持。

3 小结

目前,国内外已有开始用DNA分子标记和代谢标识物来研究中药的真伪优劣,如笔者所在研究团队利用DNA分子标记成功对黄芪原植物进行了鉴别研究[12],以及使用AFLP技术联合GC-TOF-MS的代谢组学研究对黄芪药材的研究[13]等。但尚未系统地提出其相关理论基础和运用方

2015 年 1 月 | 第 40 卷第 2 期 中国中药杂志 CHINA JOURNAL OF CHINESE MATERIA MEDICA Vol. 40, No. 2 | January, 2015

向。本文的撰写就是希望更多的研究者能开展相关工作，使双分子标记法在中药研究中发挥更大作用。

[参考文献]

[1] 黄璐琦，王学勇，郭兰萍，等. 中药材二维分子标记法及其构建 [J]. 中国中药杂志，2012，37（8）：1093.

[2] 崔占虎，李越，袁庆军，等. 黄芪及其混伪品的 ITS 序列分子鉴定研究 [J]. 中国中药杂志，2012，37（24）：3773.

[3] 罗焜，马培，姚辉，等. 基于 ITS2 序列鉴定川贝母及其混伪品基原原植物 [J]. 世界科学技术——中医药现代化，2012，14（1）：1153.

[4] 朱爽，周林，庞惠敏，等. 一种钩藤属植物的分子鉴定 [J]. 中国中药杂志，2011，36（5）：535.

[5] 梁加贝. 不同年限人参的分子鉴别研究 [D]. 成都：成都中医药大学，2012.

[6] 程春松. 基于端粒研究的人参年限鉴定及数学模型的构建 [D]. 合肥：安徽中医药大学，2013.

[7] 邵爱娟，李欣，黄璐琦，等. 用 RAPD 技术对人参栽培群体的遗传分析 [J]. 中国中药杂志，2004，29（11）：1033.

[8] 吴志刚，王敏，黄璐琦，等. 地黄不同品种遗传关系的 RAPD 分析 [J]. 中国中药杂志，2007，32（18）：1865.

[9] 王桃银，郭巧生. 药用菊花不同栽培类型花粉形态比较研究 [J]. 中国中药杂志，2007，32（2）：109.

[10] 郑亭亭，隋春，魏建和，等. 北柴胡二代新品种“中柴 2 号”和“中柴 3 号”的选育研究 [J]. 中国中药杂志，2010，35（15）：1931.

[11] 陈四保，彭勇，陈士林，等. 药用植物亲缘学 [J]. 世界科学技术——中医药现代化，2005，7（6）：97.

[12] 钱丹，陈敏，袁庆军，等，中药黄芪原植物的分子遗传学研究及其分类地位探讨 [J]. 药学学报，2009，44（12）：1429.

[13] Duan Li-xin, Chen Tian-lu, Li Ming, et al. Use of the metabolomics approach to characterize Chinese medicinal material Huangqi [J]. Mol Plant, 2015, 5（2）：376.

[责任编辑 吕冬梅]

· 168 ·

药用动物 DNA 条形码实验样品采（收）集规范

药用动物 DNA 条形码样品包括标准动物 DNA 条形码样品（简称 AS）和动物药材（或饮片）DNA 条形码样品（简称 AMS）。

一、AS 采（收）集

通过野外采（收）集和馆藏标本检视等途径获得动物 DNA 条形码研究样品，然后对样品进行拍照和初步鉴定，至少鉴定到属，并确定暂定种（provisional species），从中选取用于 DNA 条形码工作的样品（每个物种选择 5 个不同居群，每个居群至少选择 10 个个体）。标本信息包括 4 个部分。

（一）标本凭证信息（voucher information）

1. DNA 样品编号（sample ID）

DNA 样品编号是 DNA 条形码实验过程中用到的唯一编号，由课题负责人姓名首字母 - 属名 + 种本名首字母 - 年 + 种群号 - 个体号组成，如 HLQ-SP-1001-01（黄璐琦 - 鄂皖丹参 -2010 年 01 号种群 -01 号个体）。

2. 凭证标本编号（museum ID）

采用与“样品编号”相同的编号。

3. 标本存放处（institution storing）

标本目前存放的标本馆名称或研究机构名称。

4. 样品提供者（sample donor）

样品提供者指采集样品和凭证标本的研究人员，应提供具体的姓名和电子邮箱。

（二）标本分类学信息（taxonomy）

分类学信息包括样品所在的门、纲、目、科、亚科、属和种。书写均按拉丁文正规写法书写。种（Species）的书写，按“属名 + 种本名”书写，不需要定名人及定名年代信息。

样品鉴定人为该样品的具体鉴定人；联系方式和所在单位原则上是样品鉴定人的联系方式与

所在单位全称。

（三）标本信息（specimen details）

包括以下 5 个方面：

1）标本性别（sex）：雌性以 F 表示，雄性以 M 表示，雌雄 H。

2）繁殖方式（reproduction）：有性生殖“sexual”，无性生殖“asexual”，周期性单性生殖“cyclic parthenogenesis”。

3）生活阶段（life stage）：未成熟“immature”，成体“adult”。

4）附加信息（extra info）：标本突出的鉴别性状、寄主或生境。

5）备注（notes）：记录标本的状况，如一般标本、残破标本、正模标本或副模标本、昆虫注明虫态等信息。

（四）标本采集信息（collection data）

记录标本详细的采集信息，包括以下内容：

1）采集人（collectors）。

2）采集时间（collection date）：书写方式为“日－月－年”，月用 3 个字母缩写，如采集时间为 2002 年 4 月 2 日，写成 02-APL-2002。

3）采集地所属大陆 / 海洋。

4）采集的详细地点：具体到省、市或地区、县、乡或镇、村、具体小地名（如金佛山雷洞坪等）。

5）生态环境：如森林、草原、湖泊、河流等。

6）纬度：采用十进制，小数点后保留 3 位。

7）经度：采用十进制，小数点后保留 3 位。

8）海拔 / 深度：以 m 为单位。

9）拍摄照片：动物照片和生境照片（具体要求见后）。

（五）标本保存（preserved）

对于新鲜动物样品低温保存最佳（液氮或干冰冷藏，置于 -80℃低温保存），但是，由于野外条件限制，必须采用非低温保存方法。常见非低温保存方法为：将组织或昆虫浸泡在纯乙醇或 95% 乙醇溶液中，置 4℃冰箱保存。

二、AMS 采（收）集

采（收）集每个 AS 相对应的 AMS，每种药材或饮片要求至少 10 个样品，分别来自 5 个不同居群，样品量约 5g，样品编号在原物种编号的基础上加上药材（饮片）拼音的首写字母，要求写明药材（饮片）名、药用部位、销售的药店、产地、是否道地产区、价格、加工方式等信息，并附照片。

三、照片要求

1）设备要求：拍摄样品（标本）的照片，用至少 500 万像素以上的数码相机进行拍摄。

2）样品摆放：样品（标本）于视野的中间；所有照片采用同一标准，以便不同样品或标本之间的比较。

3）照片比例：照片大小为 2 ∶ 3 的比例。

4）图片格式：高质量的 JPG 文件。

5）图片分辨率：最高分辨率为 1000 万像素，图片在提交前可以修改大小，但一定要在图片处理时选择图片长宽等比例改变，以保证样品（标本）形状没有改变。

6）观察体位：注明照片显示的样品体位。

7）测量：照片中样品或标本的实际长度及单位。

NCBI 使用教程

 一、如何利用 NCBI 查找 *CO* Ⅰ 序列

下面以银环蛇为例讲述一下具体的操作步骤。

1）打开 NCBI 页面（网址为 http：//www.ncbi.nlm.nih.gov/），在显示 All Databases 的下拉菜单中选择 Nucleotide，在横向菜单里添加物种名称及 *CO* Ⅰ。操作完毕如图所示：

2）点击“Search”，出现如下页面：

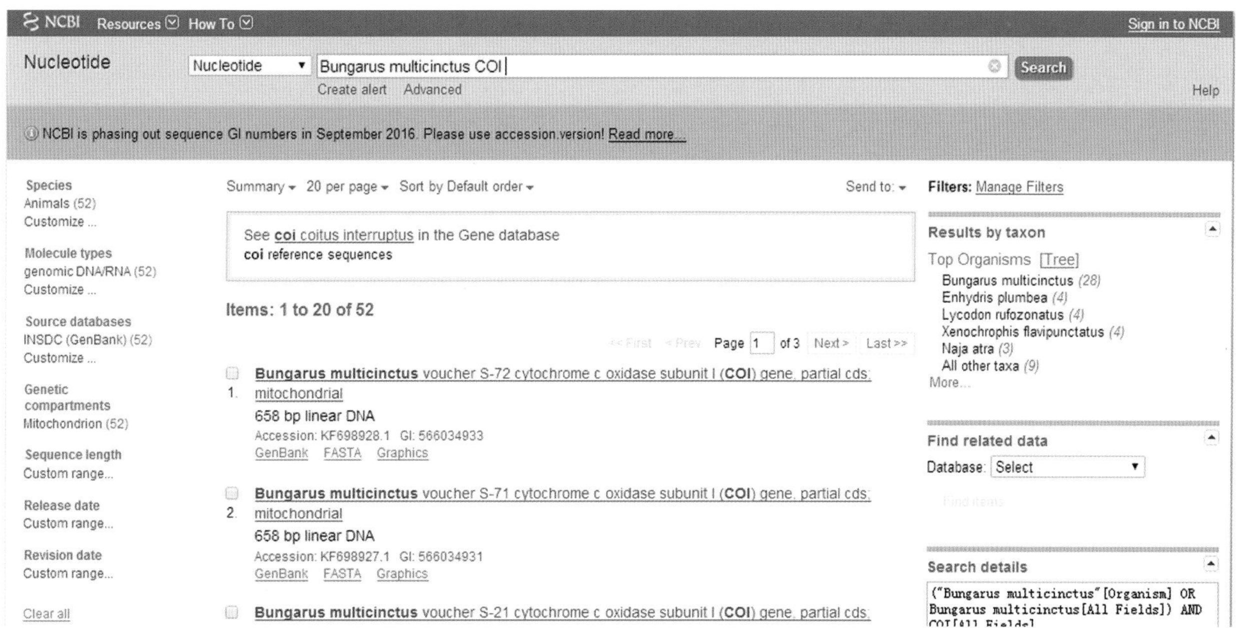

如图所示，共检索到银环蛇 *CO* Ⅰ 52 条，点击所需 *CO* Ⅰ即可进入目的序列相关信息和序列页面。

3）点击检索结果，查看详细信息，结果如图所示：

Bungarus multicinctus voucher S-72 cytochrome c oxidase subunit I (COI) gene, partial cds; mitochondrial

GenBank: KF698928.1

FASTA Graphics

Go to:

```
LOCUS       KF698928                 658 bp    DNA     linear   VRT 07-JUL-2014
DEFINITION  Bungarus multicinctus voucher S-72 cytochrome c oxidase subunit I
            (COI) gene, partial cds; mitochondrial.
ACCESSION   KF698928
VERSION     KF698928.1  GI:566034933
KEYWORDS    .
SOURCE      mitochondrion Bungarus multicinctus (many-banded krait)
  ORGANISM  Bungarus multicinctus
            Eukaryota; Metazoa; Chordata; Craniata; Vertebrata; Euteleostomi;
            Lepidosauria; Squamata; Bifurcata; Unidentata; Episquamata;
            Toxicofera; Serpentes; Colubroidea; Elapidae; Bungarinae; Bungarus.
REFERENCE   1  (bases 1 to 658)
  AUTHORS   Cao,S., Guo,L., Luo,H., Yuan,H., Chen,S., Zheng,J. and Lin,R.
  TITLE     Application of COI barcode sequence for the identification of snake
            medicine (Zaocys)
  JOURNAL   Mitochondrial DNA, 1-7 (2014) In press
   PUBMED   24857374
  REMARK    Publication Status: Available-Online prior to print
REFERENCE   2  (bases 1 to 658)
  AUTHORS   Cao,S., Zheng,J. and Lin,R.
  TITLE     Direct Submission
  JOURNAL   Submitted (24-SEP-2013) Research and Inspection Center of
            Traditional Medicine and Ethnomedicine, National Institutes for
            Food and Drug Control, Tiantan Xili No. 2, Beijing 100050, China
COMMENT     ##Assembly-Data-START##
            Assembly Method       :: CondonCode Aligner v. V 4.0
            Sequencing Technology :: Sanger dideoxy sequencing
            ##Assembly-Data-END##
FEATURES             Location/Qualifiers
     source          1..658
                     /organism="Bungarus multicinctus"
                     /organelle="mitochondrion"
                     /mol_type="genomic DNA"
                     /specimen_voucher="S-72"
                     /db_xref="taxon:8616"
     gene            <1..>658
                     /gene="COI"
     CDS             <1..>658
                     /gene="COI"
                     /codon_start=2
                     /transl_table=2
                     /product="cytochrome c oxidase subunit I"
                     /protein_id="AHC30893.1"
                     /db_xref="GI:566034934"
                     /translation="TLYLLFGAWSGLIGACLSILMRMELTQPGSLLGSDQIFNVLVTA
                     HAFIMIFFMVMPIMIGGFGNWLIPLMIGAPDMAFPRMNNMSFWLLPPALLLLLSSSYV
                     EAGAGTGWTVYPPLSGNLVHSGPSVDLAIFSLHLAGASSILGAINFITTCINMKPKSM
                     PMFNIPLFVWSVLITAIMLLLALPVLAAAVTMLLTDRNLNTSFFDPSGGGDPVLFQHL
                     F"
ORIGIN
        1 aaccctatac ctactcttcg gagcatggtc tggtctaatc ggagcctgtc taagcatttt
       61 aatacgcata gagttaaccc aacccggctc gcttttagga agtgaccaaa tctttaacgt
      121 actagttact gcccacgcat ttatcataat tttctttata gtcataccaa tcataatcgg
      181 agggtttggc aactgactta tccctttaat aatcggggcc cctgatatag cctttccccg
      241 aataaacaat ataagcttct ggctccttcc accagcacta ctccttctcc tatcctcttc
      301 ttatgtagaa gccggtgccg gcacaggttg aacagtctac ccgcccctat cgggtaacct
      361 agttcactca ggcccatcag tagacttagc tatcttctct ctacatttag caggagcctc
      421 ctccatccta ggagcaatca attttattac aacatgcatt aatataaaac ctaaatcaat
      481 accaatattt aatattccac tattcgtttg atcagtgtta atcacagcca ttatacttct
      541 tctagccctg ccagttctag ctgccgcagt tacaatactt ttaaccgatc gtaatctcaa
      601 tacatccttc tttgaccctt ccgggggagg agacccggtc ctattccaac acctattc
```

Customize view

Analyze this sequence
Run BLAST
Pick Primers
Highlight Sequence Features
Find in this Sequence

Related information
Protein
PubMed
Taxonomy

Recent activity
Turn Off Clear
Bungarus multicinctus voucher S-72 cytochrome c oxidase subunit I (C Nucleotide
Bungarus multicinctus COI (52) Nucleotide
Bungarus multicinctus COI AND (alive[prop]) (0) Gene
COI AND (alive[prop]) (1194) Gene
COI Bungarus multicinctus (52) Nucleotide
See more...

在上述打开的网页中，可以看到 *CO* Ⅰ长度、*CO* Ⅰ序列以及这个 *CO* Ⅰ是如何被报道出来的等各种信息。其中 CDS〈1..〉658，CDS 代表编码序列，即蛋白编码区是从 1 开始的（ATG）。转录起始位点前面是基因的调控区，启动子区没有明显的位置定义，但一般情况下，启动子区的变异都在转录起始位点前的 2000 个碱基的区域内。ORIGIN 后即为该 *CO* Ⅰ的全序列。

二、如何利用 BLAST 进行序列比对、检验引物特异性

1）打开 BLAST 页面（网址为 http：//www.ncbi.nlm.nih.gov/BLAST/），打开后如图所示：

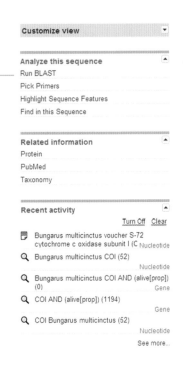

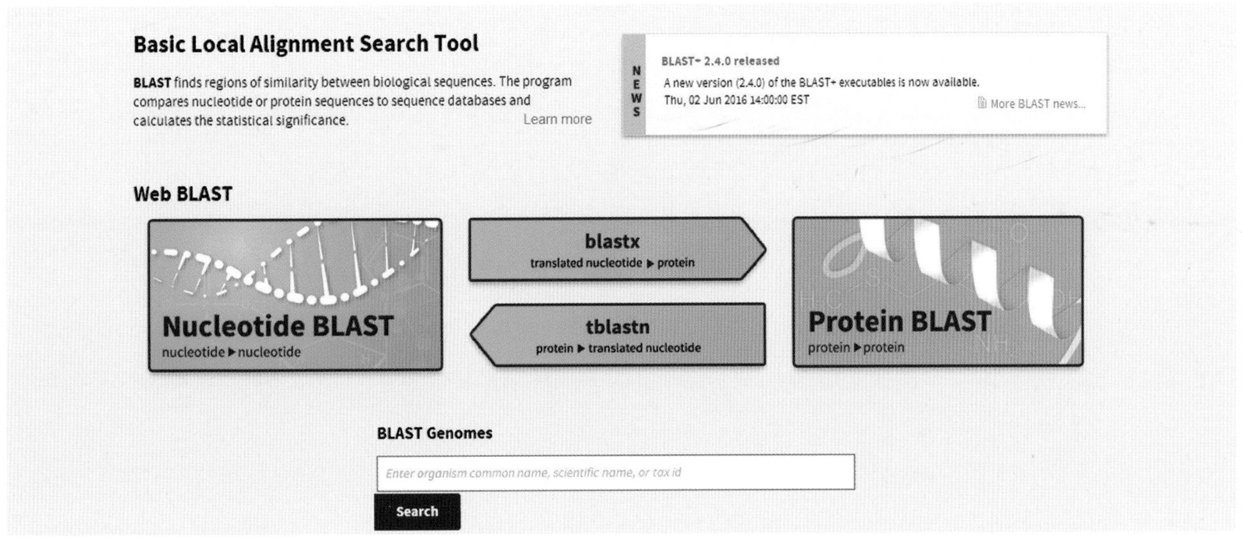

这是一个导航页面，它的目的是让你根据自己的比对目的选择相应的 BLAST 途径。

2）点击 Nucleotide BLAST 链接到一个新的页面。打开后如图所示：

Enter accession number(s), gi(s), or FASTA sequence(s) Clear
Query subrange
From
To
Or, upload file 选择文件 未选择任何文件
Job Title
Enter a descriptive title for your BLAST search
Align two or more sequences
Choose Search Set
Database ○Human genomic + transcript ○Mouse genomic + transcript ●Others (nr etc.):
Nucleotide collection (nr/nt)
Organism Optional
Enter organism name or id--completions will be sugges Exclude +
Enter organism common name, binomial, or tax id. Only 20 top taxa will be shown
Exclude Optional
Models (XM/XP) Uncultured/environmental sample sequences
Limit to Optional
Sequences from type material
Entrez Query Optional
YouTube Create custom database
Enter an Entrez query to limit search
Program Selection
Optimize for
● Highly similar sequences (megablast)
○ More dissimilar sequences (discontiguous megablast)
○ Somewhat similar sequences (blastn)
Choose a BLAST algorithm
BLAST
Search database Nucleotide collection (nr/nt) using Megablast (Optimize for highly similar sequences)

最大的空白框 Enter Query Sequence 部分是用来输入序列的，可以直接把序列粘贴进去，也可以上传序列，还可以选择要比对的序列的范围（留空就代表要比对你要输入的整个序列）。

Job Title 部分用来为本次工作命名。

Choose Search Set 部分是用来选择要与目的序列比对的物种或序列种类（genomeDNA、mRNA 等）。如果是人或老鼠的话，就可以直接选择了，如果是其他物种就要选择“others”了，这时候网页会主动跳出一个下拉对话框和一个输入式对话框，可以分别选择和输入要跟你的序列比对的序列种类和物种。下面的 Entrez Query 可以对比对结果进行适当的限制。

Program Selection 部分是选择本次比对的精确度、种内种间等。

注意：在 BLAST 按钮下面有一个“Algorithm parameters”，这是参数设置选项，一般用户使用不到此项，所以它比较隐蔽，点击，原网页下方即可增加了 Algorithm parameters 的内容。

3）依次填写上述网页必须部分，点击 BLAST 按钮后，出现如下界面（只截取其中一部分）：

Sequences producing significant alignments:

Select: All None Selected:0

Alignments Download GenBank Graphics Distance tree of results

Description	Max score	Total score	Query cover	E value	Ident	Accession
Bungarus multicinctus voucher AS56MT02 cytochrome oxidase subunit I (COI) gene, partial cds; mitochondrial	1216	1216	100%	0.0	100%	JF700143.1
Bungarus multicinctus mitochondrion, complete genome	1216	1216	100%	0.0	100%	EU579522.1
Bungarus multicinctus voucher SR223 cytochrome c oxidase subunit I (COI) gene, partial cds; mitochondrial	1208	1208	99%	0.0	100%	KR046053.1
Bungarus multicinctus isolate BM7 cytochrome oxidase subunit I (COI) gene, partial cds; mitochondrial	1199	1199	100%	0.0	99%	JN833591.1
Bungarus multicinctus isolate BM14 cytochrome oxidase subunit I (COI) gene, partial cds; mitochondrial	1166	1166	100%	0.0	99%	JN860064.1
Bungarus multicinctus isolate BM10 cytochrome oxidase subunit I (COI) gene, partial cds; mitochondrial	1160	1160	100%	0.0	98%	JN833594.1
Bungarus multicinctus isolate BM9 cytochrome oxidase subunit I (COI) gene, partial cds; mitochondrial	1160	1160	100%	0.0	98%	JN833593.1
Bungarus multicinctus isolate BM15 cytochrome oxidase subunit I (COI) gene, partial cds; mitochondrial	1155	1155	100%	0.0	98%	JN860065.1
Bungarus multicinctus isolate BM1 cytochrome oxidase subunit I (COI) gene, partial cds; mitochondrial	1155	1155	100%	0.0	98%	JN833585.1
Bungarus multicinctus voucher AS56MT01 cytochrome oxidase subunit I (COI) gene, partial cds; mitochondrial	1149	1149	100%	0.0	98%	JF700142.1
Bungarus multicinctus voucher SR69 cytochrome c oxidase subunit I (COI) gene, partial cds; mitochondrial	1138	1138	100%	0.0	98%	KR045931.1
Bungarus fasciatus voucher AS57MT01 cytochrome oxidase subunit I (COI) gene, partial cds; mitochondrial	712	712	100%	0.0	86%	JF700190.1
Bungarus fasciatus mitochondrion, complete genome	712	712	100%	0.0	86%	EU579523.1
Elaphe schrenckii voucher HRB14061802 mitochondrion, complete genome	662	662	100%	0.0	85%	KP888955.1
Elaphe anomala voucher HRB14061805 mitochondrion, complete genome	656	656	100%	0.0	85%	KP900218.1
Hemerophis socotrae voucher IBES4238 cytochrome oxidase subunit 1 (COI) gene, partial cds; mitochondrial	651	651	100%	0.0	85%	KU567355.1
Hemerophis socotrae voucher CN1382 cytochrome oxidase subunit 1 (COI) gene, partial cds; mitochondrial	651	651	100%	0.0	85%	KU567354.1
Hemerophis socotrae voucher CN1056 cytochrome oxidase subunit 1 (COI) gene, partial cds; mitochondrial	651	651	100%	0.0	85%	KU567353.1
Pantherophis obsoletus voucher ROM Herps 24663 cytochrome oxidase subunit 1 (COI) gene, partial cds; mitochondrial	638	638	99%	6e-179	84%	KU985940.1

出现的这个结果页面信息含量非常大，如果用心观察，可以发现一些主要指标。其中 Description 部分要详细看一下，“Evalue”这个指标与其他指标不同，它的数值越小相似程度越高，其他几个（如 Totle score）都是数值越高相似度越高。在这个图示的表格下方就是具体的相似性的核酸序列了，还配合着各种参数的得分。

三、如何看懂 NCBI BLAST 输出结果

在写解读报告之前，首先要弄清楚使用 BLAST 最终的目的是什么。BLAST 是通过两两比对，

找到数据库中与输入序列最相似的序列，或者说是最相似的序列片段。那么，看比对结果就是看BLAST从数据库中找到哪些相似的序列，然后就是如何相似，这些相似又可以告诉我们哪些信息等。当然，BLAST可以衍生出许多的用途，但都是建立在找到相似性序列（片段）的基础上的。

示例

BLAST地址：http：//blast.ncbi.nlm.nih.gov/Blast.cgi?PROGRAM=blastp&BLAST_PROGRAMS=blastp&PAGE_TYPE=BlastSearch&SHOW_DEFAULTS=on&LINK_LOC=blasthome

比对用的例子：

cytochrome oxidase subunit I，partial（mitochondrion）［Bungarus multicinctus］

GenBank：AEH94098.1

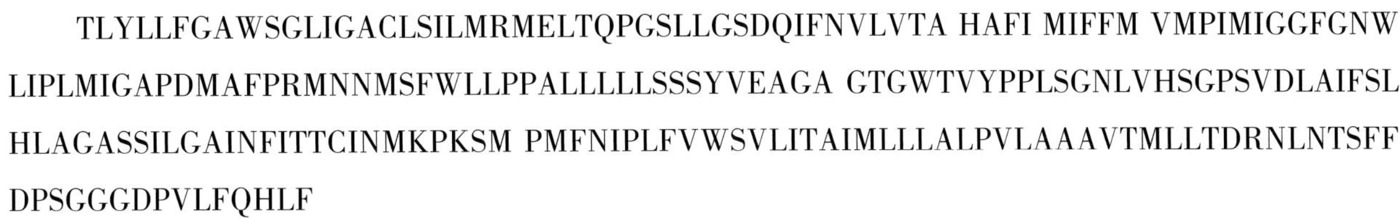

TLYLLFGAWSGLIGACLSILMRMELTQPGSLLGSDQIFNVLVTA HAFI MIFFM VMPIMIGGFGNW LIPLMIGAPDMAFPRMNNMSFWLLPPALLLLLSSSYVEAGA GTGWTVYPPLSGNLVHSGPSVDLAIFSL HLAGASSILGAINFITTCINMKPKSM PMFNIPLFVWSVLITAIMLLLALPVLAAAVTMLLTDRNLNTSFF DPSGGGDPVLFQHLF

数据选择：nr

比对时间：2016年7月13日10：58

附　解读报告前需要掌握的概念

概 念	意 义
alignments	代表比对上的两个序列
hits	表示两个序列比对上的片段
Score	比对得分指标，如果序列匹配上得分，不一样则减分，分值越高，两个序列相似性越高
Evalue	相对的一个统计值，值越小，越可信
Length	输入序列的长度
Identities	一致性指标，就是两个序列有多少是一样的
Query	代表输入序列
Sbjct	代表数据库中的序列

四、结果详细说明

（一）菜单与基本信息

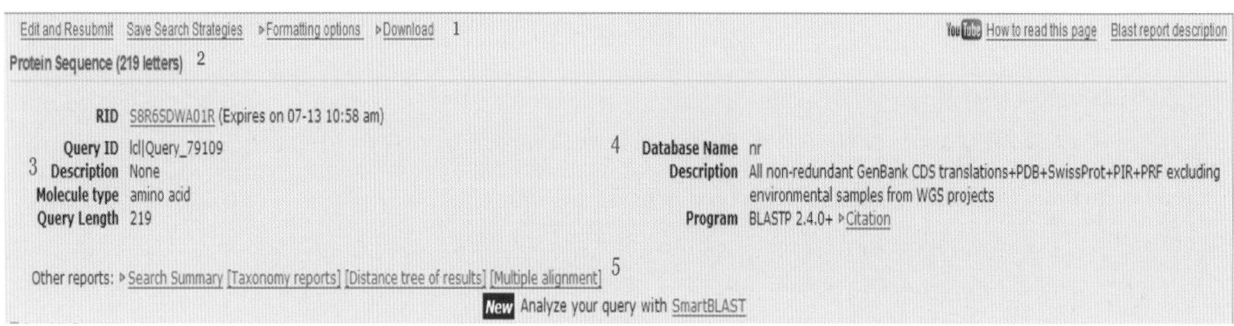

1）下一步操作的菜单，可以调整参数，重新比对、保存你的搜索条件以便下次比对、调整报告显示的参数，以更符合要求，下载比对的结果。

2）此次比对的标题，优先是填写的，如果没有填写可能是你输入 fasta 序列长度，如果这个也没有找到，NCBI 会自动生成一个。

3）输入序列的信息，包括标识号、描述信息、类型、长度。

4）数据库的信息以及选择的 BLAST 程序。

5）查看其他报告，比如摘要、分类、距离树、结构、多重比对等。

（二）Graphic Summary

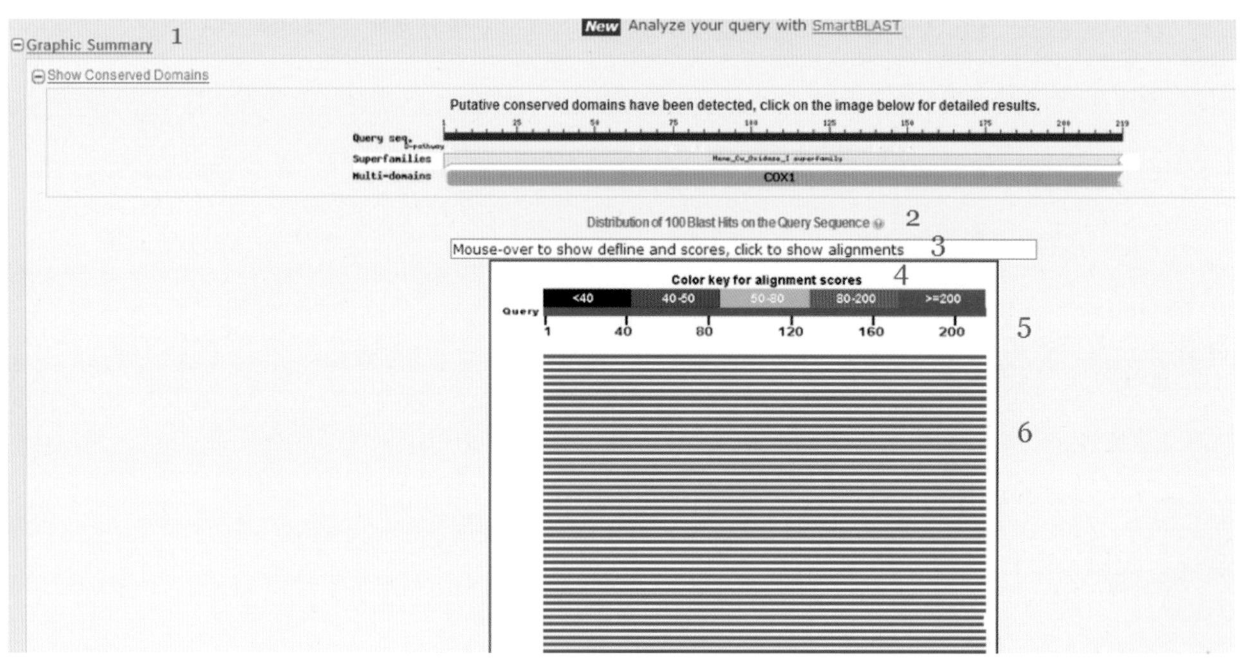

1）保守域，Blastp 时，如果与保守域数据库比对有结果时方显示。

2）Distribution of 100 Blast Hits on the Query Sequence，图的说明，仔细研读，是 hits 在输入序列上的分布。

3）消息显示框，当鼠标放在坐标下的横线上，会显示代表的 hit 的信息。

4）颜色比例尺，代表 hit 的得分（score）区间，可以简单地理解为红色的线表示有较好的比对结果。

5）输入序列的坐标。

6）每一条线段代表一个 hit，在线段上点击，会链接到该 hit 详细的比对信息部分。

深入理解：

由于 BLAST 是区段比对，对于给定的两个序列，BLAST 会把具有相识性的片段（hit）找出来，显示的是 hit 的信息，所以要判断两个序列的相似性，不但要看比对上的片段（hit）的得分，还要看 hit 覆盖你输入序列的范围，正因为此，这部分图形显示部分就像整个报告的鸟瞰图一样，hit 在输入序列上的分布。记住：仅仅高分的 hit 不能说明问题，还要关注 hit 在输入序列中的位置。

（三）Descriptions

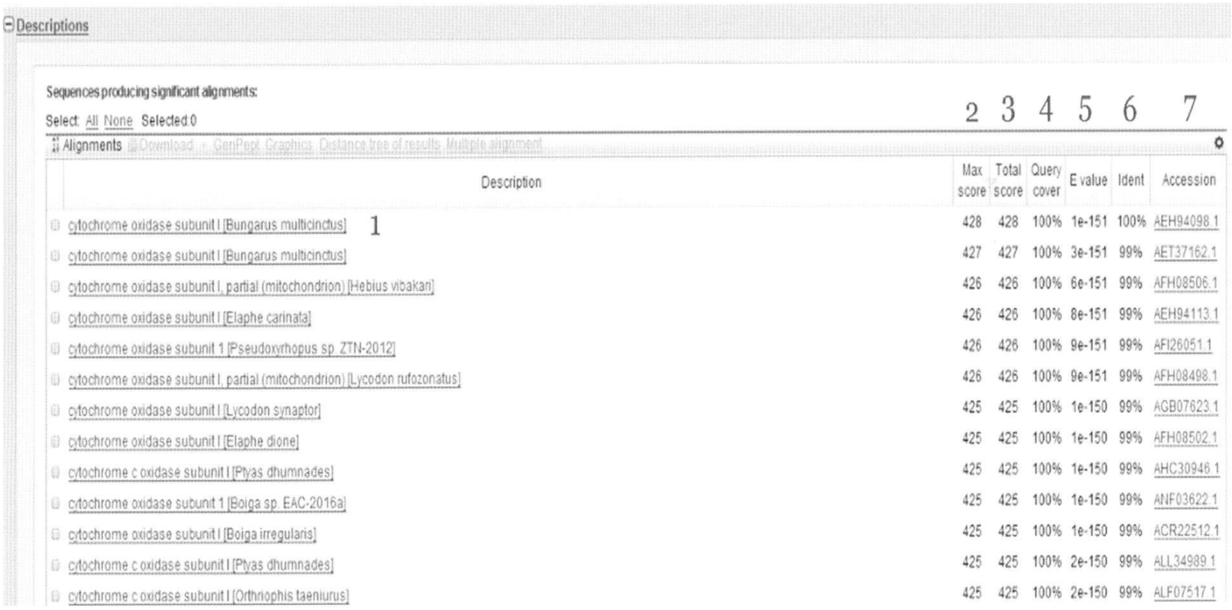

Descriptions

Sequences producing significant alignments:

Select: All None Selected:0

Alignments Download GenPept Graphics Distance tree of results Multiple alignment

Description	Max score (2)	Total score (3)	Query cover (4)	E value (5)	Ident (6)	Accession (7)
cytochrome oxidase subunit I [Bungarus multicinctus] 1	428	428	100%	1e-151	100%	AEH94098.1
cytochrome oxidase subunit I [Bungarus multicinctus]	427	427	100%	3e-151	99%	AET37162.1
cytochrome oxidase subunit I, partial (mitochondrion) [Hebius vibakari]	426	426	100%	6e-151	99%	AFH08506.1
cytochrome oxidase subunit I [Elaphe carinata]	426	426	100%	8e-151	99%	AEH94113.1
cytochrome oxidase subunit 1 [Pseudoxyrhopus sp. ZTN-2012]	426	426	100%	9e-151	99%	AFI26051.1
cytochrome oxidase subunit I, partial (mitochondrion) [Lycodon rufozonatus]	426	426	100%	9e-151	99%	AFH08498.1
cytochrome oxidase subunit I [Lycodon synaptor]	425	425	100%	1e-150	99%	AGB07623.1
cytochrome oxidase subunit I [Elaphe dione]	425	425	100%	1e-150	99%	AFH08502.1
cytochrome c oxidase subunit I [Ptyas dhumnades]	425	425	100%	1e-150	99%	AHC30946.1
cytochrome oxidase subunit 1 [Boiga sp. EAC-2016a]	425	425	100%	1e-150	99%	ANF03622.1
cytochrome oxidase subunit I [Boiga irregularis]	425	425	100%	1e-150	99%	ACR22512.1
cytochrome c oxidase subunit I [Ptyas dhumnades]	425	425	100%	2e-150	99%	ALL34989.1
cytochrome c oxidase subunit I [Orthriophis taeniurus]	425	425	100%	2e-150	99%	ALF07517.1

1）比对上序列的标识符，序列的表述信息，上面有到该序列详细信息的链接。

2）序列的最高得分，由高向低排列。

3）比对总分，由高向低排列。

4）序列覆盖度，指所输入序列在比对序列中出现的部分占输入序列的比例。

5）标准误，由低向高排列。

6）序列匹配程度。

7）比对上序列的 NCBI 编号与链接。

深入解读：简要的列表形式，便于阅读都比对上了哪些序列（如果经验丰富，从 Score 的得分就大致可以判断序列的相似性），序列的相似情况。

（四）Alignments

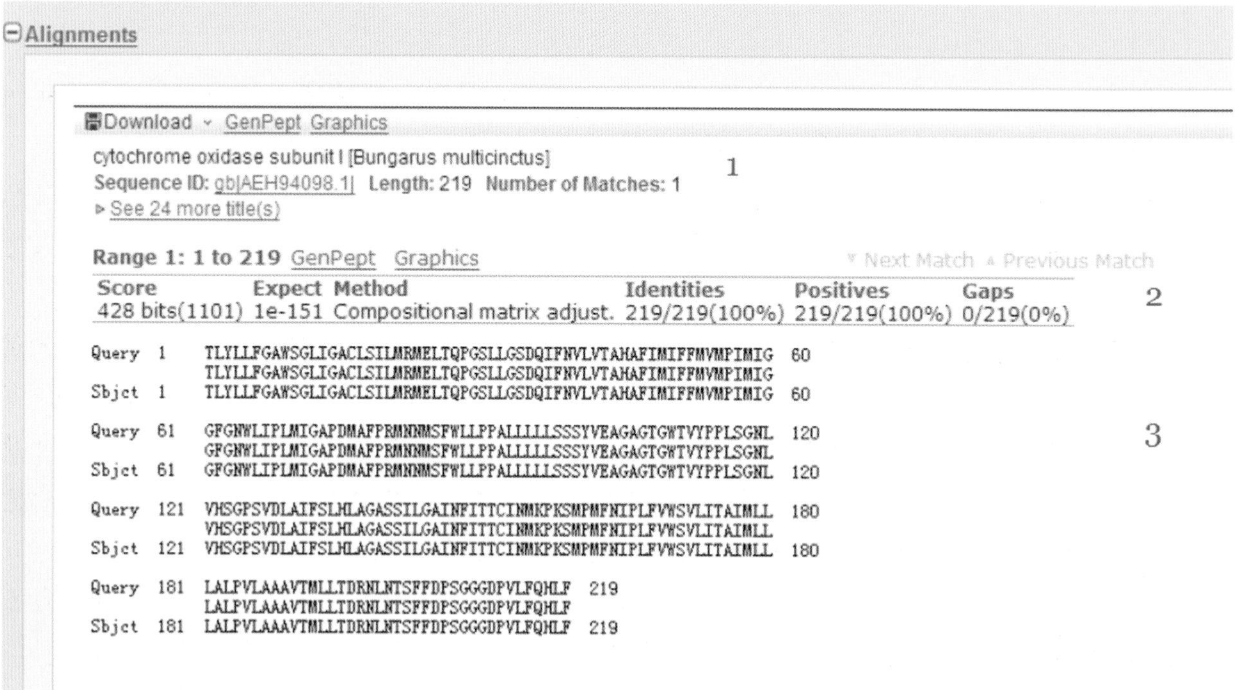

⊖Alignments

Download ⌄ GenPept Graphics

cytochrome oxidase subunit I [Bungarus multicinctus] 1
Sequence ID: gb|AEH94098.1| Length: 219 Number of Matches: 1
▹ See 24 more title(s)

Range 1: 1 to 219 GenPept Graphics ▾ Next Match ▴ Previous Match

Score	Expect	Method	Identities	Positives	Gaps
428 bits(1101)	1e-151	Compositional matrix adjust.	219/219(100%)	219/219(100%)	0/219(0%)

2

```
Query  1    TLYLLFGAWSGLIGACLSILMRMELTQPGSLLGSDQIFNVLVTAHAFIMIFFMVMPIMIG  60
            TLYLLFGAWSGLIGACLSILMRMELTQPGSLLGSDQIFNVLVTAHAFIMIFFMVMPIMIG
Sbjct  1    TLYLLFGAWSGLIGACLSILMRMELTQPGSLLGSDQIFNVLVTAHAFIMIFFMVMPIMIG  60

Query  61   GFGNWLIPLMIGAPDMAFPRMNNMSFWLLPPALLLLLSSSYVEAGAGTGWTVYPPLSGNL  120
            GFGNWLIPLMIGAPDMAFPRMNNMSFWLLPPALLLLLSSSYVEAGAGTGWTVYPPLSGNL
Sbjct  61   GFGNWLIPLMIGAPDMAFPRMNNMSFWLLPPALLLLLSSSYVEAGAGTGWTVYPPLSGNL  120

Query  121  VHSGPSVDLAIFSLHLAGASSILGAINFITTCINMKPKSMPMFNIPLFVWSVLITAIMLL  180
            VHSGPSVDLAIFSLHLAGASSILGAINFITTCINMKPKSMPMFNIPLFVWSVLITAIMLL
Sbjct  121  VHSGPSVDLAIFSLHLAGASSILGAINFITTCINMKPKSMPMFNIPLFVWSVLITAIMLL  180

Query  181  LALPVLAAAVTMLLTDRNLNTSFFDPSGGGDPVLFQHLF  219
            LALPVLAAAVTMLLTDRNLNTSFFDPSGGGDPVLFQHLF
Sbjct  181  LALPVLAAAVTMLLTDRNLNTSFFDPSGGGDPVLFQHLF  219
```

3

1）比对上的序列信息。

2）比对的各种得分，主要关注 Identities，比对上（一致）的数字、一共有多少个，比对上所占的比例。

3）具体的比对序列显示，一目了然，知道了哪些序列比对上了，哪些序列是不一样的，这里也要注意序列的位置关系。

深度解读：BLAST 是以 hit 为单位显示的结果，分段比对是其核心，所以对于每个 hit 所显示的信息应当有个深入的理解。

构建生物进化树的常用软件及方法

进化树（evolutionary tree）又名系统树（phylogenetie tree），用来表示物种间亲缘关系远近的树状结构图。在进化树中，各个分类单元（物种）依据进化关系的远近，被安放在树状图表上的不同位置。所以，进化树可以简单地表示生物的进化历程和亲缘关系，已发展成为多学科（包括生命科学中的进化论、遗传学、分类学、分子生物学、生物化学、生物物理学和生态学，又包括数学中的概率统计、图论、计算机科学和群论）交叉形成的一个边缘领域。

一般来说，进化树是一个二叉树。它由很多的分支和节点构成。根据位置的不同，进化树的节点分为外部节点和内部节点，外部节点就是我们要进行分类的分类单元（物种）。而物种之间的进化关系则用节点之间的连线表示。内部节点表示进化事件发生的地方，或表示分类单元进化的祖先。在同一个进化树中，分类单元的选择应当标准一致。进化树上不同节点之间的连线称为分支，其中有一端与叶子节点相连的分支称为外支，不与叶子节点相连的分支称为内支。

进化树一般有两种：有根树和无根树。有根树有一个鲜明的特征，那就是它有一个唯一的根节点。这个根节点可以理解为所有其他节点的共同祖先。所以，有根树能准确地反映各个物种的进化顺序，从根节点进化到任何其他节点只有一条唯一的路径。无根树则不能直接给出根节点，无根树只反映各个不同节点之间的进化关系的远近，没有物种如何进化的过程。但是，我们可以在无根树种指派根节点，从而找出各个物种的进化路径。

分子进化树（以分子数据为依据构建的进化树）不仅精确地反映物种间或群体间在进化过程中发生的极微细的遗传变异（小至一个氨基酸或一个核苷酸差异），而且借助化石提供的大分子类群的分化年代能定量地估计出物种间或群体间的分化年代，这对进化论的研究而言无疑是一场革命。

序列比较是生物信息学中最频繁也是最有价值的工作。要知道一个序列（结构）与另一个序列（结构）或者与一批序列（结构）之间的差异，唯一的途径就是序列（结构）的比较分析。序列水平上的比较反映的是字符串之间的差异，能够发现碱基序列或者氨基酸序列的保守模式。但是，在分子生物学中，比较是多方面的，除了核酸或蛋白质序列的比较，也可以是结构的比较等。事实上，相差很大的序列可以形成具有相同功能的分子。而结构水平上的比较更能反映功能上的差异，能够发现与功能紧密相关的结构域。结构比较方面的工作都是围绕蛋白质及 RNA 展开的。

构建进化树的方法包括两种：一类是序列类似性比较，主要是基于氨基酸相对突变率矩阵（常用 PAM250）计算不同序列差异性积分作为它们的差异性量度（序列进化树）；另一类在难以通过序列比较构建序列进化树的情况下，通过蛋白质结构比较，包括刚体结构叠合和多结构特征比较等方法建立结构进化树。

三种主要的建树方法分别是距离法（distance method）、最大节约法（maximum parsimony，MP）和最大似然法（maximum likelihood，ML）。分子生物学上常用软件有 NCBI 及 MEGA。

一、NCBI

1）进入 NCBI Standard Nucleotide BLAST 标准界面（http：//blast.ncbi.nlm.nih.gov/Blast.cgi?PROGRAM=blastn&PAGE_TYPE=BlastSearch&LINK_LOC=blasthome），输入要比对的序列或序列名称，后点击 BLAST。

2）显示登录界面。

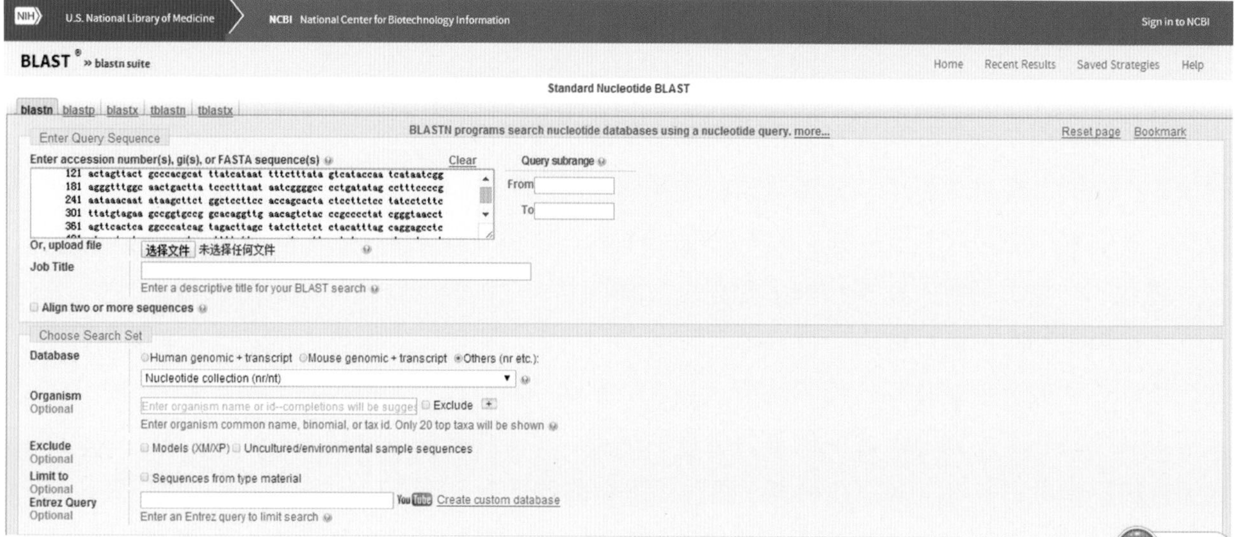

3）比对后的结果分析。

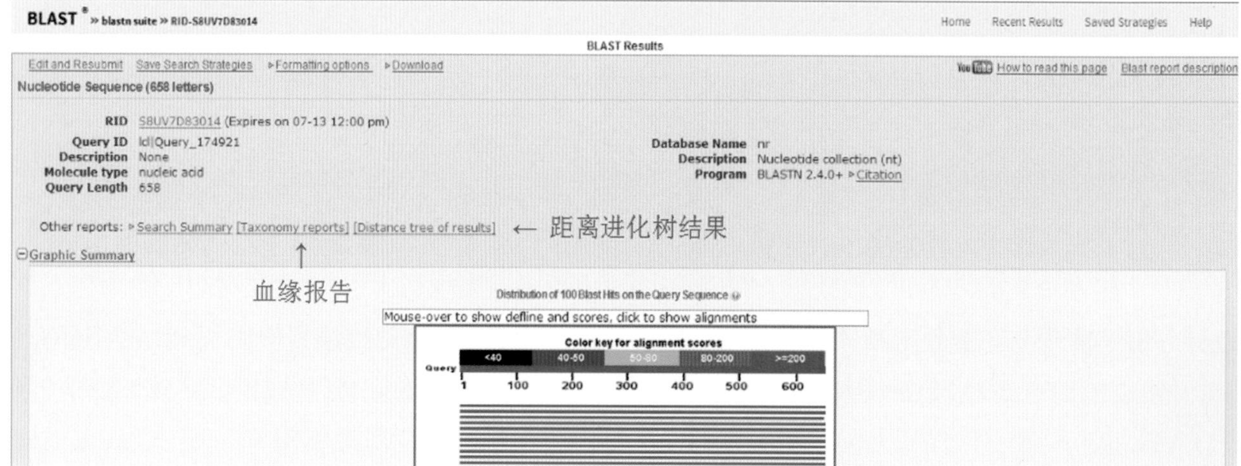

①血缘报告：

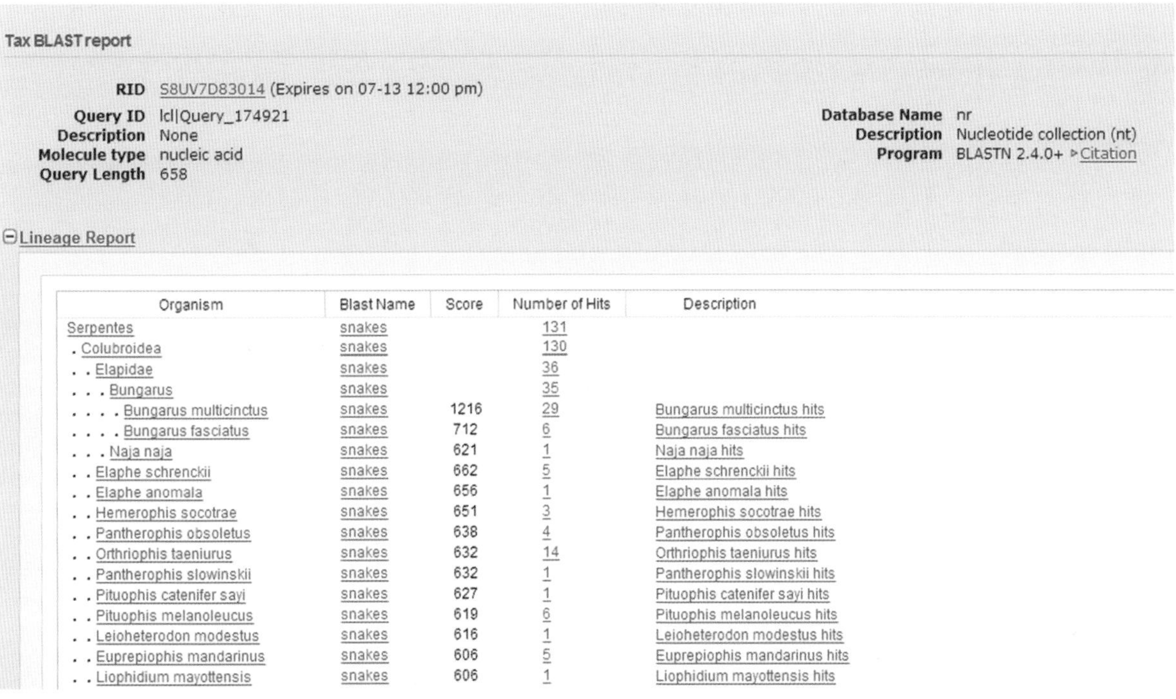

Tax BLAST report

RID S8UV7D83014 (Expires on 07-13 12:00 pm)
Query ID lcl|Query_174921
Description None
Molecule type nucleic acid
Query Length 658

Database Name nr
Description Nucleotide collection (nt)
Program BLASTN 2.4.0+ ▷Citation

⊖Lineage Report

Organism	Blast Name	Score	Number of Hits	Description
Serpentes	snakes		131	
. Colubroidea	snakes		130	
. . Elapidae	snakes		36	
. . . Bungarus	snakes		35	
. . . . Bungarus multicinctus	snakes	1216	29	Bungarus multicinctus hits
. . . . Bungarus fasciatus	snakes	712	6	Bungarus fasciatus hits
. . . Naja naja	snakes	621	1	Naja naja hits
. . Elaphe schrenckii	snakes	662	5	Elaphe schrenckii hits
. . Elaphe anomala	snakes	656	1	Elaphe anomala hits
. . Hemerophis socotrae	snakes	651	3	Hemerophis socotrae hits
. . Pantherophis obsoletus	snakes	638	4	Pantherophis obsoletus hits
. . Orthriophis taeniurus	snakes	632	14	Orthriophis taeniurus hits
. . Pantherophis slowinskii	snakes	632	1	Pantherophis slowinskii hits
. . Pituophis catenifer sayi	snakes	627	1	Pituophis catenifer sayi hits
. . Pituophis melanoleucus	snakes	619	6	Pituophis melanoleucus hits
. . Leioheterodon modestus	snakes	616	1	Leioheterodon modestus hits
. . Euprepiophis mandarinus	snakes	606	5	Euprepiophis mandarinus hits
. . Liophidium mayottensis	snakes	606	1	Liophidium mayottensis hits

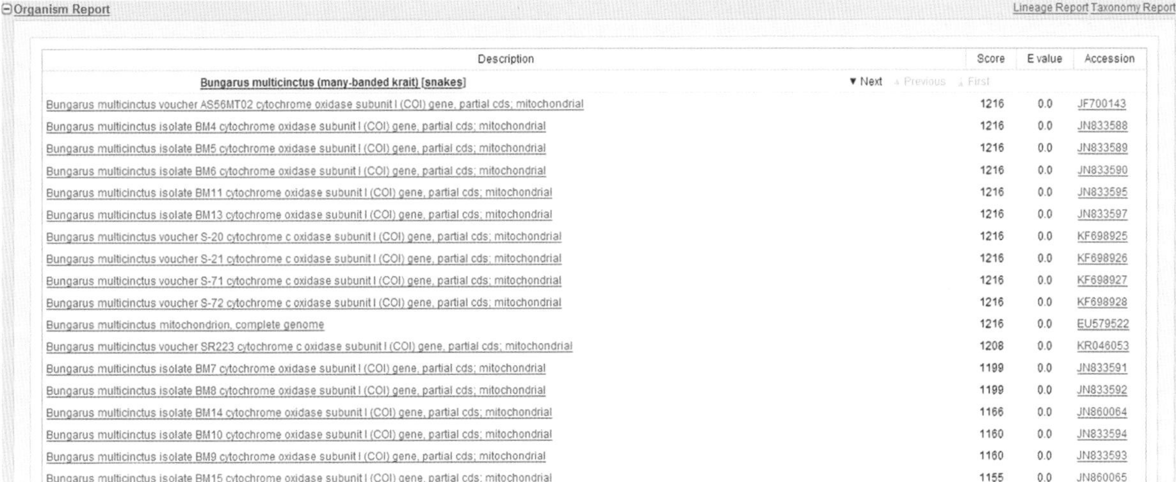

⊖Organism Report　　Lineage Report Taxonomy Report

Description	Score	E value	Accession
Bungarus multicinctus (many-banded krait) [snakes] ▼Next ↑Previous ↓First			
Bungarus multicinctus voucher AS56MT02 cytochrome oxidase subunit I (COI) gene, partial cds; mitochondrial	1216	0.0	JF700143
Bungarus multicinctus isolate BM4 cytochrome oxidase subunit I (COI) gene, partial cds; mitochondrial	1216	0.0	JN833588
Bungarus multicinctus isolate BM5 cytochrome oxidase subunit I (COI) gene, partial cds; mitochondrial	1216	0.0	JN833589
Bungarus multicinctus isolate BM6 cytochrome oxidase subunit I (COI) gene, partial cds; mitochondrial	1216	0.0	JN833590
Bungarus multicinctus isolate BM11 cytochrome oxidase subunit I (COI) gene, partial cds; mitochondrial	1216	0.0	JN833595
Bungarus multicinctus isolate BM13 cytochrome oxidase subunit I (COI) gene, partial cds; mitochondrial	1216	0.0	JN833597
Bungarus multicinctus voucher S-20 cytochrome c oxidase subunit I (COI) gene, partial cds; mitochondrial	1216	0.0	KF698925
Bungarus multicinctus voucher S-21 cytochrome c oxidase subunit I (COI) gene, partial cds; mitochondrial	1216	0.0	KF698926
Bungarus multicinctus voucher S-71 cytochrome c oxidase subunit I (COI) gene, partial cds; mitochondrial	1216	0.0	KF698927
Bungarus multicinctus voucher S-72 cytochrome c oxidase subunit I (COI) gene, partial cds; mitochondrial	1216	0.0	KF698928
Bungarus multicinctus mitochondrion, complete genome	1216	0.0	EU579522
Bungarus multicinctus voucher SR223 cytochrome c oxidase subunit I (COI) gene, partial cds; mitochondrial	1208	0.0	KR046053
Bungarus multicinctus isolate BM7 cytochrome oxidase subunit I (COI) gene, partial cds; mitochondrial	1199	0.0	JN833591
Bungarus multicinctus isolate BM8 cytochrome oxidase subunit I (COI) gene, partial cds; mitochondrial	1199	0.0	JN833592
Bungarus multicinctus isolate BM14 cytochrome oxidase subunit I (COI) gene, partial cds; mitochondrial	1166	0.0	JN860064
Bungarus multicinctus isolate BM10 cytochrome oxidase subunit I (COI) gene, partial cds; mitochondrial	1160	0.0	JN833594
Bungarus multicinctus isolate BM9 cytochrome oxidase subunit I (COI) gene, partial cds; mitochondrial	1160	0.0	JN833593
Bungarus multicinctus isolate BM15 cytochrome oxidase subunit I (COI) gene, partial cds; mitochondrial	1155	0.0	JN860065

②距离进化树分析结果：

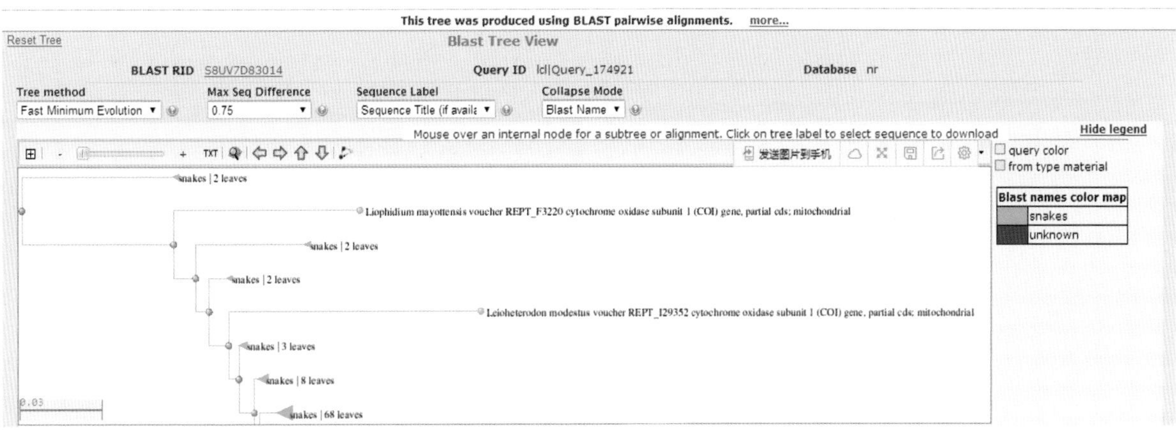

根据实际情况适用 Tree method、Max Seq Difference、Sequnce Label 等信息。

二、MEGA

1）点击 Align — Edit/built Alignment，选择创建一个新的比对，点 OK，根据要求选择 DNA 或者蛋白质序列。

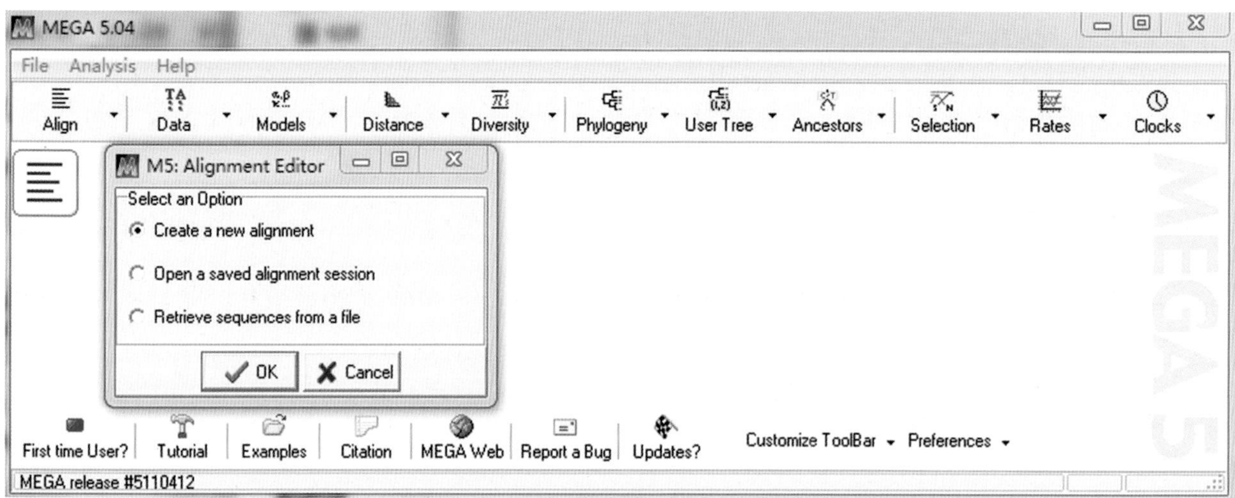

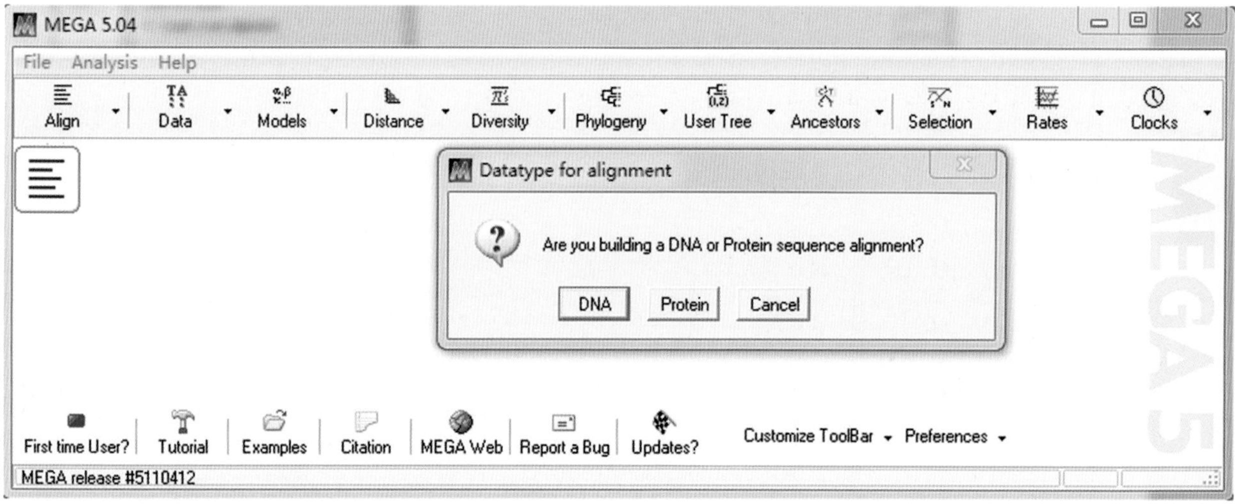

2）打开需要比对的 .fasta 文件。

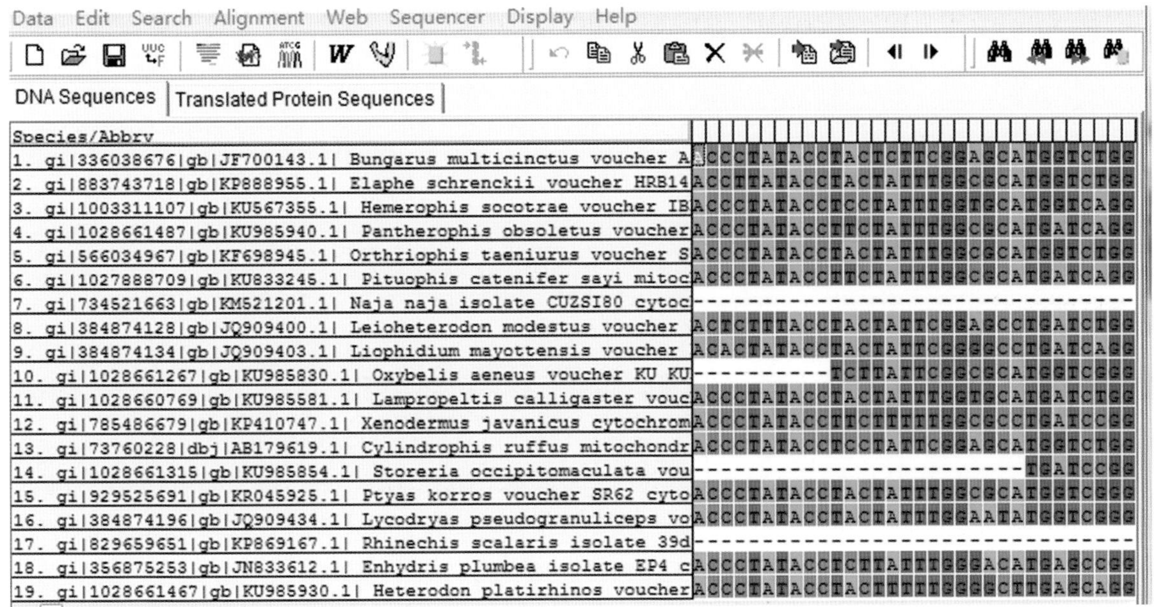

3）点击 Alignment — Align by Clustal W，选择所有序列，出现下图，所有参数为默认，点击 OK。

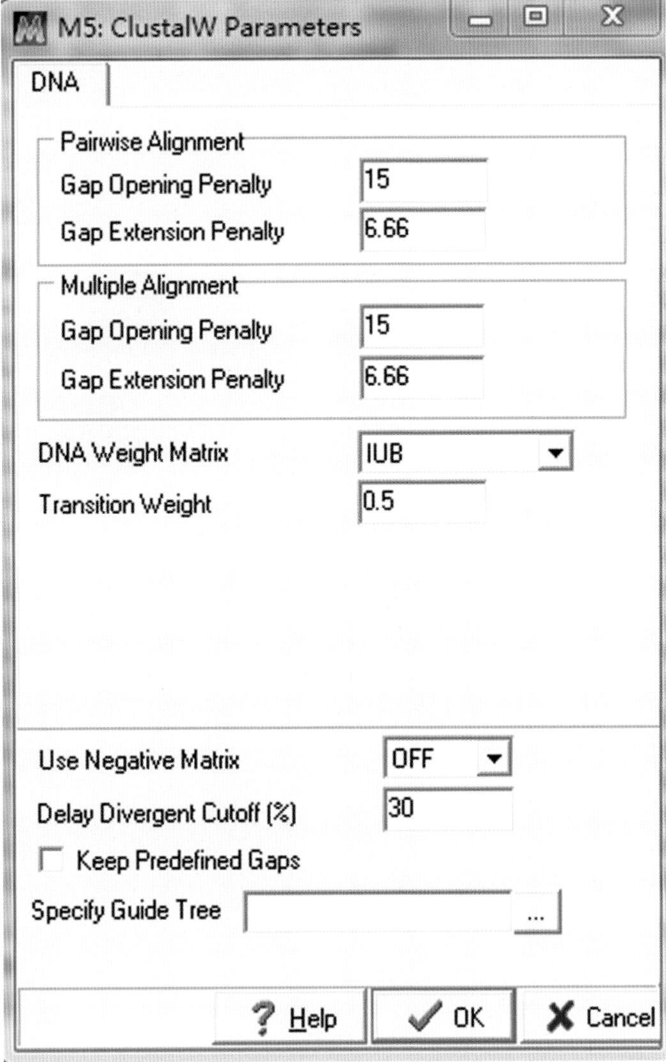

4）在未对齐之前，由于序列长度不一样，有些序列长出来很多，而有的序列在这些位点全是 gap，为了排除 gap 位点的干扰，需要将序列两端对齐。两端以比对上最短的序列为准，删除其他序列 5′ 和 3′ 多余的部分，可以看到在序列比对上的部分，最上面一行软件标记为“-”，需要将没有标记“-”的位点删除，可以用 shift 一起选择没有标记“*”开始和末端的位点，选好后点击鼠标右键，单击 delete 删除。

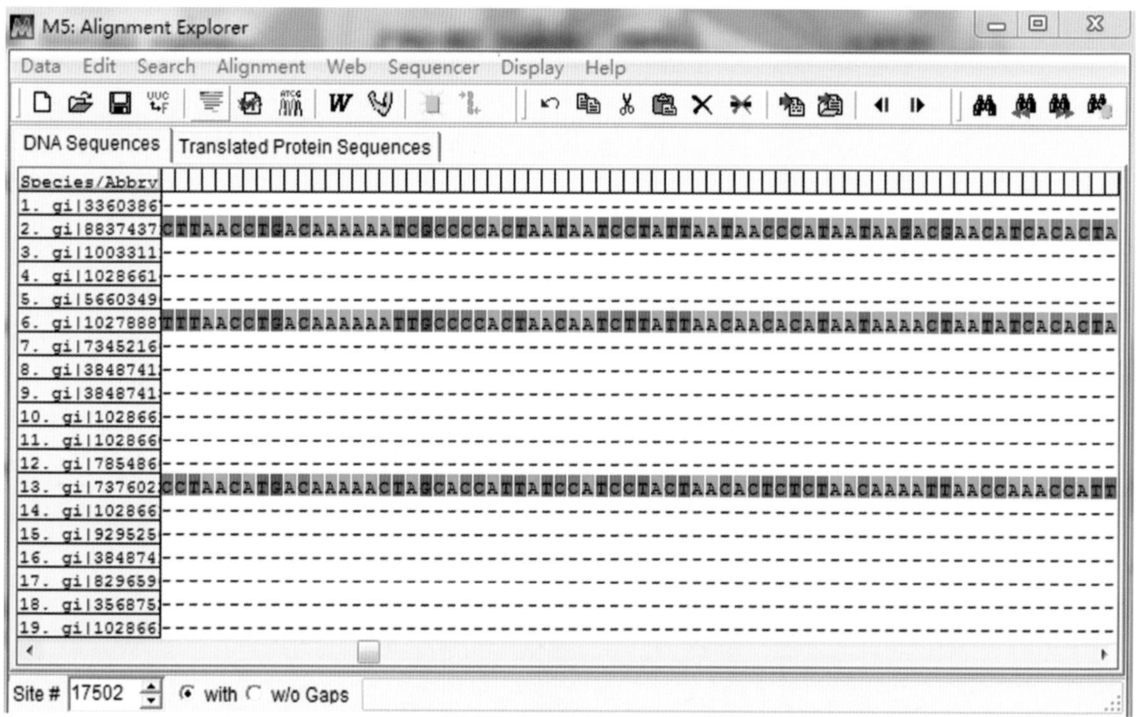

处理前

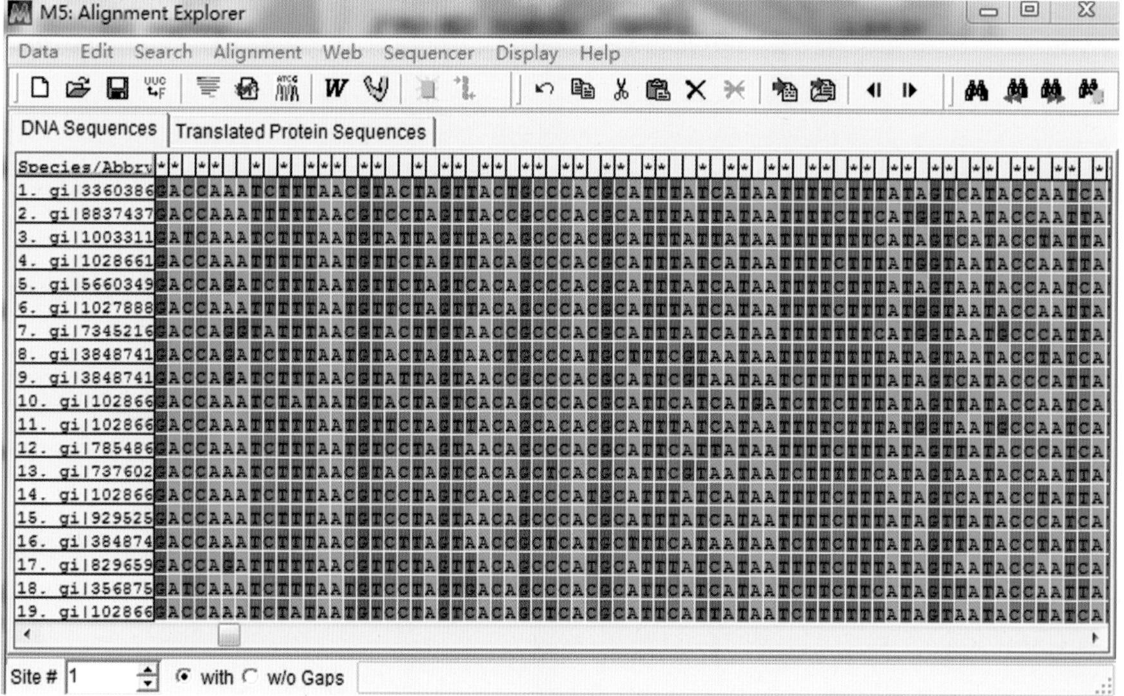

处理后

5）点 Data — Export Alignment — MEGA format，选择一个地方保存，输入 Title，关闭多序列比对窗口，点击 NO。

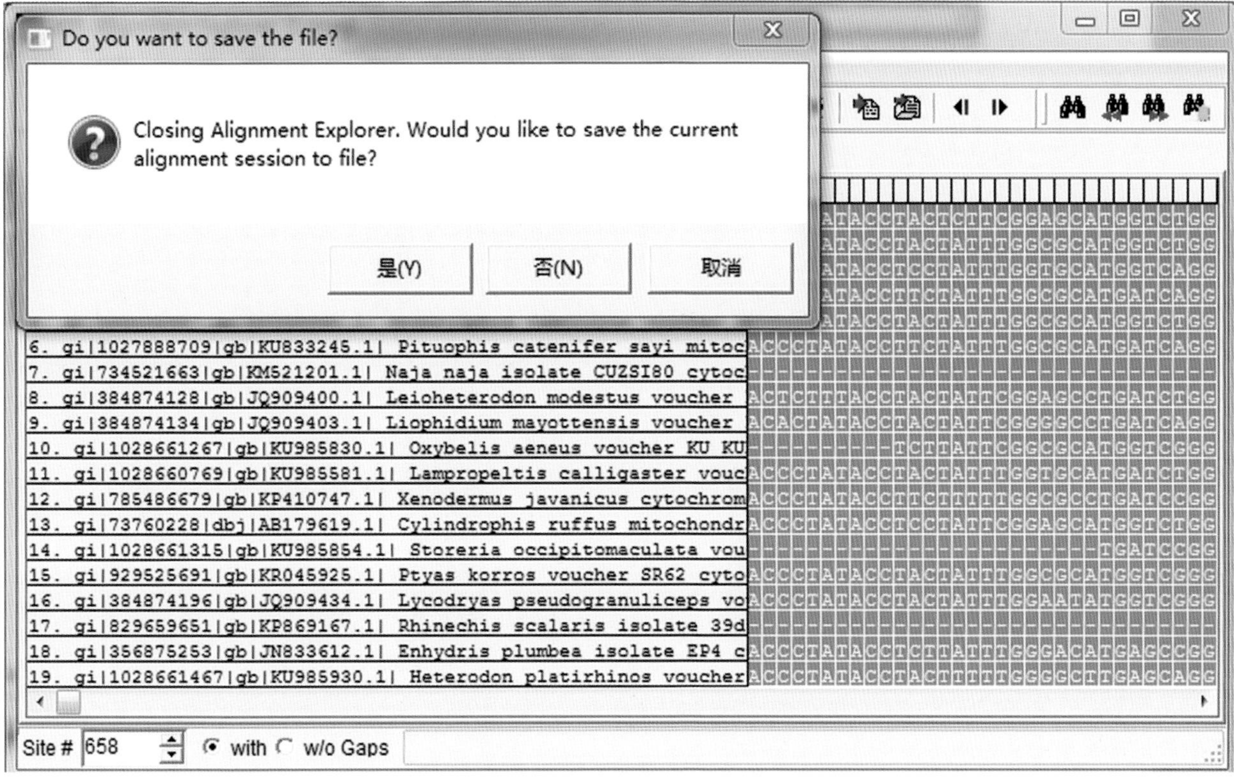

6）点击 File，打开刚才保存的 .Meg 文件。

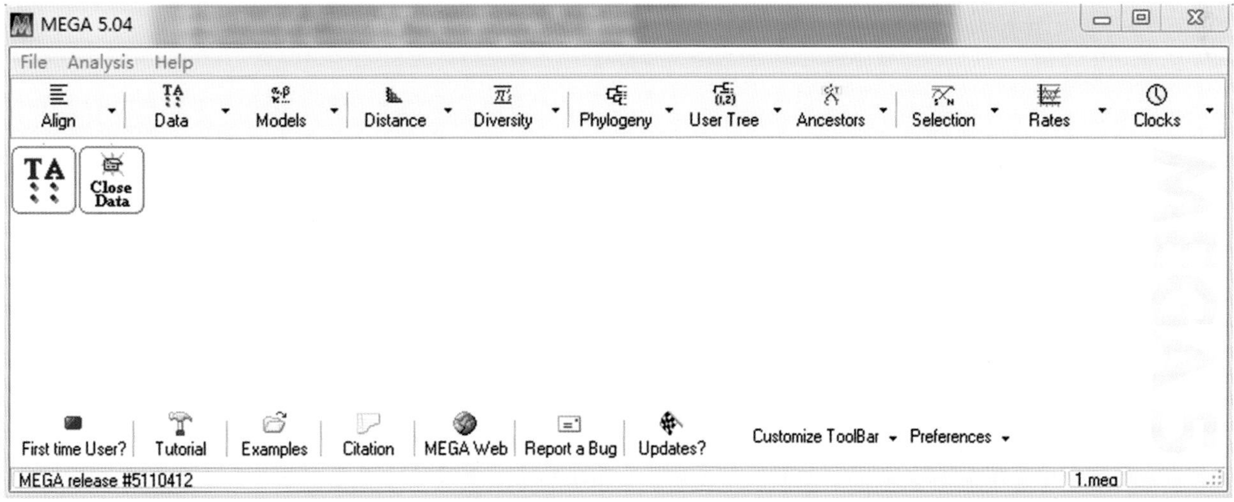

7）点击 Phylogeny，有 5 个构建进化树的方法，一般选择 Maximum Likelihood（最大似然法）、Neighbor-Joining（邻接法）和 Minimum-Evolution（最小进化法）方法，UPGMA 和 Maximum Parsimony 不常用，点 YES，运用当前数据。

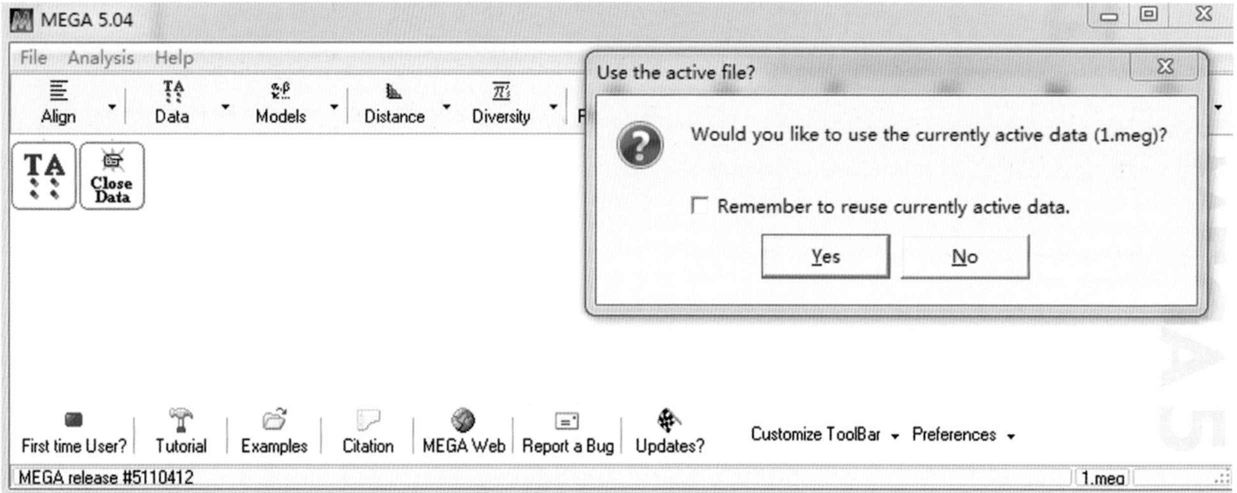

8）在 Test of Phylogeny 选择 Bootstrapmethod；No. of Bootstrap replications 输入 1000；Mode/Method 核酸选择 Maximum Composite Likehood，氨基酸序列选择 Tamura-Nei model；Rates among sites 选择 Uniform rates；Gaps/Missing Data Treatment 选择 Complete deletion.；点击 Compute。（一般来说，如果选择同一基因序列长度较一致，物种间情缘关系较近，每种模型构建的进化树差别不会很大。）

M5: Progress

Progress 5%

Details

Stop

Status / Options

Run Status

Start time	2016/7/12 13:49:08
Status	Bootstrapping ML tree
Log Likelihood	-4896.3714

Analysis Options

```
Analysis
  Analysis ------------------------ Phylogeny Reconstruction
  Statistical Method -------------- Maximum Likelihood
Phylogeny Test
  Test of Phylogeny --------------- Bootstrap method
  No. of Bootstrap Replications --- 1000
Substitution Model
  Substitutions Type -------------- Nucleotide
```

9）选择在 orginal tree 中显示进化树，数字代表自举（bootstrap）值，一般自举值> 70 以上的树具有可信度。工具栏上的不同按钮可以对树进行修饰，如可以对不同聚类分支命名；可以交换聚类的位置；选择树根，一般来说选择进化地位比较远的物种作为树根；选择树的不同表现形式。

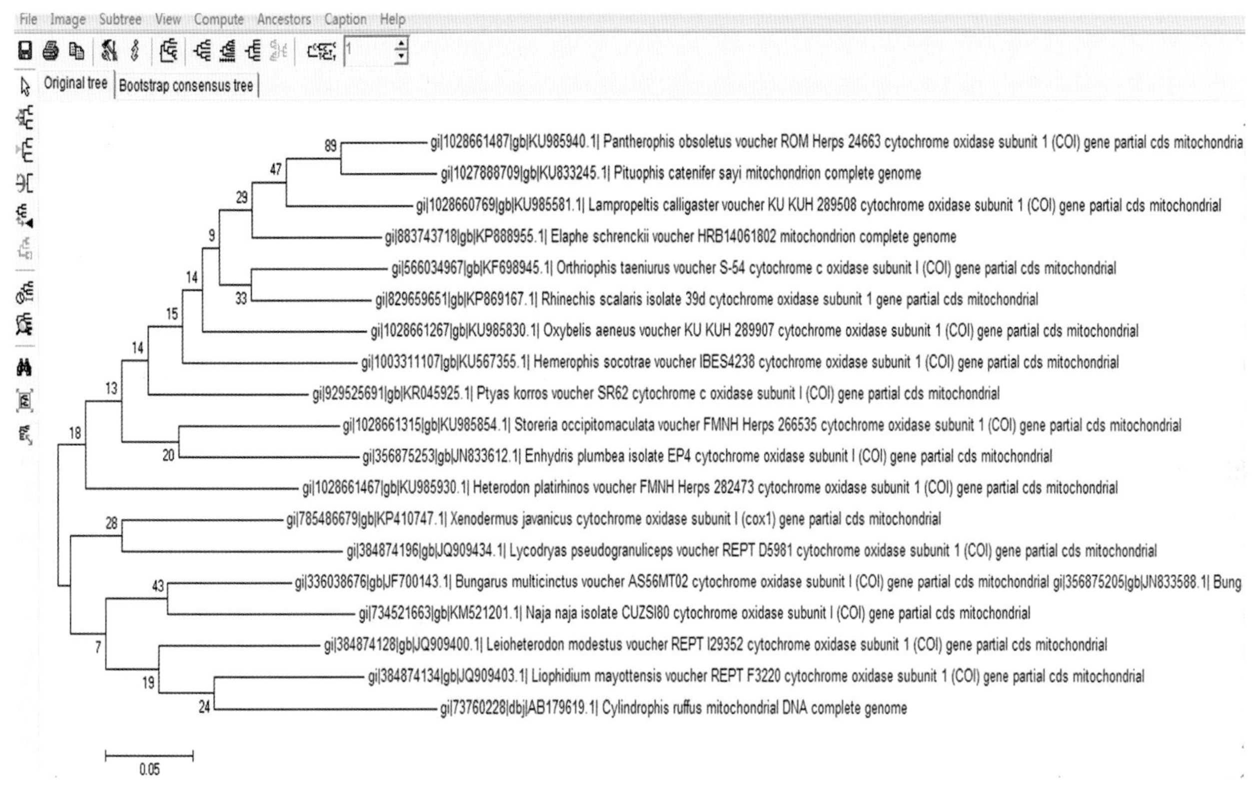

最后在 Image 下的 Save as 保存，有 3 种不同的图片格式（.EMF、.PNG 和 .PDF）。如果还需要对聚类图用其他软件进行修饰，建议保存为 .EMF 格式。

DNA 琼脂糖凝胶电泳操作规程

一、原 理

琼脂糖凝胶电泳是重组 DNA 研究中常用的技术，可用于分离、鉴定和纯化 DNA 片段。不同大小、不同形状和不同构象的DNA 分子在相同的电泳条件下(如凝胶浓度、电流、电压、缓冲液等)，有不同的迁移率，所以可通过电泳使其分离。凝胶中的 DNA 可与荧光染料溴化乙锭（EB）结合，在紫外灯下可看到荧光条带，借此可分析实验结果。

二、仪器与器材

1）电泳仪。

2）水平式核酸电泳槽。

3）紫外灯。

三、试剂与材料

1）琼脂糖。

2）6× 点样缓冲液：0.25% 溴酚蓝、40% 蔗糖。

3）DNA 分子量标准：λ DNA； 分子量标准：λ DNA/Hind Ⅲ。

4）50× TAE 电泳缓冲液贮存液配方：

（50×）每升

Tris 242g

冰醋酸 57.1ml

0.5mol/L EDTA（pH8.0）100ml

1×TAE 缓冲液浓度：0.04mol/L Tris- 醋酸、0.002mol/L EDTA

5）0.8% 琼脂糖：0.8g 琼脂糖，用 1×TAE 100ml 沸水浴溶解。

6）GoldView。

7）100ml 三蒸水。

四、操作步骤

1）将凝胶成形模具水平放置，将选好的梳子放好，梳子底部与模具之间留 1mm 空间。

2）称取 DNA 电泳，用琼脂糖 0.8g 放入 250ml 的三角烧瓶中，加入 TAE 缓冲液 100ml，混匀后，将烧瓶置于电炉上，加热煮沸，直至琼脂糖完全溶解。

3）关闭电炉，取下三角烧瓶，将其置室温下冷却至 70℃左右（手握烧瓶可以耐受），再加入 GoldView（按 1∶50000 体积加入胶中），混匀后，即将凝胶溶液倒入胶板铺板。

4）室温下待凝胶完全凝固，需时约 10 分钟，拔出梳齿，将胶板放入电泳槽中。

5）在电泳槽加入 1×TAE 缓冲液，以高出凝胶表面 2mm 为宜。

6）取微量离心管 3 支，标号，如下表所示准备电泳样品。

	1	2	3
样品	λ DNA/Hind Ⅲ	未酶解质粒	梅解质粒
	$10_1^1$1（1r）	$10_1^1$1（2r）	$10_1^1$1（2r）
6i 点样液	$2_1^1$1	$2_1^1$1	$2_1^1$1

7）将上面三管样品置振荡器上混匀，短暂离心。

8）用加样器吸取样品。依序分别加入三个点样孔中，注意加样器吸头应恰好置于凝胶点样孔中，不可刺穿凝胶，也要防止将样品溢出孔外。

9）接通电源，调节电压至 50V，电泳 90min 后，将凝胶板取出，在紫外灯下观察结果。

影响 DNA 片段琼脂糖电泳的因素：

1）DNA 分子的大小：线性 DNA 分子的迁移率与其分子量的对数值成反比。

2）琼脂糖浓度：一定大小的 DNA 片段在不同浓度的琼脂糖凝胶中的迁移率是不相同的。相反，在一定浓度的琼脂糖凝胶中，不同大小的 DNA 片段的迁移率也是不同的。若要有效地分离不同大小的 DNA，应采用适当浓度的琼脂糖凝胶。

琼脂糖凝胶浓度可分辨的线性 DNA 片段大小（kb）

琼脂糖凝胶浓度	可分辨的线性 DNA 片段大小
0.4	5~60
0.7	0.8~10
1.0	0.4~6
1.5	0.2~4
1.75	0.2~3
2.0	0.1~3

3)DNA分子的形态：在同一浓度的琼脂糖凝胶中，超螺旋DNA分子迁移率比线性DNA分子快，线性DNA分子比开环DNA分子快。

4）电流强度：每厘米凝胶电压不超过5V，若电压过高分辨率会降低，只有在低电压时，线性DNA分子的电泳迁移率与所用电压成正比。

五、操作与注意事项一览表

（一）电泳前准备

准备内容	作用
刷干净电泳制胶的梳子、板子、槽子，蒸馏水洗净晾干	防止不必要的重复污染，减少外来的污染。梳子干净有利于梳孔的形成
检查电泳槽，根据情况更换缓冲液	排除电泳槽的电极接触不良，确保缓冲液的缓冲能力，减少污染
根据DNA的分离范围选择合适的胶浓度并记录	达到较好的分离效果，防止样过快跑出胶或者是过慢浪费时间
计算agarose的用量和制胶缓冲液的用量记录，胶最终越薄越好。	实验记录备查

（二）制胶

步骤	注意事项
称量agarose和缓冲液	缓冲液不要用成H_2O，称量相对准确
融胶，加热到胶产生大量的气泡时，拿出摇匀，继续加热到完全溶解，拿出摇匀，再加热到沸腾	非常热，小心烫手，另外注意不要加热过度使胶冲出瓶子。因此注意选择起码为胶体积2倍以上的瓶子。保证胶混匀和完全溶解，减少可能因此引起的胶中孔径不均匀影响分离效果
倒胶，可用水浴的办法使胶冷却到60℃左右，即手可以握住瓶子的温度，沿着制胶板的一侧，缓缓地一次性倒入。梳子最好是预先放好并固定的，注意梳孔的体积能点的下所有的样。用枪头赶掉气泡	制胶的桌面相对水平。倒胶时尽量减少气泡的产生。EB如果在制胶时加入，在60℃左右时加入，使终浓度为0.5μg/ml。不宜过低，染色成像不明显；不宜过高，导致背景太深。摇匀要沿着瓶壁摇动，尽量减少气泡产生的可能性。高浓度胶例如2%以上的EB很难摇匀，而且凝的速度也相对快，强烈建议跑完胶之后再用EB染色

续表

步骤	注意事项
室温凝胶 30min	过程中不要碰到梳子，尽量保持胶的位置不移动。时间不宜过久，导致胶干燥变形；不宜过短，影响胶内部孔径形成
拔梳子，放入电泳槽	缓缓地将梳子垂直从梳孔拔出，尽可能使梳子是同时从各个胶孔拔出的。暂时不用的胶最好放入电泳槽电泳液中浸泡。电泳液要浸没胶 1mm

（三）上样电泳

步骤	注意事项
样品中加入上样缓冲液使其终浓度为 1X，混匀	上样缓冲液浓度不宜过低，点样时样品不能很好地沉在胶孔里；不宜过高，电泳时容易形成带形的变形。注意混匀
点样	沿着胶孔的边缘匀速加入。尽量避免碰坏胶孔。枪头不要吸过多的气泡，拔起时不要过猛带出样品。每点一个样完，吸取缓冲液洗枪头，避免样品混杂。如果是有特殊要求，例如回收，强烈建议每点一个样换一次枪头。加样的速度当然是越快越好，注意保证质量。点样的量不要太大，一方面是体积不要太大，溢出污染邻位样品；一方面量不要太大，容易导致脱尾和模糊不清
接通电源，选择合适的电压和时间电泳	胶孔与电极成水平状态，防止样品跑歪。跑胶期间不时回来看看，防止样品跑出胶等意外发生

（四）染色成像

步骤：

1）调整镜头的拍摄范围和焦距，成像。

2）打印照片做分析记录。

本书常用术语中英文对照表

中文	英文
随机引物 PCR	arbitrarily primed PCR
条形码	barcode
类 BLAST 比对工具	BLAST-like alignment tool
自检举	Bootstrap
自举检验法	bootstrap test
自举值	bootstrap value
细胞色素氧化酶	cytochrome oxidase
脱氧核糖核酸	deoxyribonucleic acid
距离法	distance method
DNA 条形码	DNA barcode
DNA 条形码技术	DNA barcoding techniques
DNA 酶	DNAse
进化树	evolutionary tree
基因	gene
基因组	genome
十六烷基三甲基溴化铵	hexadecyl trimethyl ammonium bromide
损伤性取样	invasive sampling
健那绿 B	Janus Green B
Kimura 双参数法距离	Kimura 2-parameter distance
最大似然法	maximum likelihood method
最大简约法	maximum parsimony method
最小进化法	Minimum-Evolution
细胞色素 C 氧化酶	mitochondrial cytochrome C oxidase

续表

中文	英文
线粒体细胞色素 C 氧化酶亚基 I	mitochondrial cytochrome C oxidase subunit Ⅰ，mt *CO* Ⅰ
线粒体 DNA	mitochondrial DNA
线粒体基因组	mitochondrial genome
线粒体	mitochondrion
美国国立生物技术信息中心	national center for biotechnology information
邻接法	neighbor joining method
邻接	neighbour-joining
非损伤性取样	noninvasive sampling
系统树	phylogenetie tree
聚合酶链式反应	polymerase chain reaction
动力工厂	power house
蛋白酶 K	proteinase K
随机扩增多态 DNA 技术	random amplified polymorphic DNA
随机扩增多态性 DNA	random amplified polymorphic DNA
烟酰胺腺嘌呤二核苷酸	reduced form of nicotinamide-adenine dinucleotide
限制性片段长度多态性技术	restriction fragment length polymorphism
核糖核酸	ribonucleic acid
生命条形码联盟	the consortium for the barcode of life，CBOL
建树法	tree-based method

药用动物中文名索引

药用动物拉丁学名索引

主要参考文献

[1] 黄璐琦，刘昌孝. 分子生药学 [M]. 北京：科学出版社，2015.
[2] 李军德，黄璐琦，曲晓波. 中国药用动物志 [M]. 福州：福建科学技术出版社，2013.
[3] 李军德，黄璐琦，李春义. 中国药用动物原色图典 [M]. 福州：福建科学技术出版社，2014.
[4] 国家药典委员会. 中华人民共和国药典（一部）[M]. 北京：中国医药科技出版社，2015.
[5] 费梁，叶昌媛，江建平. 中国两栖动物彩色图鉴 [M]. 成都：四川科学技术出版社，2010.
[6] 唐晓晶，冯成强，黄璐琦，等. 高特异性 PCR 方法鉴别乌梢蛇及其混淆品 [J]. 中国药学杂志，2007，42（5）：333-336.
[7] 冯成强，唐晓晶，黄璐琦，等. 金钱白花蛇及其混淆品高特异性 PCR 的鉴别 [J]. 中国中药杂志，2006，31（13）：1050-1053.
[8] 蒋超，黄璐琦，袁媛，等. 使用碱裂解法快速提取药材 DNA 方法的研究 [J]. 药物分析杂志，2013，33（7）：1081-1090.
[9] 张蓉，刘春生，黄璐琦，等. 鹿茸饮片的 DNA 条形码鉴别研究 [J]. 中国药学杂志，2011，46（4）：263-266.
[10] 温珑莲，李军德，万德光，等. 海马市场调查与基原动物鉴定研究 [J]. 中国中药杂志，2013，38（7）：969-972.
[11] 袁亚婷，江岳鑫，尹小文，等. 四种石蜡包埋组织 DNA 提取方法的比较 [J]. 中国组织工程研究与临床康复，2010. 14（24）：4430-4434.
[12] 李忠华，蒋冲，刘治坤，等. 甲醛固定骨骼及肌肉组织的 DNA 提取 1 例 [J]. 刑事技术，2009，4：63-64.
[13] 刘颖，孙蓓，马彦，等. 从一根毛发中分别提取 nDNA 和 mtDNA 的简易方法 [J]. 天津医药，2008，36（7）：510-512.
[14] 饶刚，李明，牛屹东，等. 陈旧皮张中 DNA 提取的新方法 [J]. 动物学杂志，2001，36（4）：54-57.
[15] 夏玉玲，刘彦群，鲁成. 动物线粒体 DNA 提取的原理和方法 [J]. 蚕学通讯，2002，22（3）：24-29.
[16] 姚雪楠，刘越，薛堃，等. 国内动物 DNA 条形码研究进展评述 [J]. 中国农业科技导报，2013，15（6）：99-106.
[17] 杨耀发. DNA 条形码技术的应用进展 [J]. 中国医药指南，2013，11（17）：484-485.
[18] 王义权，周开亚. 蛇类药材的商品调查及鉴定 [J]. 中药材，1996，19（6）：285-288.

[19] 王义权，周开亚. 蛇类药材的性状鉴别［J］. 基层中药杂志，1998，12（2）：7-10.
[20] 孙静，贾静，张仁璟. 金钱白花蛇及其伪品的鉴别［J］. 医学信息，2010，6：1523-1523.
[21] 刘振启，刘杰."金钱白花蛇"与混乱品种的鉴别［J］. 首都医药，2011，9：45-45.
[22] 赵静雪，崔光红，辛敏通，等. 金钱白花蛇快速 PCR 鉴别方法的建立［J］. 药学学报，2010，45（10）：1327-1332.
[23] 王义权，周开亚，徐珞珊，等. 金钱白花蛇及其伪品的 Cyt b 基因片段序列分析和 PCR 鉴别研究［J］. 药学学报，1998，33（12）：941-947.
[24] 王义权，周开亚，徐珞珊，等. 中药材品种高特异性 PCR 鉴别原理及其应用前景［J］. 中草药，1999，30（8）：628-630.
[25] 沈立荣. 浙江产三种螵蛸及六种原昆虫的鉴别检索［J］. 中药材，1994，17（12）：15-16,
[26] 温珑莲，万德光，任艳，等. 不同类型的桑螵蛸与其基原昆虫对应关系研究［J］. 中国中药杂志，2013，7：8.
[27] 程地芸，李泉生. 桑螵蛸中长螵蛸原昆虫的研究［J］. 资源开发与市场，1999，15（3）：168.
[28] 李雅文，魏晓明. 桑螵蛸及其类似品的鉴别［J］. 中医药学刊，2004，22（4）：768-768.
[29] 任保青，陈之端. 植物 DNA 条形码技术［J］. 植物学报，2010，45（1）：1-12.
[30] 陈念，赵树进，韩丽萍. DNA 条形码真菌鉴定技术［J］. 国际检验医学杂志，2008，29（8）：703-704.
[31] 夏云，胡陆军，莫帮辉，等. 脱氧核糖核酸条形码在蛤蚧真伪品鉴定中的前景［J］. 时珍国医国药，2010，21（10）：2600-2603.
[32] 彭居俐，王绪桢，何舜平. DNA 条形码技术的研究进展及其应用［J］. 水生生物学报，2008，32（6）：916-919.
[33] 张青青，唐业忠，黄永成，等. 蛤蚧地理变异的初步研究［J］. 动物学杂志，1997，32（5）：44-46.
[34] 袁经权，李力. 黑点蛤蚧与红点蛤蚧的本草考证［J］. 中药材，2008，31（9）：1437-1439.
[35] 朱华，林冬杰，莫小玲，等. 广西蛤蚧、泰国蛤蚧及其混淆伪品海蛤蚧的生药鉴定［J］. 广西中医药，1997，20（6）：304-307.
[36] 朱华，任仁安. 18 种商品蛤蚧原动物及性状的鉴别［J］. 广西中医药，1999，22（1）：39-43.
[37] 秦新民，钱芳，曾振华. 红斑大壁虎与黑斑大壁虎细胞色素 b 基因序列差异与分化［J］. 安徽农业科学，2009，37（14）：6383-6384，6402.
[38] 秦新民，曾振华，梁燕妮. 大壁虎不同地理居群的遗传变异与分化［J］. 动物学研究，2007，28（3）：286-290.
[39] 张月云，莫新春，曾维铭，等. 从 12S rRNA 基因序列差异分析黑斑蛤蚧和红斑蛤蚧的进化关系［J］. 广西医学，2006，28（6）：793-796.
[40] 楼之岑. 中国常用中药材［M］. 北京：北京医科大学、中国协和医科大学联合出版社，

2003：1099- 1100.

［41］王义权，周开亚，秦树臻 . 用 RAPD 标记检测六种蛇基因组 DNA 多态性［J］. 动物学报，1996，42（2）：172–181.

［42］吴学谦，李海波，魏海龙，等 . SCAR 分子标记技术在香菇菌株鉴定上的应用研究［J］. 菌物学报，2005，24（2）：259–266.

［43］马中军，张文举 . 动物 RFLP 分子遗传标记及其应用［J］. 甘肃畜牧兽医，1997，27（2）：27–29.

［44］黄佩蓓，崔亚茹，李思光，等 . 葶苈子的 AFLP 指纹图谱分析［J］. 中国中药杂志，2010，35（9）：1116–1118.

［45］杨学干，王义权，周开亚，等 . 从细胞色素 b 基因序列探讨我国林蛙属动物的系统发生关系［J］. 动物学研究，2001，22（5）：345–350.

［46］江建平，周开亚 . 从 12S rRNA 基因序列研究中国蛙科 24 种的进化关系［J］. 动物学报，2001，47（1）：38–44.

［47］江建平，周开亚 . 中国林蛙的分子系统关系［J］. 动物学研究，2001，22（1）：27–32.

［48］唐・苏敬，等 . 新修本草［M］. 合肥：安徽科学技术出版社，1981：406.

［49］宋・唐慎微 . 重修政和经史证类备用本草［M］. 北京：华夏出版社，1993：413.

［50］清・陈其瑞 . 本草撮要 . 珍本医书集成・本草类［M］. 上海：上海科学技术出版社，1985：29.

［51］明・李时珍 . 本草纲目・第四十五卷介部一［M］. 北京：人民卫生出版社，2003：1511.

［52］中国科学院中国动物志编辑委员会 . 中国动物志［M］. 北京：科学出版社 . 1996：110–115，136–139，141–143.

［53］康廷国，许亮，古丽艳，等 . DNA 条形码（DNA barcoding）用于动物类中药鉴定的应用与展望［J］. 中国实验方剂学杂志，2010，16（14）：229–231.

［54］程希婷，王爱民，顾志峰，等 .DNA 条形码研究进展［J］. 基因组学与应用生物学，2011，30，（6）：748–758.

［55］杜鹤，崔丽娜，张辉，等 . 鳖甲及其混伪品的 DNA 分子鉴定［J］. 吉林中医药，2011，13（2）：430–434.

［56］胡嵘，杜鹤，崔丽娜，等 . 海马、海龙基于 CO Ⅰ 条形码的 DNA 分子鉴定［J］. 吉林中医药，2012，32（3）：34–38.

［57］韦健红，李薇，吴文如，等 . 基于 CO Ⅰ与 16S rRNA 基因对广地龙的 DNA 分子鉴定研究［J］. 中国药房，2011，23（35）：3274–3278.

［58］杜鹤，崔丽娜，姚辉，等 . 基于 CO Ⅰ 条形码序列的珍珠母及其混伪品的 DNA 分子鉴定［J］. 中国现代中药 . 2011，13（11）：12–14.

［59］崔丽娜，杜鹤，张辉，等 . 基于 CO Ⅰ 条形码序列的金钱白花蛇及其混伪品的 DNA 分子鉴定［J］. 世界科学技术—中医药现代化，2011，13（12）：424–428.

[60] 张蓉，刘春生，黄璐琦，等. 鹿茸饮片的 DNA 条形码鉴别研究 [J]. 中国药学杂志，2011，46（4）：263-266.

[61] 汉·佚名. 神农本草经. 清顾观光重辑本 [M]. 北京：人民卫生出版社，1963：51，158.

[62] 南北朝·陶弘景，尚志钧，校. 名医别录 [M]. 北京：人民卫生出版社，1994：221，433.

[63] 五代·韩保昇. 日华子本草 / 蜀本草合刊本 [M]. 合肥：安徽科学技术出版社，2007：234.

[64] 宋·苏颂. 本草图经 [M]. 合肥：安徽科学技术出版社，1994：198.

[65] 宋·唐慎微. 重修政和经史证类备用本草 [M]. 北京：华夏出版社，1993：263，413.

[66] 程希婷，王爱民，顾志峰，等.DNA 条形码研究进展 [J]. 基因组学与应用生物学，2011，30，（6）：748-758.

[67] 杜鹤，崔丽娜，张辉，等. 鳖甲及其混伪品的 DNA 分子鉴定 [J]. 吉林中医药，2011，13（2）：430-434.

[68] 胡嵘，杜鹤，崔丽娜，等. 海马、海龙基于 CO Ⅰ 条形码的 DNA 分子鉴定 [J]. 吉林中医药，2012，32（3）：34-38.

[69] 韦健红，李薇，吴文如，等. 基于 CO Ⅰ 与 16S rRNA 基因对广地龙的 DNA 分子鉴定研究 [J]. 中国药房，2011，23（35）：3274-3278.

[70] 张朝晖，徐国钧，徐珞珊，等. 海马类药材性状与商品鉴定 [J]. 中药材，1997，20（11）：549-551.

[71] 康延国，朱丽娃，苑冬敏，等. 海马类药材粉末的显微比较鉴别 [J]. 中药材，2006，29（3）：224-228.

[72] 张朝晖，徐国钧，徐珞珊，等. 海龙科药用动物的理化分析 [J]. 中药材，1997，20（3）：140-144.

[73] 张朝晖，范国荣，徐国钧，等. 12 种海马、海龙类药材高效毛细管电泳法鉴别 [J]. 中国中药杂志，1998，23（5）：259-260.

[74] 王树春，翁小春，吴云山，等. 中药材海马的 X 射线衍射 Fourier 图谱鉴定 [J]. 西北药学杂志，2004，19（6）：248-250.

[75] 王斌，任西杰，王燕，等. 基于聚类、主成分和判别分析的海马醇提物红外指纹图谱研究 [J]. 中国药学杂志，2013，48（4）：253-258.

[76] CHANG C H，Jang-Liaw NH，LIN Y S，et al. Authenticating the use ofdried seahorses in the traditionalChinese medicine market in Taiwan usingmolecular forensics [J]. Journal of Food and Drug Analysis，2013，21（3）：310-316.

[77] Hebert P D N，Ratnasingham S，dewWaard JR. Barcoding animal life：cytochrome C oxidase subunit 1 divergences among closely related species [J]. Proc Biol Sci，2003，270：S96-S99.

[78] Tautz D，Arctander P，Minell I，et al.DNA pointsthe way ahead in taxonomy [J]. Nature，2002，418（6987）：479.

[79] Hebert P D N，Cywinska A，Ball S L，et al.Biological identifications through DNA barcodes [J].

Proc Biol Sci，2003，270（1512）：313–321.

[80] Taberiet P，Coissac E，Pompanon F，et al. Power and limitations of the chloroplast tmL（UAA）intron for plant DNA barcoding [J]. Nueleie Aeids Res，2007，35：el4.

[81] Lahaye R，van der Bank M，Bogarin D，et al. DNA barcoding the floras of biodiversity hotspots [J]. Proc Natl Acad Sci USA，2008, 105（8）：2923–2928.

[82] Hebert P D N，Cywinska A，Ball S L，et al. Bio1ogical identifications through DNA barcodes [J]. Proceedings of the Royal Society of London Series B：Biological Seiences，2003，270：313–321.

[83] Vences M，Thomas M，Bonettr R M，et al. Deciphering amphibian diversity through DNA barcoding chances and challenges [J]. Phil Trans R Soc B，2005，360：1859–1868.

[84] Cesari M，Bertolani R，Rebecchi L，et al. DNA barcoding in Tardigrada：the first case study on Macrobiotus macrocalix Bertolani & Rebecchi 1993（Eutardigrada，Macrobiotidae）[J]. Mol Ecol Resour，2009，9（3）：699–706.

[85] MIN X J，Hickey D A. Assessing the effect of varying sequence length on DNA barcoding of fungi [J]. Molecular Ecology Notes，2007，7：365–373.

[86] Hebert P D，Ratnasingham S，Waard JR. Barcoding animal life：cytochromec –oxidase subunit 1 divergences among closely relatedspecies [J]. Proc Biol Sci，2003，270：96–99.

[87] Aljanabi S M，Martinez I. Universal and rapid salt–extraction of high quality genomic DNA for PCR–based techniques [J]. Nucl Acids Res，1997，22（25）：4692–4693.

[88] Folmer O，Black M，Hoeh W，et al. DNA permiers for amplification of mitochondrial cytochrome C oxidase subunit I from diverse metazoan invertebrates [J]. Molecular Marine Biology，1994，3：294–299.

[89] Thompson J D，Gibson T J，Plewniak F. The clustal X windows interface：flexible strategies for multiple sequence alignment aided by quality analysis tools [J]. Nucleic Acids Research，1997，24：4876–4882.

[90] Tamura K，Dudley J，Nei M，et al. MEGA 4：Molecular evolutionary genetics analysis（MEGA）software version 4.0 [J]. Mol Biol Evol，2007，24（8）：1596–1599.

[91] Swofford D L. PAUP*：phylogenetic analysis using parsimony（*and other methods）. Version 4 beta 10 [J]. Sinauer Associates，Sunderland，Mass. 2003.

[92] Steinke D，Zemlak T S，Boutillier J A，et al. DNA barcoding of Pacific Canada’s fishes [J]. Marine Biology，2009，156：2641–2647.

[93] Hebert P D N，Stoeckle M Y，Zemlak T S，et al. Identification of birds through DNA barcodes [J]. Public Library Science Biology，2004，2：1657~1663.

[94] LIU Z Q，WANG Y Q，ZHOU K Y，et al. Authentication of Chinese crude drug，Gecko，by allele–specific diagnostic PCR [J]. Planta Medica，2001，67：385–387.